Rupert Riedl · Strukturen der Komplexität

Eine Morphologie des Erkennens und Erklärens

Springer-Verlag Berlin Heidelberg GmbH

Rupert Riedl

Strukturen der Komplexität

Eine Morphologie des Erkennens
und Erklärens

Mit 110 Abbildungen

Professor Dr. RUPERT RIEDL
Konrad-Lorenz-Institut für Evolutions-
und Kognitionsforschung
Adolf-Lorenz-Gasse 2
3422 Altenberg, Österreich

ISBN 978-3-642-63111-5

Die Deutsche Bibliothek - CIP-Einheitsaufnahme
Riedl, Rupert
Strukturen der Komplexität: eine Morphologie des Erkennens und Erklärens/
Rupert Riedl - Berlin; Heidelberg; New York; Barcelona;
Hongkong; London; Mailand; Paris; Singapur; Tokio: Springer,
2000
ISBN 978-3-642-63111-5   ISBN 978-3-642-56946-3 (eBook)
DOI 10.1007/978-3-642-56946-3

Dieses Werk ist urheberrechtlich geschützt. Die dadurch begründeten Rechte, insbesondere die der Übersetzung, des Nachdrucks, des Vortrags, der Entnahme von Abbildungen und Tabellen, der Funksendung, der Mikroverfilmung oder der Vervielfältigung auf anderen Wegen und der Speicherung in Datenverarbeitungsanlagen, bleiben, auch bei nur auszugsweiser Verwertung, vorbehalten. Eine Vervielfältigung dieses Werkes oder von Teilen dieses Werkes ist auch im Einzelfall nur in den Grenzen der gesetzlichen Bestimmungen des Urheberrechtsgesetzes der Bundesrepublik Deutschland vom 9. September 1965 in der jeweils geltenden Fassung zulässig. Sie ist grundsätzlich vergütungspflichtig. Zuwiderhandlungen unterliegen den Strafbestimmungen des Urheberrechtsgesetzes.

© Springer-Verlag Berlin Heidelberg 2000
Ursprünglich erschienen bei Springer-Verlag Berlin Heidelberg New York 2000
Softcover reprint of the hardcover 1st edition 2000

Die Wiedergabe von Gebrauchsnamen, Handelsnamen, Warenbezeichnungen usw. in diesem Werk berechtigt auch ohne besondere Kennzeichnung nicht zu der Annahme, daß solche Namen im Sinne der Warenzeichen- und Markenschutz-Gesetzgebung als frei zu betrachten wären und daher von jedermann benutzt werden dürften.

Produkthaftung: Für Angaben über Dosierungsanweisungen und Applikationsformen kann vom Verlag keine Gewähr übernommen werden. Derartige Angaben müssen vom jeweiligen Anwender im Einzelfall anhand anderer Literaturstellen auf ihre Richtigkeit überprüft werden.

Satz: K+V Fotosatz GmbH, Beerfelden
Einbandgestaltung: Design & Production GmbH, Heidelberg
SPIN 10697320   31/3130-5 4 3 2 1 0 - Gedruckt auf säurefreiem Papier

Vorwort

Manch einer von uns wird von komplexen Phänomenen angezogen. Sie kommen aus unserer Wirklichkeit einfach auf uns zu, oder wir suchen diese regelrecht in ihr. So muß es mir ergangen sein. Es mögen meine „rechtshemisphärische Präferenz", die Lust an synoptischer Weltsicht, die Bildhauerwelt meines Vaters, die Lehre der Morphologie und meine Lehrer *Ludwig von Bertalanffy* und *Konrad Lorenz* dazu beigetragen haben.

Woher die Erfahrung? Ich begann mit Systematik und mikroskopischer Anatomie mariner Wirbelloser, veröffentlichte dann eine „Fauna und Flora der Adria", später eine des Mittelmeeres, eine „Biologie der Meereshöhlen" und zuletzt – in den „Gärten des Poseidon" – eine des Mediterrans, jeweils mit den Verknüpfungen einiger tausend Arten. Aus den im Komplexen gesehenen Zusammenhängen entstand eine „Systemtheorie der Evolution" und eine „Strategie der Genesis". Als das für den Aufschluß des Komplexen nötige Denken in differenzierter und rekursiver Kausalität kaum mitvollzogen wurde und vielmehr der Eindruck einer Projektion von Denkordnungen in die Naturordnung entstand, ging ich zu einer „naturalisierten Theorie" der Erkenntnisprozesse mit ein paar Bänden weiter, von deren Inhalten noch die Rede sein wird.

Was ist das Neue? Natürlich werde ich auf jene Erfahrungen zurückgreifen, auch manche Illustration weiterentwickeln, die sich als didaktisch nützlich erwiesen haben. Im Wesentlichen aber werde ich all das Neue vorlegen, das sich erst aus einem Zusammenschluß von Anatomie, Systematik, Evolutions- und Erkenntnistheorie für die Wissenschaften schlechthin zu ergeben scheint.

In diesem Zusammenhang erscheint es sinnvoll, die Begriffe rational und ratiomorph, Erkennen und Erklären, Denksysteme und gedachte Strukturen sowie die Unterscheidung zwischen Struktur- und Klassenhierarchien einander gegenüber zu stellen. Dies alles muß in Doppelpyramiden von Massen- und Individualbauteilen verstanden werden, um den Strukturen des Komplexen zu entprechen. Man sollte die kognitiven Dualismen unseres Ursachenverständnisses kennen, die Suggestionen von Anschauen und Erklären unterscheiden und wahrnehmen, will man sich komplexen Systemen anpassen, denn Erklärungswege laufen den Erkenntniswegen entgegen und rekapitulieren gleichzeitig den Entstehungsweg des Komplexen in der Welt.

Die Perspektive diese Buches geht von der Biologie aus, und zwar im Gegenüber der von Physikern und Mathematikern schon gebotenen Bearbeitungen. Zum einen komme ich selbst von dorther, zum anderen sind es die Biologen, die heute noch mit der Komplexität ihres Faches (2 Mio. Arten und 500 000 Systemkategorien mal dutzenden spezifischer Merkmale, also viele Millionen individueller Fakten eines einzigen großen Zusammenhangs) aufgewachsen sind. Diese Komplexität ermöglicht eine größere Erfahrung als in anderen Wissenschaften. Und wir Biologen haben zudem, im Rahmen der „Evolutionären Erkenntnistheorie", die kognitiven Prozesse unserer Ausstattung aufgeschlossen und gelernt, sie der außersubjektiven Wirklichkeit gegenüberzustellen.

Mein Anspruch ist es, die gemachten Erfahrungen auf alle komplexen Systeme anwenden zu können. Ich hatte Gelegenheit, dies unter speziellen Perspektiven immer wieder zu untersuchen, und aus der Rezeption meiner Bücher und meines Unterrichts die Schwierigkeiten kennengelernt, es auch zu vermitteln. Unsere Ausstattung ist für den Aufschluß des Komplexen nicht vorbereitet, die Struktur der Universitäten auch nicht. Dennoch sind wir selbst komplex, leben nur von Komplexität und überleben nur mit ihr. Der Versuch eines Überblicks bzw. einer Zusammenfassung war notwendig.

Wien und Altenberg, März 2000 Rupert Riedl

Inhaltsverzeichnis

1 **Wovon die Rede sein wird – eine Einführung** 1
   A **Über den Gegenstand** 1
     1 Über Komplexitätsforschung heute 1
       a) die Biologen 2
       b) die anorganischen Wissenschaften 2
       c) die Situation 2
       d) die Paradigmen 3
     2 Was kennzeichnet und was bedeutet Komplexität 3
       a1–2) eine Definition 4
       b) das Auftreten 6
       c) die Bedeutung 6
       d1–2) zum fachlichen Umgang 6
     3 Warum gerade Strukturen? 8
   B **Über die Methoden** 8
     1 Morphologie, Systemtheorie und Gestalt 9
       a) Morphologie 9
       b) Systemtheorie 9
       c) Gestalt 9
     2 Strukturalismus und Funktionalismus 10
       a) Strukturalismus 10
       b) Funktionalismus 11
       c) der Wechselbezug 11
     3 Über Erkennen, Erklären und die ‚EE' 11
       a) die Evolutionäre Erkenntnistheorie 11
       b) der Prozeß des Erkennens 12
       c) der Prozeß des Erklärens 12
     4 Biologie als Rahmen des Konzeptes 12
       a) Methoden der Biologie 12
       b) Denk- und Naturmuster 13
       c) über Biologismus 13
       d1–3) die Gradienten 14
       e) die Vermengung 16

2 Welt und Erkenntnis als Problem 17

A Was uns vernünftig erscheint 17
1 Was mit dem Bewußtsein entstanden ist 18
2 Die denkbaren Begründungen des Erkennens 19
  a) transzendente Begründung 19
  b) transzendentale Begründung 19
  c) evolutionäre Begründung 20
3 Anschauungsformen versus Kommunikation 20
  a) Adaptierung 20
  b) Grenzen 21
  c1-3) die Entwicklung 21

B Wie Kenntnis erworben wird 28
1 Die Ebenen des Kenntnisgewinns 29
  a) Aufbau 29
  b) Zweiseitigkeit 30
  c) Iteration 33
  d) Schraubenprozesse 34
2 Was sich daraus über diese Welt wissen läßt 34
3 Wozu solcherart Kenntnis dient 35

C Welcherart Kenntnis wir nun besitzen 36
1 Konstruktion und Wirklichkeit 37
  a) Konstruktion 37
  b) Verläßlichkeit der Einsichten 38
  c) die Welt im Hintergrund 39
2 Emergenz, Vorstellung und Sprache 40
  a) Emergenz 40
  b) Phasenübergänge 41
  c) Sprache 42
  d) Logik 42
3 Erkennen und Erklären 43
  a1-2) terminologische Fragen 44
  b1-3) das Gemeinsame 45
  c1-3) Unterschiede 53

3 Die Systeme des Erkennens 57

A Bedingungen des Wahrnehmens 57
1 Wahrnehmen ist Problemlösen 58
2 Grundlagen von Assoziation und Konditionierung 59
3 Der Übergang zu den kognitiven Prozessen 59

B Die Verrechnung sukzedaner Koinzidenzen	60
1 Die Zusammensetzung des Algorithmus	60
2 Welches der Grund des Erfolges ist	62
3 Worin die Mängel gelegen sind	62
4 Wie man die Mängel überwindet	63
C Die Verrechnung simultaner Koinzidenzen	64
1 Die Zusammensetzung des Algorithmus	65
a) Invarianten	65
b1-5) Gestaltwahrnehmung	66
c) Strukturhierarchien	72
2 Welches die Gründe des Erfolges sind	72
a) Voraussichten	72
b) Methoden	73
3 Welches die Mängel des Programmes sind	74
a1-3) Ursachen	74
b1-3) Folgen	76
4 Wie diese Mängel zu überwinden sind	80
a) Sensorium	80
b1-3) Sprachdenken	80
D Über Strukturen und Klassenhierarchien	82
1 Das Werden des Gedächtnis	83
a) Einprägung	83
b) Intermodalität	84
c) Wiedererkennen	84
2 Felder von Ähnlichkeiten	85
3 Über Struktur- und Klassenhierarchien	87
a) Vorgang des Erkennens	88
b) Muster der Klassenbegriffe	89
c1-4) Zusammenhang mit den Strukturbegriffen	89
4 Die Strukturierung des Erkannten	101
A Eine Theorie von der Welt	102
1 Die hierarchische Struktur der Dinge	102
a) Bauform dieser Welt	102
b) Anleitung des Denkens	105
2 Über Wandel und Werden	106
a) was wandelt sich	107
b1-2) unter welchen Umständen	107
c) was geschieht dabei	110
3 Die allgemeinsten Größen	110

a) Entropieproblem 111
b) Stabilitätsniveaus 112
c1–3) Energie-Informationszusammenhang 113

B Die Ordnung der Dinge 117
1 Der Prozeß der wechselseitigen Erhellung 117
   a) Begriffsgeschichte 118
   b1–3) Beispiele 119
   c1–4) Struktur des Paradigmas 125
   d1–3) Entkräftung des Zirkularitätsvorwurfs 126
2 Die drei Grundformen komplexer Ähnlichkeit 128
   a1–2) vermeintliche Identität 129
   b1–2) die Analogie 130
   c) die Metapher 133
3 Die vier Grundformen komplexer Ordnung 134
   a) Norm 134
   b) Interdependenz 135
   c) Hierarchie 135
   d) Tradierung 136

C Die Prinzipien der Morphologie 139
1 Das Theorem der Homologie 141
   a) Ausgrenzung der Analogie 141
   b1–2) Homologiekriterien 142
   c1–2) deren Synthese 149
   d1–3) Rückführung auf ein Theorem der Wahrscheinlichkeit ... 152
   e1–4) Formen der Homologie 154
   f) Homologie-Auffassungen 158
2 Über Typus und Bauplan 158
   a1–4) Formen der Typus-Konzepte 159
   b1–2) Begriff des Bauplans 161
3 Eine Theorie von Phän und Merkmal 166
   a1–4) Merkmalswahrnehmung 168
   b1–3) der Vorgang seiner Optimierung 173

D Die Prinzipien der Systematik 181
1 Das Wägeproblem 182
   a1–3) Versuchte Vereinfachung und deren Voraussetzungen 183
   b1–3) Die Kategorien der Merkmale 186
2 Die Optimierung der Klassenbegriffe 190
   a1–2) Grade der Trennschärfe 191
   b) Wechseloptimierung von Feld und Merkmal 193
3 Die Natur des Natürlichen Systems 195
   a) das Leseproblem 196
   b) die Natur des Natürlichen Systems 197

5 Die Systeme des Erklärens und Verstehens ... 199

A Die Bedingungen und ihre Anlagen ... 200
1 Die Vorbedingungen ... 200
2 Die Hypothesen über Ursachen und Zwecke ... 201
   a1-3) Hypothese von den Ursachen ... 202
   b1-3) Hypothese vom Zweckvollen ... 203
3 Der Menschenverstand und die Intuition ... 205
   a) Menschenverstand ... 205
   b) Intuition ... 206
4 Die Psychologie des Erklärens und Verstehens ... 208

B Wandel in der Kulturgeschichte ... 209
1 Die Ansätze in unserer Kultur ... 210
2 Antike und Mittelalter ... 211
   a1-3) Empirismus ... 211
   b) Rationalismus ... 213
3 Die Neuzeit ... 213
   a) Empirismus ... 214
   b) Rationalismus ... 215
4 Die Konzepte des Verstehens in der Gegenwart ... 216
   a) Gesamtursache ... 216
   b) finale Betrachtungsweise ... 217

C Die Konditionen des Erklärens ... 218
1 Über das kausale Erklären ... 219
   a) Erklärungsbegriff im Alltag ... 219
   b1-3) fachliche Bedingungen ... 221
   c1-3) komplexe Systeme ... 222
2 Die doppelte Pyramide des Erklärens ... 230
   a) die Struktur ... 232
   b) die Wechselseitigkeit ... 234
3 Die drei Wege: Vermuten, Erklären und Entstehen ... 234

D Die Formen des Verstehens ... 236
1 Über teleologisches Erklären ... 236
   a1-3) Abgrenzung des Begriffs ... 236
   b) Entelechie ... 237
2 Das Verstehen von Handlungen ... 238
3 Das Verstehen in den Geisteswissenschaften ... 239

6 Die Strukturierung des Erklärten und Verstandenen ... 243

A Der Weg zu einer dynamischen Welterklärung ... 243
1 Entstehung des Anorganischen ... 244
   a) Ewige, unveränderliche Welt ... 244
   b) Entwicklung der Welt ... 245
2 Entstehung der Organismen ... 246
   a) Eingreifen von Demiurgen ... 246
   b) Umbruch zum dynamischen Weltbild ... 246
3 Paradigmen von der Herkunft der Vernunft ... 248
   a) als vorgegebenes Prinzip ... 249
   b) als evolutionär entstanden ... 249

B Die Ordnung der Ursachen ... 250
1 Die Reduktion der Ursachen-Konzepte ... 251
   a) die Galileische Revolution ... 251
   b) das Christentum ... 253
   c1–3) der materialistische Reduktionismus ... 254
   d1–3) der idealistische Reduktionismus ... 257
2 Ursachen und Wachsen der Geschichtlichkeit ... 258
   a1–3) von der Ursache zur Vorbedingung ... 259
   b1–4) Fächerung der Bedingungen und Folgen ... 261
   c1–2) Bifurkationen und Alternativen ... 264
3 Vier Wechselwirkungen, vier Ursachenformen ... 265
   a) Ursachen des Wandels ... 266
   b) Funktionen ... 266

C Die Prinzipien des Erklärens ... 267
1 Erklärungsmodelle im Anorganischen ... 268
   a1–2) die kosmische Evolution ... 268
   b1–2) die chemische Evolution ... 271
   c1–2) Evolution geomorphologischer Strukturen ... 273
2 Evolutionstheorien im Organischen ... 275
   a) die frühen Vorstellungen ... 276
   b1–5) Evolutionstheorie der Neuzeit ... 278
   c1–2) Der Darwinismus ... 281
   d1–2) der Neodarwinismus ... 283
   e1–2) Die Synthetische Theorie ... 285
   f1–2) Systemtheorie ... 290
3 Erklärungsmodelle im Organischen ... 296
   a1–2) in der Physiologie ... 297
   b1–2) in der Verhaltenslehre ... 300
   c1–2) für organismische Bauteile ... 302

d1–3) für die Evolution 305
  e1–2) in der Ökologie 317
 D Die Prinzipien des Verstehens 319
 1 Erklärungsmodelle menschlichen Verhaltens 319
  a1–2) in der Psychologie 320
  b1–2) in der Soziologie............................. 322
 2 Erklärung von Artefakten mit Genealogien 323
  a1–2) in Urgeschichte und Archäologie 323
  b1–2) in Philologie und Sprachwissenschaften 324
  c1–2) in den Geschichtswissenschaften 327
  d1–2) in der Kunstgeschichte 330
 3 Erklärung zivilisatorischer Institutionen 332
  a1–2) ein Beispiel aus der Wirtschaft 332
  b1–2) eines aus der Rechtstheorie 335

7 Übersicht und Ausblick 339
 A Über die Einheit von Welt und Erkenntnis 339
 1 Über Ausstattung, Sprache und Kultur 340
 2 Die Systeme des Erkennens und die Strukturen der Welt 341
 B Über die naiven und die bösen Täuschungen 342
 1 Kann Erklären Erkennen ersetzen? 343
 2 Über Herkunft, Art und Steuerbarkeit der Verluste 344

Literaturverzeichnis 347

Namensverzeichnis 357

Sachverzeichnis 361

1 Wovon die Rede sein wird – eine Einführung

Wir haben unsere Weltsicht sträflich zerlegt und simplifiziert, unsere Lebenswelt aber gleichzeitig so kompliziert werden lassen, daß wir sie kaum mehr durchschauen (Riedl/Delpos 1996). Daran sind die überwiegend analytischen Leistungen der fächerzerteilten Naturwissenschaften beteiligt, aber auch die Tendenz dieser Zivilisation zu belohnen, wo immer weiter in die Welt eingegriffen werden kann, um schließlich das, was sich gerade handhaben läßt, schrecklich zu sagen: mit der Welt zu verwechseln.

Die definitorische Art unserer Logik und Sprachen mag das vorbereitet haben, mit jener rationalistischen Schlagseite unserer modernen Kultur im Gefolge, welche auch die Denkwege in Vereinfachungen drängt.

Bestimmen wir darum sowohl (A) unseren Gegenstand, als auch (B) die Methoden, ihn zu untersuchen.

A
Über den Gegenstand

Es mag nützen, sich wieder um das Komplexe und Ganzheitliche zu kümmern, um Interdisziplinarität und Synoptik. Im Grunde ist derlei schon in aller Munde, wiewohl noch lange nicht alle Hürden gegen die neue Bewegung beseitigt sind. Wir werden einige davon wahrzunehmen haben. Eine der wesentlichsten Hürden allerdings beginnt zu schwinden.

> So ist zunächst (1) die Situation der Forschung zu überblicken, dann (2) die Kennzeichen des Komplexen und (3) die Bedeutung der Strukturbetrachtung darzustellen.

1
Über Komplexitätsforschung heute

Klassischen Biologen war Komplexität ein gewohnter Gegenstand, anders den ‚exakten Wissenschaften'. In der Physik pflegte man von der Komplexität dieser Welt so lange abzusehen, bis sich der verbleibende Rest als mathematisch darstellbar erwies. Die Erfolge dieser reduzierenden Methode waren bekanntlich epochemachend. Freilich führte der Erfolg zur Annahme ‚ewiger Gesetze' dieser Welt, zur Erwartung, alles Irdische auf diese zurückführen zu können und stilisierte die Betrachtungsweise der Physik zu einem leitenden Paradigma für alle Naturwissenschaften, welches die Biologen zu Erzählern ephemerer Geschichten machte. Und natürlich waren die humanwissenschaftlichen Fächer noch weiter abgedrängt.

Vergleichen wir die Position der (a) Biologie (b) mit der Wende der Anorganiker zum Komplexen, (c) deren gegenwärtige Situation und (d) die Grundform meines Ansatzes:

(a) *Die Biologen* waren zunehmend bemüht, diesen Graben zuzuschütten, zumal ihr Fach selbst unter der Tatsache litt, in eine kausalistische Physiologie und eine ‚hermeneutische' Morphologie auseinanderzubrechen und weil gleichzeitig verstanden wurde, daß es diese künstliche Methodengrenze ist, an welcher Anorganiker und Geisteswissenschaftler wieder ins Gespräch kommen könnten (Riedl 1985).

(b) Nun aber wandeln sich auch *die anorganischen Wissenschaften*. Das ist durch deren Erfolge auf dem Gebiet biologischer Fragen angeleitet worden und durch die folgende Notwendigkeit, sich auch mit dem Komplexen auseinanderzusetzen. Wann dieser Wandel begann, ist nicht eindeutig zu sagen. Vielleicht schon mit Schrödingers ‚Was ist Leben?' (1944).

Eindeutig dagegen ist das Ergebnis: Man hat die Irreversibilität, die Historizität der komplexen Welt, auch im Anorganischen entdeckt, anerkennt Phasenübergänge in jeder Form von Evolution, die Beschränkung der Voraussagbarkeit und erkennt ‚innere' Bedingtheiten, Ordnungsparameter und den Ordnungsaufbau durch Entropie-Export. Man nähert sich sogar der Einsicht, daß komplexe Systeme nicht vollständig auf ihre Konstituenten reduziert werden können. Alles Begriffe, die sich dem Paradigma der Biologie nähern. Wir werden den wichtigsten wieder begegnen.

Das einschlägige Schrifttum ist bereits beträchtlich. Neue Disziplinen, Nichtgleichgewichts-Thermodynamik, Synergetik, Chaosforschung, Fraktale, sind benennbar, mit einer Serie von Monographien im Gefolge. Diese heroische Bewegung, über die klassische Physik hinaus, ist heute schon fachlich wie populär zusammengefaßt, wie von Ebeling und Feistel (1994), Gell-Mann (1994), Roger Levin (1993), Nicolis und Prigogine (1987), oder Ebeling, Freund und Schweizer (1998). Unter den einschlägigen Symposien sei auf das jüngste verwiesen (Schweitzer 1997).

(c) Dennoch wird *die Situation* als unbefriedigend empfunden, man fände die Erforschung der ‚Komplexität in der Krise' (Horgan 1995). Es könnten die Möglichkeiten der Mathematik überschätzt sein, wie Herbert Simon meint, man nähme die Emergenzen in den Phasenübergängen nicht ernst, oder man könne den Reduktionismus vielleicht doch nicht überwinden, mit der Erwartung, das Komplexe schlußendlich doch aus seinen Konstituenten zusammenfügen zu können. Dem nachzugehen kann hier unsere Sache nicht sein, wir werden all diesen Termini jedoch noch begegnen.

Freilich ist aller Ansatz zur Überwindung der klassischen Physik wieder von der Physik ausgegangen. Das ist wohl legitim. Und so ist es nicht verwunderlich, daß die außerordentlichen Kenntnisse, welche die Erforschung molekularer Prozesse während der letzten Dezennien erbracht hat, ein Faszinosum bildeten, von dort weiter ansetzen zu müssen. Um dieses Paradigma zu überwinden, bedarf es, nach meiner Ansicht, einer erkenntnistheoretischen Wende oder doch eines Hinübergreifens in Paradigmen, wie sich solche in der Biologie ja schon bewährt haben.

Man mag die Notwendigkeit in den erkenntnistheoretischen Bereich weiterzugehen auch schon empfunden haben und findet von Mainzer (1994) die Geistesgeschichte des Prozesses dargestellt. Lediglich eine ‚naturalisierte Erkenntnistheorie', vor allem die ‚Evolutionäre Erkenntnislehre', mit den Autoren Lorenz, Mohr, Oeser, Riedl, Vollmer, Wuketits, ist noch nicht berücksichtigt. Diese befaßt sich mit der Herkunft der menschlichen Vernunft und den Schwierigkeiten, welchen wir, auch für das Verständnis des Komplexen, aus diesem Erbe nicht entgehen. Dort werde ich beginnen.

(d) Was *die Paradigmen* betrifft, so bietet das Paradigma der Physik meinen Ansatz nicht an. Freilich darf den Einsichten der Physik nicht widersprochen werden, aber sie sind zu überbauen. Ich werde mit dem Paradigma der Biologie argumentieren, denn, wie wir sehen werden, liegt die Schnittstelle, welche die anorganischen mit den Human- und Sozialwissenschaften wieder verbinden kann, in der Biologie: zwischen der kausalistisch betriebenen Physiologie und der hermeneutisch operierenden Morphologie.

Zudem bedarf es schon im Ansatz eines Wandels nicht nur der Methode und der Begriffe, sondern auch der Darstellung, um der Aufgabe, wenn nicht schon gerecht, so doch habhaft zu werden. Wie das Wort ‚Synoptik' sagt, muß an die Anschauung appelliert werden. Es geht um ‚Zusammenschauen', wofür wir an sich gut ausgestattet sind (Riedl 1987). Es muß ein ‚Bilderbuch' der graphischen Abstraktionen entstehen, weil diese sehr eindeutig sind, und zwar von Natur- wie von Denkformen, um über eine Synthese der übergeordneten Prinzipien unseren Zugang zu den Strukturen der Komplexität vorzuführen.

Die Aufgabe ist damit eine zweifache: Wir untersuchen die Strukturen der außersubjektiven Wirklichkeit, wie nicht minder die unserer Denkformen und deren Geschichte, weil sie, wie es sich zeigen wird, an den Strukturen dieser Welt, soweit sie der Arterhaltung dienen, herausgebildet sind. Wo sie passen, tun sie dies vielfach besser als wir denken, und wo sie sich als überfragt erweisen, was wir gerne übersehen, bilden sie höchst verkappte Hindernisse. All das wird darzustellen sein.

2
Was kennzeichnet und was bedeutet Komplexität?

Als komplex bezeichnen wir Struktur- wie Funktionszusammenhänge, gruppiert durch graduelle Abstufungen bestimmter Eigenschaften, gleich ob Naturdinge, Artefakte, Vorstellungs- oder Denkformen. Sie können kompliziert sein. Aber Komplikation ist nicht ihr kennzeichnendes Merkmal.

Ich will darum (a) eine Bestimmung versuchen, dann ihrem (b) Auftreten, ihrer (c) Bedeutung und dem (d) fachlichen Umgehen mit ihr nachgehen.

(a) *Eine Definition der Komplexität* zu schärfen wäre bereits irreführend. Komplexität ist ein in unserer Welt nicht nur weit verbreiteter und vielfältiger Zustand von Gegenständen, sie ist auch stets polymorph, so daß ihrer Bestimmung erst eine ganze Reihe von Merkmalen genügen kann.

Fragen wir darum besser nach den allgemeinen Merkmalen (a1), welche auch andere Zustände einschließen, sowie nach (a2) jener Reihe von spezifischen Kennzeichen, wie sie alle in Gradienten auftreten.

(a1) *Komplexität enthält Formen von Ordnung.* Damit liegt sie in verschiedener Ferne vom physikalischen Gleichgewicht, dem thermodynamischen Chaos, der völligen Mischung von Materie und deren Temperaturen. Das Entstehen und Erhalten von Ordnung muß den Bedingungen offener Systeme genügen, welche, von Materie und Energie durchflossen, ihren Ordnungsaufbau durch Entropie-Export ermöglichen. Man spricht auch von dissipativen (,zerstreuenden') Systemen, weil sie zum mindesten auch Wärme abgeben. Ordnung in komplexen Systemen kann man dabei ganz allgemein als Gesetz mal Anwendung (G×A; Details in Riedl 1975) auffassen, wozu ein höchst lokales Landeskulturgesetz (komplexes Gesetz × seltene Anwendung) ebenso gehört wie das allgegenwärtige Gravitationsgesetz (einfaches Gesetz × vielfache Anwendung).

Aber jeder heiße Gegenstand gibt Wärme ab, auch jede Rohrleitung gibt Reibungswärme ab und wird selbst noch von Materie und Energie durchflossen, ohne komplex sein zu müssen. Auch Kristallisation gibt Wärme ab und führt sogar zu sehr hoher Ordnung, ohne den Kennzeichen von Komplexität so recht zu entsprechen.

(a2) *Komplexität enthält Gradienten von Kennzeichen.* Gradienten deshalb, weil die Kennzeichen sehr unterschiedlich ausgeprägt sein können. Man spricht schlechthin von Systemeigenschaften, oberflächlich vom Produkt der Prozesse der Selbstorganisation (der freilich wenig ‚Fremdorganisation' gegenübersteht). Ich will sie (i–iii) in drei Gruppen teilen:

(i) *Historizität* ist ein Hauptmerkmal: geschichtliche Einmaligkeit. Das schließt drei Submerkmale ein: *Irreversibilität*, *Phasenübergänge* und *Emergenzen*. Ersteres bedeutet, daß sich die Entstehensvorgänge weder am gleichen Weg zurückführen noch wiederholen lassen. Sie haben vielmehr Phasenübergänge durchlaufen, die selbst einmalig, in der Regel weder aufschließbar noch wiederholbar sind, aber zur Emergenz neuer Eigenschaften führen, die auch in Spuren in den Konstituenten des neuen Systems nicht enthalten, also in der Praxis nicht vorhersehbar sind.

Als die größten und langlebigsten Objekte mit Historizität stehen die Himmelskörper, dann Meere und Kontinente, die Reiche der Organismen,

Biozönosen, Sprachen und die Artefakte der Kulturen – wieder zutiefst physikalische Prozesse. Man nehme den Laser. Ein Rubidiumkristall, mit Energie beschickt, wird sicher einen Lichtstrahl aussenden. Die Richtung aber, in welcher das geschieht, ist, dank des ‚Parlaments der Moleküle' (Haken 1978), unvorhersehbar, ein Ereignis von kürzester Geschichtlichkeit.

Nun gibt es durchaus komplexe Systeme mit sehr kurzer Geschichte. Man denke an eine Schneeflocke, einen bald aufgebrauchten Komposthaufen und ein früh verworfenes Landeskulturgesetz, dagegen ebenso komplizierte Zustände, wie Metallspäne, einen Müllplatz oder das Gebrabbel der Leute, die durchaus nicht komplex sind.

(ii) *Hierarchische Organisation* ist eine zweite Eigenschaft und mit dem Merkmal der *Polymorphie* verbunden.

Die komplexesten Hierarchien, mit bis zu 18 Stufen (Riedl 1975), kennen wir von den höheren Organismen, und Stufe für Stufe, von den Atomen und Molekülen bis zu den Organen und Individuen, hat auch jede neue Schicht Phasenübergänge durchlaufen und tritt mit neuen, emergenten Qualitäten, mit anderen Begriffen der Beschreibbarkeit, in Erscheinung. Kulturen, Sprachen und Artefakte schließen an. Die einfachsten Systeme sind wieder Paradebeispiele aus der Physik, beispielsweise die Bénard-Zellen (vgl. Nikolis u. Prigogine 1987). Erhitzt man eine dünne Wasserschicht von unten und kühlt von oben ab, so bilden sich Zellen von Strömungswalzen, in deren Mitte erhitzte Moleküle aufsteigen und abgekühlt an den Rändern absinken.

Auf ein Merkmal sei noch vorausgeblickt, das Hierarchie zwar nicht bestimmt, aber Einfluß auf den Charakter deren Ordnungsart nimmt: Redundanz, die Wiederholung fast gleicher Bauteile, z. B. Wasserstoffmoleküle einer Sonne, Moleküle der Erbsubstanz oder Hirnzellen eines Organismus, Blätter eines Baumes, Fichten eines Waldes, Schwellen einer Bahnstrecke oder die Auflagenzahl eines Buches.

Polymorphie allein bestimmt Komplexität noch keineswegs. Obwohl sie in der Schutthalde, im Abfallhaufen sehr hoch sein kann. Mit der Hierarchie ist das anders. Auch die einfachste Hierarchie von Bauteilen oder Funktionen läßt uns komplexe Verhältnisse erwarten. Dies weist auf die dritte Gruppe von Eigenschaften:

(iii) *Systembedingungen im engeren Sinne*. Komplexe Systeme befinden sich stets innerhalb eines Milieus. Dieses nimmt zwar Einfluß auf die Möglichkeiten seiner Entstehung, Erhaltung und Veränderung, aber tut dies eben nicht allein. Die inneren Zustände eines Systems gewinnen Eigenständigkeit, folgen eigenen Trends, Constraints und Freiheitsgraden. Und sie sind gegenüber wechselnden Milieubedingungen sogar ungleich stabiler, denn sie können nachgerade schicksalhaft an einem solchen System hängen.

Auch hier ist mit Gradienten der Ausprägung zu rechnen. Zuoberst wieder die höheren Organismen, wie sie Merkmale über Jahrmilliarden mitschleppen, gefolgt von den Sprachen, die alle z. B. Nomina und Verben besitzen und getrennt halten. Aber auch Baustile und falsche Theorien halten sich, unabhängig vom Milieu, aus Eigengesetzlichkeit über Jahrhunderte. Hier treten weitere Termini der Komplexität auf. Man spricht von Rückkoppelung, mehrseitiger und rekursiver Kausalität, inneren Bedingtheiten und Stabilitätsprinzipien.

Damit berühren wir aber schon die Ebene der Forschung, der Diskussion und Kontroversen, und ich verlasse damit vorerst diese allgemeine Bestimmung von Komplexität.

(b) *Komplexität tritt überall in Erscheinung.* Im Grunde entspricht schon eine chemische Verbindung, selbst ein schwereres Atom, den Bedingungen polymorpher Strukturen und funktioneller Wechselwirkung. Sie fehlt nur dort, wo Teile noch in keine Beziehung getreten sind oder wo wir eine solche Wechselwirkung zerlegten oder zerstörten. Ihre Geschichtlichkeit ist dagegen undeutlich.

Auszuschließen ist die Ansammlung beziehungsloser Anhäufungen ohne Wechselwirkungen, wie im frischen Müll und ebenso der Mangel an Polymorphie, wie im gesiebten Sandhaufen. Aber schon ein Sandstrand ist ein komplexes System. Ferner ist reine Redundanz auszuschließen, wie im Punkteraster, aber auch reine Redundanzlosigkeit, wie in der Schutthalde und geschichtslose Zufälligkeit, wie im Glasbruch. Es ist auffallend, wie viel an solcher Beziehungslosigkeit und Chaos eine Zivilisation produziert.

(c) *In der Bedeutung der Komplexität* für die Kreatur kehrt sich das erwähnte Verhältnis um. Wir leben nur von Komplexität. Das ist in einem Sinne trivial, da wir selbst komplexe Systeme sind. Denn schon ein Lichtquant mag genügen, einen Melanozyten in der Haut zu aktivieren oder über die Retina folgenreiche Handlungen auszulösen. Und was immer aus unserer Umwelt unseren Hunger, Bewegungsdrang oder unsere Zuneigung oder Ästhetik befriedigt, ist komplex.

Unser ganzes Dasein fristen wir von Komplexität. In Abwandlung eines Wortes von Schrödinger: Wir fressen Komplexität, wir leben von ihrem Abbau.

Aber wir müssen sie auch erzeugen. Was immer Kulturen an Wertschöpfung produzieren, ob in Landbau oder Viehzucht, an Artefakten, Organisationen oder Gedanken, es sind komplexe Dinge. Und das muß auch so sein, um zum Überleben den Abbau, von dem wir leben, zu kompensieren.

(d) *Zum fachlichen Umgang mit Komplexität.* Ich sagte schon, daß das Thema der speziellen Methoden, Begriffe und Darstellungsformen bedarf. Begriffe und Darstellung werden die kommenden Buchteile entwickeln. Einen Abriß der Methoden schließe ich an. Eine Präambel sei aber noch vorgesetzt.

Es bleibt noch etwas über (d1) Synoptik zu sagen und (d2) die Haltung, die hinter dem Ganzen steht.

(d1) *Die Ambition der Synoptik* ist der üblichen, wissenschaftlichen Methode, zumal der naturwissenschaftlichen, konterkariert. Subjektiv schiebt man sie geringschätzig zu den Künsten ab oder aber schätzt die Kunst als das ‚Salz der Wissenschaften'. Es lohnt also, objektiv zu bleiben.

Wissenschaften, so heißt es, wären analytisch orientiert, aber gewiß sind schon deren Begriffe so synthetisch, wie ihre Systeme und Denkgebäude. Es ist eher ihr partikularistisches Produkt, das uns eine solche Domäne der Analytik suggeriert. Es sind Redensarten. Faktum ist freilich, daß sie unsere Welt mehr zerlegen als zusammenfügen, was man schon ihrem fortgesetzten Zerfall in Disziplinen und Subdisziplinen, Wissenschaftssprachen und Subsprachen entnehmen kann und dem Schaden, den sie der Lebensnotwendigkeit, selbst Welt und Denken als ein Ganzes zu verstehen, zufügen.

Synoptik wiederum sieht überwiegend synthetisch aus und noch dazu spekulativ. Aber was solle synthetisiert werden, wenn nicht analytisch gewonnene Bausteine? Es ist wieder das Produkt, das jenen Eindruck macht. Dieses aber ist freilich überwiegend synthetisch. Und was den Vorwurf der Spekulation betrifft, ist auch das nur ein Vorurteil. Denn in dem naturgegebenen Kreislauf aller kenntnisgewinnenden Prozesse wechseln Synthese und Analyse regelmäßig ab. Wir werden von induktiven und deduktiven Verfahren sprechen. Und Induktion hat notwendigerweise spekulative Elemente. Sie ist in aller Wissenschaft ein notwendiges heuristisches Prinzip.

Freilich ist Synoptik für den Forscher immer riskanter als die reine Analyse, nämlich in dreifacher Weise: Sie ist intellektuell riskanter, sie wird als Minoritäten-Phänomen schlecht behandelt und sie findet wenig Förderung, weil mit ihren Produkten kaum Gewinn zu machen und Einfluß zu gewinnen ist. Für das Weltverstehen einer Gesellschaft und ihren Umgang mit der Welt ist es dagegen ein Risiko, auf sie zu verzichten.

(d2) *Auf synoptische Leistungen* sind wir im Grunde trefflich vorbereitet. Es ist dies die Leistung der Gestaltwahrnehmung, die, schon zum Zweck des Überlebens, ganz automatisch und mit angeborener Sensibilität, komplexe, hochpolymorphe Gestalten zusammenzufassen wie zu sortieren vermag. Man denke nur an das Wiedererkennen von Gesichtern, Arten oder Stilen. Sie lenkt uns hervorragend durch diese komplexe Welt.

Freilich scheinen unsere Begabungen verschieden verteilt zu sein. Über die Ursachen wissen wir noch wenig. Aber das gilt auch für die gegenläufige Begabung für Mathematik und Logik. Viele Forscher nehmen eine Hemisphären-Präferenz an, indem das Individuum entweder eher seiner linken, analytisch-deduktiv dominierten Hirnhälfte vertraut oder aber der rechten, synthetisch-induktiven. Ich komme in Abschnitt 4,C darauf zurück.

Mehr aber noch ist man geneigt, die Ursache in der Akzeptanz der Erziehung in unserer Gesellschaft zu suchen, die, wie auch noch zu zeigen sein wird, die erwähnte, linkshemisphärische Schlagseite aufweist (vgl. Abschnitt 7B). Im Grunde geht es bei synoptischen Aufgaben primär um Dinge wie Motivation zur Synthese, Übung im Vergleichen und Vertrauen in deren Nutzen.

3
Warum gerade Strukturen?

Es scheint keine Funktionen ohne Strukturen zu geben, jedenfalls im Makrobereich. Erst in der Quantenphysik fließen in einem gewissen Sinne Teilchen und deren Funktionen (Energiezustand einer Welle) ineinander. Und ebenso sagt die Regel, es gäbe wohl keine Strukturen ohne Funktionen oder doch keine Strukturen, die keinerlei Wirkung täten. Wenn das so ist, warum beginne ich mit Strukturen?

Nach einer zweiten Faustregel wird erwartet, daß man Phänomene über Strukturen entdeckt und sie über Funktionen erklärt. Das mag nicht unwidersprochen bleiben. Und dennoch enthält diese Regel einen soliden Kern. Bei der Wahrnehmung von Strukturen ist nämlich wieder jene Gestaltwahrnehmung aufgerufen, bei jener der Funktionen nicht. Die Gestalten werden uns schon ganz automatisch geliefert, die Funktionen erklärend hinzuzufügen bedarf hingegen einer gedanklichen Konstruktion.

Diese Einsicht gliedert auch die Hauptteile dieses Buches und stellt, mit den Teilen 3 und 4, die uns vorbereitete Methode des Erkennens der konstruierenden Methode des Erklärens, in den Teilen 5 und 6, gegenüber.

Diese Gliederung folgt noch einem weiteren Umstand: Es stellt sich nämlich heraus, daß bei erkannten Phänomenen die Erklärung wechseln kann, ohne daß sich der Gegenstand änderte, daß aber umgekehrt, bei einer gewandelten Ansicht eines Phänomens, die Erklärung sogleich zu ändern ist. Im Komplexen ist der Vorgang des Erkennens voraussetzungshaft und der verläßlichere.

B
Über die Methoden

Mit einigen weiteren Begriffen kommen wir den hier verwandten Methoden näher. Auch sie seien im voraus bestimmt. Sie stammen alle aus der Biologie, beziehungsweise einer der Biologie nahen Psychologie und Sinnesphysiologie. Und alle haben holistischen Charakter und zugleich kognitive Ambitionen, in Wahrnehmungs- sowie in Denkprozessen ganzheitlich zu sehen (ich gebe im Folgenden einige Autoren der ‚Schlüssel-Arbeiten' an, um die Disziplinen zu kennzeichnen; erst in den anschließenden Buchteilen wird ausführlich darauf eingegangen).

Hier sind, (1) von Begriffen der Biologie ausgehend, jene von (2) Struktur und Funktion, sowie (3) Erkennen und Erklären zu referieren, um (4) den Rahmen des Argumentierens zu bestimmen.

1
Morphologie, Systemtheorie und Gestalt

Diese Denkschulen, wie unterschiedlich sie sich auch verbreitet haben, entspringen alle der Aura der Biologie

(a) *Morphologie* ist ein Begriff aus der Biologie, genauer: der ‚vergleichenden Anatomie'. Er geht auf den Mediziner Karl Friedrich Burdach zurück, wurde von Goethe entwickelt, von Oken und Owen weitergeführt und hat die ganze klassische Biologie dominiert. Daher liegt eine bemerkenswerte Literatur vor, deren theoretischer Teil den englischen Sprachraum allerdings weitgehend verlassen hat.

In der Morphologie nehme ich den ersten methodischen Ansatz. Erstens, weil in dieser Disziplin das größte Volumen an Erfahrung über Erkennen und Vergleichen gesammelt wurde. Zwei Millionen Arten mal im Mittel mindestens zehn einmaliger, anatomischer Merkmale ergeben zwanzig Millionen Begriffe – das Fünffache des Wortschatzes der größten Sprachen. Zweitens ist Morphologie, wie schon der Name sagt, die Wissenschaft von den Gestalten, genauer: deren Entschlüsselung. Sie hat damit erkenntnistheoretischen Charakter und schließt den Wechsel analytisch-synthetischer Prozesse auf. Sie begründet die Praxis der Vergleichenden Anatomie und Phylogenetik und liegt jedem Vergleich komplexer Systeme zugrunde.

Auf den der Morphologie sehr verwandten Strukturalismus komme ich bald zurück.

(b) *Die Systemtheorie* ist ebenso in der Biologie entstanden. Sie geht auf meine Lehrer von Bertalanffy und Paul Weiss in Wien zurück und untersucht die Ursachenzusammenhänge in komplexen Systemen, namentlich deren Wechselbezüge. Und im Unterschied zur Morphologie, welche nur wenig in die Kulturwissenschaften hinausgewirkt hat, ist die Systemtheorie weltweit in fast alle Wissenschaften weitergedrungen. Somit auch in das Studium kognitiver Prozesse.

(c) *Der Begriff ‚Gestalt'* enthält mehr als in der heutigen Sprechweise ‚Form', ‚Struktur' und ‚Muster'. Er kommt von ‚gestellt' und schließt das Gestalten, den Betrachter, ein, der Wahrnehmungen zu Gestalten macht. Er ist in dieser rekursiven Begrifflichkeit sehr deutsch von anderen Sprachen im genauen Wortlaut übernommen worden. Er hat ebenfalls theoretischen Charakter und ist mit der *Gestalttheorie*, zunächst durch Ehrenfels, Koffka und Wertheimer, von Österreich und Süddeutschland aus verbreitet, nach der Jahrhundertwende wichtig geworden. Diese Theorie hat etwas über die Psychologie als Disziplin hinausgegriffen, ist dem Phänomen der Wahrnehmung aber verbunden geblieben.

In den kommenden Themen bilden diese Konzepte eine Troika für den Umgang mit den synoptischen Aufgaben des Erkennens und der Strukturierung von Theorie.

2
Strukturalismus und Funktionalismus

Den Methoden der Morphologie, weil von Gestaltwahrnehmung gestützt, wurde bald nicht mehr nachgegangen, sie wurde wieder intuitionistisch betrieben und mit Vergleichender Anatomie verwechselt. Und da ihre Theorie weitgehend im deutschen Sprachraum verblieb, ihr Gegenstand aber wieder deutlich und unverzichtbar wurde, hat sie, wenn auch noch keine Renaissance, doch ein thematisches Substitut gefunden.

Stellen wir dem (a) Strukturalismus seinen (b) Widerpart entgegen und orientieren uns über den (c) Bezug zwischen den beiden.

(a) *Der Strukturalismus* ist in der französischen Sprachwissenschaft entstanden, von Lévi Straus (1968) auf den Entwicklungspsychologen Piaget (1973) und von dort in zeitgenössische, englischsprachliche Autoren weitergegangen.

Im Strukturalismus ahnt man den Zusammenhang mit der Morphologie, beruft sich auf Geoffroy Saint Hillaire und die englischen Autoren Owen, Gregory Batson, D'Arcy Thompson und Waddington, spricht wieder von Ganzheit, Transformation, Selbstregulation, Organisation und Ordnung und vertritt zwei wichtige Ansichten. Zum einen (i) wird gezeigt, daß es neben den funktionellen Erklärungen des Neodarwinismus noch ‚innere Prinzipien' geben muß, um das Produkt der Evolution zu verstehen, zum anderen (ii) ist bemerkt worden, daß neben den diachronen, erklärenden Zugängen zum Problem auch synchron ‚beschreibende' zu postulieren sind, um den Phänomenen der Evolution näher zu kommen.

(i) Ersteres sind Termini aus dem Holismus und der Systemtheorie, die sich über den Neodarwinismus lagerten,

(ii) letzteres betrifft annähernd die Unterscheidung erkennender und erklärender Zugänge, nach welchen ich die Hauptteile des Buches, die Teile 3 u. 4, den Teilen 5 und 6 gegenüberstellen werde. Es sind im wesentlichen Autoren ab der Achtzigerjahre, wie Mae-Wan Ho (1984), Hughes u. Lambert (1984), Rieppel (1990) und Webster u. Goodwin (1984). Der methodische Unterschied ist nicht aufgeklärt worden. Man denkt, es handle sich um Redeweisen, ‚ways of seeing' und hat eine ‚rational morphology' im Auge, womit nicht ‚rational' gemeint ist, weil das Wort auch noch ‚vernünftig', ,praktisch', sogar ,zweckmäßig' einschließt. Es muß auf die Bestimmung der Methoden ankommen. Diese will ich aufklären.

(b) *Unter Funktionalismus* summiert man, was der main stream der Naturwissenschaften schlechthin als Paradigma enthält. Einen noch immer weitgehend reduktionistischen Kausalismus, für die Evolutionstheorie die Erwartung, daß Zufallsmutationen und Selektion durch das Milieu eine zureichende Erklärung böten.

(c) Freilich ist *der Wechselbezug* der beiden Richtungen zu bedenken. Man spricht auch schon gelegentlich von einem ,funktionellen Strukturalismus'. Denn natürlich werden Strukturen Funktionen hinzugedacht, und nie werden im makroskopischen Bereich und zwar von der Physik bis zu den Produkten der Kultur, Funktionen ohne strukturelle Träger wahrgenommen. Erst im Bereich der Mikrophysik beginnen, wie schon gesagt, die Grenzen von Funktionen und Strukturen (Wellen und Teilchen) kognitiv zu verfließen. Vor der Vermischung der Betrachtungsweisen ist jedoch zu warnen, weil schon die Methoden grundlegend verschieden sind. Das wird uns noch ausführlich beschäftigen.

3
Über Erkennen, Erklären und die EE

Die Basis des von mir angebotenen Theorienzusammenhangs bildet die EE, die ,Evolutionäre Erkenntnistheorie' oder, noch grundlegender: die Evolutionstheorie, da die EE selbst als eine Satellitentheorie der Evolutionstheorie zu verstehen ist.

> So kann (a) diese EE helfen, die Prozesse des (b) Erkennens und (c) Erklärens zu unterscheiden.

(a) *Die Evolutionäre Erkenntnistheorie* befaßt sich mit der Erforschung der erblichen Anlage der psychischen Ausstattung des Menschen, seinen sozialen und, was im Folgenden mehr interessieren wird, seinen kognitiven Leistungen. In den Bedingungen der Anpassung an die außersubjektive Wirklichkeit, wie in der Geschichte der Organisation des Menschen, sehen wir die Ursachen dieses Produkts. Die Theorie ist von Ernst Haeckel vorhergesehen, von Konrad Lorenz entworfen und in den 70er-Jahren zunächst von Lorenz, Campbell, Vollmer und von mir weiterentwickelt worden. An dieser Stelle ist sie noch nicht näher auszuführen, weil wir uns mit ihr im Anschluß (Teil 2 und 3) sehr eingehend befassen werden.

Diese Theorie steht auch in enger Verbindung mit einer anderen biologischen Disziplin, namentlich der vergleichenden Verhaltensforschung, die selbst wieder die Theorie der Evolution voraussetzt, hat aber darüber hinaus bereits in zahlreiche Disziplinen der Natur- und Geisteswissenschaft hineingewirkt (Riedl u. Delpos 1996a), von der Theorie der Mathematik und Physik bis in die Rechtswissenschaften und die Politologie. Die EE hat mir auch mehrfache Aufschlüsse über die Methoden der Wissenschaft gebracht (Callebaut 1993) und die Einsicht, daß sich, wie erwähnt, die Methoden des Erkennens und Erklärens voneinander wesentlich unterscheiden.

(b) *Der Prozeß des Erkennens* ist ‚ratiomorph', also ‚vernunftsähnlich' und durchaus nicht rational angelegt, operiert auch weitgehend vorbewußt, ist auf das Erkennen gesetzlicher Gleichzeitigkeit ausgerichtet, noch wenig erforscht gewesen, und seine Produkte werden daher als intuitionistisch gewonnen erlebt. Diesen Prozeß werde ich aufklären (Teil 3 und 4). Das ist nützlich, weil man einerseits die Methode, in Unkenntnis ihrer Struktur, für unwissenschaftlich hält, dieselbe sich aber andererseits als grundlegend, sowie als höchst verläßlich erweist, und weil sie vor allem geeignet ist mit komplexen Phänomenen umzugehen.

(c) *Der Prozeß des Erklärens* ist zwar auch ratiomorph angelegt, operiert aber letztendlich bewußt, ist auf die Entschlüsselung gesetzlichen Nacheinanders ausgerichtet, gilt als gut erforscht, seine Produkte werden als rationale Konstruktionen erlebt, nachgerade paradigmatisch als wissenschaftlich, und in den sogenannten exakten Naturwissenschaften für allein akzeptabel gehalten. Dieser Prozeß wird (Teil 5 und 6) mit ersterem zu vergleichen und zu relativieren sein, zumal er von jenem abhängt und weniger geeignet ist, komplexe Dinge zu entschlüsseln.

4
Biologie als Rahmen des Konzeptes

Rückblickend ist leicht zu sehen, daß das meiste Rüstzeug für den Umgang mit komplexen Systemen aus der Biologie stammt. Das hat mit der dort versammelten großen Erfahrung im Umgang mit dem Komplexen zu tun, letztlich mit drei Bedingungen. Diese Bedingungen sind mit ihren Konsequenzen in Beziehung zu setzen.

> Die Biologie erlebte schon früh (a) ein Schisma der Methoden. Sie hat angeleitet, auch (b) die kognitiven Prozesse aufzurollen und (c) den Biologismus-Vorwurf zu entkräften. Daraus lassen sich (d) jene Gradienten erkennen, über welche das Schisma der Methoden zusammenhängt, ohne aber daß (e) die Methoden selbst vermengt werden dürften.

(a) *Die Methoden der Biologie* stehen an der Verbindungsstelle zwischen jenen der anorganischen und der Kulturwissenschaften. Ihre physiologischen Disziplinen, hinunter bis zur Molekularbiologie und Biophysik, operieren kausalistisch, erklärend, unterlegt mit der (allerdings unerfüllbaren) Ambition, auch komplexe Phänomene bis auf die Gesetze der Materie zurückzuführen. Die Anatomen und Systematiker dagegen operieren morphologisch vergleichend, wie zu zeigen sein wird, ‚hermeneutisch‘, einer rekursiven Methode ‚wechselseitiger Erhellung‘ folgend, die sich auch durch alle Geisteswissenschaften zieht.

An dieser Stelle beginnt die Biologie auseinanderzufallen. Sie zeigt aber gleichzeitig die hier verkappten Mißverständnisse. Daraus ergibt sich nun meine Ambition, dieses irreführende Schisma wieder zu lösen, den Zusammenhang auch der Methode aufzuschließen. Und das mit einer zweiten Ambition im Gefolge, nämlich das Schisma zwischen den exakten Naturwissenschaften und den Geisteswissenschaften wieder aufzulösen. Denn nimmt man die Aufgabe ernst, das Komplexe zu entschlüsseln, dann darf man auch vor der Komplexität der Wissenschaften selbst nicht kneifen, gewissermaßen der Nagelprobe.

(b) Sogar *Denk- und Naturmuster* müssen, wie die EE behauptet, einen komplexen Zusammenhang bilden. Es geht also letzten Endes um eine Erkenntnislehre.

Nun sind gewiß viele von uns, ohne sich um Erkenntnisfragen zu bemühen, tüchtige Erdenbürger und nicht minder erfolgreiche Forscher geworden. Es muß aber gerade in unserem Thema nützlich sein, zu erfahren, wie es uns in diesem Prozeß des Kenntnisgewinns geschieht und inwieweit sich die Strukturen unseres Denkens jenen der außersubjektiven Wirklichkeit anfügen.

(c) Unter *Biologismus* faßt man eine bestimmte Art von Vorwurf zusammen. Man wendet sich dabei gegen jene Weltsicht, in der, wie man ungenau sagt, erwartet werden würde, psychische und soziale Phänomene ganz auf biologische zurückführen zu können. Das sollte jedoch nicht geschehen. Freilich reichen alle ‚tieferen‘ Schichtgesetze durch alle ‚höheren‘ hindurch. Sie sind notwendig, aber nicht zureichend für deren Kenntnis und Erklärung.

Es ist nicht zu bezweifeln, daß die Gesetze der Physik und Chemie in Organismen wirken. Sie sind für deren Existenz sogar unentbehrlich. Gleichzeitig aber genügen sie nicht. Wahrnehmung z.B., Handlungen und Bedürfnisse sind neue, darübergebaute Qualitäten. So ist jede der einzelnen Schichten zu sehen. Vielfach sind die neuen Qualitäten auch in Spuren in ihren Konstituenten nicht zu finden. Für Logik z.B., Religion und Literatur finden sich keine Wurzeln im Tierreich. Dennoch sind die Gesetze der Biologie für die Existenz des Humanen, Sozialen und Kulturellen unentbehrlich, für sein Erkennen und Erklären ebenso notwendig wie zugleich nicht zureichend.

Dies hier festzuschreiben ist fast trivial. Und doch mag es nützen, da die Methoden und Einsichten der Biologie eine zentrale Rolle spielen werden. Denn auch ganz allgemein gilt: Die Biologie selbst hat inzwischen einen neuen Rang gewonnen.

(d) Schließlich werden wir es mit genau *drei Gradienten* zu tun haben, die, entlang des Komplexitätsgrades der Gegenstände der Wissenschaften, die beiden Methoden aufteilen.

Wir begegnen denselben in (d1) der konventionellen Reihe der Wissenschaften, (d2) in den Komplexitätsgraden des Anorganischen und (d3) in der Überlappung der Methoden.

(d1) *In der konventionellen Reihe* der Wissenschaften liegt ein Gradient vor, der sowohl für die kausalistische Methode der Anorganiker und Physiologen wie für die hermeneutisch vergleichende der Morphologen und Geisteswissenschaftler von einer jeweils typischen Ausprägung zu je einem entfremdeten beziehungsweise sinnleeren Ende leitet (Abb. 1).

Unter ‚konventionellen' Disziplinen verstehe ich jene üblichen Universitätsfächer, die sich an einen bestimmten Komplexitätshorizont ihrer Gegenstände halten. Sie entwickeln Theorien über je einen Querschnitt durch diese Welt. Ich werde später auch von ‚Längsschnitt-Theorien' sprechen, welche, wie die Evolutions-, Chaos- oder Systemtheorie, alle Schichten unter jeweils einem Gesichtspunkt zu verbinden trachten. Manche werden uns nützlich werden, gehören aber zu einem anderen Typus.

Im Rahmen der Physik ist es einschlägig, kausalistisch zu operieren, alle Phänomene auf die vier physikalischen Wechselwirkungen zurückzuführen (starke und schwache Kernkräfte, Elektromagnetismus, Gravitation). Niemand bezweifelt, daß auch die Kraftverwandlungen, welche der Kunstbetrieb voraussetzt, letztlich auf jene Wechselwirkungen zurückgehen muß. Aber die Schule z.B. des Raffael aus der Wirkung von Kernkräften und Gravitation zu erklären, wird am Kern der Sache vorbeigehen. Man wird vom Vergleich künstlerischen Gestaltens, von Gestaltwahrnehmung ausgehen, umgekehrt aber in der Physik, sagen wir der Elementarteilchen, selbst unter der Voraussetzung, daß auch in der Blasenkammer Gestalten auftreten, mit Gestaltwahrnehmung wenig anfangen können.

Eine ‚Physik der Kulturen' würde die Aufgaben der Physik ebenso wie eine ‚Atomistik der Kulturen' entfremden, und eine ‚Kultur des Anorganischen' wäre so sinnleer (Abb. 1) wie ein ‚Kulturvergleich der Atome'.

Von solchen Endpunkten aus gesehen wirkt das so selbstverständlich, daß auch die ganze Matrix trivial erschiene. Faßt man aber den Gradienten der Komplexität der Gegenstände dieser Wissenschaften ins Auge (Abb. 1), so zeigt sich, daß es für die kausalistische wie für die morphologische Methode ein Übergangsfeld der Disziplinen gibt, in deren Mitte die Biologie steht, in welcher die Methoden entweder konfligieren oder aber einander ergänzen.

(d2) Aufschlußreich sind auch die *Komplexitätsgrade im Anorganischen*. Von der Strukturchemie über die Mineralogie, die Geologie, Geomorphologie und physische Geographie nimmt das gestaltlich Wahrnehmbare

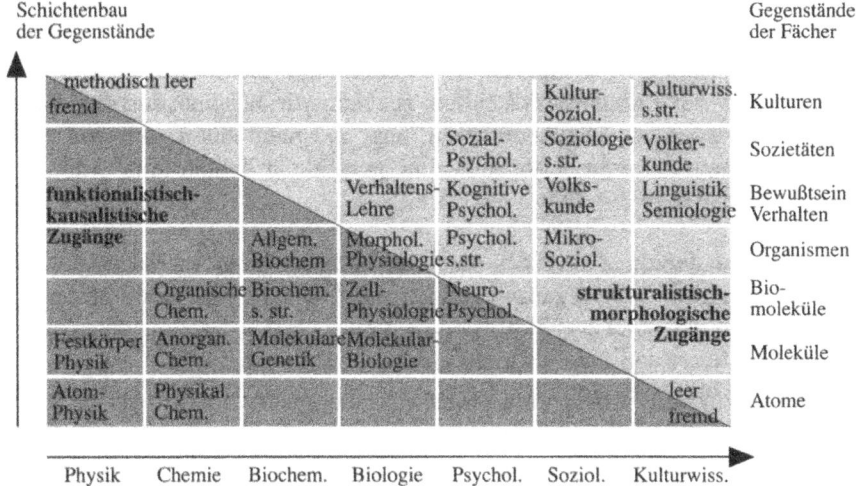

Abb. 1. *Gruppierung konventioneller Fächer* nach der Komplexitätsebene ihrer Gegenstände und dem Grad ihrer Anwendung der kausalistischen oder aber morphologischen Methode. Die sinnleeren, beziehungsweise methodisch entfremdeten Enden der Matrix sind angezeichnet. Morphologische Behandlung der Gegenstände der Physik sind leer (sie gehen an ihrer Methode vorbei). Kausalistische Behandlungen der Gegenstände der Kultur sind deren Komplexität fremd (s.str, sensu stricto)

schrittweise zu, um schließlich ganz zu dominieren. In derselben Reihenfolge nimmt die kausalistische Betrachtung ab und die strukturelle zu.

In der Mineralogie werden die Einsichten zwar schon von der Gestaltwahrnehmung angeleitet, aber viele der Strukturen lassen sich noch kausalistisch auf die Formen der beteiligten Moleküle, letztlich auf chemische Bindungsgesetze zurückführen. In der physischen Geographie, am anderen Ende der Reihe, dominiert dagegen die Gestaltwahrnehmung. Es wird zwar anerkannt, daß Form und Lage etwa der heutigen Kontinente kausalistisch auf die Verteilung von Massen in der Erdkruste, Strömungs- und Spannungskräfte zurückzuführen wäre, die rechnerische Durchführung brächte aber weniger Gewinn an neuer Einsicht als eine gute Karte Afrikas.

(d3) Das führt zum Thema der *Methoden-Überlappung*, der Möglichkeit, denselben Gegenstand kausalistisch wie zugleich auch strukturalistisch zu untersuchen. Dies wird hier nur angedeutet, weil zum tieferen Verständnis noch einiges zu erarbeiten sein wird.

Jedenfalls tritt diese Möglichkeit unter der Bedingung auf, daß den Voraussetzungen sowohl der Gestaltwahrnehmung als auch der Ursachenfrage genüge getan ist. Einerseits muß die Komplexität des Gegenstandes eine zureichende Differenzierung besitzen, um in einem ‚Feld ähnlicher Formen' den Vergleich anzuregen. Das ist schon ab dem Komplexitätsgrad der

Mineralogie gegeben. Andrerseits darf der kausal zu erklärende Ausschnitt nicht zu weit von elementaren Bedingungen abgehoben sein, um noch praktikable Aussagen zu machen. Im Prinzip kann das bis in den Komplexitätsbereich der Kulturwissenschaften reichen, wie Beispiele aus der Wirtschaftstheorie zeigen. Die Begrenzung liegt in jenem Ausschnitt, von welchem eine kausalistische, oder aber eine gestaltliche Behandlung praktikable Ergebnisse erwarten läßt.

(e) Eine *Vermengung der beiden Methoden* ist aber strikt zu vermeiden, so sehr sie einander auch ergänzen mögen. Beide bieten, wie noch zu zeigen sein wird, so verschiedene Zugänge und unterliegen so verschiedenen Weisen der Prüfung, daß eine Vermengung nur Verwirrung stiften kann.

Von der kognitiven Seite her besehen ist das merkwürdig, denn von der anorganischen bis zur kulturellen Welt entsprechen komplexe Dinge denselben Gesetzen, an welchen die Ausstattung unserer Gehirne auch ausgebildet worden sein muß. Und weil es sich daher auch zeigt, daß sich Natur- und Geisteswissenschaftler, jedenfalls experimentell, immer noch als kreuzbar erweisen.

Solang der Wirt nur weiter borgt,
Sind sie vergnügt und unbesorgt.

(Mephisto)

2 Welt und Erkenntnis als Problem

Aus der Sicht des Biologen ist das Phänomen des Erkennens, wie auch das Problem der Erkenntnis, in einer für Philosophen ungewohnten Weise aufzurollen. Das ist darauf zurückzuführen, daß den Biologen der Kenntnisgewinn schon der Tiere befaßt, den Philosophen dagegen interessierte derselbe bislang erst mit dem Menschen, der Semantik und Syntax unserer Kultur, wobei sich dies als Erkenntnisfrage sogleich mit dem Problem der Wahrheit verbindet. Wir werden dagegen feststellen, daß das Phänomen des Erkennens und Wahrnehmens erst mit dem Hellwerden des Bewußtsein und durch die bewußte, kritische Reflexion, zu den Problemen von Erkenntnis und Wahrheit geführt hat.

> So mag es nützen zu unterscheiden (A) was uns vernünftig erscheint, (B) wie Wissen erworben wird und (C) welcherart Kenntnis wir nun wohl besitzen.

A
Was uns vernünftig erscheint

Wenn man die Frage stellt, wie es kommt, daß es mit der menschlichen Vernunft so unvernünftig zugeht, so ist offensichtlich von zweierlei Vernunft die Rede. Im ersten Fall ist unser klarer Verstand gemeint, abgehoben vom dummen Vieh. In der Philosophie seit Kant meint man damit das Bilden von Begriffen und die Zusammenhang und Abschluß stiftende geistige Tätigkeit. Unvernunft faßt dagegen jenen Teil dieser Tätigkeit ins Auge, der gegen Lebenserfolg und Lebensqualität steht. Dies soll uns noch mehr interessieren.

Welt und Erkenntnis als Problem ist typisch für den Menschen. Fruchtbarkeitsfigurinen von vor zehn Jahrtausenden und Begräbnisriten, die 40 und 60 Jahrtausende zurückliegen, zeigen, daß das für den Menschen eigentümliche, metaphysische Problem früh entstanden sein muß – damals schon mit der existentiellen Frage nach dem Woher und Wohin der Kreatur.

Man kann der Ansicht sein, daß diese Frage heute nicht mehr sehr problematisch klingt. Sie scheint über die uns konkret erkennbaren Naturdinge kaum hinauszugreifen. Aber man wird einräumen, daß hinter allen Grenzen unserer Kenntnis offene Fragen verbleiben, über die nachzusinnen eben zum denkenden Menschen gehört. Sollte unser Kosmos aus einem Urknall entstanden sein, was ich als die noch akzeptabelste Theorie einmal annehmen will, dann tritt mir doch die Frage vor Augen, woher denn diese Energie, noch dazu ohne Existenz von Raum und Zeit, gekommen wäre und das, obwohl ich weiß, daß das vernünftigerweise niemand beantworten kann.

Um Metaphysik ist also nicht herumzukommen. Mit ‚spekulativer Metaphysik' können wir nicht viel anfangen, weil sie die Welt von angenommenen obersten Grundsätzen ableiten will. Aber einer ‚induktiven Metaphysik' (Hartmann 1964) muß man sich stellen, weil sie zeigt, was wir voraussetzen, wenn wir, wie in jeder Forschung, vom Bekannten ins Unbekannte weiterfragen. Metaphysik begleitet als das unvermeidliche Bestreben, ‚unerlaubte' Fragen zu stellen (etwa: Was verursachte den Urknall?), bedacht oder nicht, all unseren forschenden Antrieb. Aber ein verläßlicher Führer ist sie nicht. Man muß das hinnehmen.

Die Probleme um unser Weltverständnis liegen zwar vordergründiger, beginnen aber schon mit den Widersprüchen zwischen dem, was uns unser ererbter ‚Weltbildapparat' suggeriert und den Produkten unseres reflektierenden Bewußtseins, sie liegen also zwischen Erfahrung und Vernunft, Empirie und Rationalität. Da genau ist Stellung zu beziehen.

Wir werden uns darum vorerst (1) mit dem Bewußtsein zu befassen haben, (2) mit der Begründbarkeit des Kenntnisgewinns und (3) mit dem Unterschied zwischen Anschauung und Sprache. Denn die Differenzierung unserer Fragen und Lösungen entfaltet sich erst in deren Folge.

1
Was mit dem Bewußtsein entstanden ist

Wie sollte der frühe Mensch mit der Fülle an Rätseln umgehen, die ihn umgeben haben müssen? Wer konnte Ursache all der Unbill seiner Existenz sein und mit wem hatte man sich zu arrangieren? Mußten hinter alledem nicht Absichten stehen, wie er sie von sich und seiner Umgebung als die Ursache aller Widrigkeiten kannte?

Es entstanden, geoffenbart oder ergrübelt, jenseits der erkennbaren Naturdinge, zunächst die Götter, zu Beginn als Ungeheuer, dann ausgestattet mit allen guten und vor allem schlechten Eigenschaften des Menschen, bis sie sich in liebende Väter verwandelten und der Mensch daraufhin seine eigene Gottähnlichkeit entdeckte. Aber schon inmitten dieser Entwicklung von Weltdeutungen regte sich Kritik, so bereits unter den Vorsokratikern (vgl. Capelle 1968) an der Wurzel unserer Kultur.

Von Anaximander (611–545 v. Chr.) ist der Satz erhalten: „Ich schreibe, was meines Erachtens die Wahrheit ist; denn die Überlieferungen der Griechen scheinen mir zu zahlreich und zu lächerlich." Und schon ist das Wahrheitsproblem entstanden, hat bald viele Ausprägungen angenommen und uns nicht mehr verlassen. Man kann es in seinen widersprüchlichen Formen auch als Dilemma formulieren. Ich werde in Abschnitt A3 darauf zurückkommen.

(In der Philosophie der Moderne haben Kierkegaard dies als Existenzproblem entwickelt, Nietzsche und Dilthey zur ‚Lebensphilosophie' gemacht, Sartre zu einer Art Nihilismus, Heidegger und Jaspers zu ‚Existenzialphilosophie'. Der Einfluß auf die Literatur war groß, auf die Wissenschaften gering. Ich verfolge das Thema hier nicht weiter.)

Aus der skizzierten Entwicklung folgt für unser Thema die Frage, auf welche Weise wir eigentlich zu erkennen vermögen. „In welcher Weise", wie man sich philosophisch ausdrückt, „die Übertragung der Bestimmungsstücke des Objekts auf das Subjekt erfolgt."

2
Die denkbaren Begründungen des Erkennens

In irgendeiner Art muß eine Beziehung der Sinne und des Denkens des Menschen zur außersubjektiven Wirklichkeit bestehen. Und es ist interessant, daß in unserer Kulturgeschichte bislang nur wenige solcher Begründungsversuche zu einem durchdachten System entwickelt wurden.

Zur Einführung will ich (a) die transzendente, (b) die transzendentale und (c) die evolutionäre Methode nebeneinanderstellen.

(a) Der älteste Entwurf ist von Platon (427–347 v. Chr.) in seiner *Ideenlehre* entwickelt worden. Vereinfacht gesagt nimmt er an, daß es jenseits der physischen Welt Prinzipien gäbe, an welchen sowohl die Dinge der außersubjektiven Wirklichkeit als auch die ‚Seele' des Subjekts ‚teilhabe'. Diese hinter allem stehenden Ideen würden sich in unseren Begriffen abbilden. Man nennt dies ein ‚transzendentes', also über die physische Welt ‚hinübersteigendes' Prinzip. Es hat in der Tradition der idealistischen Philosophie und des Christentums bis heute überdauert.

Von Aristoteles (384–322 v. Chr.) stammt eine weltlichere Deutung. Er hat angenommen, daß die ‚Teilchen', die unsere Sinne zusammensetzen, mit jenen der Außenwelt eine Ähnlichkeit besitzen, so daß sie auf solche Weise zusammenpassen. Man kann geteilter Meinung sein, ob damit eine komplette Erkenntnistheorie gegeben sei. Im Grunde ist es aber jene Annahme, die Naturwissenschaftler landläufig voraussetzen.

(b) Von Kant (1724-1804) ist eine auf die Möglichkeiten der Erfahrung gestützte Theorie entwickelt worden, ein Begründungsversuch, den er als ‚transzendental' bezeichnet. Alle Erkenntnis entstünde zwar über die Sinne, es müssen ihnen aber die Anschauungsformen von Raum und Zeit, sowie auch jene Verstandeskategorien *a priori* (also im voraus) gegeben sein, welche sich als die Voraussetzung jeder möglichen Erfahrung, aus der Erfahrung selbst hingegen eben nicht begründen lassen. Diese Auffassung hat in der folgenden Geistesgeschichte große Wirkung getan, wiewohl sie gerade diese *Apriori* nicht begründen kann.

(c) Die Unbegründbarkeit noch dazu unleugbarer Voraussetzungen unseres verständigen Umgehens mit der Welt lassen den Biologen nicht ruhen. Ernst Haeckel hat die Lösung vorhergesehen, und als Konrad Lorenz im ‚Nachschatten' Kants in Königsberg auf einen Lehrstuhl für vergleichende Psychologie berufen wurde, ergab sich die Herausforderung für eine Lösung. Heißt ‚der Kreatur vorgegeben' in der Biologie nicht ‚angeboren'? Und so müßten angeborene Anschauungsformen aus demselben Grund in die Welt passen, aus welchem die Flosse des Fisches ins Wasser paßt, noch bevor er aus dem Ei geschlüpft ist (Lorenz 1941). Die *Apriori* der Keimesentwicklung können *a posteriori*-Lernprodukte der Stammesentwicklung sein – ein Produkt der Adaptierung. Eine evolutionäre Erkenntnislehre war entstanden und begann sich mit den Büchern von Lorenz (1973), Vollmer (1975) und von Riedl (1980) zu verbreiten.

Die adaptionistische Erklärung der uns angeborenen Anschauungsformen und Kategorien erwies sich zwar als Voraussetzung der Lösung, aber noch nicht als ausreichend. Sie ist bald durch ein konstruktivistisches Element in dem Sinne ergänzt worden (Riedl 1995), daß die Geschichte jedes biologischen Systems seinen Adaptierungsmöglichkeiten Grenzen setzt. Wir werden aus dieser Perspektive auch Mängel unserer Adaptierung aufschließen.

Philosophen (Engels 1989, Pöltner 1993, u.a.) sind dieser Begründung der Erkenntnismöglichkeit aus der Evolution der Organismen (Übersicht in Riedl u. Wuketits 1987) mit Skepsis begegnet. Aber viele Wissenschaften haben aus ihr schon Nutzen gezogen (Riedl u. Delpos 1996a). Und es kann sein, daß, wie im Zuge der Geschichte üblich, wieder ein philosophisches Problem wissenschaftlich aufschließbar geworden ist.

3
Anschauungsformen versus Kommunikation

Neben den Bedingungen des Erkennens müssen wir uns noch den Konditionen unserer Sprache, im Grunde unseres Sprachdenkens, zuwenden, weil dieses einen sehr merkwürdigen Einfluß darauf nimmt, wie wir meinen die Welt sehen zu müssen und wie wir mit ihr umgehen.

> Um sich in diesem Thema in einfacher Weise zu orientieren, soll (a) von Adaptierung, (b) von deren Grenzen und (c) von den Formen und der Entwicklung der Selektionsbedingungen getrennt die Rede sein.

(a) Es wird sich als relativ leicht nachvollziehbar erweisen, daß unsere Anschauungsformen *adaptiv* entstanden sind. Man kann zeigen, daß sich unter allen denkbaren Programmen, die in unserem Weltbildapparat entstanden sein konnten, jene genetisch verankert haben, die uns mit dem geringsten Aufwand an Herstellung, Zupassung und Betrieb in einer zum mindesten arterhaltenden Weise durch die Lebenswelt eines Naturmenschen lenken. Das betrifft die Anschauungsformen von Raum und Zeit im Sinne Kants, aber auch die Kategorien, kognitive Prozesse, die wir in unserer Terminologie Anschauungsformen nennen.

Es ist für unsere Lebenswelt vernünftig, die Zeit als eindimensional, den Raum aber davon unabhängig als dreidimensional zu verrechnen, obwohl in megakosmischen Dimensionen diese Vorstellung durch den Nachweis eines allgemein gültigen – also auch mesokosmischen – Raum-Zeit-Kontinuums widerlegt wird. Aber unsere physiologische Uhr tickt nur in einer Dimension und selbst sind wir nach drei davon unabhängig empfundenen Raumachsen gebaut. Gleiches werden wir bei den kognitiven Prozessen finden, die ich in der Form von vier angeborenen Hypothesen, nämlich den Hypothesen vom ‚anscheinend Wahren', vom ‚Ver-Gleichbaren', von den ‚Ur-Sachen' und vom ‚Zweckvollen' beschrieben habe (Riedl 1980). Ihr Zusammenwirken bildet den angeborenen, auch dem Menschen großteils nicht bewußten, ‚ratiomorphen' Weltbildapparat (Lorenz 1973), ratiomorph, weil er vernunftsähnlich operiert, mit Vernunft aber nichts zu tun hat. Ich komme auf all dies ausführlich zurück.

Das betrifft nun auch unsere Anpassungen an das soziale Leben: Gruß-, Imponier- und Demutsgebärden, Tötungshemmung u.a. (Lorenz 1974, Eibl-Eibesfeldt 1984), wie diese für die Gruppenstrukturierung wichtig und entsprechend wieder von arterhaltender Bedeutung sind. Hier aber müssen wir mit den kognitiven Prozessen fortsetzen.

(b) Weniger leicht ist es, die *Einschränkungen* zu erkennen, welchen diese Anpassungen unterliegen. Ich werde sie daher getrennt und im Zusammenhang mit den zu schildernden vier angeborenen Hypothesen (Teil 3 und Abschnitt 5,A) darstellen.

(c) Ein Drittes ist es, *die Entwicklung* der Anschauungsformen von jenen der Kommunikation, Sprache und Logik zu unterscheiden. Um dies tun zu können, muß schon an dieser Stelle von Formen der Selektion und von den Constraints, den Grenzen der Anpassung durch Systembedingungen im Organismus, die Rede sein.

Es bewährt sich in diesem Thema (c1) Anschauungsformen, (c2) Kommunikation und (c3) die Konsequenz der Unterschiede von Anschauung und Sprache getrennt darzulegen.

(c1) Die *Anschauungsformen* sollen uns auf die außersubjektive Wirklichkeit richtig reagieren lassen. Das verläuft über jenen Anpassungsvorgang, bei welchem die zu erreichende ‚Korrespondenz' mit dem Milieu der treibende Faktor ist. Erst in zweiter Linie entscheiden die Bedingungen der Organisation, die funktionalen Wechselbezüge oder ‚Kohärenzen' in jedem Organismus, was an Anpassung realisiert werden kann und wenn, in welcher Weise.

22 Welt und Erkenntnis als Problem

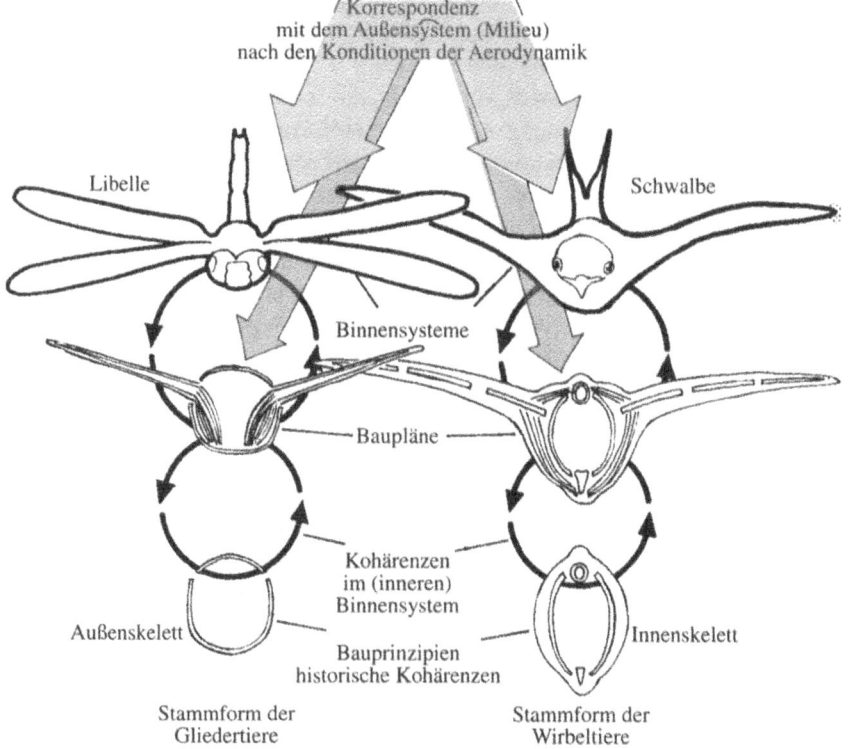

Abb. 2. *Korrespondenz und Kohärenz*. Das Zusammenwirken der Außen- und der Binnenbedingungen, am Beispiel der analogen Weise das Fliegen zu lösen. Man beachte, daß die Bedingungen der Korrespondenz, nämlich der Aerodynamik zu entsprechen, für Libelle und Schwalbe fast identisch sind, die Bedingungen der Kohärenz von Bauplan und Bauprinzip aber zu verschiedenen Lösungen führen (nach Riedl 1992, ergänzt)

Ich will dies an einem anatomischen Beispiel illustrieren: Fliegen zu können bietet große Vorteile. Viele Insekten und die Vögel haben diesem Selektionsdruck entsprechen können. Teile ihrer Organisation korrespondieren nun mit Bedingungen der Aerodynamik (Abb. 2). Man bedenke aber, in welcher Weise die Kohärenzen verschiedener Baupläne, beispielsweise von Libelle und Schwalbe, zu sehr unterschiedlichen Lösungen geführt haben.

Schon dies soll darauf hinweisen, daß unsere eigenen Lösungsfindungen, wie die Lösung des Fliegens der Libelle, jeweils nur eine Lösung unter vielen sein kann. Denn solcherart Constraints lenken auch die Entwicklung unseres Sensoriums. Der Rundumblick, wie ihn z. B. die Libelle erreicht, ist uns verwehrt. Selbst das Scheitelauge hat sich (wohl aus ‚Verdrahtungs'-Schwierigkeiten) nicht durchgesetzt (der Rückspiegel bietet dafür Ersatz). Zwei Zahlenreihen gleichzeitig zu speichern, wäre uns nur mit zwei ge-

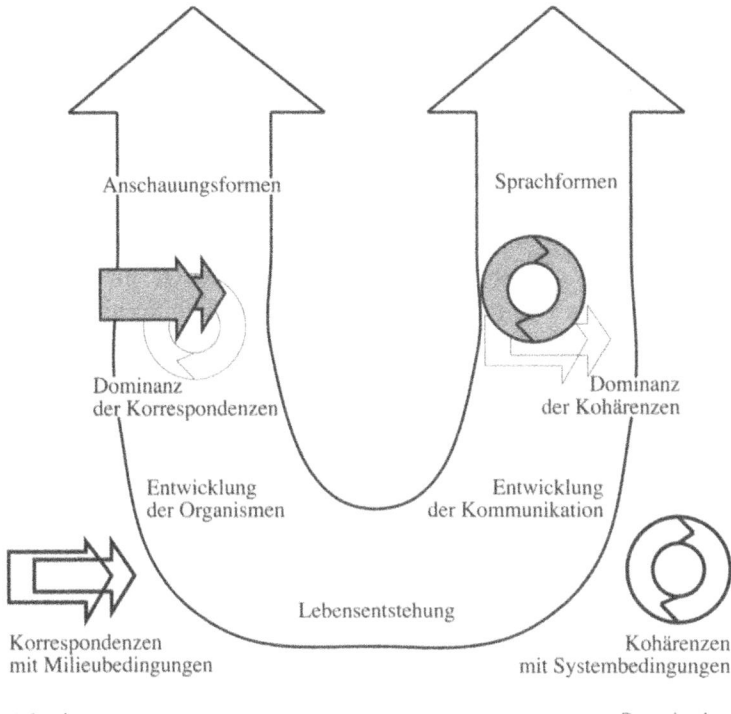

Abb. 3. *Dominanz der Korrespondenz- und Kohärenzbedingungen* in der Entwicklung von Organisation oder aber Kommunikation im Binnensystem der Gruppe (Prinzipskizze; das biologische Beispiel in Abb. 2). Die Ausführung der Entwicklungsbahnen in Abb. 4

trennten Speichern möglich. Auf die Grenzen der höheren Leistungen komme ich noch zurück.

(c2) Bei der Entwicklung der *Kommunikation* liegen die Prioritäten der Selektionsbedingungen umgekehrt. Kommunikation dient dem Verkehr zwischen Individuen. Sie beginnt mit den zweigeschlechtlichen Einzellern und hat sich bis zum gegenseitigen Erkennen der Spermien und Eizellen des Menschen, in chemischer Kodierung, erhalten. Der Selektionsdruck liegt auf den Kohärenzen, dem Erreichen verläßlichen Erkennens und verläßlicher Verständigung (Abb. 3).

Mit dem Milieu haben die verwendeten Kodizes nicht mehr zu tun, als daß sie in diesem transportierbar sein müssen. Und über das Milieu wird nichts mitgeteilt. Erst viel später, als über die Fernsinne, Ohr und Auge, die Körpersprache und schließlich die Lautsprache hinzukommt, werden bei manchen Vögeln und Säugern auch Mitteilungen über das Milieu: ‚Achtung Feind!' oder ‚Komm! Futter' einbezogen.

Vorerst geht es auch in der Körpersprache nur um einen Ausdruck der eigenen Befindlichkeit, welcher für den Beobachter zur Mitteilung werden kann. Und auch die Signale, die verwendet werden, um über das Milieu korrespondierende Mitteilung zu machen, haben keinerlei Ähnlichkeit mit Feind oder Futter. Und bei solcher Symbolik bleibt es auch in unserer Sprache. Den wenigen, lautmalenden, ‚onomatopoetischen' Worten (wie ‚rumpeln' oder ‚zischen') bleibt nur eine untergeordnete Rolle.

Daher wird dieselbe Mitteilung, z.B. ‚Da ist ein Feind', von unseren Dohlen, meinem Hund, selbst Englisch oder Französisch höchst verschieden kodiert. Erst die Kenntnis der aus Kohärenzbedingungen entstandenen Kodizes läßt die Korrespondenz mit dem Milieu verstehen. Eine Übersicht der Entwicklungsbahnen zu den Anschauungs- und Sprachformen gibt die Abbildung 4. Die Einzelheiten benötigen wir vorerst noch nicht. Aber später zu verwendende Termini finden sich hier in ihren Bezügen geordnet.

(c3) Diese Differenzierung der *zwei Evolutionsprozesse* gewinnt für unsere Erkenntnisfragen Gewicht. Es stellt sich heraus, daß sich in den wichtigsten erkenntnistheoretischen Fragen je eine alternative Lösung anbietet (Riedl 1994).

Und zwar hinsichtlich der (i) Herkunft des Wissens, der (ii) ‚primären' Wirklichkeit, der (iii) primären Quellen der Wahrheit, der (iv) Ursachen der Dinge, des (v) Primats von Induktion oder Deduktion, sowie von (vi) Adaptierung oder Organisation. Indem man (i, ii) entweder der Wahrnehmung oder aber Vernunft und Ideen vertraut, sowie deren Spielformen: der (iii) Korrespondenz der Anschauung mit der Wirklichkeit oder der Widerspruchsfreiheit der Logik, indem man (iv) die Welt aus Antrieben oder aus Zwecken verstehen will, aus (v) Theorien oder aus Beweisen, aus (vi) Anpassung oder gedanklicher Konstruktion.

Dieses Thema hier aufzurollen würde mehr Interpretation an Philosophiegeschichte notwendig machen, als wir es für unser Thema an dieser Stelle benötigen, denn es wird sich zeigen, daß man stets des Zusammenwirkens beider alternativer Positionen bedarf. Ich gebe darum (Abb. 5) nur ein Beispiel aus den ‚Quellen der Wahrheit', um das allgemeine Problem anschaulich zu machen. Dieses zeigt, daß mit der Annahme je einer der Alternativen konzeptionelle Bürden (B) für die Weiterentwicklung einer solchen Ansicht entstehen, die zu Verengungen oder Constraints (C) führen und zu einer Determination (D), zu BCD-Serien, einer der alternativen erkenntnistheoretischen Haltungen.

Faßt man die BCD-Serien der sechs Grundfragen nach ihren Alternativen zusammen (Abb. 6), so ergeben sich zwei Hauptströmungen der Auffassung von Erkenntnis, die mit nur wenigen Querverbindungen durch unsere Geistesgeschichte ziehen: Im Gesamtzusammenhang je eine empiristische und eine rationalistische Strömung (Einzelheiten in Riedl 1985).

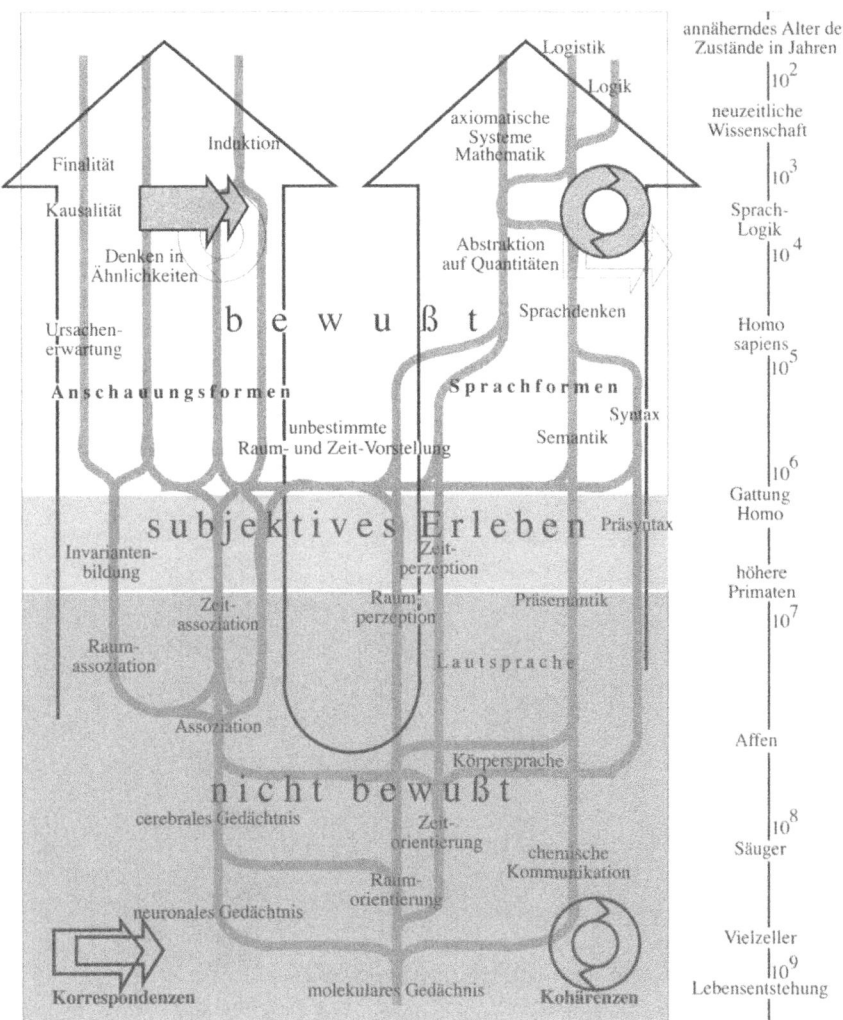

Abb. 4. *Die Entwicklung der Anschauungs- und der Sprachformen*, dargestellt nach den Stadien der Geschichte, den wesentlichsten Entwicklungsbahnen und deren Verknüpfung. Man beachte die Zeitskala und die Dominanz der Korrespondenz- und der Kohärenzbedingungen

Eine solche Darstellung ist in der Philosophiegeschichte nicht üblich (zur Orientierung: Eisler 1927–1930, Ritter ab 1971, Mittelstrass 1980–1984, Sandkühler 1990 oder Vorländer 1990). Man interessiert sich mehr für die Geschlossenheit und Originalität der einzelnen philosophischen Systeme, während es mir auf die Kontinuität der zugrundeliegenden Paradigmen ankommt und hier vor allem (Abb. 6) auf eine Übersicht der zu verwendenden Termini. Dabei versteht es sich, daß weder Empiristen an der Existenz von Vernunft zweifeln, noch selbst extremste Rationalisten

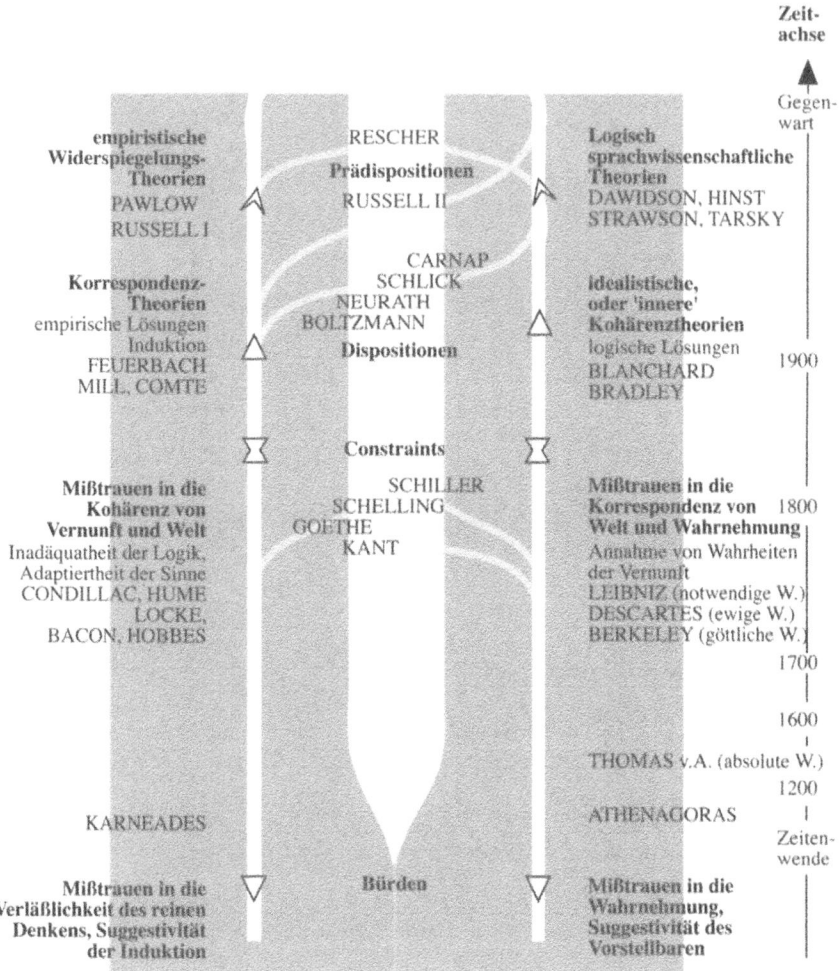

Abb. 5. *Serien aus Bürden, Constraints und Dispositionen* (BCD-Serien) in der Philosophiegeschichte, am Beispiel der ‚Quellen der Wahrheit'. Man beachte, neben den wenigen Übergängen, die unterschiedlichen Bürden, entweder den Sinnen oder dem Verstand vertrauenden Ansätze, das Entstehen zweier Hauptströmungen, mit ihren einseitigen Constraints, den daraus folgenden Dispositionen und Prädispositionen, die auch weiterhin aneinander vorbeizuziehen haben (nach Riedl 1994). Die Einbettung in den Gesamtzusammenhang (und die Symbole nochmals) in Abb. 6

ganz ohne Bezug auf die Erfahrung argumentieren. Dennoch behält in den typischen Positionen eine der Denkarten Priorität.

Im ganzen Gebiet der Empirie gilt vernünftigerweise das als verläßlich, was sich aus den abgeleiteten Prognosen an der Erfahrung lückenlos bestätigt. Dies ist ein kybernetischer Prozeß allmählicher Optimierung. Auf das Paradigma dieses ‚Empirismus' komme ich extra noch zurück.

Was uns vernünftig erscheint 27

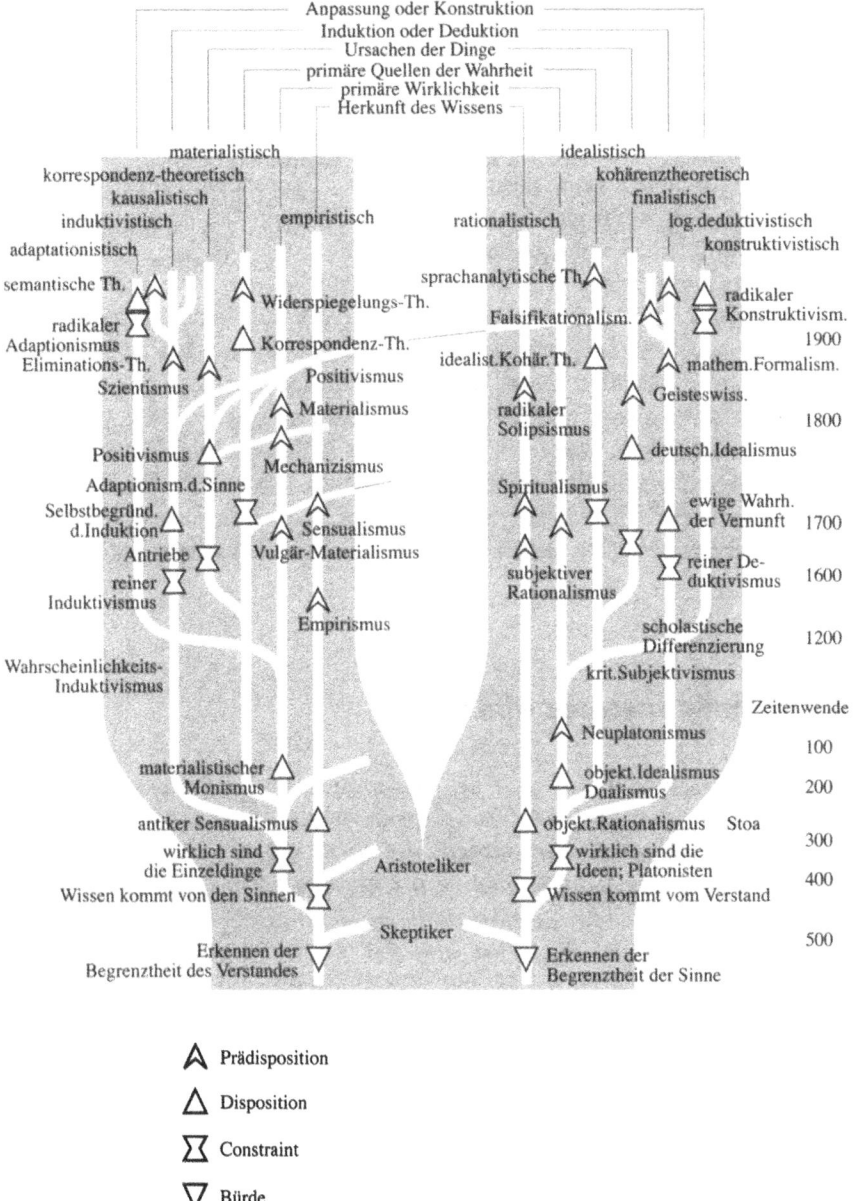

Abb. 6. *Entwicklung der empiristischen versus rationalistischen Achsen* in unserer Kulturgeschichte, wie diese aus den Anleitungen durch die angeborenen Anschauungsformen versus jener durch Kommunikation und Sprache entstanden sind. Zusammengesetzt aus den Bahnen alternativer Lösungsversuche. Die wenigen Übergänge sind nun angedeutet (vgl. Abb. 5; nach Riedl 1994)

Die uns nicht minder angeborenen Formen der Kommunikation lassen etwas ganz anderes erwarten. Hier gilt als vernünftig und verläßlich, was sich, innerhalb eines gedachten Zusammenhanges, nicht widerspricht. Das bestimmt unsere Erwartung in einem Bereich des Denkens, der zum ‚Rationalismus' wurde. Er ist mit der klassischen Logik entstanden, nämlich aus dem Bedürfnis, die Widersprüche, die unserer ratiomorph vorbereiteten Sprache möglich sind, rational zu tilgen. Demselben Bedürfnis folgen auch große philosophische Systeme sowie Theorien der Mathematik, mit dem wiederum nicht einlösbaren Wunsch, die innere Widerspruchsfreiheit des Systems zu beweisen (vgl. z. B. Gödel 1931).

Den Unterschied zwischen den prädominant auf Korrespondenz oder aber auf Kohärenz drängenden Selektionsbedingungen hat man bislang noch zu wenig beachtet. Es ist darum verständlich, warum die empiristischen und rationalistischen Strömungen, wie sie unsere ganze Geistesgeschichte durchziehen, weiterhin in einander widersprechenden Positionen der Wahrheitsfindung verharrten (Riedl 1992). Ich werde im Folgenden primär der empirischen Erfahrung vertrauen und nicht zögern, auch nach dem Wahrheitsgehalt der Logik zu fragen, sobald das unser Thema erfordert.

B
Wie Kenntnis erworben wird

Die EE unterscheidet sich von den transzendenten und transzendentalen Begründungen der Erkenntnismöglichkeit durch ihren empirischen Zugang. Nichts soll ausgesagt werden, das nicht durch Erfahrung bestätigt werden kann. Zugegebenermaßen ist die EE eine Satellitentheorie der Evolutionstheorie. Das heißt, sie setzt diese voraus und steht und fällt mit derselben. Heute aber ist die Lehre von der Evolution gut gesichert. Trotz mancher Mängel und trotz der von ‚Kreationisten', aber einmal auch von Karl Popper geäußerten Bedenken, es handle sich nur um ein ‚metaphysisches Forschungskonzept'. Aber auch Popper hat diese Haltung wieder verlassen. Ich nehme die Evolutionstheorie als eine Theorie von größter Wahrscheinlichkeit (Riedl 1996) und als zureichend etabliert.

Natürlich läßt sich die Evolution nicht wiederholen. Es ist sogar eines ihrer Kennzeichen, daß ihr Gang nicht wiederholbar ist. Experimentelle Nachweise sind darum nur im engsten Kreise von Arten und nächster Verwandter möglich. Wir werden weiterhin auf Indizien angewiesen sein, die sich aber zu Graden von Wahrscheinlichkeit verdichten, die an Gewißheit grenzen. Ganz entsprechend unserem Vertrauen auf den Umlauf der Erde, ohne daß jemand hätte experimentell eingreifen können.

> Ich will nun zeigen (1) in welcher Weise sich Kenntnisgewinn abspielt, (2) was er bringt und (3) was ihn beflügelt.

1
Die Ebenen des Kenntnisgewinns

Drei Ebenen des Kenntnisgewinns sind zu unterscheiden. Die genetische, die assoziative und die kulturelle. Sie bauen auch aufeinander auf und setzen einander voraus. Das mag noch selbstverständlich erscheinen. Interessant ist aber der Umstand, daß sich in allen drei Ebenen ein und dasselbe Prinzip wiederholt.

Das ist auch der Grund, weshalb hier schon die erste terminologische Hürde zu nehmen ist: Sie beruht darauf, daß wir mit einer Längsschnitt-Theorie operieren, unsere sprachlichen Begriffe aber für Querschnitte durch einzelne Komplexitätsschichten dieser Welt konzipiert sind. Man mag geneigt sein, einen Begriff wie ‚Lernen der Gene' als Metapher zu nehmen. Tatsächlich aber werden sich alle kenntnisgewinnenden Vorgänge zum mindesten als ganz entsprechende Prozesse erweisen.

Wir müssen, wollen wir die Zusammenhänge richtig bezeichnen, Begriffe wie ‚Kenntnisgewinn' und sogar ‚Lernen' und ‚Lernerfolg' bis in die Schichte von Adaptierung und Organisation im genetischen Gedächtnis erweitern und in der Gegenrichtung Begriffe wie ‚Erhaltungsbedingungen', ‚Selektion' oder ‚Elimination' funktionsentsprechend auch noch in den Schichten der Kultur zulassen.

> Hier seien zunächst die in allen drei Ebenen repräsentierten Kennzeichen dargestellt. Es handelt sich dabei um den (a) Aufbau (b) zweiseitiger, (c) iterativer, (d) Schraubenprozesse (Riedl 1980, vgl. Abb. 7).

(a) *Der Aufbau* besteht darin, daß das Lernen der Gene von der adaptiven Herstellung der Strukturen und Funktionen unseres Körpers bis zur Ausbildung erfolgreicher Reflexe führt. Diese können konditioniert, das heißt mit weiteren Wahrnehmungen verknüpft werden. Man kennt das von den Schnecken bis hin zum Menschen.

Im einfachsten Fall kann z. B. unser Lidschlußreflex, den schon ein Luftstrahl auf die Cornea auslöst, über einfache Nervenbahnen mit einem zweiten (bedingten) Reiz verknüpft werden. Läßt man im Versuch knapp vor dem Luftstrahl regelmäßig eine Glocke ertönen, so wird nach einigen Wiederholungen das Lid schon beim Glockenton schließen. Solche Verknüpfung sich wiederholender Koinzidenzen, man spricht von ‚bedingten Reaktionen' oder von ‚Konditionierung', bildet die Grundlage allen assoziativen Lernens, bis ins unreflektierte Experimentieren.

Macht man diesen Vorgang bewußt, so erkennt man, daß aufgrund vergleichbar erscheinender Fälle ein genereller Zusammenhang erwartet wird, den man als eine Invariantenbildung, eine Generalisierung, eine versuchsweise oder heuristische Operation beschreiben kann (Abb. 7).

30 Welt und Erkenntnis als Problem

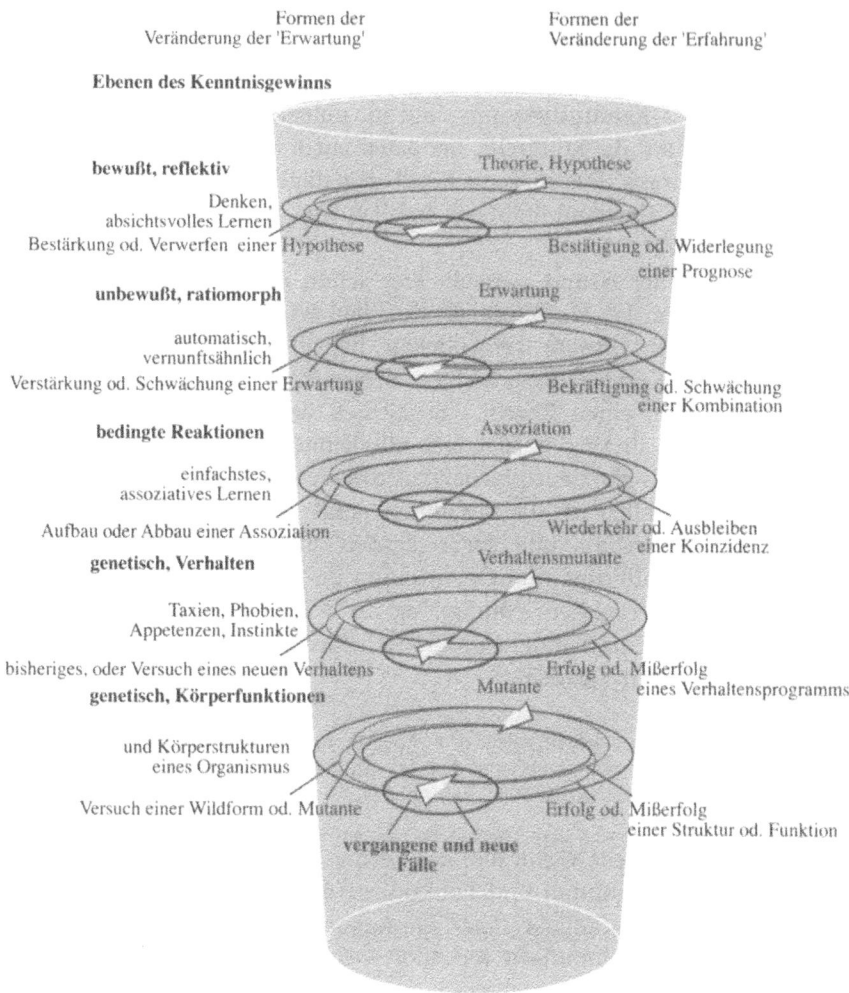

Abb. 7. *Die Schichten im Schraubenprozeß des Kenntnisgewinns* und die Beibehaltung der Grundstruktur eines Kreislaufes zwischen Versuch (Erwartung) und Erfahrung (Bestätigung vs. Widerlegung). Man beachte die über die fünf Ebenen sich wandelnde Terminologie für einander entsprechende Prozesse

(b) *Die Zweiseitigkeit* in all diesen Schichten besteht in einem Alternieren zwischen den Lösungsversuchen durch den Organismus und den Bestätigungen oder Widerlegungen durch das Milieu.

Beim Lernen des Erbgutes spricht man bekanntlich von Mutation und Selektion. Den Genen werden Änderungen appliziert, und das Milieu entscheidet über Mißerfolg oder Erfolg, also darüber, ob der Versuch entweder mitsamt seinem Träger gleich eliminiert, beziehungsweise derselbe wenigstens genetisch nicht reproduziert, also aus dem Strom der Nachrich-

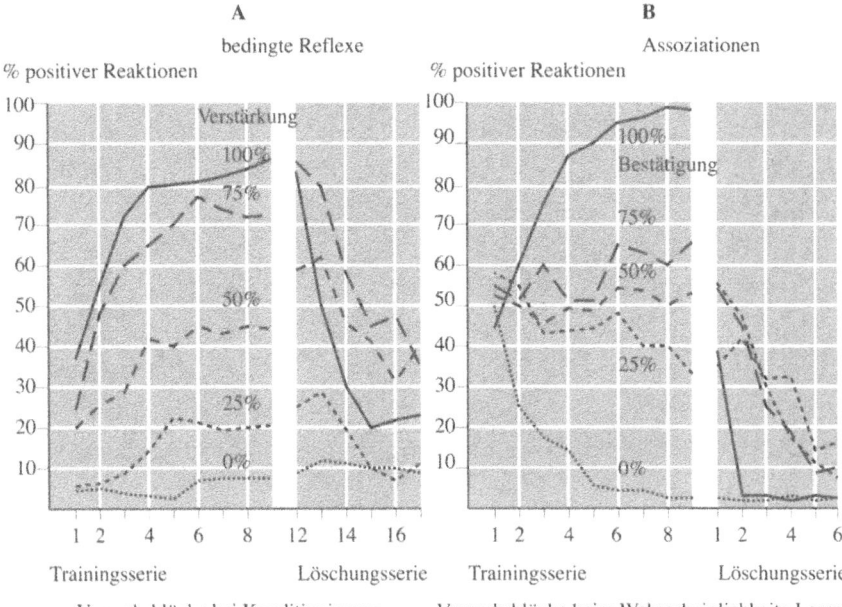

Abb. 8. *Lernen und Löschen von Reflexen und Assoziationen.* (A) Die Reaktion auf einen Zusammenhang zwischen zwei gebotenen Reizen (positive Reaktionen) entspricht allmählich der Häufigkeit, mit welcher diese Reize koinzidieren. Je regelmäßiger verstärkt wurde, umso schneller wird reagiert, aber, bei Wegfall der Bekräftigung, auch schneller gelöscht (nach Grant u Schipper 1952). (B) Die Erwartung, daß ein Ereignis auftreten werde (positive Reaktionen) entspricht allmählich der Häufigkeit der Bestärkungen. Je regelmäßiger bestärkt wurde, umso schneller wird gelernt, aber, bei Wegfall der Bestärkung wird dies ebenso schneller wahrgenommen (nach Grant, Hake u. Hornseth 1951, Gegenüberstellung aus Riedl 1992)

tenweitergabe ausgeschlossen wird, oder aber, ob der Versuch selektiert, ausgewählt wird und sich über viele weitere Tests am Milieu in der Population verbreitet.

Im assoziativen Lernen werden, und zwar schon in den Nervenbahnen, sich wiederholende Koinzidenzen zu prognostizierbaren Zusammenhängen verknüpft, sofern die dazu erforderlichen Verdrahtungen einander berühren, die Verknüpfung also architektonisch zulassen. Das ist im peripheren Nervensystem nicht immer der Fall. Z.B. ist der Patellarsehnenreflex durch Töne nicht konditionierbar. Die Bahnen vom Ohr und Oberschenkel berühren einander nicht. Und beliebtes Futter ist nur über den Nervus vagus durch Übelkeit abdressierbar, was biologisch sehr vernünftig ist. Im Gehirn dagegen scheint so gut wie alles verknüpfbar, daher auch jeder Unsinn. Fällt der bedingte Reiz aus, bestätigt sich die erwartete Koinzidenz nicht mehr, wird die Assoziation wieder gelöscht (Abb. 8), was ebenfalls höchst sinnvoll ist.

32　Welt und Erkenntnis als Problem

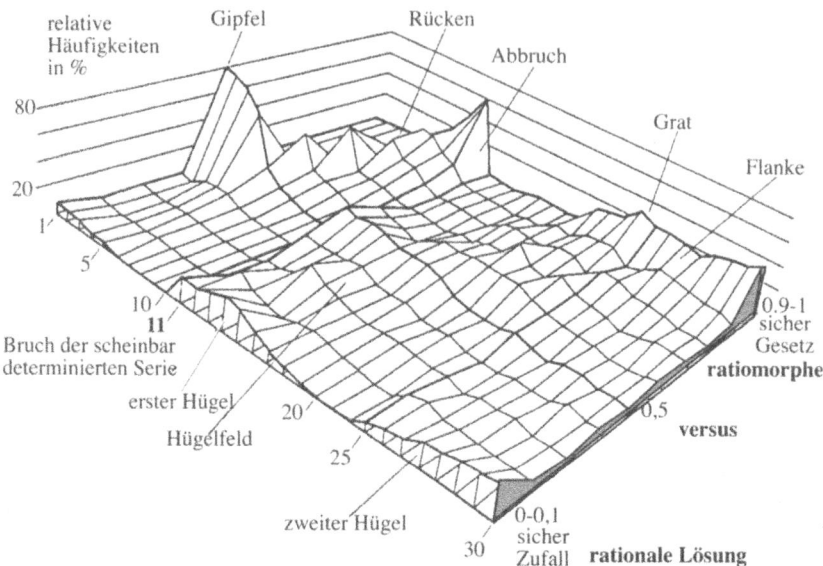

Abb. 9. *Die Entwicklung ratiomorpher und rationaler Lösungen*, dargestellt am Verhalten von Studienanfängern der Mathematik. Bei der beginnenden Regelmäßigkeit (Aufgabe im Text) schaukelt die Mehrheit der Meinungen der Erwartung von Gesetzlichkeit zu. Mit der gegebenen Unregelmäßigkeit (Ereignis 11) bricht dies ab, um sich in zwei diametrale Lösungen zu teilen (nach Riedl, Huber u. Ackermann 1991)

Im kulturellen Lernen wird in derselben Weise assoziiert, jedoch mit zweierlei Erweiterungen gerechnet. Erstens mit der Möglichkeit vom Nachbar abzuschauen. Das beginnt erst im höheren Tierreich und auch da nur zögernd (Literatur in Bugnyar u. Huber 1997) und erreicht seinen Höhepunkt in der Schulung des Menschen. Zweitens ist mit einer bewußten Verfolgung des Vorganges zu rechnen. Ich formuliere vorsichtig, weil die Reflexion alle Grade von Bewußtheit erkennen läßt.

Es zeigt sich, daß dieselbe Aufgabe, jeweils nach dem Vertrauen auf seine Anschauungsformen oder aber seine logische Reflexion zu einander ausschließenden Lösungen führt. Man wird sich dieser Trennung erinnern, wie dieselbe (Abb. 3 bis 6, Seiten 23 bis 27) schon dargestellt wurde.

Die Aufgabe bestand darin, im Laufe der Entwicklung einer Sequenz von Ereignissen (es werden alle 10 Sekunden regelmäßig: schwarz, weiß und weiß) mit einer Abweichung im 11. Glied (schwarz) anzugeben, in welchem Grade man dieselbe für gesetzmäßig oder aber für ein Zufallsprodukt hielte. Die Serie ist so angelegt, daß beide Möglichkeiten gleich (un)wahrscheinlich sind. Vernünftigerweise beginnen fast alle Versuchspersonen in Ungewißheit, neigen zunehmend zu Gesetzeserwartung, um nach dem 11. Ereignis letztlich entweder doch von Gesetzmäßigkeit oder aber vom Herrschen des Zufalls überzeugt zu sein (ein Beispiel in Abb. 9).

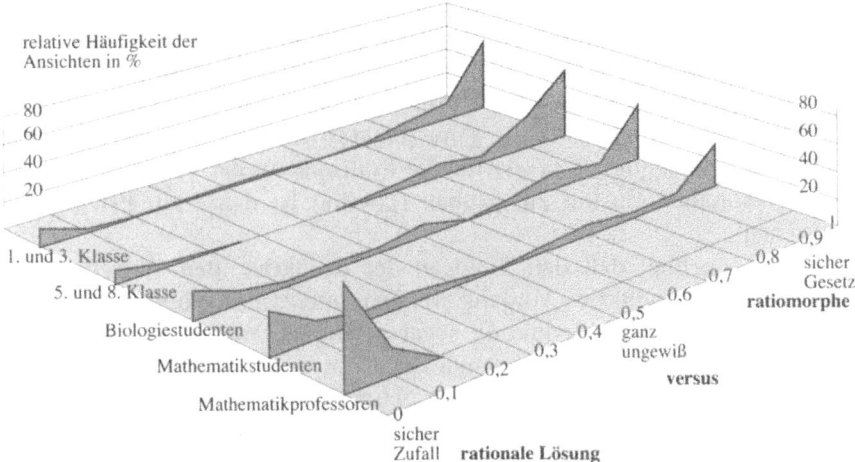

Abb. 10. *Häufungen ratiomorpher und rationaler Endlösungen* im Zusammenhang mit dem rationalen Bildungsgrad. Dieselbe Reihe von Ereignissen wird ratiomorph für gesetzmäßig, rational für zufällig erachtet (Fall der Mathematikstudenten in Abb. 9 näher dargestellt; man vergleiche die dunkel ausgewiesene Endverteilung; aus Riedl, Huber u. Ackermann 1991)

Bei der Entwicklung der Lösungsfindung zeigte sich eine Abhängigkeit von der Kenntnis und vom Vertrauen in logisch deduktive, mathematische Operationen (Riedl, Huber, Ackermann 1991, Wagner, Kratky, Ackermann 1992, Riedl 1992). Schulkinder, an einem Ende der Serie, operieren noch ganz unter Anleitung ihrer angeborenen Anschauungsformen, ratiomorph, kybernetisch, ausgebildete Mathematiker dagegen rational wahrscheinlichkeitstheoretisch (Abb. 10). Aber in allen Fällen werden aus derselben Information laufend Bestätigungen gegen Enttäuschungen über assoziativ sehr verschieden erwartete Zusammenhänge wechselverrechnet.

Wünscht man den Vorgang wissenschaftstheoretisch zu gliedern, so kann man von einer induktiv-heuristischen Kreishälfte sprechen (vgl. nochmals Abb. 7, Seite 30), in der sich aus bekannten Fällen eine Erwartung, Hypothese oder Theorie bildet. Dem gegenüber steht eine deduktiv-logische Kreishälfte, über welche die gefaßte Erwartung an neuen Fällen geprüft wird. Induktion ist vorerst begrifflich unproblematisch, sie führt vom Speziellen zum Allgemeinen, und zu Recht spricht man von induktiven Wissenschaften. Deduktion hat dagegen zwei Optionen: Man kann den Vorgang kybernetisch auffassen, wie das ratiomorph geschieht oder eben rational in der Form logischen Schließens. Das wird uns noch näher beschäftigen.

(c) *Iteration* ist ein Terminus aus der Mathematik, in der Regel ein einfacher Algorithmus, der durch seine wiederkehrende Anwendung zur Optimierung einer Lösung führt, geläufig vom Dividieren. Die Lernvorgänge sind in allen drei Ebenen iterativ. Meist sind viele, genetisch sehr viele, Kreisläufe erforderlich, bis sich ein adaptiver Treffer in einer Art durchsetzt und erhält. Das assoziative Lernen ist darin schon nachlässiger. Und das reflektive Lernen kann in ganz phantastische Ideen ausgreifen und selbst die Vorstellung als Ersatz für die Kontrolle an der Wirklichkeit nehmen. Den reinen Unsinn zu glauben (Lorenz) ist daher ein Privileg des Menschen.

Es sei angefügt, daß den Biologen der deduktive, den Wissenschaftstheoretiker der induktive Vorgang weniger interessiert. Poppers ‚Falsifikationismus' (1973a) hat Induktion sogar geleugnet. Was aber in der Natur alles falsifiziert wird und zugrunde geht, ist nicht nachvollziehbar und auch von wenig Interesse (von einem Schneckenpärchen werden Tausende Nachkommen produziert, bei gleichbleibender Population müssen alle bis auf wieder zwei in irgend einer Weise zugrunde gegangen sein). Hauptthema dagegen ist die Frage, wie die Natur stets wieder erfolgreich Neues kreiert. Wie große Geister ihre Theorien induzieren, ist kaum nachvollziehbar, wiederum Hauptthema dagegen, wie Theorien Prüfungen bestehen. Das ist der Punkt, in welchem Lorenz und Popper einander noch nicht verstanden (Kreuzer 1981 und 1982).

(d) Entscheidend ist schließlich, daß es sich bei diesen kreisenden Prozessen nicht um logische Zirkel, vielmehr um einen *Schraubenprozeß* handelt. Dabei entspricht die Steigung pro Umlauf der veränderten, korrigierten oder gewonnenen Erfahrung. Man möge sich auch darin nicht täuschen. Selbst die Wiederholung einer wahrgenommenen Koinzidenz verändert die Erwartungshaltung. In allen Ebenen optimieren diese Lernvorgänge etwas, genetisch eine Anpassung oder innere Organisation, assoziativ eine Reaktion, Erwartung oder Theorie, kulturell ein Weltbild, sei es Weisheit oder Narretei.

2
Was sich daraus über diese Welt wissen läßt

Es ist erkenntnistheoretisch interessant, daß sich allein aus der Kenntnis dieses Lernprozesses einiges über die außersubjektive Wirklichkeit sagen läßt. Angenommen, wir wüßten bislang nichts über diese Welt, und Genaues wissen wir ja tatsächlich nicht, so würde allein eine gute Kenntnis dieser Schichten von Lernmechanismen dreierlei feststellen lassen:

Diese Welt muß erstens hoch redundant sein. Das heißt, ihre Erscheinungen müssen sich oft, vielfach unbegreiflich oft, wiederholen. Wäre das nicht so, würde ein iterativer Lernprozeß weder entstanden sein noch Erfolg haben können. Das scheint sich nun auch zu bestätigen. Man vergegenwärtige sich die Anzahl der schon gesehenen Blätter, die uns den Begriff des Blattes, der Wogen, die uns den des Seegangs bilden ließen, der Sandkörner der Küsten, die uns von Sand reden lassen. Und 10^{80} Quanten soll es im Kosmos geben.

Zweitens wiederholen sich die Dinge in diesem Kosmos nicht in identischer Weise. Und das um so weniger, je komplexer die Gegenstände werden. Wir mögen im Laufe eines Lebens 10^6 Menschen, ein Förster 10^8 Fichten gesehen haben, und wie viele Blätter sahen wir schon und wie viele Fichtennadeln ein Förster? (Eine solitäre Fichte hat an die 10^8 Nadeln.) Aber keine zwei Menschen oder Fichten sind identisch (genau besehen nicht einmal Fichtennadeln). Darum genügt auch kein fotografisches Gedächtnis, und es erklärt sich die Notwendigkeit zu generalisieren.

Und drittens: Diese Welt muß sich an die in ihr entstandenen Gesetze halten, ansonsten wäre der Vergleich, die Prognostik und die Funktion des Gedächtnisses nicht zu verstehen. Natürlich können diese Gesetze entstehen und vergehen, aber im Vergleich zu unseren Lebensspannen und selbst unseren Kulturen können sie für stetig genommen werden. ‚Mutter' bedeutet in unserer Lebensspanne stets dasselbe, zurück bis zu der Zeit als es einmal ‚mater' geheißen hat. ‚Mensch' gilt schon für 10^6, ‚Leben' für $3,5 \cdot 10^9$, ‚Erde' für $5 \cdot 10^9$ und Gravitation wahrscheinlich für $1,2 \cdot 10^{10}$ Jahre.

Das führt schließlich nochmals zu den Merkwürdigkeiten der Gedächtnisse. Auch in ihnen spiegelt sich der Kosmos wieder. Zunächst das Überlangzeit-Gedächtnis in den Molekülketten des Erbgutes, dann das assoziativ erworbene Kurz- und Langzeitgedächtnis in Lebensspannen. Und schließlich das soziale und kulturelle Gedächtnis der Bibliotheken, das sich nicht mehr auf Lebensspannen beschränkt, vielmehr auf Stetigkeiten, in deren Maßen selbst Generationen wie Augenblicke verfliegen.

3
Wozu solcherart Kenntnis dient

Lernen und Gedächtnis ist stets dazu da richtig zu prognostizieren. Denn richtige Prognostik wirkt lebenserhaltend, falsche oft lebensgefährdend. Oder, weniger dramatisch und aus der Bequemlichkeit unseres zivilisierten Lebens gesehen: Richtige Prognostik fördert Lebensqualität, falsche reduziert sie. Man möge sich aber nochmals vor Augen halten, daß auch dies für alle drei besprochenen Schichten gilt.

Auch wenn der Begriff der Prognostik bei der sogenannten Blindheit des Mutationsgeschehens, wie auch auf die kulturellen Paradigmen einer Gesellschaft angewendet, überdehnt erscheint, müssen wir uns, wie schon gesagt, in Längsschnitt-Theorien daran gewöhnen, daß unsere Sprache für Gesetzlichkeiten, die mehrere Schichten durchziehen, meist keine rechten Begriffe hat.

Fraglos ist schon das Mutationsgeschehen auf Innovation angelegt. Es wäre ansonsten nicht zu verstehen, warum das Entscheidendste, das die

Verkettung der Generationen sichert, der Hinfälligkeit eines molekularen Fadens anvertraut wird. Wir kennen zwar aus somatischen Zellen Riesenchromosomen, in welchen 200–300 DNA-Ketten beisammen liegen. Jede Mutation in einer Kette würde von hundert anderen korrigiert. Sie wären gegen Störungen immunisiert, aber auch nicht erfinderisch. In der Evolution wird jedoch um Innovation konkurriert. Wer die Anforderungen der nächst grüneren Wiese als erster errät und ihr mittels der neuen Ausstattung genügt, wird sie vor den anderen besetzen.

Dasselbe gilt am anderen Rand unseres Prognostik-Begriffes für die Paradigmen einer Kultur. Nehmen wir das Konzept der Aufklärung. Die ihr unterlegte Prognose lautet: Eine größere Zahl an Menschen wird durch das dem Menschen Machbare zu besseren Lebensumständen gelangen. Freilich gelingt auch die Durchsetzung kultureller Mutanten in einer Gesellschaft nicht oft. Und da sich Ideologien lange gegen Widerlegung immunisieren, sterben sie auch nicht rechtzeitig aus. Das Prinzip aber ist dasselbe.

C
Welcherart Kenntnis wir nun besitzen

In unseren Gehirnen ist es stockfinster und ziemlich still, unsere Wirklichkeit dagegen voll Licht und Farbe, Geräuschen und Tönen. Und wir müssen vermuten, daß dieser Kosmos, gäbe es keine Augen, tatsächlich stockfinster sein müßte. Erträumen wir die Farben und Töne, konstruieren wir sie, und was ist dann Realität?

Donald Campbell hat für die Perspektive der EE den Begriff des ‚hypothetischen Realismus' vorgeschlagen (1974), der im Rahmen der Lehre auch sogleich aufgenommen wurde. Nur die Philosophen zeigen sich beunruhigt (z.B. Engels 1989), eines ihrer zentralen Themen schwinden zu sehen.

Wir verstehen unter hypothetischem Realismus eine Erwartungshaltung, in der zwar keineswegs die Realität der Außenwelt in Frage gestellt, aber über das ‚Sosein' der Dinge (wie diese wirklich wären) nichts ausgesagt werden kann. Zwischen diesen Extremen muß aber angenommen werden, daß, soweit unser Wirken in dieser Welt regelmäßig erfolgreich bleibt, eine Ähnlichkeit zwischen unserer Interpretation und der außersubjektiven ‚Wirk'-lichkeit bestehen muß.

Es wäre sonst nicht zu verstehen, wieso wir zumeist wieder nach Hause finden, alle unsere Vorfahren, zurück bis zur Amöbe, Lebenserfolg hatten und überhaupt die ganze mesokosmische Welt recht widerspruchsfrei prognostiziert werden kann.

Natürlich ist unser Weltbild Rekonstruktion, jedoch wieder mit Mitteln, die aus dieser Welt stammen. Farben und Tonhöhen stehen stellvertretend für elektromagnetische und materielle Wellenlängen usw. Und man möge daran denken, daß das Klicken der Impulse in den Seh- und Hörnerven identisch ist und erst die Adresse im Gehirn die dazugehörige Interpretation fertigt. Alle Wahrnehmung ist Symbol für erwartbare Realität.

Es erwarten uns damit Überlegungen, die alle mit Grenzen unseres Kenntniserwerbs zu tun haben. Sie sind nun die Folgen (1) des Bewußtseins, (2) der Sprache und (3) der Diskrepanz zwischen unseren Möglichkeiten des Problemlösens.

1
Konstruktion und Wirklichkeit

Im allgemeinen nimmt man das helle Bewußtsein als jene Einrichtung, die uns nicht nur zum Menschen gemacht hat, sondern uns auch am weitesten in die Tiefe dieser Natur sehen läßt. Aus diesem Grunde beginne ich mit diesem Thema, damit wir nicht übersehen, welche Streiche uns das Bewußtsein spielt.

Das betrifft (a) unsere gedanklichen Konstruktionen und die Art, in der wir uns die (b) Verläßlichkeit unserer Einsichten und den (c) gesetzlichen Hintergrund derselben vorstellen.

(a) Alle für die Interpretation der Wirklichkeit entwickelten Symbole sind Erfindungen der Evolution, wenn man will: *Konstruktionen*. Und es wäre unsinnig zu behaupten, daß die von uns applizierte Interpretationsweise die einzig mögliche oder auch nur die beste wäre. Man erinnere sich an Libelle und Schwalbe (Abb. 2, Seite 22). Aber zu erwarten, daß aus diesem Grunde unser Weltbild mit der Wirklichkeit nichts zu tun haben könne, wie die Konstruktivisten meinen (z.B. von Förster, Glasersfeld, Maturana; als ‚radikaler Konstruktivismus' zusammengestellt von Schmidt 1987), kann auch nicht richtig sein.
Dabei steckt unsere Organisation, wie die jedes Organismus, gewiß voll der Konstruktionen, welche keineswegs als Anpassung an die Bedingungen unseres gegenwärtigen Daseins, als vielmehr aus den Constraints, Umwegen und Kompromissen unserer Stammesgeschichte zu verstehen sind. Unsere Vorfahren sind zur Torpedoform konstruiert worden, diese zur Brückenkonstruktion auf vier Beine gestellt, und die Torpedo-Brücken wurden zum bipeden Turm aufgerichtet, alles typisch für den allgegenwärtigen ‚evolutionären Pfusch'. So ist es auch mit unseren Sinnen und dem Gehirn. Und es kann sein, daß unsere geistigen Flüge so unbeholfen sind wie die einer Schnake. Aber auch die Schnake fliegt und erhält ihre Art.
Die Konstruktivsten aber meinen, daß sich in Wahrheit jeder seine Flugwelt zurechtdenkt und nur in dieser fliegt. Daß das jeder kann ist auch unbenommen. Wo also steckt die Realität?
Nehmen wir an, ich bat drei Personen, einzeln einen Wald zu durchwandern. Befragt nach ihren Eindrücken, geben sie unvergleichbare Auskünfte: Der Wilderer hörte Jäger, die es nicht geben muß, der verliebte Dichter

Sylphiden und der Rutengänger das Gras wachsen. Das ist die subjektive Realität (Welt B). Aber keiner hat sich an einem Stamm gestoßen oder an einem Ast ein Auge verletzt. Darin muß die Welt für die drei gleich erschienen sein. Das ist die kollektive und in diesem Sinne objektive Realität (Welt A). Der Unterschied liegt in der Selektion. In der Welt B darf man fast Beliebiges ersinnen und überlebt (schlimmstenfalls unter Hospitalisierung). In der Welt A überlebte man nicht.

Der radikale Konstruktivismus geht in die Falle des ‚Solipsismus' (Stirner 1845), in dem angenommen wird, es gäbe nur die Realität eines einzigen Bewußtseins, z.B. eben das des Lesers. Alle Welt bestünde nur in seinem Kopf (warum liest er dann?). Radikaler Konstruktivismus wird vom Leben widerlegt.

(b) Gibt es *Verläßlichkeit* in der Prognostik dieser Wirklichkeit? Offenbar! Zunächst ist Prognostik, d. h. richtige Prognostik, für alles Lebendige von lebenserhaltender Bedeutung: Leben ist erhalten, weil es in existentiellen Dingen richtig prognostiziert. Und die Verläßlichkeit solcher Prognostik hängt für uns Kreaturen von zwei Bedingungen ab:

Erstens vom Maß der Ordnung, die sich in einem Zusammenhang der außersubjektiven Wirklichkeit befindet, wobei ich Ordnung als ‚Gesetz mal Anwendung' definiere (Riedl 1975). Denn dem so einfach formulierbaren Gravitationsgesetz folgt ein ganzer Kosmos von Materie, wogegen ein kompliziertes Landeskulturgesetz schon bald vergessen sein kann und gar keine prognostizierbare Ordnung schafft. Und zweitens hängt die Verläßlichkeit, hier einmal grob gesagt, von der Anzahl unserer Prognosen ab, welche von der Erfahrung regelmäßig bestätigt werden.

Den ersten der beiden Ordnungsparameter beschreiben wir in den Naturgesetzen. Diese aber, Gegenstände der Bibliotheken und Archive, Poppers Welt-3 (zuletzt in Popper u. Eccles 1977), sind bereits Symbole für Symbole. Also sprachliche oder formale Symbole für jene Symbole, mit welchem unser Sinnesapparat Zusammenhänge in der Wirklichkeit nachbildet. Gewiß entfernen wir uns damit weiter von der Natur, zumal von deren komplexen Eigenschaften. Was aber zählt, das sind die Wahrscheinlichkeitsgrade, mit welchen die uns erreichbare Prognostik durch Erfahrung bestätigt wird.

Daß es sich nur um Wahrscheinlichkeiten handelt, ist schon hier festzuhalten. Die makroskopische Welt kann kausalistisch, also als gesetzmäßig, verstanden werden. Aber nur zu leicht wirkt der mikrophysikalische Zufall in die Makrowelt herein, beispielsweise schon durch kurze Kausalketten. Auch in einem mathematisch idealen, aber aus Materie bestehenden Billard, liegen diese jeweils einen Meter auseinander, muß die siebente Kugel die achte nicht mehr treffen, und zwar deshalb, weil die Unschärfe der Lage der Oberflächenmoleküle, siebenmal mit sich selbst multipliziert, schon größer würde als eine Billardkugel (Sexl 1982).

(c) *Die Welt im Hintergrund* ist eben nicht ganz deterministisch. Vom ‚Laplaceschen Geist' wird z. B. angenommen, daß er Ort und Bewegung aller Teilchen im Kosmos kennt. Er könnte dann alle Ereignisse in dieser Welt voraussagen, beispielsweise, daß mein nächster Satz mit einem ‚Ü' beginnen werde. Überzeugten wir ihn aber von Heisenbergs Unschärferelation, dann müßte er für 10^{80} Quanten im Kosmos mal der 10^{31} Picosekunden ihrer Existenz je eine Alternative berechnen: Zwei Quanten begegnen einander oder eben nicht. Angenommen, er berechnete diese 10^{111} Alternativen für Entwicklungen des Kosmos, so würden wir, für unsere Begrifflichkeit, von ihm nur erfahren: ‚Es werde so gut wie alles möglich sein.'

Wir werden darum in allen komplexen Systemen mit der Mitwirkung des echten, physikalischen Zufalls zu rechnen haben. Für den Prozeß der Evolution, letztlich für alle kreativen Prozesse, ist die Mitwirkung des Zufalls eben schöpferische Voraussetzung. Denn in den Prämissen steckt das Schöpferische noch nicht. Da wir beispielsweise die meisten technischen Prämissen besitzen, könnten wir ansonsten alle wünschenswerten Erfindungen heute noch machen.

Die Verläßlichkeit der Vorhersage ist jedoch durch die Formalisierung einer Gesetzlichkeit nicht notwendigerweise erhöht. Das ist gerade für Biologen wichtig. Auf die Gesetze der Gravitation pflegt man sich blindlings zu verlassen. Unser Kugelschreiber fällt scheinbar mit Sicherheit. Wenn sich aber im Tanz der Moleküle einmal zufällig alle nach oben bewegten, würde er sich kurz gegen den absoluten Nullpunkt abkühlen und mit relativistischer Geschwindigkeit gegen die Decke fliegen. Zugegebenermaßen ist das bei der Anzahl seiner Moleküle selten der Fall. Vielleicht in einem von 10^{100} Fällen. Demgegenüber sieht das Haeckelsche Gesetz vor, daß die Keimesentwicklung Teile der Stammesentwicklung wiederholt (nämlich die ‚palingenetischen' Merkmale), jedes Wirbeltier z. B. die Anlage der Chorda dorsalis. Dies ist noch nie durchbrochen worden, in keiner der 10^5 Arten, mit im Schnitt 10^8 Individuen und 10^9 Generationen, also in 10^{22} Fällen. Auch dies bietet eine an Sicherheit grenzende Wahrscheinlichkeit.

Dabei ist das Leben ein Balanceakt, in einem Fließgleichgewicht (Bertalanffy 1986) fern vom physikalischen Gleichgewicht. Nach dem Entropiesatz müssen alle geschlossenen Systeme im thermodynamischen Chaos, einer vollständigen Durchmischung der Materie- und Temperaturgefälle enden. Die Ordnung, die das Lebendige aufbaut, durchflossen von Energie und Materie, umgeht das Gesetz als offenes System. Und zwar, indem es mehr Unordnung ins Milieu abführt, als es für seinen Ordnungsaufbau und dessen Erhaltung im Inneren benötigt. Es frißt gewissermaßen Ordnung und schafft ‚negative Entropie' (Schrödinger 1957). Wir kommen darauf näher zurück (vgl. Abb. 34, Seite 112).

Nun wollte man sich ein Maß für Ordnung oder negative Entropie wünschen, zweifellos verwandt mit Information oder doch Instruktion (Riedl 1975). Das ist aber noch nicht gelungen, zumal die Physiker, die gewohnt sind, Entropie nur quantitativ zu fassen, Schrödinger nicht gefolgt sind.

Und auch das hat Gründe (Riedl 1991). Ordnung besitzt mehrere Dimensionen. Sie ist hierarchisch organisiert und hat auch gewissermaßen Werte, je nach ihrem Gehalt an Redundanz. Ich gehe später (Teil 4) darauf näher ein.

2
Emergenz, Vorstellung und Sprache

Hat schon die Entwicklung eines hellen Bewußtseins zum Werden des Menschen beigetragen, so gilt dasselbe nicht minder für seine Sprache. Für alle Philosophie, soweit sie nicht von der EE beeinflußt ist, begann und beginnt die Untersuchung der kenntnisgewinnenden Prozesse – überhaupt und immer noch – erst mit dem sprachlichen Ausdruck.

Das ist, wie eingangs festgestellt, für unsere Position merkwürdig, da wir vor Augen haben, wie vieles an Kenntnisgewinn schon gegeben sein mußte, damit eine Lautsprache, wie die unsere, überhaupt entstehen konnte. Auch haben die vergleichenden Sprachwissenschaften, von Chomsky (1970) und Lenneberg (1972) bis Mayerthaler (1981) und vielen anderen, auch schon Wesentliches zum Verständnis der Vorgeschichte der Ausformung der Sprache beigetragen.

> Wir werden daher jene Phänomene dieser Welt zu untersuchen haben, welche, wie in dem der (a) Emergenz und (b) der Phasenübergänge, unserer (c) Sprache und in der Folge (d) unserer Logik, besonders schlecht gerecht werden.

(a) Unter dem *Begriff der Emergenz* wird das Auftauchen neuer, zumeist höherer oder komplexerer Eigenschaften in diesem Kosmos zusammengefaßt. Wir sind der Ansicht, daß aus den ersten Elementarteilchen, gewissermaßen den ‚Energieklumpen' des frühen Kosmos (Hadronen und Leptonen), die Materie hervorging, aus dieser dann das Leben und letztlich aus diesem auch das Bewußtsein und die Kultur. Daran schließen sich drei Fragen an: Ob das notwendigerweise so ablaufen mußte, ob allein die Höherentwicklung notwendig war und ob die höheren Formen in den niedrigeren schon enthalten waren.

Tatsächlich weist nichts darauf hin, daß im Kosmos Kultur entstehen mußte. Anders ist das mit der Zunahme der Komplexität überhaupt. Ein allgemeines Prinzip mag dahinter stehen, das mit bestimmten Erhaltungsbedingungen zu tun hat (Riedl 1976).

In der biologischen Evolution spricht man von ‚Anagenese'. Dabei zeigt es sich, daß bei Besetzung aller ökologischen Nischen durch die Repräsentanten einer bestimmten Organisationshöhe der Wandel zu einer höheren Organisationsform sogleich eine neue Nische und neue Erhaltungsmöglichkeiten schafft.

Im Bereich des Anorganischen wird das mit Bedingungen von Stabilität beschrieben, in jenem der Kultur mit Standards. In den Abschnitten 6, A1 und A3, im Zusammenhang mit Fragen der Erklärung, werden wir diesem wichtigen Umstand nachgehen. Hier bleibt zunächst nur festzuhalten, daß dem Kosmos, neben den Bedingungen der Entropie, auch die Möglichkeit der Negentropie in die Wiege gelegt wurde.

Für unser Weltbild ebenso entscheidend wie kontrovers ist dagegen die Frage geblieben, ob die Eigenschaften der komplexeren Systeme in ihren Bauteilen oder Konstituenten schon enthalten wären. Wäre dies der Fall, wie die Reduktionisten meinen (z. B. Medawar und Medawar 1986), gäbe es nämlich gar kein Emergenzproblem. Heute kehrt man schon vielfach zur Akzeptanz des Emergenzbegriffes zurück (vgl. Mahner und Bunge 1997).

Bislang sind solche Eigenschaften in jenen Bauteilen, auch in Spuren, nicht gefunden worden. Sie können, meine ich, auch dort noch nicht vorliegen. Es scheint nicht einmal möglich, sie aus der Kombinatorik der Eigenschaften von Teilen zu erraten. Die Zahl der Möglichkeiten ist viel zu groß. Welcher Frühmensch z. B., der Pferdehaar, Holz und Hühnerdarm schon gut kannte, hätte erraten können, daß deren Zusammenwirken einmal die Violine ergeben werde? Die Alternativen, welche bei der Emergenz neuer Systeme durchlaufen werden, sind als unwiederholbarer, historischer Prozeß hinzunehmen. Komplexe Systeme bleiben kausal nicht vollständig reduzierbar, im Aufbau unwiederholbar und in dem Sinn auch unreparierbar. Uns bleibt, sie zu achten und zu schützen.

Als das Thema noch neu war, hat man von Emergentismus gesprochen, von englischer Emergenzphilosophie der Zwanzigerjahre, als deren Hauptvertreter meist Lloyd Morgan genannt wird (mit einem Band von 1923). Und zwar mit der Einsicht, daß, wie das philosophisch ausgedrückt wird, ‚neue Seinsschichten unzurückführbare, neue Qualitäten zeigen'. Wir werden uns mit der Frage, warum das so sein muß, noch befassen.

(b) Zwischen den Eigenschaften der Systeme, mit welchen sich Physik, Chemie, Biologie, Psychologie, Soziologie und Kulturwissenschaften befassen, liegen *Phasenübergänge*. Das geht allein schon aus der Notwendigkeit der Verwendung ganz verschiedener Terminologien hervor. Diese Übergänge nachzuvollziehen finden wir uns nicht vorbereitet. Und das ist auch der Grund dafür, daß die Wissenschaften die Welt nach Komplexitätsschichten zerschnitten haben, über eine Fülle von ‚Querschnitt-Theorien' ihrer Schichte verfügen, es aber schwer finden, sie über ‚Längsschnitt-Theorien', wie einer allgemeinen Evolutionstheorie, wieder zu verbinden.

Es fällt uns schwer zu akzeptieren, daß neue Eigenschaften wie aus dem Nichts entstehen könnten. All unsere Termini, wie ‚Schöpfung' oder ‚Emergenz' haben die Vorstellung im Hintergrund, daß das Neue nur aus dem Dunkel hervorkäme oder nach dem Begriff der ‚Evolution' lediglich ausgewickelt werden müsse.

Lorenz (1973) hat den Begriff der ‚Fulguration' verwendet, was einen ‚zündenden Funken' suggeriert. Das illustriert Einzelbegegnungen. Phasenübergänge dagegen sind aber langdauernde und kausal vielgliedrige Prozesse der Begegnung meist zahlreicher Elemente, wie wir das heute namentlich von biologischen und kulturellen Prozessen gut kennen.

(c) Man darf nun auch die *Wirkung der Sprache* auf unser Denken nicht unterschätzen. Natürlich denken wir nicht nur in sprachlichen Begriffen. Dennoch suggeriert uns das Sprachdenken, zwischen Ausdruck und Realität einen Zusammenhang zu vermuten, der zwar vielfach gegeben sein mag, aber damit auch die Mängel solchen Denkens kaschiert (Riedl 1987).

Wir berühren so auch das Thema ‚sprachlicher Universalien' und am Rand das des ‚Sprachrelativismus'. Die Nomina, mit welchen alle Sprachen der Menschen aus der Wahrnehmung Zustände bezeichnen (Mayerthaler 1982), entstehen, wie wir nun sehen, über die Bedingungen der Gestaltwahrnehmung und sind damit von einer statisch-typologischen Art. Sie lassen keine transitiven Wandlungen in neue Eigenschaften zu. Auch zwischen einer ‚großen Baumgruppe', beispielsweise, und einem ‚kleinen Wäldchen' bleibt die Lücke zwischen Baum und Wald immer noch erhalten. Wir definieren auch Reptilien und Säuger so eindeutig, als ob wir erwarteten, daß aus einem Reptilien-Ei das erste Säugetier hätte schlüpfen können. Sobald wir über Phasenübergänge transitiv hinüber-zu-denken trachten, legt uns allein die Sprache Hürden vor.

(d) Dasselbe gilt nun auch für unsere *klassische Logik*. Man erinnert sich, daß deren Entwicklung, mit Aristoteles, dem Wunsche entsprang, die der Sprache möglichen Antinomien, wie in dem Satz ‚Ich bin ein Lügner', auszuschließen. Auch alle Vagheit sollte ihr abgerungen werden, was nur mit dem Postulat des *tertium non datur* möglich wurde, der Hoffnung, daß zwischen ‚richtig' und ‚falsch' keine dritte Möglichkeit zugelassen werden müsse.

Wie man weiß hat es Jahrhunderte gedauert, bis man erkannte, daß auf diese Weise dem empirischen Prozeß des Kenntnisgewinns nicht entsprochen werden kann. Die Entwicklung einer eigenen ‚fuzzy logic', die unseren Unsicherheiten und deren allmählichem Abbau Rechnung trägt, ist erst eine Sache der letzten Jahrzehnte (zur Orientierung: Kreiser et al. 1988 und McNeill u. Freiberger 1994).

Dennoch hat sich der Glaube oder doch die Erwartung durch die bei uns genossene Schulbildung festgesetzt, daß der logische Schluß Gewißheiten böte, welche über die in ihm vorgesehenen Prämissen hinausgingen. Natürlich sind solche Schlüsse suggestiv: ‚Alle Menschen sind sterblich, Sokrates ist ein Mensch, ergo ist Sokrates sterblich.' Aber sie sind nur so lange gewiß, als die Prämissen gewiß sind, dann aber ist auch die erreichte Gewißheit trivial. Naturvölker wie auch unsere Kinder vermeiden den logischen Schluß (Luria 1976, Scribner 1977, Piaget 1978), was uns ungebildet erscheint.

In unserem Alltag hat sich diese trügerische Hoffnung auf ‚wahrheitserweiternde Schlüsse' festgesetzt. Aber auch in den weit verbreiteten, rationalistischen Positionen der Philosophie und Wissenschaftstheorie verhält man sich so, als ob in der Logik ein sicheres Fundament für die Beurteilung kenntnisgewinnender Prozesse gegeben wäre. Wir erinnern uns dagegen an die Feststellung, daß die Kette aus Kommunikation, Sprache und Logik eben eine von der Wahrnehmung der außersubjektiven Wirklichkeit verschiedene Entwicklung genommen hat. Wobei deren ‚Wahrheit' nichts mit empirischer Erfahrung zu tun hat, sondern sich mit der Hoffnung auf ‚innere Widerspruchsfreiheit' des jeweils erdachten Systems begnügt. Auch der rationalistischen Falle einer solchen Verwechslung von ‚Wahrheiten' müssen wir entgehen.

3
Erkennen und Erklären

David Hume (1711–1776) hat festgestellt, daß wir Kausalität der Welt der Erfahrung nicht entnehmen, sondern nur in sie hineinlegen können. Zu beobachten ist lediglich das *post hoc*, das Nacheinander von Ereignissen, das *propter hoc*, das Weil, muß in einem gedanklichen Prozeß versuchsweise hinzugefügt werden. Diese Einsicht hat schon Kant Eindruck gemacht, seine kritischen Schriften und, wie erinnerlich, seine *Apriori* inspiriert.

Ausgehend von der EE haben wir uns die *Apriori* als Adaptierung an diese Welt gedeutet. Aber wir wissen auch, daß schon eine Fülle von Anpassungen den Menschen und seine Sinne geformt haben müssen, bevor er in die Lage kam, auch noch das ‚Weil' in seiner Wirklichkeit zu antizipieren.

Es müssen ja zunächst erst jene ‚Dinge' aus Sinnesdaten zusammengesetzt werden, um sie dann kausal zu verknüpfen. Dies ist durch jene uns angeborenen Hypothesen vom ‚anscheinend Wahren' und vom ‚Ver-Gleichbaren' vorbereitet. Sie sind im Wesentlichen darauf angelegt, uns bei Koinzidenzen, also bei Gleichzeitigkeit des Auftretens von Merkmalen, wenn sich diese wiederholen, die Annahme eines notwendigen Zusammenhangs zu suggerieren.

Ich werde dafür dem Humeschen Begriff des *propter hoc* den des *simul hoc* (‚weil gleichzeitig') gegenüberstellen. Dies bildet die Grundlage der Assoziation, der ‚Gestaltwahrnehmung' und des ‚Wahrnehmens in Ähnlichkeitsfeldern'. Auf all das komme ich noch näher zurück. An dieser Stelle ist zunächst nur festzuhalten, daß es sich beim *simul hoc* noch nicht um einen gedanklichen, als vielmehr um einen automatischen, ratiomorphen, bereits vorbewußten Prozeß handelt, beim *propter hoc* dagegen um einen, wenn auch ratiomorph gestützten, rationalen oder gedanklichen.

Schließen wir also nochmals am Vorgang des Kenntnisgewinns (wie in Abs. 2, B1) an und zerlegen ihn (wie das Abb. 11 zeigt) in den automatisch ablaufenden Prozeß des Erkennens und den bewußtseinsgestützten Prozeß des Erklärens.

44 Welt und Erkenntnis als Problem

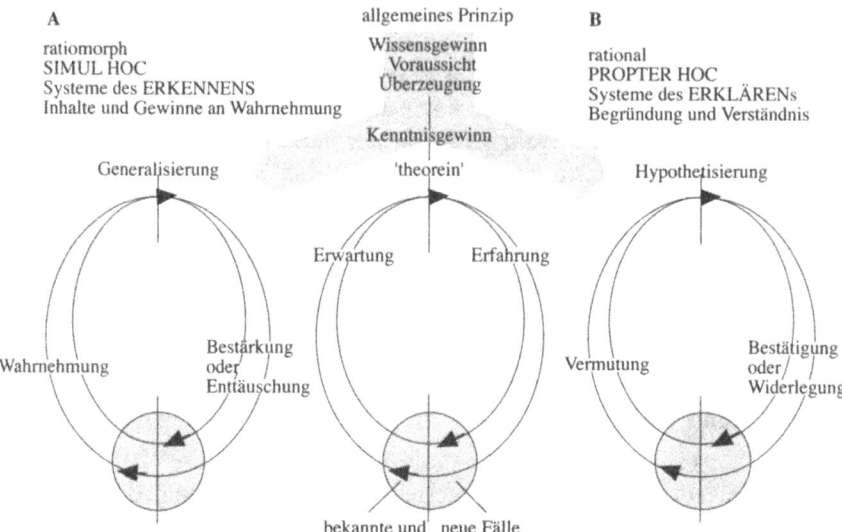

Abb. 11. *Terminologie der kenntnisgewinnenden Prozesse,* in allgemeiner Form (Mitte) und in der Gegenüberstellung von Erkennen und Erklären (Begründungen im Text). In unserer Umgangs- wie in den Wissenschaftssprachen sind diese Termini gewöhnlich schlecht getrennt. Es ist darum empfohlen, auch später, zur Orientierung, auf diese Graphik zurückzukommen

Damit müssen wir uns mit (a) terminologischen Fragen befassen, sowie damit, worin die beiden Prozesse (b) übereinstimmen und worin sie sich (c) unterscheiden.

(a) *Die Terminologie* schafft tatsächlich zwei Probleme. Im Grunde sind sie nur sprachlicher Art. Aber da wir auch hier auf eine zureichende Bestimmung der Begriffe angewiesen sind, ist der Gängelung durch das Sprachdenken nicht zu entkommen.

Es geht um (a1) eine Dehnung, einschneidender aber noch um (a2) die Sortierung gewohnter Termini.

(a1) Dem ersten Problem sind wir schon begegnet. Es beruht, wie erinnerlich, auf der Differenz zwischen den Ansprüchen einer Längsschnitt-Theorie und den aus Querschnittsperspektiven konzipierten *Grenzen gewohnter Begriffe*. Die Aufgabe setzt sich hier in der Weise fort, als wir z.B. ‚Erwartung', ‚Prognose' und ‚Erfahrung' funktionsentsprechend auch für nichtbewußte Vorgänge verwenden müssen, beziehungsweise umgekehrt ‚Binnen-' und ‚Außen-System' auch für die Struktur und das Milieu einer Kultur.

(a2) Das zweite Problem ist gravierend und unbequem und zwar deshalb, weil es zwingt, eher beiläufig und landläufig sogar permutierbar verwendete Begriffe sauber zu trennen. (Man orientiere sich stets an Abb. 11.)

Es besteht darin, daß uns die in solchem *Kontext gewohnten Termini*, will man es vermeiden neue zu erfinden, für die hier nötige Gegenüberstellung der induktiv/deduktiven Komponenten, wie wir sie (aus der Abbildung 7, Seite 30) schon kennen, auf zwei Prozesse aufgeteilt werden müssen: grob gesagt die ratiomorphen und die rationalen. Es liegt nahe, Termini für den ratiomorphen Prozeß des Erkennens der Physiologie und Ethologie, für den rationalen der Psychologie und Wissenschaftstheorie zu entnehmen. Man wird jedoch erkennen, daß uns diese Trennung ungewohnt ist.

Zudem haben wir es terminologisch mit dreierlei Ebenen (i bis iii) zu tun, die ebenfalls zu unterscheiden sind:

(i) Ich werde Erwartung und Erfahrung im ratiomorphen Algorithmus mit ‚*Wahrnehmung*' gegenüber ‚*Bestärkung*' versus ‚*Enttäuschung*' benennen, im rationalen mit ‚*Vermutung*' gegenüber '*Bestätigung*' versus ‚*Widerlegung*'. Zu beachten ist, daß aber auch in ‚rationalen' Prozessen noch vieles an Unbewußtem beteiligt bleibt.

Unter den Produkten der beiden Prozesse sind zwei zu unterscheiden: Einzelprodukte jedes Umlaufs und Gesamtprodukte der Algorithmen.

(ii) Was die Bezeichnung der Einzelprodukte der Kreisläufe betrifft, so bietet sich zwischen dem ratiomorphen und dem dominant rationalen Prozeß eine ganze Reihe von Worten an. Sie reicht von ‚Invariantenbildung', ‚Objektkonstanz' oder ‚Verallgemeinerung', über ‚Konzept' und ‚Begriff', bis zu ‚Hypothese' und ‚Theorie', in denen ihnen ein zunehmendes Maß an Rationalität zugedacht wird. Ich werde ‚*Generalisierung*' der ‚*Hypothetisierung*' gegenüberstellen, was meinem Konzept nahe kommt.

Wenn es um eine gemeinsame Bezeichnung der beiden Einzelprodukte geht, werde ich von ‚*Theorien*' sprechen und zwar im Sinne des griechischen ‚*theorein*', einem ‚Zusammenschauen der Dinge'.

(iii) Was die Gesamtprodukte betrifft, ist zwar kein Gradient unserer Begriffe wahrnehmbar, dafür aber sind die verfügbaren Termini schlecht bestimmt und teils sogar permutierbar. Im ratiomorphen Algorithmus werde ich vom ‚*Gewinn an Kenntnis*' sprechen, im rationalen vom ‚*Gewinn an Begründung und Verstehen*'. In dem Sinne, daß z.B. mein Hund und mancher Träumer ihren Heimweg kennen, aber nicht begründen müssen, jedoch gut daran tun, ihr Erkennen desselben zu sichern, ohne eine Erklärung haben zu müssen. Dilthey hat (1883) in seiner Bemühung, die Geistes- von den Naturwissenschaften abzugrenzen, ersteren eine verstehende, letzteren eine erklärende Methode zugemessen (Riedl 1985). Ich muß um unserem Wortgebrauch nahe zu bleiben, wie man dem Gesagten entnimmt, das Erklären als einen Teil des Verstehensprozeß auffassen.

Zur gemeinsamen Bezeichnung der beiden Gesamtprodukte werde ich vom Gewinn an Überzeugung, Voraussicht oder Wissen sprechen.

(b) Beide Prozesse haben *vieles gemeinsam*. Beide setzen eine gesetzliche, hoch redundante Welt voraus, in der sich aber nichts identisch wiederholt.

Und beide bedürfen eines Gedächtnisses, sei dieses im peripheren Nervensystem, in einem Gehirn oder einer Kultur gelegen.

Unterscheiden wir (b1) die Grundstrukturen, deren (b2) Differenzierung und (b3) Symmetrien.

(b1) *Die Grundstruktur* der beiden Prozesse ist identisch. Das wird zunächst nicht überraschen, weil wir bereits vom genetischen bis zum kulturellen Lernen (Abschnitt 2, B1, Abb. 7, Seite 30) durchgehende Grundstrukturen gefunden haben. Sieht man aber voraus, daß damit auch die Entsprechung der Methoden des Erkennens und Erklärens, sowohl für die der Natur- als auch die der Geisteswissenschaften, nachgewiesen werden soll, wird das interessanter.

Zunächst erinnert man sich, daß wir in allen drei Lernschichten iterative Kreisläufe aus alternierend induktiv-deduktiven Prozessen vorfanden. Diese vereinen sich zu einem Schraubenprozeß, wobei die Kreisläufe nie in sich zurückkehren. Vielmehr entspricht deren Steigung dem Gewinn an Kenntnis, verbesserter Prognostik, mindestens aber gesteigerter Überzeugung.

Die gegebene Methode, verfolgt man sie weiter in die Praxis der Forschung, kennt man unter verschiedenen Namen. In den ‚exakten' Naturwissenschaften ist die Differenzierung der Methode dem ‚Subsumptions-Schema' verwandt, in den Geisteswissenschaften einer methodisch durchdachten ‚Hermeneutik'. Dieser Zusammenhang wurde noch nicht erkannt und wird daher in den folgenden Teilen ausführlich zu begründen sein. Letztendlich steckt eine tiefe Beziehung der beiden, sowohl zu den komplexen Strukturen dieser Welt dahinter, als auch zu unseren, an dieser Natur entwickelten Strukturen des Denkens.

Bedenkt man diesen Zusammenhang nicht, so wird man weiterhin die Widersprüche zwischen kausalistischen und hermeneutischen Methoden hinnehmen müssen.

(b2) Die *Differenzierung der Methoden* hängt mit der Erfahrung zusammen, daß einzelne Kreisläufe des Erfahrungsgewinns leicht in die Irre führen können. Ähnlich dem legendären Russellschen Huhn, das seinen Fütterer, mit jedem Tag der Fütterung mehr, für seinen Wohltäter halten muß, ohne zu wissen, daß es gefüttert wird, um im Suppentopf des Wohltäters zu landen.

Der Fehler liegt in unerlaubter Extrapolation. Prognosen enthalten aber immer Extrapolation. Wo also wird sie unzulässig? Um solcher Falle zu entgehen, hat es sich bewährt, nicht einer einzelnen Kette von Bestätigungen, singulären Erwartungen, beziehungsweise solitären Theorien zu vertrauen, sondern vielmehr, dieselben in einem Zusammenhang zu prüfen. Einen solchen Zusammenhang führt uns die komplexe Natur selbst vor: Er besteht aus einem Geflecht oder Schichtenbau von Konditionen. Und zwar

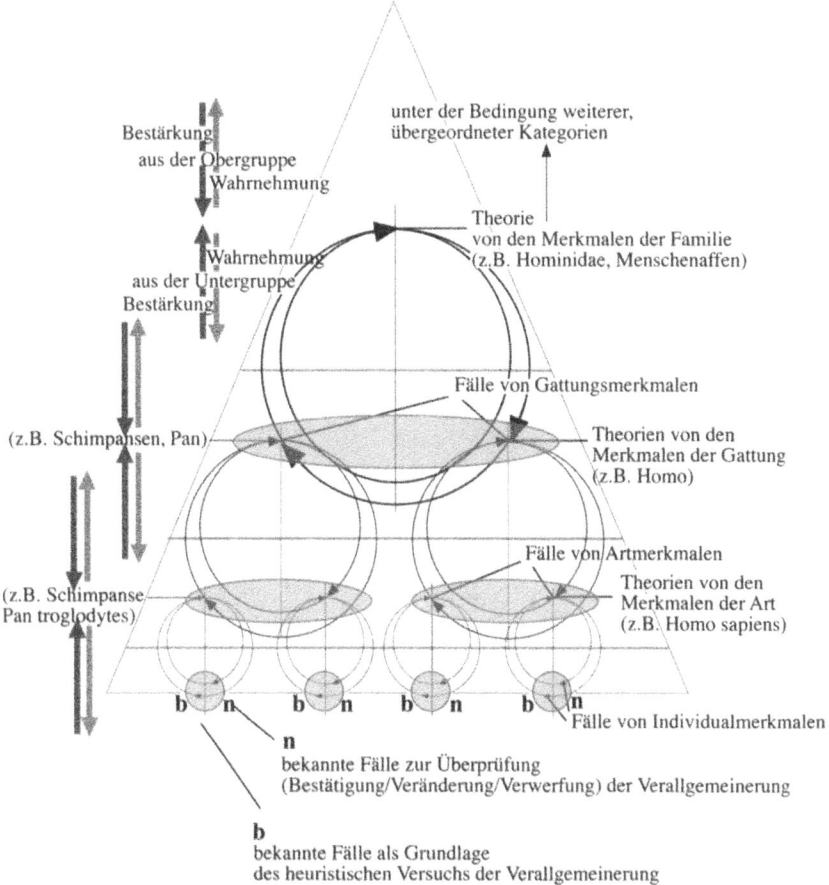

Abb. 12. *Das hierarchische System der Generalisierung*, am Beispiel der Eingliederung der Fälle von Merkmalen der Schimpansen und des Menschen in die Familie der Menschenaffen (Symbole nach Abb. 11; Typus A, ‚System des Erkennens'). Man beachte, daß die aus Fällen gewonnenen und an diesen geprüften Generalisierungen wieder zu Fällen übergeordneter Generalisierung werden und daß die Wechselbezüge von Wahrnehmen und Bestätigung schichtweise erhalten bleiben. Zur Vereinfachung sind jeweils nur zwei Subsysteme eingetragen

deshalb, weil jedes komplexe System oder Subsystem wieder den Bedingungen sowohl seiner Konstituenten, als auch seines Milieus genügen muß.

Fachlich ausgedrückt setzt das ein hierarchisches System von Theorien voraus, von dem erwartet wird, daß die aus beobachteten Fällen konstituierten Theorien einer Komplexitäts-Schicht zu den Fällen der Theorie der nächstübergeordneten Schicht werden. Im Grunde setzen sie einander voraus, wie auch kognitiv Obertheorien aus Subtheorien entstehen und diese im Rücklauf wieder prüfen. Ein sehr einfaches Beispiel für den Vorgang des Erkennens ist in Abbildung 12 dargestellt. Es schildert den Vorgang

48 Welt und Erkenntnis als Problem

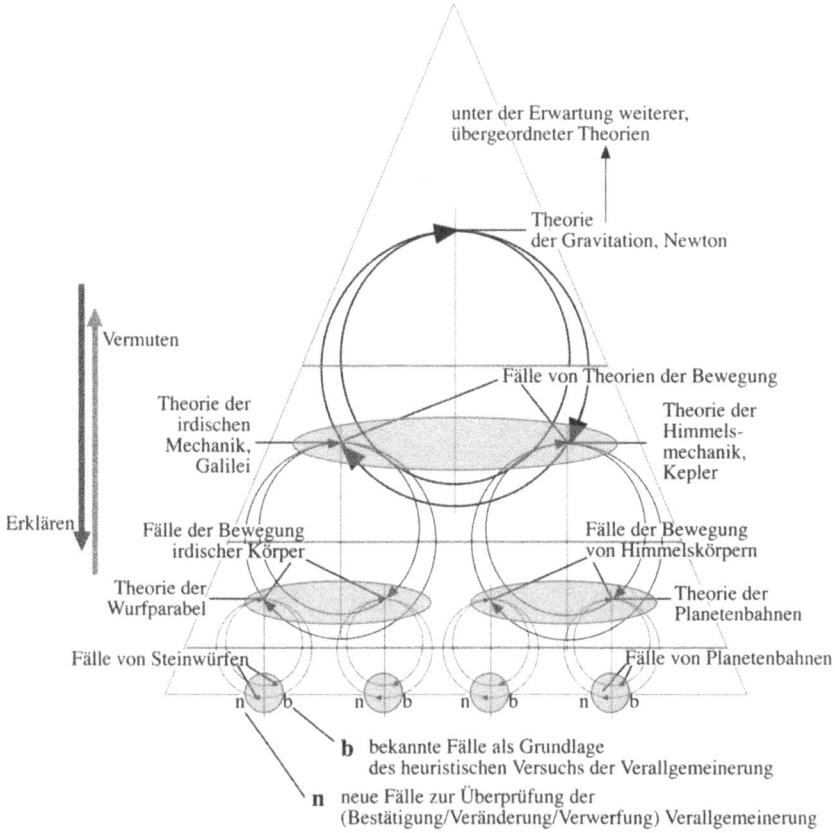

Abb. 13. *Das hierarchische Systeme der Hypothesenbildung*, am Beispiel der Eingliederung der Fälle vom Wurfparabeln und Planetenbahnen in die Theorie der Gravitation (Symbole nach Abb. 11; Typus B, ‚Systeme des Erklärens'). Man beachte, daß die aus Fällen gewonnenen und an diesen geprüften Theorien wieder zu Fällen übergeordneter Theorien werden, der Wechselbezug von Vermuten und Erklären aber als Intention durch das ganze System hindurchreicht(Vereinfachungen wie in Abb. 12; beide Beispiele werden sich als Klassenhierarchien erweisen)

der Einsicht, die Gattung Homo zwischen deren Arten und den Hominiden einzuordnen.

Das zweite Beispiel ist dem Zusammenhang von Erklärungen entnommen und zeigt (in Abb. 13), wieder vereinfacht, in welcher Weise sich die beobachtbaren Fälle, über Galileis Theorie der irdischen und Keplers Theorie der Himmelsmechanik, weiter mit Newtons Gravitationstheorie verbinden.

Wie jene Erkennens- und diese Erklärungs-Pyramide mit Hermeneutik und Subsumption zusammenhängen wird noch ausführlich darzustellen sein.

In diesem Zusammenhang ist eine Voraussicht auf das Problem ‚empirische Wahrheit' empfohlen. Ist der einzelnen Kette von Bestätigungen, singulären Erwartungen beziehungsweise solitären Theorien nicht zu vertrauen, so ist nur von dem jeweiligen hierarchischen Zusammenhang eine Annäherung an die empirische Wahrheit zu erwarten. Es geht also darum, dieses Geflecht so eng wie deckend zur Übereinstimmung zu entwickeln, damit drei Ziele erreicht werden: Erstens sei das Netz eng genug, daß keine Fakten durch den Rost fallen, zweitens so deckend, daß keine der Empirie zugängigen Gebiete ausgeschlossen bleiben, und drittens hat es sicher zu stellen, daß die Theorien einander im Geflecht nicht widersprechen, vielmehr stützen und alle aus ihnen möglichen Prognosen an der Erfahrung bestätigt werden. Das ist gewiß anspruchsvoll, mag aber zur Bescheidenheit mahnen.

Bedenkt man diese Konditionen nicht, so wird ‚empirische Wahrheit' eine Redewendung bleiben.

(b3) Was schließlich *die Symmetrien* betrifft, so sind weitere Übereinstimmungen zwischen den erkennenden und erklärenden Auffassungen anzugeben. Man hat, meines Wissens, in der folgenden Weise noch nicht klar differenziert, und ich greife den kommenden Ausführungen damit auch vor. Man wird aber erkennen, daß sich solche Unterscheidungen zur konzeptionellen Durchdringung komplexer Systeme als unentbehrlich erweisen werden.

In drei Arten von Symmetrien entsprechen die Vorgänge des Erkennens und Erklärens einander, in der Gliederung (i) der Strukturhierarchien, in deren Gegenüber zu (ii) Klassenhierarchien und (iii) im Zusammenhang dreier Wege des Erkenntnisvorgangs.

(i) Alle komplexen Systeme lassen zwei Hälften in der *Hierarchie ihrer Strukturen* wahrnehmen. Es liegen Doppelpyramiden vor (Abb. 14), bestehend aus einer Pyramide der ‚Individual-' und einer der ‚Massenbauteile'.

Die beiden Pyramiden unterscheiden sich phänomenologisch, konzeptionell und auch nach der Art ihrer Entstehung. Der Inhalt der einen entsteht über Serien einmaliger, nicht wiederholbarer, historischer Ereignisse und setzt sich damit sämtlich aus nicht austauschbaren *Individualitäten* zusammen, sei es ein Sonnensystem, ein Gebirge, der Typus einer Organismengruppe oder eines Zeitstils. Die zweite Strukturhierarchie dagegen besteht aus weitgehend austauschbaren *Massenbauteilen*, seien diese vom Charakter eines Quants, Atoms oder Moleküls, einer Verbindung, Zelle oder Organs, des Individuums einer Art, vom Charakter des Zeichens einer Schrift oder des Autos einer Serie.

Individual- und Massenhierarchien stehen mit ihren Basen aneinander. Zumeist ist dies der Querschnitt größter Differenzierung und Diversität ei-

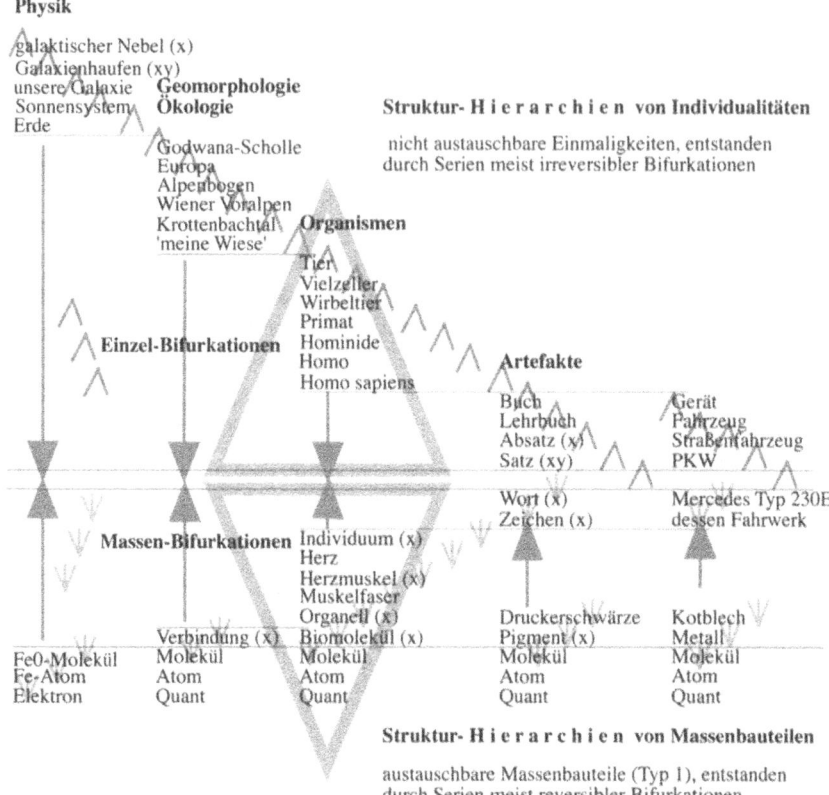

Abb. 14. *Individual- und Massenbauteile in Strukturhierarchien*, geordnet nach wesentlichen Differenzierungsgraden und einigen wissenschaftlichen Disziplinen (vgl. Abb. 1, Seite 15; Fälle wie Chemie oder Geologie, sowie Psychologie oder Soziologie sind aus Raumgründen weggelassen, aber leicht hinzudenkbar). ‚Typ 1' bedeutet, daß noch ein zweiter Typ (‚Homonomien') zu besprechen sein wird. Die grauen Winkel bezeichnen Orte weiterer Differenzierung, die grauen Dreiecke stehen für die Lage der beiden Hierarchien (vgl. Abb 15)

ner komplexen Struktur, der Horizont unserer unmittelbaren, mesokosmischen Wahrnehmung und, unter solchen Bedingungen, auch der Ort, von welchem Untersuchungen zumeist ausgehen.

Bedenkt man diese Differenzierung nicht, so kann das Austauschbare mit dem Einmaligen zusammengeworfen werden und damit ein wesentlicher Unterschied in den Formen der Historizität der Bauteile komplexer Systeme unerkannt bleiben.

(ii) Der Doppelpyramide der Strukturhierarchien stehen Doppelpyramiden von *Klassenhierarchien* gegenüber, genauer: Sie durchdringen einander. Um dies konzeptionell anschaulich zu machen, stelle man sich vor, sie stünden normal aufeinander (Abb. 15).

Welcherart Kenntnis wir nun besitzen 51

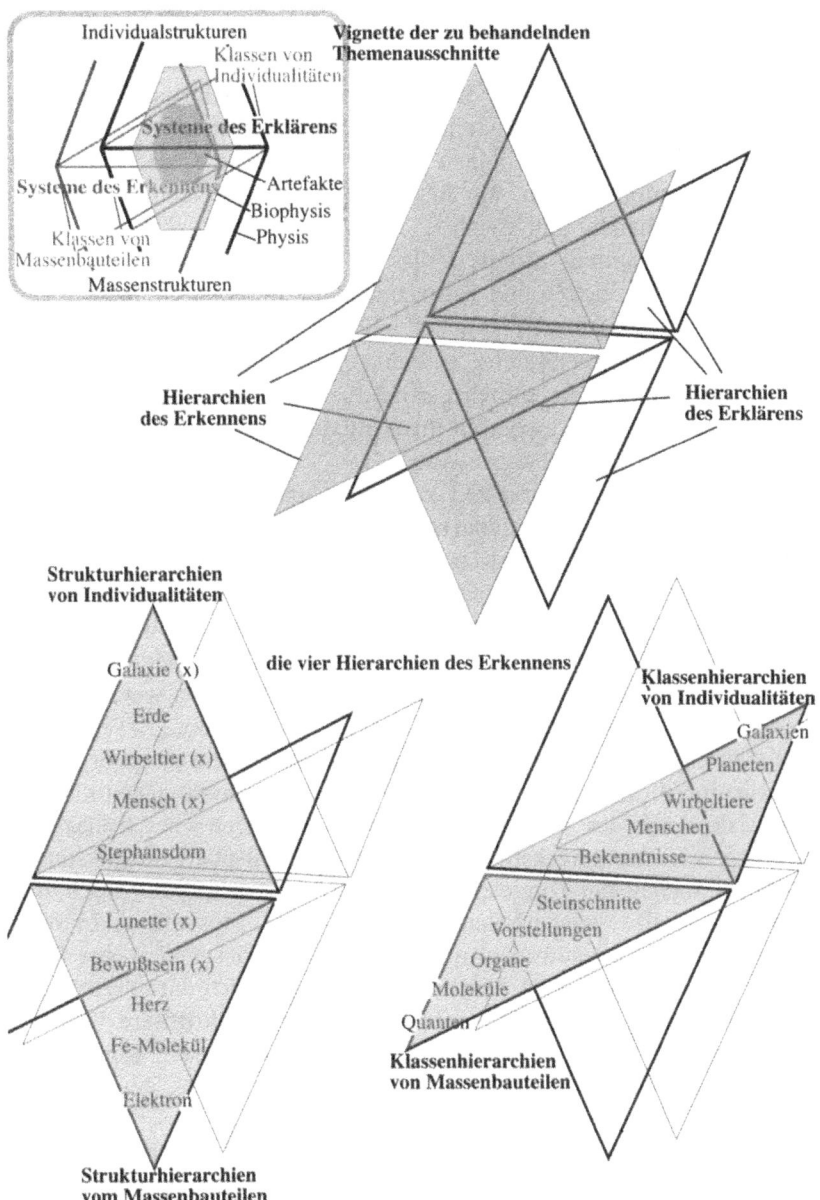

Abb. 15. *Die beiden Doppelhierarchien*, nämlich die Klassen-Struktur-Doppelpyramide der Vorgänge des Erkennens (als Voraussetzung) vor der Klassen-Struktur-Doppelpyramide der Vorgänge des Erklärens und Verstehens. Beide enden (vgl. Abb. 14) an den Grenzen unserer Kenntnisfähigkeit. Die meisten wissenschaftlichen Fragestellungen stehen als Ausschnitte in denselben. Links oben das Schema des konzeptionellen Zusammenhangs mit seinen Inhalten

Handelt es sich bei den Strukturhierarchien um die gegenständlichen Konstituenten im Aufbau eines komplexen Systems, so handelt es sich bei den Klassenhierarchien um die begrifflichen Einheiten, zu welchen die jeweiligen Gegenstände gehören. Sie sind wiederum geteilt nach den Klassen der individuellen und der Massenbauteile der Strukturen, die sie vereinen. Ob sich das nun, nach den obigen Beispielen, um die Klassen unverwechselbarer Strukturen handelt, um Begriffe wie Sonnensysteme, Gebirge, taxonomische Einheiten und Zeitstile, oder aber um Begriffe von Massenbauteilen, wie Quanten, Atome, Moleküle, Verbindungen, Zellen, Organe, Individuen, Schriftzeichen und Fahrzeuge einer Serie.

Dabei ist der Zusammenhang der beiden Doppelpyramiden zwingend. Keine Klasse komplexer Systeme entbehrt eines strukturellen Aufbaus. Und keine komplexe Struktur entbehrt ihres Platzes, ihrer Zugehörigkeit oder Einordenbarkeit in die Kategorien ihres Entstehens, bei genealogischen Abläufen sogar ihres Stammbaums (Abb. 15).

Bedenkt man den Unterschied zwischen Struktur- und Klassenhierarchie nicht, so ist die Begründbarkeit der Strukturbegriffe so wenig gegeben wie die der Ordnung der Klassenbegriffe.

(iii) Nun noch eine Voraussicht auf den *Zusammenhang dreier Wege*: Unsere Wahrnehmung von Gegenständen geht, wie erwähnt, meist von einer Mittelschicht, gewissermaßen der Schnittstelle der beiden Hierarchien aus. Von da aus wandern unsere Wege des Wahrnehmens wie des Vermutens von Zusammenhängen (man orientiere sich an Abb. 11, Seite 44) gegen die jeweils beiden Enden des uns Begreifbaren (dem ‚state of the art'), und zwar durch die Struktur- wie die Klassenhierarchien, gegen die Gesetze des Makro- wie des Mikrokosmos. Die Bestärkungen wie die Bestätigungen dagegen laufen umgekehrt, von diesen unseren übergeordnetsten Einsichten der Vielfalt der Dinge entgegen. Und diese, wie später noch zu begründen sein wird, wiederholen die Wege deren Entstehung. In diesem Sinne ist das Zustandekommen unseres Begreifens dieser Welt eine Rekapitulation ihres Entstehens. In Abschnitt 5, C3 komme ich darauf zurück.

Bedenkt man diesen Zusammenhang nicht, so behält unsere Vorstellung von Gesetzlichkeit weithin den Charakter einer kognitiven Eigentümlichkeit oder Zufälligkeit.

(c) Neben den aufgezählten Gemeinsamkeiten zeigen die Prozesse des Erkennens und Erklärens *fundamentale Unterschiede*. Beruhen die Gemeinsamkeiten auf der Beziehung der kenntnisgewinnenden Mechanismen (den Kategorien des Verstandes) zu den Grundstrukturen der außersubjektiven Wirklichkeit, so beruhen die Unterschiede auf kognitiven Verhaltensweisen; sie zeigen sich in dreierlei Art.

Unterscheiden wir Differenzen (c1) der Methode, (c2) des Ergebnisses und (c3) nach der Art, wie man die Prozesse wissenschaftlich einschätzt.

(c1) *Nach der Methode* unterscheiden sich Erkennen und Erklären wie die angeborenen, noch nicht bewußt operierenden Problemlöse-Mechanismen, von der durch Bewußtheit, Sprache und Kultur darüber fortgesetzten Vorgehensweise. Wiewohl das zweite auf dem ersten aufbaut und dessen Lösung voraussetzt, operiert Erkennen auf der Basis des *simul hoc*, Erklären auf der des *propter hoc*. Ersterem genügen Beobachtung und die Systeme der Gestaltwahrnehmung, letzteres hat ein spekulatives Element zuzufügen.

Nochmals ist bei der Schilderung von ‚Welt und Erkenntnis als Problem‘ den folgenden Texten vorzugreifen. Bei einigen Termini kann genügen, sie bloß näher zu bezeichnen (* siehe unten). Der Begriff der ‚Wechselbezüglichkeit‘ ist aber schon hier zu erläutern. Wir haben (Abschnitt 2, C3b2) eben beachtet, daß kein ‚theorein‘ für sich alleine steht. Generalisierungen wie Hypothesenbildungen lassen ein Geflecht, zum mindesten eine Hierarchie zusammenhängender Theorien erwarten (Abb. 12 und 13, Seiten 47 und 48).

Zwischen diesen bestehen Wechselbezüge. Diese bleiben im Prozeß des Erkennens, wenn auch oft nur unbewußt, operativ aktiv. Alle hierarchischen Ebenen bleiben verknüpft. Im Prozeß des Erklärens lösen sie sich scheinbar auf, und zwar deshalb, weil Verstehen und Erklären etwas wie ‚Letztursachen‘ aufzufinden trachtet. Auch davon noch später mehr.

Erkennen *Kenntnis-Gewinn*	*Erklären* *Verstehens-Gewinn*
als Vorbedingung	als Folgeoperation
primär angeboren	kultur- und sprachabhängig
vorwiegend unbewußt	überwiegend bewußt
ratiomorph	rational
durch Gestaltwahrnehmung	durch logische Operationen
an beobachtbaren Gegenständen	durch spekulative Zufügung
kybernetisch	wahrscheinlichkeitstheoretisch
in rekursivem Prozeß	in ‚wenn-dann‘ Argumentation
hermeneutisch*, morphologisch*	szientistisch*, kausalistisch
in allen Ebenen wechselbezüglich	scheinbar gesamtbezüglich
überwiegend synthetisch	überwiegend analytisch

* (‚Hermeneutisch‘ bezeichnet eine Methode wechselseitiger Erhellung, ‚morphologisch‘ dasselbe angewandt auf vergleichende Anatomie und Systematik. In den beiden folgenden Buchteilen komme ich darauf zurück. ‚Szientistisch‘ bezeichnet Methoden, denen die der anorganischen Wissenschaften als Vorbild dienen.)

Beachtet man diese Unterschiede nicht, so folgen daraus die beiden folgenden, einander ausschließenden Verständnisse der Welt.

(c2) Nicht minder unterscheiden sich die beiden Vorgehensweisen *nach dem Ergebnis*. Nämlich im allgemeinen so, wie sich das Erkennen von Regelmäßigkeiten komplexer Muster von analysierten Funktionen unterscheidet, so, wie sich eine Verläßlichkeit, die auf der Synoptik einer Mannigfaltigkeit beruht, von einer Verläßlichkeit unterscheidet, die den Ausschluß möglichst vieler Variablen voraussetzt oder so, wie der Reichtum an Phänomenen von deren mechanistischem Skelett. Das ist im Besonderen deshalb so, weil, wie ich noch zeigen werde, die Naturwissenschaften das Konzept der Kausalität verengt haben. Man versucht auch die Welt des Komplexen aus nur einer der vier schon Aristoteles bekannten Formen der Ursachen zu verstehen: der *causa efficiens*, als ‚power', ‚Macht' oder ‚Kraft' zu übersetzen. Darauf ist noch ausführlich zurückzukommen.

| *Erkennen* | *Erklären* |
Kenntnis-Inhalte	*Verstehens-Inhalte*
Muster von ‚Naturordnung'*	Muster von Naturgesetzen*
Constraints d. Strukturbedingungen	der Funktionsbedingungen
gesetzliche Gleichzeitigkeit	gesetzliches Nacheinander
simul hoc	*propter hoc*
vier *causae* in Betracht genommen	nur *causa efficiens*
historische Produkte	vermeintl. ewige Produkte
meist irreversibel	überwiegend reversibel
dominant qualitativ	dominant quantitativ
selten formalisierbar	formalisierbar
schwer zu rationalisieren	rational
meist nicht wiederhol- u. machbar	meist wiederhol- und machbar

* (Was Naturgesetze sind, meint man zu wissen; was Naturordnung sei, weniger, zumal dies auch Ordnungsformen der Kulturwissenschaften einschließen kann. Beide Begriffe werden im folgenden Text einschlägig und weiter behandelt.)

Beachtet man diesen Umstand nicht, so folgt daraus das Verkennen der Grundlage allen wissenschaftlichen Tuns.

(c3) Aufgrund solcher Unterschiede mißt man dem Erkennen und dem Erklären *verschiedene Ränge* zu. Szientistisch meinte man, meist immer noch, es mit ewigen Gesetzen zu tun zu haben. Kosmologisch sind aber auch die Gesetze der Physik nur von höherem Alter (Thirring u. Stölzner 1994). Erklären als bewußter Prozeß, muß daher nicht erst intelligibel gemacht werden und ist also von Haus aus plausibel. Beim Erkennen ist das umgekehrt.

Es blieb auch weithin unbemerkt, daß gesetzliche Gleichzeitigkeit, wie man sich erinnert, denselben Rang an Verläßlichkeit erreichen kann wie gesetzliches Nacheinander. Es blieb unbeachtet, daß Erklärungen des vermeintlich Erkannten wechseln müssen, wenn sich der Kenntniszusammenhang ändert, daß aber – wie der Wandel der Evolutionstheorie zeigen wird – wechselnde Erklärungen kaum einen Einfluß auf den erkannten Zusammenhang nehmen. Man bedenkt selten, daß keine Erklärung verläßlicher sein kann als ihr Gegenstand erkannt ist und daß Unerkanntes auch nicht zu erklären ist.

Rang von Wissen u. Erkennen	von Verstehen u. Erklären
Vorbedingung, Voraussetzung	Möglichkeit in der Folge
von der Erklärung unabhängig	abhängig vom Erkannten
wechselt mit wechselnder Erklärung nicht	wechselt mit dem Modus des Erkannten
fordert Erklärung heraus	scheint Erkennen zu ersetzen
erlaubt kaum Experimente	beruft sich auf Experimente
gewinnt Gewißheitsgrade aus vielen Vergleichen	gewinnt Gewißheitsgrade aus vielen Wiederholungen
reicht in hohe Komplexität	reduziert Komplexität
holistisch	reduktionistisch
wird als deskriptiv bezeichnet	wird als erklärend bezeichnet
wird als vorwissenschaftlich bezeichnet	wird als wissenschaftlich bezeichnet

In einer solchen Gegenüberstellung die Grundlage allen wissenschaftlichen Tuns als vorwissenschaftlich abgetan zu finden, mag befremden, wenn man die folgenden beiden Komplexe nicht bedenkt. Bedenkt man sie, mag sie naiv erscheinen.

Erstens sei daran erinnert, daß der Vorgang des Wissensgewinns zu einem guten Teil der bewußten Beobachtung entzogen, in seiner Methode unbekannt geblieben und nicht leicht intelligibel zu machen ist. Man sieht darum auch nicht, daß die ratiomorphe Methode besonders adaptiert sein wird, da, so lange das Leben existiert, die Passungen der ‚Wirklichkeiten' all unserer Vorfahren an dieser Welt geprüft worden ist.

Zweitens sei nicht übersehen, daß die als besonders wissenschaftlich geltende Methode einer bestimmten Bedingung folgt und eine entscheidende Möglichkeit eröffnet. Die Bedingung ist in der Auflage gegeben, die Komplexität der Phänomene dieser Welt so lange zu reduzieren bis der verbleibende Rest nachgeahmt werden kann. Die sich ergebende Möglichkeit besteht im Eingreifen in die Natur, was man Gewinn von ‚Macht über die Natur' nennt, was im Einzelnen aber Einfluß, Macht der Sponsoren und ihrer Wissenschafts-Teams über ihre Konkurrenten und in ihrer Gesellschaft bedeutet.

So mag zur Überleitung noch ein Wort zur Gliederung des Reduktionismus angebracht sein. Die ‚formale Reduktion', die Phänomene auf ihre Gesetzlichkeiten reduziert, folgt dem legitimen Bedürfnis nach Präzision. Auch gegen den ‚pragmatischen Reduktionismus' selbst ist noch nichts einzuwenden, er reduziert die Dinge auf ihre Handhabbarkeit. Bedenklich ist dann erst der so naheliegende ‚ontologische Reduktionismus', mit der Anmaßung, daß das, worin wir eingreifen können, auch schon alles wäre. Hier sind wir bei Lord snows schon 1959 geäußerten Bedenken, daß die Naturwissenschaften die Welt etwas bedenkenlos verändern, noch bevor sie dieselbe so recht begriffen haben.

Nachher, vor allen andern Sachen
Müßt ihr euch an die Metaphysik machen!
Da seht ihr, daß ihr tiefsinnig faßt,
Was in des Menschen Hirn nicht paßt.

Die Unterschiede der Vorgänge des Erkennens und Erklärens werden deutlich geworden sein, und da das Erkennen dem Erklären stets vorauszugehen hat, ist auch dessen Systemzusammenhang als erster darzustellen. Und auch in diesem Gegenstand mag es sich bewähren, eine Zweiteilung vorzunehmen, nämlich die uns phylogenetisch applizierten Grundlagen zuerst zu besprechen, um erst in der Folge die Einzelheiten der Anwendung in der Praxis zu beschreiben.

3 Die Systeme des Erkennens

Teile der Welt zu erkennen ist so alt wie das Leben. Denkt man an die lebenserhaltenden Reaktionen von Bakterien oder niederen Einzellern, dann wird man vor Augen haben, daß es Moleküle sind, die hier höchst spezifisch reagieren, aus vielen Molekülen kennen sie gewissermaßen ganz bestimmte heraus. Das Erkennen beginnt also mit Reaktionen von Molekülen. Gut ist derlei von der Verdoppelung der Molekülketten der Erbsubstanz, deren Abschriften und Übersetzung in ein Geflecht von Aminosäuren bekannt.

Das gilt, wie im obigen Beispiel von der Organisation im Organismus, auch für seine erblichen Reaktionen auf die Umwelt. Und man wird sich dabei der Ansicht Aristoteles' erinnern, die Erkennbarkeit der Welt müsse darauf beruhen, daß deren Teilchen eine Ähnlichkeit mit jenen in unseren Sinnen besitzen. So ist es. Dabei ist unter ‚Erkennen‘, wie besprochen, kein Abbilden zu verstehen, vielmehr ein erfolgreiches Reagieren, das uns, weil lebenserhaltend, als höchst vernünftig anmutet. Nachdem unser Thema mit dem menschlichen Erkennen zu tun haben wird und es nicht leicht ist, einzuräumen, daß unsere Sinne die Welt nicht abbilden, vielmehr zum Zwecke richtiger Reaktionen trefflich rekonstruieren, sollen Beispiele diesen Umstand nochmals deutlich machen.

So ist mit den (A) Bedingungen des Wahrnehmens zu beginnen, dann (B und C) sind zwei grundlegende Lösungsweisen anzugeben, auf welche uns die Stammesgeschichte vorbereitet hat, um zum Ende (D) jene Weltsicht zu beschreiben, die sich aus solcher Anleitung ergibt.

A
Bedingungen des Wahrnehmens

Was hier im voraus bedacht werden muß, das sind wieder die sprachlichen Hürden, die einer Längsschnitt-Theorie, wie der vorliegenden, harren. Begriffe wie ‚Wahrnehmen‘ oder ‚Erkennen‘ erscheinen, gelinde gesagt, überdehnt, wenn von Reaktionen der Bakterien oder Einzeller die Rede ist. Doch man übersähe die Identität der herrschenden Mechanismen, meinte man, es gäbe zwischen Reaktion, Erkennen und Erkenntnis keine gleitenden Übergänge.

Ich werde darum in drei Schritten vorgehen: zunächst (1) die genetisch erworbenen Grundlagen erörtern, dann (2) die assoziativen Vorgänge anschließen und zeigen, wie sich dieselben in (3) unseren kognitiven Prozessen ausnehmen.

1
Wahrnehmen ist Problemlösen

Richtiges Wahrnehmen ist lebenserhaltendes Reagieren auf Daten aus der Umwelt. Es ist nicht nötig, zu glauben, daß sich in uns die Welt abbildet, wie uns die Abbildtheoretiker nahelegen. Es muß die Hypothese genügen, daß uns die evolutiv entstandenen Symbole für jene Teile der Außenwelt, in der wir wirken müssen, erfolgreich, wie durch ein Abbild, leiten, auch durch eine Gemäldegalerie und den Kinofilm. Beginnen wir mit einem der einfachsten Fälle:

Für das durch den Wassertropfen flimmernde Pantoffeltier beispielsweise ist es von lebenserhaltender Bedeutung in Hindernissen nicht steckenzubleiben. Trifft das Tier mit seinem Vorderende auf ein festes Objekt werden Moleküle ausgeschüttet, die den Wimperschlag umkehren. Es fährt zurück. Der Rückwärtsschlag wird bald wieder, aber zunächst einseitig, umgekehrt. Ergebnis: Es macht eine Wendung, bevor es weiterreist (Hinrichsen u. Schultz 1988). Damit ist allem entsprochen, was ein Hindernis bedeutet: Es werde nicht durchdringbar, von begrenzter Ausdehnung sein und auch dem veränderten Kurs nicht folgen. Wir müssen uns darin bescheiden, unter ‚Erkennen' richtiges ‚Problemlösen' zu verstehen.

Wir haben es schon einmal gesagt: In unseren Gehirnen ist es sehr still und völlig finster. Und dennoch repräsentiert es uns diese Welt mit Tönen und bunten Farben. Auch unser Auge erkennt bekanntlich keine elektromagnetischen Schwingungen. Aber die Kodierung derselben in Impulsfrequenzen über spezifische Nervenbahnen, aus welchen uns das Gehirn differenzierte Helligkeiten und Farben vermittelt, steuert uns ganz passabel durch unsere Wirklichkeit, also jene Welt, in der wir zur Lebenserhaltung wirken müssen. Daraus ergeben sich zweierlei Rahmen: Erweiterungen und Beschränkungen. Einerseits der Umstand, daß wir z. B. auch die Sternenhelligkeit wahrnehmen, gewissermaßen einen Zusatzbereich, in dem wir durchaus nicht wirken. Andrerseits das Faktum, daß uns die Wahrnehmung von UV-Licht aus Constraints der Entwicklung der Säugetiere gar nicht und die Infrarot-Wahrnehmung nur schwach gegeben ist.

Nicht anders ist es mit den uns eingebauten, unbedingten Reflexen. Die Cornea auf unserem Auge, wird sie von einem Windstoß getroffen, erkennt keineswegs die Möglichkeit eines heranfliegenden Sandkorns. Es ist geradezu umgekehrt: Von allen unserem Bauplan möglichen Augen sind jene am fittesten und daher übriggeblieben, bei welchen ein Reflexbogen bei Windstößen das Lid automatisch schließt.

2
Grundlage von Assoziation und Konditionierung

Dasselbe gilt nochmals für das assoziative Lernen. Man erinnert sich von (Abschnitt 2, B1a), daß dieses auf den bedingten Reflex zurückgeht.

Auch dieser weiß nichts von der Welt. Er nimmt, wo immer es anatomisch möglich ist und biologisch sinnvoll sein kann, Koinzidenzen von Sinnesdaten wahr. Das ist in zweierlei Weise merkwürdig. Es betrifft Grund und Ursache. Warum es gerade Koinzidenzen sind, die in Zusammenhang gebracht, also assoziiert werden, soll uns im Abschnitt (B2) befassen. Die Ursache ist folgende:

Die Verknüpfung von Koinzidenzen bereits zwischen Nerven ist auf eine Eigentümlichkeit, im Grunde eine Ineffizienz, der Nervenleitungen zurückzuführen. Bei oftmaligem Durchlauf ändern sie gewissermaßen ihren Widerstand, wo es doch eher wünschenswert wäre, gleiche Reize, unabhängig ihrer Häufigkeit, gleichartig zu melden. Diese Abweichung nützt das System zu einer völlig neuen Leistung. Werden zwei solche Bahnen wiederholt und nahezu zeitgleich durchlaufen kann eine Verbindung zwischen ihnen, die bislang nicht beteiligt war, mitgeschaltet werden und stellt auf diese Weise die Verschaltung her. Hört der zeitgleiche Durchlauf auf, wird die Aktivierung wieder gelöscht. Man kann daher von einem ‚neuronalen Gedächtnis' sprechen. Auch die Möglichkeit der Assoziation verdanken wir, wie vieles, dem ‚evolutiven Pfusch'.

Eine der Konsequenzen dieser Eigentümlichkeit besteht darin, daß nur gleichzeitige oder zeitlich dicht aufeinanderfolgende Paarungen von Sinneseindrücken automatisch assoziiert werden. Ereignisse, die zeitlich auseinanderliegen, bedürfen dagegen einer anderen Art Gedächtnis um verknüpft zu werden, nämlich eines ‚cerebralen Gedächtnisses', dem Gedächtnis im engeren Sinn, der Verfügbarkeit seiner einschlägigen Inhalte oder sogar einer gedanklichen Operation. Und das bedeutet weiterhin, daß das *simul hoc*, die Gleichzeitigkeit von Elementen der Wahrnehmung, zur Gänze unbewußt verlaufen kann, das *propter hoc* dagegen die Beteiligung der Reflexion fordert.

3
Der Übergang zu den kognitiven Prozessen

Zwei uns angeborene Reaktionen sind nun darzustellen: ‚angeborene Hypothesen', wie ich sie nenne (Riedl 1980), und zwar nicht, weil uns Hypothesen angeboren sind. Angeboren sind uns vielmehr Reaktionen in der Form von Erwartungshaltungen, deren Leistung, machen wir sie uns bewußt, wie vernunftähnliche Hypothesen erscheinen.

Aber nochmals: Diese ratiomorphen Reaktionen haben immer noch ein phylogenetisch erworbenes, uns fix eingebautes Substrat, operieren auf dieser Grundlage nicht anders als Assoziationen, reichen aber in jenen Bereich hinein, welchem wir bereits den Rang vernunftähnlicher Prozesse einräumen, wiewohl sie mit reflektiver Vernunft noch lange nichts zu tun haben. Vielmehr haben sie selbst wieder zur Ausbildung unseres bewußten Denkens beigetragen und dessen Arbeitsweise angeleitet.

Dabei müssen wir uns den Übergang vom bedingten Reflex zu den ratiomorphen Operationen und von diesen zu den bewußten stets gleitend vorstellen. Schließlich erbringt bereits jede Assoziation eine, wenn auch geringe, ratiomorphe Leistung. Und die ratiomorphe Operation selbst gleitet in dem Maße in eine bewußte hinüber, in dem sie dieser zur Grundlage werden kann.

Der nächste Schritt, den wir nun tun, ist im Grunde merkwürdig. Wir müssen beobachten, in welcher Weise jene uns suggerierten Erwartungen gegenüber dieser Welt in unserem Bewußtsein erscheinen. Es sind dies: (H1) die ‚Hypothese vom anscheinend Wahren' und (H2) die ‚Hypothese vom Ver-Gleichbaren'. Erstere läßt uns sukzedane Koinzidenzen assoziieren, letztere simultane: das Nacheinander und das Miteinander von Sinnesdaten. Und wir werden wiederum und allein aus der Kenntnis dieser ratiomorphen Verrechnungsweisen zwei weitere Voraussichten auf die Struktur der außersubjektiven Wirklichkeit gewinnen.

B
Die Verrechnung sukzedaner Koinzidenzen

Die ‚Hypothese vom anscheinend Wahren' (H1), reflektiert man über den Inhalt ihrer Anleitung, läßt uns erwarten, daß bei der Bestätigung von Prognosen durch die Erfahrung das Eintreffen der Folgeprognose verläßlicher sein werde.

> Der Reihenfolge nach werde ich beschreiben, wie sich (1) der Algorithmus zusammensetzt, (2) weshalb solcherart Verrechnungen Erfolg haben, (3) zu welchen Fehlern sie verleiten und (4) wie diese zu vermeiden sind.

1
Die Zusammensetzung des Algorithmus

Man erkennt, daß das keine logische Operation sein kann. Logisch kann auch aus beliebig vielen erfahrungsbestätigten Prognosen auf den morgigen Sonnenaufgang nicht geschlossen werden. Darüber sind schon Philosophen verzweifelt. Dennoch verhalten wir uns danach auch im Wissenschaftsbetrieb.

Wiederholt sich selbst ein überraschender Ausgang einer Beobachtung oder eines Experimentes regelmäßig, so glauben wir bald nicht mehr an eine Zufallshäufung, vielmehr, einen notwendigen Zusammenhang entdeckt zu haben. Wiederholungen einer Erfahrung lassen uns die kommende Erfahrung antizipieren, und die fortgesetzte Bestätigung einer solchen Erwartung führt zu einem Grad von Gewißheit, die man als ‚empirische Wahrheit' erlebt.

Wir können damit näher auf jene Leistung eingehen, von welcher wir schon in Teil 2 (Seite 32) sahen, daß sie bereits Kindern gegeben ist, noch bei Mathematikstudenten wirkt und erst schrittweise von einer alternativen, rationalen Lösungsstrategie abgelöst wird.

Tatsächlich liegt ein dem bedingten Reflex ganz entsprechender Mechanismus vor. In unserem Beispiel des bedingten Lidschluß-Reflexes läßt, nach einigen Wiederholungen, in welchen dem Luftstrahl ein Glockenton vorgesetzt war, der Ton die kommende Störung antizipieren. Eine solche Konditionierung ist als Vorwarnung vor der kommenden Störung biologisch sinnvoll. Und es ist ebenso sinnvoll, die Assoziation wieder zu löschen, wenn sich das Kommen der Störung fernerhin nicht mehr bestätigt (man vergleiche Abb. 8, Seite 31).

In gleicher Weise schwindet die Gewißheit in der fachlichen Untersuchung, wenn sich die zunächst gewonnene Erwartung späterhin nicht mehr bestätigt. Und nicht minder wird der gelegentliche Ausfall einer Bestätigung im Falle der Konditionierung, wie in der Forschung, relativiert, wenn nur die bestätigten Voraussichten dominierend bleiben. Man erinnert sich an das Lösungsverhalten unserer Mathematikstudenten (aus Abb. 9, Seite 32). Denn nichts in unserem Beobachten und Experimentieren ist perfekt: ‚nobody is perfect'. Und auch das Gedächtnis jeder Kreatur hat Grenzen und macht Fehler.

Der ratiomorphe Algorithmus operiert kybernetisch. Er geht davon aus, daß zunächst nichts gewußt werden kann, daß es bei jedem Gewinn von Voraussicht auf eine Gewichtung der Sequenz bestätigter versus enttäuschter Prognosen ankommt, wobei mit Zufällen, mit Mängeln der Wahrnehmung und zudem mit einem begrenzten Gedächtnis gerechnet werden muß. Aktuelle Bestätigungen lassen zurückliegende Widersprüche verblassen. Und es wird in Kauf genommen, daß mit kurzem Gedächtnis Gesetzlichkeit, die sich erst in langen Serien von Ereignissen wiederholt, nicht erkannt werden kann (Riedl, Huber, Ackermann 1991, Riedl, Ackermann, Huber 1992, Riedl 1992).

Demgegenüber geht die rationale Lösungsstrategie von ganz anderen Prämissen aus. Wir brauchen sie hier noch nicht auszuführen, sie wird Gegenstand im Teil 5 sein. Es sei für unser Thema nur vorweggenommen, daß von logischen Operationen der Theorie der Wahrscheinlichkeit ausgegangen wird, das Gedächtnis als unbegrenzt angenommen wird und Fehler nicht zugelassen werden (ein Rückblick auf unsere Mathematikschularbeiten mag das bereits bestätigen). Allerdings ist nun, in umgekehrter Weise, in Kauf zu nehmen, daß bei der Erwartung von einfachem Regelmaß komplexe Gesetzlichkeit nicht erkannt werden kann (Riedl, Huber, Ackermann 1991, Wagner, Kratky, Ackermann 1992, Riedl 1992).

2
Welches der Grund des Erfolges ist

Um den Einbau eines solchen Algorithmus in unsere Erwartungshaltung zu verstehen, muß er Erfolg gehabt und über lange Zeit die Fitneß unserer Vorfahren erhöht haben. Worin also liegt das Erfolgsrezept?

Töne, um bei unserem Beispiel zu bleiben, zeigen bekanntlich keinen notwendigen Zusammenhang mit Luftstößen. Es geschieht nichts anderes, als daß im Falle sich wiederholender Koinzidenzen ein möglicher Zusammenhang erwartet wird. Und es mag zunächst befremdlich erscheinen, in allen gleichzeitigen oder kurz aufeinanderfolgenden Koinzidenzen notwendige Zusammenhänge erwarten zu sollen. Überwiegen in unserer Lebenswelt nicht bei weitem die zufallsbedingten Koinzidenzen? Gewiß ist das so. Nicht aber bei denjenigen Koinzidenzen, die sich wiederholen, wie Blitz und Donner oder Ruf und Gefahr. Tatsächlich bestätigt die Erfahrung, daß der Zufall als Erklärung immer unwahrscheinlicher wird, je öfter und lückenloser sich Koinzidenzen wiederholen.

Damit ist, schon aus dem Verhalten des Lernmechanismus, eine weitere Voraussicht auf die Struktur unserer außersubjektiven Wirklichkeit gewonnen: Diese Welt muß nicht nur stetig und redundant sein, es muß auch Zusammenhänge in der Abfolge ihrer Ereignisse geben.

3
Worin die Mängel gelegen sind

Die Mängel eines solchen Algorithmus liegen in seiner Einfachheit, genauer darin, daß er für die Bewältigung der Aufgaben in einem ungleich einfacheren Milieu entwickelt und getestet worden ist als in jenem, das wir uns in den heutigen Wissenschafts- und Industriegesellschaften zu bewältigen anmaßen.

Wir wissen zwar nichts über die Zeitspanne, welche der Einbau und die Modifikation einer solchen Hypothese in der Stammesgeschichte bedarf. Für physische Artmerkmale dauert dies bei der Komplexität von Säugetieren eine bis mehrere Jahrmillionen. Das Prinzip aber, welches den Mechanismus der Hypothese begründet, ist so alt wie die bedingte Reaktion, so alt wie z.B. die Mollusken, runde fünfhundert Jahrmillionen. Nähmen wir auch nur eine Jahrmillion für die Adaptierung des Algorithmus an und bedenken, daß uns die Komplikation unserer Gesellschaft in Zeitmaßen von nur Jahrhunderten und weniger geschehen ist, dann wird man vor Augen haben, daß die Adaptierungsfähigkeit des Algorithmus von der Entwicklung der Zivilisation überrannt werden mußte.

Der Algorithmus ist für unsere Welt zu einfach. Die Irreleitung der Hypothese beruht darauf, daß sie uns suggeriert, aus Einzelreihen bestätigter Prognosen fortan extrapolieren zu sollen. Und was an irrtümlichen Prognosen in einer bescheidenen Lebenswelt noch ohne Schaden revidierbar blieb, kann in den Funktionen, die wir uns heute zumessen, lebensbedrohlich werden.

Wir haben auch anzuerkennen, daß die Mängel der Hypothese den Einzelnen gar nicht mehr unter Selektionsdruck legen. Nicht nur fallen gerade die erfolgreichsten wie reproduktionsfreudigsten unserer Mitbürger auf die Irreleitungen herein. Wir hoffen auch, sollten geistige Mängel in Mitgliedern unserer Gesellschaft wahrnehmbar werden, so viel an Humanität gewonnen zu haben, diese nicht an der Reproduktion zu hindern.

Unerlaubte Extrapolation bildet auch den Grundfehler, welchen die Hypothese dem Empirismus suggeriert. Man erinnert sich an Bertrand Russells Huhn. Und die Paradoxie der Situation besteht darin, daß der Zusammenbruch am jeweils erreichten Gipfel vermeintlicher Gewißheit eintreten muß.

In diesen Typ gehört der schon allgemein bekannte Fehler, zu erwarten, daß ein Mehr des Guten stets zum Besseren führen müsse. Tatsächlich ist unsere Fehlanleitung aber verkappter. Zwei Hinweise werden genügen:

Physiker konnten der Ansicht sein, ein Menschheitsproblem zu lösen, wenn sie Atomenergie verfügbar machen. Die sozialen und politischen Rahmen aber, in welchen sich alle Probleme der Menschheit abspielen, schienen ihre Sache nicht zu sein. Der gedachte Segen wurde unerlaubt extrapoliert. Heute muß man hoffen, daß die Kenner der Kernspaltung ihrer gepflegten Kasernierung (wie in Rußland) nicht entkommen, um nicht auch alle politisch dubiosen Staaten mit Atombomben zu versorgen. Und mit dem Eingriff in den Zellkern bereitet sich auch schon die nächste, unerlaubte Extrapolation vor.

4
Wie man die Mängel überwindet

Die Vermeidung der unerlaubten Extrapolation erscheint sehr einfach, ist es aber ganz und gar nicht. Wir sind, wie schon die notwendige Entwicklung fortgesetzter Erwartungshaltungen belegt, zum Extrapolieren angelegt. Das hat, wie wir gesehen haben, lebenserhaltende Funktionen. Aber keine erbliche Anleitung für eine Voraussicht auf zulässige Extrapolationsrahmen ist mir bekannt geworden. Im Gegenteil, unser Denken ist von analoger bis metaphorischer Art und vielfach auch durch Analogien und Metaphern gefördert worden. Unsere Sprache ist voll von ‚Tischbeinen‘, ‚Seesternen‘, ‚Flußarmen‘ und ‚Mondsicheln‘. Die Verlockung ist angeleitet. Auch sie ist ein notwendiger Antrieb und ein schlechter Führer.

Unvermeidbar ist die Extrapolation: ‚Morgen werde ich wieder gefüttert werden‘ oder ‚mehr Atomstrom verkaufen‘. Wird ein solcher Extrapolationsrahmen überschritten, so kann die Prüfung eben auch nur jenseits desselben erfolgen. Das scheint noch trivial. Weniger trivial ist aber schon das Faktum, daß sich das, was immer jenseits eines solchen Rahmens liegt, aus einer Reihe weiterer Erfahrungen zusammensetzt, die, wie in Teil 2 schon festgestellt, einen hierarchischen Zusammenhang zeigen.

Das Huhn mag eine der Handlungen des Hühnerzüchters richtig prognostizieren: er wird wieder füttern. Aber sein Handeln als Ein- und Verkäufer, Schlächter, Esser und sogar sein mögliches Handeln als ‚wohltuender' Züchter kennt es nicht. Der Physiker mag eine Komponente der Menschheitsprobleme richtig prognostizieren: Energie wird gebraucht werden. Aber die Probleme der Konzentration von Macht, der Erhaltungsbedingungen sozialer und politischer Systeme, selbst das der Brennstäbedeponie und Überheizung der Atmosphäre muß er nicht bedacht oder kann sie unterschätzt haben.

Nach solcher Formulierung wird man sich der entsprechenden Strukturen von Generalisierung und Hypothetisierung (Abb. 12 und 13, Seiten 47 und 48) erinnern, welche einen hierarchischen Bau von *theorein* vorsehen lassen (zur Rekapitulation der Terminologie möge man die Abb. 11, Seite 44 konsultieren). Wobei sich die Fälle, aus welchen sich eine Obertheorie entwickeln läßt, aus den Theorien einer Serie von bestätigten Erwartungen der untergeordneten Schicht zusammensetzen, die wieder von der Obertheorie kontrolliert werden.

Wir werden den Vorgang des erkennenden Generalisierens (Abschnitt 4, B1) als ‚wechselseitige Erhellung' oder ‚Hermeneutik' noch genauer studieren, jenen der erklärenden Hypothetisierung (Abschnitt 5, C1) als ‚Subsumptions-Schema' kennenlernen.

Die Wohltätigkeit eines Fütterers kann nur aus den Theorien über alle seine Handlungen theoretisch erschlossen werden und die Lösung von Menschheitsproblemen nur aus all jenen Theorien, die uns aus den Einzelproblemen dieser Menschheit greifbar geworden sind.

Man wird bemerkt haben, daß die Hypothese vom anscheinend Wahren nicht für sich allein stehen kann. Geht es in ihr um die Bestätigung der Erwartung sukzedaner Koinzidenzen, ist ja vorauszusetzen, daß es sich bei der Wiederholung derselben um vergleichbare Wahrnehmungen handelt. Das mag nach unserem Beispiel vom bedingten Lidschluß-Reflex noch nicht problematisch erscheinen. Die Eindeutigkeit der Sinneskanäle, welche Luftstrom und Glockenton melden, mag für deren Wiedererkennen zureichen. Das ändert sich aber bald in Richtung auf komplexere Wahrnehmungen. Diese Aufgabe löst die zweite Hypothese.

C
Die Verrechnung simultaner Koinzidenzen

Die ‚Hypothese vom Ver-Gleichbaren' (H2), machen wir uns ihre Anleitung bewußt, läßt uns erwarten, daß man im Vergleichbaren vom Ungleichen absehen und das vermutet Gleiche hinzufügen könne.

Ich werde in diesem Thema ausführlicher werden. Einerseits, weil es weniger bekannt ist, andrerseits, weil es grundlegend ist für das Verständnis der ratiomorphen Operationen des Gewinns von Kenntnis.

Und zum Zwecke der Vergleichbarkeit mit meiner Darstellung der sukzedanen Koinzidenzen werde ich in gleiche Abschnitte gliedern: (1) den Algorithmus beschreiben, (2) seinen Erfolg und (3) seine Mängel begründen und (4) zeigen, wie diese zu überwinden sind.

1
Die Zusammensetzung des Algorithmus

Wie erwähnt, setzen die beiden Hypothesen einander voraus. Die Reaktion auf sukzedane Ereignisse setzt ebenso Wiedererkennen voraus wie die Reaktion auf simultane deren Wiederholung. Das Wiedererkennen ist folglich der komplexere Vorgang oder, genauer, er muß bis weit in den komplexen Bereich der Dinge Erfolg haben (Einzelheiten und Literatur in Riedl 1987).

Entsprechend gegliedert ist auch das Thema aufzubauen. Ich werde es von (a) der Invariantenbildung, über (b) die Prozesse der Gestaltwahrnehmung, zu (c) unserer Wahrnehmung der strukturellen Hierarchien entwickeln.

(a) Biologisch gesehen ist die wachsende Fähigkeit der Organismen zur Bildung von *Invarianten* interessant, das heißt, die Gegenstände dieser Welt in Klassen zusammenzufassen sowie nach Klassen zu trennen. Zwar spricht man von Invarianten erst in der Humanpsychologie, hier aber interessiert wieder die Kontinuität des Zusammenhangs.

Bei niederen Organismen gliedern sich die Phänomene dieser Welt überhaupt nur in drei oder vier Klassen: basisch/sauer, warm/kalt, wäßrig/trocken und erst später auch in hell/dunkel. Trockenheit kann zu Inzystierung führen oder aber bedeutet den sofortigen Tod.

Aber auch noch von den Insekten bis in die höheren Wirbeltiere sind im Sensorium Filter eingebaut, die sicherstellen, daß nur eine kleine und ausgelesene Gruppe von Sinnesdaten zu den wichtigen, arterhaltenden Reaktionen führen (Lorenz 1978). Man spricht von AAMs, angeborenen Auslösemechanismen. Viele bleiben erfahrungsunabhängig starr, manche werden durch Erfahrung modifiziert.

Letzteres wird auch durch Verhaltensänderungen unserer Säuglinge illustriert. Ein nickender Luftballon mit grinsendem Mund löst beim frühen Säugling dasselbe Lächeln aus, wie das zugeneigte Gesicht der Mutter. Erst später wirkt das Ballongesicht befremdend gegenüber dem Menschengesicht und noch später die wirklich Fremden.

Dasselbe gilt ebenso für Begriffe der frühen Kindheit. Wenn einmal angesichts einer Eisenbahn, von einem Balkon aus gesehen, diese als ‚sch-sch' bezeichnet wird, gilt von da an alles als ‚sch-sch', was, vom bestimmten Balkon aus, als bewegt gesehen wird, egal ob Auto, Kinderwagen

66 Die Systeme des Erkennens

oder Marschkolonne (Piaget 1978). Auch das Faktum, daß Individual- und Kollektivbegriffe erst spät geschieden werden, unterstreicht diesen Zusammenhang.

Die Entwicklung unserer Begriffe hat gewissermaßen Sanduhrform. Die Konzepte beginnen sehr weit, erreichen die spezifische Enge der Benennung von Individuen, um sich von da wieder zu ‚dem Guten', ‚dem Schönen', zum Entropie- und Evolutionsbegriff zu weiten. Und natürlich hat die schon vorsprachlich entstandene Invariantenbildung unser Sprachdenken angeleitet. Und da der Entstehung unserer Sprachen nicht eine transitive, vielmehr eine signalhaft definitorische Verständigung Pate stand, ist aus dieserart Sprache auch noch die klassische Logik, mit ihrer definitorisch, invarianten Form destilliert worden, die wieder auf das zurückwirkt, was auch im Alltag vom ‚richtigen Denken' erwartet wird.

Ich werde im Folgenden in Einzelheiten gehen, weil die Fülle der hier schon verfügbaren Kenntnisse andeuten kann, was wir in Gebieten geringerer Kenntnis noch an Differenzierungen unserer erblichen Anlagen zu entdecken haben.

(b) Zum Verständnis der *Gestaltwahrnehmung* ist in den letzten Jahrzehnten viel Wertvolles expliziert worden. Die alte Gestalttheorie hat mit der Ethologie eine Brücke zur Sinnes- und Neurophysiologie entwickelt und darüber eine Kognitive Psychologie entstehen lassen. Aus diesem Themenkreis will ich den Schichtenbau der vorgefundenen Leistungen angeben, die aus einem Geflimmer von Licht die Gestaltungen dieser Welt nachbilden.

Zudem möge man zwei Dinge im Auge behalten. Erstens, daß alle nun darzustellenden Leistungen Lern- und Adaptierungs-Ergebnisse unserer Stammesgeschichte sind und daß sie zur Gänze automatisch und unbewußt ablaufen. Zweitens, daß diese Leistungen wahrscheinlich alle der Übung am Milieu bedürfen um voll ausgebildet zu werden. Dies illustriert der wichtige Begriff der ‚Angeborenen Lehrmeister' (Lorenz 1973, zuletzt in Heschl 1998). Mit ihm ist vorgesehen, daß die ‚Lehrmeister' all dieser Leistungen zwar angeboren sind, daß der Lehrmeister aber durch das Milieu gefordert werden muß, um seine Lehre im System auszuformen.

Ich werde diese Leistungen von jenen (b1) in der Retina, (b2) der Bindung, (b3) der ersten Synthesen, (b4) der sogenannten Ablösung und (b5) der Modifikation durch individuelle Erfahrung, bis (b6) zur Komposition der Gestalten vorstellen.

(b1) In erster Ebene, noch *in der Netzhaut*, wird eine Leistung etabliert, die als ‚Konstanzphänomen' bekannt wurde. Die im Blickfeld dominierende Farbe wird vom Farbeindruck abgezogen. Das führt dazu, daß z. B. ein Gesicht im Waldesdunkel oder bei Kerzenlicht nicht grünlich oder gerötet erscheint. Der biologische Nutzen liegt auf der Hand.

Man kann sich von diesem Phänomen leicht überzeugen, wenn man vor voller Sonne (oder dicht an einer starken Lampe) die Lider mit der Hand zunächst so lange abdunkelt, bis die verbliebenen Farbsensationen verschwunden sind. Das kann einige Minuten dauern. Hebt man dann die Hand ab, so werden die durchstrahlten Lider eine leuchtend orangerote Fläche erscheinen lassen. Und nun kann man beobachten, wie in ein bis zwei Minuten die Farbe verblaßt und einer neutralen (gräulichen) Tonigkeit Platz macht.

Auch schon in der Retina wird eine ‚Randverschärfung' über eine Schaltung ‚lateraler Inhibition' erreicht. Dies führt dazu, daß alle Helligkeits- und Farbgrenzen überhöht werden. Der Rand des Dunklen wird noch dunkler, des Hellen heller, und die Farbgrenzen werden intensiver. Nun entsprechen in der Natur die allermeisten Farb- und Helligkeitsgrenzen Objektgrenzen, und es ist biologisch höchst sinnvoll, daß diese auch in Schatten und Dämmerung so deutlich wie möglich gemacht werden.

Die Bedeutung des Lehrmeisters ist aus Experimenten klargeworden. Zieht man Kätzchen in einem Milieu auf, welches nur vertikale Helligkeitsgrenzen bietet, so halten sie später den Kopf quer, wenn horizontale Helligkeitsgrenzen gut gesehen werden sollen (Details in Riedl 1987).

(b2) Von einem *Bindungsproblem* spricht man insofern, als man sich fragen muß, wie es kommt, daß zwischen verschiedenen, aber gleichzeitig an verschiedenen Orten einlaufenden Sinnesdaten eine Verbindung hergestellt wird, im einfachen Fall z. B. der Wahrnehmung eines Umrisses und einer Farbe.

Man hat dabei einen Vorschlag von Hebb (1949) zum Hebbschen Prinzip gemacht, in dem, nicht unähnlich der Konditionierung und dem bedingten Reflex, kooperativ interagierende Neuronen angenommen werden. Und man entwickelte die Auffassung, daß auch räumlich im Gehirn verteilte Neuronen durch Synchronisation ihrer Entladungen zu Einheiten zusammengefaßt werden (von der Malsburg und Schneider 1986). Kurzum, man ist bei der Frage gelandet, wie man sich überhaupt die Repräsentation komplexer Wahrnehmung im Gehirn vorstellen soll (Engel et al. 1993, Singer 1995).

Die Bücher über dieses Thema mögen noch nicht geschlossen sein. Faktum ist aber, daß hinsichtlich der Verarbeitung gleichzeitiger Wahrnehmungen, meist also gesetzlicher Gleichzeitigkeit der Merkmale komplexer Systeme, höchst greifbare hirnphysiologische Hypothesen vorliegen. Und zwar für Vögel ebenso wie für Säugetiere und den Menschen, so daß wir eine Vorstellung von dem beträchtlichen Alter der in unserem Kontext so wichtigen *simul-hoc*-Hypothese gewinnen.

(b3) Im Zusammenwirken von Retina und Cortex bilden sich erste *synthetische Leistungen*. Unserer Wahrnehmung wird die Lage der Helligkeitsgrenzen nicht punktweise mitgeteilt, sondern schon in verschaltetem Zusammenhang, und zudem werden deren Verschiebungen und Wendungen über nochmals übergeordnete Bahnen vermittelt.

68 Die Systeme des Erkennens

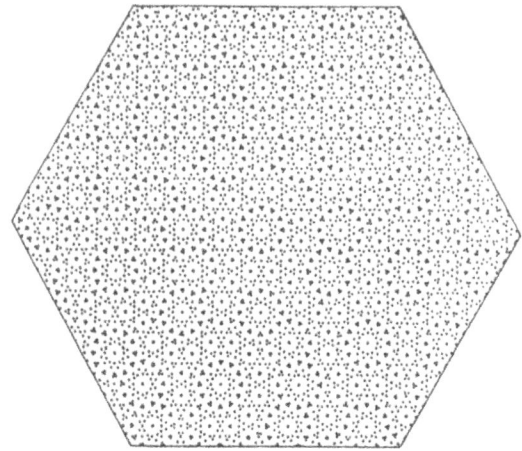

Abb. 16. *Autonome Strukturierungsprozesse der Wahrnehmung*, am Beispiel eines Musters mit konkurrierenden Lösungen. Man beobachtet, daß das Bild ‚brodelt', weil die angedeuteten Kreisfiguren deren Wahrnehmung suggerieren, einander aber wechselseitig wieder auflösen (aus MARR 1982)

An diesem Bereich schließt die Formierung der sogenannten ‚guten Gestalt'. Das heißt, die nun vermeldeten Grenzen im Bildfeld verharren nicht in einem Gewirr von Daten, es wird vielmehr etwas wie eine ‚Lösung' gesucht. Und das schreibt zwei synthetische Aufgaben vor. Erstens wird versucht, im Liniengeflecht geschlossene Konturen aufzufinden. Das wird dem Umstand entsprechen, daß in dieser Welt die meisten Gegenstände, ob Steinchen oder Seen, Blätter oder Bäume, eben geschlossene Konturen besitzen.

Bietet man Bilder, welche solcherart Lösungen konkurrierend, aber in unentscheidbarer Weise, anbieten (wie in Abb. 16), so kann der Algorithmus zu keiner Lösung kommen, das Bild scheint zu brodeln. Das System läßt sich nicht beschwindeln, die Suche wird nicht aufgegeben.

Man kann zu diesem Thema selbst in relativ einfacher Weise experimentieren, und zwar mittels eines in der Mitte geteilten Pappkastens und zwei Gucklöchern. Bietet man dem einen Sehfeld ein horizontales, dem anderen ein vertikales Streifenmuster, so wird man kein Karomuster wahrnehmen, vielmehr eine nicht endende Lösungssuche zwischen bewegten Flecken horizontaler und vertikaler Muster.

Zweitens aber versucht der Algorithmus, aus stabilisierten Lösungen die beste (einfachste, klarste) Interpretation zu wählen (man vgl. Abb. 17). Mir erscheint dies als eine besondere Leistung. Zweifellos bietet sie wieder adaptive Vorteile. Sie gibt aber zudem einen neuen, erstaunlichen Einblick in den Zusammenhang von Welt und Sinnen. Die einfachste Lösung kann wohl nur deshalb die beste sein, weil mit der Zunahme der Komplexität

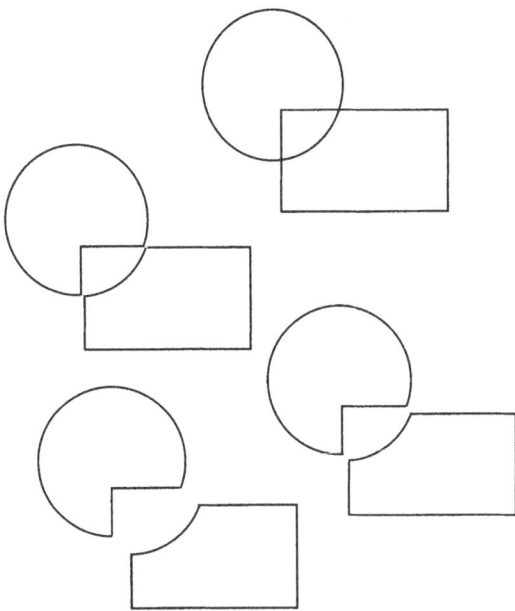

Abb. 17. *Die ‚gute Gestalt' als Strukturierungsprinzip.* In der gegebenen Graphik suggeriert es, die Figuren bei Annäherung zu Kreis und Quadrat vereinfacht zusammenzufassen. Im Allgemeinen ist der Vorgang zwingend

der Lösung auch die Anzahl der konkurrierenden Lösungen wächst und damit die Chance, das Richtige zu treffen, sinkt.

(b4) Alle weiteren Leistungen werden sich stets über die Hirnrinde abspielen. Da geht es zuerst um die ‚Ablösung' der vorgeformten Gestalt vom Hintergrund. Da ist das Prinzip zunächst einfach: Was sich gemeinsam bewegt, wie zwei Lichtpunkte am Nachthimmel, gehört zusammen. Man erkennt auch, wie direkt es dieser Welt abgeschaut ist.

Aber Bewegung ist eine relative Größe. Alles kann sich mit- und gegeneinander bewegen: Gegenstände, Augen, Kopf und der ganze Beobachter. Die naheliegende Lösung: Das Kleine, das sich gegen das Große verschiebt, vielfach gegen das ganze Bildfeld, wird das de facto Bewegte sein. Man beobachtet diese Lösungsfindung aus den möglichen Irrtümern, vom ‚Brückeneffekt', wo der Pfeiler gegen ruhendes Wasser zu reisen scheint, vom Blick auf den Kirchturm, der sich fortgesetzt gegen die ziehenden Wolken neigt.

Im Übergang zu den kommenden, erfahrungsgestützten Verrechnungen gehören hierher auch noch die Reaktionen auf die Raumtiefe, also Perspektive, und der ‚Kollisionskurs'. Beides muß bei ‚Augentieren' auch bereits erblich angelegt sein. Auch dies ist aus Experimenten deutlich geworden.

Kätzchen, die nach Art der Aufzucht noch keine Erfahrung mit Abgründen haben können, überschreiten die Grenze zu einem Abgrund, der mit einer Glasplatte überdeckt ist, mit Zögern und Vorsicht. Säuglinge, denen man einen Film vorführt, in dem ein Ball in Kollisionskurs auf sie zuzukommen scheint, zeigen eine Abwehrbewegung. Auch dies antizipiert ein Charakteristikum in unserer Wahrnehmungswelt. In den allermeisten Fällen werden Gegenstände, deren Umfänge schnell anwachsen, sich nicht aufblähen, sondern auf uns zukommen. Die biologische Bedeutung ist unverkennbar.

(b5) Die bislang beschriebenen Leistungen werden wohl sämtlich durch die angeborene Erfahrung am Milieu gestützt. Aber es bleibt noch eine Gruppe, bei welchen diese Stützung auch über eine Adaptierung durch *individuelle Erfahrung* am Milieu deutlich ist.

Wichtig ist unter denselben zunächst die Entwicklung der ‚Dingkonstanz' bei Jungtieren und bei Kleinkindern. Verschwindet ein Gegenstand, z. B. ein Bällchen unter einem Kasten, so verschwindet er auch aus der Vorstellung. Und es bedarf, neben der Motivation, auch weiterer Erfahrung, um den Gegenstand in der Vorstellung zu behalten, wiederzuerwarten und, anfänglich ungezielt, später ganz gezielt, zu suchen. Und auch hier stellen wir wieder die Übereinstimmung des Programms mit dem Milieu fest, denn nur selten lösen sich in dieser Welt verschwundene Dinge so auf wie ein Würfel Zucker in der Tiefe einer Tasse Kaffee.

Hier schließt auch eine Leistung an, die man mit Piaget (1975) als eine ‚Evolution der Realitätsformen' auffassen kann. In einer ersten Phase scheinen Kleinkinder nur den haptisch faßbaren Dingen eine echte Realität zuzumessen. Darauf folgt eine Art ‚bildlicher Realität'. Man erkennt diese daran, daß das Kind die Erwartung erkennen läßt, beispielsweise einen Ball, der sich durch einen liegenden Stab optisch mit ihm verbindet, mittels dieses Stabes heranziehen zu können. Und erst in einer dritten Phase entsteht über Sacherfahrung eine Form des naiven Realismus, der unserer unreflektierten Erwartungshaltung ähnlich ist. Man könnte dies auch eine Erweiterung der Wirklichkeit nennen, da es mit dem Wachsen des Raumes korreliert, indem die Kreatur praktisch, und dann erfahrungsgestützt, im gedachten Raum ‚wirken' kann.

Gewiß ist auch die Einschätzung der Perspektive stark durch Erfahrung gefördert. Sie gewinnt für die Einschätzung schneller Eigenbewegung sowie der Position von Freund und Feind lebenserhaltende Bedeutung. Und sie wird so fest verankert, daß wir auf alle Arten ‚perspektivischer Täuschungen' verläßlich hereinfallen. Illustrierend ist auch der Umstand, daß Kinderzeichnungen, aber auch die frühe Malerei und Graphik, die Perspektive erst allmählich entwickelten.

An die erlernte Dingkonstanz schließt die Leistung des ‚Ergänzens' verdeckter Teile von Gegenständen. Das setzt Erfahrungen an den entsprechenden Gegenständen sowie einen Mechanismus voraus, der die Erinne-

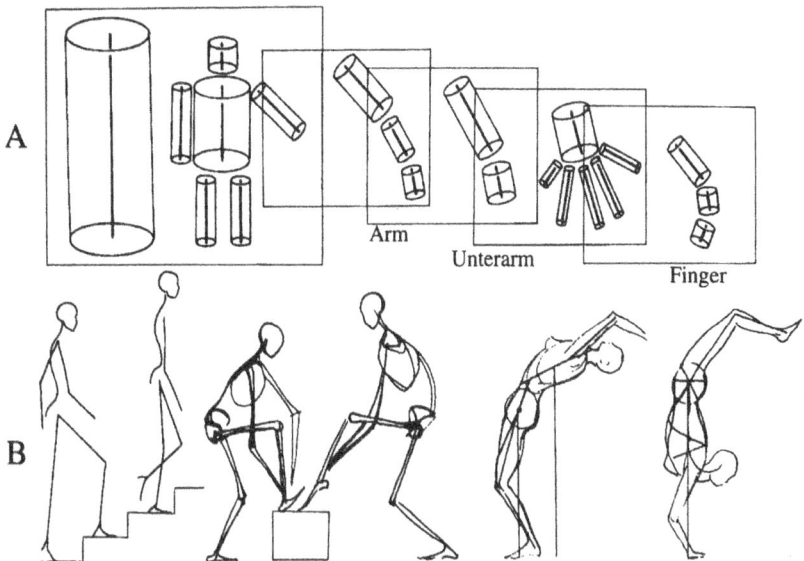

Abb. 18. *Hierarchie von Entschlüsselung und Komposition* von Gestalten. Die Zerlegung nach Achsen bei zunehmender Wahrnehmung (A), entspricht dem Aufbau der Komposition bei Künstlern (B). (Nach mehreren Autoren zusammengestellt; aus Riedl 1987)

rung, entsprechend dem wahrgenommenen Teil, aus dem Speicher des Gedächtnisses hervorholt. Die Entwicklung dieser Leistung wird (in Abschnitt 3,D1) noch darzulegen sein. Es ist aber evident, daß es darauf ankommt, die Wahrnehmung auch nur eines Schwanzes sofort durch die Vorstellung der zugehörigen Raubkatze zu ergänzen.

(b6) Aufschlußreich ist schließlich die ‚*Komposition von Gestalten*'. Ich entlehne hier absichtsvoll einen Begriff aus der bildenden Kunst, weil die Vorgänge fast identisch sind. Man kann den Vorgang leicht nachvollziehen, wenn man sich vorstellt, in der Ferne eine Gestalt zu entdecken. Die Komposition erfolgt hierarchisch. Zunächst nimmt man eine Hauptachse wahr: Das Ding liegt oder steht. Dann kommen die Achsen von Gliedern hinzu, die Richtungsachsen vom Kopf bis zu den Fingern (zur Bedeutung der Achsen im Organismenreich vergleiche man Wainwright 1988). Das ist dieselbe Weise, in der eine figurale Komposition entsteht (Abb. 18).

Und über solche Voraussetzungen wird man auch einmal die wahrscheinlich höchsten Leistungen unseres noch immer unbewußt operierenden Wahrnehmungssystems verstehen lernen, beispielsweise das ‚Wiedererkennen aus allen Perspektiven'. Selbst an der Silhouette erkennen wir eine Katze, ob eingerollt, ob im gestreckten Sprung oder hoch gebuckelt mit gesträubtem Fell. Noch kein Computerprogramm hat uns darin eingeholt.

Inwieweit auch das ‚Sehen' von Ähnlichkeitsfeldern erblich angeleitet wird, wissen wir noch weniger. Der Verdacht aber ist gegeben. Ich komme auf dieses Phänomen in Absatz D2 zurück.

(c) Auf den *hierarchischen Bau* der Welt scheinen wir mit unserem Sensorium ebenso vorbereitet zu sein. Wir anerkennen aus Teilen zu bestehen und selbst wieder Teil eines weiteren Zusammenhangs zu sein. Das ist insofern merkwürdig, als in all diesen Ebenen ganz unterschiedliche Erscheinungsformen zu Tage treten. So zeigen Organe, Individuen und Horden zweifellos höchst verschiedenes Aussehen und Verhalten. Und zudem ist ein hierarchischer Aufbau keine ganz einfache Konstruktion. Auf diese Bauform komme ich im Zusammenhang mit unserem Ursachenverständnis (in Teil 5) eingehender zurück.

Strukturhierarchie finden wir in allen komplexen Systemen: von Quanten, Atomen und Molekülen, über Zellorganellen, Zellen, Gewebe, Organe, Organismen, bis in den Sprachaufbau von Laut, Wort, Satz und Kontext und in die Gruppenstrukturen aller kleinen und großen Unternehmen. Und nicht von ungefähr setzen sich diese Hierarchien auch in unseren Artefakten fort, von Möbeln, Zimmern und Häusern bis hin zu Städten.

Die Universalität und Bedeutung dieser Gliederung der Welt mag als Lehrmeister gedient haben. Und unser Vermögen, mit hierarchischen Mustern zu rechnen, wird, mit den Vorteilen, welche es bietet, dazu geführt haben, daß wir bauend mit ihm fortsetzen.

2
Welches die Gründe des Erfolges sind

Wie man sich erinnert, kann der Einbau und die Erhaltung erblicher Programme nur verstanden werden, wenn deren Erfolge greifbar sind. Ich habe diese bei der Beschreibung des Algorithmus (im vorigen Abschnitt) im einzelnen schon erwähnt, so daß an dieser Stelle nur mehr eine Zusammenfassung empfohlen ist.

> Dies gibt aber damit auch die Gelegenheit, zweierlei auseinander zu halten: (a) die eingebauten Voraussichten auf das Milieu und (b) die Weisen, diese Voraussicht auch zu erreichen.

(a) Die *Erwartungen a priori* geben uns nochmals und wieder allein aus der Kenntnis dieses Lernalgorithmus einen Hinweis auf grundsätzliche Strukturen dieser Welt. Wir erfahren, daß es wiedererkennbare Gestaltungen geben werde, die sich zumeist durch geschlossene Konturen und Stetigkeit kenntlich machen, auch wenn sie sich teilweise oder zeitweilig ganz der Wahrnehmung entziehen. Wir erfahren, daß sich ihre Teile gemeinsam bewegen, ihre anscheinende Größe sich mit der Entfernung ändert und

Abb. 19. *Die Auflösung einer Gestalt*, ausgehend von einer Figur von Hieronymus Bosch aus dem Gemälde ‚Heuwagen' (Prado Madrid). Nach rechts oben zerlegen wir deren noch bezeichenbare Teile weiter ins ‚Unbeschreibliche' (aus Riedl 1994)

daß dies häufiger der Fall sein wird, als daß sie schnell wachsen oder schrumpfen.

Vom Zufälligen ist also gar nicht die Rede. Dies wird ausgeschlossen, wiewohl uns der Zufall in einer nachgerade unübersehbaren Fülle umgibt. Was ihn ausschließt, ist, im Zusammenwirken mit der ‚Hypothese vom anscheinend Wahren', die Wiederholung von Gestalten. Und diese setzt das *simul hoc*, die regelmäßige Wiederholung des gemeinsamen Auftretens von Merkmalen voraus. Wobei schon der Begriff des ‚Merkmals' darauf hinweist, daß es von Wert ist, sich etwas zu merken. Es geht um die nicht beliebige Kombinierbarkeit von Merkmalen in den komplexen Gegenständen dieser Welt.

Lockert man diese Merkmalskombinationen, auf welchen das Wiedererkennen der Dinge beruht, nur etwas, so findet man sich bereits in der phantastischen Welt des Hieronymus Bosch, einer skurrilen Kombination immer noch benennbarer Teile. Löste man auch deren Merkmalszusammenhänge auf, so bliebe, was wir als unbeschreibbar beschreiben (Abb. 19).

(b) Die Weise, in welcher dieser Algorithmus *das Ziel* erreicht, uns die Wirklichkeit für geeignete Reaktionen interpretiert, beruht offenbar auf dreierlei:

Erstens: Was an Regelmäßigkeit (Gesetzlichkeit) in dem für uns relevanten Milieu stetig zu erwarten ist, findet sich auch in Form einer Erwartungshaltung verläßlich, d. h. erblich, vorbereitet.

Zweitens: Wo immer zu erwarten ist, daß die Erfahrung ein Element dieser Programme intensivieren, erweitern oder verbessern kann, ist dies ebenso vorgesehen. Dem entspricht die Metapher vom angeborenen Lehrmeister. Nur in den tiefsten Schichten des Mechanismus, beispielsweise in der Randverschärfung oder in der Konstanzleistung, scheint dies nicht nötig zu sein.

Und drittens steckt ein hermeneutisches Prinzip dahinter, das, auch im konstruierten Fall von Unentscheidbarkeiten, die Lösungssuche nicht aufgibt. Auch von dieser Hermeneutik oder ‚wechselseitigen Erhellung' merken wir wenig. Es ist nicht einmal leicht, den Vorgang intelligibel zu machen. Im Zusammenhang mit seiner Anwendung werde ich (in Abschnitt 4,B1) darauf zurückkommen. Aus dem Bisherigen haben wir von diesem Programm nur den Wechsel synthetischer und analytischer Vorgänge wahrgenommen. Solche synthetischen Prozesse sind uns von den Verschaltungen in der Netzhaut bis zur Herstellung der ‚guten Gestalt' untergekommen, analytische von der guten Gestalt bis zum perspektivisch-verrechneten Wiedererkennen und der Komposition.

3
Welches die Mängel des Programms sind

Für jenes Lebensmilieu, für welches das Programm geschaffen und in welchem es über rigorose Elimination selegiert wurde, muß es für unser Handeln in dem Maße perfekt gewesen sein, als Leben perfekt sein kann. Seine Mängel treten auch erst wieder dort auf, wo wir Kulturmenschen uns zu viel anmaßen, nämlich, in diese Welt in einem Umfange einzugreifen, für welchen wir durch das Programm kognitiv nicht zureichend ausgestattet sind.

Ganz entsprechend, wie wir die Dinge im Zusammenhang mit der ‚Hypothese vom anscheinend Wahren' fanden, ist auch hier unsere Ausstattung von der Komplikation unseres heutigen Milieus überrannt worden, und auch die hier auftretenden Mängel der Ausstattung liegen wieder unter keinem Selektionsdruck.

Fast ist es, wie wir sehen werden, umgekehrt: Wer mit unserer Welt am gröbsten verfährt, wird gegenüber rücksichtsvollen Nachbarn Vorteile ernten.

> Eine Drift in kollektiven Unsinn ist die Folge. Ich werde darum (a) die Ursachen von (b) den Folgen getrennt darstellen.

(a) Zunächst *die Ursachen*: Erinnert man sich der uns angeborenen Hypothese, die uns anleitet, zu vergleichen, gleichzumachen und zu ergänzen, so wird man diese als recht vernünftig, wir sagen dann zu Recht ‚ratiomorph', gefunden haben. Denn über kaum einen besseren Weg könnten uns unsere Sinnesdaten in der komplexen Welt zu ordnender Voraussicht lenken. Dagegen wird zu zeigen sein, daß die Mängel mit mangelnder Akzeptanz von Emergenz, aber letztlich auch von Transitivität, zu tun haben.

Beides ist in einem scheinbaren Widerspruch unserer Ausstattung und kulturellen Entwicklung verborgen: unserer (a1) Abneigung, Emergenz als Phänomen der Natur hinzunehmen, gegenüber dem Bedürfnis, im Transitiven (a2) Grenzen vorzusehen und den Konsequenzen dieses Partikularismus (a3) im Sprachdenken.

(a1) Das Phänomen der *Emergenz* neuer Qualitäten, wie erwähnt in der Emergenz-Philosophie der Zwanzigerjahre noch als eine Einheit gesehen (Morgan 1923), enthält für uns heute neue Fragen. Betrachten wir den Gegenstand nun von seiner kognitiven Seite.

Die *Höherentwicklung* oder ‚Anagenese' kann man, wie erinnerlich, aus einem Schaukelprozeß verstehen, in welchem Organismen, aber auch Kulturen und deren Artefakte, selbst Teile des selektiven Milieus, wechselweise in ein weiteres Differenzierungsniveau gedrängt werden. Gewiß ein erstaunliches und weltveränderndes Phänomen, hier aber nicht das Problem.

Das hier einschlägige Problem kann man dagegen mit der uns schon geläufigen Frage formulieren, ob die neuen Eigenschaften vorhersehbar wären. Nach meiner Kenntnis ist dies zwar theoretisch zu fordern, aber praktisch nicht möglich. Aus zwei Gründen: Erstens weil die Zahl der Kombinationen, welche schon eine mäßige Anzahl an Konstituenten erwarten läßt, riesig wird und zweitens, weil der Vorgang der Kombinatorik komplex und einmalig, als historischer Prozeß mit all den Zufallsentscheidungen auf seinem Wege nicht wiederholbar ist. Damit wird es ganz unwahrscheinlich, das Ergebnis zu erraten.

Man wird dies anerkennen müssen. Aber auch wenn man es tut, tut man es bekanntlich nicht gern, und zwar deshalb, weil wir für das hier dominierende Regime des physikalischen Zufalls kein Sensorium besitzen, denn unser kenntnisgewinnender Apparat funktioniert, wie schon dargestellt, unter der Bedingung, daß er die Phänomene des Zufalls ausschließt. De facto besitzen auch unsere großen Sprachen, wie man sich erinnert, keinen Terminus für den Vorgang der Bildung des völlig Neuen.

Wir sind Emergenzen auch nie beobachtend begegnet. Man kann sie nachgerade als historische, als jene nicht reversiblen Phasenübergänge bezeichnen, die unsere Beobachtung ausschließen. Man denke an den Übergang vom Unbelebten zum Belebten, vom Reptil zum Säuger oder auch nur vom Affen zum Menschen. Gemessen an unseren Erwartungen müßten sich die neuen Qualitäten harmonisch aus den alten ergeben, oder aber es steckte ohnedies schon alles, eben ver-steckt, im Alten.

In den frühen ‚Präformationstheorien' ist diese Vorstellung sogar in rührender Weise illustriert worden. So meinte man, im menschlichen Spermium bereits ein winziges Menschlein sitzen zu sehen. Generationen erschienen wie russische Puppen. Im Grunde ist uns aber diese Naivität, beflügelt durch die Hoffnung auf eine greifbar mechanistische Welterklärung, unterlegt geblieben.

Entweder soll alles schon in einer Ausgangsbedingung stecken, wie auch die Lehre von der ‚Fraktalität' suggeriert, oder aber die Phasenübergänge ergäben sich, nach der Lehre von der ‚Synergetik', zwangsläufig aus den Konstituenten. Wir werden diese vereinfachende Anlage nicht ändern, sondern nur durch Einsicht übersteigen können.

(a2) Dem entgegen setzen wir gerne *Grenzen*. Auch dort, wo faktisch keine vorliegen. Im Unbegrenzten fühlen wir uns unwohl. Ich konnte mich dieses Zusammenhangs durch Versuche an Abwandlungen einfacher geometrischer Figuren vergewissern. Auch vor solchen Aufgaben wurden Grenzen angegeben. Mehrheitlich nach den Raumachsen des Testblattes, beziehungsweise anderen, vorgegebenen Geometrien (Abb. 20).

Das ist merkwürdig. Wir finden uns ja durchaus in der Lage, beispielsweise Eschers Graphiken zu folgen, in welchen sich so gut wie alles in alles verwandeln kann. Wir können uns derlei Verwandlungen auch ausdenken. Was leitet dann unsere partikularistische Haltung an? Es ist unsere Begrifflichkeit. Gerade an Eschers Graphiken wird das explizitert. Wenn beispielsweise Fische in Vögel übergehen, gibt es ein Zwischengebiet, in welchem von jedem etwas oder gar nichts auszunehmen, das heißt begrifflich zu bezeichnen ist.

(a3) Offenbar hängt das also auch mit unserer *Sprache* zusammen. Aber es wäre wieder verkehrt anzunehmen, daß allein unsere Sprache unser Denken formte. Das in unserer Ausstattung vorbereitete Denken muß zum mindesten die ‚Sprachuniversalien' vorbereitet haben, wie erinnerlich jene Merkmale, die allen Sprachen der Menschen, auch den exotischsten, gemeinsam sind. Man denke an die Nomen-Verb-Trennung. Hier interessieren nochmals die Nomina.

Schon im Entstehen von Kommunikation muß es auf Eindeutigkeit angekommen sein. Begonnen mit der Mitteilung über die eigene Befindlichkeit, schließt sie später auch solche über das Milieu ein: zunächst Signale für Feind, Freund und Futter. Und trotz aller Differenzierung ist auch unserer Semantik der Signalcharakter, im Sinne von Unverwechselbarkeit, als dominierende Funktion geblieben.

Natürlich wirkt in der Folge die Sprache wieder auf das Denken zurück. Besonders, wenn über etwas geredet werden soll, ist dem Sprachdenken, mit seiner Linearität und seinen intransitorisch, definitorischen Eigenschaften freilich nicht zu entkommen. Es suggeriert uns sogar im Rahmen von Klassenbegriffen die Erwartung den Dingen der Welt mit zunehmend definitorischer Schärfe auch zunehmend zu entsprechen, was ein Irrtum ist.

(b) *Die Folgen* dieser Anlagen sind eigentümlich und scheinen widersprüchlich. Gewandeltes wird begrifflich in Schachtelsysteme zerschnitten, bei Emergenzen hingegen postulieren wir die Rekonstruierbarkeit der Verwandlung. Aus der Kenntnis unserer Anlage löst sich dieser Widerspruch und expliziert auch die merkwürdige Zerteilung unsere Wissenschaften.

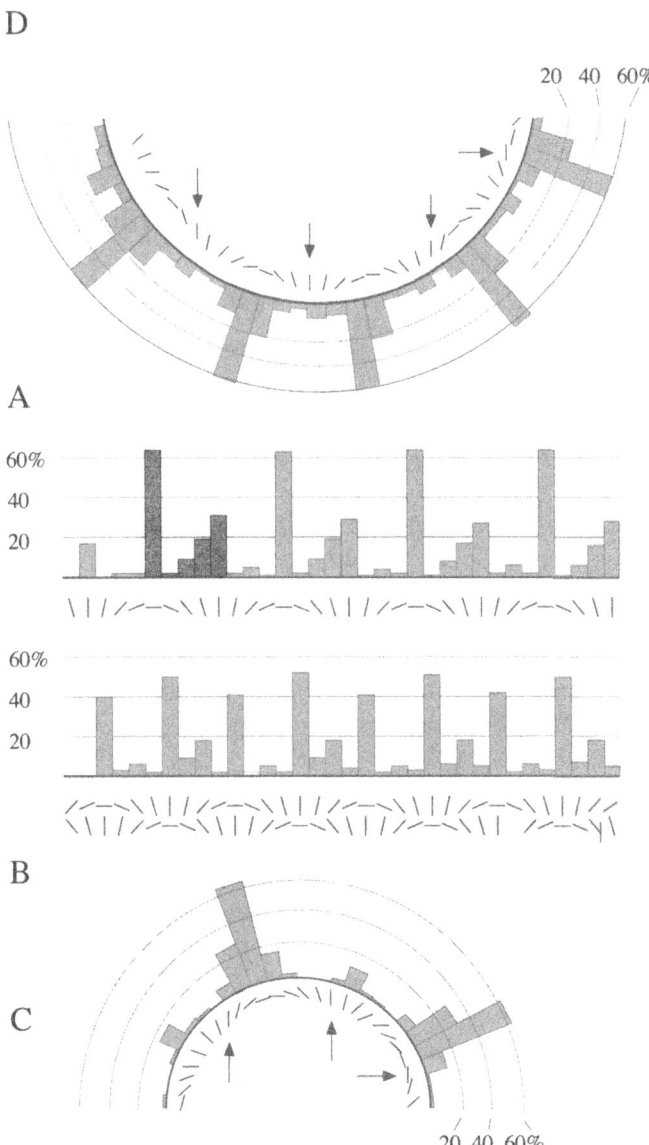

Abb. 20. *Ziehen von Grenzen im einem Kontinuum.* Versuchspersonen standen vor der Aufgabe, im Wandel der Position einer Linie (A) Grenzen anzugeben. Das geschah ohne Kommentar oder Widerspruch. Die Säulen geben die Häufung an. Selbst bei Komplikation der Aufgabe (B) bleiben die Häufungen deutlich. Der Bezug auf die vorgegebene Geometrie zeigt (C, D): die Häufungen korrelieren mit dem Kreisbogen; die geometrisch gleichen Lagen sind mit Pfeilen angezeichnet (nach Riedl 1987)

Betrachten wir darum zunächst die (b1) Schachtelsysteme, dann (b2) die Beschränkung unseres Sensoriums und (b3) die Wirkung auf die Gliederung der Wissenschaften getrennt.

(b1) Wie unser europäisches Sprachdenken zeigt, zerlegen wir uns die Gegenstände der Welt zu einem *Schachtelsystem* von Klassenbegriffen. Dieses besitzt zwar eine hierarchische Ordnung, läßt aber weder zwischen den Klassen einer hierarchischen Ebene noch zwischen den Hierarchie-Ebenen Übergänge zu.

Das gilt für ‚Gebirge', ‚Berge' und ‚Gipfel', für ‚Stamm', ‚Ast' und ‚Zweig' ebenso, wie für ‚Schloß', ‚Haus' und ‚Hütte'.

Sogar bei bloß quantitativen Änderungen machen uns Phasenübergänge Schwierigkeiten. Eine klassische Frage lautet: Wie viele Körner machen einen Haufen? Es erscheint uns absurd, diese Zahl angeben zu sollen, obwohl wir anerkennen, daß Körner rollen, ein Haufen aber fließt.

(b2) *Das mangelnde Sensorium* für exponentielle Entwicklungen wird man vom Schachbrett-Beispiel kennen. Der Wunsch, am ersten Feld ein Getreidekorn zu erhalten und auf jedem weiteren je das Doppelte, ist unerfüllbar. Die Getreidemenge würde dezimeterdick alle Kontinente bedecken.

Mangelndes Gefühl für den Phasenübergang in die Katastrophe schildert das ‚Seerosen-Beispiel'. Angenommen, Seerosen bedecken ein Tausendstel der Fläche eines Sees, verdoppeln sich jährlich und der See ginge bei vollständiger Bedeckung zugrunde. In der Regel bedarf es des Rechenstifts, um anzuerkennen, daß das schon in zehn Jahren geschehen muß.

In eine echte, kognitive Falle führt uns diese Anlage aber erst durch die Verfestigung unserer definitorischen Begrifflichkeit über die klassische Logik in der Mathematik. Die Operation ‚mal 2' suggeriert identische Effekte, unbeschadet der Größenordnung, in der sie verwendet wird. Und es wird gewöhnlich nicht mitbedacht, daß solche Identität, sobald es um materielle Dinge geht, einmal mit Sicherheit zusammenbrechen muß. Nehmen wir elf Größenordnungen. Heute schon gehen Konzerne mit solchen hundert Milliarden realer Dinge um, Zahlungseinheiten, harten Mark. Wird der Umsatz verdoppelt, so muß dies identisch erscheinen mit der Verdoppelung, z. B. eines Taschengelds, von zehn auf zwanzig Mark.

Nun möge man sich diese Differenz an Größen vorstellen. Unser Körper, um elf Dezimalen vergrößert, erreichte den Durchmesser der Erdbahn und entspräche so vielen Sonnenmassen, daß die Gravitationskräfte die Materie eines solchen Körpers zum Kollaps brächten. Wir glühten zu Sonnentemperaturen aus, fielen in ein Nichts zusammen und blieben ein Schwarzes Loch im Kosmos. Welchen Kollaps eine einzige Verdoppelung eines Konzernumsatzes in unserer Lebenswelt generieren muß, wird nicht antizipiert. Das Ereignis der wirtschaftlichen Megawelt liegt außerhalb unserer sensorischen Kompetenz. Die Konsequenzen unserer Zivilisation wird man vor Augen haben.

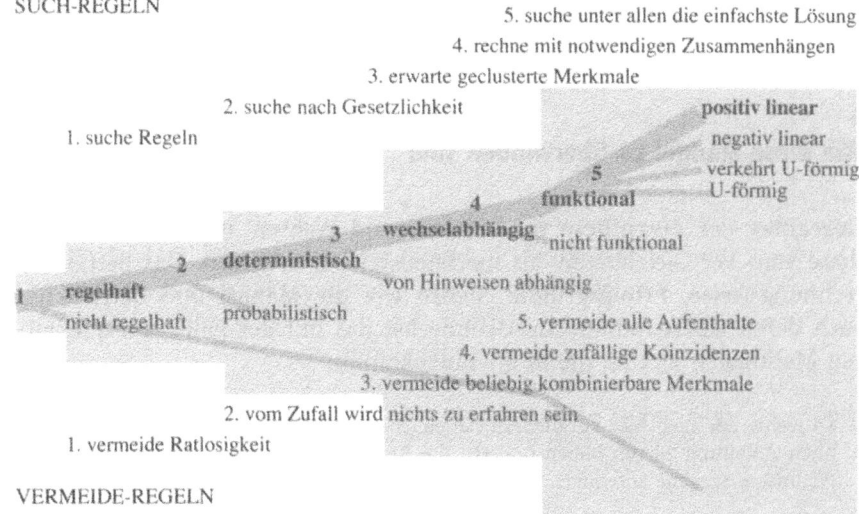

Abb. 21. *Das Verhalten vor alternativen Lösungsstrategien.* Dabei zeigt es sich, daß die zugänglichere Alternative stets bevorzugt wird (die Analysen von Brehmer 1980). Ich habe die Such- und Vermeideregeln nach der Anleitung aus den angeborenen Hypothesen hinzugefügt (nach Riedl 1992)

Eine Anzahl von solchen, durch Vereinfachung irreführenden Präferenzen in alternativen Lösungsstrategien ist schon systematisch untersucht worden, und es wurde klar, daß die Anleitung nicht durch individuelle Erfahrung gesteuert sein kann (Brehmer 1980). Vielmehr kann die Steuerung durch die angeborenen Hypothesen (Riedl 1992) gezeigt werden (Abb. 21).

(b3) Das definitorische Sprachdenken hat nun auch *die Wissenschaften* nach jenen Komplexitätsebenen zerteilt, in welchen wir uns angeleitet finden, diese komplexe Welt zu betrachten. Physik, Chemie, die Biowissenschaften von der Molekularbiologie bis zu Ökologie und Ethologie, Psychologie, Soziologie und die Kulturwissenschaften (vgl. nochmals Abb. 1, Seite 15) sind auf ganz unterschiedliche Terminologien angewiesen. Die Grenzen liegen an Phasenübergängen. Und, wie bereits festgestellt, verlangt dies von ‚Längsschnitt-Theorien' expandierte Termini.

Durch die Zunahme dieser Zerteilung, welche mit dem Wachstum der Fächer korreliert, reduzieren sich auch unsere hohen Bildungsstätten zu Ausbildungsstätten. Es werden Systeme von Einzeldisziplinen gelehrt, die Zusammenhänge bleiben auf der Strecke. Dennoch verhalten wir uns so, als ob aus der Kenntnis einer Einzelwissenschaft Allgemeines über die Welt prognostiziert werden könnte. Auch hier liegt der Fehler des Empirismus in der unerlaubten Extrapolation. Was wir im Zusammenhang mit

80   Die Systeme des Erkennens

den sukzedanen Koinzidenzen (in Abschnitt 3,B3) schon kennengelernt haben, bestätigt sich nun auch für die simultanen.

4
Wie diese Mängel zu überwinden sind

Gegenüber der ‚Hypothese vom anscheinend Wahren' hat sich die ‚Hypothese vom Ver-Gleichbaren' als merkmalsreicher erwiesen. Das betraf Verrechnungsweise, Erfolgsgründe ebenso wie die Mängel und betrifft nun auch deren Überwindung. Im Grunde hat das mit der Fülle von qualitativen Merkmalen zu tun, die in ihr hinzukommt.

> So werde ich auch hier zu gliedern haben: in (a) die Mängel, die mit der ratiomorphen Anleitung zu tun haben und (b) die Beschränkung, welche uns, in deren Folge, unsere Sprache auferlegt.

(a) Wie bei der Überwindung *ratiomorpher Fehlurteile* angesichts sukzedaner Koinzidenzen (Abschnitt 3, B4) geht es auch hier um die Korrektur fehlgeleiteter Extrapolationen, nun aber in zweierlei Hinsicht. Erstens: Exponentielle Entwicklungen, Komplikationen emergenter Wandlungen sowie die Wirkung von Komplexitäten und von Größenordnungen werden unterschätzt. Zweitens: Die Anwendbarkeit von Einsichten aus einem Gebiet auf andere Gebiete wird dagegen ebenso gröblich überschätzt.

Und wieder ist keine der beiden Mißleitungen einfach vermeidbar. Wir werden auf derlei, in einer Umkehrung der ebenso unvermeidlichen ‚perspektivischen Täuschungen', immer wieder hereinfallen. Und auch das Extrapolieren ist nicht abzustellen. Im Gegenteil, es ist ein unverzichtbares Glied im Prozeß des uns möglichen Kenntnisgewinns. Unser Sensorium ist wohl nicht mehr änderbar, nur wieder durch Erfahrung zu übersteigen.

(b) Ein spezielles Problem stellt die definitorische Art, zunächst schon der *Semantik unserer Sprache*, dar. Auch sie ist nicht zu ändern. Eine transitive Semantik ist, dank unserer Anlage, in der Umgangssprache auch nicht durchsetzbar. Wir können dies nur hinnehmen, sollten dabei aber nicht vergessen, welche Restriktionen und Kompromisse uns diese Sprache im Umgang mit der komplexen Welt auferlegt.

> Zwei Typen (b1, b2) semantischer Hürden sind zu nehmen und (b3) ein Grundproblem unserer Syntax nochmals zu berühren.

(b1) Einer der beiden semantischen Schwierigkeiten sind wir (Abs. 2, C3a) schon begegnet. Sie hat mit der Verfolgung von Phänomenen zu tun, welche über die Grenzen von Fächern und deren *Terminologie* hinausreichen. Will man, wie in unserem Fall, Phänomene der Entwicklung von den Organismen bis in die Wissenschaftstheorie verfolgen, dann muß man Begriffe dehnen, z. B. Begriffe wie den des Kenntnisgewinns bis in den Bereich der Erbmoleküle und den der Anpassung bis in die Theoriebildung anwenden.

(b2) Eine zweite Schwierigkeit besteht aber bereits darin, daß schon die einzelnen *Klassenbegriffe* komplexer Gegenstände definitorisch, wir sagten: durch Schärfung ihrer Grenzen, schlecht bestimmt werden. Auch darin wird sich unsere Sprache nicht ändern lassen. Man muß den Kompromiß wahrnehmen, den wir mit dieser Art des Sprachdenkens eingehen. Wir müssen anerkennen, daß sich die Grenzen der Merkmale einer Klasse nicht zur Deckung bringen lassen. Und will man sie summarisch, in ihrer begrenzenden Wirkung, betrachten, dann muß man wahrnehmen, daß sich unsere Begriffe zueinander wie die Höhen in einem Gebirgsrelief darstellen (Abb. 22): mit höchst unterschiedlichen Graten und Flanken, tiefen, scharf begrenzenden Tälern oder aber flachen Sätteln zwischen ihnen.

Man kann dem Nachteil etwas begegnen, indem man die Relativität der begrenzenden Merkmale angibt und diese selbst, nach Art ihrer bestimmenden Eigenschaft, wieder in Klassen gliedert. Wir werden dies in der Praxis (Abschnitt 4,B) auch tun. Aber wir können uns der eher transitiven Bestimmungsweise der Begriffe, wie im Chinesischen üblich, wo die Bestimmung mehr von der Mitte eines Begriffes ausgeht, nur annähern (die hier einschlägige Schlüsselliteratur in Riedl 1985). Mit dem noch zu behandelnden Typusbegriff werden wir uns darin versuchen.

(b3) *Das syntaktische Problem* scheint zunächst von ganz anderer Art zu sein, verbindet sich aber bei näherem Zusehen sehr wohl mit den ersteren. Es ist das für unsere ‚europäischen' oder im weiteren Sinne ‚circum-mediterranen' Sprechweisen das Phänomen der copula mit den Worten ‚ist' und ‚sein'.

Im Unterschied zu den ‚circum-pazifischen' Sprachfamilien ist die Trennung zwischen Nomina und Verben ziemlich deutlich ausgeprägt (Mayerthaler, persönl. Mitteilung). Es bedarf darum einer eigenen, syntaktisch hervorgehobenen Verknüpfung der beiden. Das legt die spezielle grammatische Konstruktion nahe, die mit dem ‚griechischen Aussagesatz' (C.F. v. Weizsäcker 1982) entstanden sein mag: ‚Sokrates ist ein Mensch'. Zusammen mit den Klassenbegriffen ergibt sich der logische Schluß: ‚Alle Menschen sind sterblich, Sokrates ist ein Mensch, ergo ist Sokrates sterblich.'

Wir sind dieser Entwicklung (in Abschnitt 2,C2d) schon begegnet. Hier interessiert sie uns ein zweites Mal. Und zwar deshalb, weil eine solche Struktur die Erwartung unterlegt, den Klassenbegriff eindeutig bestimmen zu können. Das ist bei komplexen Gegenständen, wie wir sahen, nicht möglich. Umso mehr wirkt ein solches Schließen, da es als eine Bedingung gebildeten Redens gilt, nochmals zurück auf die definitorische Weise unseres Sprachdenkens.

Überwindbar sind diese Einschränkungen also allesamt nicht durch den Versuch, sie abzuschaffen. Evolutionär gesehen kommt es darauf an, sie zu

82 Die Systeme des Erkennens

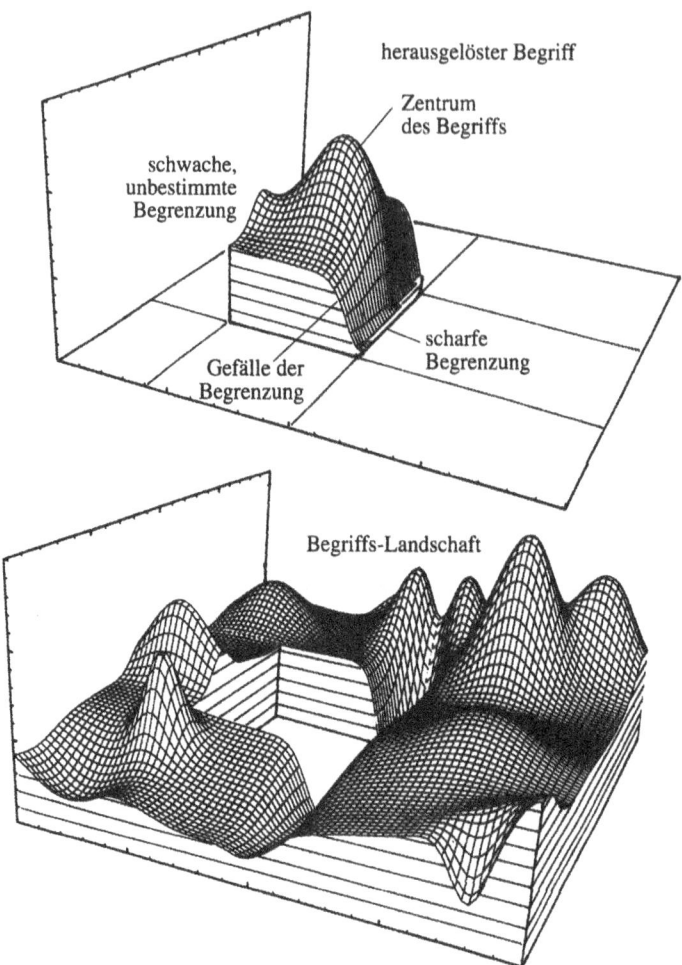

Abb. 22. *Der Landschaftscharakter unserer Begriffe* als Höhen dargestellt. An dem nach seiner Definition herausgelösten Begriff erkennt man seine rundum sehr unterschiedlich ausgeprägten Grenzen (aus Riedl 1992)

kennen, wahrzunehmen (Mayerthaler 1996), daß es sich um bloße Kompromisse handelt, um diese Kompromisse, soweit es unsere Erfahrung zuläßt, wieder weitgehend aufzulösen. In der Praxis des Teiles 4 will ich diesen Vorgang anleiten.

D
Über Strukturen und Klassen

Von Strukturen und Klassen war zunächst im Zusammenhang mit dem ‚Erkennen als Problem' (Abschnitt 2,C3) die Rede. Hier will ich dem Umgang mit den beiden näherkommen. Strukturen schließt uns bereits die Gestaltwahrnehmung auf. Klassen zu erkennen bedarf erweiterter Leistungen des Gedächtnisses.

Gliedern wir diese Leistung vorerst in drei Ebenen: (1) das cerebrale Gedächtnis. Denn mit ihm werden erst zwei entscheidende Leistungen unseres ratiomorph angeleiteten Weltdeutens möglich, das Wahrnehmen in (2) Ähnlichkeitsfeldern und das Denken in (3) Klassenhierarchien.

1
Das Werden des Gedächtnis

In welcher Weise Gedächtnisinhalte gespeichert werden, wissen wir nicht. Viel ist dagegen von deren Aufnahme und Verwendbarkeit bekannt. Hinsichtlich des Werdens des Gedächtnisses erlaubt unsere Theorie, noch einiges zu ergänzen. Und das ist erforderlich, um auch in diesem Zusammenhang den ratiomorphen Beitrag zu den Systemen des Erkennens darzustellen.

In der Gedächtnisforschung spielen die Begriffe Einprägung, Verblassen, Vergegenwärtigen und Wiedererkennen eine Rolle. Der (a) Einprägung und Abrufbarkeit, (b) der ‚Intermodalität' und (c) dem Wiedererkennen ist hier näher nachzugehen.

(a) Was die *Einprägung* betrifft, so müssen wir annehmen, daß es sich von Anbeginn um einen unbewußt verlaufenden Vorgang gehandelt hat, weil er älter sein muß als das Bewußtsein. Aber auch im Besitze unseres hellen Bewußtseins kann man beobachten, daß noch immer die meisten Gedächtnisinhalte absichtslos und sogar unbemerkt eingefügt werden können. In vielen Zusammenhängen werden wir gewissermaßen gar nicht gefragt, was alles aufgenommen wird.

Was das *Verblassen* betrifft, so scheint mir dieses zwar sehr bildliche Konzept von den Gedächtnisspuren doch nicht zuzureichen, wenn es darum geht, die Ursachen der Verfügbarkeit von Gedächtnisinhalten zu verstehen. Man muß auch Bedingungen der Zugänglichkeit erwägen (Riedl 1992a), Spuren, welche zu den Speichern führen. Olfaktorische Inhalte beispielsweise sind bekanntlich kaum absichtsvoll abrufbar. Umgekehrt aber vermag einem ein wiederkehrender Geruch, alle Umstände einer Schulszene oder einer bewegten Begegnung in allen Einzelheiten wieder bewußtzumachen.

Die *Abrufbarkeit* von Gedächtnisinhalten ist begrenzt. Es ist darum über absichtsvolles Vorgehen gar nicht möglich festzustellen, was sich alles in unseren Gedächtnisspeichern befindet. Vielfach sind es auch beim Menschen Situationen, welche uns, in ihrer zufälligen oder herbeigeführten Weise, versteckte Inhalte zugänglich machen. Das ist für unsere weiteren Überlegungen nützlich. Hier ist aber noch ein evolutiv aufschlußreiches Phänomen voranzustellen:

(b) *Intermodalität*. Darunter versteht man die Wechselverrechnung zwischen Daten verschiedener Sinne (Stein u. Meridith 1993). Das ist eine Leistung, die eher den Ethologen als den Psychologen interessiert, zumal sie beim Menschen weitgehend erreicht sein mag. Im Organismenreich kann man aber deren Entwicklung studieren, und damit zeigt sich erst, welche Bedeutung diese Leistung des Gedächtnisses für höhere Formen der Wahrnehmung besitzt.

Noch bei Schlangen ist Intermodalität kaum gegeben. Zum Schlingen einer Beute muß das Tier das Objekt zuerst sehen, dann fühlen, und genau in dieser Reihenfolge muß das Beuteobjekt endlich so liegen, daß es züngelnd ‚gerochen' werden kann. Verändert es diese Lage, kann die Schlange die Maus gewissermaßen schon ‚im Sack' haben, wird jedoch weiterhin züngelnd nach der Beute suchen (vgl. z.B. Sjoelander 1995).

Uns mag dieser Mangel überraschend erscheinen, was nur zeigt, wie sehr wir auf Intermodalität bauen können. Und wir mögen es als einen Hinweis darauf nehmen, welche Art von Leistungen auch bei uns Menschen nicht vorbereitet ist. Beispielsweise zeitlich oder räumlich auseinanderliegende Daten automatisch in Zusammenhang zu bringen. Erst Protokolle und Geräte helfen über diese Hürde hinweg.

(c) Nun muß auch dem Unterschied von absichtsvollem Auffinden, dem ‚Vergegenwärtigen' des Gespeicherten und der Automatik des *Wiedererkennens* weiter nachgegangen werden, denn es besteht aller Grund zur Annahme, daß das Verfügbarwerden von Gedächtnisinhalten ausschließlich über jene Automatik entstanden ist und immer noch eine große Rolle spielt.

Ein Raubvogel beispielsweise, der hoch über der Alpenkette schwebt, hat in dieser Situation gewiß keine Möglichkeit, sich jenen Baum, jene Astgabel zu vergegenwärtigen (vor-zu-stellen), in welcher sich sein Nest befindet. Der Umstand, daß er dennoch zu diesem zurückfindet, muß darauf beruhen, daß ihm, im Absteigen, jeweils das Bild des gespeicherten Gebirgsmassives, Berges, Waldes und Waldstückes, die jeweils zurücklenkenden Lösungen gegenüber allen möglichen Alternativen aus dem Gedächtnis wachruft.

Auch manch guter Beobachter wird bestätigen, daß er sich den einmal gegangenen Weg durch eine wenig bekannte Stadt nur bruchstückhaft vergegenwärtigen kann. Wird derselbe aber wieder beschritten, so lenkt das Wiedererkennen vieler Situationen recht passabel den ganzen Weg. Überzeugender noch illustriert dies eine weitere Situation: Man verläßt seinen Arbeitsplatz mit der Absicht, etwas Fehlendes zu holen, um im Nachbarraum zu bemerken, daß man den Zweck seine Absicht vergessen hat. Man geht zurück zum Arbeitsplatz, und die Situation selbst ‚zeigt' sofort, was man wollte.

Fraglos spielt nicht nur in unserem Alltag, sondern auch im wissenschaftlichen Vergleichen, das nicht bewußt gesteuerte Wiedererkennen eine

große Rolle. Es werden sogar Zusammenhänge hervorgeholt, von welchen man gar nicht dachte, sie beachtet zu haben. Ein abschließendes Beispiel:
Man begleite mich auf einer Waldwanderung. Wir übersteigen, nach einer stürmischen Nacht, am Weg viele tote Äste oder knacken sie unter unseren Schritten. Alle wurden kurz wahrgenommen und, wie wir wohl meinen, sogleich wieder vergessen. Da liegt nun ein Ast so, als ob er in eine Weggabelung weise, und sofort wird uns bewußt, derlei in gleicher Situation am Wege gesehen zu haben. Nun wird darauf geachtet. Und sobald es sich wiederholt, sind wir überzeugt, jemand habe hier den Weg gewiesen.

Von allen komplexen Systemen, die wir gesehen haben, haben sich alle Einzelheiten auf der Netzhaut abgebildet und in irgend einer Form im Gedächtnis etabliert. Das Wenigste davon wird absichtsvoll hervorholbar sein, aber fast alles durch Wiedererkennen vergegenwärtigt. Darum wird selbst das, was wir so treffend ein Merkmal nennen, durch ratiomorphe Prozesse produziert werden. Der evolutive Erfolg eines Programms des Wiedererkennens liegt auf der Hand.

2
Felder von Ähnlichkeiten

Aber noch eine weitere erstaunliche Leistung ist uns vorbereitet. Was uns das Gedächtnis vermittelt, tritt nicht kunterbunt in unserer Vorstellung auf, sondern, achtet man darauf, in einer jeweils spezifischen Ordnung. Wird ein Gegenstand wahrgenommen, so gesellen sich gewissermaßen gleich mehrere, ähnliche, hinzu. Das ist leicht nachvollziehbar, wenn man an die Wahrnehmung eines nicht leicht einordenbaren Gegenstandes denkt: sei es ein höchst merkwürdiges Werkzeug, Möbelstück oder Tier. Wie zur Interpretationshilfe kommen automatisch sogar typischere Vergleichsstücke ins Bewußtsein.

Wie, oder wodurch, das geschieht, wissen wir noch nicht. Jedenfalls muß sich die Auswahl der Vergleiche aus der Struktur des Depots, aus jener der Abrufung, oder aus beiden ergeben und offenbar auch dies schon ratiomorph und vorbewußt. Es wäre ansonsten nicht zu verstehen, wie es kommt, daß schon Tauben und Ratten, wie Experimente beweisen (Huber u. Lenz 1996), Gegenstände nach Graden von Ähnlichkeiten beurteilen.

Für den erfahrenen Biologen, Ethnologen oder Kunsthistoriker liegt damit eine besonders wertvolle Hilfestellung vor. Dem Paläontologen, der beispielsweise das Handskelett eines noch dreizehigen Urpferdes aus dem Gestein schält, werden automatisch alle ihm bekannten Handskelette der Säugetiere ‚vor Augen' kommen. Und diese nicht in irgend einer Häufung, sondern (Abb. 23) nach den möglichen Trends ihrer Vergleichbarkeit.

Bietet man Versuchspersonen auf Kärtchen Einzelfiguren an, wie solche als Beispiel in der Abbildung 24 zusammengestellt sind, dann läßt sich zweierlei zeigen. Befragt nach dem Namen des jeweiligen Gegenstandes verlängert sich die Zeit für die Antwort stets gegen die untypischen Ob-

86 Die Systeme des Erkennens

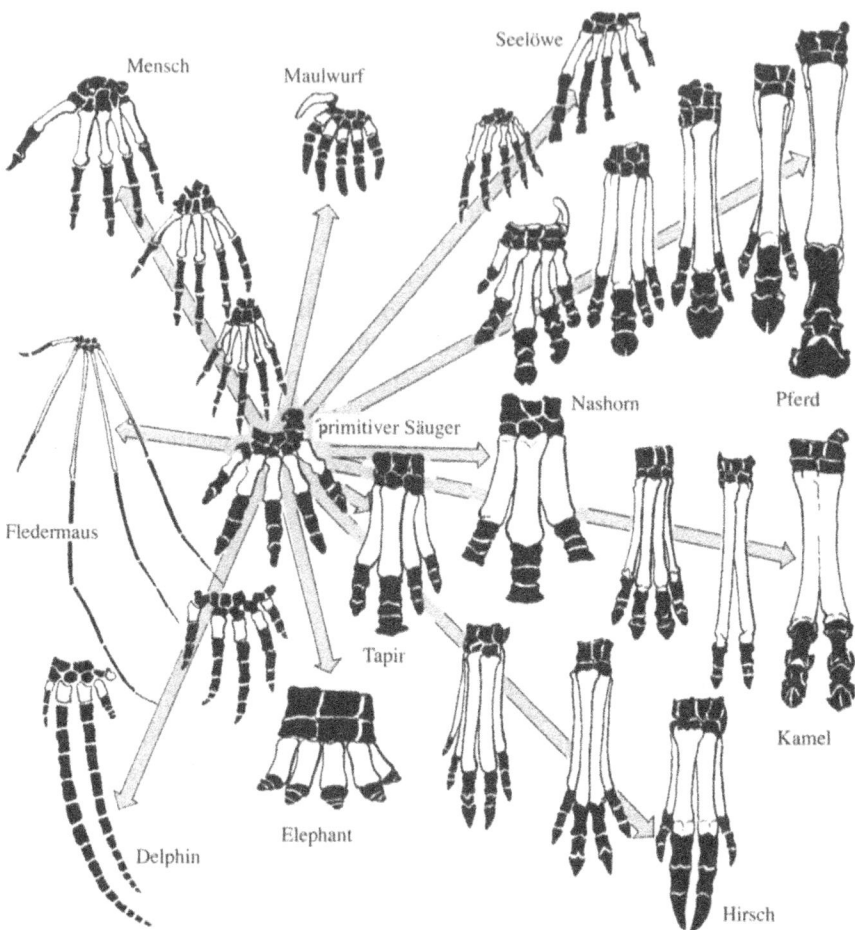

Abb. 23. *Ein geordnetes Feld von Ähnlichkeiten*, am Beispiel der Handskelette von Säugetieren. Man beachte, daß sich ein harmonisch-divergenter Zusammenhang ergibt, also gleitende Übergänge mit wachsenden Divergenzen gegen die Ränder, aus welchem man in Fällen von Genealogien die Entwicklungsbahnen und die Verhältnisse der Verwandtschaft ableitet

jekte. Fragt man nach den bereits gesehenen Figuren, dann werden die typischen als bereits gesehen bezeichnet, auch dann, wenn sie noch nicht vorgelegt wurden. Die Vorstellung fokussiert die jeweils typische Mitte.

Das ganze gedachte Ähnlichkeitsfeld kann zudem umspringen. Ich will derlei an einem konkreten Fall darstellen: Wir wandern einen Sandstrand entlang. Vielerlei ist angeschwemmt und halb vergraben. An einer Stelle guckt ein weißer, fingerstarker Bogen aus dem Sand. Der Henkel eines großen Topfes, einer Schüssel? Was immer einen solchen Henkel haben kann kommt ‚vor Augen'. Nun stoßen wir das Ding an. Und was sich enthüllt erweist sich als das Jochbein eines Schweineschädels. Sofort verschwinden

Über Strukturen und Klassen 87

Abb. 24. *Ein zu ordnendes Feld von Ähnlichkeiten*, am Beispiel möglicher und erdachter Geschirre. Man beachte, daß deren Benennung unterschiedlichen Aufwand erfordert und bei den ‚unmöglichen Geschirren' sogar Schwierigkeiten macht

sämtliche gedachten Geschirre und machen allem Platz, was wir von Säugerschädeln zu kennen meinen.

Im praktischen und wissenschaftlichen Umgehen werden wir (in Abschnitt 4, C) aus diesen Ähnlichkeitsfeldern die wichtigsten Begriffe der Morphologie ableiten können: die Formen der Homologie und der Analogie. Hier ist nur noch mit der Erfahrung zu schließen, daß es keine ‚falschen Ähnlichkeiten' gibt. Was jedoch am *simul hoc* der Ähnlichkeiten leicht falsch sein kann, das ist die Erklärung, das *propter hoc*, die wir ihnen hinzufügen.

3
Über Struktur- und Klassenhierarchien

Bislang habe ich die Bedingungen dargestellt, welche uns anleiten, neben Strukturen auch Klassen von Systemen zu erkennen. Nun ist zu untersuchen, wie sie sich gliedern und verbinden. Strukturhierarchien ergeben sich geradezu automatisch. Das *simul hoc* der Gestaltwahrnehmung gibt die Anleitung. Das ist beim Wahrnehmen von Klassenhierarchien anders. Sie ergeben sich erst aus den Ähnlichkeitsfeldern.

Ich werde darum zuerst (a) den Vorgang des Erkennens beschreiben, dann (b) die Muster, welche die Klassenbegriffe zueinander einnehmen, um erst zuletzt zu zeigen, wie diese (c) mit den Strukturbegriffen zusammenhängen.

(a) Schon im *Erkennen* ordnen sich die Objekte der Ähnlichkeitsfelder in einer harmonisch divergenten Weise: um eine als typisch vermutete Mitte oder Basis. Nicht nur werden die Gegenstände gegen die Ränder zunehmend unähnlicher, die Verwandlungen sind harmonisch oder doch als solche gedacht und nehmen so etwas wie Richtungen an, die durch bestimmte Wandlungsarten gekennzeichnet sind.

Dadurch ergeben sich bereits Gruppierungen, die, mit den nur ihnen gegebenen Kennzeichen, eine Bezeichnung verdienen. Man erinnert sich an die Abbildung 23, an den Wandel zu den Paar- oder aber Unpaarhufern (Pferden versus Kamelen und Hirschen) und zu allen anderen. Damit beginnt sich das Feld begrifflich zu differenzieren. Es wird zu einer Klasse mit Unterklassen. Und das gilt natürlich nicht nur für das Beispiel ‚Handskelette', sondern für alle Bauteile von Organismen, aus welchen sich dann, im gegebenen Fall, der Klassenbegriff ‚Säugetiere' in deren Unterklassen gliedert. Natürlich läßt sich der Prozeß bewußt verfolgen (wir tun dies ja gerade), die Anleitung scheint aber wieder ratiomorph vorbereitet zu sein.

Auch dem Geomorphologen, Archäologen, Ethnologen oder Kunsthistoriker ordnen sich die Felder in gleicher Weise. Nur aus Raumgründen führe ich dies hier nicht aus und muß bei einer Art ‚Propädeutik durch die Biologie' bleiben, weil diese das bislang größte Material gesichtet vorlegt.

Aber auch der Klassenbegriff Säugetiere steht nicht isoliert, vielmehr gemeinsam mit Fischen, Amphibien und anderen als Klasse in der Oberklasse ‚Wirbeltiere'. Und nicht minder erweisen sich die Unterklassen als aus nochmals untergeordneten Klassen zusammengesetzt.

Man erkennt, daß sich daraus die Systematik der Organismen ergibt, von den Arten und Gattungen über Familien, Ordnungen, Klassen(!) und Stämmen zu den fünf Reichen des Belebten. Zumeist sind diese Ränge noch mehrfach unterteilt, so daß sich zwölf bis achtzehn Ebenen ergeben können. Auf solche Weise teilen sich die fünf Reiche mit den rund zwei Millionen bekannten Arten in eine halbe Million Klassenbegriffe.

Im Grunde gilt dies für unseren Umgang mit allen komplexen Systemen, auch der anorganischen Welt wie der Artefakte. Nur sind diese nicht in gleichhohem Maße differenziert.

Was man wahrscheinlich noch nicht erkennt und in den Naturwissenschaften auch lange nicht erkannt hat, ist der Umstand, daß es sich methodisch um einen hermeneutischen Prozeß handelt. Ich habe denselben zwar schon erwähnt, werde ihn aber erst im pragmatischen Abschnitt 4,B detailliert darstellen und begründen.

(b) Was *die Gruppierung* dieser Klassenbegriffe betrifft, so tritt wieder die hierarchische Ordnung in Erscheinung, in einigen Fällen, wie im System der Organismen, auch eine Bahnung. Das wird sich aus den genealogischen Zusammenhängen erklären.

Im Falle der hierarchischen Begriffssysteme von Artefakten muß das nicht der Fall sein, weil in der Entwicklung der Kulturen Hybridisationen, im Sinne von Wechselwirkungen zwischen den Entwicklungsbahnen, möglich sind, was in der Stammesentwicklung der Organismen ausgeschlossen wird. So hat frühe afrikanische Kunst auf die europäische der Jahrhundertwende deutlich eingewirkt, wohingegen sich etwa ein Seestern- mit einem Vogelgenom längst nicht mehr verbinden kann.

Auch ist diese Gliederung im Prinzip dichotom, zeigt also binäre Alternativen. Ich sage im Prinzip, weil es sich bei eingehender Untersuchung stets zeigt, daß alle Aufspaltungen in der Geschichte der Organismen, aber auch in der von Kulturen, nacheinander erfolgt sind. Nur kann die Reihenfolge dieser Verzweigungen noch nicht erforscht oder erkennbar geworden sein. Dann ergibt sich das Bild von ‚Massen-Hierarchien' (Abb. 25).

Diese kennt man in der Regel von relativ jungen, noch wenig differenzierten Verzweigungen, welche sich als noch nicht auflösbar erweisen, bei Arten großer Gattungen, Dialekten einer Sprache oder der Schule eines Meisters.

Dem gegenüber kann man von ‚Schachtel-Hierarchien' sprechen, wenn die Aufzweigung überwiegend einer Hauptachse folgt (Abb. 25). Das kann man bei alten Verzweigungsreihen, wie bei den Klassen und Ordnungen des Tierreiches, finden, aber auch bei frühen Gliederungen in Sprachfamilien oder Kulturen. Und solche Hauptachsen treten wahrscheinlich dadurch hervor, daß stets eine der Zweigungen zukunftsweisender geblieben ist als ihre jeweilige Alternative.

(c) *Zum Zusammenhang* stellen wir fest: Es setzen sich alle Klassen komplexer Dinge dieser Welt aus realen Gegenständen zusammen, von welchen wir wissen, daß diese selbst wieder aus einer Hierarchie von Strukturen aufgebaut sind. Es gibt darum einen sehr bestimmten Zusammenhang zwischen Klassen- und Strukturhierarchien. Und dieser Umstand ist ebenso aufschlußreich für die Weise, in der sich unserem Bewußtsein Hierarchiebegriffe vorbereiten, wie er nicht leicht intelligibel zu machen ist.

Ich werde darum (c1) das verbindende Prinzip, (c2) die Unvermeidbarkeit qualitativer Begriffe, von (c3) der Verknüpfungsweise der beiden Hierarchien getrennt darzustellen haben. Auf (c4) den Theoriecharakter all dieser Begriffe wird zuletzt nur hingewiesen.

(c1) Hier ist zunächst *das verbindende Prinzip* darzulegen. In ihm verknüpfen sich die Strukturhierarchien als das System der ‚Vergleichenden Anatomie' mit den Klassenhierarchien, welche das System der ‚Systematik'

90 Die Systeme des Erkennens

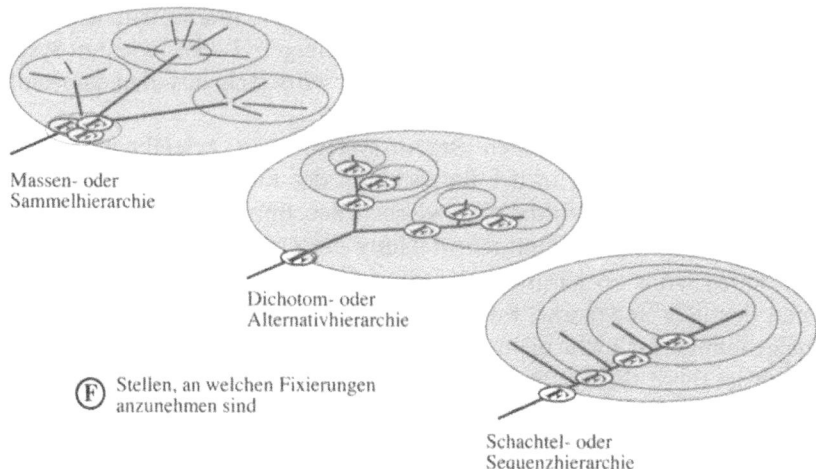

Abb. 25. *Die drei Formen der Hierarchie.* Mit ‚F' sind jene Stellen bezeichnet, an welchen Merkmale in Fixierung getreten sind; eine Voraussetzung hierarchischer Anordnung. Kognitiv geht die Wahrnehmung von den Massen-Hierarchien niederer Systemgruppen aus, deren Verzweigungsfolge noch nicht kenntlich geworden ist. Typisch sind die Dichotom-Hierarchien. Diese können zu Schachtel-Hierarchien führen, wenn in großen Systemgruppen (z. B. den Wirbeltieren) eine Entwicklungsbahn zu dominieren beginnt

zusammensetzen, eigentlich der ‚vergleichenden Systematik', aber dieser Begriff ist nicht üblich. Das Vergleichen ist in beiden Systemen vorausgesetzt. Und das ist von zweifachem Interesse: Einerseits, weil keines der beiden Systeme ohne das andere begrifflich hätte entwickelt werden können. Andrerseits, weil diese Verknüpfung auch vom erfahrenen Biologen zwar halbbewußt angewendet, aber systematisch noch nicht analysiert worden ist.

Was die beiden Gebiete verbindet, ist die Notwendigkeit, ihre Ergebnisse stets wechselseitig zu vergleichen. Genauer: Die Begriffe der Anatomie gewinnen überhaupt erst durch jene der Systematik ihre Bedeutung und umgekehrt. Struktur- und Klassenbegriffe gehen auseinander hervor. Daß auch dies noch wie automatisch abläuft und nur mitbewußt erlebt wird, halte ich für die erstaunlichste Leistung, auf welche wir ratiomorph vorbereitet sind. Man kann erwarten, daß schon für den frühen Menschen die Ordnung einer Tausendschaft von Früchten, Beute- und Feindtieren von lebenserhaltender Bedeutung gewesen sein muß. Eine Ahnung davon gibt uns, wie erwähnt, z.B. die überraschend perfekte Systematik der Naturvölker.

(c2) Mit dem Problem der *Qualitäten* begegnen wir erstmals dem Methodenkonzept der ‚Numerischen Taxonomie' (Sokal u. Sneath 1963, Sneath u. Sokal 1973), mit dem Versuch den qualitativen Merkmalen der Komplexität zu entgehen, indem man die Arbeit des Systematikers auf vergleichendes Messen zu reduzieren trachtet, was nicht gelingen kann. Denn schon an dieser Stelle interessiert die Patt-Stellung, die aus der Kontroverse mit den klassischen Systematikern (z.B. Mayr 1965, 1969, Riedl 1975) entstanden ist.

Zu Recht konnten die Numeriker angeben, daß die Klassiker ihre Methode nicht kennen. Zu Recht konnten die Klassiker nachweisen, daß bloßes Messen nicht ausreichen kann. Beide kannten unsere Ausstattung nicht. Die Numeriker dachten nicht daran, derlei aufzuspüren, die Klassiker hielten dies nicht für möglich. Im Grunde dreht sich die Kontroverse um das ‚Wägeproblem', um die Gewichtung von Merkmalen, ein Problem, das gelöst werden muß und gelöst werden kann. Ich komme auf beides (Abschnitt 4,D1a) im Zusammenhang mit Strukturfragen zurück (vgl. Abb. 68 und 75, Seiten 185 und 197).

(c3) *Das Lageverhältnis* der beiden Hierarchien zueinander ist einfach: Sie schneiden einander. Um das verständlich zu machen, kann man sich vorstellen, sie stünden zueinander in einem rechten Winkel. Dabei treffen sich die Grenzen der Klassenbegriffe im ganzen hierarchischen Zusammenhang mit bestimmten Grenzen der Strukturbegriffe (Abb. 26). Und zwar mit jenen, aus welchen sich die Bestimmung der Klassen am eindeutigsten ergibt. Wir werden dieselben später (Abschnitt 4,D1b) als die ‚differentialdiagnostischen Merkmale' näher bestimmen. Es sind das Merkmale, die in allen Repräsentanten einer Klasse vorkommen, aber in allen anderen Klassen fehlen.

Eine der Grundvoraussetzungen dieser Doppelhierarchie besteht darin, daß es zu jedem Klassen- wie Strukturbegriff zum mindesten eine Alternative geben muß. Das mag trivial erscheinen. Es stellt sich aber heraus, daß Begriffe allesamt einer Alternative bedürfen um konzeptionell gefaßt zu werden.

Jene differentialdiagnostischen Strukturbegriffe, mit deren Hilfe die entsprechenden Klassenbegriffe definiert werden, nehmen hierarchische Ränge ein, aus welchen sich die Hierarchie der Klassenbegriffe ergibt. Und umgekehrt ergeben sich aus den hierarchischen Rängen der Gruppierungen der systematischen Kategorien die Ränge der Strukturbegriffe.

Das ist nicht immer offensichtlich, weil jene Merkmale, aus Gründen der Opportunität gewünschter Trennschärfe, verschiedenen Strukturhierarchien entnommen werden. Abbildung 26 gibt auch dazu das Beispiel. Tatsächlich aber kann etwa die ganze Welt der Wirbeltiere sowohl nach einer Merkmalshierarchie des Bewegungsapparates, des Gefäßsystemes, als auch nach anderen Kennzeichen gegliedert werden. Das hierarchische Prinzip wird aber nicht durchbrochen, weil die Merkmale höherer Hierarchie immer die Voraussetzung für die Gliederung der jeweils niedrigeren bleiben.

92 Die Systeme des Erkennens

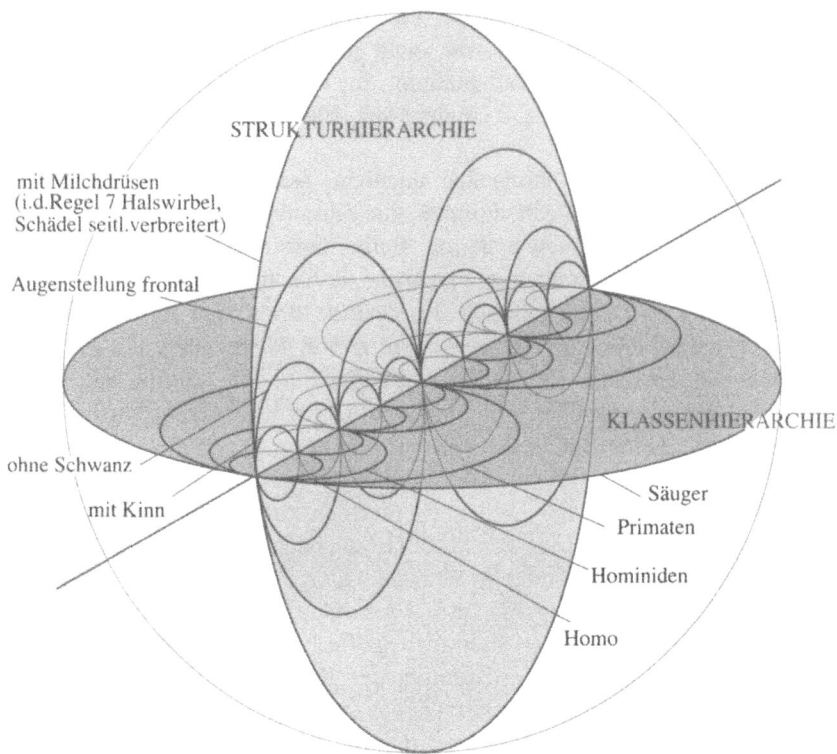

Abb. 26. *Die Beziehung zwischen Struktur- und Klassenhierarchien*, am Beispiel der Einordnung der Gattung *Homo* in die Säugetiere. Zur Vereinfachung sind nur vier Hierarchiestufen mit lediglich je zwei Fällen gezeichnet, und ebenso ist nur eine Serie beschriftet: entlang der Strukturhierarchie ist (links) je ein diagnostisches Merkmal angeschrieben, entlang der Klassenhierarchie (unten) die systematische Einheit

Nachdem das Folgende an die ordnende Vorstellung Ansprüche stellt, werde ich in drei Schritten vorgehen. Ich werde (i) die Bezüge zu den ‚drei Wegen' und vier Ursachenformen getrennt von (ii) den möglichen Schnittebenen und (iii) der ‚Einrollung' des Gesamtzusammenhanges darstellen.

(i) An dieser Stelle sei zunächst vorweggenommen, daß sich den Klassen- und Strukturhierarchien auch die vier zu unterscheidenden *Ursachenformen*, sowie die drei ‚*Wege des Werdens*', Wahrnehmen, Bestätigung und Entstehung, symmetrisch einfügen (Abb. 27). Dies werde ich erst in Abschnitt 5, C5 und Abschnitt 6, B3 aufklären. An dieser Stelle ist aber die Beziehung zu dem Gegenstand der Abbildung 26 zu naheliegend, um sie zu vernachlässigen, zumal es sich um jene Grundlage des Erkennens handelt, die, wie zu zeigen sein wird, Lamarck zum Konzept einer Erklärung, nämlich der Abstammungslehre, führte.

Ferner ist es aufschlußreich, daß sich in den beiden zueinander geordneten Hierarchien die vier wesentlichen Methoden der vergleichenden

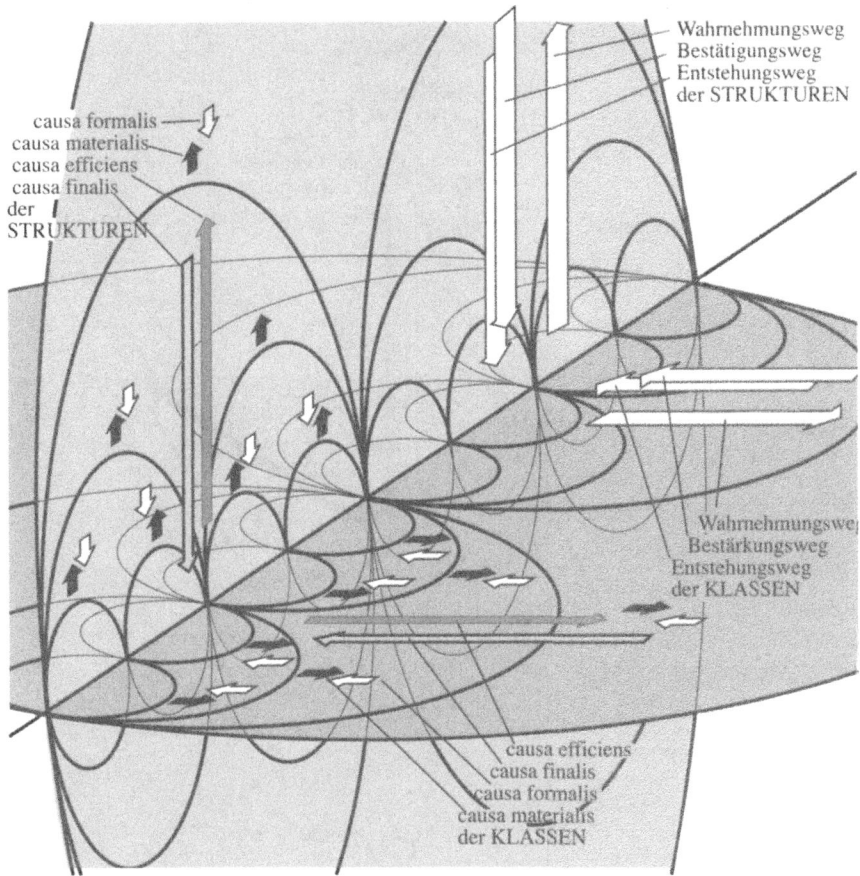

Abb. 27. *Weitere Bezüge der Strukturen und Klassen.* Nach dem Beispiel in Abb. 26 sind auch die Symmetrien der ‚drei Wege' (der ‚Entstehung', der ‚Erkenntnis' und der ‚Bestätigung') eingetragen, sowie der ‚vier Formen der Ursachen'. Das ist ein Vorgriff auf das Thema der Erklärung und wird später (Abschnitt 5,C5 und Abschnitt 6,B3) ausgeführt. Hier geht es nur darum, die Verbindung von Strukturen und Klassen zu den späteren Ausführungen sichtbar zu machen

Anatomie und der Systematik in Form einer doppelten Symmetrie ergeben (Abb. 28). Das ist im Sektor der Klassenbegriffe besonders deutlich, weil man in der Systematik das Endprodukt einer Forschung sehen möchte und nach einfach handhabbaren Definitionen trachtet.

Das Muster der Alternativen, welchen man von den Reichen bis zu den Arten folgt, kennt man als den ‚Bestimmungsschlüssel'; dagegen nennt man die schrittweisen Zuordnungen zu Obergruppen, von den Arten zu den Reichen, ‚Klassifikation'. Dies gilt für die ganze Mannigfaltigkeit, ebenso wie für die Bestimmung und die Zuordnung der einzelnen Arten.

94 Die Systeme des Erkennens

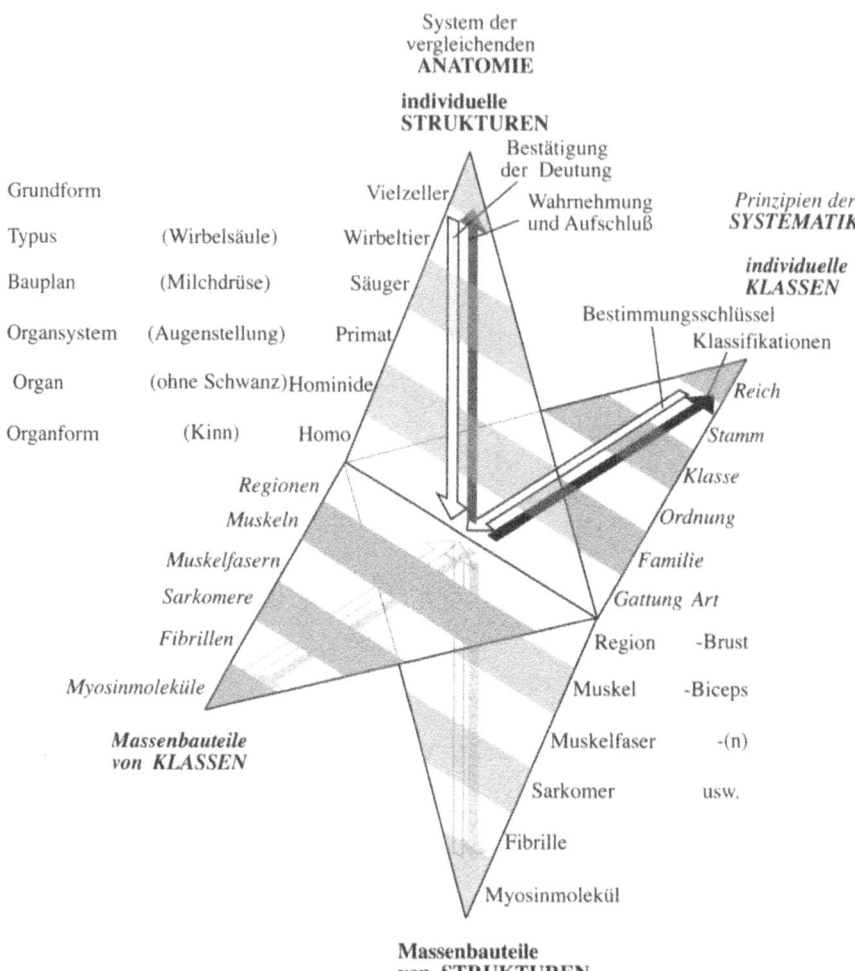

Abb. 28. *Der Zusammenhang von Vergleichender Anatomie und Systematik* ist hier an deren gemeinsamer Basis von ‚Individuen' (Strukturen) und ‚Arten' (Klassen) zusammengefügt. Man beachte die gegenläufigen Prozesse von Wahrnehmung und Bestätigung, sowie von Klassifikation und Bestimmung. Massenbauteile sind in der Systematik und Vergleichenden Anatomie nicht immer gleichermaßen berücksichtigt (hier daher blaß ausgewiesen)

Im Sektor der Vergleichenden Anatomie hat sich eine solche Terminologie nicht ausgebildet, weil die Erforschung eines Systems die Perspektive gewöhnlich gleichzeitig in die Untersysteme, seine Konstituenten, und ins nächste Obersystem, seine Zugehörigkeit, lenkt. Die Beurteilung eines Organs wird durch die Kenntnis der Gewebe, aus welchen es sich zusammensetzt, ebenso gestützt wie durch die Kenntnis des Organverbundes, an welchem es Anteil hat, wie auch die Beurteilung eines Gewebes durch die Kenntnis seiner Zellen ebenso gefördert wird wie durch die des Organs, dessen Teil es ist, usw. Hier begegnen wir also nochmals jenem hermeneutischen Prinzip ‚wechselseitiger Erhellung', das im Zusammenhang mit der Praxis (Abschnitt 4,B) näher zu begründen sein wird. Dabei sei weiter im Auge behalten, daß dieses Vergleichen unreflektiert angeleitet wird, ja daß es, wie man mir bestätigen wird, gar nicht einfach ist, den Vorgang intelligibel zu machen.

Ein Zweites betrifft die Zuordnung der vier *causae* und der drei Wege zu den Strukturhierarchien, der wir in Abbildung 27 schon begegneten. Es zeigt sich dabei, daß die *causae* durch das ganze System hindurchreichen, von der Basis der Massenbauteile bis zur Grundform, zum Grundprinzip des individuellen Gesamtsystems (Abb. 29).

Dagegen ordnen sich die drei Wege spiegelbildlich zur Basis der beiden Pyramiden, zur unmittelbaren Wahrnehmung der Mannigfaltigkeit. Von hier gehen die Wahrnehmungen über die Konstituenten, die Massenbauteile, bis zu den Molekülstrukturen ebenso aus, wie jene, die zu den übergeordneten Prinzipien des individuellen Systems führen. Die Bestärkung (oder Enttäuschungen) dagegen, führt von jenen Enden, ebenso wie die Bedingungen des Entstehens des komplexen Systems, zurück zur Basis (Abb. 29).

Man wird sich erinnern, daß ich das automatische Wiedererkennen komplexer Objekte, und zwar unabhängig von der Perspektive, zu den größten Leistungen unseres Sinnesapparates rechne. Die Automatik der genannten wechselseitigen Erhellung stelle ich darum zu den höchsten Leistungen des uns angeborenen Verrechnungsapparats.

Diese Automatik mag auch der Grund sein, weshalb den unterschiedlichen Ursachenbezügen, die bei anatomischen Aufklärungen in Erscheinung treten, kaum Aufmerksamkeit geschenkt wurde. Denn bei näherer Betrachtung kommt auch hier eine Symmetrie zu Tage (man vergleiche nochmals Abb. 27, Seite 93). Aus den Obersystemen, wie ich in Abschnitt 6,B3 noch zeigen werde, ergeben sich die Formursachen und die Zwecke eines Systems, aus den Untersystemen die Materialbedingungen und die Kräfte des Betriebes.

Auf diese Vierteilung unseres Ursachenverständnisses habe ich auch erst später (Abschnitt 6,B3) näher einzugehen. Hier sei nur noch angemerkt, daß die Material- wie die Formbedingungen schichtweise anders ‚aussehen' und je eine andere Terminologie verlangen, wie eben die der Elektronenmikroskopie, der Zytologie, Histologie, Organologie und der Bauplanforschung. Antriebe und Zwecke hingegen reichen begrifflich unverändert durch die ganzen Strukturhierarchien, hinunter bis zum Energiegewinn in den Zellen, hinauf bis zum Zweck des Überlebens und der Arterhaltung. Im Ganzen erfährt man aus den Untersystemen, woraus (wodurch), aus den Obersystemen, wozu (wofür) ein System gebildet ist.

(ii) Nun zu den *Ebenen*: Am Beginn dieses Abschnittes war von der Einsicht auszugehen, daß Struktur- und Klassenhierarchien einander schneiden. Aber zur Vereinfachung des Ansatzes sollte es genügen, die Berüh-

96 Die Systeme des Erkennens

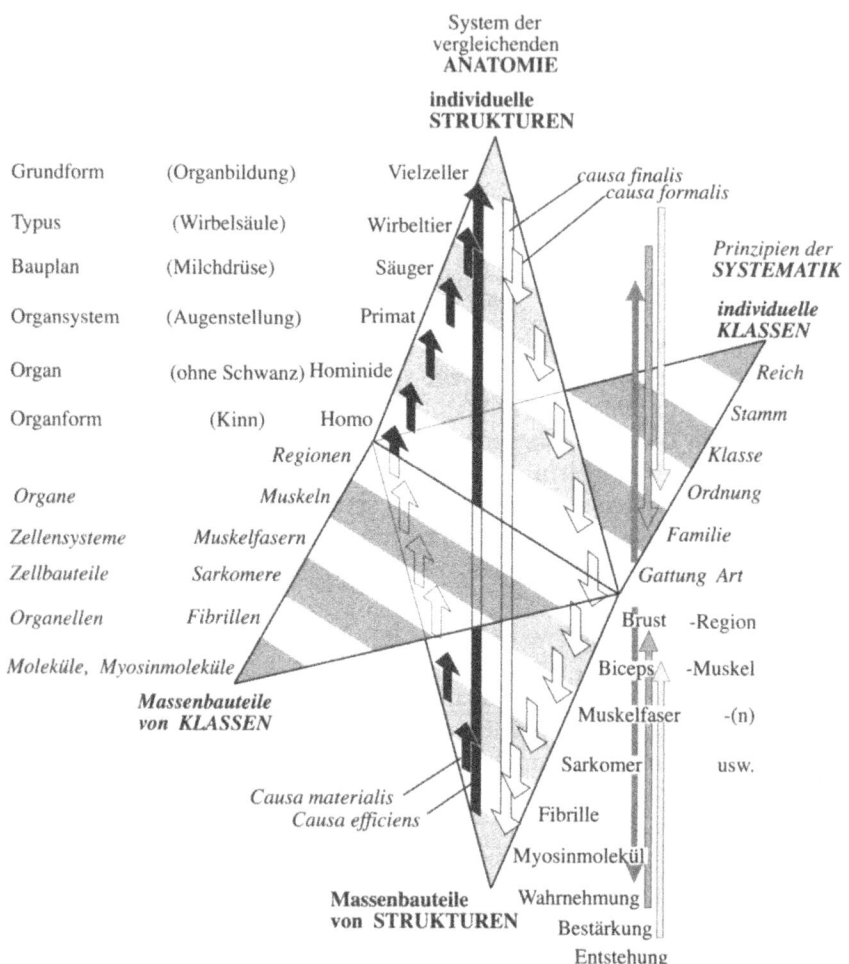

Abb. 29. *Lagebezug von Systematik und Vergleichender Anatomie*, in der Weiterentwicklung der Abb. 28, mit den Beziehungen zu den Massen- und Individualhierarchien, den vier *causae* und den drei Wegen

rung der Systeme im Horizont von Arten und Individuen ins Auge zu fassen (Abb. 26 bis 29 und 30 A) und zu zeigen, daß sich Grenzen der hierarchischen Begriffe beider Systeme an diesem Schnittpunkt treffen. In Wahrheit aber schneiden einander die beiden Hierarchien, je nach dem Fokus der Betrachtung, in allen Ebenen. Davon sollen die Abbildungen 30 B und C eine Vorstellung geben.

Das Prinzip ist wieder einfach: Universellere Einheiten der Klassenhierarchien treffen sich mit universelleren Einheiten der Strukturhierarchien.

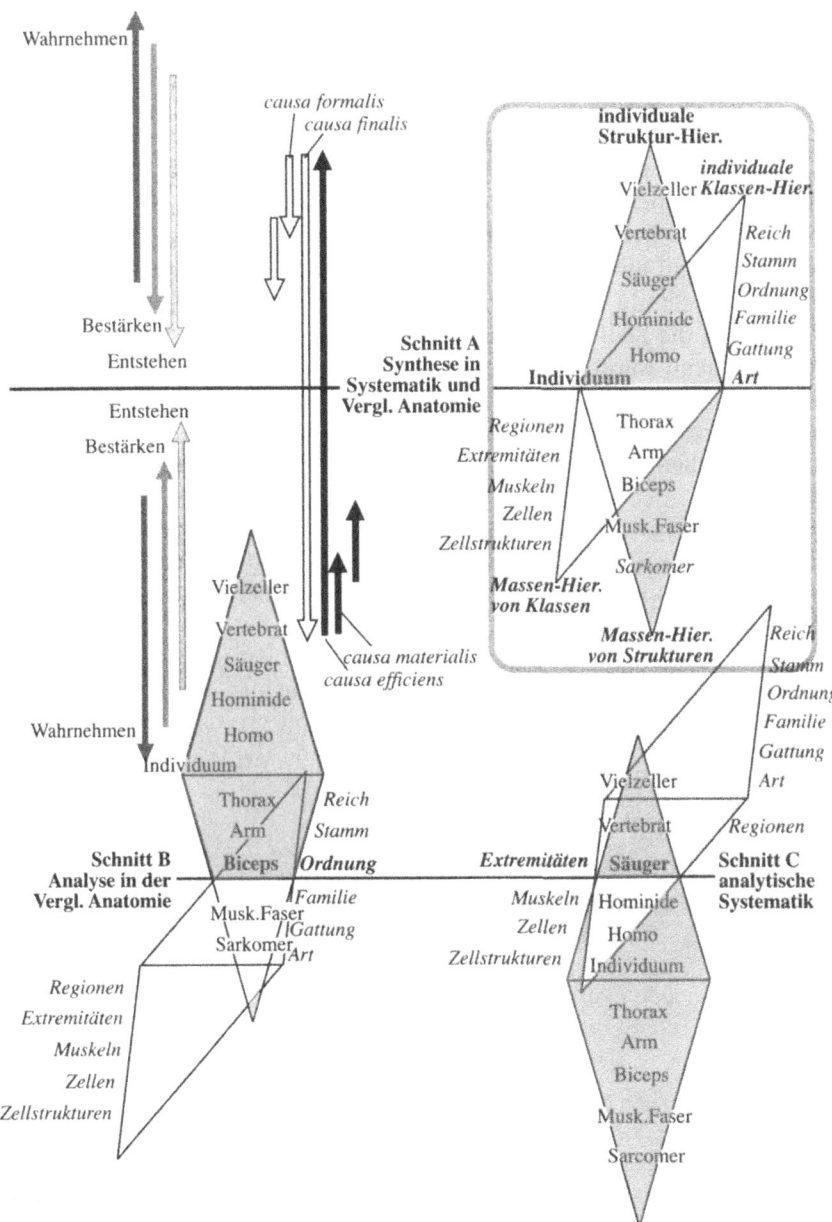

Abb. 30. *Schnittebenen zwischen Struktur- und Klassenhierarchien*; gleichzeitig die Bezugsebenen zwischen Vergleichender Anatomie und Systematik. Man beachte, daß Strukturen und Klassen in allen Ebenen in Beziehung gesetzt werden können, daß die Wege von Bestimmung und Klassifikation in den Hierarchien ebenso gegengleich verlaufen wie jene von Wahrnehmung und Bestätigung (vgl. Abb. 28). Sie beziehen sich stets auf die Schnittebene der Betrachtung. Die *causae* dagegen laufen stets durch das Gesamtsystem

Wieder mag das trivial erscheinen, nicht trivial ist hingegen der dahinterliegende, hermeneutische Prozeß.

(iii) Schließlich zum *Gesamtzusammenhang*: Bei einer solchen Betrachtung ist davon auszugehen, daß von den Arten zu den Reichen, also mit dem Anwachsen der Klassenhierarchien, ein Wachsen der Strukturhierarchien sowohl in Richtung auf die Komposition der Baupläne als auch der zellulären Grundelemente entspricht. Anders gesagt: Das Niederste oder Variabelste der Strukturen sind die Gewebsformen und die Ausformungen der Organe. Von hier aus nimmt die Universalität, also die Konservativität, sowohl in Richtung auf die Organtypen und die Bauformen als auch in Richtung auf die Zellformen und die Ultrastrukturen zu.

Entsprechend werden in mittleren Systemkategorien, wie in Ordnungen, Zellbauteile und Organe am kennzeichnendsten sein (Abb. 31 rechts), bei den Gattungen und Arten Zellsysteme und Organformen (31 unten) und bei den Reichen und Stämmen Molekültypen und Bauplan-Grundformen (31 oben).

Grundbausteine und Gesamt-Architektur scheinen in komplexen Systemen am konservativsten zu sein (Abb. 31). Das wird teils auch für anorganische Systeme und gewiß für Artefakte gelten, doch liegen Untersuchungen darüber noch nicht vor.

Wünscht man sich auch von diesem Zusammenhang ein geordnetes Bild zu machen, dann mag man sich die ‚Raute' der beiden Strukturhierarchien ‚eingerollt' denken. Und zwar so, daß deren Spitzen, das sind die fundamentalsten Konstituenten der Massenbauteile und die Grundarchitektur einer Bauplan-Individualität, einander wieder erreichen.

Damit ergibt sich eine einheitliche Lage der drei Wege und die Zuordenbarkeit der Systemkategorien nach dem Grad ihres Umfanges und der zeitlichen Abfolge der durchlaufenen Constraints. Die vier *causae* stehen normal auf dieser. Wir treffen hier auf ein allgemeines Prinzip, dem wir im Zusammenhang mit den Mustern des Erklärens, in den Teilen 5 und 6, und zwar von der Evolution des Kosmos bis hin zu dem der Organismen (Abb. 78 und 100, **Seiten 229** und **308**) wieder begegnen werden.

(c4) *Der theoretische Charakter* all der hier verwendeten Terme kann an dieser Stelle noch nicht ausgeführt werden, will aber bedacht sein: der Umstand nämlich, daß das System der Vergleichenden Anatomie, das der Systematik und das der Verflechtung der beiden, als ein Zusammenhang von Theorien zu verstehen ist. Es sind dies Theoriensysteme, die allen drei Bedingungen empirischer Forschung entsprechen. Erstens, daß im voraus nichts gewußt werden kann. Alle angewendeten Begriffe gelten nur versuchsweise und bleiben der Veränderung und selbst der Eliminierung unterworfen. Zweitens, daß die Grade von Wahrscheinlichkeiten, mit welchen die Prognosen über die Inhalte dieser Systeme sich als zutreffend erweisen, nur mit der Erfahrung wachsen. Wobei die Tests darin bestehen, von den Systemkategorien und Strukturen bekannter Arten auf jene neu zu entdek-

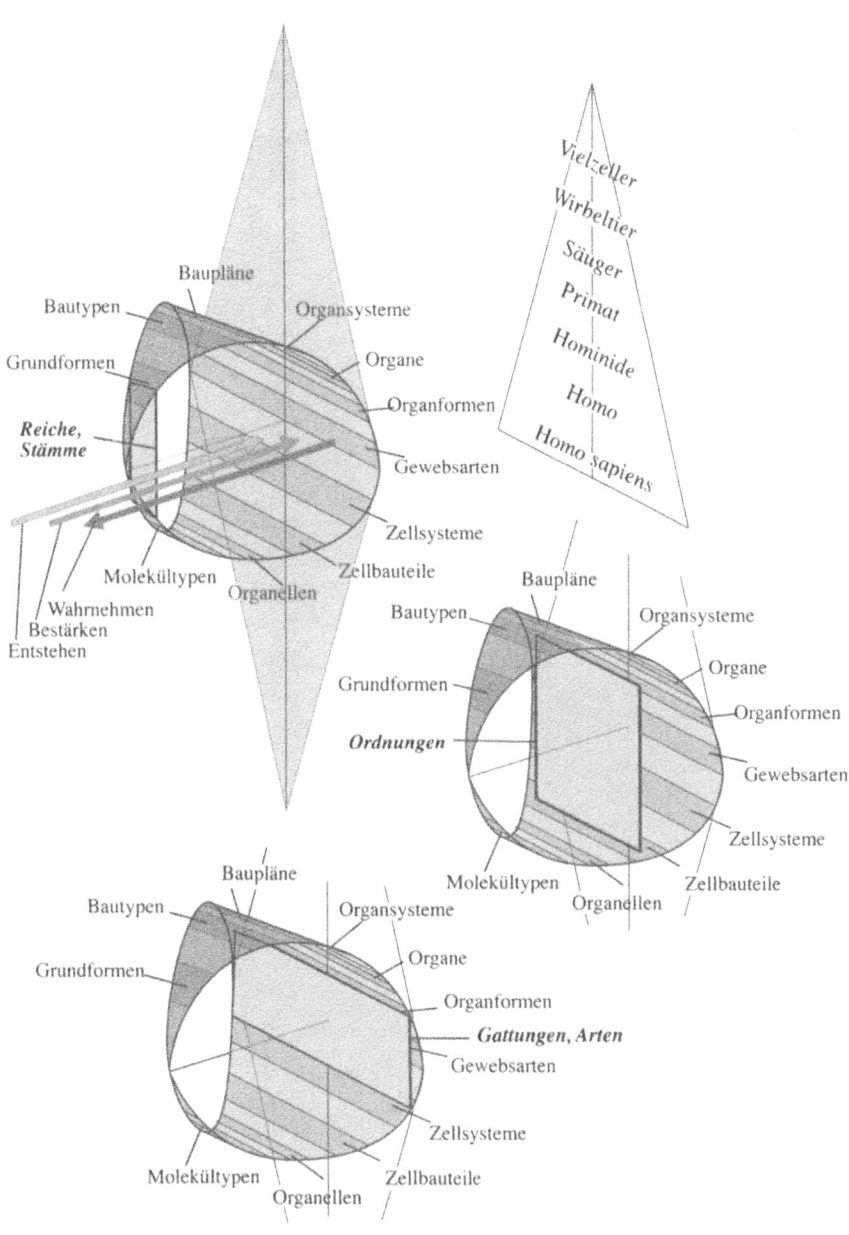

Abb. 31. *Gesamtzusammenhang im System der Strukturen.* Zur Darstellung ist es nötig die ‚Raute' der beiden Stukturhierarchien (wie in Abb. 30) so ‚einzurollen', daß die basalen Konstituenten der Massenbauteile und die Grundform des individuellen Typus einander berühren. Denn so ist das System entstanden. Damit erkennt man die einheitliche Lage der drei Wege und die Zuordenbarkeit der Charakteristika der Ränge der Systemkategorien

kender Arten schließen zu müssen. Und drittens, daß ein in sich widerspruchsfreies System, wie das des Verbundes der beiden Hierarchieformen, einen Gewißheitsgrad erreicht, der sich mit jenem physikalischer Gesetze messen kann.

Von alledem soll im anschließenden Teil die Rede sein.

An Kühnheit wird's Euch auch nicht fehlen,
Und wenn ihr euch nur selbst vertraut,
Vertrauen euch die andern Seelen.

4 Die Strukturierung des Erkannten

In Teil 3 habe ich allgemeine Bedingungen des Erkennens dargestellt, gewissermaßen den Theorienhintergrund unserer Ausstattung. Nun geht es um die Anwendung, die Praxis an der Theorie festzumachen, d.h. zu sehen, welche Strukturen sich daraus in der außersubjektiven Wirklichkeit ergeben. Sicherlich hat diese Teilung auch etwas Künstliches. Denn nichts wäre irreführender als zwischen Theorie und Praxis zu unterscheiden.

Keine praktische Untersuchung hat ohne ihren theoretischen Hintergrund Sinn. Das mag insofern überraschen, als man sich, zugegebenermaßen, oft inmitten empirischer Arbeiten befindet, ohne über deren theoretischen Hintergrund zu reflektieren. Das kommt daher, daß sehr vieles in diesem Hintergrund ratiomorph, also nichtbewußt abläuft oder doch vorbereitet ist, wie das in Teil 3 dargelegt wurde. Man wird aber zugeben, daß Untersuchungen ohne Fragestellung keinen Sinn haben.

Es bleibt dann nur die Frage, in welchem Maße und mit welcher Genauigkeit man sich derselben bewußt wird. Gewiß ist so manche Untersuchung nur von einer ganz unbestimmten Neugierde angeleitet. Sogar Langeweile, selbst Getändel im Labor, sollen schon wertvolle Ergebnisse erbracht haben. Zufallstreffer mit nachträglicher Interpretation sind nicht auszuschließen. Die Geschichte der Entdeckungen ist voll der Geschichten über wunderliche Eingebungen und Assoziationen. ‚Den Seinen gibt's der Herr im Schlaf' (induktiv, wahrscheinlich rechtshemisphärisch). Das alles wird anerkannt.

Ebenso gewiß ist es aber, daß die kritische (deduktive) Prüfung anders operiert. Die Wahrscheinlichkeitsgrade erreichbarer, empirischer Gewißheit hängen von drei Bedingungen ab: Erstens von der Bestätigungsweise produzierter Prognosen durch die Erfahrung, zweitens vom widerspruchsfreien Zusammenhang mit den Prognosen in den Nachbarsystemen und drittens vom Grade der Falsifizierbarkeit dieser Prognostik.

Je eindeutiger die einer Untersuchung unterlegte Erwartung ist, um so eindeutiger kann sie durch die Erfahrung widerlegt wie bestätigt werden. Und solcherart Erwartungshaltung kann vom Nicht-, Vor- oder Mitbewußten, über eine unbestimmte bis spezifische Regel, bis zur Formulierung einer Hypothese und am Besten zu der einer Theorie reichen. Letztere sind wohlerwogene, wissenschaftsbegriffliche Annahmen, beziehungsweise Modelle und Konstruktionen, die natürlich auch über die empirische Erfahrung hinausgehen.

Wenn also im folgenden von Praxis und Wirklichkeit die Rede sein soll, dann sind damit vor allem Bedingungen der Anwendung unserer Anlage gemeint, die Prüfungen der nun überwiegend bewußt reflektierten Teile der Methode.

> Zu diesem Zweck ist (A) von einer Theorie der Welt auszugehen, darzustellen, wie wir (B) zu einer Einsicht in die Ordnung der Dinge gelangen und diese (C) nach den Prinzipien der Morphologie und (D) der Systematik in den Wissenschaften zu untersuchen. Letztere stehen in den uns schon bekannten Struktur- und Klassenhierarchien.

A
Eine Theorie von der Welt

Natürlich wissen wir nicht, woraus diese Welt entstanden ist und noch weniger, wie es zu den sie bestimmenden Grund- und Entwicklungsbedingungen gekommen ist. Und dennoch kommen wir um einige Annahmen in dieser Sache nicht herum, und zwar deshalb, weil alles was wir fernerhin denken und erwarten, sei es eingestanden oder nicht, stets auf solcherart Annahmen zurückführt. Manche Philosophen nennen derlei ‚Ontologie'. Und vielleicht hat eine der Positionen der ‚neuen Ontologie', jene von Nicolai Hartmann (1964), in ihrer dynamisierten Form, sowohl Konrad Lorenz als auch den hier folgenden Text beeinflußt.

Kurz, das Beste, das wir in solcher Lage tun können, muß sein, die bislang scheinbar verläßlichsten Einsichten über die Herkunft und die Differenzierung der Welt zu einer Erwartung gegenüber derselben zu vereinen.

> Wir müssen uns zu einer Auffassung über (1) die Struktur der Dinge, (2) deren Wandel und (3) deren allgemeinste Größen entschließen, wie sehr sie auch durch die Erfahrung gewandelt werden mögen.

1
Die hierarchische Struktur der Dinge

Von Hierarchien war schon wiederholt die Rede. Sie sollen hier nun den Rahmen bilden, weil die übrigen Phänomene an sie anschließen. Und was ich, bislang auf Plausibilität pochend, als Struktur- und Klassenhierarchien vorgestellt habe, wird nun zweifach kritisch zu untersuchen sein. Unsere Vorstellung von der außersubjektiven Wirklichkeit muß mit diesem Vorstellungsvermögen selbst in Beziehung stehen. Denn schon der Begriff ‚Komplexität' selbst entspricht einem Urteil unseres Wahrnehmungsvermögens.

> Nehmen wir uns darum (a) die erfaßten Bauformen dieser Welt und (b) die Anleitung unseres Denkens getrennt vor.

(a) *Die Bauformen*: Theorien über den frühen Kosmos lassen erwarten, daß aus einem ersten Zentrum von Energie Materie entstand. Und zwar dadurch, daß nach der Bildung schwerer Quanten auch noch leichte entstanden und viele derselben zu Bahnen um die schweren eingefangen wurden. Das Atom aus Kern und Elekronenhülle setzte die erste hierarchische Instanz. Es sei denn, daß eine solche schon in der Organisation der Quarks vorbereitet war, da sie selbst wieder die Quanten zusammensetzen.

Die hierarchische Gliederung beginnt also, wie man erwartet, früh und setzt sich in dem Zusammentreten von Atomen zu Molekülen, Verbindungen und komplexen Verbänden von Mineralien und Biomolekülen fort. Ob diese Differenzierungsweise in dem uns bekannten Kosmos notwendig war, ist wohl nicht zu sagen. Als eine Möglichkeit war sie aber gegeben. Und es bedarf so hoher Temperaturen wie im Sonneninneren, um diesen hierarchischen Bau wenigstens teilweise wieder aufzulösen.

Die Fortsetzung dieses Bauprinzips im Organismischen ist sehr auffallend und leicht nachweisbar. Ultrastrukturen, Zellorganellen, Zellen, Gewebe, Organe, Organsysteme, Metameren und Individuen stehen deutlich übereinander und werden bei koloniebildenden Formen nochmals zu höheren Einheiten, Individuengruppen, bei Staatsquallen (Abb. 32) sogar noch zu sich wiederholenden Individuengruppen, den Cormidien, zusammengefaßt.

Die Struktur dieser Bauform setzt zweierlei voraus. Sie verlangt (a1) Redundanz, das heißt die Verwendung gleichartiger Bauteile und (a2) deren Zusammenfassung zu höheren Einheiten.

(a1) Die Ursache der *Redundanz* ist leicht zu fassen. Es ist ‚billige Ordnung', und zwar in dem Sinne, daß mit wenig Instruktion viel an materiellen Bauteilen hergestellt und geordnet werden kann. Man kennt Entsprechendes von unserer Industrie. Im Organismenreich dürften, mit Ausnahme der Wimper (der Flagellaten), alle Strukturen schon als Massenbauteile entstanden sein. Das reicht von den Erbmolekülen über die Zellorganellen, Zellen, Fasern, Augen (des Amphioxus), Zähne (der Fische), Schuppen und Haare, bis zu den Extremitäten und Metameren (der Gliedertiere).

Die allmähliche Umformung der Massenbauteile nennt man Differenzierung. Aber selbst ein so differenzierter Bau wie der des Menschen ist noch hoch redundant. Berechnet man nach Maßen der erforderlichen Information (der Alternativentscheidungen), die nötig wäre, um die lebenswichtigen Moleküle an den rechten Ort zu bringen, so entsprächen dem Körper des Menschen 10^{28} und einem menschlichen Sperma 10^{11} Bits Information. Nachdem im Sperma rund die Hälfte der Instruktion für den Bau eines Menschen enthalten sein muß, ergibt sich die riesige Redundanz von 17 Größenordnungen. Das wird faßbar, wenn man bedenkt, daß allein unser Hirn über 10^{11} kleine graue Zellen, mal über 10^3 Ribosomen, mit je 10^3 gleichen Molekülen enthält.

Und bedenkt man, daß die ganze Reproduktion über autokatalytische Prozesse verläuft, welche eben identische Bauteile produzieren, so wird man auch den Ursprung solcher Massenproduktion erkennen.

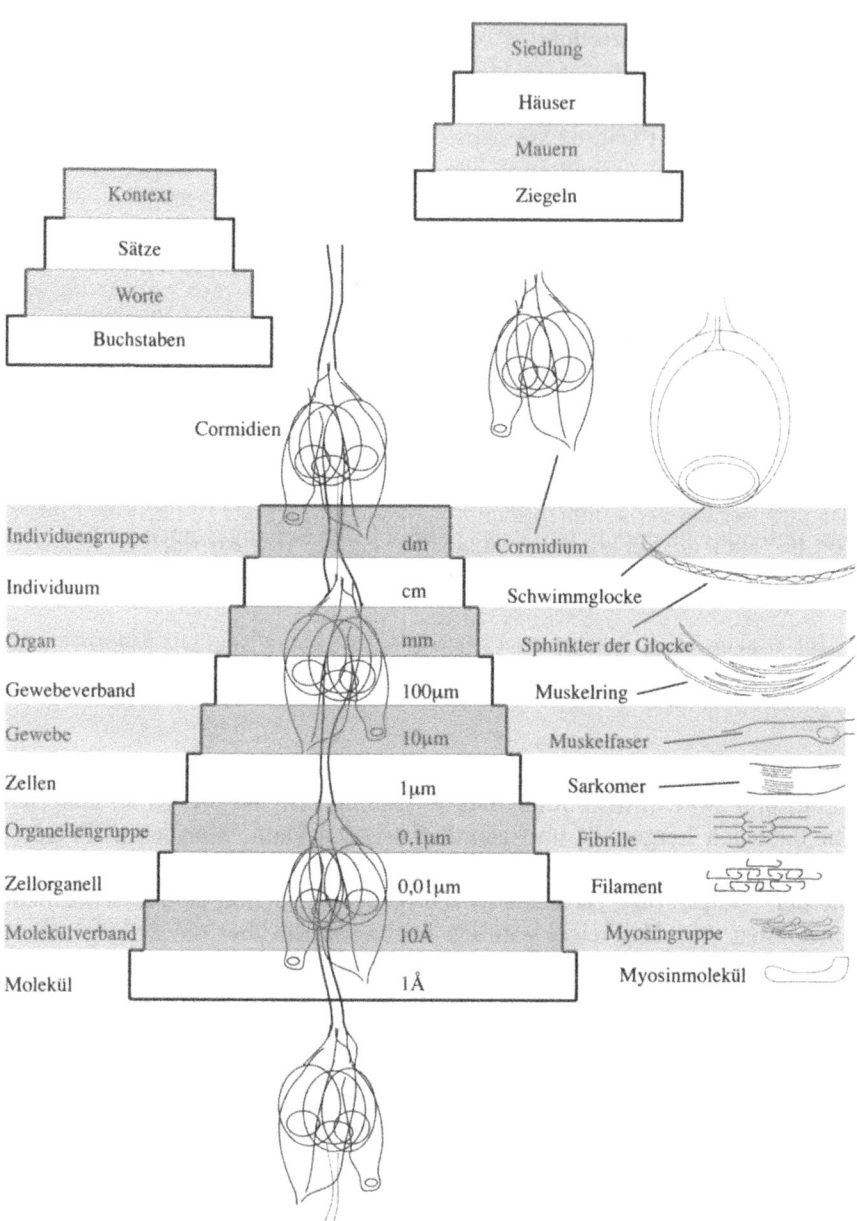

Abb. 32. *Der hierarchische Bau der Organismen* am Beispiel zweier Artefakte und des Teiles einer Staatsqualle. Links sind im Schema des hierarchischen Baues die Schichtbezeichnungen eingetragen, rechts jeweils eines der konstituierenden Subsysteme, in der Mitte annähernde Größenordnungen

(a2) *Die Ursache der Zusammenfassung* dieser Bauteile zu einer Hierarchie von Einheiten, wie sie sich in allen Schichten ergibt, ist vorerst nur über Modelle zu verstehen. Ich gebe das Modell von Simon (1965) wieder, in der Übersetzung des Algorithmus durch Koestler (1968) in die umgangssprachliche Uhrmacher-Metapher:

Zwei Uhrmacher gehen eine Wette ein: wer von beiden als erster eine hundertteilige Uhr zusammensetzen kann. Dabei ist vereinbart, daß mit den Teilen alles geschehen darf, nur muß es in freier Hand geschehen, und wenn ein Kunde den Laden betritt, muß alles aus der Hand gelegt werden. Und was nicht zusammenhält, zerfällt.

Die Wette steht für Konkurrenz, die Uhr für Komplexität, der Kunde für stochastische Störung. Beide Uhrmacher kennen die Bedingungen der Wahrscheinlichkeit. Der eine, Technikos, weiß, daß einmal das Intervall zwischen zwei Kunden lange genug sein muß, um die Uhr zusammenzusetzen. Und tatsächlich kommt er gelegentlich auf 20 und 30 Teile. Dann aber tritt ein Kunde ein, und alles zerfällt wieder. Der andere, Bios, bastelt Klammern für jeweils zehn funktionell zusammenhängende Teile, und es gelingt ihm, immer wieder zehn derselben zusammenzusetzen. Also braucht er zuletzt nur ein gleich geringes Intervall, um zehn Zehnerblöcke zusammenzufügen. Er schlägt Technikos bei Weitem. Resümee: Bei Störungsanfälligkeit und Konkurrenz muß das hierarchische Prinzip überlegen sein.

Ein allgemeines Prinzip der Ökonomie und des Umgangs mit Instruktion mag hinter dem Ganzen stehen.

(b) *Anleitung des Denkens*: Wie ich schon erwähnte, setzt sich das Prinzip in unseren Artefakten fort. Nicht nur die Massenproduktion, sondern auch deren Fügung zu Obersystemen: die gleichen Fliesen zu gleichen Räumen gleicher Wohnungen gleicher Häuser einer Siedlung. Auch unsere Sprachen und Schriften fügen Zeichen zu Worten, Worte zu Sätzen und Sätze zu einem Kontext (Abb. 32). Und sie werden so hierarchisch analysiert wie sie produziert werden, indem die Silbe gespeichert wird, um aus dem Wort, das Wort aus dem Satz und der Satz aus dem Kontext interpretiert zu werden.

Und, wie wir gesehen haben, denken wir auch in hierarchischen Mustern. Das war im Zusammenhang mit den Klassenhierarchien schon darzustellen. Von einem Apfel erwarten wir, daß er Fruchtfleisch und dieses Zellen enthält und daß er zu den Baumfrüchten, Früchten und Pflanzen gehört, was bei Reichsapfel und Adamsapfel nicht zuträfe.

Was aber ist nun wessen Ursache? Es gibt zwei naheliegende Weisen der Interpretation. Entweder wir zergliedern alle Welt hierarchisch, weil uns diese Denkweise auferlegt ist. Oder aber wir haben hierarchisch zu interpretieren gelernt, weil diese Welt so gebaut ist. Im ersteren Fall wäre die hierarchische Struktur der Welt nur eine Denkhilfe, eine Projektion unserer Betrachtungsweise. Im zweiten Fall fragte sich immerhin noch, worin der spezielle Vorteil einer solchen Adaptierung gelegen wäre.

Ich neige der zweiten Interpretation zu. Erstens, weil es bei zunehmender Kenntnis des Baues der Materie, der Organismen, Sozietäten und Artefakte immer unwahrscheinlicher wird, daß wir bei der Wahrnehmung solch identischer Gliederung reiner Projektion aufgesessen wären. Zweitens, weil der Vorteil hierarchischen Zergliederns und Aufbauens faßbar wird.

Den Vorteil zeigt schon die Verwendung des ‚Logarithmus zwei'. Um aus 1024 Fällen den richtigen zu finden oder richtig zu deponieren, bedürfte es beim Herumprobieren durchschnittlich um die 500 Versuche. Teile ich die Menge aber immer in die Hälfte, so genügen derer zehn. Im ‚Beruferaten' beispielsweise gewinnt jener Spieler, der die Berufe stets und rückstandslos in die Hälfte teilt.

Leben kann nicht perfekt sein. Wir werden das erkennen, wenn wir im Zusammenhang mit seinem Werden (Abschnitt 4,A3) auch seine Entfernung von Stabilitätsbedingungen, vom physikalischen Gleichgewicht, erörtern müssen. Störungen seines Balanceakts (Mißverstehen, Unfall, Krankheit, Tod) werden immer zu erwarten sein. Damit bleibt als die naheliegendste Annahme die Erwartung, daß in der Welt, wie im Denken, hierarchische Strukturen unter Konkurrenzbedingungen nicht nur ökonomischer sind, sondern auch noch Störungen am besten widerstehen. Unser hierarchisches Denken wird nicht nur durch die Struktur der Welt angeleitet sein, sondern auch noch durch identische Prinzipien gefördert worden sein.

Solche Zusammenhänge werden wir (in Abschnitt 4,C1e) als ‚Homoiologien' kennenlernen: Analogien (der Milieuentsprechung) auf homologer (gleichartig vorbereiteter) Basis. Aber man vergesse nicht, daß wir uns in Annahmensystemen bewegen, wenn es auch die plausibelsten sein dürften, welche uns heute der ‚state of the art' erlaubt.

2
Über Wandel und Werden

Eine zweite Position, die wir in unserer Reflexion über die Welt beziehen müssen, betrifft die Verwandlung. Gehen wir von der Annahme aus: ‚Nichts ist schon dagewesen' Lorenz (1983), sondern, daß sich, im Gegenteil, an eine Evolution des Kosmos aus Eigenbedingungen eine solche der chemischen Strukturen, des Lebens, der Sozietäten, der Kommunikation, des Denkens und der Kulturen reihte und daß sie einander Voraussetzung waren (Riedl 1976).

Für ‚Kreationisten' mag dies blasphemisch, für die ‚Evolutionisten' wie ein Gemeinplatz anmuten. Aber auch diese Annahme zwingt zu Sub-Annahmen, die durchaus nicht mehr trivial sind. Selbst hier, wo wir noch nicht nach Ursachen fragen, ist zu dreierlei strukturellen Umständen dieser Wandlungen Stellung zu nehmen.

Nämlich: (a) was wandelt sich, unter (b) welchen Umständen, und (c) was geschieht bei solchen Wandlungen.

(a) *Was sich wandelt*: Zunächst ist festzuhalten: nicht alles wandelt sich in diesem Kosmos. Sobald in ihm Materie entstand, war es Wasserstoff, das einfachste der Elemente. Und wie wir von den Kosmologen erfahren ist der Kosmos zu 90 und mehr Prozent seiner Materie immer noch eine Wasserstoffwelt geblieben. Nur in manchen Planeten seiner Sonnensysteme hat die Evolution eine Fülle von Elementen, komplexe Verbindungen und, wohl noch seltener, Leben entstehen lassen.

Dennoch: Wenn man bedenkt, daß das Leben auf unserem Planeten sofort entstand, als nur Teile seine Oberfläche unter 100° C abkühlten, wenn man den Kosmologen folgt, daß es im Kosmos etwa so viele Planeten wie Sonnen geben dürfte und sich die Zahl der Sonnen vorzustellen versucht, dann müßte auch Leben unzählige Male entstanden sein.

Aber auch in der Welt des Lebendigen hat sich nicht alles fortentwickelt. Die frühesten Lebewesen, die Prokaryonten, Bakterien und Blaualgen, gibt es nicht nur heute noch, sie gibt es ungleich zahlreicher als alle differenzierteren Formen zusammen. Und sie sind für deren Erhaltung weiterhin erforderlich, weil sie für den Stoffkreislauf in der Natur notwendig geblieben und vielfach auch noch für den Stoffwechsel der höheren Formen unentbehrlich geworden sind.

Auf unserem Planeten gilt das auch für das Werden des Bewußtseins und für das der Hochkulturen. Ob in diesem Verhältnis überwiegender Konservativität und limitierter Evolutionsprozesse ein Prinzip steckt, wissen wir nicht. In manchen Fällen wird evident, daß das ‚Höhere' auf Kosten des ‚Niederen' evolviert. Aber als allgemeines Prinzip verdiente dies noch nicht unser Vertrauen. Hier genügt auch die Erfahrung, daß nur weniges, dieses sich aber erstaunlich und wie zwangsläufig weiterentwickelt (Riedl 1976).

(b) *Die Umstände des Wandels*: Fundamentaler für unsere weiteren Untersuchungen wird die Frage, unter welchen Umständen etwas evolviert. Wenn man an Anagenese, also an Höherentwicklung denkt, an Stammbäume, den Schichtenbau, die Ebenen der Strukturhierarchien, so wird man verleitet anzunehmen, daß sich, ähnlich einem Turmbau, das Höhere stockwerkweise auf das Niederere setzt.

Dieses Bild ist irreführend. Es enthält zwar eine Wahrheit, aber nicht die ganze Wahrheit. Richtig ist vielmehr, daß alle neuen, differenzierteren Ebenen als ‚Einschübe' entstehen, eingeschoben zwischen den Konstituenten, aus welchen sie sich zusammensetzen und einem Milieu, das die Bildung ermöglicht, aber auch seine eigenen Bedingungen setzt. Und wieder müssen wir den Bereich der Begriffe dehnen.

Es ist darum nützlich, (b1) das Faktum dieses Vorganges getrennt von (b2) den Umständen zu beschreiben, die dieser Vorgang voraussetzt.

108 Die Strukturierung des Erkannten

(b1) *Über den Vorgang*: Die Fakten sind uns von den kosmischen, biologischen und sozialen Prozessen gut bekannt, und ich werde auch dieser Gliederung folgen:

Für den frühen Kosmos wird angenommen, daß die vier physikalischen Wechselwirkungen erst entstanden sind, sogar auseinander hervorgegangen sein dürften. Für die schwachen und die elektromagnetischen Wechselwirkungen scheint man das bereits belegen zu können. Aber noch davor müßten sich die Kernkräfte von der Gravitationskraft getrennt haben (Weinberg 1977).

Bekanntlich unterscheiden sich diese vier nach der Reichweite und in umgekehrter Reihe nach der Stärke. Im Auseinanderrasen des sich materialisierenden Kosmos bestimmen nun die starken und schwachen Wechselwirkungen die Welt der Mikrophysik, den Atombau, Gravitation und elektromagnetische Wechselwirkung auch die Weiten des Kosmos. Die Ausbreitung der Materiewolken erfolgte nicht gleichmäßig, es entstanden ungleiche Gravitationsfelder, welche die Materie wieder lokal zusammenrafften. Daraus folgt, daß schon alle Strukturen im Kosmos, also Galaxien, Sonnensysteme, Sonnen und Planeten zwischen zwei Bedingungen entstanden, nämlich den Konstituenten ‚Mengen an Wasserstoff-Materie' und dem Milieu ‚Stärke und Bewegung der Gravitationsfelder'. Und im einzelnen bleibt die Galaxie das Milieu seiner Sonnensysteme und eine Sonne das seiner Planeten (Abb. 33).

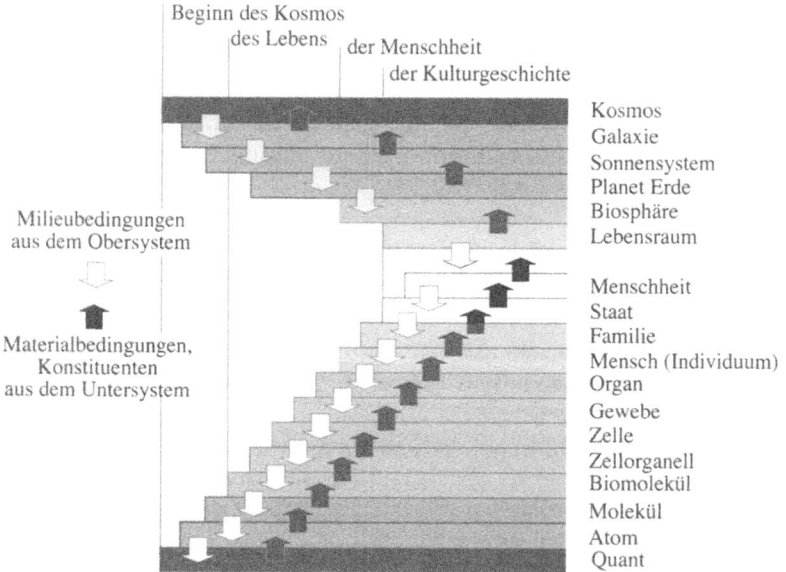

Abb. 33. *Differenzierung der Welt durch Einschübe* zwischen der Disposition von Materialien (Materialursachen) und der Selektion durch das jeweils übergeordnete Milieu (Formursachen), stark vereinfacht. Die wesentlichsten Zeitabschnitte sind oben angegeben (Einzelheiten in Teil 6)

Konstituenten für das entstehende Leben waren Kern- und Aminosäuren, das Milieu energiereicher Verbindungen, hohe Temperaturen und Quanten-Durchflutungen der Atmosphäre über der ‚Ursuppe' in den frühen Gewässern (Urey 1952). Der Milieubegriff ist ja in der Biologie beheimatet. Das Konzept scheint da fast trivial.

Das ändert sich aber, wenn man bedenkt, daß bei höherer Entwicklung die Bauteile nicht nur einander Konstituenten, sondern auch noch einander Milieu bilden. Was in einem Einzeller an Bauformen möglich ist, hängt von den Biomolekülen und deren Funktionen ab, die er zur Verfügung hat (ob er z. B. Silikat- oder Kalkskelette oder auch Chlorophyll bilden kann). Was aber in ihm an Organellen seine Erhaltungsbedingungen, seine Fitneß erhöht, das bestimmt ebenso das Ensemble seiner Gesamtfunktion.

Dies wird in höherer Differenzierung noch deutlicher. Ob Knochensubstanz, Kalkschalen, Keratin oder Tunicin für den Stützapparat verfügbar werden, das hängt von den Möglichkeiten der zelligen Konstituenten ab. Aber ob, und vor allem wo es gebraucht wird bestimmt der Bauplan. So entstehen Gewebe zwischen den strukturgebenden Zellen und den formgebenden Organen, Organe zwischen Gewebs- und Bauplanbedingungen (Riedl 1975).

In der Soziologie, Ethnologie und Kulturwissenschaft scheinen Konstituenten und Milieu, in der Form von Individuen und Umwelt, wieder gebräuchlicher. Man übersehe aber nicht, daß auch hier nicht nur Regenwald, Wüste oder Großstadt das Milieu darstellen, sondern daß wir vielmehr zu Recht auch vom formenden Milieu einer Familie, Sippe, eines Staates und seiner politischen Struktur sprechen.

Ich sagte schon, daß wir Begriffe wieder dehnen müssen, wenn es darum geht in einer Längsschnitt-Theorie einem einheitlichen Prinzip zu folgen. Der Milieubegriff war bis in den Kosmos und nun bis in die Histologie, Organologie und bis in die Institutionen der Kultur zu verfolgen, weil sich in all diesen Bereichen dieselbe grundlegende Evolutionsbedingung nachvollziehen läßt.

(b2) *Umstände des Wandels*: Der geschilderte Strukturzusammenhang gewinnt an Überzeugungskraft, wenn man die Bedingungen und Wirkungen dieser zweiseitigen Bestimmung eines neuen Systems betrachtet. Dabei stellt sich heraus, daß die beiden ganz verschieden sind und in dieser Verschiedenheit auch durch das ganze Evolutionsgeschehen hindurchreichen.

Der Unterschied in den beiden Bedingungen hängt mit der Art der Selektionswirkung zusammen. Konstituenten entscheiden ‚prä-selektiv', das Milieu entscheidet ‚post-selektiv'. Hier ist uns nun auch der Selektionsbegriff zu eng. Denn in der Regel wird Selektion nur einem Außenmilieu zugedacht. Erstens aber steht es außer Frage, daß auch von den Konstituenten eine entscheidende (die entscheidendere?) Selektionswirkung ausgeht, und zwar noch bevor es zur Bildung eines neuen Systems kommen kann, nämlich ob und wann welche Materialien zur Neubildung zur Verfügung stehen.

Das gilt quantitativ wie qualitativ. Quantitativ denke man an das Werden kosmischer Strukturen. Ist zu wenig Materie vorhanden, wird es keine Sonne, ist es zu viel, fällt sie zusammen. Qualitativ denke man an einen Brückenbau: Steht Beton zur Verfügung, aber kein Material für die Schalung, wird der Bau auch unter starkem Bedürfnis nicht entstehen. Sind nur Seile oder aber Ziegel zur Verfügung, wird die Brücke, auch unter gleichen Bedürfnissen des Milieus, eine Girlanden- oder aber Arkadenform annehmen.

Die Post-Selektivität des Milieus kann erst entscheiden, wenn der Versuch einer Neubildung wenigstens begonnen wurde. In ihm steckt zwar meist der Antrieb, aber viele Antriebe gehen ins Leere. Das Milieu entscheidet aber über die Erhaltungsbedingungen eines Systems, biologisch über Fitneß, kulturell über den Wert einer Neubildung. Und sie hat immer das letzte Wort! Verlangte das Milieu, nach unserem Beispiel, daß die Brücke eine Eisenbahn tragen soll, dann würde nur die Seilbrücke nicht erhalten bleiben.

Die bescheidenste und verläßlichste Konsequenz aus dieser Einsicht muß es sein, daß eine Betrachtung nur einer Seite der beiden Bedingungen den ganzen Vorgang evolutiver Prozesse nicht zureichend einsehbar macht. Außerdem liegen unterschiedliche Ursachenformen vor, was aber ein Thema es Teiles 5 sein wir.

(c) *Das Geschehen im Wandel*: Der Prozeß des Wandels selbst wird als Phasenübergang verstanden und hat mit dem Emergenzproblem zu tun. Mit beiden Phänomenen haben wir uns (Abschnitt 3,C3) schon beschäftigt und brauchen hier nur zusammenzufassen. Es liegen dabei, wie erinnerlich, auch kognitive Probleme vor, die dank der Limits der Ausstattung unseres Vorstellungsvermögens nicht leicht zu übersteigen sind.

Da es im vorliegenden Buchteil bloß um die Umstände der Strukturbildungen geht, bleiben mir vorerst nur Appelle.

In denselben muß aufgerufen werden, das Phänomen der Phasenübergänge zunächst zur Kenntnis zu nehmen, indem anerkannt werden muß, daß Emergenzen, selbst nur auf Grund quantitativer Veränderungen, die neu entstehenden Qualitäten nicht verläßlich vorhersehen lassen, daß dieselben auch in Spuren in den Konstituenten nicht enthalten sind, daß es sich um historische, nicht wiederholbare Ereignisse handelt, weil die Weichenstellungen, über welche der Übergang führen mußte, auch nicht rekonstruierbar sein werden. In Abschnitt 5,B wird das aufzuklären sein.

3
Die allgemeinsten Größen

Zweierlei sei vorausgeschickt. Erstens sind uns Größen, wie sie hier zu erörtern sind, bei Betrachtung der Probleme (in Abschnitt 2,C2) schon begegnet. Hier ist zu bestimmen, welche, und wie wir sie in unser Paradigma aufnehmen. Zweitens erinnere man sich, daß wir uns immer noch mit einer Theorie der Welt befassen und auch unser Paradigma einen empirisch nicht auflösbaren Hintergrund besitzt. Kein Paradigma vermag sich selbst zu begründen.

Was nun die Bedingungen des angenommenen Wandels dieser Welt betrifft, so betreffen dieselben elementare Theoriengebäude der Physik, des Lebendigen und unseres Begreifens.

Damit ist Stellung (a) zum Entropieproblem zu beziehen, (b) zu den Stabilitätsniveaus und (c) zum Energie-Informations-Zusammenhang.

(a) *Das Entropieproblem*: Zu den Hauptsätzen der Physik, die in aller Welt gelten, zählt der Entropiesatz, der zweite Hauptsatz der Thermodynamik. Wir sind ihm schon begegnet. Wie man sich erinnert, besagt er, daß sich in geschlossenen Systemen alle Temperaturgefälle ausgleichen und alle Materie in einer völligen Mischung enden muß. Man nennt das ein physikalisches Gleichgewicht. Eine Dampfmaschine kann in einer Halle nur so lange laufen bis es um sie schon so heiß geworden ist wie in ihrem Kessel. Lassen wir ein Fläschchen Parfum lange offen wird der Aufwand, die Duftmoleküle wieder zurückzubringen, bald alle Möglichkeiten übersteigen.

Was aber ist ein geschlossenes System? Man denkt sich einen Kasten, dessen Wände weder von Temperatur, noch von Materie durchdrungen werden könnten. Derlei kennt man nicht. Wir wissen nicht einmal, ob der Kosmos selbst als ein geschlossenes System zu denken wäre. Für unser Paradigma ist das nicht entscheidend, nicht einmal, ob dieser Kosmos sich weiter ausdehnen oder wieder zusammenfallen wird.

Entscheidend ist, daß evolutive Prozesse Differenzierungen produzieren wo der Entropiesatz Entdifferenzierung erwarten ließe. Für lebende Systeme verstehen wir, daß sie das Gesetz nicht brechen, sondern umgehen. Sie genügen dem Entropiesatz, indem sie mehr Entdifferenzierung in ihr Milieu abführen, als sie zu Aufbau und Erhaltung ihrer Differenzierung benötigen. Welches komplexe System auch immer in sich Ordnungsstrukturen schafft, wo vordem keine waren, muß Unordnung, zum mindesten Wärme, abführen, und sei es nur ein dampfender Misthaufen, da in ihm viel neues Leben entsteht (Abb. 34).

Wie schon einmal festgestellt, sagte Schrödinger (1957) treffend: Leben frißt Ordnung. So ist es, und dies bildet einen wesentlichen Pfeiler unserer Welttheorie. Pflanzen verbrauchen Photonen zu Wärme, Tiere verwandeln Pflanzen wie Tiere zu Dung. Und, evident genug, vom Rest unserer Verdauung vermögen nur mehr niedere Organismen, Gewinn zu ziehen. Wir dürfen darum nicht vergessen, daß auch wir menschliche Kreaturen unser Leben durch Degradierung von Ordnung fristen und daß es zur Erhaltung unserer Gesellschaft nötig werden wird, in der Summe mehr Differenzierung zu schaffen als wir konsumierend zerstören.

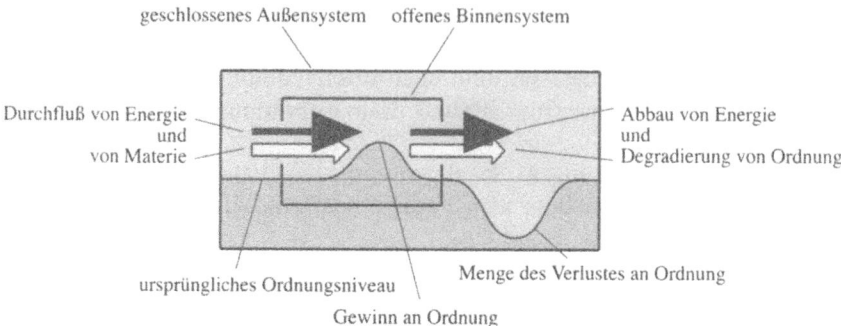

Abb. 34. *Prinzip ‚offener Systeme'.* Von Energie und Materie durchflossen können sie in sich Ordnung aufbauen, unter der Voraussetzung, daß sie eine größere Menge Unordnung an das Milieu exportieren

(b) *Niveaus der Stabilität:* Leben existiert also fern vom physikalischen Gleichgewicht, ist daher labil, ein ‚Fließgleichgewicht' durchflossen von Energie und Materie, wie wir das, so schön illustriert, schon von Bertalanffy (1968) kennen. Leben ist letztlich sogar lebensgefährlich.

Will man dafür ein physikalisches Bild haben, so kann man von stabilen Energieniveaus sprechen (Abb. 35). Diese sind natürlich nur zeitlich stabil und auch dies nur relativ. Es genügt gewissermaßen, daß sich nur eine der stabilisierenden Barrieren neigt, und das System bricht zusammen.

Stellt man die interessantere Frage, wie es denn zu den höheren Energieniveaus kommt, so finden wir uns wieder vor den Problemen von Emergenz und Anagenese. Davon war schon ausführlicher die Rede. Man muß nun annehmen, daß im Zuge von Emergenzen auch neue Energieniveaus erreicht werden. Aber, wie erinnerlich, wissen wir über die Abläufe selbst wenig.

Das Problem stellt sich drastischer, wenn es unter dem Gesichtspunkt der Anagenese gestellt wird. Da ist ja noch immer die Frage offen, unter welchen speziellen Bedingungen sie durchgesetzt wird.

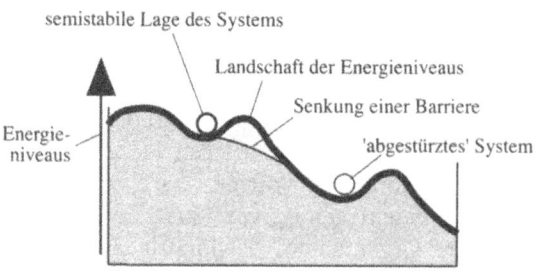

Abb. 35. *Schema stabiler Energie- und Ordnungsniveaus,* als Schnitt durch eine Landschaft symbolisiert, in der es Ruhelagen gibt. Es genügt aber in einer solchen Landschaft, auch nur einen wallbildenden Hügel zu senken, um das System abgleiten zu lassen

Nun kennen wir einige Phasenübergänge in der Evolution der Organismen, die uns Vorteile vorführen. Von den urtümlichsten, chemoautotrophen Organismen, etwa den Schwefelbakterien, zu den ersten Pflanzen war es, weil effektiver, die Verwendung der Photonen zum Energiegewinn; im Übergang von den Pflanzen zu den Tieren, die bereits vorgeformten Energieressourcen zu fressen; und im Übergang von der Kalt- zur Warmblütigkeit unabhängig von der Außentemperatur mobil zu werden.

Dabei liegt der Vorteil nicht in einer ökonomischeren Nutzung von Ressourcen. Im Gegenteil. Im Laufe der Höherentwicklung wird mit Energie immer verschwenderischer umgegangen (Wieser 1989). Der Vorteil ist stets nur relativ, und zwar gegenüber dem jeweiligen organismischen Milieu. Der Vorgang hat den Charakter eines Schaukelprozesses. Haben Organismen eines Lebensraums ein bestimmtes Organisationsniveau erreicht, so bringt es jenen zusätzliche Vorteile, welche durch die Disposition ihrer Organisation, durch mutative Änderungen und deren Förderung durch das Milieu, zum Übersteigen jenes Organisationsniveaus gedrängt werden.

Im Grunde ist dies enttäuschend einfach. Es verleitet, ein altes ‚Bonmot' abzuwandeln: die Verwunderung, daß allein aus solchen Gründen aus einem Teich von Amöben die Pariser Akademie entstanden sei. Es scheint aber, wie wir das schon bedacht haben, daß derselbe Schaukelprozeß, weitergeführt vom organismischen zum sozialen Milieu, sogar das Wachsen der Standards und Ansprüche unserer Kultur verstehen läßt (Riedl und Delpos 1996). Aber über Energieflüsse allein, ist, wie zu zeigen sein wird, die Welt noch nicht zu verstehen.

(c) *Energie und Information*: Im Rückblick auf das Entropieproblem bleibt schließlich noch eine Haltung im wissenschaftlichen Paradigma zu deklarieren. Sie hat mit der Frage zu tun, welche allgemeine Beschreibung das Ergebnis finden kann, das aus einer Reduktion von Entropie resultiert. Wie schon festgestellt hat Schrödinger (1957) von Negentropie gesprochen, was als das Gegenteil von thermodynamischem Chaos, also als ‚Ordnung' verstanden werden kann (Riedl 1975 und 1991), aber leider sind ihm die Physiker darin nicht gefolgt. Darauf zurückkommend verlangt unser Paradigma abschließend zu drei Subproblemen Stellung zu nehmen.

Und zwar (c1) zum Schichtenbau der Information, (c2) zur Information-Energie-Äquivalenz und (c3) zum Redundanzgehalt im Ordnungsbegriff.

(c1) *Der Schichtenbau* geordneter Systeme ist scheinbar noch am leichtesten intelligibel zu machen. Ich verwende ein sehr einfaches Beispiel:

Wenn ich seinerzeit meinen Töchtern erklärte, ‚euer Kinderzimmer ist ein Chaos', dann war gemeint (Ebene 1), daß die Spielsachen eine Zufallsverteilung angenommen hatten. Die Spieluhr war aber noch in Ordnung. Sagte ich, ‚nun ist auch die Uhr kaputt' (Ebene 2), dann hatten deren Teile ihre funktionelle Lage verlassen. Doch alle Zahnräder waren intakt. Blieb festzustellen, ‚nun ist auch noch ein Zahnrad gebrochen' (Ebene 3; was bei Mädchen allerdings selten geschieht), dann war natürlich dessen Legierung (Ebene 4) noch unversehrt.

Nun denke man aber an die zehn und mehr hierarchischen Schichten des Lebendigen (Abb. 32, Seite 104), an deren Verzahnungen und Wechselabhängigkeiten, um zu erkennen, wie schwer es sein muß, hier oder selbst in der Organisation unserer Artefakte zu einer metrischen Auffassung zu gelangen.

Und in unseren Sprachen? Ist deren Gehalt nicht durch das Informationsmaß Bit eindeutig bestimmt? Die Anzahl der Halbierungen eines Setzkastens, die erforderlich sind, um den einzelnen Buchstaben auszuwählen (Shannon u. Weaver 1949), können freilich angegeben werden, auch das Maß an Überraschung, wie es beim Auftreten eines seltenen Buchstaben größer ist. Aber schon der Gehalt der Semantik (‚ein Strauß Federn des Strauß') ist nicht mehr faßbar. Ganz zu schweigen von der Syntax, wo schon die Stellung eines Beistrichs den ganzen Informationsgehalt umkehren kann (z. B. ‚hängt ihn, nicht laßt ihn leben' / ‚hängt ihn nicht, laßt ihn leben').

Dennoch läßt unser Paradigma für Ordnung, im Sinne von Vorsehbarkeit, die Möglichkeit einer Faßbarkeit erwarten (Riedl 1986), so wenig wir das im Komplexen schon vermöchten.

(c2) *Das Äquivalenz-Problem*: In den Bemühungen um eine Lösung ist wiederholt der Gedanke nach einem Äquivalent zwischen Energie und Information aufgetaucht.

Angeregt durch Boltzmann (Ausgabe 1979) gibt das Denkspiel vom ‚Maxwellschen Dämon' Aufschluß. Der Dämon sitzt in der physikalischen Mikrowelt an einem Türchen zwischen zwei gasgefüllten Räumen. Läßt er alle Moleküle, die in die linke Kammer drängen, durch, jene, die nach rechts wollen, aber nicht, so kann er ein Druckgefälle aufbauen. Die Energie, die er somit gewinnt, muß der Information entsprechen, die er uns voraus hat.

Nun ist auch in der uns zugänglichen Welt ein Zusammenhang nicht zu übersehen, besonders im Betrieb der Biosphäre und ihrer Organismen (Abb. 36). Der Aufbau von Differenzierung ist, wie wir schon feststellten, mit Abfuhr von Entdifferenzierung erkauft. Beide Vorgänge können in Maßen von Energie beschrieben werden (Odum 1971, Wieser 1989), aber sie treten auch als Ordnungsformen, im Sinne uns zugänglicher Information oder Vorsehbarkeit, in Erscheinung (Riedl 1975). Ich hatte mich darum auf die Suche nach einem Informations-Energie-Äquivalent gemacht (Riedl 1973 und 1976).

Heute bin ich der Ansicht, daß es zwar zwischen diesen beiden wichtigen Größen eine unverkennbare Beziehung gibt, denn Information kann nie ohne Energieaufwand übertragen werden und ein Gefälle von Energie kann stets etwas mitteilen. Aber solche Beziehungen können nur für den

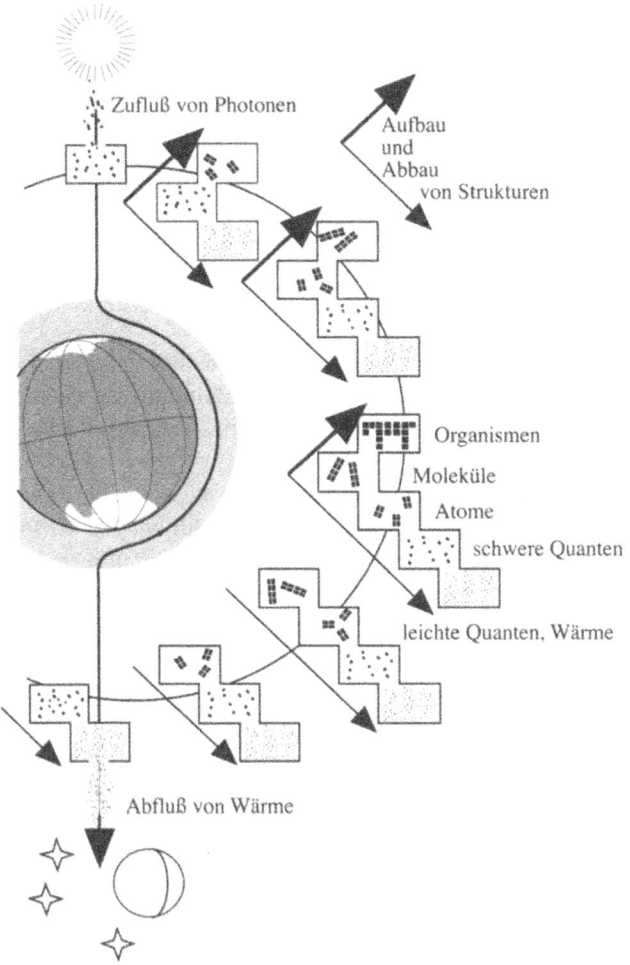

Abb. 36. *Bedingungen des Aufbaus von Ordnung in der Biosphäre* durch Ausfuhr von Wärme. Man beachte den Wandel von schweren Quanten zu Atomen, Molekülen und Biostrukturen; und dasselbe kompensatorisch zurück zu leichten Quanten und Wärme (Einzelheiten in Riedl 1976)

Einzelfall bestimmt werden. Die Frage: ‚Wieviel Dollar kostet ein Bit?', ist bestimmbar. Aber schon hängt dies wieder von der Entfernung ab, über welche das Telegramm zu senden ist. Es geht also auch um Werte. Eine generelle Äquivalenz scheint nicht zu erwarten zu sein.

Wir sind an einer schwachen Stelle, man kann auch sagen, am Rande des Paradigmas unserer ‚Theorie von der Welt' angelangt. Dort, wo vermutlich kognitive Dualismen unser Begreifen behindern. Solche sind schon im Welle-Teilchen-Dualismus der Mikrophysik aufgetaucht, wo alle Erfahrung darauf hinweist, daß es nicht die Welt sein kann, die sich als zweigeteilt erweist als vielmehr unser Zugang zu derselben. Derlei setzt sich auch im Funktions-Struktur-Dualismus in allen Größenordnungen fort und findet sogar einen Niederschlag in jener, für alle Sprachen des Menschen kennzeichnenden Trennung in Verben und Nomina.

Vielleicht ist die Situation dem Raum-Zeit-Dualismus verwandt. Dieser zeigt unsere Behinderung, uns eine ‚Kontinuität' vorzustellen, die aus der Erforschung megakosmischer Dimensionen hervorgeht. Auch hier liegt eine feste Raum-Zeit-Beziehung vor, ohne daß man anzugeben vermöchte, wie viele Kubikmeter Raum für eine Sekunde zu geben oder zu erhalten wäre.

(c3) *Das Redundanz-Phänomen*: Eine ähnliche kognitive Behinderung, jedoch anderer Art, ist noch aus dem Phänomen der Redundanz zu vermerken. Eine Einsicht, die uns nochmals zurückführt in die Grenzen der Möglichkeiten unseres Denkens.

Die Redundanz in geordneten Systemen erweist sich als eine Voraussetzung unseres empirischen Kenntnisgewinns, wobei mit sinkender Redundanz die Gewißheitsgrade erreichbarer Einsicht sinken, Konstruktionsaufwand oder Differenzierungsgrad, wie diese als ‚Werte' der Systeme erlebt werden, aber so lange steigen, bis uns redundanzlose Ordnung vom absoluten Chaos aller Zustandsmöglichkeiten nicht mehr unterscheidbar ist. Ein Beispiel: Hundert Millionen Ziegel sind zu einem Ziegellager mit wenig Instruktion in völlige Ordnung zu bringen. Man schichte sie zu 20 über- und nebeneinander, zu 50 hintereinander, nach Norden gerichtet, die Blöcke mit zehn Ziegeln Abstand. Von der Lage eines jeden Ziegels kann auf die von drei bis sechs Nachbarn geschlossen werden. Die Redundanz der Ordnung ist hoch, ihr Wert scheint gering.

Dieselben Ziegel zu einem Backsteindom zu ordnen verlangt Instruktionen, welche schon eine Bauhütte füllen. Redundanz ist sehr verringert, aber noch erhalten. Kenntnis der linken Domhälfte läßt die rechte vorhersehen, die eines Fensters etwa neun weitere, die linken Fensterhälften die rechten, usw. Mit der Abnahme der Redundanz ist, für unser Empfinden, der Wert der Ordnung gestiegen, etwa in dem Maße, in dem wir den Aufwand der Herstellung, die Differenzierung und Einmaligkeit der gegebenen Ordnung einschätzen.

Wenn nun dieser Wert mit Verringerung der Redundanz stetig steigt, müßte dann nicht redundanzlose Ordnung den höchsten Wert besitzen? Eine solche Ordnung wäre erreicht, wenn jedem Ziegel eine Lage gegeben würde, welche auf die keines anderen eine Voraussicht zuließe. Hundert Millionen Ziegeln müßten einzeln unvergleichbare Raumkoordinaten gegeben werden. Der Instruktionsaufwand stiege enorm. Er füllte bereits eine Bibliothek an Daten. Eine solche Ordnung wäre, für einen, der diese Datenbank nicht kennt, von zufallsartigem Chaos nicht zu unterscheiden.

Die Daten aller gewinnbarer Kenntnis ergeben sich aus Vergleichen. Unvergleichbares bleibt unbegreiflich. Sollte Gott mit nichts Faßbarem vergleichbar sein, was also Wunder, daß er sich empirisch nicht belegen läßt. Auf die Beziehung von Strukturen und Begreifen gehe ich nun im Konkreten ein.

B
Die Ordnung der Dinge

Man wird sich der Hypothesen vom ‚anscheinend Wahren' und vom ‚Vergleichbaren' erinnern, welche unsere angeborene ‚Welt-Interpretation' über das *simul hoc* steuern. Sie sind nun in ihrem Zusammenwirken zu untersuchen. Damit ist jener hermeneutische Prozeß, der wiederholt erwähnt wurde, darzustellen und zu begründen.

Noch immer bildet der Vorgang des Erkennens das Thema. Die Grenze zum Erklärungsvorgang beginnt aber an solcher Stelle scheinbar dünn zu werden. Und zwar deshalb, weil uns das differenzierte Erkennen eines komplexen Musters sehr schnell die Entwicklung einer Erklärung suggeriert. Umsomehr kommt es darauf an, die beiden Vorgänge weiterhin sauber zu unterscheiden.

Ähnlich den noch einfacheren Formen der Gestaltwahrnehmung, mit welchen sich der Abschnitt 3,C1 befaßte, finden wir auch im Prozeß der Hermeneutik einen Wechselbezug zwischen unserer Ausstattung und den Strukturen der außersubjektiven Wirklichkeit. Unsere kognitive Haltung entspricht dem Hierarchiemuster dieser Welt. Das spielt auch weiterhin eine Rolle, und wir sind darum auch (Abschnitt 4,A1) von ihm ausgegangen. Und umgekehrt ergeben sich aus dem Prozeß Urteile über die Arten der Ähnlichkeiten sowie die Grundmuster natürlicher Ordnung.

> Drei Gegenstände sind somit vorzustellen: als Methode (1) die ‚wechselseitige Erhellung', die Hermeneutik, und als Abwägung (2) die ‚drei Grundformen komplexer Ähnlichkeiten' sowie (3) die unserer Wahrnehmung suggerierten ‚vier Grundmuster der natürlichen Ordnung'.

1
Der Prozeß der wechselseitigen Erhellung

Kollegen haben mir, mit guten Gründen, geraten, den Begriff der Hermeneutik zu vermeiden. Er hat (zuletzt durch Gadamer 1960, Habermas 1970 u.a.) zu einer Domäne philosophierender Kulturwissenschaften geworden, an methodischer Schärfe verloren und treibt, in solcher Form, zugegebenermaßen in das Dilemma des ‚hermeneutischen Zirkels'. Und es ist wohl kennzeichnend, daß in der vielbändigen ‚Encyclopaedia Britannica' Hermeneutik nur mehr im Rahmen der Bibelexegese vorkommt. Erst in jüngerer Zeit haben sich Sozialwissenschaften der Hermeneutik wieder systematischer angenommen (Übersicht in Lamnek 1993), sich aber dem Vorwurf logischer Zirkularität in seiner scharfen, erkenntnistheoretischen Formulierung nicht gestellt.

Im Grunde steckt aber ein kenntnisgewinnender Prozeß dahinter, der früh erkannt in seiner Präzision nun für unsere Ansprüche wieder formuliert werden soll. Die Achtung vor den Entdeckern legte (Riedl 1985) und legt es mir weiter nahe, angesichts der Erfordernisse unserer Längsschnitt-Theorie bei dem geschichtsreichen Begriff zu bleiben.

Nicht erkannt wurde auch der Zusammenhang zwischen Hermeneutik und Subsumption. Man wird sich der Erwähnung des Subsumptions-Schemas (Abschnitt 2,C3b) erinnern. Dieses auf Hempel und Oppenheim (1948) zurückgehende Schema kausaler Erklärung hat zwar in erster Linie dessen ‚deduktiv-nomologischen' Charakter im Auge, der uns erst später (Abschnitt 5,C1b und c) interessieren kann. Es schließt aber auch die Zusammenordnung von Theorien ein, und das betrifft den hier vorliegenden Kontext. Es gehen eben beide auf die hierarchische Struktur der Welt zurück.

In beiden Methoden zeigt es sich, daß Theorien aus Fällen einer Ebene zu den Fällen einer übergeordneten Theorie werden können. Dies läßt einen hierarchischen Zusammenhang von Theorien entstehen, den wir (Abb. 12 und 13 ab **Seite** 47) schon kennengelernt haben. Auch was ich als die ‚drei Wege' unterschieden habe (Abb. 27, **Seite** 93) zeigt starke Beziehungen zwischen den Vorgängen von Erkennen und Erklären. Und das macht die erwähnte Grenze an dieser Stelle des Themas scheinbar so dünn.

In solcher Lage empfiehlt es sich, (a) einen Abriß der Geschichte des Begriffs zu geben, (b) das herrschende Prinzip mit Beispielen anzugeben, (c) den Vorgang aus der Struktur unseres Paradigmas zu begründen und zuletzt (d) den Zirkularitätsvorwurf zu entkräften.

(a) *Zur Geschichte*: Der Name Hermeneutik leitet sich von Hermes ab, dem hilfreichen Wegegott, Geleiter und schließlich Leiter der Deutung und Redekunst. Als Methode kennt man zunächst die spekulative *hermeneutica sacra*, als Auslegekunst religiöser, ab der Renaissance auch die analytische *hermeneutica prophana*, mit der Auslegung profaner, meist testamentarischer Texte, immer noch intuitionistisch.

Erst um die Wende zum 19. Jahrhundert und bald danach findet man methodische Entwicklungen. Drei Positionen sind für die damalige Differenzierung besonders kennzeichnend: jene von Goethe, August Boeckh und Schleiermacher, ohne daß denselben ihre einschlägigen Beziehungen deutlich geworden wären.

Bei Goethe geht es um das Problem des ‚morphologischen Typus', um die Aufklärung jenes Vorgangs des Erkennens, der einen Kanon des Vergleichens entstehen lassen kann. Angeregt durch die Debatte zwischen Cuvier und Geoffroy Saint Hilaire, ob nämlich in der vergleichenden Anatomie vom Einzelnen zum Ganzen fortzuschreiten wäre oder aber umgekehrt, entwickelt er ein rekursives Prinzip synthetisch-analytischer Kreisläufe.

Man müsse, stellt er 1795 fest, aus dem Gleichen und Ungleichen zu vergleichender Fälle das Typische extrahieren, um die in dem so gewonnenen Typus enthaltene Erwartung oder Theorie, Goethe sagt ‚Idee', wiederum den Fällen anzulegen. Und nach mehreren Umläufen, was wir Iterationen nannten, werde sich der allgemeine Charakter ergeben. Auf die Systematik angewandt sagt er (S. 235): „Die Classen, Gattungen, Arten und Individuen verhalten sich wie die Fälle zum Gesetz: Sie sind darin enthalten, aber sie enthalten und geben es nicht." Das ist sehr weitsichtig und nimmt im Grunde Iteration und Subsumption vorweg.

Bei August Boeckh geht es, auch schon in der späten Goethezeit, um eine formale Theorie der Philologie. „Wo das grammatische Verständnis zur Ermittlung des objektiven Wortsinns unzureichend ist", erfährt man, „muß die historische Auslegung hinzutreten. Ob aber das grammatische Verständnis unzureichend ist, kann man nur beurteilen, wenn man die Individualität des Autors und die Gattung des Sprachwerks kennt." Die Beurteilung von Autor und Literaturgattung setzt aber weiter eine Theorie von der „historischen Umgebung des Sprachwerks" voraus (S. 14 der Ausgabe von 1966, das Werk wurde erstmals 1877 posthum von seinen Schülern herausgegeben).

Hier ist sogar schon der Schichtenzusammenhang vorweggenommen, den zwar Goethe auch schon gesehen, aber nicht ausgeführt hat. Im nächsten Abschnitt werde ich den Zusammenhang der Schichten an einem einfachen Beispiel darstellen.

Und bei Schleiermacher findet man eine hermeneutische Theorie, in welcher methodologisch nach den Anwendungsgebieten Theologie, Jurisprudenz, Philologie, Archäologie, Literatur-, Kunst- und Musikwissenschaften gegliedert wird. Goethes vergleichende Anatomie kommt nicht vor, wiewohl Alexander von Humboldt eng mit Goethe, sein Bruder Wilhelm von Humboldt mit dem Thema der Hermeneutik verbunden war. Die Beziehung zu den Naturwissenschaften war nicht und wurde bis dato nicht gesehen.

(b) *Beispiele zum Prinzip*: Das in den Geistes- wie den Naturwissenschaften herrschende Prinzip ist jedoch im Grunde identisch.

Zuerst ist (b1) das Gemeinsame zu bestimmen, dann je ein Beispiel zu geben, das aus (b2) einer kultur- beziehungsweise (b3) naturwissenschaftlichen Disziplin stammt.

(b1) *Das Gemeinsame* der Methoden haben wir, soweit es das Allgemeine betrifft, (Abschnitt 2,C3b) schon berührt: In beiden Fällen handelt sich um einen Prozeß des Kenntnisgewinns, der von Wahrnehmungen ausgeht und über Bestärkungen oder Enttäuschungen Generalisierungen entwickelt (man orientiere sich wieder an der Abb. 11, **Seite 44**), wobei das Wachsen erreichbarer Gewißheitsgrade auf iterativen Vorgängen wechselseitiger Kontrolle in einem hierarchischen Geflecht solcher Erwartungshaltungen beruht. Diese Hierarchie entsteht selbst aus einem Wechselbezug. Die Erwartungen passen sich den Strukturhierarchien der jeweiligen komplexen Gegenstände an und entwickeln Klassenhierarchien, wie auch die verbesserte Prognostik jene Gliederungen der Dinge verbessert. Dabei werden die Theorien einer Stufe wieder zu den Fällen der Theorie einer Nachbarstufe. Als Ergebnis gilt ein in sich widerspruchsfreies System von Prognosen, welche sich in allen Fällen an der Erfahrung bestätigen.

(b2) *Sprache und Schrift*: Da man sich in ungeläufigem Gelände zunächst am besten über Plausibilitäten verständigt, wähle ich als erstes ein Beispiel, das wohl jedermann kennt. Die Entschlüsselung eines komplexen Artefaktes, die Entzifferung eines Briefes von sehr ungewohnter Handschrift.

Diese Wahl hat didaktische Gründe, sie soll die Nachvollziehbarkeit des Vorganges erleichtern. Darüber ist aber nicht zu übersehen, daß ich im Thema ‚Strukturierung des Erkannten' in Kapitel 5, einen Vorgang wähle, der konventionell zu den Prozessen des Verstehens gerechnet wird. Wir werden denselben dort (in Abschnitt 6,D2b) auch noch sorglicher behandeln. Tatsächlich aber ist der Vorgang im Verstehensprozeß dem des Erkennens so verwandt, daß die didaktische Hilfeleistung zu rechtfertigen ist.

Zunächst geht man angesichts eines Briefes sogleich von Erwartungen aus. Anrede und Unterschrift lassen das Schreiben komplett erscheinen, die Sprache und der Sinn werden sich feststellen lassen, und der Aufbau werde in die Strukturhierarchie der Zeichen, Worte, Sätze und in einen Kontext gegliedert sein. Obwohl wir in der Praxis in all diesen Ebenen gleichzeitig ansetzen, beginne ich zur Übersicht bei den Buchstaben.
Ein häufiges Zeichen scheint ein ‚v' zu sein, kann aber auch ein ‚u' oder ‚n' sein. Nun bilden wir aus Fällen von Worten (Schicht 5) analytisch (Abb. 37) eine Theorie der Zeichenbedeutung (Schicht 6). Worte mit nur drei Zeichen zeigen es häufig am Beginn. Weitere Zeichenbedeutungen tauchen auf. Erwartung: Es wird ein ‚u' sein, die Zeichengruppen bestätigen dies, sie lauten ‚und' sowie ‚uns'. Sie werden nun aus Fällen entschlüsselter Zeichen zusammengesetzt. Die Sprache wird Deutsch sein.
Ein entschlüsseltes Wort lautet wahrscheinlich ‚Strauß'. Ob es sich um einen Vogel oder um ein Blumengebilde handelt, ist ihm selbst nicht zu entnehmen. Nun bilden wir aus Fällen von Sätzen (Schicht 4), wieder analytisch, eine Theorie der Wortbedeutung, und umgekehrt setzen wir, synthetisch, aus gedeuteten Worten die Satzbedeutung zusammen. Ob ein Satz aber ironisch gemeint ist oder nicht, muß analytisch aus Fällen im Kontext (Schicht 3) hervorgehen, wie sich umgekehrt der Kontext synthetisch aus entschlüsselten Sätzen zusammensetzen läßt. Und als Lösung wird empfunden, wenn alle Zeichen, Worte und Sätze im Kontext widerspruchsfrei pro-

Die Ordnung der Dinge 121

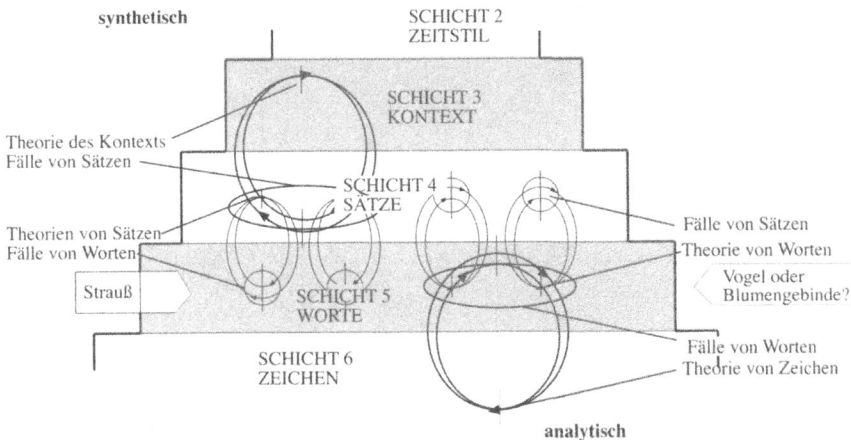

Abb. 37. *Die schicht- und wechselweise Deutung eines Textes*, am Beispiel des Zusammenhangs zwischen Zeichen (Buchstaben) und Kontext. Die Wechselbezüge der angelegten Theorien (Erwartungen) sind im Text formuliert. Schemata wie in Abb. 11 und 12, Seiten 44 und 47

gnostiziert einen gemeinsamen Sinn ergeben. Wobei noch einmal daran zu erinnern ist, daß der Vorgang von jeder Ebene der Strukturhierarchie ausgehen kann.

(b3) *Aus den Naturwissenschaften* entnehme ich Beispiele dem komplexen Bereich der Biologie. Und zwar zunächst eines, das auch der Nichtbiologe nachvollziehen kann, ein weiteres zur Prüfung für den Fachmann.

So verwende ich (i) eines aus der geläufigen Systematik, fachlich (ii) eines aus dem Entdeckungsvorgang in der vergleichenden Anatomie.

(i) *Aus der Systematik* ist die grobe Gliederung rund um die Säugetiere allgemein geläufig. Und man hat vor Augen, daß ein Begriff wie der der ‚Säuger' (Schicht 4 in Abb. 38) eines konkreten Inhalts bedarf. Analytisch setzt er sich aus den Ordnungen der Säuger zusammen, zum Beispiel der der Huftiere (Schicht 5), und deren Zerlegung läßt Familien jeweils ähnlicher Bauformen (6) differenzieren, etwa der Pferdeartigen, welche wieder Arten enthalten, wie unser Hauspferd, mit dessen Rassen und nochmals deren Individuen. Damit rechtfertigt sich der Begriffsinhalt zunächst analytisch.

Es liegt aber auf der Hand, daß dasselbe auch umgekehrt, synthetisch, verlaufen muß. Nicht nur bestimmt sich der Begriff der Säuger aus den Ähnlichkeitsgruppen der Ordnungen (Schicht 5), sondern auch sein ‚Sinn' aus der Zugehörigkeit zu den Wirbeltieren (Schicht 3), welcher Begriff selbst seine Bedeutung erst im Rahmen der Vielzeller (2), der Tiere und der Organismen erhält. Damit rechtfertigt sich nun auch der Sinn des Begriffes synthetisch.

122 Die Strukturierung des Erkannten

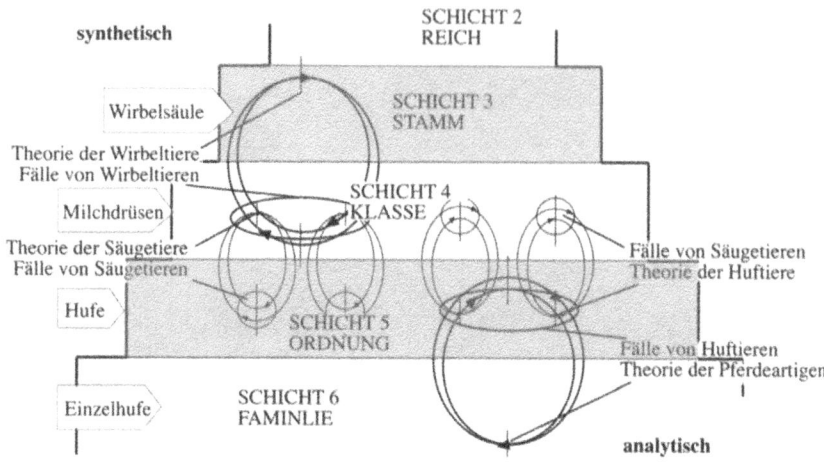

Abb. 38. *Die schicht- und wechselweise Deutung von Verwandtschaft* am Beispiel des Zusammenhangs systematischer Kategorien (zwischen Familie und Stamm). Die Wechselbezüge sind im Text formuliert, die Schemata wie in Abb. 12, Seite 47

(ii) *Aus der vergleichenden Anatomie* wähle ich die Entschlüsselung eines komplexen Naturdings: den Aufschluß eines noch unbekannten Bauplans.

Häufiger sind Biologen mit der Bestimmung einer neuen Art oder des Repräsentanten einer neuen Gattung befaßt. Aber solch einfachere Fälle lassen, nach meiner Erfahrung, das herrschende Prinzip weniger gut erkennen. Ich stelle darum den Vorgang an der Entdeckung des Repräsentanten eines neuen Tierstammes dar, der später so benannten Gnathostomulida.

Aus didaktischen Gründen beginne ich diesmal am oberen Ende der Strukturhierarchie. Aus Gründen einer den meisten Lesern nicht vertrauten Technik und Sachkenntnis muß die Darstellung allerdings ausführlicher werden.

Unter dem Mikroskop haben wir (auf Objektträger und unter Deckglas) in einem Tropfen Seewasser ein kaum zwei Millimeter langes, wurmförmiges Etwas. Die erste Frage lautet: Ist es ein kompletter Organismus oder, womit die Praxis rechnen läßt, Bruchstück eines Tentakels, z.B. eines sedentären Borstenwurms oder Nesseltiers, wie ein solches, isoliert, auch noch tagelang herumkriechen kann.

Die Inspektion zeigt keine Bruchstellen. Und, wie im Fall des Briefes, rechnet man mit einem in sich sinnvollen Zusammenhang und beginnt, mit all seinem Hintergrundwissen, Hypothesen in allen erwartbar vergleichbaren Klassen und den Ebenen deren Strukturhierarchie zu entwickeln. Aus Gründen der Übersichtlichkeit stelle ich sie wieder in Reihe dar. Zweite Frage: Welches ist das Vorderende? (Vergleiche Abb. 39 und 40 Schicht 1).

Üblicherweise ergibt sich die Antwort aus der Bewegungsrichtung. Aber, nehmen wir an, das Wesen bewegt sich nicht mehr (oder bewegt sich, wie in später entdeckten, verwandten Arten, in beide Richtungen; Abb. 39 und Abb. 40 Schicht 2). Es muß auf Kriterien der Anatomie weitergegriffen werden.

Die Ordnung der Dinge 123

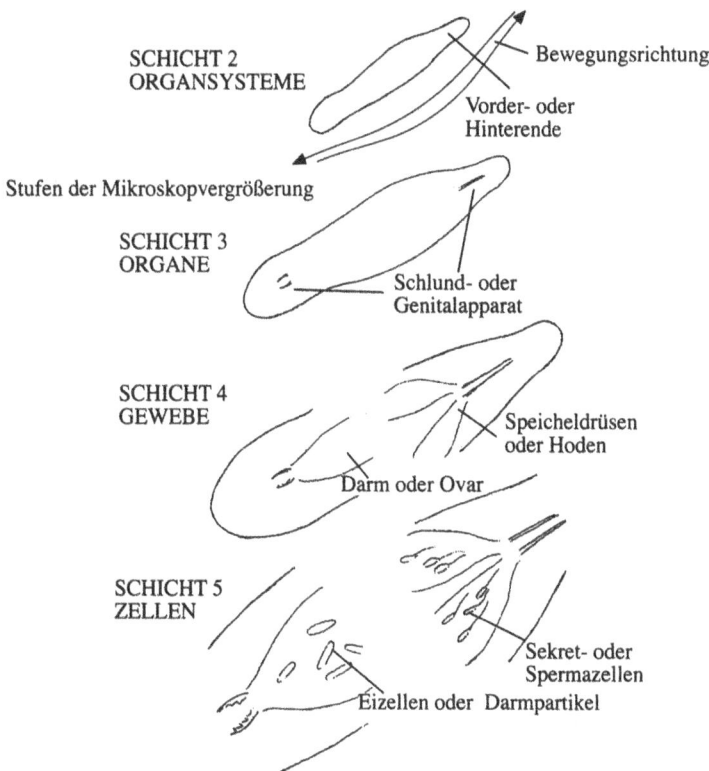

Abb. 39. *Die schrittweise Deutung einer Organisation*, am Beispiel der Entdeckung einer neuen Organismengruppe (der Strukturhierarchie der millimetergroßen Gnathostomulida). Die Abfolge der Fragestellungen sind nach den Schritten der Mikroskopvergrößerungen angeschrieben, die Deutungen nach der Zugehörigkeit zu Klassenhierarchien im Text angegeben (nach Riedl 1998; die Schemata der Theorienbildung in Abb. 40)

Die nächste Vergrößerung (Abb. 39 und 40 Schicht 3) enthüllt einen Einblick in mutmaßliche Organsysteme, Hartteile, wahrscheinlich ‚kutikularisiert', stabförmig an einem Körperende, paarig am anderen. Nun kennt man stabförmige Teile im Schlund parasitärer Rädertiere (Seisonidae), aber auch im Penis verschiedener ‚niederer Würmer'. Zangenförmige Kutikularteile sind wiederum vom Kiefer mancher Rädertiere bekannt, aus dem Vorderende mancher Strudelwürmer (Kalyptorhynchia), seltener von verstreuten Gruppen im Zusammenhang mit dem Genitalapparat.

Was ist erreicht? Man vertraut darauf, das bei nächster Vergrößerung aus Fällen von Organen, bei solch einer wurmförmigen Kreatur, eine Theorie der Orientierung zu bilden sein werde. Wie auch umgekehrt Fälle von Vorder- und Hinterenden als verwandt denkbarer Organisationstypen, den Schlund am Vorderende, den Genitalapparat am Hinterende erwartbar machen. Solche Typen können mit den möglichen Sprachen des Briefes, die gesuchte Orientierung mit dem Sinn dessen Kontext parallelisiert werden.

Die verbliebene Unsicherheit vergleicht sich mit dem Sinn der Sätze.

Die nächste Vergrößerung enthüllt den Gewebshorizont (Abb. 39 und 40 Schicht 4) und leitet die Theorienbildung zwischen den Schichten der Organ- und Gewebestrukturen ein. Wir vertrauen, daß Fälle von Geweben eine Theorie des Organs wer-

124 Die Strukturierung des Erkannten

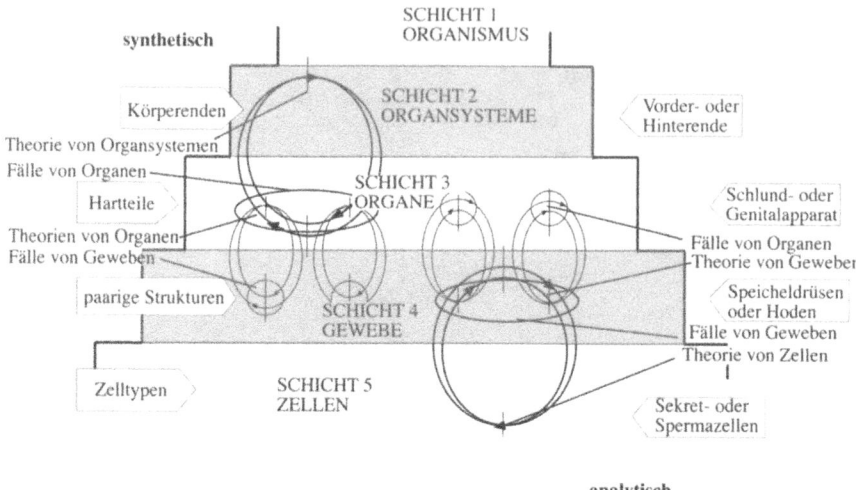

Abb. 40. *Die Wechselbezüge schichtweiser Theorienbildung* nach dem Beispiel und den alternativen Deutungen des Falles in Abbildung 39 (einer Gnathostomulide). Links sind die zu deutenden Objekte, rechts die Alternativen angeschrieben. Die Ausformulierung und Lösung ist im Text gegeben

den bilden lassen, zu welchem sie beitragen. Weil, in umgekehrter Richtung verglichen, viele Fälle von Organen eine Voraussicht auf jene Gewebe zulassen, aus welchen sie sich zusammensetzen.

Die Beobachtung lenkt entsprechend zu den Geweben, und es zeigt sich, daß der paarige Hartteil mit einem unpaaren Gewebesack zusammenhängt, der stabförmige mit einem paarigen. Paarige Gewebesäcke können Speicheldrüsen ebenso wie Hoden sein, unpaarige ebenso ein Ovar wie ein Darm. Ähnliche Alternativen findet man in Wortbedeutungen.

Wir gehen zur höchsten noch möglichen Vergrößerung weiter und sehen schließlich eine Theorienbildung zwischen den Gewebe- und Zellstrukturen voraus. Wir vertrauen, daß uns Fälle von Zellen eine Theorie der Gewebefunktion werden bilden lassen, wie umgekehrt Fälle von Geweben eine Voraussicht auf die beteiligten Zellarten erlauben.

Die Beobachtung (Abb. 39 und 40 Schicht 5) enthüllt, daß der unpaare Sack etwas enthält, was Nahrungspartikel sein könnten, die paarigen Säcke dagegen Spermien. Aber auch damit sind diese noch nicht mit Sicherheit als Hoden ausgewiesen, denn es können ebensogut Fremdspermien sein und das Organ, ein Receptaculum oder eine Bursa seminalis, als Teil des weiblichen Genitalapparats.

Aber trotz der verbliebenen Unsicherheit beginnt der Aufschluß, Sinn zu machen. Und wie im Falle des Briefes der Gewißheitsgrad gedeuteter Buchstaben nicht aus diesen selbst gewonnen werden kann, vielmehr aus dem Gesamtzusammenhang, gilt dies hier auch für die Zellen. Die Nahrungspartikel bestätigen den Darm, dieser die Kiefer und das Vorderende, genau so wie Spermien die Theorie ‚Hoden' bestätigen, diese das Penis-Stilett und das Hinterende sowie das Hinderende wieder das Vorderende.

Natürlich habe ich in dem biologischen Beispiel, um beim Prinzip zu bleiben und nicht zu ermüden, viele weitere Merkmale unerwähnt gelassen.

Das Prinzip der wechselseitige Erhellung wird aber in beiden Fällen wahrgenommen worden sein, unabhängig davon, ob wir das Subsumption von Erklärungen nennen werden oder Hermeneutik des Erkennens.

(c) *Begründung aus der Struktur.* Man muß zu den Prinzipien unseres erkenntnistheoretischen Paradigmas zurückkehren, um das Eigentümliche dieser Leistung zu verstehen, und zwar in viererlei Hinsicht.

> Das betrifft sowohl (c1) deren rekursive und (c2) zweiseitige Struktur als auch den Umstand, daß (c3) das alles vorbewußt gesteuert ist und (c4) nur mit einigem Aufwand bewußt nachvollzogen werden kann.

(c1) *Die Rekursivität* hat mit dem uns angeborenen, kenntnisgewinnenden Mechanismus zu tun. Er muß in der Lage sein von völliger Unkenntnis auszugehen, um die ihm erreichbaren Gewißheitsgrade allmählich über beliebige Erwartungen und deren Korrektur an der Erfahrung aufzubauen. Denn keinerlei Kenntnis von Einzeldingen kann uns vorgegeben sein.

(c2) *Die Zweiseitigkeit* des Operierens in Wechselbezügen zwischen Ebenen der Strukturhierarchie, und zwar über die Phasenübergänge hinweg, welche jene trennen, hat mit dem Werden der Dinge zu tun. Wir sind, wie erinnerlich, zur Erwartung geführt worden, daß alle Differenzierung in dieser Welt in Form von Einschüben erfolgt. Einschübe zwischen den Konstituenten eines neuen Systems und einem Milieu, in welchem es sich zu bewähren hat. Die Folge muß sein, daß jedes neu eingefügte System auch nur aus dem Wechselbezug zweier Bedingungen verstanden werden kann.

Denn selbstverständlich haben die Laute einer Lautsprache und die Absichten einer Mitteilung vor den Einzelheiten der Semantik und vor jeder Syntax bestanden. Sie sind deren Voraussetzung gewesen. Genauso wie die Zellen und die gesamte Individualität jedes Vielzellers vor seinen Geweben und Organen existiert haben und deren Bildungsmöglichkeit gewesen sein müssen.

In Teil 6, wenn es um die Systeme es Erklärens geht, werde ich noch deutlicher machen, daß sich in dieserart Rückführungen eine Rekonstruktion der Entstehungsbedingungen der komplexen Systeme verbirgt.

Und was die Phasenübergänge betrifft, über welche hinweg die Bezüge geknüpft werden, so sind diese Brückenschläge schon deshalb erforderlich, weil die Einzelheiten der Emergenz neuer Systeme gewöhnlich eben nicht rekonstruierbar sind.

(c3) *Lenkung aus unserer Ausstattung*: Das Erstaunlichste ist in alledem das Faktum, daß so komplizierte Prozesse zur Gänze nichtbewußt angeleitet sind. Man würde das nicht für möglich halten, wenn nicht einwandfrei zu belegen wäre, daß die vergleichenden Anatomen und Systematiker Millionen von Daten auf diese Weise zu einem völlig richtigen ‚Natürlichen System' geordnet haben, ohne sich den Vorgang selbst bewußt gemacht zu haben. Und, wie zu zeigen sein wird, haben auch die neueren Anwendungen der Methode in den Sozialwissenschaften, trotz ihrer unverkennbaren Erfolge, die wahre Rechtfertigung der Methode noch nicht aufgedeckt.

(c4) *Der Nachvollzug*: Die Umständlichkeit dagegen, die erforderlich ist, um den Vorgang intelligibel zu machen, hängt mit der Art unserer Sprache zusammen. Von deren definitorischen Art war in Abschnitt 2,C2c schon die Rede. Und man erkennt, daß es im Vorgang des Ordnens der Dinge, da sich Begriffe nur allmählich profilieren können, einer transitorischen Sprechweise bedürfte, welche jene Übergänge wiedergeben könnte.

Zudem ist die lineare, sequentielle Form, zu welcher die Lautsprache gezwungen ist und der unsere Schrift nachfolgt, in der Wiedergabe von rekursiven Zusammenhängen und Vorgängen ungeschickt. Man wird sich von dieser Tatsache in den kommenden Abschnitten d2 und d3 nochmals überzeugen können, obwohl ich die knappste mögliche Darstellung wählen werde.

(d) *Entflechtung des Zirkels*: Schließlich ist dem Vorwurf des Vorliegens eines Zirkelschlusses zu begegnen. Seitdem die hermeneutische Methode in praktische Verwendung kam, schwebt über ihr der Verdacht der Zirkularität, einem ‚logischen Zirkel‘, zu unterliegen. Schon Galilei macht sich in seinem ‚Dialogus‘ (1632) über den Vorgang lustig, indem er die Figur des ‚Simplicio‘ das Unmögliche behaupten läßt, man müsse, um Aristoteles zu verstehen, „jedes Wort von ihm stets gegenwärtig haben."

Ich werde darum (d1) einen kurzen Abriß der Problemsituation den (d2) Bedingungen der Lösung des Problems gegenüberstellen.

(d1) *Die Art des Problems*: Konkret wurde das Problem schon bei Francis Bacon (1620) gesehen: „Aus allen Worten müssen wir den Sinn entnehmen, in dessen Licht jedes Wort zu interpretieren ist." Das, resumiert Popper (1973), „ist das berühmte Problem, das Dilthey und andere den ‚hermeneutischen Zirkel‘ nannten: Das Ganze (ein Text, ein Buch, das Werk eines Philosophen, einer Epoche) ist nur zu verstehen, wenn man seine Bestandteile versteht, aber diese sind nur zu verstehen, wenn man das Ganze versteht (S. 208)." An diesem Dilemma ändern auch die neuen Bemühungen der Soziologen nichts, obwohl mit den Spezialformen der objektiven und der strukturalen Hermeneutik zweifellos wichtige und neue Zugänge in der Sozialforschung eröffnet wurden (Übersicht in Lamnek 1993).

Wie aber, so lautet die schärfste Kritik, sollte A aus B verstanden werden, wenn B aus A verstanden werden muß. „Sollten die Hermeneutiker" stellt Stegmüller (1979) fest, „mit der von ihnen propagierten These von der Unauflösbarkeit des hermeneutischen Zirkels die Unüberwindbarkeit dieses Dilemmas meinen, so könnte daraus nicht eine Aussage über die

Eigenart der geisteswissenschaftlichen Erkenntnis gefolgt werden, sondern einzig und allein die Forderung, daß alle Disziplinen, welche von diesem Dilemma betroffen sind, ihre Pforten schließen sollten, da ihre Tätigkeit ein hoffnungsloses Unterfangen darstellt."

(d2) *Die Lösung des Dilemmas* muß in dem Nachweis bestehen, daß es sich nicht um einen logischen Zirkel handelt, vielmehr um einen begründbaren und verläßlichen, kenntnisgewinnenden Prozeß. Und, wie man sich an die vorher gesehene Parallele von Hermeneutik und Subsumption erinnert, werden die folgenden Bedingungen zur Lösung erforderlich sein.

Erstens: Die kenntnisgewinnenden Prozesse bilden eine Doppelpyramide von Fällen und gewinnbaren Ansichten über Strukturen und Klassen. Diese ordnen sich nach der hierarchischen Struktur der Komplexitätsschichten der untersuchten Systeme und operieren jeweils über die Phasenübergänge zwischen den Schichtgrenzen hinweg.

Zweitens handelt es sich um iterative Schraubenprozesse, die aus vergleichbaren Fällen, und zwar aus Wahrnehmung versus Bestärkung oder Enttäuschung, den Gewinn an Kenntnis konstituieren. Diese Theorien stehen nicht isoliert, vielmehr sind sie stets wieder Fälle von Obertheorien. Sie bilden deren Inhalt und werden von ihnen nochmals kontrolliert.

Drittens können die Untersuchungen von allen Schichten ausgehen und haben in Richtung auf das Gesamtsystem synthetischen, in Richtung auf die Konstituenten analytischen Charakter. Entsprechend schneiden sich auch Struktur- und Klassenhierarchien in allen ihren Ebenen und erlauben in allen diesen wechselseitige Prüfungen hinsichtlich einer widerspruchsfreien Einsicht.

Die Lösung ist in Abb. 41 illustriert. Die vermeintliche ‚Zirkularität' (A) erweist sich im ‚Durchblick' (B) tatsächlich aus einer synthetischen und einer analytischen Fragestellung zusammengesetzt, welche sich nach ihrer ‚Teilung' (C) getrennt betrachten lassen. Entscheidend ist aber für die ‚Begründung', daß die analytische und die synthetische Untersuchung nicht isoliert steht, vielmehr jeweils in einen hierarchischen Theorien-Zusammenhang eingebettet ist (D). Der Punkt ist, daß diese beiden Theorien-Systeme jeweils für sich bestehen und sich selbst rechtfertigen. Es wird lediglich verlangt, daß sie einander nicht widersprechen, vielmehr wechselseitig bestätigen und ergänzen.

So ist es sogar zu fordern, daß Fälle von Geweben die Auffassung von einem Organ bilden lassen, wie Fälle von Organen die Auffassung von einem Gewebe (Abb. 41 D). Ebenso wie Fälle von Worten die Deutung eines Satzes, Fälle von Sätzen die Deutung eines Wortes ermöglichen (Abb. 37), oder Gruppen, wie die Huftiere, die Bestimmung der Säugetiere fassen lassen und Fälle von Säugern die Huftiere (Abb. 38). Denn all dies ist auseinander hervorgegangen.

Ein Zirkelschluß im Sinne Stegmüllers, ein Fischen im Trüben, ist freilich zu beklagen, wenn es an Durchblick und an Aufschluß der Zusam-

128 Die Strukturierung des Erkannten

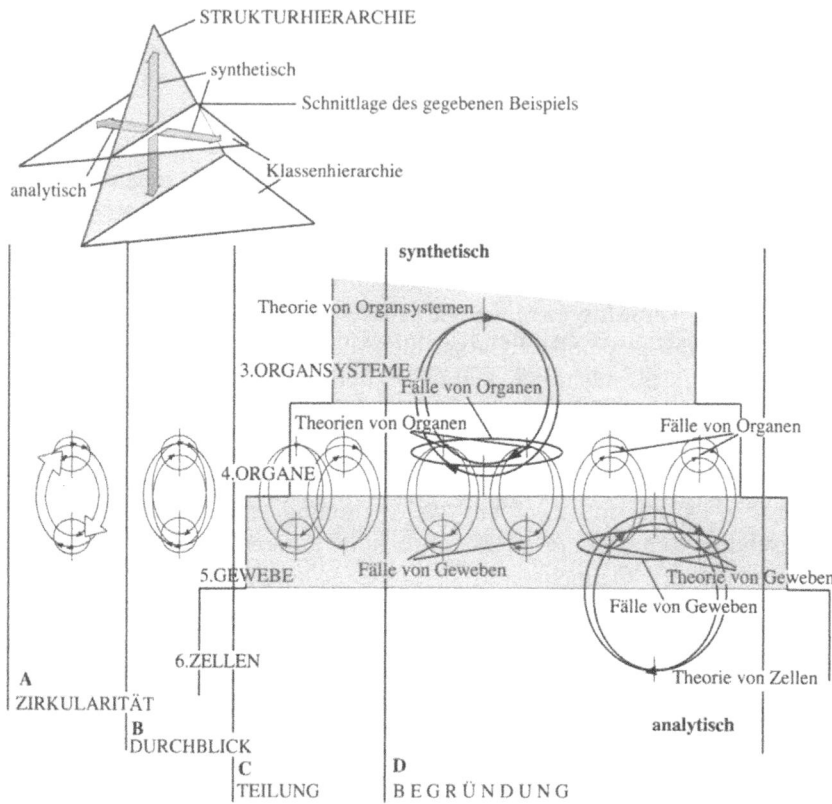

Abb. 41. *Die Entflechtung des hermeneutischen Zirkels*, am Beispiel eines anatomischen Schichtzusammenhangs (der Strukturhierarchie nach dem vorhergehenden Fall in Abb. 39 und 40). Wie sollen (A) Organe aus Geweben zu deuten sein, wenn Gewebe aus Organen zu deuten sind? Weil (D) synthetisch wie analytisch zunächst voneinander unabhängige Hierarchien von Theorienzusammenhängen entstehen, von welchen erwartet wird, daß sie zusammengefügt einander bestätigen. Oben ist der Lagebezug zu den in Betracht gezogenen Klassenhierarchieren skizziert (Details in Abb. 26 und 29)

menhänge mangelt. In Wahrheit liegt kein logischer Zirkel vor. Im Gegenteil: Es bildet sich gleichzeitig die ‚Struktur' des Entstehens komplexer Systeme ab.

2
Die drei Grundformen komplexer Ähnlichkeit

Es gibt keine falschen Ähnlichkeiten. Dieser merkwürdige Befund erklärt sich aus zwei Umständen. Die Feststellung von Ähnlichkeiten, also von Vergleichbarem, ist zunächst eine rein ratiomorphe Leistung. Eine Wurzel kann uns an eine Hexe erinnern, ein Stalagmit an eine Pieta. Unsere Wahrnehmung, die Popper (1973a) treffend mit einem Scheinwerfer vergleicht, der stets unsere Wirklichkeit abtastet, sucht nach Wiedererkennbarem und Einordenbarem. Das bildet eine der Voraussetzungen unserer Orientierung in der Welt.

Was falsch sein kann an einer Ähnlichkeit und auch oft falsch ist, das ist nur die hinzugefügte Erklärung. Das *propter hoc* ist, wie man sich schon von Abschnitt 2,C3 erinnert, eben von anderer Art als das *simul hoc*. Entsprechend werden wir uns in den Teilen 5 und 6 differenzierter mit den Erklärungen von Ähnlichkeiten befassen. Im Folgenden aber muß noch weiterhin vom Vorgang des Erkennens die Rede sein.

Natürlich ‚entpuppen' sich vermeintliche Ähnlichkeiten oft zu ganz anderen Gestalten, eine Person am fernen Wegrand zu einem Steinmandl, eine Eierscheibe am Sandwich zu einem diese imitierenden Gummiplättchen. Solcherart Partywitz, wie auch der Vorstadtzauberer, unterhalten uns eben mit Verpupptem.

Drei Typen von Ähnlichkeiten sind es, die sich uns schon unbewußt anbieten. Es lohnt, sie getrennt zu betrachten: (a) die vermeintlichen Identitäten, (b) Analogien und (c) Metaphern.

(a) *Vermeintliche Identität*: Die anscheinend identischen Dinge in dieser Welt verdienen unsere besondere Beachtung. Und das in zweierlei Hinsicht: Zum einen ist es verwunderlich genug, wie wenig wir über offensichtlich identische Gegenstände der Natur verwundert sind, zum anderen, wie uns vermutete Identität, in abgewandelter Ähnlichkeit, herausfordert.

Betrachten wir zunächst (a1) das mangelnde Staunen und dem gegenüber (a2) den Anlaß für Staunen und Forschen.

(a1) *Über das Staunen*: Daß aus einem Hühnerei fast immer ein perfektes Küken schlüpft, nehmen wir so gelassen hin, als hätten wir einen Stempel mehrfach abgedruckt. Dabei ist das Programm, das hinter jeder Embryogenese höherer Organismen steckt, vielleicht überhaupt der erstaunlichste und beileibe noch nicht aufgeklärte Prozeß, welchen dieser Kosmos zuwege gebracht hat. Vielleicht ist unser Vertrauen in die Präzision solcher hoch regulativer Prozesse aus jener Gesetzlichkeit der Natur angeleitet, der wir unsere Orientierung in der Welt verdanken, daß Höhlenbär, Mensch und Biene auch weiterhin Höhlenbär, Mensch und Biene sein werden.

Identische Replikationen treten auch innerhalb komplexer Systeme und da in verschiedenen Mustern auf. Auch sie werden leichthin hingenommen. Manche sind begrifflich gut gekennzeichnet, manche gar nicht.

Gut gekennzeichnet ist das Phänomen der Symmetrie in deren verschiedenen Formen. Die Bilateralsymmetrie kennt man von den meisten Organismen (eben der Bilateria), von unseren Fahrzeugen und vielen Baustilen. Hier liegt eine identische Verdoppelung eines Bauprinzipes in spiegelbildlicher Wendung vor. Einiges daran ist funktionell zu verstehen, einiges im

Anschluß, aus ästhetischen Gründen. Dahinter steckt aber noch das Prinzip der ‚billigen Ordnung'.

Die Symmetrieebenen der Organismen nehmen im Laufe der Evolution ab. Durch eine Seeanemone lassen sich noch sechs, zwölf, 24 und 48 Symmetrieebenen legen. Es wird mit wenig Instruktion eine große Menge Ordnung geschaffen. In einem sphärischen Planktonorganismus ist die Zahl möglicher Symmetrieebenen sogar beliebig groß. Den evolutiven Abbau dieser Symmetrien nennen wir Differenzierung.

Für serielle Anordnung identischer Bauteile, wie bei den Beinen eines Tausendfüßlers, den Wirbeln einer Schlange oder den Randsteinen eines Gehsteiges, für die flächige Anordnung, wie bei den Zellen eines Epithels, einer Pflasterung, den Haaren eines Pelztieres oder der Wiederholung in einer Tapete, haben wir keine spezifischen Begriffe. Und schon gar nicht für die Raumpackung identischer Teile, seien es die Körner eines Sandstrandes, die Zellen einer Leber oder die Ziegel in einem Baustofflager. Aber auch in diesen Fällen nennen wir deren evolutive Abwandlung Differenzierung.

(a2) *Über den Ursprung des Forschens*: Wo immer dagegen eine Identität nicht eindeutig ist, aber vermutet werden kann, beginnt unsere Aufmerksamkeit, und zwar um so akribischer, je schwieriger der Nachweis wird. An diesem Rand der Unähnlichkeit beginnt eine wesentliche Veranlassung allen automatischen Reflektierens und in der Folge des Denkens: das magische Denken (Lévi Straus 1968) wie das wissenschaftliche, mit all den Möglichkeiten von Hintergrundwissen, Hintergrundvermutungen und der einer Kreatur gegebenen Phantasie.

Der Grund dieser Anlage muß wieder in der Lebensnotwendigkeit der Orientierung und im Lebenserfolg zutreffender Prognostik liegen. Wie das Wilhelm Busch (1982) mit der Frage ironisiert, was denn ein Maikäfer für ein Vogel sei.

Sobald Methode in der Sache vereinbart oder doch vermutet wird, beginnen unsere Wissenschaften. Sei es, daß man sich fragt, ob die ‚Buckeln', die um den Jupiter wandeln, nicht doch Monde seien (Galilei), ob Delphin und Rind, Affe und Mensch, Lido und Nehrung mit Haff oder ‚father' und ‚père' nicht doch im Grunde jeweils ‚ein und dasselbe' wären.

Diese Methode ist stets eine morphologische mit ihren subsumptiven und hermeneutischen Zügen. Im Detail ihrer Anwendung werde ich sie, wie schon erwähnt, im Rahmen des ‚Homologie-Theorems' (Abschnitt 4,C1) ausführlich darstellen. Dort sind weitere, in uns vorbereitete Leistungen des Erkennens von Gestalt und Ähnlichkeitsfeld, von Typus und Metamorphose zu behandeln.

(b) *Die Analogie*, im heutige Wortgebrauch, läßt uns dagegen keine Identität erwarten. Sie ist ein Vergleich anderer Art, aber eine entscheidende Wissensquelle. Das hat zuletzt Lorenz (1974) zum Thema seines Nobel-

Vortrags gemacht. Sie leitet den Vergleich an, im Grunde in dieselbe Anleitung automatischen In-Bezug-Setzens, mit dem Verdacht auf irgendeine Art von Gleichheit im Ungleichen.

Zunächst ist Analogie auch in der Bedeutung von Homologie gebraucht worden, so beispielsweise noch von Goethe (1795 und 1824). Und auch das hatte seinen Grund. Denn erst die Frage nach der Ursache einer Ähnlichkeit fordert die Unterscheidung von Analogie und Homologie heraus, und dies war Goethes Interesse nicht. Und auch wir werden uns erst in den Teilen 5 und 6 mit der Frage der Erklärung von Ähnlichkeiten befassen.

> Man kann aber beobachten, daß sich schon im Vorbewußten eine Sortierung vermeintlicher Analogien in (b1) Zufalls- und (b2) Funktions-Analogien vorbereitet, die auf die Ursachenfrage hinlenkt.

(b1) *Die Zufallsanalogie* bildet die erste und unmittelbarste Kategorie. Der Hantelform, beispielsweise, kann der Umriß eines Moleküls, einer Pflanzenspore, eines Turngeräts, einer Insel, selbst eines galaktischen Nebels entsprechen. Und es ist kennzeichnend, daß unser Interesse an einer solchen Wahrnehmung schnell erlischt. Offenbar weil sich in einer solchen Formähnlichkeit kein gemeinsamer Grund erwarten läßt.

Einen Übergang zu wacherem Interesse kann man am Beispiel der Glockenform illustrieren (Riedl 1976). Die Taucher- und die Käseglocke mögen zu dem Glassturz noch irgend eine Beziehung haben, zur Kirchenglocke, zum Glockenrock und zur Glockenblume wird eine solche aber schon verwirrend und entzieht sich dann leicht unserem Interesse.

(b2) *Die Funktionsanalogie*: Zur Kategorie der echten Analogien versammeln sich hingegen jene Ähnlichkeiten, welche uns dieselbe Funktion offensichtlich machen, jedoch unter einer entscheidenden Bedingung: Es muß in hohem Maße wahrscheinlich sein, daß diese Ähnlichkeiten unabhängig voneinander entstanden sind. So zum Beispiel die Stromlinienform von Fischen, aquatischen Sauriern und Säugern (Abb. 42) und selbst von U-Booten. Ich nenne dies ‚Funktions-Analogien'.

Interessant ist an deren Wahrnehmung, daß dieselben zwar das Anlegen einer Erklärung herausfordern, diese Herausforderung aber erst aus den Mustern im jeweiligen Ähnlichkeitsfeld folgt, von welchem wir wissen, daß es sich schon vorbewußt ordnet. Es bedarf auch zur Etablierung jener Wahrscheinlichkeit getrennten Entstehens noch keines speziellen Ursachenkonzepts. Denn, man erinnert sich (aus Abschnitt 3,D2 und Abb. 23 u. 24, ab Seite 86), daß das ‚harmonisch divergente Ähnlichkeitsfeld' vorbewußt, Widersprüche und Disharmonien durch Umgruppierungen minimierend, also eher aus ästhetischen Bedürfnissen, entsteht und nicht über das Bedürfnis einer Erklärung. Wir unterlegen dieser Harmonie höchstens die Annahme, daß die Natur ihren eigenen, inneren Prinzipien folgt. Diese müßten, wie wir heute sagen, ‚systemimmanent' sein.

132 Die Strukturierung des Erkannten

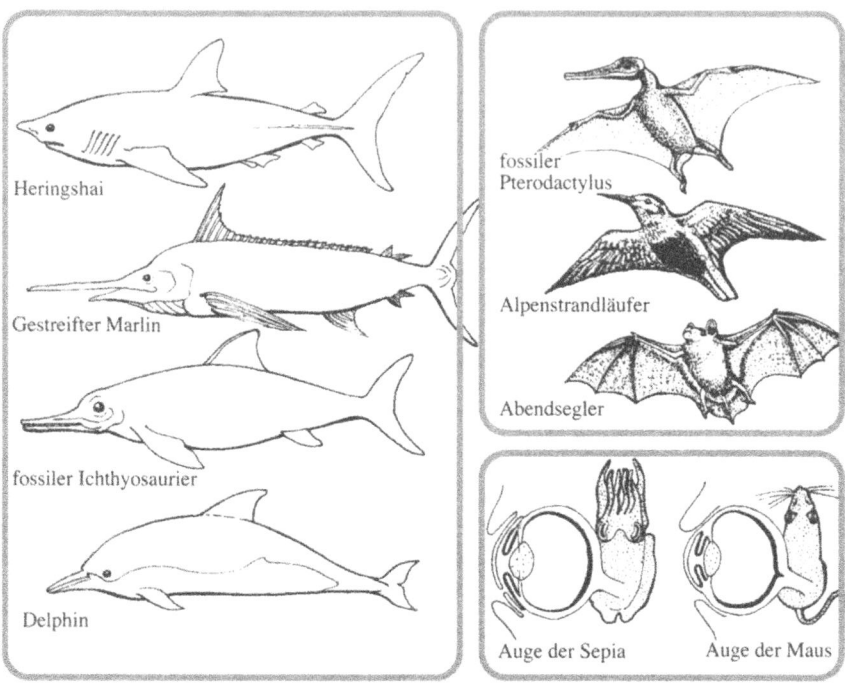

Abb. 42. *Formen der Funktionsanalogien*, am Beispiel der Stromlinienform, der Flugapparate bei Tetrapoden und des Auges von Wirbeltier und Tintenfisch. Zu erwarten nach der Art der Ähnlichkeiten, bestätigt durch das disperse Auftreten von Konvergenzen in einem harmonisch divergenten Ähnlichkeitsfeld (dazu die Abb. 43; nach Riedl 1980 und 1987)

Als Merkmale mit Analogieverdacht ergeben sich dann jene, welche im harmonisch divergenten Feld eine disperse oder Zufallsverteilung zeigen und nun umgekehrt Konvergenzen erkennen lassen (Abb. 43). Und erst daraus ergibt sich der Verdacht, daß die Prinzipien ihrer Entstehung nun nicht im System, sondern außerhalb desselben liegen müßten.

Man wird mir bestätigen, daß das alles etwas abstrakt klingt und viel einfacher, wenn wir erklärend formulieren, indem wir die harmonischen Divergenzen auf die Abwandlung einer Anlage, die Konvergenzen dagegen auf die Adaptierung an dieselben Umweltbedingungen zurückführen. Das aber ist der Vorgang des Erklärens, nicht der des Erkennens, wie wir ihn hier aufschließen. Denn das Erkennen von Ähnlichkeiten geht deren Erklärung voraus.

Auch in den Kulturwissenschaften werden Analogien in derselben Weise erkannt. Wohl stets dort, wo, ähnlich dem Organismenreich, sei es bei Sprachen, Geräten oder Kunst, der harmonischen Divergenz Genealogien unterlegt werden können. Freilich kann das schwierig sein, weil die Tradierung von Kenntnissen viel freier ist. Die Ähnlichkeit beispielsweise der

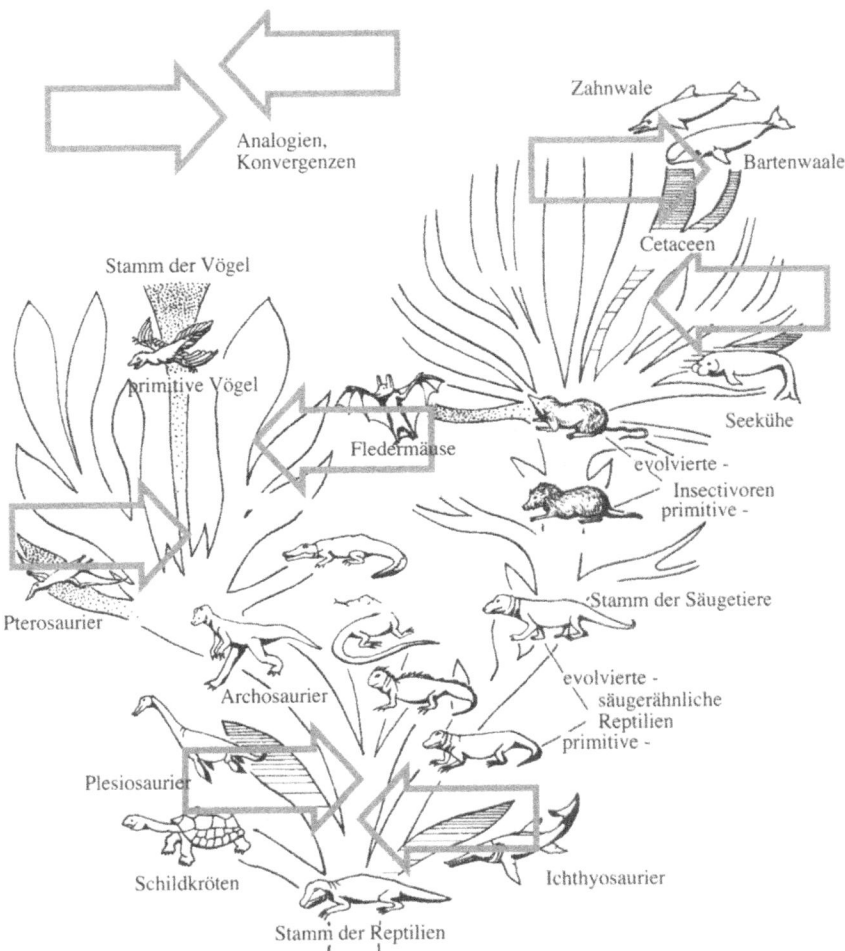

Abb. 43. *Disperse Verteilung der Funktionsanalogien*, als Konvergenzen im harmonisch divergenten Feld von Ähnlichkeiten, welches späterhin als Stammbaum erklärt wird. Man erkennt, daß zum Nachweis von Analogien der Nachweis erforderlich ist, daß die gemeinsame Stammform das Merkmal, hier der Stromlinie, bzw. der Flügel, nicht besitzt (nach Riedl 1987)

Stromlinie von U-Boot und Flugzeug beruht bereits auf der verbreiteten Kenntnis von Strömungsdynamik, wiewohl die ersten Fluggeräte keineswegs stromlinienförmig gewesen sind.

(c) *Die Metapher* bildet die dritte Form eines Ausdruckes für wahrgenommene Ähnlichkeit. Sie mag sich literarisch als eine Verlängerung der Analogie sprachlich nahegelegt haben. Dabei wird zwischen die in Vergleich gesetzten Gegenstände ein Drittes, das *tertium comperationis*, eingeschoben: ‚goldig' anstelle von ‚bewundernswert', ‚gazellenhaft' statt ‚anmutig bewegt'. Die Metapher mag auch in den Wissenschaften zur Vorausillustration nützlich sein, sei aber nie mit der Analogie verwechselt.

3
Die vier Grundformen komplexer Ordnung

Was ich hier anschließe ist auch als Rückblick auf ‚die Ordnung der Dinge' gedacht. Erstens, weil zwei dieser Grundformen aus anderer Sicht schon behandelt wurden, zweitens, weil eine Verallgemeinerung aussteht, und drittens, weil damit auch auf den Ansatz des Kapitels, die ‚Denkordnung als Folge der Naturordnung' (Riedl 1987a), zurückgekommen werden soll.

Zudem kann ich mich kürzer fassen. Einmal, weil ich den Gegenstand schon früh (Riedl 1975) monographisch dargestellt habe. Weil es mir eben öfters geschah, das Allgemeine eines Phänomens vor seinen Verzweigungen zu sehen. Und schließlich, weil wir wiederum dicht an die Herausforderung gelangen, kausal zu begründen, was in Teil 6 der Erklärungsproblematik diese vier Grundformen ohnedies nochmals aufrollen läßt. Hier fasse ich dagegen nur die Prozesse des Erkennens zusammen.

Und für den bibliographisch Interessierten sei angemerkt, daß es eben diese Wahrnehmung der vier Ordnungsmuster durch meine ‚Systemtheorie der Evolution' war, die mir den Gedanken nahelegte, unsere Denkordnung müsse an der Naturordnung adaptiert worden sein, eine Einsicht, die durch Lorenz' ethologische Forschung (1973) so glänzend bestätigt wurde und zum Begriff der ‚Evolutionären Erkenntnislehre' (Campbell 1974, Vollmer 1979) geführt hat. Im vierten Absatz komme ich auf die Entwicklung meines Zuganges zu diesem Thema zurück.

Man wird sich im gegebenen Zusammenhang auch der von mir erst später (Riedl 1980) aufgeschlossenen, angeborenen Hypothesen (aus Abschnitt 3,B und C) erinnern und finden, daß das Erkennen des Ordnungsmusters der Norm durch die ‚Hypothese vom anscheinend Wahren', das der übrigen drei Ordnungsmuster durch die ‚Hypothese vom Vergleichbaren' angeleitet wird.

> Diese vier Grundmuster sind (a) Norm, (b) Interdependenz, (c) Hierarchie und (d) Tradierung. Und zu jeder dieser Grundformen werde ich die organismischen Dokumente in Erinnerung bringen, Artefakte in Vergleich setzen und unsere kognitive Vorbereitung auf die jeweilige Mustererkennung angeben.

(a) *Die Norm* als Phänomen kennen wir schon aus dem Zusammenhang mit den Stichworten ‚Massenbauteile', ‚billige Ordnung', ‚Identität' und ‚Redundanz'. Nimmt man noch den Begriff der ‚Iteration' hinzu, welchen ich im Zusammenhang mit den Grundbedingungen unserer kenntnisgewinnenden Prozesse verwendet habe, so wird man den Konnex schon sehen.

Massenbauteile fanden wir als eine Grundstruktur offenbar des ganzen Kosmos. Sie setzen sich im Lebendigen nur fort, von den Biomolekülen bis zu den Kolonien und Populationen. Und sie bilden selbst wieder das Substrat aller Individualisation und Differenzierung.

Auch der Lautsprache und all unseren Schriften liegen Massenbauteile zu Grunde, vom Buchstaben bis zum Wörterbuch. Und was unsere weiteren Artefakte betrifft, so haben dieselben, begonnen mit den Ziegeln Babylons, in unserer Industriegesellschaft sogar noch eine enorme Entwicklung erfahren.

Diese Redundanz, diese Passungs- oder Instruktionsökonomie allen ersten Ordnungswerdens, aus ‚Gesetz mal (tausendfältiger) Anwendung', ist nun auch der Lehrmeister der Entwicklung allen assoziativen Lernens geworden. Denn ‚Erkennen' ist ‚Wiedererkennen', und auch dieses hat die bedingte Reaktion zum Hintergrund (Abb. 7, **Seite 30**), eine Konditionierung an Identitäten. Kein Wunder also, daß wir Normen nicht nur wahrnehmen, sie bilden, in Normen denken, und das Prinzip in unseren Artefakten nochmals, durch seine Ökonomie gestützt, perpetuieren.

(b) *Interdependenz* ist als Begriff im bisherigen Text noch nicht vorgekommen, als Phänomen hat uns der Gegenstand aber schon begleitet. Gemeint ist, wie der Wortsinn sagt, ‚Wechselabhängigkeit'. Seitdem das Paradigma der ‚einsam reisenden Teilchen' der frühen Physik aufgegeben werden mußte, erweist sich auch Interdependenz als ein den ganzen Kosmos regierendes Prinzip, von der Mikrowelt des Werdens der Materie bis in die Meso-, Makro- und Megawelten des sogenannten ‚Schmetterlingseffektes'. Illustriert wird durch die Metapher, daß allein der Flügelschlag eines Schmetterlings jene letzte Ursache sein können muß, die ein Sonnensystem zusammenstürzen läßt.

Im Lebendigen gibt es nur interdependente Bauteile. Überhaupt kennzeichnet alle Komplexität die nicht beliebige Kombinierbarkeit ihrer Teile und damit auch deren Wechselabhängigkeiten. Fast ist es trivial, dies anzumerken. Weniger trivial ist aber die Folge, daß nämlich Wechselabhängigkeiten ganz entscheidende Konsequenzen nach sich ziehen. Wir werden diese, beim Anlegen von Erklärungen (namentlich in Abschnitt 6,C2), als ‚genetische' und ‚funktionelle Bürden' kennenlernen und, in der Folge, als die Ursache der Lenkung aller Entwicklungsprozesse und schließlich als die Grundlage aller ‚Natürlichen Ordnung' überhaupt.

Interdependenzen sind nun auch Vorbedingung aller Kommunikation, zählen zu den ältesten Lehrmeistern sozialer Systeme, setzen sich in alle Tätigkeiten fort und erklettern wieder beträchtliche Differenzierungen in all unseren Artefakten, je komplexer diese sozialen Systeme, deren Sprachen und Künste, wie auch deren technischen Produkte, geworden sind.

Ich kam damit zum Schluß, daß schon unser vorrationales Interpretieren der Welt und in dessen Folge auch unser Denken an der Erwartung von Interdependenz-Bedingungen erzogen worden sein muß.

(c) *Von Hierarchie* mußte schon ausführlich die Rede sein, weil unser Umgehen mit Strukturen und Klassen das verlangt und weil alle differenzierteren Prozeduren des Kenntnisgewinns hierarchische Strukturen voraussetzen, ob wir dies nun als Subsumption oder als Hermeneutik betrachtet haben.

In solchem Zusammenhang haben wir uns auch schon vom hierarchischen Bau der Welt überzeugt, von den Schichten, Phasenübergängen und jeweils verschiedenen Qualitäten und damit argumentiert, daß in Physik, Chemie, Biologie, usw. eine jeweils andere Terminologie erforderlich wurde.

Nicht anders fanden wir unsere Sprache hierarchisch organisiert. Selbst im Prozeß des Verstehens wird das Phonem gespeichert, um die Silbe aus dem Wort zu interpretieren, das Wort aus dem Satz und der Satz aus dem Kontext. Und nicht minder sind auch unsere übrigen Artefakte hierarchisch aufgebaut.

Beim Thema unserer kognitiven Vorbereitung auf die Wahrnehmung von Hierarchien lohnt es etwas zu verweilen. Denn eben an dieser Stelle könnte man sich fragen, ob nicht der Umstand, daß wir hierarchisch denken, uns die Welt einfach nicht anders als hierarchisch gegliedert erscheinen lassen muß: diese Struktur, in welcher uns die außersubjektive Wirklichkeit erscheint, also nichts als ein Artefakt, eine Projektion unserer Denkmuster sei. Mein Freund Bernhard Hassenstein machte mich auf diese fatale Möglichkeit aufmerksam. Angelpunkt der Besorgnis war der Realitätsgehalt vor allem der Klassenhierarchien im ‚Natürlichen System' der Organismen (Hassenstein 1951 u. 1958). Dieses Bedenken weckte überhaupt erst mein erkenntnistheoretisches Interesse. Es stellte sich heraus, daß alle unsere Denkmuster so komplex und den Naturmustern nachgerade spiegelbildlich sind, daß der Zufall als Erklärung ausscheidet. Es mußte darum erstens eines die Ursache des anderen sein und in solchem Falle, zweitens, das Ältere die Ursache des Jüngeren. Dann aber war, drittens, der Schritt der möglichen Erklärung für einen Biologen nicht mehr groß: Ich sagte mir, die Übereinstimmung müsse ein Produkt der Adaptierung sein. Unter allen Verrechnungsweisen, die der Struktur eines Gehirnes möglich sind, müssen sich jene durchgesetzt haben, die den Grundstrukturen dieser Welt am besten entsprechen (Riedl 1975, 1980, 1987a).

(d) *Tradierung* als Phänomen wurde auch noch kaum besprochen. Wir verstehen darunter das Weiterreichen von Instruktionen, Strukturen wie Funktionen, über Generationen. Im Grunde ein Sonderfall des Beibehaltens von Gesetzlichkeit. Mehr interessiert die Beharrlichkeit deren Erhaltung und Weitergabe, selbst im Falle, daß sie überholt, sogar funktionslos geworden ist, oder, was häufig der Fall ist, sich derlei Anlagen selbst über erstaunlichen Wandel ihrer Funktion festsetzen.

Im Organismenreich beruht die gesamte Ordnung der Strukturen und Klassen auf Tradierung. Das aber erscheint zunächst so selbstverständlich, als durch Vererbung bedingt, daß wir das Spektakuläre des Vorgangs gar nicht wahrnehmen. Auffallender sind dann die Fälle der Atavismen oder

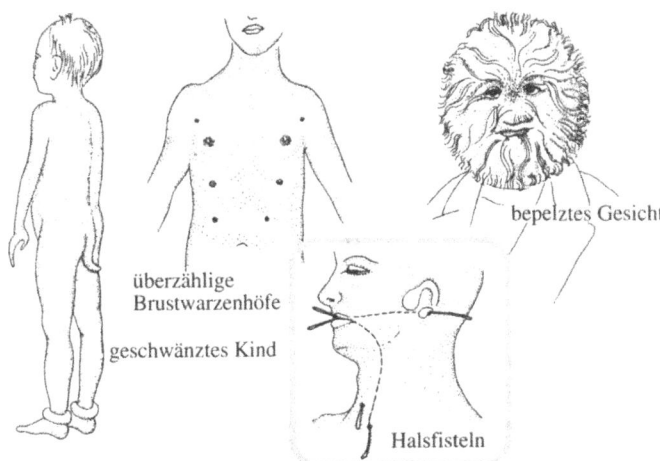

Abb. 44. *Atavismen beim Menschen.* Am häufigsten treten die überzähligen Brustwarzenhöfe auf. Aber selbst Halsfisteln, als Reste von Kiemenspalten, sind dem Arzt und Anthropologen bekannt (aus Riedl 1975)

Rudimente, wie der ‚Darwin-Höcker' am Oberrand unserer Ohrmuschel, ein Rest des Spitzohres. Eindrucksvoller noch sind die ‚spontanen Atavismen', wie solche auch beim Menschen noch ein Schwänzchen, bepelzte Gesichter und überzählige Brustwarzen aus der Geschichte unserer genetischen Ausstattung hervorholen können und sogar ‚Halsfisteln' als Reste der vergangenen Kiemenspalten (Abb. 44). Aber noch mehr steckt die Keimesentwicklung voll solch tradierter, sogenannter ‚palingenetischer' Merkmale. Ich erwähne nur die Arterien der Kiemenbögen, die auch bei den Embryonen aller Säugetiere angelegt werden (vgl. Abb. 74, Seite 195).

Wie bei Organismen beruht nun auch alle Kultur auf Tradierung einmal entstandener Ordnungsformen, denn von dorther stammt ja auch der Begriff. Aber auch Atavismen, die sich über Funktionswandel erhalten, sind häufiger als man meinen würde. Otto König (1970) hat daraus das Gebiet der ‚Kultur-Ethologie' mit vielen Beispielen entwickelt, von welchen ich (Abb. 45) einige wiedergebe.

So bleibt die Frage nach unserer kognitiven Vorbereitung auf dieses ordnungsschaffende Muster und deren Ursache. Nun ist es offensichtlich, daß man die Differenzierungen selbst einer ‚primitiven' Kultur mitsamt deren sozialen Regeln, zwar mit einem Schlage zerstören, aber nicht mit einem Schlage wieder aufbauen kann. Ganz im Gegenteil, keine Kreatur wäre dazu in der Lage. Wir müssen darum von alters her darauf gedrillt sein, Vorgegebenes hinzunehmen um uns, wenn auch in Opposition, an ihm zu entwickeln. Eibl-Eibesfeldt hat in vielen Arbeiten (z.B. 1978 u. 1984) soziale Verhaltensweisen als dem Menschen angeboren nachgewiesen. Wir müssen darum schon aus Gründen der Arterhaltung auf die Wahrnehmung tradierter Bedingungen eingestellt sein.

138 Die Strukturierung des Erkannten

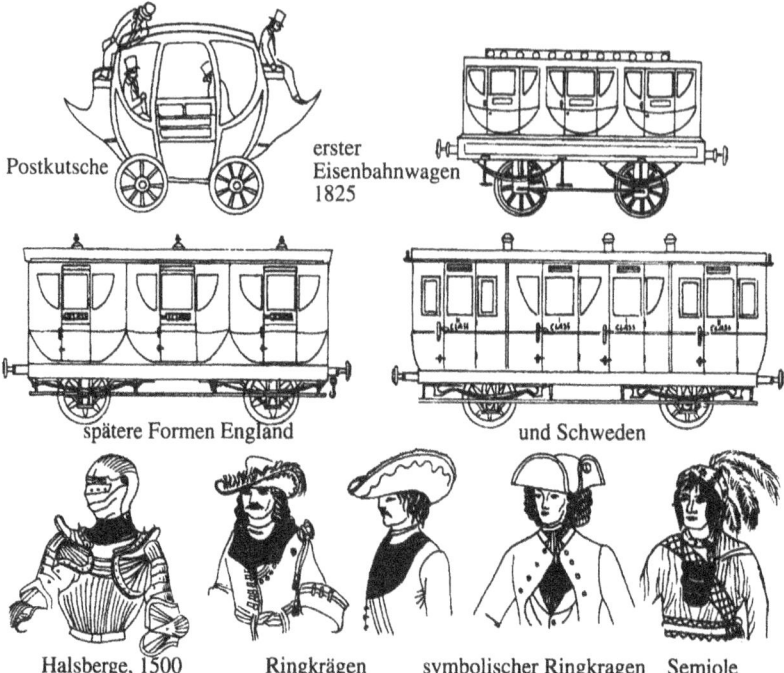

Abb. 45. *Atavismen in Artefakten.* Man beachte, daß das geschwungene Kutschenfenster ein Kennzeichen für die 1.Klasse geblieben ist und der an einer Kette getragene, symbolische Ringkragen noch die deutsche Militärpolizei (daher ‚Kettenhunde') ausgewiesen hat (nach Riedl 1975)

Blickt man zurück auf das Kapitel, so wird man feststellen, daß es Erfahrungen gibt, die zeigen, wie sehr wir schon durch unsere ratiomorphe Ausstattung auf die Ordnung der Dinge, die Wahrnehmung von deren Ähnlichkeiten und die Dechiffrierung komplexer Systeme vorbereitet sind. Ähnlich wie Chomsky (1970) und Lenneberg (1972) in ihren Analysen zur Ansicht kamen, daß unsere Kinder nicht eigentlich eine Sprache erlernen müssen, sondern fast nur mehr Vokabeln, meine ich zu sehen, daß wir auch auf die Grundstrukturen der außersubjektiven Wirklichkeit schon vorbereitet sind: Wir brauchen nur mehr die Fälle einzusetzen.

Was hier anschließen muß, ist die Darstellung der Prinzipien in der Praxis der Forschung. Den traditionellen Rahmen, in welchen dieselben fallen, bildet, ‚Morphologie'. Sie ist die Grundlage der Vergleichenden Anatomie, der Systematik und damit auch unserer Urteile über Abstammung und Phylogenetik. Die folgende Trennung in Morphologie und Systematik ist ein Zugeständnis an die heutige Sprechweise.

C
Die Prinzipien der Morphologie

Im Grunde stehen die Prinzipien der Morphologie auch für die der Systematik. Aber man hat sich angewöhnt von Vergleichender Anatomie und von Systematik wie von getrennten Disziplinen zu sprechen. So als ob man in Struktur- und Klassenhierarchien unabhängig voneinander schlüssig werden könne. Wie wir gesehen haben, hängen diese zusammen, und der Unterschied liegt nur in der Blickrichtung, nämlich einer Dominanz des primären Interesses.

> Schon um den Begriff deutlich zu machen, will ich (i) über das Wort, über (ii) Idee und Erfahrung und (iii) über den Inhalt der Lehre getrennt referieren.

(i) ‚Morphologie' ist aus *morpho...*, ‚die Gestalt betreffend' und *logos* zusammengesetzt, ein Begriff, der schon in der Kulturgeschichte der Griechen breit und wandelnd war. Im Sinne der Wortschöpfung durch den vergleichenden Anatomen Karl Friedrich Burdach im Jahre 1800 und Goethes, der sich demselben sogleich anschloß und seine Anwendung analysierte, ist noch am besten mit: ‚die Lehre von...' zu übersetzen. Man hatte bereits die Begründung der Methode einer vergleichenden Formenlehre im Sinn, die das Typische, bei Goethe auch den Typus, sogar das ‚Urbild' organismischer Gestaltung, herausstellt.

Und wiewohl sich die frühen Anwender des Begriffes der Empirie ihrer Methode sehr bewußt waren, beginnen unter dem Einfluß des ‚Deutschen (metaphysischen) Idealismus' auch schon die Mißverständnisse. Ein glücklicher Umstand erlaubt es, schon über den Beginn derselben aus erster Hand zu zitieren. Bei seiner ersten Begegnung mit Schiller, so erinnerte sich Goethe (1817), „trug ich die Metamorphose der Pflanze lebhaft vor und ließ mit manchen charakteristischen Federstrichen eine symbolische Pflanze vor seinen Augen entstehen. Er vernahm und schaute alles mit großer Anteilnahme...; als ich aber geendet, schüttelte er den Kopf und sagte: ‚Das ist keine Erfahrung, das ist eine Idee'. Ich stutzte, verdrießlich einigermaßen; denn der Punkt, der uns trennte, war dadurch aufs strengste bezeichnet." Ich führe dies gleich im Weiteren aus, weil es kennzeichnend ist für alle spätere Entwicklung.

(ii) *Idee oder Erfahrung?* Das war also schon von Beginn die Frage. Und für viele Denker gilt sie noch immer als nicht entschieden oder man hält die Morphologie nach wie vor für idealistische Philosophie. Ein Anachronismus für viele Naturwissenschaftler.

Goethe hielt Schiller für einen gebildeten Kantianer, der sich auch tatsächlich kritisch mit Kants kritischen Schriften auseinandergesetzt hatte, aber, im Nachschatten Platons Ideenlehre, zum ethisch-erzieherischen Moralphilosophen wurde, eben des deutschen Idealismus. Schiller wollte die wüste Natur durch den Geist läutern, Goethe den suchenden Geist durch die Natur. Für Schiller war die Natur für den Geist gemacht, für Goethe der Geist für die Natur.

Goethe verwendet zwar das Wort ‚Idee' in der Entwicklung seiner Morphologie. Aber, wie aus der angegebenen Methode hervorgeht, im Sinne einer aus der Erfahrung der Fälle – von Säugetierschädeln – entwickelten Erwartung oder Theorie. Nun ist die Grenze zwischen der Idee bei Platon und einem Produkt der Erfahrung, gerade an diesem Schnittpunkt, nicht so einfach festzumachen. Bei Platon sind die Ideen der Welt vorgegeben. Die Dinge, wie die Seele, nehmen beide an diesen, gleich einer Erinnerung, teil. In Goethes Morphologie wird zwar auch erwartet Prinzipien aufzudecken, die den Dingen zugrunde liegen. Aber der Vorgang ist primär induktiv, erst aus der Erfahrung begründbar, zusammengestellt. Bei Platon ist er primär deduktiv, der Erfahrbarkeit vorgegeben und nicht aus ihr zu begründen.

Unterscheidet man nicht genau, dann hat die Frage tatsächlich etwas Verwirrendes. Und sie wird zusätzlich verwirrt, wenn man sich der hermeneutischen oder Subsumptionsmethode nicht im Klaren ist oder allein dann, wenn man sie der Zirkularität verdächtigt.

(iii) Morphologie ist *die erfahrungswissenschaftliche Lehre vom Vergleichen*. Sie ist als erstes aufzuschließen, weil sie somit Grundlage ist für die Vergleichende Anatomie wie für die Systematik und erst in der Folge, aus dem Erkennen harmonischer Systeme von Ähnlichkeiten, auch die Voraussetzung für deren Erklärung: Abstammungslehre und Phylogenetik.

Heute ist dies weitgehend vergessen, und ‚Morphologie' wird synonym für ‚Anatomie' genommen. Und das ist deshalb ohne auffallende Widersprüche möglich, weil, wie man sich erinnert, die Verrechnung des *simul hoc* schon unbewußt erfolgt und der Grund dafür, daß man heute Lehrkanzeln für ‚Vergleichende Morphologie' und für ‚Funktionelle Morphologie' einrichtet und übersieht, daß ersteres ein Pleonasmus ist, letzteres eine contradictio in adjecto. Denn zum einen schließt Morphologie den Vergleich bereits ein, zum anderen schließt sie im Ansatz die funktionelle Erklärung sogar aus.

Warum aber, wenn auch die differenzierten Vorgänge des Vergleichens schon aus unserer Anlage intuitiv gesteuert werden, ist es dann noch empfohlen, eine Lehre vom Vergleichen intelligibel zu machen? Der Stammbaum der Organismen ist doch auch ohne eine solche erstellt worden. Ich komme auf diese Grundfrage zurück, weil wir nun in eben diese differenzierteren Vorgänge eingehen werden.

Ich will drei Gründe hervorheben. Erstens scheinen unsere Hemisphären-Präferenzen, die Talente, damit unser Interesse am Gestaltvergleich und die Bedeutung, die wir ihm einräumen, verschieden zu sein. Zweitens bedarf es der Übung. Der ‚angeborene Lehrmeister', wie sich Lorenz ausdrückte, muß gefordert werden zu lehren. Darum muß man nach der Ansicht Ernst Mayrs der ‚numerischen Taxonomie' das Fingerspitzengefühl des erfahrenen Systematikers vorziehen. Darauf komme ich zurück. Aber

Die Prinzipien der Morphologie 141

drittens bedarf es dieser Lehre, weil ansonsten in allen wesentlichen Fragen aus der intuitionistischen Argumentation nicht herauszukommen, die wissenschaftliche nicht zu erreichen ist.

Eine solche Lehre vom Vergleichen ist für alle polymorphen Systeme unentbehrlich, namentlich wenn dieselben eine Genealogie besitzen. In den anorganischen Wissenschaften ist dies für die Geomorphologie typisch, im Rahmen der Artefakte, für Sprach- und Literaturwissenschaften, Ethnologie, Kunst- und Kulturgeschichte. Aber auch im Rahmen der Biologie ist sie nicht auf anatomische Merkmale beschränkt. Sie wird seit Lorenz (zuletzt 1978) für die Zeitgestalten in der Ethologie verwendet und hat damit die ‚Vergleichende Verhaltensforschung' begründet. Sie gilt aber auch für die genealogischen Phänomene in Genetik und Ökologie.

Daß ich die Lehre im Folgenden aus der Anatomie aufrolle, hat seinen Grund in der dort überwiegend gesammelten Erfahrung. Bei zwei Millionen Arten plus einer halben Million Systemgruppen mal jeweils bis zu zwanzig spezifischen ‚Homologien' bietet sie fünfzig Millionen individuelle Begriffe, das Zehnfache der Begriffe selbst der größten Sprachen. Den Rahmen aber bildet ein allgemeines Theorem des Vergleichens.

Ich werde (1) mit dem Homologietheorem beginnen, daraus (2) die Begriffe Typus und Bauplan und aus dem Ganzen (3) eine Theorie vom Merkmal ableiten.

1
Das Theorem der Homologie

Das Wort Homologie wurde von Richard Owen (1848) geprägt und als Begriff der Analogie gegenübergestellt, dem es früher entsprach. Man hatte dabei schon den Umstand vor Augen, daß es sich, dank einer Kontinuität von Ähnlichkeiten, um Bauteile einer besonderen Identität handeln müsse; man sprach später von ‚Wesensähnlichkeiten'. Wir haben dieselben (Abschnitt 3,D2 und 3) genauer aus der Form harmonisch divergenter Ähnlichkeitsfelder abgeleitet und benötigen diese nochmals.

Zunächst sind (a) die Homologien von den Analogien zu trennen. Erst dann können (b) die Kriterien der Homologie bestimmt, (c) synthetisiert, (d) auf ein Theorem der Wahrscheinlichkeit zurückgeführt und für (e) alle Formen der Homologie begründet werden. Als Anhang fasse ich (f) die Diskussion um die Auffassungen des Homologiebegriffs zusammen.

(a) *Abtrennung der Analogien*: Was die Analogien betrifft, so haben wir (Abschnitt B2b) wahrgenommen, daß es sowohl für die Feststellung der Zufalls- als auch der Funktionsanalogien (Abb. 42, Seite 132) des Nachweises bedarf, daß sie im Rahmen harmonisch divergenter Ähnlichkeitsfelder Konvergenzen in einer dispersen Verteilung erkennen lassen (Abb. 43, Seite 133). Erklärend ausgedrückt heißt das, daß die gemeinsamen Vorfahren das jeweilige Merkmal nicht besaßen. Es ist naheliegend, daß sich im gegebenen Fall der erklärende Kommentar aufdrängt. Man vergesse aber wieder nicht, daß der Vorgang des Erkennens der Erklärung vorausläuft, deren Voraussetzung ist und von derselben unabhängig bleibt.

Diejenigen Merkmale dagegen, welche in ihrer jeweiligen Abwandlung das Harmonische und Divergente eines Feldes von Ähnlichkeiten wahrnehmbar zusammensetzen, bezeichnen wir als Homologien. Wieder drängt sich die Erklärung auf. Oberflächlich erklären wir solche Ähnlichkeiten aus Verwandtschaft. Aber wieder substituiert dies nicht den Vorgang des Erkennens, und wie wir sehen werden, genügt es auch als Erklärung nicht.

Nun wird den Homologien zu folgen sein. Zunächst den einzeln individualisierbaren (benennbaren), individuell leicht zählbaren(!), homologen Körperstrukturen. Auf die weiteren Formen der Homologien und die Verknüpfung mit den Analogien werde ich zurückgekommen.

(b) *Die Homologie-Kriterien*: Eine erste richtige Fassung der Homologie-Kriterien verdanken wir Adolf Remane (1951, Nachdruck 1971). Remane hat, erfahren in vergleichend anatomischer wie systematischer Praxis, von den niederen Bilateriern bis zu den Primaten, wiederum intuitiv, zwei wesentliche Bedingungen für den Erkennensvorgang der Homologien aufgeklärt. Und es ist schicksalhaft, daß einer Übertragung seines Bandes ins Englische zu große Widerstände entgegenstanden. Sein Kontext ist tonangebenden englischsprechenden Forschern unbekannt geblieben.

Zur Übersicht verwende ich zunächst Remanes Terminologie und unterscheide (b1) Haupt- und – nicht sehr glücklich gewählt – (b2) Hilfskriterien. Die erkenntnistheoretische Begründung dieser Gliederung werde ich im Anschluß (Absatz c und d) geben.

(b1) *Als Hauptkriterien* unterscheidet Remane drei: das (i) der Lage, (ii) der Struktur und (iii) der Übergänge.

(i) *Das Lagekriterium* stützt sich auf den Umstand, daß kein Homologon alleine steht. Jedes ist in einen Verband von homologisierbaren Bauteilen eingeflochten, und die Erfahrung zeigt eine hohe Lagebeständigkeit. Ist der Struktur eines Bauteiles zweier Arten die Entsprechung nicht zu entnehmen, so wird die Lage Aufschluß geben. Nun täusche man sich nicht: Eine solche Anleitung setzt natürlich voraus (Abb. 46), daß die Nachbarteile bereits als die entsprechenden erkannt sind. Schon hier muß man der Vernetzung mit dem Erkennensvorgang entgegensehen.

Wie im gegeben Beispiel (Abb. 46) wird man an ‚Leitpositionen' beginnen, etwa an den Schneidezähnen des Oberkiefers und am Hinterhauptsloch und sich in einem Vorgang wechselseitiger Bestätigung mit seiner Theorie der Lagebeständigkeit an die Aufklärung der Entsprechungen herantasten. (Wenn man die Form des Vergasers im neuen Motor nicht kennt, dagegen jene von Luftfilter, Benzinpumpe und Zylinderkopf, so wird man ihn an der Verbindungsstelle dieser drei vorfinden.) So formuliert, wird

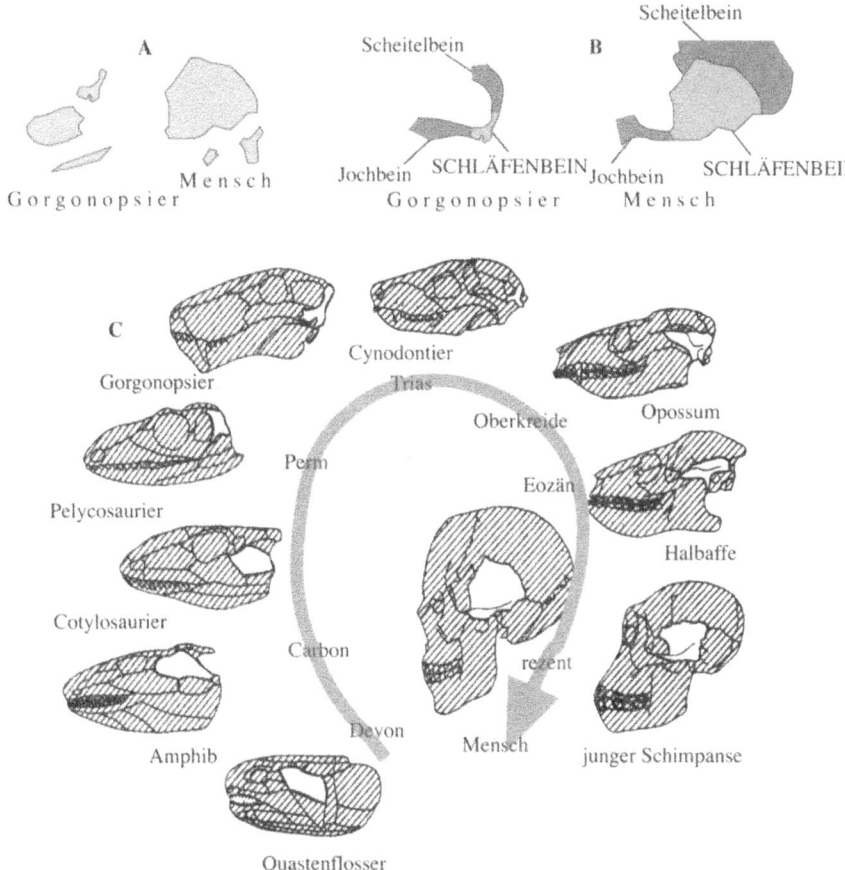

Abb. 46. *Zum Lagekriterium der Homologisierung*, am Beispiel des Schläfenbeins. Die bloße Form (A) ließe die Entsprechung dreier Knochen (eines Vertreters aus der Permzeit und eines rezenten Menschen) nicht erschließen, die stete Lagebeziehung (B) macht dies wahrscheinlich und läßt schließlich (C) die Kontinuität des Zusammenhangs erkennen (die Prinzipskizze in Abb. 57, Seite 171; nach Gregory 1951 und Riedl 1975, ergänzt)

man in diesem Vorgang der Aufklärung das von mir angesteuerte Prinzip der Wahrscheinlichkeit auch schon voraussehen.

Das Lagekriterium bietet aber noch einen universellen Zugang, nämlich aufgrund der hierarchischen Anordnung der Homologa. Zumal das Über- oder Ineinander des Hierarchiemusters das Nebeneinander einschließt. Ich führe darum den Begriff der ‚Rahmenhomologa' ein, weil dieser nützen wird, die Beziehung zum folgenden Strukturkriterium sowie auch (in Absatz e) zu weiteren Homologieformen vorzubereiten. Homologien stehen eben nicht nur nebeneinander sondern auch in- wie übereinander (Abb. 47), Rahmen in Rahmen.

144 Die Strukturierung des Erkannten

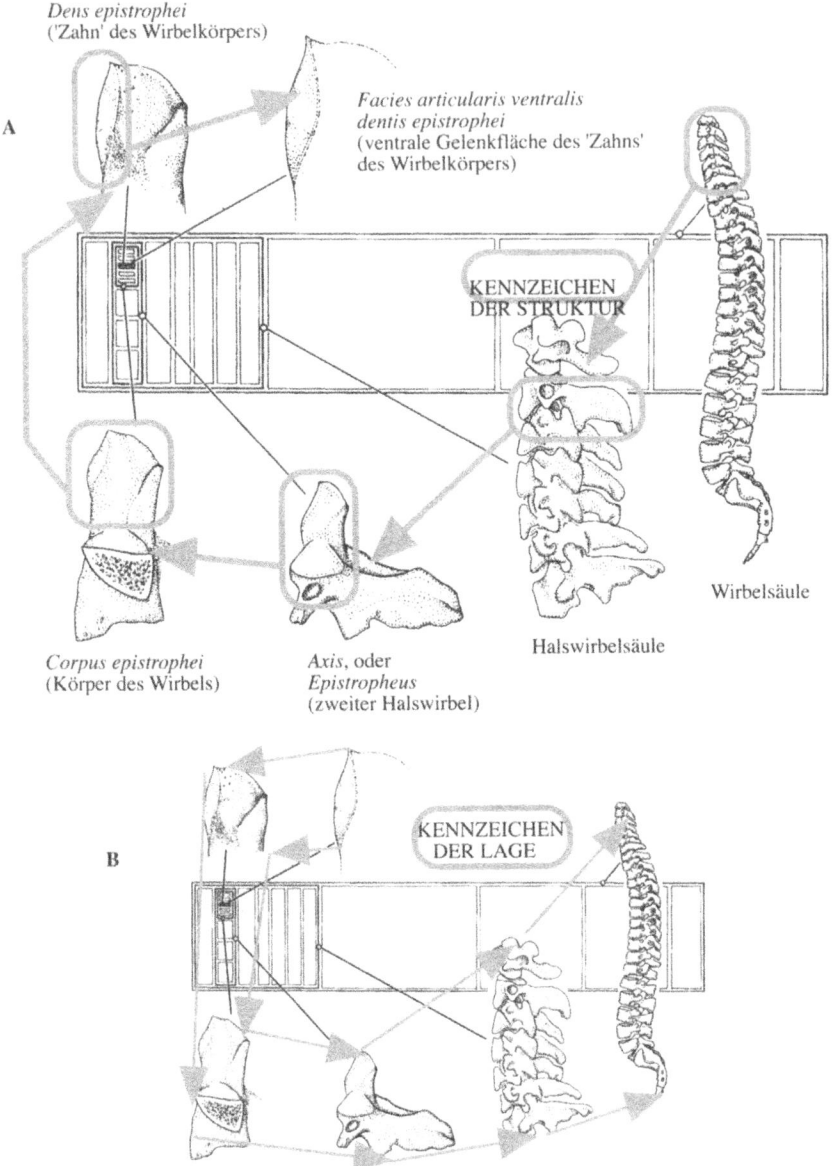

Abb. 47. *Zur Hierarchie der Homologa und zum Wechselbezug von Struktur- und Lagekennzeichen,* am Beispiel von sechs hierarchischen Ebenen der knöchernen Wirbelsäule des Menschen. Man beachte, daß (A) die Strukturkennzeichen von den Ober- zu den Untersystemen kenntlich werden, (B) die Lagekriterien in umgekehrter Richtung

In der Abbildung 47 illustriere ich eine solche Hierarchie am Beispiel der knöchernen Wirbelsäule des Menschen. Das Homologon ‚Wirbelsäule' ist der Rahmen für fünf Subrahmen. Der erste ist die Halswirbelsäule, diese ist der Rahmen für die sieben homologisierbaren Halswirbel. Der zweite ist der Epistropheus und Rahmen für Wirbelkörper, Bogen und ‚Zahn', den Dens epistrophei. Und dieser schließt nochmals drei individualisierbare Homologa ein, darunter seine ventrale Gelenkfläche, die Facies articularis ventralis dentis epistrophei. Diese Position einer homologen Struktur nenne ich ‚Minimum-Homologon', weil sich nach dessen weiterer Zerlegung andere Einsichten ergeben. Evident genug bietet jedes übergeordnete Rahmenhomologon die Lagemerkmale der Homologa seiner Subrahmen.

In der Ethologie findet sich das Lagekriterium als die ‚Reihenposition' in einer Verhaltensweise, in der Ökologie als die ‚Raumeinordnung' einer Lebensgemeinschaft, in der Molekularbiologie als die Position in der ‚Genkarte'. Und in den Kulturwissenschaften spielt das Lagekriterium, von der Syntaxforschung bis zur Architekturgeschichte, dieselbe Rolle wie in der Biologie.

(ii) *Das Strukturkriterium* beruht auf der Konservativität der Einzelbauteile und deren Substrukturen. Ist aus der Lage im Verband die Entsprechung einer Struktur zweier Organismen nicht zu entnehmen, so kann sein innerer Bau Aufschluß geben. Allerdings setzt auch dies wieder Kenntnis eben dieses Baues voraus. (Weiß man, wie das Reserverad aussieht, dann läßt es diese Kenntnis auch unter dem Kofferraumboden finden.) Als Beispiel gebe ich (Abb. 48) das Vorkommen der Hoden in zwei Chordatieren. Man betrachte einen Lanzettfisch und einen Hirsch. Auch für den Fall, daß man den hier abgebildeten Übergang der Lage des Organs nicht kennt, wird der innere Bau, namentlich die Stadien der Spermienentwicklung, Auskunft geben über die Entsprechung.

Aber Strukturmerkmale stehen auch nicht isoliert. Strukturen sind stets wieder Strukturen von Strukturen. Und wir brauchen in der Hierarchie der Homologa (nach dem Fall in Abb. 47) nur die Blickrichtung umzukehren, und werden finden, daß sich die Halswirbelsäule, fänden wir sie bei einer Ausgrabung isoliert, an den Strukturen ihrer Wirbel kenntlich macht, ein isoliert gefundener Epistropheus allein schon an dem nur für ihn kennzeichnenden ‚Zahn'.

In der Ethologie entspricht das Strukturkriterium der Zusammensetzung einer Handlung, in der Ökologie der Struktur einer ‚Assoziation', in der Molekularbiologie der Zusammensetzung einer ‚Peptidkette'. In den Kulturwissenschaften ist das Strukturkriterium in der Prähistorie und in der ganzen Literatur- und Kunstgeschichte von Bedeutung. Was, beispielsweise, eine Bandkeramik oder im Sakralbau der Gotik eine ‚Kreuzrose' ist (vgl. Abb. 55, Seite 167), geht schon allein aus deren Strukturprinzipien hervor.

(iii) *Das Übergangskriterium* Remanes beginnt, das Prinzip seiner Hauptkriterien bereits zu verlassen. Denn das Lage-, wie das Strukturkrite-

146 Die Strukturierung des Erkannten

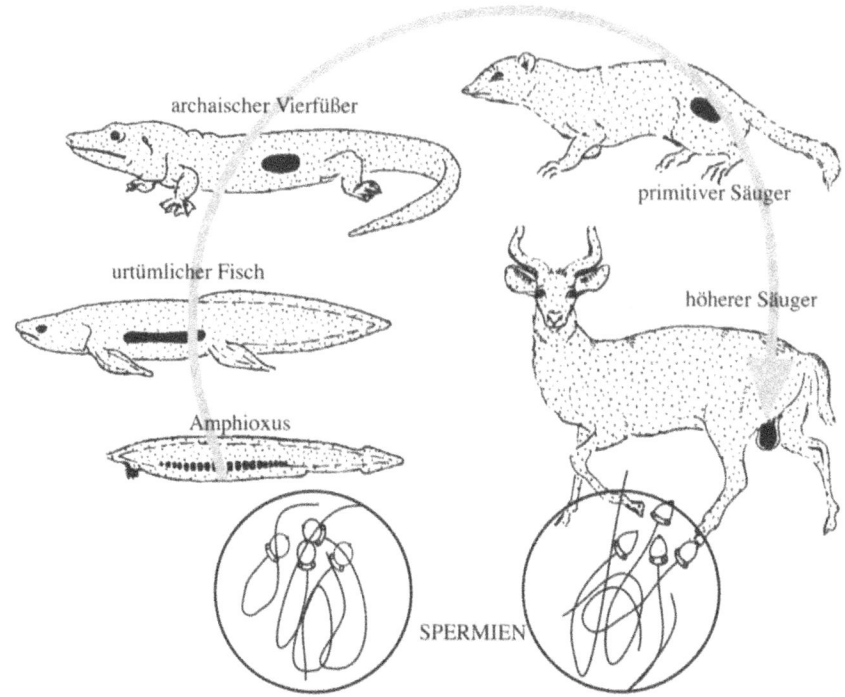

Abb. 48. Zum *Strukturkriterium der Homologisierung*, am Beispiel der verschiedenen Lage der Hoden beim Lanzettfisch und beim Hirsch. Ist die innere Struktur der Organe von großer Ähnlichkeit, wie die Spermien in den daruntergefügten Graphiken zeigen, so werden sie einander trotz der Unterschiede der Lage entsprechen (nach Riedl 1975)

rium, muß in seiner reinen Form bereits beim Vergleich jeweils nur zweier Bauformen aufklärend wirken. Aber natürlich wird bei deren Anwendung auch schon das Ähnlichkeitsfeld automatisch ‚mitgesehen'.

Es ist mehr ein didaktischer Hinweis, daß uns die Übergänge zwischen den Bauformen wichtige Hinweise geben, vielleicht sogar die wichtigsten. So ist es didaktisch auch hier angezeigt, Beispiele von Form- und Lagewandlungen zu geben, welche uns im Vergleich nur zweier Formen tatsächlich ratlos ließen. Ich wähle dazu (Abb. 49) unsere drei Ohrknöchelchen, bei welchen das Studium der Übergänge zeigte, daß sich dieselben tatsächlich auf drei massive Knorpel des Haifischkiefers zurückführen, also homologisieren lassen. Ganz offensichtlich würde man auch bei alleiniger Kenntnis einer Seescheide und eines Kolibris (Abb. 49) nicht auf den Gedanken kommen, daß beide durch den Besitz einer Rückensaite, der Chorda dorsalis, einmal im Larvenschwanz, einmal im Embryo, zu den Chordatieren gehören.

Damit ist aber der Zweiervergleich verlassen und eine ganze Kette oder ein Feld von vergleichbar gedachten Formen mitbetrachtet. Übergänge

Die Prinzipien der Morphologie 147

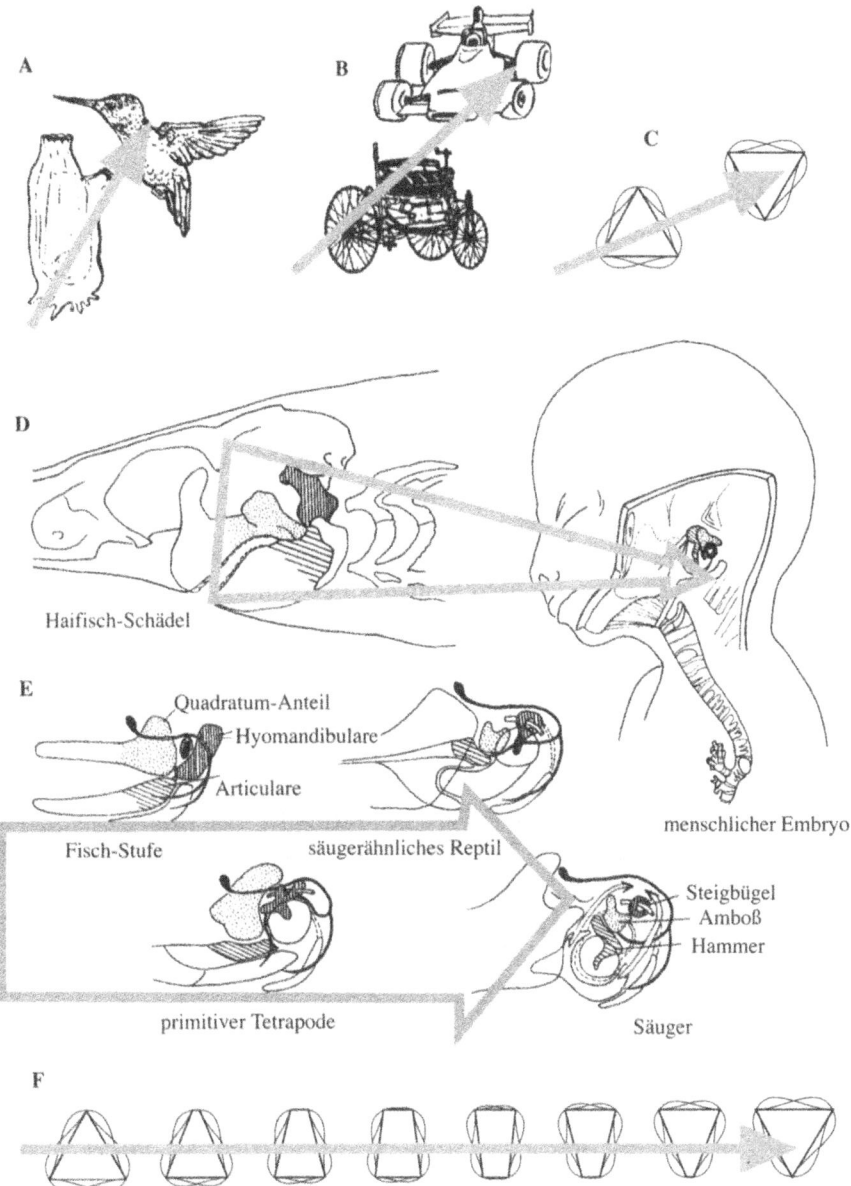

Abb. 49. *Zum Übergangskriterium der Homologisierung,* am Beispiel der Evolution des Kiefers der Haie zu den Ohrknöchelchen des Menschen (D) und deren embryonaler Entwicklung (E). Man beachte, daß ohne Kenntnis der Übergänge weder die Beziehung von Seescheide und Kolibri (A, Chordatiere), jene des ersten Benz-Mobils und des Formel-1 Rennwagens (B, Autos), noch die zweier Figuren (C) einsichtig würde. Letztere ergibt sich erst aus der Reihe der Übergänge (F) (nach Riedl 1975 und 1976, ergänzt)

lösen sich in Serien von Lagestrukturen auf. Und im Grunde ist das der Übergang zu dem, was Remane Hilfskriterien nennt.

In der Ethologie ist das Übergangskriterium für das Verständnis des Wandels von Handlungsstrukturen, in der Ökologie für jenes der ‚Sukzessionen' unentbehrlich und in der Molekularbiologie für jene ‚Lautverschiebungen', nach welchen sich die Kodierung großer Moleküle wandelt. Auch für die Kulturwissenschaften ist das Kriterium der Übergänge unentbehrlich. Man denke an jene Vielfalt, die man die ‚Formensprache' eines Stiles nennt, an den Umstand, daß Worte wie ‚père' und ‚father' harmonisch aus ‚pater' abzuleiten sind und daß Daimlers erstes Automobil (Abb. 49) mit einem Formel-1 Rennwagen nur mehr so wenig gemeinsam hat, daß sich der Zusammenhang nur aus der Geschichte der Automobile, aus dieser dann aber leicht, verfolgen läßt.

(b2) *Als Hilfskriterien* unterscheidet Remane drei. Ich werde aber, nach deren Aussage, nur von einem ‚Koinzidenz-' und ‚Antikoinzidenz-Kriterium' sprechen. Und im Grunde entsprechen auch sie nur der Umkehrung einander. Sie sind aber so polarisierend in ihrer Aussage, daß es lohnt, sie getrennt darzustellen und, entgegen Remanes Bezeichnung, von ganz grundlegender Bedeutung.

(i) *Das Koinzidenz-Kriterium* läßt uns, nach Remane, auch ganz einfache Strukturen homologisieren, wenn sie in einem Verwandtschaftskreis, wir sagen besser, in einem Ähnlichkeitsfeld, regelmäßig und nur in diesem auftreten. Man denke an die Chorda der nach diesem Merkmal so benannten Chordaten; ob dieselbe nun nur im Larvenschwanz der Seescheiden auftritt und mit diesem wieder verschwindet oder bei den Wirbeltieren schon mit der Bildung der Wirbel zu Resten in den Bandscheiben, den Nuclei pulposi, zerfällt.

Gewiß bedeutet dieses Kriterium eine Stütze der Homologisierung auch bei wirklich unscheinbaren Merkmalen, wenn Lage- und Strukturmerkmale nicht ausreichen. Aber es bedeutet dies für alle Merkmale, auch für die prominentesten. Darauf komme ich bald zu sprechen.

(ii) *Das Antikoinzidenz-Kriterium* dagegen warnt uns vor jeder Homologisierung, wenn ein Merkmal in Feldern von Ähnlichkeit eine völlig disperse Verteilung zeigt. Man denke beispielsweise an einen ‚roten Kehlfleck' wie man solche, unter den Wirbeltieren verstreut, bei manchen Korallenfischen, Eidechsen und Vögeln kennt. Dasselbe gilt auch für die Christa sagittalis, einen Knochenkamm am Schädel bei Hyänen und Gorillas, ein auch weiterhin nützliches Beispiel.

Dieselbe Rolle spielen diese Kriterien auch in den übrigen Natur- und Kulturwissenschaften. Aus isolierten Objekten entsteht weder ein ethologischer, ökologischer oder molekularbiologischer Begriff. Es bedarf im Feld der Ähnlichkeiten vieler Bestätigungen eines Konzeptes. Es entstünde auch kein faßbarer Kulturbegriff. Isolierte Stücke bleiben kulturgeschichtliche Rätsel, wie der ‚Mann(?) von Manopello' (Süditalien) oder die Stelen auf den Osterinseln. Die Homologienforschung in der Biologie ist zwar beispielgebend, aber dennoch ein Spezialfall dieser „Allgemeinen Vergleichslehre", um die sich schon Goethe (1817) bemühte, ganz in einem empiristischen Sinn, wenn auch nur in einer Skizze, Riedl (1995a und 1998a).

Ich sagte, daß eine intuitionistische Lösung vorliegt, aber, wie sich gleich zeigen wird, eine komplette. Es sind kognitive Dualismen, die uns Lage und Struktur als verschieden und diese Übergängen und Koinzidenzen gegenüberstellen lassen. Mehr als dies enthalten Vergleiche nicht.

(c) *Eine Synthese der Kriterien* kann ich anschließen. Denn man kann sich ja fragen, warum es gerade fünf derselben sein sollen. Und es ist Remanes intuitionistisch offenbar weitgehend zutreffender Gliederung zu danken, daß das möglich wird. In der Literatur um dieses Thema finden sich bis zu einundzwanzig Kriterien der Homologie. Sie halten einer konsequenten Prüfung alle nicht stand.

Dieses Thema ist, wie ich der Rezeption desselben aus dem Kollegenkreise und auch aus dem Unterricht weiß, mehr Aufwand als der Mitvollzug der Kriterien selbst. Dennoch ist die Sache nicht schwierig. Am besten geht man in zwei Schritten vor:

Man synthetisiert zunächst (c1) die Hauptkriterien und stellt im Anschluß (c2) Haupt- und Hilfskriterien einander gegenüber.

(c1) *Synthese der Hauptkriterien*: Erinnert man sich der hierarchischen Verschachtelung der Rahmenhomologa, so wird man feststellen, daß der Unterschied zwischen Lage- und Strukturbetrachtung nur in der Blickrichtung liegt. Der Blick in die Obersysteme läßt uns die Vernetzung als Lagezusammenhang, der in die Untersysteme als Zusammensetzung aus Strukturen wahrnehmen. Aber natürlich kann man diesen Perspektivenwechsel von jeder hierarchischen Schicht aus vornehmen.

Vielleicht ist es dieser systembedingte Wechsel, der verwirrt. Denn notwendigerweise ist, um bei unserem Beispiel (Abb. 47, Seite 144) der knöchernen Wirbelsäule zu bleiben, der Epistropheus ein Strukturmerkmal für die Halswirbelsäule und gleichzeitig ein Lagemerkmal für den Dens. Aber umgekehrt ist der Dens das Strukturmerkmal für den Epistropheus und die Halswirbelsäule gleichzeitig sein Lagemerkmal. Im Grunde ist das trivial und verlangt doch der Umsicht, um sich der Sache gewiß zu sein.

Es ergibt sich ein Flechtzusammenhang wechselseitiger Kontrolle und Erhellung, wie wir denselben sowohl vom Subsumptionsschema als auch von der Hermeneutik schon kennen. Dies mag eine zweite Hürde sein, die genommen sein will, um den Prozeß, der hier abläuft, nachzuvollziehen.

Nehmen wir, um genau im Rahmen des Lage- und Strukturvergleiches zu bleiben, nur zwei und aus didaktischen Gründen zwei verwandte Formen: nochmals die Wirbelsäule eines Menschen und die eines Gorillas.

Beobachtet man genau, was bei Vergleichen automatisch geschieht, so wird man bemerken, daß von Punkt zu Punkt und in jeglichem Rahmenniveau Prognosen entworfen werden. Etwa mit dem Kontext: ‚Ob das wohl auch da sein werde!?' Und bei verwandten Arten ergeben sich viele Bestätigungen. Nämlich so viele, wie nach Lage und Struktur einander entsprechende Einzelheiten, also Homologien, aufgedeckt werden können. Bei 34 vergleichbaren Wirbeln mal mindestens 15 homologen Strukturen, also vom Anatomen individuell erkennbaren und daher auch individuell benannten Situationen, über 500 Homologa.

Wobei zunächst erforscht und weiterhin vorausgesetzt wird, daß diese namentragenden Orte auch bei allen noch nicht untersuchten Repräsentanten der gereiften Individuen einer Spezies prognostiziert werden können. Was zwar charakteristisch, aber durchaus nicht stetig wiederkehrt, zählt man zu den sogenannten ‚epigenetischen' Merkmalen und versteht dies aus ‚kanalisierten Freiheitsgraden' in der Keimesentwicklung (vgl. Abb. 102, Seite 311).

Man wird, wie wir das von der Briefentzifferung (aus Absatz B1b2) schon kennen, auch bemerken, daß wir ganz unbewußt in allen Ebenen des Vergleichens beginnen, die ganzen Objekte nahezu gleichzeitig mit allen Einzelheiten gegeneinander zu verrechnen. Und man wird, um den Prozeß intelligibel zu machen, den Vorgang wiederum schichtweise gegliedert, nun nach den Wirbelregionen, Einzelwirbeln, deren Haupt- und Subteilen, systematisch verfolgen müssen.

(c2) *Synthese der Hilfskriterien*: Nun bleibt die Aufgabe, Haupt- und Hilfskriterien zu synthetisieren. Um dies dem Vorgang des Kenntnisgewinns entsprechend aufzubereiten, werde ich von ‚simultanen' und von ‚sukzedanen' Koinzidenzen sprechen, indem ich zunächst den Erfahrungsgewinn, der nur aus einem Vergleichspaar erhellt, einen ‚simultanen Kenntnisgewinn' nenne.

(i) *Einem simultanen Kenntnisgewinn* entspricht das obige Beispiel. Die didaktische Hilfeleistung, zwei sehr ähnliche Formen ausgewählt zu haben, setzt natürlich schon Kenntnisse über die Ähnlichkeitsverhältnisse im entsprechenden Feld voraus. Diese können in einem solchen Stadium der Untersuchung zwar vorausgesetzt werden, sind aber nun zu prüfen. Man erinnert sich, daß wir in Ähnlichkeitsfeldern denken und daß nur beim Entdecken ganz neuer Bautypen weiter ausgeholt werden muß. Was eine Wirbelsäule ist, sei hier vorausgesetzt.

(ii) *Ein sukzedaner Kenntnisgewinn*: In der Forschung ist der Begriff ‚Wirbelsäule' jedoch an einer Vielzahl von Fällen geprüft worden. Und das ist durchaus nicht trivial, denn schon die Wirbelsäulen von Hai und Frosch (Abb. 50) zeigen überraschend wenig Ähnlichkeit. Die Entsprechungen können erst mit der gemeinsamen Hilfe durch das Übergangskriterium, das Koinzidenzkriterium und den Ausschluß von Antikoinzidenzen, ermittelt werden.

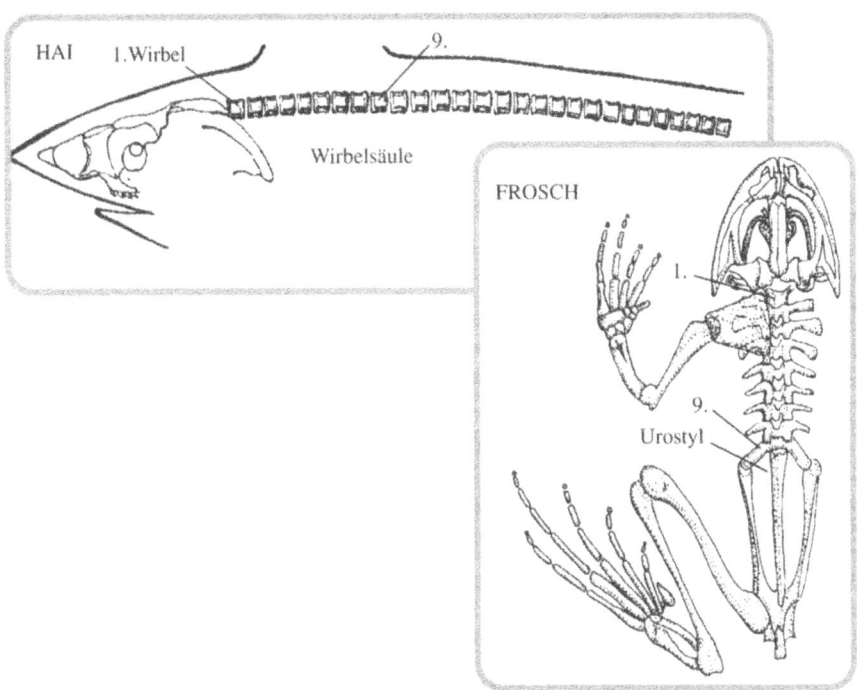

Abb. 50. *Differenzierung zunächst gleichartiger Bauteile*, am Beispiel des Wandels der Wirbelsäule vom Hai zum Frosch. Beim Hai sind die Wirbel noch gleichförmig (verwechselbar) ausgebildet, beim Frosch auf neun ‚Individualitäten' und einen Stab, das Urostyl differenziert (aus Riedl 1975 und 1976)

Die Erforschung der Homologien basiert also auch auf einem Nacheinander, eben einem ‚sukzedanen Kenntnisgewinn', indem Art nach Art verglichen wurde. Schon im Rahmen der Säugetiere, bei welchen die meisten der oben angesprochenen Homologien in den 22 Ordnungen wiederkehren, sind das an die fünftausend Fälle allein der rezenten Arten. Und selbst wenn man, mit Vorsicht zurückhaltend, annimmt, daß auf dem langen Vergleichsweg von Art zu Art, vom Schnabeltier bis zum Menschen nur die Hälfte dieser Homologie wiederkehrt, so sind das immer noch hundert Millionen bestätigbarer Prognosen.

Nun ist die knöcherne Wirbelsäule, unser Beispiel, zwar ein komplexer, aber doch erst ein Teil des knöchernen Stützapparates und dieser erst mit Bändern, Muskeln, Gefäßen und Nerven der Bewegungsapparat und auch dieser erst ein Teil eines Organismus. Es kann allein im Rahmen der Säuger von Art zu Art mit weit über hundert Millionen bestätigbarer Prognosen gerechnet werden.

Lage- und Strukturerfahrung verhalten sich zu Übergangs- und Koinzidenzerfahrung wie die Wahrnehmung simultaner und sukzedaner Koinzidenzen, und erst das Produkt aus beiden gibt die Gesamterfahrung.

Homologien sind eben zählbar. Jede Struktur, die regelmäßig wiedergefunden und identifiziert werden kann und somit einen Namen verdient, zählt. Und die Fachdiskussionen um die Grenzfälle fallen tatsächlich nicht ins Gewicht. In Absatz C3 komme ich nochmals darauf zurück.

(d) *Ein Wahrscheinlichkeits-Theorem*: Die Rückführung und Begründung des Homologietheorems auf Größen der Wahrscheinlichkeit setzt fünf Einsichten voraus: (1) die in die Vollständigkeit der Homologiekriterien, das wurde zu zeigen versucht; (2) die in die Zählbarkeit bestätigter Prognosen (prognostizierbarer Homologien), eben nach obigem Zahlenspiel; (3) die in den Wahrscheinlichkeitscharakter aller Naturgesetze; und (4) die in den Zusammenhang von bestätigbarer Prognostik und Verläßlichkeit eines Theorems. Diese vier Bedingungen will ich im Folgenden verknüpfen.

Die fünfte Einsicht ist von anderer Art: Es ist die von der Begrenzbarkeit der Merkmale. Sie wird im Grunde schon von der ersten und zweiten Einsicht vorausgesetzt, kann aber erst aus einem Wechselbezug der Optimierung von Merkmals- und Feldbegriff entwickelt werden. Diese ‚Theorie vom Merkmal' leitet also von den Prinzipien der Morphologie zu den Prinzipien der Systematik über und muß daher (in Absatz C3) das Schlußlicht in der Abhandlung des Morphologieproblems bilden.

Ich sagte schon, daß der Nachvollzug der Synthese der Homologiekriterien schwerer fällt als deren Bestimmungen. Der folgenden Begründung nachzugehen, ist, meiner Erfahrung nach, noch schwieriger. Diese Schwierigkeit scheint mir drei Wurzeln zu haben: Sie liegen in der Akzeptanz der folgenden Einsichten drei, vier und fünf.

Die Behandlung von Problem fünf ist aufzuschieben, (d1) das Wahrscheinlichkeitsproblem und (d2) das der Gewichtung von Prognosen hier darzustellen und zu zeigen, (d3) was das bedeutet.

(d1) *Wahrscheinlichkeit von Theorien*: Daß alle Naturgesetze Wahrscheinlichkeitsgesetze sind, ist nicht jedermann vertraut. Die Achtung, welche die formalisierbaren Gesetze der Physik beanspruchen, bildet ein Hindernis. Viele Bio- und Kulturwissenschaftler neigen zu der Ansicht, daß, im Unterschied zu ihrer Erfahrungswelt, die vermeintlich ‚äternale' Geltung der physikalischen Gesetze diese auch über die Begrenzung von Wahrscheinlichkeiten höbe. Das ist natürlich nicht der Fall.

Umgekehrt stellen sich viele Anorganiker vor, daß die relative ‚Jugend' und der ‚beschreibende' Charakter der organismischen Gesetze diese notwendigerweise zu unbestimmten Regeln reduzierte, was auch nicht der Fall ist. Die Verläßlichkeit einer entdeckten Korrelation kann, Hermeneutik- wie Subsumptions-Schema mitbedacht, nur am Bestätigungsgrad der prognostizierbaren Fälle bemessen werden.

(d2) *Gewichtung von Prognosen*: Akzeptiert man diese Einsicht, dann liegt das Hauptproblem in der Frage, wie denn ein solcher Wahrscheinlichkeitsgrad abzuschätzen wäre. Ich mache dazu einen Vorschlag. Nehmen wir großzügig an, daß es gleich wahrscheinlich sein könne, daß sich eine Prognose durch die gewonnene Einsicht in einen Zusammenhang in der Natur oder aber durch den Zufall bestätigen könne. Und ich tue das unbesorgt, weil es auf dieses Zahlenverhältnis gar nicht ankommt. Modell ist der Münzwurf, mit der Frage, wie oft mein Gegenspieler Wurf für Wurf in Serie gewinnen darf, bis ich und in welchem Maße, überzeugt sein kann, daß Absicht (Schwindel) dahintersteckt.

Bekanntlich geht das mit dem Logarithmus 2. Freilich kann der ‚Adler', auf den er setzt, zehnmal in Serie fallen. Die Wahrscheinlichkeit ist aber nur mehr 2^{-10}, durchschnittlich einmal in 1024 Fällen von zehn Würfen. Fällt er in Serien hundertmal, so wird die Zufallsmöglichkeit in irdischen Dimensionen schon fast zu einer Unmöglichkeit (2^{-100} = $1/1,3 \cdot 10^{-30}$). Und selbst dann, wenn ich in dem Gedankenspiel den Zufallschancen hundertmal mehr Wahrscheinlichkeit einräume als meiner vermeintlichen Einsicht, bleibt der Erklärung durch den Zufall auch nur mehr eine Wahrscheinlichkeit von 10^{-28}. Darum spielt das Zahlenverhältnis kaum eine Rolle.

Dies legitimiert die Frage, wie oft sich die Prognose über ein vermutetes Homologon bestätigen muß, bis die Wahrscheinlichkeit, eine organismische Gesetzliche gefunden zu haben, zureichend hoch ist. Nehmen wir die Prognose, daß jedes gesund geborene Wirbeltier in seiner Embryonalentwicklung eine Chorda dorsalis ausgebildet haben wird. Überschlagen wir die Anzahl der bisher anzunehmenden Fälle. Das sind rund fünfzigtausend Arten mal jeweils über hundert Millionen Generationen, mal im Schnitt zwanzig Millionen Individuen. $5 \cdot 10^4$ mal 10^8 mal $2 \cdot 10^6$ ergeben 10^{19} bisher realisierte Fälle, von welchen wir annehmen müssen, daß sie die Chorda besaßen.

Die Wahrscheinlichkeit, daß unsere Prognose täuscht, ist somit nur mehr $6,4 \cdot 10^{-58}$. Das ist nicht wahrscheinlicher, als daß sich ein Körnchen Materie auf unserer Hand plötzlich gegen den absoluten Nullpunkt abkühlen und, den Gesetzen der Gravitation entgegen, mit relativistischer Geschwindigkeit gegen die Decke fliegen würde, nämlich immer dann, wenn sich all dessen Moleküle zufällig gleichzeitig in diese Richtung bewegen.

Vorerst haben wir ein Homologon für sich betrachtet. Kehren wir zum Beispiel der Wirbelsäule, in den engeren Kreis der heutigen Säuger, zurück. Der Vergleich der rezenten Arten ergibt 500 simultan mal mindestens 4000 sukzedan bestätigbarer Prognosen. Die Wahrscheinlichkeit, daß hier bei $2 \cdot 10^6$ nicht dieselbe Gesetzlichkeit dahinter stünde, ist auch nur mehr $7,5 \cdot 10^{-37}$. Bezogen auf die bisher hundert Jahrmillionen der Säugerzeit, mit im Durchschnitt zweitausend Arten mal jeweils etwa fünfzig Millionen Generationen mal zehn Millionen Individuen, macht auch dies $2 \cdot 10^3$ mal $5 \cdot 10^6$ mal 10^7; somit, bei 10^{17} gewiß lückenlos realisierten Fällen eine Wahrscheinlichkeit von nur $6,7 \cdot 10^{-52}$, daß ein Säuger ohne Wirbelsäule auftreten könnte.

(d3) *Wahrscheinlichkeit von Homologien*: Das bedeutet zunächst für den Biologen, daß er es mit echten, in der Natur entstandenen Gesetzen zu tun hat und daß das Gerede von der ‚bloß beschreibenden Naturgeschichte' erkenntnistheoretisch keinen Sinn hat. Entweder es sind Gesetze, oder es sind keine. Auch das Haeckelsche Gesetz, wonach die Keimesentwicklung einer vereinfachten Wiederholung der Stammesgeschichte entspricht, ist zur bloßen Regel heruntergesetzt worden. Aber natürlich bietet sie verläßliche Voraussichten auf die Erfüllung entstandener Gesetzlichkeit. Man erinnere sich an das eben dargestellte Beispiel von der Chorda. In der Keimesentwicklung stecken ‚palingenetische' Gesetze und ‚caenogenetische'. Das ist auseinanderzuhalten. Erstere haben mit der Wiederholung früher durchlaufener Stadien zu tun, so wie jeder Säuger in seiner Embryonalentwicklung nicht nur die Chorda, sondern auch das System der Kiemenarterien der Fische (Abb. 74, Seite 195) und vieles andere wiederholt und wieder abbaut. Letztere hingegen haben mit Anpassungen an das Larven- oder Embryonalleben zu tun, so wie alle Embryonen der höheren Säuger über eine Nabelschnur gefüttert werden.

Nicht minder wichtig ist es aber, daß sich die Morphologie mit der Gewichtung der Homologie-Erwartungen ihrem intuitionistischen Stadium entwinden kann. Und das bedeutet nicht nur den Nachweis der Sicherheit von Aussagen, das macht auch erkennbar, wo immer solche Erwartungen wenig verläßlich sind oder das intuitive Stadium reiner Gedankenkonstruktionen noch gar nicht verlassen haben.

(e) *Die Formen der Homologie* zusammengenommen lassen erkennen, daß es außer Analogien und Homologien kein drittes gibt. Die Formen unterscheiden sich mehr nach unserem kognitiven Zugang sowie danach, wie weit Analoges auf Homologien aufbaut oder wie von einer Ähnlichkeits-Wahrnehmung zu einer Homologie-Erwartung zu kommen sei. Die oben geschilderte Rechtfertigung aus dem Wahrscheinlichkeitstheorem gilt für alle Formen weiterhin.

Nach Art der eingeführten Begriffe werde ich vier Typen darzustellen haben: (e1) Homonomien und Symmetrie, (e2) Homodynamien, (e3) Homoiologien und (e4) die Wandlung der Isologie zur Homologie.

(e1) *Homonom* nennt man jene homologen Bauteile eines Organismus, die sich, im Unterschied zu den einzeln individualisierbaren Homologa, im selben Organismus wiederholen, vielfach als nicht individualisierbare Massenbauteile. Die Symmetrien sind unter diesen eine spezielle Form.
Anknüpfend an die Rahmenhomologa, die alle individuelle Namen tragen können, gelangten wir am Beispiel der Wirbelsäule absteigend an eine Grenze. Im gegebenen Fall war das (wie in der Abb. 47, Seite 144) eine Gelenkfläche am zweiten Halswirbel, die *Facies articularis ventralis dentis epistrophei*. Zerlegt man nämlich diese Gelenkfläche noch einmal, so ge-

langt man an Knochenbälkchen, die, wie zu sehen, zwar auch noch einen Namen tragen, von welchen aber, herausgelöst, keineswegs mehr zu sagen wäre, aus welchem Teil welchen Knochens sie stammten. Es sind nun Massenbauteile und untereinander identisch.

Man kann solche ‚letzte' Homologa in der absteigenden Hierarchie der Rahmenhomologa, wie im Falle jener Gelenkfläche, ‚Minimum-Homologa' nennen um deutlich zu machen, wie weit Homologa gezählt werden können und von einem ‚Homonomie-Zaun', um festzumachen, daß jenseits desselben eine andere Art der Homologie-Betrachtung beginnt (Riedl 1975).

Ebenso einschlägig aber ist die Erfahrung, daß diese homonomen Bauteile selbst wieder einen hierarchischen Bau aufweisen. Denn allein im Falle der Knochenbälkchen bestehen diese natürlich aus Knochenzellen, diese aus Zellorganellen und so weiter, bis zu den letzten, noch homologisierbaren Biomolekülen (vgl. Abb. 32, Seite 104). Es ist auch aufschlußreich, daß dieser Homonomiezaun bei Pflanzen ziemlich hoch liegt, so daß bei einer Fichte überhaupt nur der Stamm ein Homologon darstellt und schon die Astquirln austauschbare Homonome sind, hinunter über Äste, Seitenäste und Nadeln bis zu deren Spaltöffnungen, deren Zellen usw. Und es ist kennzeichnend, daß die alten Systematiker von ‚Blumentieren' sprachen, weil sich das bei den Korallen- und Seeanemonen-Verwandten ähnlich verhält.

Damit sind wir nochmals bei den *Symmetrien*. Auch bei diesen handelt es sich um Homonomien, um identische Wiederholungen derselben Bauanleitung. Die Anzahl homonomer Bauteile wird in einem Organismus in der Regel um so größer und diese selbst um so konservativer, je tiefer sie in der Hierarchie liegen. Das reicht von 10^{12} gleichgebauten ‚kleinen grauen Zellen' in unserem Gehirn, bis zum Tausend- und Millionenfachen deren homonomer Organellen und Biolomoleküle. Die Organisation der Lebewesen ist, wie schon festgestellt, von hoher Redundanz, eben von ‚billiger Ordnung'.

In die höheren Schichten der Homonomien reicht dies bis in den Gleichbau der Extremitäten urtümlicher Gliederfüßer, der Zähne alter Reptilien, selbst unserer Finger und sogar in den prinzipiellen Gleichbau unserer Arme und Beine. Den Abbau solchen Gleichheit, den wir als Differenzierung kennenlernten, bildet der Übergang von den homonomen zu homologen Bauteilen.

In der Ethologie spielen homonome Massenbauteile in Form der Wiederholung homologisierbarer Bewegungsabläufe und wiederholter Strophen von Gesängen eine große Rolle; ebenso im Rahmen der isomorphen Moleküle, für den Fall, daß sich diese als homolog erweisen. In Absatz C1e4 komme ich darauf zurück. Im Rahmen der Artefakte kennen wir die Häufung identischer Bauteile schon vom Redundanz-Phänomen. Als homonom wird man besonders jene bezeichnen, die, wie die Wiederholung von Begriffen in den Sprachen und den Formen von Kapitellen oder Gewölberippen, eine Genealogie besitzen.

(e2) *Homodynamie* bezeichnet den Transfer homologer Instruktionen im Rahmen des epigenetischen Systems, also der Gen-Wechselwirkungen letztlich aus den Erbanlagen. Im Speziellen hat man die sogenannten ‚Induktionsprozesse' im Auge, wo ein Blastem, ein embryonaler Zellverband, einem anderen spezielle Aufgaben der Differenzierung übermittelt (vgl. Abb. 101, Seite 310).

Als Beispiel nehme ich nochmals die Chorda der Wirbeltiere, von welcher der Auftrag an das dorsale Mesoderm, die künftige Anlage der Muskulatur ergeht, sich segmental zu gliedern (und dies führt zur Induktion der Wirbelanlagen und weiter zu jener der Spinalganglien usw.). Entnimmt man die Chorda selbst dem urtümlichsten Wirbeltier, etwa einem Neunaugen-Embryo und setzt sie unter die Bauchhaut eines Hühnerembryos, so beginnt sich sogar dort das ventrale Mesoderm zu gliedern.

Die Nachricht wird also unter allen Wirbeltieren in der selben Weise verstanden und leitet die Entstehung homologer Bauteile an. Es ist also sehr gerechtfertigt, das Phänomen zu den Homologien zu stellen.

Als homodyn können wir aber entsprechend auch jene Funktionen auffassen, die über die Vorgänge des Stoff- und Energiewechsels wieder bis in den molekularen Bereich reichen. Und im Rahmen der Artefakte können erbliche Handlungsanleitungen, selbst Funktionen der Semantik und Syntax, zu dieser Form gerechnet werden.

(e3) *Homoiologien* sind hingegen Analogien, die auf homologen Substraten entstehen. Das klassische Beispiel ist die Crista sagittalis, der (in Absatz C1b2) schon erwähnte Knochenkamm, der bei Säugern über der Naht der Scheitelbeine aufwächst. Er entsteht, unabhängig voneinander, bei Tieren, bei welchen sich für besonders kräftigen Biß die Schläfenmuskulatur mächtig entwickelt und daher eines verbreiterten Ansatzes bedarf. Das ist eben bei der Hyäne ebenso der Fall wie beim Gorilla. Entsprechendes kennt man von mächtiger Brustmuskulatur, die bei Vögeln, aber auch beim Maulwurf, einen Knochenkamm am Brustbein entstehen läßt.

Auch im gegebenen Fall ist die Einreihung richtig, denn die Orte, auf welchen analoge Bildungen entstehen, sind zweifellos homolog. Homoiologien sind in der Tat auch viel häufiger, als man landläufig annehmen möchte. Denn wo immer an homologe Strukturen, unabhängig voneinander, dieselben Ansprüche angelegt werden, können dieselben entstehen. Das illustrieren die Flossen von Ichthyosauriern und Delphinen, aber auch viele Beuteltiere, die so gut wie alle ökologischen Typen entwickelt haben, wie wir sie von den höheren Säugern kennen.

Und wie in den organismischen Strukturen stecken auch Verhaltensweisen und nicht minder die Artefakte voll solcher, gar nicht leicht aufzuschließender Homoiologien.

(e4) *Isologie* ist dagegen ein Begriff aus der Chemie und bezeichnet strukturgleiche Moleküle. Da diese unterschiedlichen Ursprungs sein können,

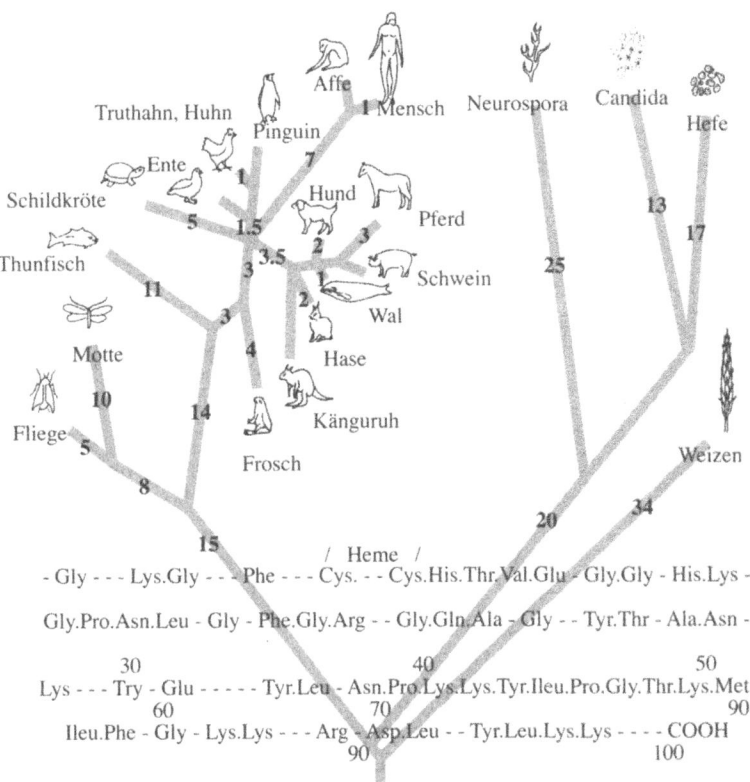

Abb. 51. *Zur Homologie von Isologien,* am Beispiel des Cytochrom-c Moleküls. Angelegt an den Stammbaum der Organismen kann angegeben werden, wie viele (mutative) Änderungen in der langen Kette von Aminosäuren von Repräsentant zu Repräsentant postuliert werden können. Damit erweist sich die chemische Ähnlichkeit als eine Homologie. Unten steht jene Aminosäuresequenz geschrieben, die von der Hefe bis zum Menschen gleichgeblieben ist (zusammengestellt in Riedl 1975)

haben sie mit Homologie noch nichts zu tun. Nur wenn sich herausstellt, daß ein und dasselbe Großmolekül, auch mit seinen schrittweisen Abwandlungen, in verschiedenen Organismen denselben Ursprung haben muß, wird die Homologievermutung wahrscheinlich. Und wenn sich zeigt, daß eine solche Abwandlung auch mit den Wandlungen im Ähnlichkeitsfeld dieser Organismen übereinstimmt, kann es verläßlich als homologes Molekül verstanden werden. Ein frühes und schon vorzügliches Beispiel für einen solchen Fall (Abb. 51) ist das Cytochrom-c Molekül.

Der Übergang von der Isologie zur Homologie ist aber ein Thema, das uns nicht nur im Zusammenhang mit Großmolekülen, sondern mehr noch im Kontext genetischer Kodierung befassen wird. Denn im Rahmen geringer Merkmalseinheiten wird die Homologisierung mit ihren Bedingungen, welchen nirgends zu entkommen ist, immer problematischer.

158 Die Strukturierung des Erkannten

Für den Vorgang des Erkennens endet hier das Thema. Für den Vorgang des Erklärens hingegen beginnt es, an solcher Grenze erst so recht zum Problem zu werden. Der Teil 6 wird sich damit befassen.

(f) *Homologie-Auffassungen*: Was schließlich die Diskussion um die Auffassungen des Homologiebegriffs betrifft, so ist diese durch zwei Merkmale gekennzeichnet. Erstens kam sie bislang noch zu keiner einheitlichen Auffassung, und zwar zweitens, deshalb, weil man dem reinen Vorgang des Erkennens mißtraut und ihn zu umgehen, durch Vorgänge der Erklärung zu stützen oder zu ersetzen trachtet. Dabei ist das Mißtrauen auf eine mangelnde Aufklärung des eben dargelegten Wahrnehmungsvorgangs zurückzuführen. Die versuchte Substitution des Erkennens durch das Erklären dagegen kann sich, aus dem uns schon bekannten Grunde, der Zirkularität nicht entwinden, weil eine Erklärung nicht besser sein kann als die vorauszusetzende Bestimmung des zu erklärenden Gegenstandes. Diese Auffassungen sind in den Achtzigerjahren ‚idealistisch' oder ‚klassisch' genannt worden, ‚historisch', ‚evolutionär' oder ‚biologisch', ‚phenetisch' oder ‚cladistisch', sowie ‚utilitaristisch' (Rieger und Tyler 1979, Patterson 1982, Wagner 1989). Als ‚idealistisch' und ‚klassisch' werden dabei jene Positionen zusammengefaßt, die sich, wie in meiner Darlegung, auf den Vorgang des Erkennens beschränken. ‚Historisch', ‚evolutionär' und ‚biologisch' nennt man unterschiedliche Erklärungsmodelle. Auf diese werde ich in Teil 6 gebührend eingehen. Hier tangieren sie das Thema noch kaum, weil, wie schon erwähnt, die Erklärungsweise wenig Einfluß auf den Vorgang des Erkennens nimmt.

‚Phenetisch' und ‚cladistisch' sind Auffassungen, welche um die Homologie als Problem herumzukommen trachten. Sie sind im Zusammenhang mit ihrer Anwendung in der Systematik aufschlußreicher. Ich werde daher auf sie sowie auf den Begriff einer ‚operationalen Homologie' im Abschnitt D1a zurückkommen.

Und als ‚utilitaristisch' hat man schließlich jene Positionen zusammengefaßt, die, sei es im Vorgang des Erkennens oder des Erklärens, Homologie als Namen vermeiden und an dessen Stelle die Bezeichnung ‚Merkmal' (Charakter) verwenden, so als ob sich aus Verwandtschaft Ähnlichkeit erklärte, die man selbst auf Ähnlichkeit zurückführt. Natürlich steht im Hintergrund das, was ich als ‚Ähnlichkeitsfelder' näher bestimmte. Aber sie setzen die intuitionistische Lösung unreflektiert voraus und verdunkeln nochmals die Notwendigkeit, diesen Vorgang aufzuschließen. Sie sind unserem Thema nicht hilfreich.

2
Über Typus und Bauplan

Dem Konzept des Typus sind wir schon im Zusammenhang mit seiner Entwicklung (in Abschnitt B1a) begegnet und haben den empirischen Vorgang seiner Bestimmung behandelt. ‚Bauplan' ist hingegen bislang nur als umgangssprachliche Metapher verwendet worden. In einem weiteren Sinn können die beiden Begriffe synonym gebraucht werden. Dennoch ist es gut sie zu unterscheiden. Denn es ist gedanklich, wie dies auch unsere Sprache anleitet, im eigenschaftswörtlichen Kontext besser vom ‚Typischen', dagegen im Kontext der auch hier vorliegenden hierarchischen Zusammenhänge, also im Falle der Verwendung des Plurals, namentlich der Schichtzusammenhänge, von Bauplänen zu sprechen.

Konsequenterweise ist zuerst (a) das Typusproblem und erst im Anschluß das Phänomen (b) der Baupläne abzuhandeln.

(a) *Über den Typus*: Was die heutige Verwendung des Begriffes ‚Typus' betrifft, ist sich bereits unser lexikalisches Wissen dahingehend einig, daß „die Fähigkeit des Menschen, aus einer Reihe ähnlicher Sachverhalte das ‚Typische' herauszuheben, wahrnehmungspsychologisch schon durch die Gestaltwahrnehmung vorbereitet ist" (Brockhaus). Damit haben wir uns (Teil 3) gebührend befaßt. Hier gilt es zu bestimmen, was das Typische an einem Typus sei und mit welchen Erwartungen man an die Bestimmung des Typischen herangehen kann.

Vorweggenommen sei der Begriff vom ‚taxonomischen Typus'. Damit wird, etwa mit der Bezeichnung *Genus typicus*, die erst entdeckte Gattung einer Familie hervorgehoben, was nur zeigt, daß man dem Typusverständnis schon sehr ferne war.

Im Grunde kann es nur einen, nämlich (a1) den ‚morphologischen Typus' geben, sowie Abwandlungen nach (a2) dem Ziel der Untersuchung, (a3) der Vereinfachung der Methode oder (a4) der Darstellung.

(a1) *Den morphologischen Typus* kann ich nach heutiger Kenntnis sehr einfach bestimmen: als die einem System abgeforderten und zugelassenen Freiheits- und Fixierungsgrade seiner Bauteile. Freiheits- und Fixierungsgrade sind systemimmanente Bedingungen. Diese Wandelbarkeiten und Starrheiten lassen sich den harmonisch-divergenten Mustern, dem jeweiligen Ähnlichkeitsfeld, bereits entnehmen. Man greife nochmals auf das Beispiel der Handskelette der Säugetiere (Abb. 23, Seite 86) zurück. Und man erkennt sogleich die Konservativität der Mittelachse, die Reduktionsmuster der Seitenzehen, die Freiheiten in den absoluten wie relativen Längenverhältnissen von Mittelhand und Fingern usw.

Was aber in einem System selbst an Möglichkeiten steckt oder aber an Constraints nicht zu überwinden ist, kann vergleichend-anatomisch natürlich nur im Rahmen dessen wahrgenommen werden, was dem System abgefordert wurde. Daß sich Fingerglieder spinnenfingrig verlängern oder dagegen teilen können, würden wir nicht wahrnehmen, kennten wir nicht die Fledermäuse und Delphine.

Dennoch ergeben sich aus diesem morphologischen Typus die wesentlichsten Hinweise darauf, was an Systemeigenschaften in einer Gruppe von Bauformen enthalten ist. Und natürlich gilt das nicht nur für einen einzigen hierarchischen Horizont. Es läßt sich, um bei unserem Beispiel zu bleiben, auch der Typus des Handskeletts nur der Paarhufer oder aber aller Vierfüßer bilden. Er wird entsprechend enger und weiter ausfallen.

Was dieser Typus-Auffassung mangelt, ist die Möglichkeit einer geschlossenen bildlichen Darstellung, weil einander Metamorphosen mehrerer Qualitäten überlagern. Diese können zwar im einzelnen quantifiziert werden, modifizieren aber in verschiedene Richtungen. Es stehen Strukturwandlungen in drei Dimensionen, Lageverschiebungen, Formwandel und sogar Neubildungen in- und gegeneinander.

(a2) *Der systematische Typus* ist im Konzept von dem Wunsche angeleitet, aus den Vertretern einer Verwandtschaftsgruppe deren Ursprungsform abzuleiten. Führt man die Peripherien eines Ähnlichkeitsfeldes, gewissermaßen deren ungleiche Trends zu einer gemeinsamen Mitte, so kann man tatsächlich der unspezialisierten und damit einer ursprünglichen Bauform nahekommen. Unsere Abbildung (23, Seite 86) legt das sogar nahe.

Freilich ist das nicht ausgemacht, und genau genommen handelt es sich um ein anderes Problem, nämlich das der ‚Lesrichtung' von Ähnlichkeitsreihen, auf das ich im Abschnitt D3a einzugehen habe. Es ist ein Problem der Systematik und wird durch fossile Dokumente gestützt. Aus den rezenten Vertretern unserer Vogelwelt hätte sich der Urvogel, die Archaeopteryx, nicht leicht rekonstruieren lassen. Wir Menschen selbst sind höchst unspezialisierte Säugetiere, ohne daß wir deren Ursprungsform sehr nahestünden.

Schon dem Wortklange nach ist in der hier vorliegenden Absicht noch auf Goethes ‚Urform' zurückzukommen und seine ‚Urpflanze' zu erwähnen. Das war aber damals nicht stammesgeschichtlich gedacht, sondern hat mehr die Voraussetzungen einer Bauform im Auge.

(a3) *Vereinfachungen der Methode* haben dagegen die Konzepte des ‚generalisierenden Typus' und des ‚Zentraltypus' zum Ziel. Man müsse, um zum Generellen zu kommen, alles an speziellen Ausformungen weglassen, oder aber im Zentrum dessen, was wir nun ein Ähnlichkeitsfeld nennen, so etwas wie eine geometrische Mitte finden, indem man die Metamorphosereihen zurückverfolgt. Schon in der frühen Diskussion um diese Themen wurde beklagt, daß die auf solche Weise in Erscheinung tretenden Konstruktionen keinen funktionsfähigen Organismen entsprächen. Das ist gewiß richtig, zeigt aber, daß die Kritiker als Ergebnis doch wieder etwas wie eine Stammform oder Urform erwartet haben müssen.

Das verlangt festzustellen, daß ein morphologischer Typus keineswegs einer lebensfähigen Kreatur entsprechen kann als vielmehr den ‚Möglichkeiten einer Bauform'. Er entspricht den funktionellen und epigenetischen

Freiheitsgraden eines Systems, eingegrenzt durch die demselben bislang gebotenen oder abgeforderten Opportunitäten.

Alle vereinfachenden Methoden für die Erstellung eines Typus können nicht mehr gewinnen, als die jeweilige Vereinfachung zuläßt. Seien es Abrundungen oder Mittelwerte, die Möglichkeiten einer Bauform erfassen sie nicht.

(a4) *Vereinfachungen der Darstellung* führen zum ‚diagrammatischen Typus'. Und es ist gewiß legitim, eine Erfahrung vereinfacht darzustellen. Im technischen Sinn ist das sogar notwendig, wenn man sich durch zeichnerischen Ausdruck behelfen muß. Aber man erinnert sich der Hindernisse, die einer graphischen Darstellung des morphologischen Typus entgegenstehen.

So kommt es, daß sich die diagrammatischen Darstellungen auf wenige Charakteristika eines Typus beschränken müssen. In der Regel stellt man zwei derselben dar, die stetig vorkommenden Bauteile und deren am häufigsten repräsentierten Lageverhältnisse. Die Abbildung 52 gibt davon eine Vorstellung.

Aber freilich täuschen auch solche Bilder, weil sie Proportionen zum Mindesten suggerieren, die sie eigentlich nicht darstellen wollen. Es existiert kein Grund, dem Typus des Säugerschädels, wie in Abbildung 52, die Form eines Hundekopfes zu geben, wenn man sich die Formenfülle dieser Schädel vor Augen hält. Aber ohne Form lassen sich eben nicht einmal Lageverhältnisse darstellen.

Selbstredend kennt man das ‚Typische' in allen Disziplinen, die mit komplexen Systemen umgehen, in der Geomorphologie, in Ethologie und Ökologie wie in allen Kulturwissenschaften. Aber vielfach wird der Begriff noch umgangssprachlich verwendet, wo es empfohlen wäre die Arten der Typuskonzepte zu beachten.

Dennoch: Unsere Gestaltwahrnehmung und der -vergleich lenken meist schon sehr gekonnt in all das, was ich als morphologischen Typus verstehe. Allerdings ist man vielfach den dahinterliegenden Prinzipien noch nicht nachgegangen. Man blieb im Intuitionistischen und vermochte im Streit von Schulen und Ansichten eben auch nur intuitionistisch zu argumentieren. Dabei ist das, was im Typus verborgen liegt, im Grunde das, worin wir in Wahrheit Aufschluß über die realen Metamorphosen dieser Welt suchen.

Der Typus ist und bleibt ein multidimensionales Geschehen. Und zwar durchaus nicht im abstrakten Sinn. Im Gegenteil, der Gegenstand ist höchst lebensvolle Realität und Wirklichkeit: Realität, weil alles in ihm in realen Funktionsgrenzen festgelegt ist und im Wortsinne Wirk-lichkeit, weil er all das bewirkt, was wir seine Repräsentanten nennen.

(b) *Den Begriff Bauplan* nimmt man gewöhnlich als Metapher, aber in manchen Hinsichten ist er eine treffende Analogie. Das beginnt bereits mit

162 Die Strukturierung des Erkannten

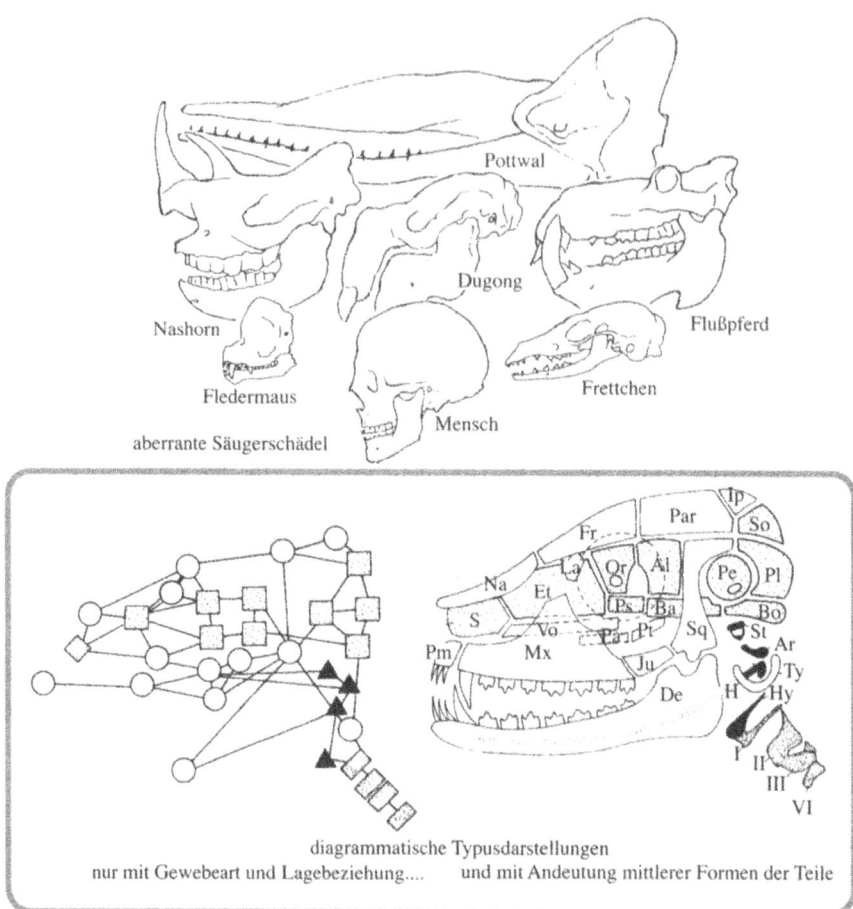

Abb. 52. *Der diagrammatische Typus*, am Beispiel des Schädels der Säugetiere. Links sind nur die Typen der Bauteile und deren Lagebeziehungen (nach Riedl 1975), rechts (nach Kühn 1955) auch deren ‚durchschnittliche' Form eingetragen, was über das Typuskonzept schon etwas hinausgeht. Zum Vergleich sind sieben aberrante Säugerschädel (nach Gregory 1951) gegenübergestellt

den vier *causae*, die schon Aristoteles unterschieden hat und führt bis in die Wechselabhängigkeiten, die sich aus der hierarchischen Struktur eines Baues ergeben.

Nochmals sind wir an der Grenze zu Erklärungen angelangt, aber immer noch an einer solchen, die sich ohne den von David Hume charakterisierten, konzeptionellen Übergang vom *post hoc* zum *propter hoc* ergibt. So etwa wie es keines theoretischen Konzeptes bedarf um wahrzunehmen, was ein Steinbeil oder ein Fellumhang an Wirkung tut.

Noch immer ist es der ‚gesunde Menschenverstand', die ratiomorphe Verarbeitung des *simul hoc*, die uns die hier zu behandelnden Wechselbezüge (b1) über die Schichten der Strukturhierarchien hinweg sowie (b2) zwischen diesen die Rahmen der Klassenhierarchien erfassen lassen.

(b1) *Strukturen der Baupläne*: Betrachtet man die Strukturhierarchie der Baupläne, so leitet dies über in die kognitive ‚Differenzierung von Wirkungen'. Es handelt sich um vier Formen, in welchen uns Ursachen erscheinen. Welche Wandlungen diese Auffassung in der Geschichte der Wissenschaften erlebte, werde ich in den Teilen 5 und 6 referieren. Hier habe ich mich auf die Darstellung eines doppelten kognitiven Dualismus zu beschränken, der uns die Wahrnehmung von Ursachen gliedert.

Für den Hausbau, um gleich bei einem Beispiel von Aristoteles zu bleiben, benötigt man erstens Kräfte, Schweiß, Geld oder Macht, die *causa efficiens*, zweitens geeignetes Material, *causa materialis*, drittens einen Plan, der angibt, welche Materialien in welche Lage zu bringen sind, also ein Auswahl- oder formbildendes Selektionsprinzip, die *causa formalis* und viertens irgendeine Absicht, ein Ziel oder Programm, die den Bau fordert, die *causa finalis*. Keine der vier Bedingungen ist entbehrlich. Wörtlich werde ich diese Stellen des Aristoteles in Abschnitt 5,B2a belegen.

Dies ist unmittelbar auf den Bau von Organismen zu übertragen. Bei Antriebskräften und Material ist das trivial, aber auch die *causa formalis* und *finalis* kennen wir als Selektionsprinzip und als das Ziel der Arterhaltung. Dabei scheint nicht die Welt viergeteilt zu sein, vielmehr unser kognitiver Zugang in zwei Alternativen.

(i) Eine der Symmetrien erkannte schon Aristoteles. Vereinfacht referiert empfand er, daß die *causae efficiens* und *finalis* von außen, *materialis* und *formalis*, im Inneren wirkten. Unsere heutige Erfahrung bestätigt dies. Die Antriebskräfte jedes organismischen Aufbaus kommen tatsächlich von der Sonne und die Bedingungen der Arterhaltung vom jeweiligen Milieu. Der Wandel der Materialien und der formbestimmenden Selektion spielt sich im Inneren ab.

Die kognitive Symmetrie hängt mit unserem Erleben zusammen, nach welchem wir die Ergebnisse der *causa materialis* und *formalis*, die der Material- und Formgebung innerhalb der Systeme, durch die Gestaltwahrnehmnng als Strukturen erleben, als Zellen und Ziegel, als Organismen oder Häuser. *Causa efficiens* und *finalis* dagegen, Antriebe und Zwecke erleben wir als Funktionen, unbildlich und gleichartig, wo immer wir Antriebe und Zwecke zu erkennen meinen. Dem entspricht auch die Syntax aller Sprachen mit der Trennung in Nomina und Verben (Abb. 53).

(ii) Eine zweite Symmetrie taucht auf, sobald man den hierarchischen Schichtenbau komplexer Systeme mit in Betracht zieht. Dann zeigt es sich, daß die *causa efficiens* und *materialis* von unten, die *causa formalis* und *finalis* von oben durch diesen Schichtenbau hindurchwirken. Das mag für die Kräfte, ursprünglich stets Quantenkräfte, und für die Materialien trivial erscheinen. Daß aber Selektion und Zweck stets aus den Obersystemen

164 Die Strukturierung des Erkannten

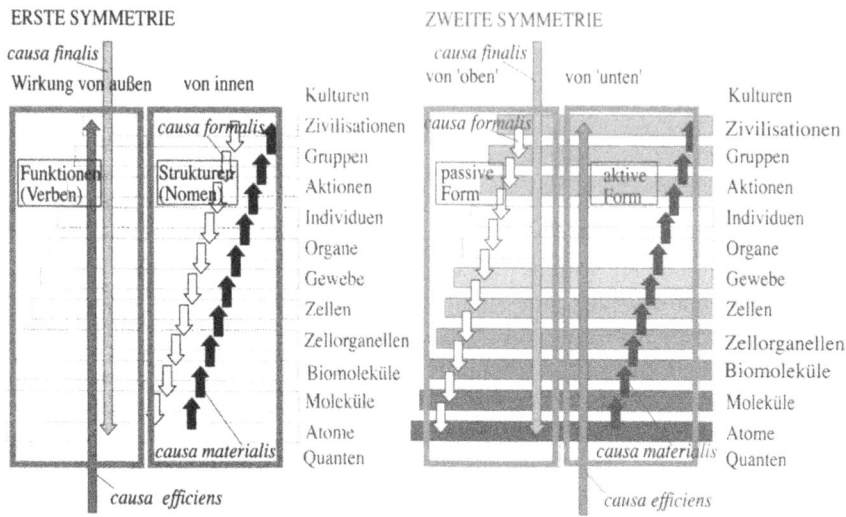

Abb. 53. *Die beiden kognitiven Symmetrien* unserer Wahrnehmung (Deutung) der Ursachenmuster in komplexen Systemen. Am Beispiel des hierarchischen Baues des Organismischen. Die Vierteilung der Ursachen und die erste der Symmetrien wurde schon von Aristoteles wahrgenommen (noch nicht die hierarchische Struktur), die zweite (Riedl 1978/79) durch die vorliegenden Studien (Einzelheiten dazu in Teil 6; aus Riedl 1998)

wirkt, wird man erkennen, wenn man bedenkt, daß das Organ ebenso Form und Zweck der für es geeigneten Gewebe bestimmt wie ein Zimmer die für es geeigneten Möbel.

Die kognitive Seite dieser Symmetrie ist auch von unserem Erleben angeleitet und äußert sich nochmals in unserer Syntax, als passive oder aktive Form. Während wir über Material und Formgebung im allgemeinen aktiv zu verfügen meinen, empfinden wir Wirkungen von oben, ähnlich einem Schicksal, zugefügt (Riedl 1998). Tatsächlich ist es lebensnotwendig zu wissen, ob wir bewegen oder bewegt werden. Dies zu erkennen ist bereits im ‚Reafferenz-Prinzip' unserer Nervenleitungen vorgesehen (Lorenz 1978), nämlich ob wir meinen zu schütteln oder geschüttelt zu werden. Es hat Einfluß auf uns, ob wir eliminieren oder eliminiert werden.

(b2) *Klassen der Baupläne*: Dehnt man den Blick aufs Bauplankonzept von den Struktur- in die Klassenhierarchien, so bringt die Analogie zwischen den Bauformen der Organismen und der Artefakte die Begrifflichkeit von ‚Bedingungen und Vorbedingungen' in den Vordergrund. Und der hierarchische Zusammenhang kommt noch deutlicher zu Tage, weil nun vom Bauplan von Bauplänen zu sprechen ist.

In diesem Kontext kann ich gleich mit einem Beispiel beginnen. Denn die Systematik, der wir uns hier nähern, beruht auf Systemen der im Bau-

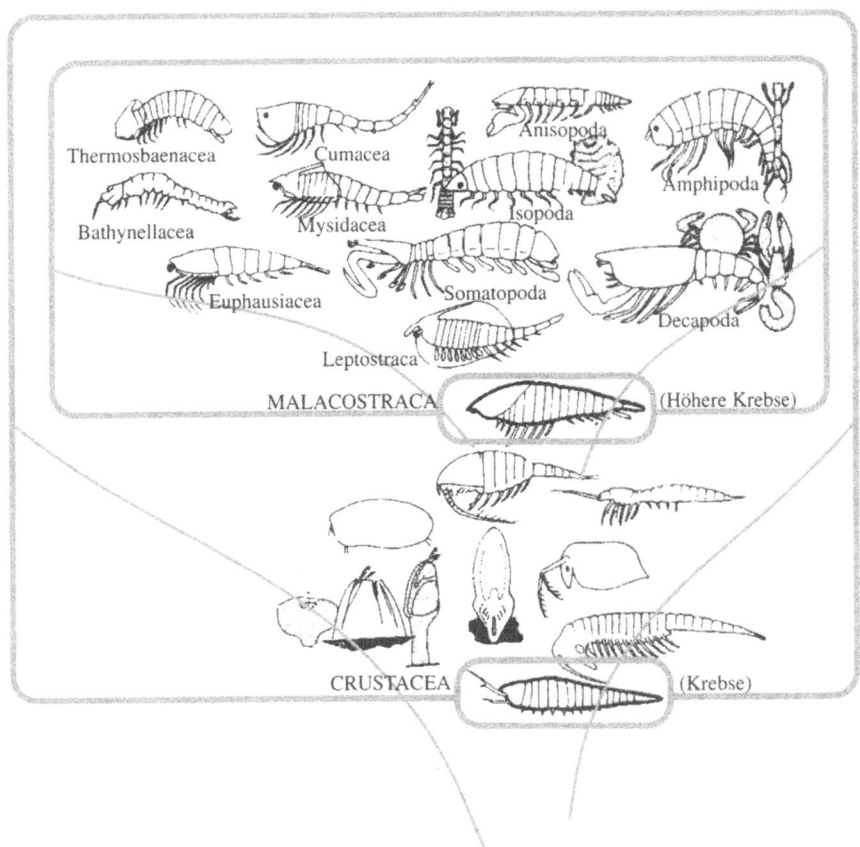

Abb. 54. *Der Bauplan der Baupläne*, am Beispiel der ‚Höheren Krebse' im Rahmen der Krebse. Man beachte, wie sich etwa die Differenzierung der Körperformen in den Hauptgruppen der Krebse, in den Vertretern der ‚Höheren Krebse' erhält und dann nur mehr die Rumpf- und Beinformen variieren (in Anlehnung an Riedl 1987)

plan von Bauplänen gegebenen Voraussetzungen. Nehmen wir den Bauplan der Crustacea oder Krebse (Abb. 54), so folgt aus diesem Bauplan die Architektur ihrer Festigkeit durch Haut und Turgor sowie die der Metamerisation, einer Seriengliederung in weitgehend gleichgebaute Körperabschnitte. Fügen sich Vorstadien echter Extremitäten an, so übernehmen diese den entsprechend seriellen Bau.

Dies repräsentieren bereits die Gliederwürmer. Und schon mit den Extremitäten geht eine Verstärkung der Haut einher, diesen Ruderfüßen Verankerung zu bieten. Werden daraus mit den Arthropoda oder Gliederfüßern echte Extremitäten, dann wird mit der Verfestigung des Außenskeletts ein weiteres Stadium angeführt, nämlich die Formbildung einer ganzen Stadiengruppe. Dabei wird dieser Bauplan zur Grundlage weiterer Baupläne, indem dieses Prinzip entweder nur perfektioniert wird wie bei Tausendfüßlern oder, bei noch differenzierteren Formen, die Metameren in verschiedener Weise zu Regionen zusammengefaßt werden, wie das die Krustazeen, Insekten, Spinnentiere und die übrigen kleineren Gruppen zeigen.

Die Grundform der Krebse demonstriert uns acht Ausformungen. Eine davon verfolgt die Abbildung 54 weiter: die ‚höheren Krebse' mit elf weiteren Festlegungen von Beinen und Panzer.

Vom Prinzip des Außenskeletts, der Metameren-Regionen und der gegliederten Extremitäten, mit all deren Folgen, kann aber in keinem Fall abgewichen werden. Dieses Prinzip der Vorbedingungen von Vorbedingungen läßt sich in allen Hierarchien solcher Ähnlichkeitsfelder zeigen.

Im Bereich der Artefakte kennen wir dasselbe Prinzip, ob es sich um einen Stil handelt, sei es die Gotik, selbst eine Wiederholung, wie in der Klassizistik oder Neugotik, sei es, noch umfassender, in den Denk- und Sprechweisen einer Epoche, wir finden denselben Aufbau von Vorbedingungen. Ein Beispiel gibt Abbildung 55.

So folgt aus dem Grundriß der Dome einer Zeit deren Gewölbebau, aus diesem ein bestimmtes Maßwerk, das von hier aus auch noch das Maßwerk der Fenster bestimmt.

3
Eine Theorie von Phän und Merkmal

Im bisherigen Text war wiederholt von ‚Merkmalen' die Rede, umgangssprachlich gewissermaßen, ohne diesen Begriff näher zu bestimmen. Er war aber auch, wie so oft in der Darstellung von Systemzusammenhängen, zunächst einmal als bestimmt vorauszusetzen. Die Untersuchung ist nachzutragen. Und zwar erst an dieser Stelle, weil es sich erweist, daß der Begriff erst aus der Praxis einer wechselseitigen Optimierung mit dem Feldbegriff zu bestimmen ist, nämlich aus dem Wechselzusammenhang von Struktur- und Klassenbegriffen. Was also für die Prinzipien der Morphologie ein Nachtrag wird, ist für die anzuschließenden Prinzipien der Systematik ein Vorgriff.

Das Deutsche ist etymologisch oft sehr sensitiv und deutet den Zusammenhang schon an. Merkmal hat mit einem Mal, einem Zeichen, zu tun, das bemerkbar, merkbar und merkenswert, sogar bemerkenswert sein soll. Auch hat das Thema wieder mit ‚Wahr-nehmung' zu tun, einem Sinnesdatum Realität zuzudenken. Schon J. v. Uexküll (1937) unterschied die ‚Merkwelt' eines Organismus von seiner ‚Umwelt'. Sogar ‚Wirk-lichkeit' spielt herein, die Erwartung, in etwas wirken zu können.

Vom ‚Phän' war noch nicht die Rede. Vielfach aber von dessen Verwandten, vom Phänomen. Phän ist ein Terminus technicus, dem ‚Merkmal' konzeptionell ganz ähnlich. Ich verwende die beiden vorerst synonym, als eine Vorbereitung auf die Vorgänge der Erklärung.

Die Prinzipien der Morphologie 167

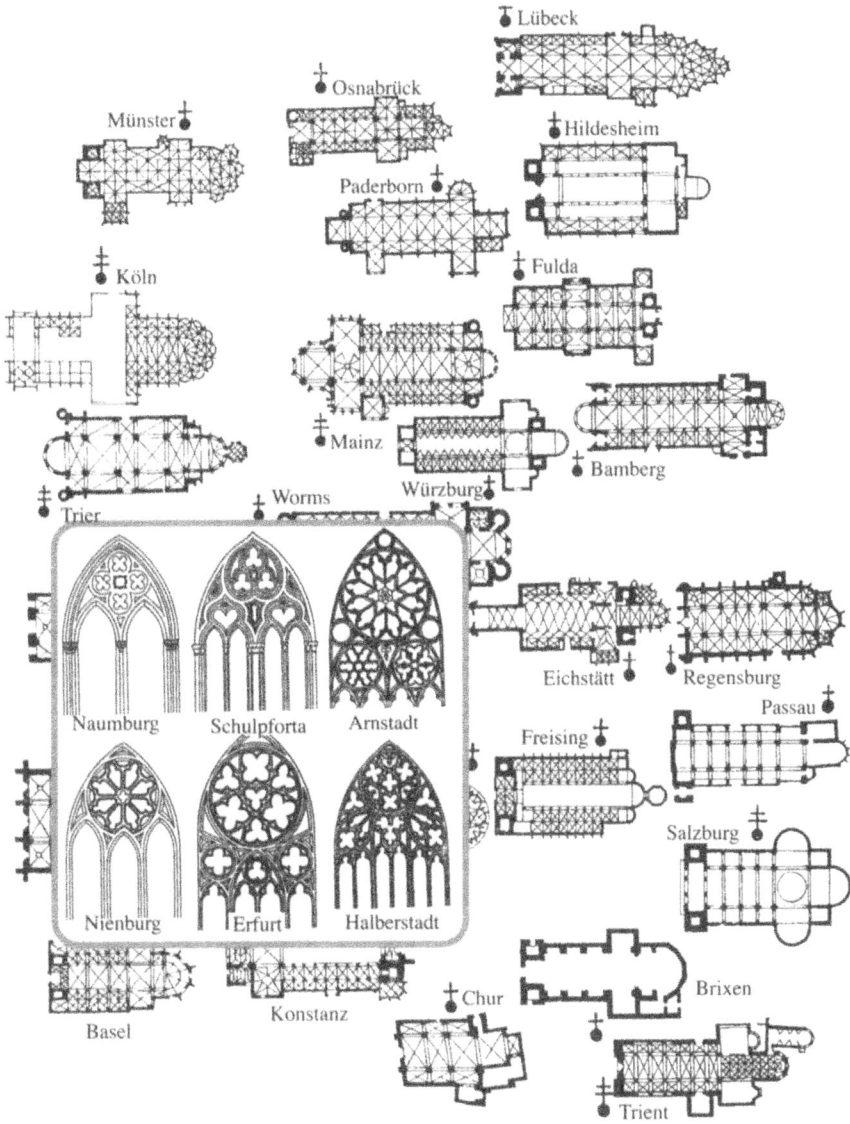

Abb. 55. *Baustile als Festlegung von Prinzipien*, am Beispiel der Gotik; oben Grundrisse, unten Fenster-Maßwerk deutscher Dome, von der Nordsee bis Südtirol (nach Braunfels 1980 und Möbius 1978, Einzelheiten in Riedl 1987)

Phän ist aus Griechisch phainesthai gekürzt, was ‚sichtbar werden‘ oder ‚erscheinen‘ bedeutet. Der Terminus ist von Genetikern eingeführt worden, weil man meinte, zwischen Gen und Phän, zwischen genetischer Anlage und deren Ausformung, dem (damals noch) Unsichtbaren und dem Sichtbaren, gut unterscheiden zu sollen. Der Begriff ist im vorliegenden Kontext noch unproblematisch. Er wird erst im Erklärungszusammenhang wichtiger und beladen mit Theorie.

Dabei werden wir uns, wie das Systemzusammenhänge nochmals erzwingen, vorläufig so verhalten müssen, als ob die Ähnlichkeitsfelder der zur Sprache kommenden Merkmale schon optimiert wären. Auf die Feldoptimierung können wir erst in Abschnitt D2 eingehen.

Wir werden zunächst das Merkmal (a) wahrnehmungs- und erkenntnistheoretisch zu bestimmen haben, um (b) den Vorgang der Optimierung anzuschließen.

(a) *Merkmals-Wahrnehmung:* Grenzen wir das Problem zuerst mit der Frage ein, was zwar eine Wahrnehmung, aber noch kein Merkmal ist. Ein Lichtblitz etwa ist kein Merkmal, es sei denn im Rahmen einer Erwartung oder Theorie, z.B.: ‚Kommt das Flugzeug nun doch durch die nächtlichen Wolken?' Auch der Umstand, daß alle Gegenstände ausgedehnt sind, wird umgangssprachlich nicht als deren Merkmal, sondern als deren ‚Eigenschaft' verstanden, es sei denn, wir erwarteten die Existenz eines nicht ausgedehnten Gegenstands.

Ein Merkmal kann zunächst als Teil einer differenzierenden Wahrnehmung oder einer Vorstellung von Koinzidenzen verstanden werden, welche die Erwartung einschließt, daraus eine Voraussicht gewinnen zu können.

Es empfiehlt sich darum zuerst (a1) Erwartungsinhalte, dann (a2) Qualitäten, Polymorphie und Metamorphosen zu untersuchen sowie (a3) den Zusammenhang von Ähnlichkeit und Wahrscheinlichkeit, um schließlich (a4) nochmals die Praxis zu resumieren.

(a1) *Erwartungen und deren Inhalte* bilden sowohl den Fokus als auch die Grenzen dessen, was wir als Merkmal erleben. Daß sie durch die sensorischen und psychischen Ausstattungen einer Kreatur limitiert sein müssen, ist noch trivial. Auffallender ist der begrenzte Beitrag von Wachheit, Interesse und Kenntnis.

(i) Es ist nicht zu bezweifeln, daß beispielsweise alle Äste, über die das Auge bei einer Waldwanderung geglitten ist, im Gehirn Spuren hinterlassen haben. Mit Absicht hervorgeholt werden können sie aber kaum. Wiederholt sich jedoch eine Eigentümlichkeit, die auch nur entfernt unsere Interessen berührt, so kommt sie, wie schon erwähnt, als das hervor, was wir eine ‚Merkwürdigkeit' nennen. Umgekehrt kann die Absicht, einer Sache ‚auf der Spur' zu sein, zu echten Täuschungen führen. Wieder spielt das Nichtbewußte eine wichtige Rolle.

(ii) Was die Struktur einer Erwartung betrifft, so läßt diese eine doppelte Zweiseitigkeit erkennen. Von beiden war auch schon die Rede. Erstens die Einordenbarkeit eines Merkmals in eine Struktur- wie in eine Klassenhierarchie, zweitens in beiden die Vorhersehbarkeit seiner Einstufung nach Merkmals-Inhalt und Merkmals-Zugehörigkeit. Das hat mit dem

Blick nach innen und außen zu tun. In Strukturhierarchien nannten wir das Struktur und Lage, in Klassenhierarchien Unter- und Oberklassen.

Merkwürdig ist auch eine Art infinitesimalen Aspekts, der die Erwartung anleitet. Auch das Kleinste läßt noch Bestandteile erwarten und das Umfassendste noch irgendeinen Überrahmen. Nach beiden Enden läßt dies unser Suchen nicht ruhen. Und innerhalb dieser Bandbreite erwarten wir Merkmale in allen Größen, in der Biologie bis zum Atom und dessen Kinetik, als Merkmal eines Moleküls, sowie bis zu den Begriffen vom Lebendigen und der Biosphäre als Merkmal unseres Planeten.

Und schließlich spielt der Unterschied zwischen Individualität und Auswechselbarkeit in der Struktur unserer Merkmalserwartung eine Rolle. Die reale Grenze zwischen den beiden habe ich (Absatz C1e1) für Strukturhierarchien den ‚Homonomie-Zaun' genannt. Mit ihm ändert sich auch die Erwartung der Lagebestimmung. Das Homologon hat nur einen Platz, das Homonom hat zwar viele, aber, wie man sich an das Beispiel von den Knochenbälkchen erinnert, begrenzt, eben in Knochen. Und so, wie die Differenzierung aus Homonomen Homologa machen kann, führt auch die Differenzierung von Wahrnehmung und Interesse vom auswechselbaren zum unverwechselbaren Individuum. Unsere Kleinkinder unterscheiden zwischen Klassen- und Individualitätsbegriff noch nicht (Piaget 1978). Und auch bei Erwachsenen ist die Grenze nach Interesse und Möglichkeit gestuft und fällt von Menschen über Vieh und Getier bis den Gräsern eines Rasens ab.

(iii) Was eine Erwartung, bewußt oder nicht, in Aussicht stellt, bleibt naturgemäß höchst verschieden. Die Erwartung irgend eines Nutzens darf man aber allgemein unterstellen. So mag der Aufwand, eine Wahrnehmung zu einem Merkmal aufzubauen, weithin ein Orientierungsbedürfnis befriedigen. Selbst dann, wenn es sich nur um die Befriedigung von Neugier oder einer gedanklichen, selbst einer närrischen, inneren Ordnung handelt.

(a2) *Der Umgang mit Qualitäten, Polymorphie und Metamorphosen* bringt uns von der Ebene der Vorbedingungen in den Bereich konzeptionellen Umgehens mit der Wahrnehmung.

(i) Unser Hang zum Zählen und Messen hat einigen wenigen Wissenschaften große Fortschritte gebracht, namentlich der Physik. Immer aber unter der Voraussetzung einer Austauschbarkeit als identisch anzunehmender Einheiten.

Setzt man Versuchspersonen vor die Aufgabe, in einem zyklischen Kontinuum Grenzen zu setzen, so geschieht das unbesorgt und weitgehend unreflektiert (Riedl 1987). Wobei die Grenzen zyklisch und, wie man sich erinnert, auf zufällige oder beliebig vorgegebene Koordinaten bezogen werden (vergleiche Abb. 20, Seite 77).

Tatsächlich ist schon in den einfachsten geometrischen Größen die Polymorphie nicht zu umgehen. Bereits die Halbierung einer Strecke oder aber

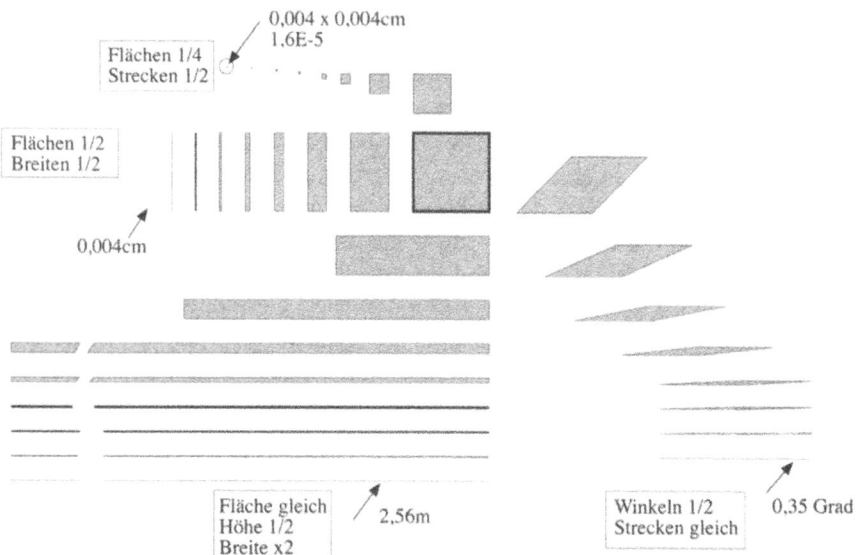

Abb. 56. *Quantitäten und Polymorphie,* am Beispiel der schrittweisen Halbierung jeweils einer Abmessung eines Quadrats. Es entstehen ganz ungleiche Größen (nach Riedl 1987)

eines Winkels führt zu qualitativ verschiedenen Resultaten. Nimmt man die Fläche hinzu (Abb. 56) so entsteht bei bloßen Halbierungen einzelner Größen schon eine Vielfalt gestaltlich ganz ungleicher Transformationen.

Festzustellen, daß die Welt voll der Qualitäten steckt, mag trivial klingen; daß die Reduzierbarkeit auf Quantitäten nur unter Spezialbedingungen einen Sinn hat, ist aber hinzunehmen. Man mag von der Frage gehört haben, wie viele vier ‚Paradeiser' (österr.: Tomaten) eines Kaufmanns sind, wenn einer angefault und ein anderer ein Zwilling ist. Für die Hausfrau sind es drei, für den Botaniker fünf.

(ii) Man erkennt, daß das Thema auf das Phänomen der Polymorphie hinausläuft. Und man kann vermuten, daß Merkmale stets polymorph sind. Selbst ein bloßer Farbfleck, der mit der Zahl einer Wellenlänge quantitativ beschreibbar wäre, hat eine Ausdehnung, beruht auf bestimmten Substanzen und befindet sich auch irgendwo, z. B. an der Brust eines Vogels, der Arterkennung und dem Ornithologen zu Nutze.

Das gilt auch für austauschbare Moleküle, denn selbst ein einziges Guanin-Molekül kann als Merkmal nur im Kontext seiner Position in der Kette und in einem spezifischen Erbmaterial verstanden werden.

Und das gilt nochmals in allem konzeptuellen Zusammenhang, da ein nun eindeutig quantifizierbarer Lichtpunkt am Oszillographen nur im Zusammenhang mit der Erwartung des Experimentators zum Merkmal wird. Die ‚Logischen Positivisten' des ‚Wiener Kreises' entwickelten die erwähnte Hoffnung, daß der sogenannte ‚Protokollsatz' – der beispielsweise die Da-

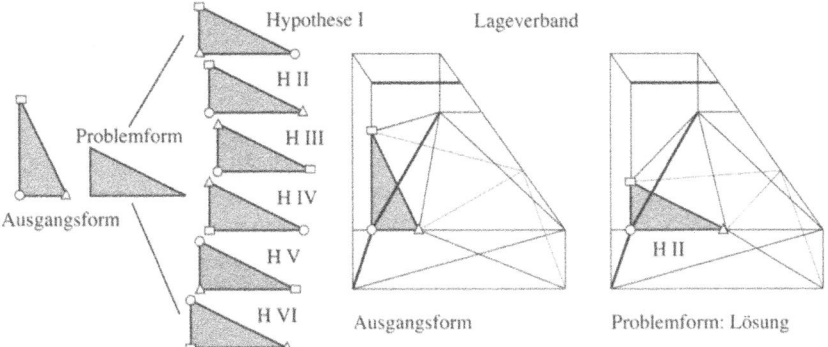

Abb. 57. *Vergleichbarkeit nach der Lage*, nun abstrakt am Beispiel zweier Dreiecke. Zunächst kann zwischen den Hypothesen H I bis H VI nicht entschieden werden. Befinden sich die Dreiecke aber in einem Lageverband, dann geht als Lösung die Hypothese II hervor. Man vergleiche das Beispiel ‚Lagekriterium' in Abb. 46, Seite 143 (nach Riedl 1987)

ten um jenen Lichtpunkt festschreibt – bereits empirische Gewißheit enthielte. Bis es sich zeigte, daß eine Theorie der Instrumente und zudem eine Theorie des Beobachters vorausgesetzt werden muß. Alles ist theoriebeladen.

(iii) Wenn es richtig ist, daß Merkmale zum mindesten konzeptionell polymorph sind, gewinnt das Phänomen der Metamorphose, der Wandlung aller komplexen Systeme, an Bedeutung. Denn, soweit unsere Kenntnisse reichen, wandeln sich die Gegenstände unserer Welt immer gleitend. Ich sage nicht ‚kontinuierlich', denn gewiß gibt es Stetigkeiten und vergleichbar rasche Phasenübergänge. Letztere mögen, in Zeitmaßen der Stammesgeschichte betrachtet, mit der Metapher ‚Fulguration' (Lorenz 1973) ganz gut hervorgehoben sein. Aber unter die Lupe genommen erweisen auch sie sich alle als gleitend.

Und das ist nicht nur auf den Wandel einzelner Größen zurückzuführen, sondern, was die Sache kompliziert, auf die unterschiedlichsten Wandlungen verschiedener Größen, auf das damit verbundene Vergehen alter und das Entstehen neuer Qualitäten. Hier liegt auch der Kern des Optimierungsproblems im Merkmalskonzept.

(a3) *Der Zusammenhang von Ähnlichkeit und Wahrscheinlichkeit* führt eine Art Bemessung der Beladenheit mit Theorie oder Erwartung vor (Riedl 1987). Nehmen wir den einfachen Fall mit der Frage, welche Punkte eines rechtwinkeligen Dreiecks den Eckpunkten eines anderen entsprächen (Abb. 57), so kann zwischen sechs Lösungen nicht entschieden werden. Ist die Lage der beiden Dreiecke aber in einem System von Merkmalen bekannt, wird die Lösung eindeutig. Das entspricht dem Homologiekriterium der Lage (vergleiche dazu Abb. 46, Seite 143).

172 Die Strukturierung des Erkannten

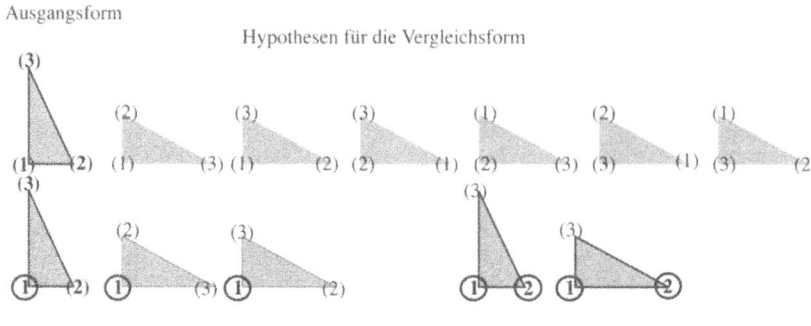

(x) Struktur-Qualität der Ausgangsform unbestimmt
(x) Struktur-Qualität der Vergleichsform unbestimmt
(x̃) Struktur-Qualitäten eindeutig

Abb. 58. *Vergleichbarkeit nach der Struktur*, abstrakt am Beispiel zweier Dreiecke. In ihnen ist entweder kein Eckpunkt nach seiner Struktur eindeutig, nur einer oder deren zwei. Daraus folgen sechs konkurrierende Lösungen, deren zwei oder eine eindeutige. Man vergleiche das Beispiel ‚Strukturkriterium' in Abb. 48, Seite 146 (nach Riedl 1987)

Dasselbe gilt im Zusammenhang mit dem Homologiekriterium der Struktur. Gibt kein Lagebezug Aufschluß (Abb. 58), sind wieder sechs Lösungen möglich. Ist aber ein Eckpunkt als Merkmal bestimmbar, gibt es nur mehr zwei Möglichkeiten, sind zwei Merkmale eindeutig, so ist die Lösung eindeutig.

So simpel diese Überlegung auch ist, sie soll daran erinnern, daß in einer Ähnlichkeitsvermutung erstens eine Theorie vom Merkmal gebildet werden muß und dieselbe von den gegebenen Kenntnissen aus dessen Umgebung abhängt; daß zweitens wieder die Kriterien der Lage und Struktur eine Rolle spielen; und daß drittens erst ab dieser Position, im Vergleich mit der ganzen Vielfalt an Differenzierungen und Repräsentanten, die Wahrscheinlichkeit einer Homologisierung zu bestimmen ist (vergleiche dazu Abb. 48, Seite 146).

(a4) *Für unser Interesse an der Praxis* bleibt noch zu reflektieren, daß wir Merkmale in allen Ebenen der Systeme finden, von den Homologa über die Homodynamien bis zu den Homonomien; und daß diese homonomen Bauteile über den Organ-, Gewebs- und Zellhorizont bis in deren Organellen und Großmoleküle reichen und daß sich auch zu Recht homologe wie homonome Genorte ansprechen lassen. Und es zeigt die Erfahrung, daß die Homonome mit der Tiefe in der Schicht zunehmend konservativer und darum für immer umfassendere Ähnlichkeitsfelder aufschlußreich werden.

Mit der Abnahme der Größe der Bauteile nimmt allerdings auch der Reichtum an Merkmalen ab, was wiederum die Wahrscheinlichkeit der Einzel-Homologisierung reduziert. Damit wächst wieder die Bedeutung des Lagekriteriums über den ganzen Schichtenbau hinauf bis zum Gesamtbauplan des Organismus. Gerade in diesem Kontext wird die Wechselseitigkeit des kritischen Urteilens über Homologie entscheidend. Nicht in der Tiefe des Systems stecken die Lösungen, vielmehr im Gesamtzusammenhang. Entdeckten wir einen Rabenvogel, dessen Federn, erstaunlicherweise, nicht aus Keratin, sondern aus Tunicin bestehen, einen Stoff den wir von den Tunikaten, den Seescheidenverwandten kennen, wir würden ihn nicht bei den Seescheiden einreihen.

So mag sich auch der Phän-Begriff wandeln. Da wir in die Lage kommen, einzelne Gene vollständig zu beschreiben, den Vorgang der Abschrift, deren Übersetzung in Ketten von Aminosäuren kennen und vielfach noch die Faltungen dieser Eiweiße zu Großmolekülen mit spezifischen Raumstrukturen, hat sich ein weiteres Fenster des ‚Sichtbaren' aufgetan. Hat man zunächst zwischen Gen und Phän wie zwischen dem Unsichtbaren und dem Sichtbaren unterschieden, so reduziert oder verschiebt sich das Unsichtbare in den Bereich des epigenetischen Systems, der Gen-Gen-Wechselwirkungen. An manchen Stellen gelingen auch da Einblicke wie in die Wirkung der ‚Homeobox-Gene' (Ruddle et al. 1994). In den Zusammenhängen wird der Vorgang aber erst dann wieder sichtbar, eben phainesthai, wenn Induktionsprozesse uns die Homodynamien vorführen.

In allen Wissenschaften spielt der Begriff des Merkmals eine Rolle. Der Gen/Phän-Differenzierung entspricht dann eine nur allgemein unterlegte Ursache/Wirkungs-Beziehung. Einige Differenzierung hat der Begriff in der traditionellen Logik, in den Sprachwissenschaften und in der Statistik erlebt. Konzeptuell ist er dem Phän-Konzept verwandt. Gemeinsam ist denselben, daß unter ‚Merkmal' der bestimmende Charakter oder Subcharakter eines Begriffs, eines Zeichens, Lautes oder logischen Prädikates einer Einheit verstanden wird.

(b) *Die Optimierung von Merkmalsbegriffen* ist ein Thema von etwas anderer Art. Das ist schon der Verwandlung der Termini zu entnehmen, die nun eine Rolle spielen. Bislang habe ich versucht darzustellen, was von einem Merkmal erwartet wird und wie es zu fassen ist. Nun geht es um die Frage, was solch ein Merkmal an Voraussichten bietet.

> Die Praxis zeigt, daß es um eine Aufbaureihe von drei Fragenkreisen geht. Sie gruppieren sich um die Themen (b1) Trend und Diskontinuität, (b2) Optimierung einer Grenzhypothese und (b3) die Gewichtung eines Merkmalszusammenhangs.

(b1) *Über Trends und Diskontinuitäten*: In komplexen Systemen bleiben Merkmale nie völlig gleich. Schon ein Blick auf die Adern am Rücken seiner linken und rechten Hand kann einen davon überzeugen. Lediglich das Prinzip ist weitgehend erhalten und kann über eine ganzen Reihe von Homologien vorhergesehen werden. Schon für das Einzelmerkmal muß sein Prinzip gefunden werden. Und das hängt mit dem uns bekannten Umstand zusammen, daß auch die einfachsten Merkmale von polymorpher Struktur oder Lage sind.

174 Die Strukturierung des Erkannten

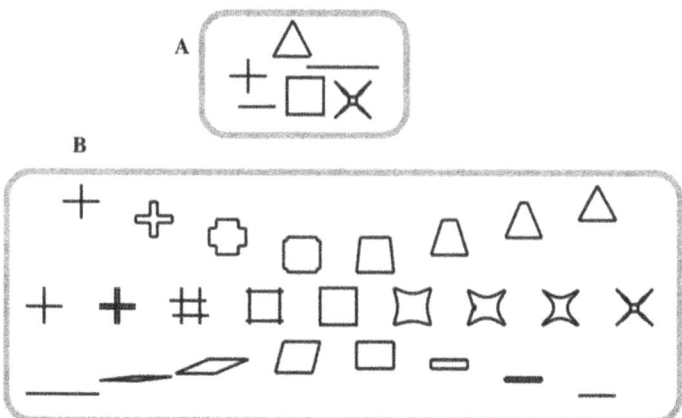

Abb. 59. *Trends und Diskontinuitäten,* am Beispiel sechs verschiedener Abwandlungen des Quadrats. Man beachte, daß die Umwandlungsweise der Figuren in (A) nicht zu bestimmen ist, es sich aber in (B) zeigt, in welcher Weise etwa ein X zu einem + wird

Dasselbe gilt für die Grenzen eines Merkmalbegriffs über die Spannweite seiner Variationen. Die Abbildung 59 zeigt ein einfaches diagrammatisches Schema, das solcherart Variationen wahrnehmen läßt.

Nach einer solchen Anordnung wird man unschwer die Variationen dieses Quadrates erkennen und die verschiedenen Trends, welchen sie folgen. Wie man diese auch benennen mag, das, was sich in ihnen wandelt, ist augenfällig. Und es ist uns schon von Experimenten, der Teilung von Kontinua (Abb. 20, Seite 77) bekannt, daß wir selbst diese in recht übereinstimmender Weise gliedern. Umso verläßlicher sind wir darauf eingestellt, Grenzen, im Wandel eines ‚Trend‘, aufzufinden. Es sind dies die ‚Diskontinuitäten‘, die uns zwischen den Trends von Verwandlungen auffallen.

Nun laufen Trends von Merkmalswandlungen nicht isoliert ab. Vielmehr haben Merkmale Inhalte und/oder stehen als Inhalte in weiteren Merkmalen, die alle ihre Trends haben werden. Ich stelle einen solchen Zusammenhang in Abbildung 60 nochmals diagrammatisch dar. Und man wird erkennen, daß hier Trends in Trends verlaufen und daß es nicht schwer gefallen wäre, die gegeben Formen in die gegebene Ordnung zu bringen.

Man kann der Abbildung 60 aber zudem entnehmen, daß sich die Achsen der Trends auch teilen können, mancher Trend endet, aber ein anderer beginnt. Mit denselben beginnen und enden aber auch Merkmale und die Begriffe für dieselben.

Solche Strategien des Wahrnehmens und Gliederns unterliegen allem Umgehen mit polymorphen Systemen. Die Ergebnisse sind in der Biologie vielleicht am vielfältigsten wahrgenommen worden, aber auch in den Artefakten vor allem dort kenntlich, wo es sich, wie in den Themen von Sprach-, Stil- oder Kunstgeschichte, um einen Zusammenhang von Wandel und Tradierung handelt.

Die Prinzipien der Morphologie 175

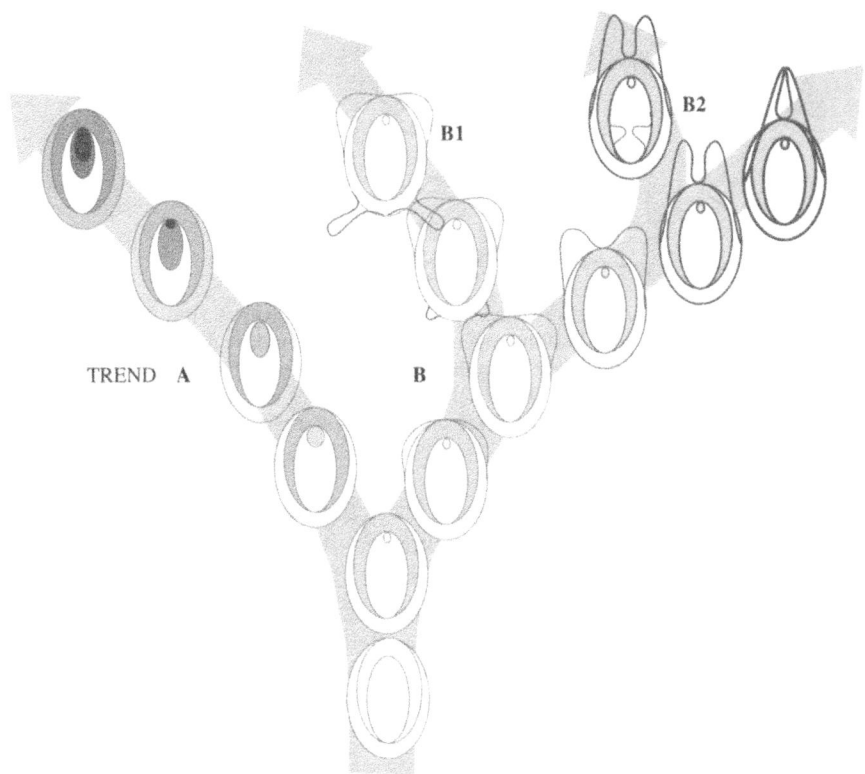

Abb. 60. *Über Trends im Trend.* Man wird an dieser Graphik die Wandlungsweisen von Figur zu Figur leicht erkennen und auch jene Stellen, an welchen sich die Wandlungsweisen (A gegen B, sowie B gegen B1 und B2) verzweigen. Versuchspersonen haben wenig Mühe, solcherart Reihen zu bilden

(b2) *Die Optimierung einer Grenzhypothese* hängt mit der Polymorphie der Merkmale zusammen. Mit anderen Worten: Da ein Merkmal aus mehreren Merkmalen besteht, die sich verschieden wandeln, und diese Wandlungen auch noch an verschiedenen Stellen einer Formenreihe beginnen und enden, legt sich die Frage nahe, an welcher Stelle einer solchen Reihe die eindeutigste Grenze zu ziehen wäre. Kurz: Wo liegt die deutlichste Diskontinuität?

Dabei ist vorherzusehen, daß es sich nicht um die auffallendsten der Submerkmale eines Merkmals handeln kann, sondern, wie zu zeigen sein wird, wieder aus Gründen der Wahrscheinlichkeit, um Wechselbestätigungen, um eine Koinzidenz von Diskontinuitäten. Denn hier lenkt wieder Gestaltwahrnehmung, die leicht durch versteckte topologische Widersprüche in die Irre geführt werden kann (Abb. 61). Darauf komme ich in Abschnitt D eingehend zurück. Und wie im Typuskonzept kann das Einzelne auch nicht Maß des ganzen Zusammenhanges sein. Der Zusammenhang muß das Einzelne beurteilen lassen.

176   Die Strukturierung des Erkannten

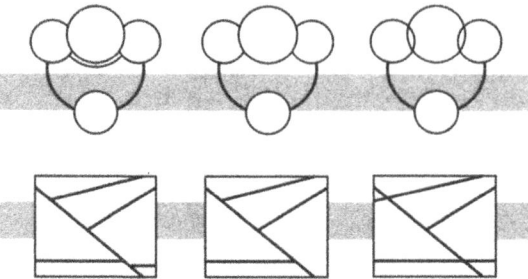

Abb. 61. *Topologie versus Gestaltwahrnehmung.* In ersterer geht es zum Beispiel um die Gleichzahl von Knoten und Verbindungen, die Konstruierbarkeit der Überführung von Figuren, in letzterer um die Wahrnehmung von Formen. Darum entstanden auch zweierlei Wissenschaften. Man wird nicht leicht erkennen, daß die drei oberen Figuren mit den drei unteren topologisch gleich, diese untereinander aber ungleich sind

Ich gebe, um das zu illustrieren, je zwei Beispiele aus der Biologie und aus unserer Kultur. Welchen Submerkmalen des Blattrandes von Eichenblättern (Abb. 62), welchen Submerkmalen der Höcker am Schädel von Horndinosauriern (Abb. 63 unten) könnte man in einer Gliederung der Trends den Vorrang geben? Müssen sie nicht alle miteinander verglichen werden, dort die Anzahl, Spitzen, Spitzengruppen und Loben, da Anzahl,

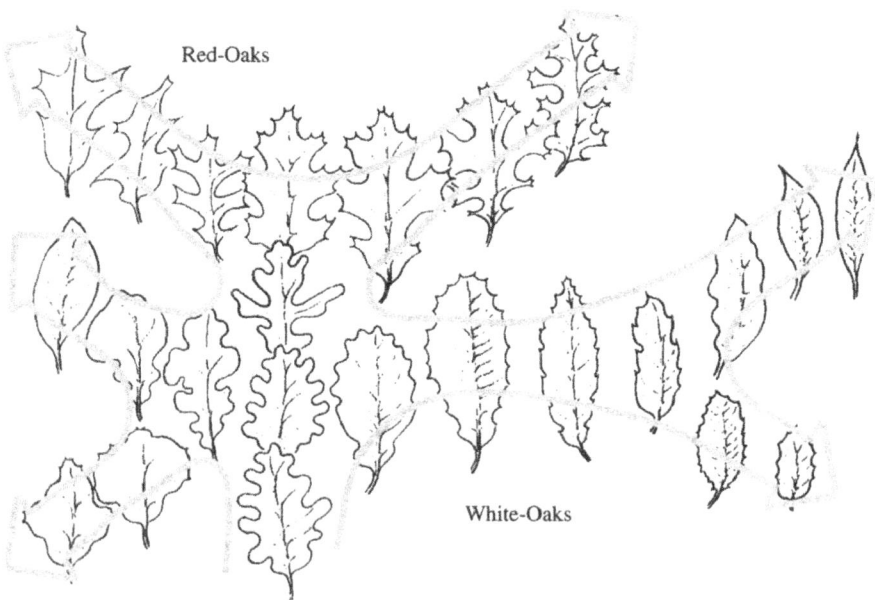

Abb. 62. *Trends in der Variation von Ähnlichkeiten,* am Beispiel von Blättern nordamerikanischer Eichenarten (nach Brockman 1968 und Riedl 1987)

Die Prinzipien der Morphologie 177

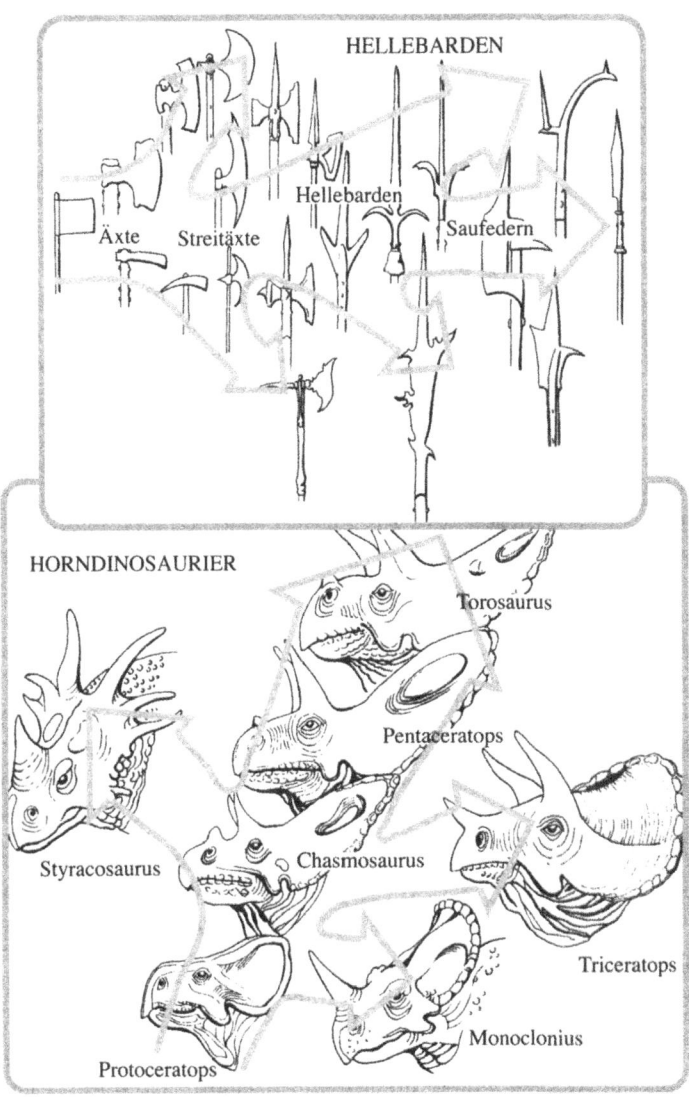

Abb. 63. *Trends aus der Geschichte des Formenwandels*, am Beispiel von Hellebarden (Streitäxte im 5. bis zu ‚Saufedern' im 12. Jahrhundert) und der Schädel von Horndinosauriern (nach Viollet-le-Duc 1857 und Thenius 1972, aus Riedl 1987)

Breite, Länge, Krümmung und Ansatz? Wieder sind Struktur und Lage wechselweise abzufragen.

Und dieselbe Aufgabe ergibt sich bei der Untersuchung von Artefakten. Ob es sich um höchst greifbare Dinge handelt wie die Entwicklung der Hieb- und Stichwaffen über fünf Jahrhunderte (Abb. 63) oder um die Formen der Logik von Descartes bis zur Gegenwart (Abb. 64). Wobei hier das Lagekriterium im Rahmen der jeweiligen Zeit und Kultur zu finden ist.

178 Die Strukturierung des Erkannten

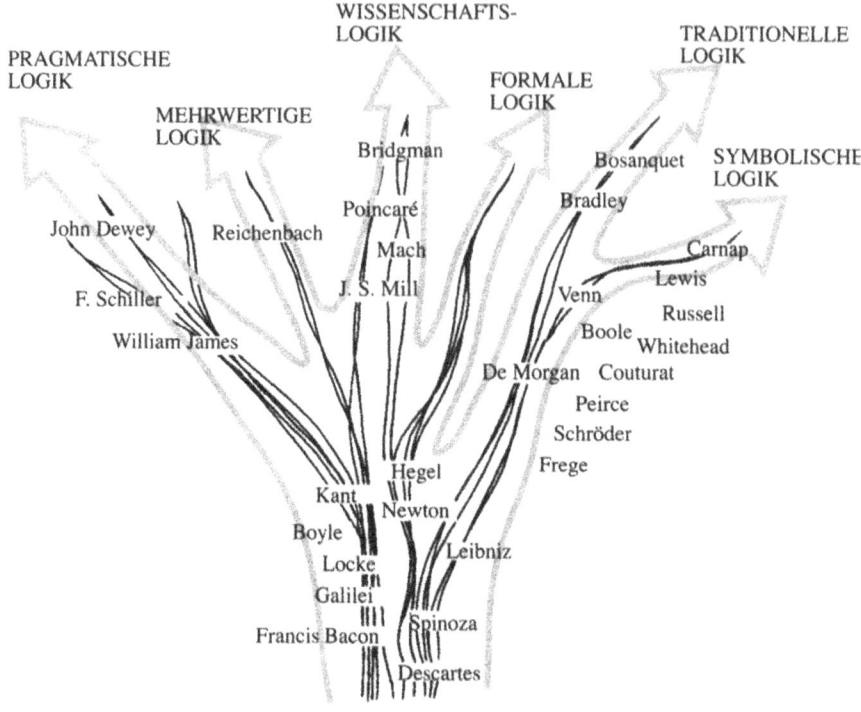

Abb. 64. *Trends aus der Geschichte des Formenwandels der Logik.* Annähernd chronologisch mit den Namen einiger Hauptvertreter angeschrieben (aus Searles 1968, ergänzt)

In allen vier Fällen habe ich Darstellungen gewählt, welche den Zusammenhang bereits suggerieren. Anders ist aber die Situation für die Praxis des forschenden Erkennens zu entwickeln. Ich nehme als einen einfachen Fall sechzehn polymorphe Systeme, bestehend aus vier variierenden Submerkmalen, wieder in diagrammatischer Darstellung. Dabei zeigt sich, daß es Versuchspersonen gar nicht mehr so leicht finden, daraus (Abb. 65 oben) die geforderte einfache Reihe zu bilden (mit der Empfehlung zum Kopieren, Vergrößern, Ausschneiden und Selbermachen). Ist diese aber, über den Abbau nachweisbarer Widersprüche, schließlich etabliert (Abb. 65 unten), folgt die Aufgabe, die deutlichste Trendgrenze einzutragen.

Das Ergebnis (Abb. 65 Mitte) zeigt eine beträchtliche Streuung der Ansichten, und man muß es der Gemeinschaftsarbeit überlassen, um über Diskussion und Argumente die tatsächlich einzige Koinzidenz der Trendwechsel aller vier Submerkmale aufzufinden (zwischen den Objekten 10 und 11; Einzelheiten in Riedl 1987).

Diese Erfahrung stellt, zwar in sehr vereinfachter Form, den Vorgang der Optimierung eines Merkmalsbegriffs in unseren Wissenschaften dar. Zunächst wird intuitionistisch, nach Art der Gestaltwahrnehmung und ‚Hintergrund-Vermutungen‘, der einen oder anderen Veränderung eines

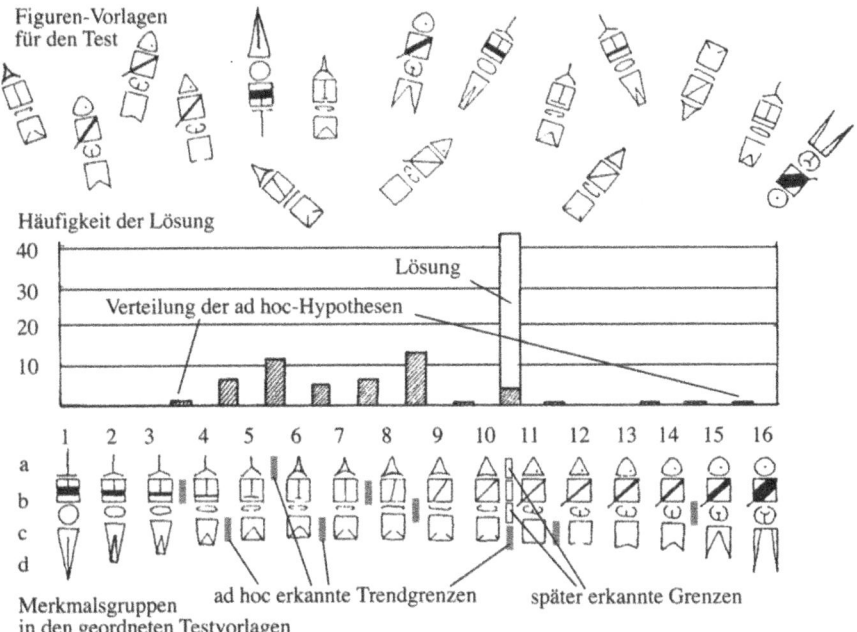

Abb. 65. *Optimierung einer Trendgrenze*: 84 Versuchspersonen hatten als erste Aufgabe die oben angegebenen Testfiguren (auszuschneiden und) in eine Reihe zu ordnen. Die untere Reihe gibt (nach der Bildung eines Konsens) das richtige Ergebnis. Die zweite Aufgabe bestand darin Trendgrenzen ad hoc, sowie nach Bildung eines Konsens (nach der getrennten Verhandlung der Merkmalsreihen a bis d) anzugeben. Die Häufungen sind in grauen und einer weißen Staffel eingezeichnet (nach Riedl 1987)

Submerkmals der Vorrang gegeben. Und erst das Aufeinandertreffen dieser Ansichten macht mit einer Erweiterung der Argumentation den intuitionistischen Charakter derselben allmählich deutlich und lenkt, in der Praxis der Forschung, oft erst über Jahrzehnte der fachlichen Diskussion zur Optimierung: zum koinzidenten Trendwechsel.

Man wird sich in solchem Kontext aber auch (Abschnitt 3,C4b) der Bürde unserer definitorischen Sprechweise erinnern, die uns zwingt, auch im polymorphen Wandel, zunächst nach Gutdünken, eine scharfe Zäsur der Bezeichnung einzurichten. Eine häufige Quelle semantischen Mißverstehens.

(b3) *Die Gewichtung eines Merkmals*, also die Bedeutung, die es in der begrifflichen Gliederung polymorphen Wandels haben kann, geht schließlich aus dem Gesamtzusammenhang hervor.

Keinem Merkmal ist von Haus aus sein Gewicht zuzumessen. Es ist lediglich so, daß uns schon unsere ratiomorphe Ausstattung dazu führt, in der Erwartung möglicher Orientierung, nach Maßgabe von Gestaltwahrnehmung und der Automatik des Rekurs auf irgendwelches Vermutungs-

180 Die Strukturierung des Erkannten

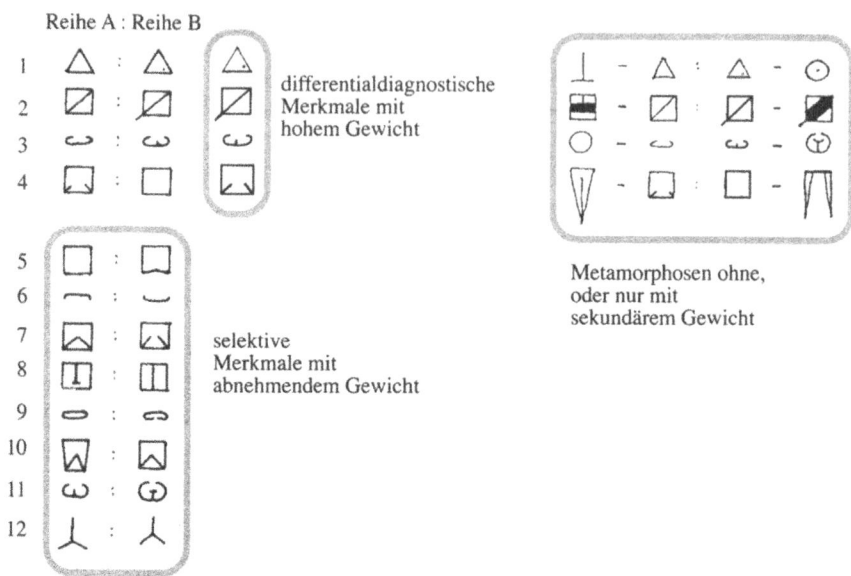

Abb. 66. *Die Gewichtung von Merkmalen.* Gibt man Merkmalen mit koinzidierenden Diskontinuitäten (wie in Abb. 65, zwischen den Positionen 10 und 11), nämlich den Diskontinuitäten 1 bis 4, höheres Gewicht, weil sie einander bestätigen, so sinkt die Gewichtung der übrigen Merkmale (5 bis 12). Erstere gewinnen differentialdiagnostische Bedeutung, die anderen sinken zu selektiven Merkmalen ab (Systematik der Merkmalskategorien in den Abb. 70 bis 72, Seiten 189 bis 192; nach Riedl 1987)

wissen Gewichte einmal anzunehmen. Und es bleibt der wachsenden Erfahrung, dem Abbau von Widersprüchen überlassen, ein Optimum, das ist ein Minimum an Disharmonien, zu erreichen: den ‚state of the art'.

Dabei ist anzuerkennen, daß jede Lösung, die für eine Merkmalsgrenze angenommen wird, eine Gewichtung auch aller anderen Observablen vornimmt. Erweist sich, wie in meinen konstruierten Beispiel (Abb. 65), die Grenze mit den geringsten Widersprüchen als zwischen den Repräsentanten 10 und 11 gelegen, so ergibt sich eine Wertung eben über alle Beobachtungen (Abb. 66).

Vier der Merkmale, die einander durch die Koinzidenz ihrer Grenzen stützen, sind hier zur Grenzbestimmung ausgewählt. Sie erhalten damit den Rang von ‚Differentialdiagnosen', da sie jeweils in allen Repräsentanten der einen, aber in keinem der anderen vorkommen. Damit werden aber automatisch alle anderen gewichtet und erhalten nun Gewichte von absteigender Bedeutung. Sie haben nur mehr abgestuft geringere, wir werden sagen ‚selektive' Werte. Das ist aber schon eine Terminologie aus der Systematik, mit der sich der folgende Abschnitt befassen muß.

Was hier noch zu resümieren bleibt, ist zweierlei. Erstens mag man sich erinnern, daß es keine alleinstehenden Merkmale gibt. In einem Schichtenbau von bis zu 20 hierarchischen Ebenen findet sich jedes Merkmal eingebettet in gewaltige Verbände, von den weitesten Rahmenhomologa über die Minimum-Homologa und die ganze Serie von Homonomen, von den Zellverbänden bis in die Tiefe der Zellorganellen und der Biolomoleküle. Und mit diesen Positionen wandeln sich die Gewichte der Unterbauten durch Strukturmerkmale, etwa durch das Homologon ‚Wirbelsäule', ebenso, wie die Gewichte der Überbauten durch Lagemerkmale, z.B. das Homonom ‚Cytochrom-c-Molekül' (Abb. 51, **Seite 157**). Kein Merkmal ist von der Fülle der übrigen zu lösen.

Zweitens ist nochmals auf den Umstand zurückzukommen, daß wir im Wechselspiel der Optimierungen, und zwar aus konzeptionellen Gründen, nämlich dem Wunsch einen komplexen Systemzusammenhang intelligibel zu machen, eine entscheidende Vereinfachung akzeptieren mußten.

Im ganzen Abschnitt ‚Prinzipien der Morphologie' mußten wir uns nämlich so verhalten, als ob die systematischen Einheiten schon optimiert wären. Wir haben die Prinzipien in Strukturhierarchien untersucht, als ob die Klassenhierarchien schon feststünden. Diese sind nun zu untersuchen, im Rahmen der ‚Prinzipien der Systematik'.

Was ich hier aus der Erfahrung mit organismischen Gestalten abgeleitet habe, wird aber auch für eine ‚Allgemeine Gestalttheorie' gelten, die, wie man sich aus der Einführung in den Abschnitt C erinnert, schon Goethe geplant hatte. Denn es ist nicht daran zu zweifeln, daß das Auffinden begrifflicher Grenzen, auch im Rahmen der Artefakte, etwa zwischen dem Alt- und Mittelhochdeutschen oder Romanik und Gotik, ähnlichen Gesetzen unterliegt.

D
Die Prinzipien der Systematik

Kulturgeschichtlich ist die Systematik älter als die Morphologie. Es ist aufschlußreich, daß die Erfassung der abstrakten Klassenhierarchie jener der physisch zusammenhängenden Strukturhierarchie vorausläuft, und das mag daran erinnern, daß die ‚Zergliederungskunst' nicht minder eine Abstraktion verlangt, mit ihrem Anliegen aber und mit ihren technischen Voraussetzungen eben später kommen mußte. Die Zusammenfügung auch des physisch nicht Zusammengefügten ist dem Menschen in seiner Anlage gegeben gewesen.

Alle Naturvölker, die darauf untersucht wurden, haben eine sprachlich gefaßte Gliederung des Organismenreichs entwickelt, was schon zur Differenzierung des Genießbaren und des Gefährlichen lebenserhaltende Voraussicht gewesen sein muß. Es gibt, wie erwähnt, auch Nachricht darüber, daß die Systematik mancher Naturvölker (Berlin et al. 1966) der unseren kaum nachsteht. Und daß das auf intuitiven Leistungen beruhen mußte, ist evident.

Natürlich kann man die Organismen nach sehr verschiedenen Gesichtspunkten gliedern, wovon eine angeblich chinesische Enzyklopädie angibt, daß „die Tiere sich wie folgt gruppieren: a) Tiere, die dem Kaiser gehören, b) einbalsamierte Tiere, c) gelähmte, d) Milchschweine, e) Sirenen, f) Fabeltiere, g) herrenlose Hunde, h) in diese Gruppierung gehörige, i) die sich wie Tolle gebärden, k) die mit einem ganz feinen Pinsel aus Kamelhaar gezeichnet sind, l) und so weiter, m) die den Wasserkrug zerbrochen haben, n) die von weitem wie Fliegen aussehen" (nach Borges zitiert aus Foucault 1971).

Die wissenschaftliche Systematik kann man, wie vieles in der Biologie unserer Kultur, mit Aristoteles beginnen lassen. In der Botanik wurde dieses Studium schon von seinem Schüler Theophrastos (372–287 v. Chr.) fortgesetzt. Aristoteles unterschied Blutlose von Bluttieren, was der Sache nach falsch war, aber doch die Wirbellosen gut von den Wirbeltieren trennte, deren Delphine zwar noch bei den Fischen stehen usw. Es steht aber schon ein Prinzip dahinter, das man auch bei den Leistungen der Naturvölker voraussetzen darf: Es könne nach einem widerspruchsfreien Zusammenhang gesucht werden. Im Grunde ist das Prinzip also der Natur zugedacht, in der wir nun selbst die Anleitung zu dieser Erwartung erwarten dürfen.

Rom hat darin wenig fortgesetzt, das Mittelalter Raritäten gesammelt und Kräuterbücher angelegt. Erst im 18. Jahrhundert entwickeln sich rasch die großen wissenschaftlichen Systeme, mit Buffon (1707–1788) (Werke von 1749–1804) an der Spitze, und Linné (1707–1778) (Hauptwerk 1737, siehe 1758) entwarf bekanntlich jene binäre, die Gattung und die Art gleichzeitig bezeichnende Nomenklatur, die wir heute noch verwenden.

Adanson (1782) scheint der erste gewesen zu sein, der den konzeptionellen Vorgang des systematischen Gliederns überlegte. Er empfahl, die Merkmale einer Organismengruppe aufzulisten, und, indem man jene, die sich wiederholen schrittweise wegläßt, würde man von den Familien zu den Gattungen gelangen (man vergleiche Foucault 1971). Mit Betrachtungen solcher Art hat man fortgesetzt.

Was an erkenntnistheoretischer Problematik auf uns überkommen ist, kann man dreiteilen. Es geht um (1) das Wägeproblem, (2) die Optimierung der Klassenbegriffe und (3) um die Natur des Natürlichen Systems.

1
Das Wägeproblem

Nicht ohne eine gewisse Ironie ist festzustellen, daß die Vorgehensweise der Systematiker erst zum Problem wurde, als niemand mehr an der Richtigkeit ihres Produktes, des ‚Natürlichen Systems', zweifelte; erst gegen Mitte des 20. Jahrhunderts. Und im Grunde wurde das Problem erst geschaffen, als man versuchte, die Vorgehensweise in einfacher Weise intelligibel zu machen.

Damit sind wir auch wieder beim Zentralthema dieses Buchteils, nämlich wie denn die intuitionistisch so erfolgreiche Leistung der Systematiker, mitsamt ihren klärenden Kontroversen, als Methode verstanden werden könne.

Zu diesem Behuf sind (a) die versuchten Vereinfachungen und deren Voraussetzungen zu prüfen, um sich danach über (b) die Kategorien der Merkmale klar zu werden.

(a) *Versuchte Vereinfachungen*: Auffassungen über mögliche Vereinfachungen für das Vorgehen des Systematikers sind in zweierlei Weise versucht worden und haben auch Einfluß genommen auf den taxonomischen Umgang mit Molekülen. Alle sind, in ihrem Ansatz, dem Wunsch entsprungen, um eine Lösung des Homologieproblems herumzukommen, das unumwunden als ‚ärgerlich‘ und/oder ‚verdrießlich‘ (vexing) bezeichnet wird. Die drei Themen sind in den 50er und 60er Jahren entstanden und haben bedeutende Schulen nach sich gezogen. In allen drei Themen treten Wahrnehmungs- und Erklärungskomponenten auch wieder vermischt auf, so daß sie sowohl an dieser Stelle, wie auch im Teil 6 behandelt werden müssen.

Ich untersuche das etwas ältere Konzept (a1) der ‚Cladistik‘ zuerst, schließe (a2) das der ‚Phänetik‘ oder ‚Numerischen Taxonomie‘ und zuletzt (a3) das Gebiet der ‚Molekularen Systematik‘ an.

(a1) *Die Cladistik* geht auf den Entomologen Hennig (1950, vgl. Ax 1984) zurück und ist durch die Auffassung bekannt geworden, daß es bei der Darstellung von Verwandtschaftsverhältnissen vor allem auf die Rekonstruktion der Verzweigungen im Stammbaum ankäme. Das entspricht dem Erklärungsprinzip. Davon ist aber die Präferenz oder Gewichtung des Wahrzunehmenden beeinflußt.

Wenn das so sein sollte, dann geht es in erster Linie um die Abfolge ursprünglicher und abgeleiteter Merkmale, für welche man die Terme ‚Plesio-‘ und ‚Apomorphien‘ eingeführt hat, sowie für deren Auftreten in mehreren systematischen Einheiten mit der Bezeichnung ‚Symplesio-‘ und ‚Synapomorphie‘. Wie man erkennt, unterliegt auch dieser Namensgebung schon eine erklärende Deutung.

Untersucht man in der empfohlenen Methode den Wahrnehmungsvorgang allein, so läßt er die schon getroffenen Voraussetzungen erkennen. Es müssen der erbliche Zusammenhang, die Lesrichtung der Veränderung, die Gewichtung der Merkmale und die verwendeten Homologien in einer intuitionistischen Weise angenommen werden.

In der Methode selbst wird erwartet, daß das Vorkommen gemeinsamer, gegenüber spezieller Merkmale, Ausgang und Schenkel einer Verzweigung erkennen lasse. Das kann in vielen Fällen richtig sein, wenn man von Konvergenzen, Parallelevolution und der ‚Mosaik-Evolution‘ absieht, dem Umstand, daß sich Merkmale in sehr verschiedener Geschwindigkeit verändern können.

184 Die Strukturierung des Erkannten

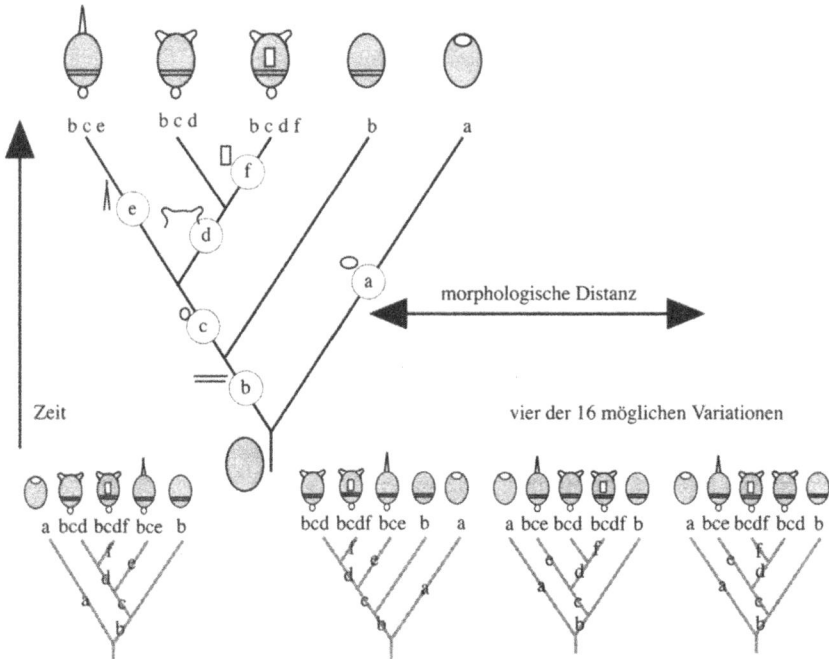

Abb. 67. *Schema eines Cladogramms.* Die Veränderung der Merkmale a bis f führen zu fünf verschiedenen Formen (Beispiel aus Futuyma 1986; Illustrationen von mir). Aus der Reihenfolge der Veränderungen läßt sich eine relative Zeitreihe der Verzweigungen postulieren. Nicht so ist es mit der ‚Morphologischen Distanz', denn schon aus diesem einfachen Fall folgen 16 konfligierende Alternativen (von welchen vier eingezeichnet sind)

Den so erstellten ‚Cladogrammen' (Abb. 67) wird aber die Erwartung unterlegt, aus ihnen die Verläßlichkeit der vermuteten Homologie entnehmen zu können. Und das hieße natürlich, wie Jürgen Remane (1989) sagt, den Wagen vor das Pferd zu spannen.

(a2) *Die Phänetik*, und gleichzeitig der Ansatz der ‚Numerischen Taxonomie', ist radikaler. Ausgehend vom Wägeproblem und der Vermutung, daß die Gewichtung der Merkmale, und damit die Homologisierung, willkürlich erfolge, wird empfohlen nun überhaupt nicht zu gewichten, sondern, zu messen. Diese von Sokal und Sneath (1963) propagierte Methode, welche sich auf die Feinsystematik und die Bakterien-Taxonomie beruft, hat mehr Widerstand auf sich gezogen.

Es ist ja leicht zu sehen, daß derlei eine Bescheidung sein muß wie sie sich bei der Merkmalsarmut von Bakteriengruppen ergibt, bei komplexen Systemen aber nur im engsten, als solchen schon erkannten, Verwandtschaftskreise Erfolg haben kann. Vergleicht man metrisch die Glieder des ersten Beins zweier Laufkäfer, so setzt das die verläßliche Kenntnis aller

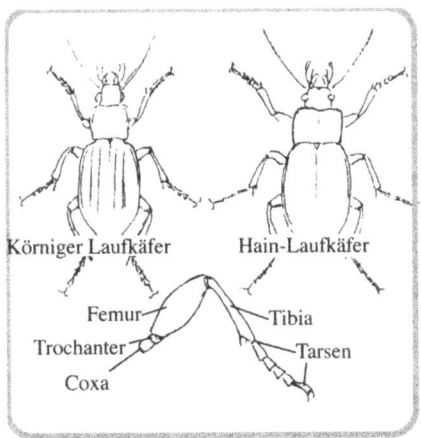 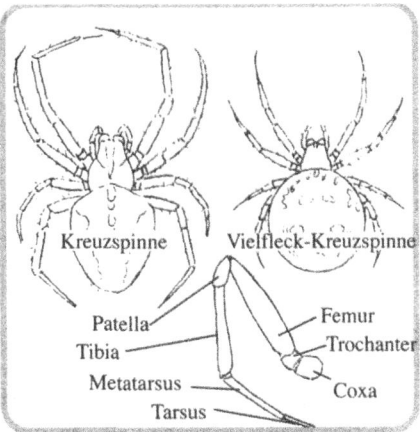

Abb. 68. *Grenzen der Numerischen Taxonomie*, veranschaulicht am Homologieproblem. Was an metrischen Vergleichen der Beinglieder zweier nahe verwandter Laufkäfer oder aber Kreuzspinnen wertvoll ist, verliert in einem Vergleich zwischen Käfer und Spinne jede Bedeutung, weil die Namensgleichheit der Glieder durchaus keine Homologie verbürgt; sie ist darüber hinaus der menschlichen Anatomie entnommenen (Figuren aus Chinery 1973 und Roberts 1985)

einschlägigen Homologien voraus. Vergleicht man mit denselben aber nur metrisch das erste Bein einer Spinne (Abb. 68), so verliert der Vergleich natürlich jeden Sinn.

Es war also nach zehn Jahren Debatte einzuräumen (Sneath und Sokal 1973), daß es ohne eine Akzeptanz jener Voraussetzungen nicht gehen kann. Man führte schließlich den Begriff der ‚operationalen Homologie' ein, berief sich auf den ‚gesunden Menschenverstand' (common sense), ahnte, was man als Zirkularität empfindet und befürchtete, daß derlei nicht die einfachsten Definitionen zulassen werde (Seite 79). Im Ganzen nahm man die Situation erkenntnistheoretisch (philosophical) für so verwickelt oder verwirrend (embarrassing), daß man das Gefühl hatte, auf sehr unsicherem (shaky) Grund stehen zu müssen (Seite 428). Natürlich ist hiermit gemeint, was wir als den ‚ratiomorphen Apparat' beschreiben. Und ich denke, mit dessen Durchleuchtung diesen Grund aufgeklärt zu haben.

Aber auch in der Metrik selbst verbleiben noch offene Fragen, die sich um das Problem ranken, was ein signifikantes Maß sein soll. Allein die Frage: ‚Wie lang ist die Küste Englands?' wird daran erinnern, daß sich mit der Anpassung der Fragestellung (hier des Kartenmaßstabs und der Länge des Zirkelschlages) auch der Sinn jeder Messung wandelt.

(a3) *Die Molekulare Systematik* gehört insofern auch in den Rahmen der Vereinfachungen, als man es mit vergleichsweise einfachen Strukturen zu tun hat. Der Gegenstand hat uns schon im Zusammenhang mit der ‚Homologie von Isologien' (Abschnitt C1e) beschäftigt. Und wir haben festgestellt, daß es zur Kompensation unzureichender Strukturmerkmale der Lagemerkmale bedarf, um der Homologisierung eines Bauteils eine zureichende Wahrscheinlichkeit geben zu können.

Dies ist nicht minder für die Verwendung von Molekülen in der Systematik gegeben. Die Homologisierung eines Basenpaares in der DNA setzt voraus, daß es als Teil eines homologen Triplets, eines homologen Gens, zu einem homologen Großmolekül führt, welches homologe Aufgaben in einer geschlossenen Organismengruppe erfüllt. Das sind, wie man erkennt, homologe oder homodyname Lagemerkmale.

Will oder muß man sich dieser nicht immer erfüllbaren Auflage entziehen, dann bieten sich zwei Vereinfachungen der Methode an. Erstens: Man bleibt mit seinen Vergleichen in einem engen und als verläßlich geltenden Verwandtschaftskreis. Dies wird ohnedies meist gemacht. Das heißt, daß man die Wahrscheinlichkeit, es mit homologen Strukturen zu tun zu haben, der intuitionistischen Vorbereitung einer Lösung durch die klassische Systematik entnimmt.

Zweitens sind eine ganze Reihe von Kalkulationen entworfen worden, die bereits im Bereich spärlicher Merkmale Hinweise auf verwandtschaftliche Beurteilung, also Gewichtung und Lesrichtung von Veränderungen geben sollen. Alle gruppieren sich um die Auflage, sparsamen Zusatzannahmen eher zu vertrauen (parsimony). Manche sind recht treffend. Beispielsweise, die geringe Wahrscheinlichkeit, daß aufgelassene Strukturen strukturgleich wiederentstehen (Dollo Parsimony).

Aber auch die Verhandlung über diese Themen hat zur Einsicht geführt und Methoden in Aussicht genommen, die Lösungen durch einen iterativen Prozeß versuchter Gewichtung und deren Korrektur durch rekursiven Erfahrungsgewinn (Williams und Fitch 1989) zu optimieren (Übersicht in Hillis und Moritz 1990). Der Falle der hypothetischen Einfachheit ist auszuweichen. Dies ist ein Grundsatz, den wir schon kennen und dem wir weiter folgen werden. Erkennen gewinnt unser Vertrauen durch die Vielfalt der Bestärkungen, Erklären durch die Einfachheit der Formulierung.

(b) *Die Kategorien der Merkmale* sind den Systematikern früh deutlich geworden und stehen in beredter Sprache in den ‚Definitionen' aller Systemgruppen geschrieben. Achtet man auf die verwendeten Formulierungen, so findet sich schon in diesen Definitionen eine Gewichtung. Und es bleibt nur mehr die Aufgabe, den Vorgang dieser Gewichtung zu prüfen.

> Dazu muß man sich klarmachen, daß es (b1) keine sicheren Vorgaben gibt, vielmehr (b2) die Kategorien der Merkmale zu (b3) einer Selbstordnung leiten.

(b1) *Der Mangel sicherer Vorgaben*: In keinerlei Einzelheiten besitzen wir Voraussicht auf die Strukturen dieser Welt. Nur im allgemeinen ist unser Wahrnehmungsapparat (wie in Abschnitt 2,B2 schon festgestellt) darauf eingestellt mit einer hohen Redundanz sich nicht ganz identisch wiederholender Dinge zu rechnen sowie mit einer Stetigkeit gesetzlichen Nacheinanders und gesetzlicher Gleichzeitigkeit, des *post hoc* und *simul hoc*.

Alle weiteren Erwartungen gegenüber den Gegenständen dieser Welt müssen auf Erfahrung, assoziatives Lernen, zurückgehen. Das betrifft deren Ordenbarkeit, mit dem Vorteil möglicher Prognostik, bei polymorphen Gegenständen auch noch die Stetigkeiten des Zusammenhangs ihrer Merkmale. Das Phänomen der Arten muß ein entscheidender Lehrmeister gewesen sein, wie auch immer Rassen oder umgekehrt Artengruppen irrigerweise für Arten gehalten wurden oder werden. Und die abgestufte Mannigfaltigkeit der Organismen, wie jedes genealogischen Zusammenhangs, wird die Erwartung einer Ordenbarkeit suggeriert haben.

Die notwendige Naivität jedes Klassifizierungsvorganges kann man nur mehr an ungewöhnlichen Neuentdeckungen nachvollziehen. Man kann das an der Entdeckung von Bauten ausgelöschter Kulturen oder der Schriften verschollener Sprachen zeigen. Ich habe das am Beispiel einer neuen Tiergruppe, der Gnathostomuliden (Abschnitt B1b3) dargestellt. Aber auch da wird man bemerkt haben, auf wie viel an Hintergrundvermutung zurückgegriffen werden mußte. So wird auch die naive Systematik gemeinsam mit Hintergrundvermutungen entstanden sein, ohne verläßliche Vorgaben, nur aus der sich entwickelnden Erfahrung und deren Tradierung in einer Kultur.

Ein Beispiel mag das illustrieren: Als Seeleute erstmals den Balg eines Schnabeltieres in Europa zum Kauf anboten, traute man der Sache nicht. Zu gewohnt war man, für höhere Preise, mit zusammengebastelten ‚Raritäten' rechnen zu müssen.

Zu rekonstruieren ist diese Entwicklung kaum mehr, denn viel an Erfahrung muß schon vorsprachlich entstanden sein. Ich schildere darum den Vorgang an unserer heutigen Situation.

(b2) *Die Gliederung der Merkmalskategorien* nimmt in allen Systemen zunächst deren Hierarchie wahr. Die Definitionen beziehen sich auf die der nächsten Obergruppe, das heißt, sie setzen deren Definition voraus und grenzen gegen die in ihr enthaltenen, gleichrangigen Nachbargruppen ab. Die Merkmale, die die Definition verwendet, findet man dann mit den Spezifika ‚stets mit', ‚in der Regel mit', ‚gewöhnlich mit', aber auch durch ‚gewöhnlich ohne' usw. bezeichnet. Damit ist eine Rangordnung schon angedeutet, die zu untersuchen ist.

Mammalia beispielsweise sind (gemeinsam mit Reptilien und Vögeln) Amniota, besitzen stets Milchdrüsen und einen verbliebenen vierten, linken Aortenbogen, sind in der Regel lebendgebärend und im Besitz von Haaren und haben gewöhnlich vier, zu Beinen geformte Extremitäten.

Ausnahmen sind die eierlegenden Schnabeltiere, manche Wale, an welchen kein Haar mehr nachzuweisen ist, Fledermäuse, Wale und Sirenen mit Flügeln oder Flossen statt Beinen und nochmals Wale und Sirenen mit reduzierter Hinterextremität (Abb. 69), wogegen die Vierbeinigkeit auch bei vielen Reptilien repräsentiert ist.

188 Die Strukturierung des Erkannten

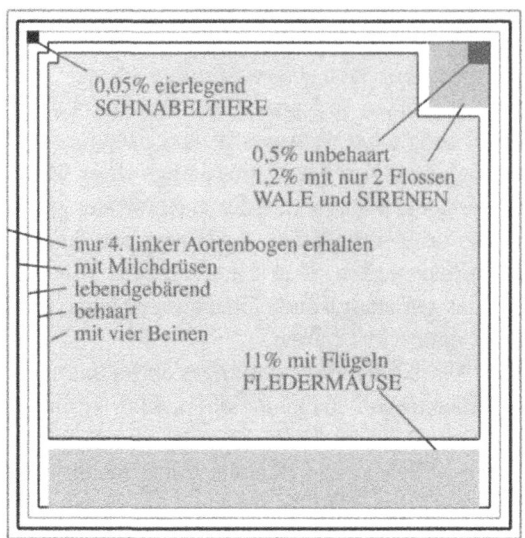

Abb. 69. *Koinzidenzgrade wichtiger Merkmale der Säuger.* Die Größen der Abweichungen sind in Flächengrößen annähernd quantitativ eingetragen; bezogen auf die vier Arten der Schnabeltiere, die 84 Arten der Wale und Sirenen und rund 800 Arten der Fledermäuse

Als Minimaldiagnose für ein Säugetier würden die Merkmale der Milchdrüsen genügen. Aber selbst an einem Bären sind diese nicht sogleich sichtbar und bei keinem Säugermännchen verläßlich zu erkennen. Auch die Kombination ‚behaart' und/oder ‚lebendgebärend' würde genügen, denn das Schnabeltier ist zumindestens behaart und die Wale lebendgebärend. Aber auch beim Wal will man das Gebären zur Bestimmung nicht abwarten. Man macht darum die Diagnose etwas reicher. Und man kann von da aus alles in die Bestimmung aufnehmen, was in seiner Kombinatorik für Säuger mehr oder weniger kennzeichnend ist.

Damit ergeben sich Ränge unterschiedlich differenzierender Merkmale. Ich schildere sie wieder an einem einfachen Beispiel (Abb. 70), der Trennung der (S) Säuger von den (R) Reptilien.

Höchsten Rang haben, wie erwähnt, die ‚diffentialdiagnostischen' Merkmale. Milchdrüsen und Aortenbogen Nr. 4 links, sind bei allen (S) und bei keinem (R) repräsentiert. All die vielen anderen Merkmale wirken in verschiedener Weise nur selektiv oder, noch schwächer, nur graduell. ‚Selektiv' wirken solche, die wenigstens für eine Anzahl Repräsentanten diagnostisch wirken, ‚graduell' solche, die nur Häufungen angeben. Schließlich nennt man Merkmale ‚akzessorisch', die bei den Gruppen verstreut vorkommen.

In der Bestimmung von Klassenbegriffen aller polymorpher Gegenstände, von der Geomorphologie bis zu den Artefakten kennt man dieselben Spezifika der Merkmale, von welchen wir hier ausgegangen sind, und ent-

Die Prinzipien der Systematik 189

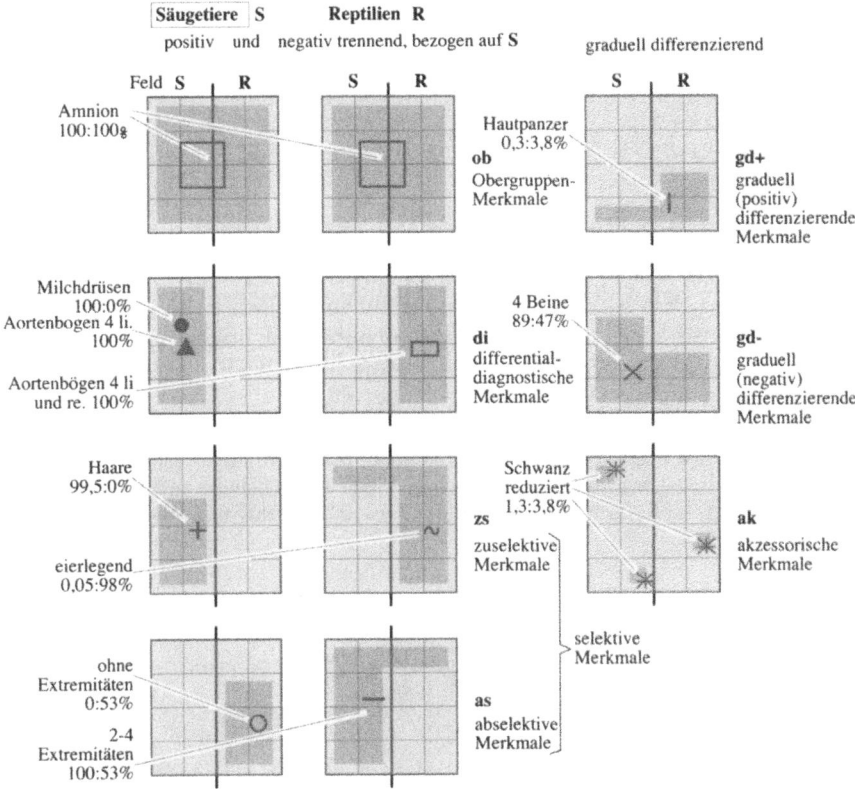

Abb. 70. *Kategorien der Merkmale in der Systematik*, illustriert am Beispiel der Unterscheidung von Säugern und Reptilien; Angaben in Prozenten, bezogen auf die 3700 Arten der Säugetiere und die 6300 Arten der Reptilien (vgl. Abb. 69; die Symbole wiederholen sich in der folgenden Abbildung)

sprechend kennt man auch deren Ränge. Die biologische Systematik ist aber dank ihrer Merkmalsfülle zu den bislang verläßlichsten Bestimmungen gelangt. Das gilt auch für den folgenden Absatz.

(b3) *Die Selbstordnung der Merkmale*: Man wird wahrgenommen haben, daß Merkmale in einer Wechselwirkung der Gewichtung stehen. Welches Merkmal man auch immer, wenn auch nur provisorisch, als differentialdiagnostisch – also als definitiv ein- und ausschließend – auffaßt, es weist damit alle anderen in ihre Ränge. Die Milchdrüse für Säuger als ein solches genommen, verweist schon das Haar und das Lebendgebären in einen selektiven Rang. Nähme man das Haar oder das Lebendgebären als differentialdiagnostisch, sänke die Milchdrüse zum selektiven Rang, weil entweder einige Wale oder aber die Schnabeltiere zu Nachbargruppen abgedrängt würden.

2
Die Optimierung der Klassenbegriffe

Es kommt allerdings auch darauf an, in welchen Grade selektive Merkmale differenzieren und in welchem Maße die Ausnahmen einander kompensieren. Immerhin besitzen, um bei unserem Beispiel der Säuger zu bleiben, 98,6% der Formen mit Milchdrüsen auch das Haar und 99,8% gebären lebend (siehe Artenzahlen im Text der Abb. 69). Trägt man diese Merkmale nach ihrer Trennschärfe auf (Abb. 71), so findet man die Obergruppenmerkmale an der Spitze, die differentialdiagnostischen an den äußeren Eckpunkten, die selektiven an den Außenkanten, die graduellen und akzessorischen innerhalb des Feldes. Die Trennschärfe nach diesen vier Merkmalen beträgt für die Definition der Säuger 99,6%.

> Um ein solches Ergebnis evaluieren zu können, bedarf es zweier Schritte. Als erstes ist (a) zu untersuchen, wie die Trennschärfe einer Grenzziehung aufzufassen ist und (b), wie sich schließlich der Wechselbezug zwischen Feld- und Merkmalsoptimierung entwickelt.

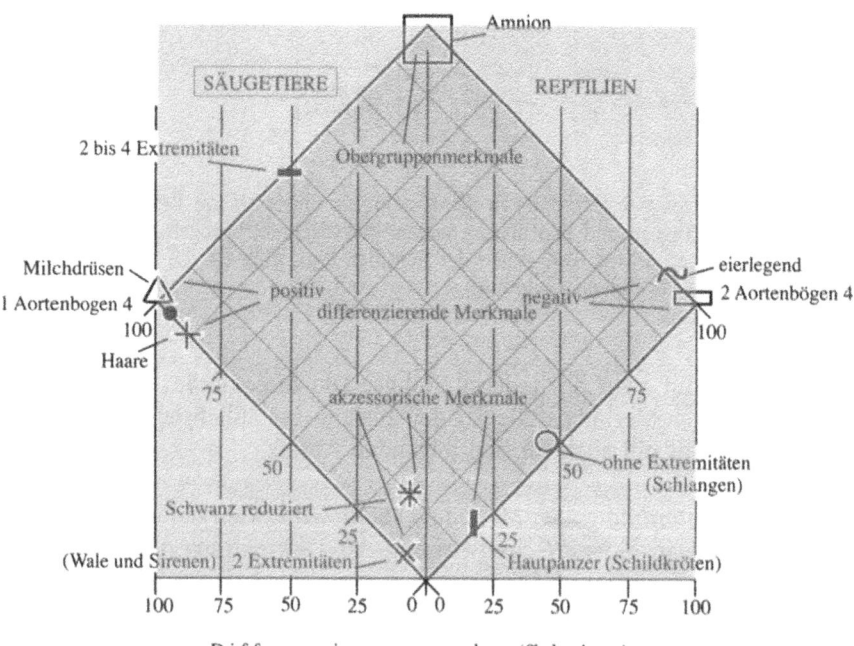

Abb. 71. *Ordnung der Merkmale nach der Trennschärfe*, am Beispiel der Trennung von Säugern und Reptilien (nach Abb. 70). Man beachte die Gruppierung der differential diagnostischen Merkmale an den extremen Rändern des Diagramms. Akzessorische Merkmale dagegen können sich als Untergruppenmerkmale erweisen (dazu Abb. 72; Symbole wie in Abb. 70)

(a) *Grade der Trennschärfe*: Um eine Vorstellung von der Streuung der Trennschärfen und vom Wandel der Merkmalsränge zu gewinnen, ist zweierlei zu betrachten.

Als erstes (a1) ist zu untersuchen, welch andere Trennschärfen bei veränderter Merkmalsgewichtung auftreten und zweitens (a2), welche Rolle der hierarchische Zusammenhang der Felder bei der Evaluierung spielt.

(a1) *Relative Merkmalsgewichtung*: Zur Untersuchung der Trennschärfe kann man, um bei unserem Beispiel zu bleiben, den alten Begriff der ‚Vierbeiner' oder ‚Quadrupeden' wörtlich nehmen. Faßte man also jene Amniota zusammen, welche vier Lauf- oder Schreitbeine ausgebildet haben und setzte diesen die ‚Beinlosen', ‚Flossen-' und ‚Flügelbeiner' gegenüber, so entstünde ein ganz anderes Bild. Das ist zwar in so extremer Art nie vorgeschlagen worden, nur näherungsweise, lohnt aber zum Vergleich herangezogen zu werden.

Nähme man die Vierbeinigkeit und die ‚Nichtvierbeinigkeit' (der ‚Aquadrupeden') als die differentialdiagnostischen Merkmale, so verlieren alle übrigen der bislang erwähnten Merkmale ihren Rang. Sie sinken von den differentialdiagnostischen und den hochselektiven Rängen zu schwach gradueller Trennschärfe herab.

Der Besitz von Milchdrüsen trennte nur mehr zu 39,4%, die Aortenbögen zu 44,4% usw., und die mittlere Trennschärfe beliefe sich nur mehr auf 59%. Das ist auch verständlich, wenn man bedenkt, daß unter den ‚Quadrupeden' nun die vierbeinigen Säuger und Reptilien durcheinanderstünden und in den ‚Nichtvierbeinern' Wale, Sirenen, Fledermäuse und Schlangen.

Man wird mit einem solchen Beispiel leicht nachvollziehen, daß eine solche Gliederung, wenn auch nach Art der Extremitäten eindeutig, so viele Widersprüche in sich birgt, daß kein Systematiker derlei versucht hätte. Es muß also eine Intuition dafür geben, was von Widersprüchen zu halten ist und daß man sie tunlichst vermeiden muß. Tut man dies, so muß schon gefühlsmäßig beim einzelnen Forscher und fernerhin aus der Diskussion der Systematiker ein Prozeß der Optimierung folgen, der bei einem jeweils erreichbaren Optimum endet.

Merkmalen mag also, und zwar in der Systematik aller Wissenschaften, im voraus ein Gewicht zugedacht werden. Mit dem Fortschreiten der Forschung werden aber Widersprüche auftauchen, die zu fortgesetzten Revisionen führen. In diesen Revisionen bleiben die Wechselbezüge der Merkmalsränge aber erhalten. Steigt eines im Range auf, sinken andere ab. Man kann sagen: Die Merkmale gewichten und verschieben einander in ihren Rängen wechselseitig, bis zum jeweils erreichbaren Optimum.

(a2) *Rolle der Feldhierarchie*: In diesem Prozeß spielt nun auch die ‚Hierarchie der Systemgruppen' eine Rolle. Im Zuge der Erforschung einer Organismengruppe ist vielfach noch gar nicht vorherzusehen, welches die Ober- und Untergruppen-Merkmale sein werden.

Der Umstand beispielsweise, daß sich Reptilien, Vögel und Säuger eindeutig nach Lage und Anzahl der erhaltenen Aortenbögen unterscheiden, ist nicht von Haus aus klar gewesen. Mit dieser Einsicht aber gewinnt die Trennschärfe im Merkmalszusammenhang ein weiteres differentialdiagnostisches Merkmal und die Wahrscheinlichkeit, die richtige Grenzziehung gefunden zu haben. Aber auch der Umstand, daß diese drei Gruppen als Sauropsida nochmals eine Einheit bilden, trägt zur Verläßlichkeit der Gruppierung ebenso bei wie der Umstand, daß die Sauropsiden gemeinsam mit den Lurchen und Fischen die in sich widerspruchsfreie Gruppe der Vertebrata bilden.

Gleiches gilt für die Untergruppen. Hufbildung, aber auch einziehbare Krallen sind gute Säugetiermerkmale. Aber in deren Definition ausgenommen hätten sie nur den Rang schwacher Selektivität. Da es sich aber herausstellt, daß mit diesen Merkmalen die Paar- und Unpaarhufer wie die katzenartigen Raubtiere gut gekennzeichnet sind, steigen sie dort zu hoch selektiven bis zu differentialdiagnostischen Rängen auf (schematisch in Abb. 72).

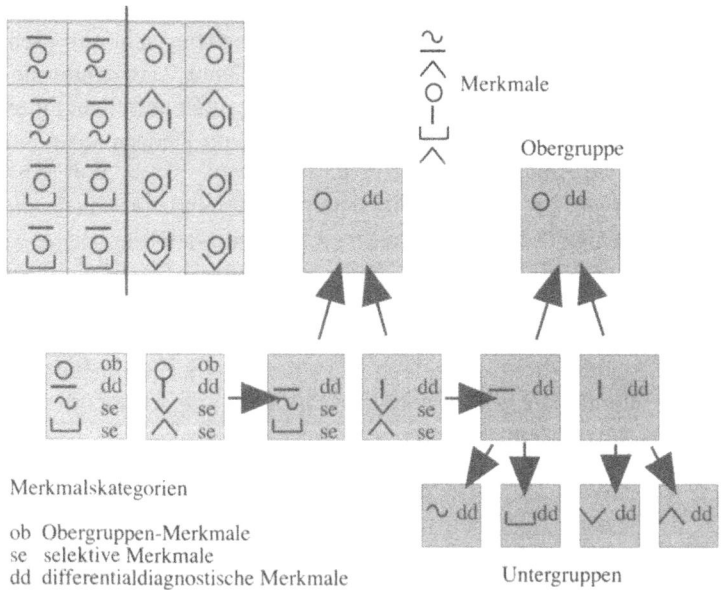

Merkmalskategorien

ob Obergruppen-Merkmale
se selektive Merkmale
dd differentialdiagnostische Merkmale

Untergruppen

Abb. 72. *Die Entwicklung der Merkmals-Hierarchie,* an einem Beispiel von 16 Repräsentanten (Arten) mit zusammen 7 als definiert geltenden Merkmalen. Man erkennt, daß die Differenzierungsgrade der Merkmale (Bezeichnungen nach Abb. 70) mit der hierarchischen Gliederung zunehmen (eine metrisch mögliche Lösung der Aufgabe in Riedl 1987)

Dieserart Verschiebung von Merkmalen in Ober- und Untergruppen trägt wieder viel zur Optimierung des Zusammenhanges bei. Man kennt derlei auch gut von der Ethnologie und den vergleichenden Sprachwissenschaften. Und in allen Fällen ist es ein Prozeß wechselseitiger Gewichtung, der erst dann abgeschlossen ist, wenn die Merkmale auch in allen anschließenden Ober- und Untergruppen maximale Ränge gewonnen haben (Abb. 72). Denn, wie man sich erinnert, steigt unser Vertrauen in jederart Erwartung und Theorie mit der Minimierung von Widersprüchen und Ausnahmen. Wieder ist keine Willkür zu unterstellen, vielmehr Optimierung wahrzunehmen. Und nochmals ist ein hierarchisches System wechselseitiger Bestätigung entstanden.

(b) *Wechseloptimierung Feld/Merkmal*: Nun bleibt zuletzt noch die Wechselwirkung in der Optimierung von Feld- und Merkmalsgrenzen zu betrachten. Denn, um die Vorgänge leichter nachvollziehbar zu machen, hatten wir bei der Optimierung der Merkmalsgrenzen angenommen (Absatz C3b), daß die Feldgrenzen bereits optimiert wären, und hier verhalten wir uns umgekehrt. De facto aber bedürfen beide Prozesse einander und sie laufen in der Praxis auch nebeneinander.

Ich gebe ein Beispiel dafür, wie (b1) eine Feldgrenze dominant auf eine Merkmalsgrenze wirkt und (b2) für die Wirkung einer Merkmalsgrenze auf eine Feldgrenze.

(b1) Der Begriff des Haares beispielsweise läßt den ersteren der Vorgänge illustrieren. Bekanntlich können neben den Säugern auch Spinnen und Raupen, selbst Gewächse, behaart, ja sogar richtig bepelzt sein. Und natürlich war es die naheliegende Feldgrenze ‚Säugetiere', welche Anlaß gab, den Bau deren Behaarungen kritisch zu untersuchen. So wurde bei den Säugern ein völlig unverkennbarer Haartyp entdeckt.

Dieser ergibt nun ein hochselektives Merkmal, er erlaubt beim Fund eines einzigen solchen Haares mit Sicherheit auf einen Säuger zu schließen. Der Typus ließ erkennen, daß das Säugerhaar unabhängig von der Feder entstand, sich auch nicht von der Schuppe ableitet, vielmehr in Dreiergruppen unter den Einzelschuppen entstanden ist. Der Typus läßt nun auch finden, daß Stacheln aus ihm ableitbar sind, die strömungssensiblen Dörnchen an der Oberlippe von Delphinen von Vibrissen stammen und das Material der Hörner des Nashorns aus verschmolzenen Haaren entsteht.

Die Diskontinuitäten, welche nun das hochpolymorphe ‚Organ Haar' von allen anderen Haarbildungen trennen, sind nun mit dessen Bulbus und den reichen Einzelheiten seines Schichtenbaues völlig eindeutig (Abb. 73).

(b2) Für die Dominanz im umgekehrten Erhellungsweg können wir auf das Beispiel der Aortenbögen zurückgreifen. Als es sich herausstellte, daß bei

194 Die Strukturierung des Erkannten

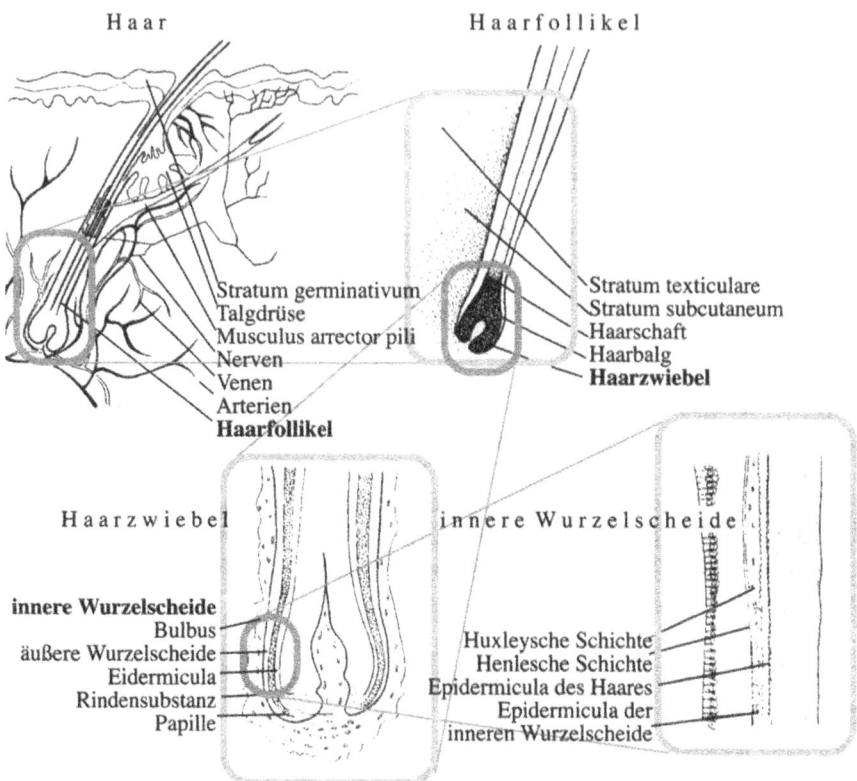

Abb. 73. *Praxis des Wechselbezugs zwischen Feld und Merkmal.* Das hohe systematische Gewicht des Haares entsteht durch seine Koinzidenz einerseits mit dem ‚Feld der Säugetiere' und andererseits mit seiner unverwechselbar hohen Differenzierung (hier sind 4 der Differenzierungsebenen mal jeweils 4 bis 7 Kennzeichen angegeben, nach Riedl 1975)

allen Wirbeltieren Kiemenbögen angelegt, aber nur bei den Rundmäulern ganz und den Fischen weitgehend erhalten blieben, wurden sie als solche und in reduzierter Zahl auch bei den lungenatmenden Wirbeltieren erkannt (Abb. 74).

Diese Feststellung stützt zunächst nochmals die Einheit des Begriffes ‚Wirbeltiere', aber ferner auch noch deren Gliederung. Nicht nur entstanden dadurch den Reptilien, Vögeln, Säugern differentialdiagnostische Merkmale, es zeigte sich zudem, wie weit die Schwanz- und schwanzlosen Lurche, die Urodelen und Anuren, auseinanderliegen, bis sich herausstellte, daß sie sich auch erdgeschichtlich schon früh voneinander getrennt haben.

Wieder sind es Diskontinuitäten, nun zwischen den Systemgruppen, also Klassenbegriffe, die durch diese Merkmale nochmals gestützt werden. Und zwar so eindeutig, daß schon die Kenntnis des ausgebildeten Aortensystems eine Zuordnung aller Arten in die Klassen der Wirbeltiere zuläßt.

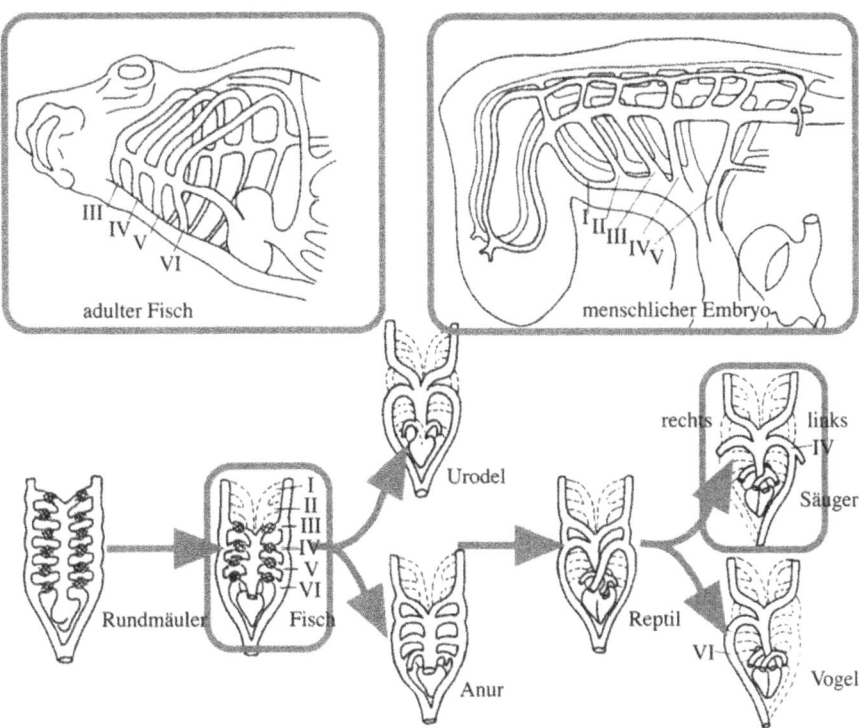

Abb. 74. *Praxis des Wechselbezugs zwischen Merkmal und Feld*, am Beispiel der Koinzidenz der Zahl und Anordnung der Aortenbögen der Wirbeltiere vom Fisch zum Menschen (oben) mit den Klassen der Wirbeltiere (unten) (nach Riedl 1975)

Es ist zu erwarten, daß dieselbe wechselseitige Dominanz in der Klärung von Klassen- und Strukturbegriffen in aller Systematik polymorpher Systeme der Wissenschaften gegenwärtig ist. Es mochte nur noch kein Anlaß gewesen sein genügend zu differenzieren.

Und wieder ist es keine Willkür, die hier bei der wechselseitigen Optimierung von Feld- und Merkmalsbegriffen herrscht. Vielmehr ist es erstaunlich, bis zu welcher Differenzierung uns schon das vorbewußte Umgehen mit Gestaltwahrnehmungen lenkt und welchen Wortreichtum uns unsere Sprache abverlangt, soll der Vorgang, auch nur als Skizze, nachvollziehbar gemacht werden.

3
Die Natur des Natürlichen Systems

Die geschilderten Prozeduren der Wahrnehmung des *simul hoc*, also gesetzlicher Gleichzeitigkeit, haben dazu geführt, daß nunmehr im Organismenreich eben $2 \cdot 10^6$ Arten zu $5 \cdot 10^5$ Systemgruppen geordnet sind, und berechnete man im Durchschnitt auch nur zehn differentialdiagnostische und hochselektive Merkmale, so würde sich ein Ordnungszusammenhang von fünfundzwanzig Millionen Homologien ergeben.

Aber schon im ausgehenden 18ten Jahrhundert dürften fünf bis zehn Millionen solcher Einsichten verfügbar gewesen sein, aus welcher sich die beiden letzten Fragen stellten, die hier zu behandeln sind.

Ich formuliere diese beiden nach der heutigen Terminologie als (a) das ‚Leseproblem' und (b) das Problem von der ‚Natur des Natürlichen Systems'.

(a) *Das Leseproblem*: Je dichter und kompletter solch ein hierarchisches, harmonisch divergentes System von Ähnlichkeiten wird umso eher treten auch Reihen solcher Ähnlichkeiten, Abwandlungen eines deutlichen Zusammenhangs, hervor. Und die Frage ergibt sich, in welcher Richtung solch eine Abwandlung zu lesen, zu interpretieren ist.

Man wird bemerken, daß wir uns hier wieder nahe an der Frage nach einer Erklärung des historischen Zusammenhangs, also einer Deszendenztheorie, bewegen. Auch ist das Leseproblem durch Fragen nach der Deszendenz weiter gefördert worden. Aber die Deszendenztheorie ist noch immer nicht die Ursache des Leseproblems, vielmehr ist sie durch die Frage der Lesrichtung gefordert worden.

Und diese Feststellung der Lesrichtung ist deshalb ein Problem, weil dies für die Einzelreihe tatsächlich problematisch ist. Zeichnet man im Hörsaalexperiment eine Abwandlung von Figuren, wie in Abbildung 75 (oben), an die Tafel und fragt nach der Lesrichtung, bleiben die Studiosi unentschieden. Insistiert man auf eine Lösung, so ergibt sich erst unter autoritärem Druck eine schwache Mehrheit für Lesung von links, wie auch gezeichnet wurde.

Natürlich ist dieses Beispiel gewählt, um zu zeigen, daß die Lesrichtung nicht bestimmbar ist. Das Quadrat kann ebenso ein aufgeblasener Stern sein wie der Stern ein zusammengefaltetes Quadrat. Das ändert sich erst mit der Einsicht in weitere Zusammenhänge, sei es über Bifurkationen, also die Verzweigung von Zusammenhängen, sei es im Phänomen von Trends in Trends. Einen solchen Fall illustrierte ich in der Abbildung 60 (Seite 175).

Aber selbst in diesem Fall ist die Lesrichtung mehr durch die Zeichenart suggeriert, als eindeutig zu entnehmen, weil das Verhältnis möglicher Differenzierungen oder aber Reduktionen nicht ausgemacht werden kann. Erst die Indikationen wahrscheinlicher und unwahrscheinlicher Interpretationen der Lesrichtung von Einzelgliedern (Abb. 75) lassen einen Ansatz zu. Und tatsächlich fordert einem erst der Gesamtzusammenhang – ‚von den Einzellern zu den Tintenfischen, Käfern und Säugern' – eine Interpretation ab. Und auch dieser, so naheliegend sie auch schon ist, muß eine Theorie unterlegt sein, nämlich jene der Verwandtschaft und der Anagenese. Das muß für alle Systeme mit Genealogie oder Tradierung gelten und sei es die Geschichte von Sprachen oder ganzer Kulturen.

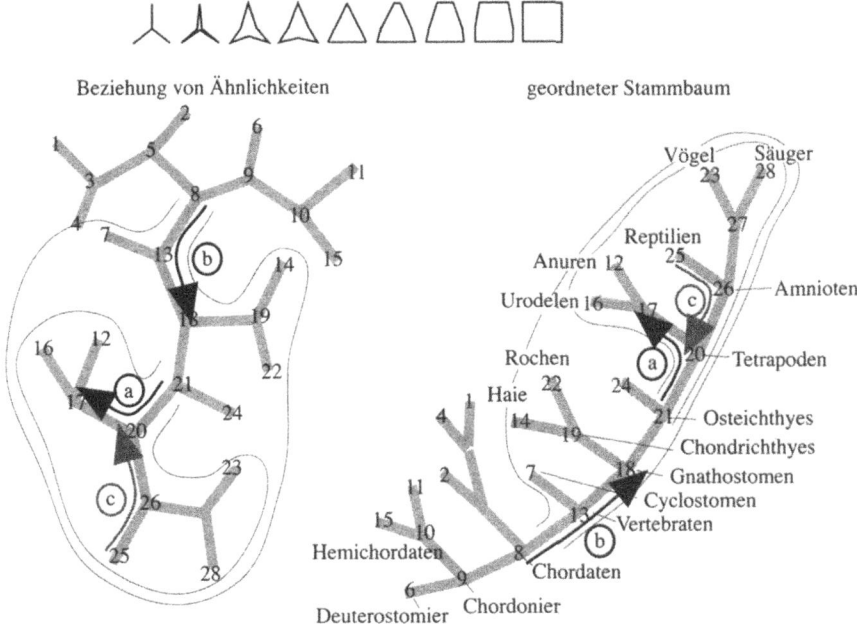

Abb. 75. *Die Bestimmung der Lesrichtung*, am Beispiel der Ähnlichkeitsverhältnisse der Wirbeltiere. Die Einzelreihe (oben) läßt die Lesrichtung nicht bestimmen, sie kann von jeder der Figuren ausgehen. Dasselbe gälte für die Gruppen der Wirbeltiere (links), wären nur die Abstände der Ähnlichkeiten wahrgenommen. Sind aber wahrscheinliche (a, b) und unwahrscheinliche (c) Einzelrichtungen anzunehmen müssen sie sich dann im Zusammenhang eines Stammbaums (rechts) bestätigen (nach Riedl 1975)

Läßt man die Theorie der Deszendenz zu, die wir ja bislang in der ganzen Themenführung noch nicht benötigt haben, so ergeben sich freilich auch noch weitere Anhaltspunkte zur Interpretation der Lesrichtung. Das aber ist erst ein Thema des Teiles 6, der mit den Strukturen des Erklärten zu tun haben wird.

(b) *Das Natürliche System*: Was nun ‚die Natur des Natürlichen Systems' betrifft, so ist die Vermutung vertreten worden, daß es sich um ein Kunstprodukt handeln müsse. Denn Systeme seien Kunstprodukte des Denkens, ‚Natürliches System' daher ein Widerspruch in sich selbst. Tatsächlich aber bietet sich dasselbe als ein ungeheuer detailreicher Zusammenhang von Struktur- und Klassenähnlichkeiten dar, der weit jenseits jeder Erklärung durch den Zufall oder koinzidierender Phantasien von Systematikern liegt.

Dieser Zusammenhang fordert nun eine Erklärung heraus. Und ich werde zu zeigen haben, in welch klarer Weise Lamarck diesen Umstand bereits gesehen hat. Es ist also keineswegs die Deszendenztheorie, welche uns zu einer Wahrnehmung dieses Zusammenhangs geführt hat. Es ist genau umgekehrt: Es ist die Wahrnehmung einer inneren Ordnung, eines inneren Zusammenhangs im System, welche eine Erklärung gefordert hat. Eine Theorie, die dieses weite Muster von Ordnung jenseits jeder Zufallswahrscheinlichkeit heute paradoxerweise aus zwei Zufallsmechanismen zu erklären trachtet.

Wir haben die Zusammenhänge in dieser Welt, seien es Wandlungen in der Erdgeschichte, der Organismen oder Kulturen, schon aufgrund unserer Ausstattung aus der Wahrnehmung der Phänomene des *post hoc* und des *simul hoc* aufgeschlossen. Das *propter hoc*, die Erklärung, ist, wenn auch aufgrund einer weiteren Anlage, als eine gedankliche Konstruktion dieser Welt nun erst hinzuzufügen.

Es sind gar wunderbare Sachen!
Der Teufel hat sie's zwar gelehrt;
Allein der Teufel kann's nicht machen.

5 Die Systeme des Erklärens und Verstehens

Gegenüber den ‚Systemen des Erkennens' treten wir hier in eine zwar transparentere Welt unserer Geistesgeschichte, doch voll der theoretischen Konflikte. Das hängt damit zusammen, daß das Erkennen, wie man sich erinnert, vorwiegend ratiomorph gesteuert, fast automatisch ablaufend, unauffällig und lange undurchsichtig blieb, wenig untersucht wurde und als wissenschaftliches Thema daher auch nicht als besonders interessant galt. Die Vorgänge des Erklärens und Verstehens dagegen werden sich ungleich mehr mit bewußter Reflexion verknüpft erweisen und haben daher viel fachliche Aufmerksamkeit auf sich gezogen.

Das Ganze geht auf den Umstand zurück, daß, wie schon festgestellt, Wahrnehmung und Verrechnung des *simul hoc* schon über die Gestaltwahrnehmung gesteuert ist, das *propter hoc* hingegen, wie das ja schon David Hume (1739/40) bemerkte, durch einen gedanklichen Akt der Welt hinzugefügt werden muß.

Die Folge ist, daß wir einer anderen und ungleich umfänglicheren, wissenschaftlichen Literatur begegnen. Wenn wir uns im Zusammenhang mit dem Vorgang des Erkennens fast nur auf die Gebiete der Morphologie und der Wahrnehmungspsychologie stützen konnten, zusammengeführt durch die Erfahrungen aus der Evolutionären Erkenntnislehre, werden wir es hier mit einer Fülle von Standpunkten und Literaturformen zu tun bekommen, welche zumeist in traditionelle Strömungen philosophischer Systeme, der Erkenntnislehre, der Wissenschaftstheorie und der Logik, gehören.

Naturgemäß ist auch eine andere Terminologie zu erwarten. Und zwar mit der Aufgabe, solchen Termini, wie ‚Erklären', ‚Verstehen', ‚Gründe', ‚Bedingungen', ‚Begründungen', ‚Kausalität', ‚Finalität', ‚Teleologie', ‚Teleonomie', ‚Entelechie', die wir interessanterweise bislang noch gar nicht benötigt haben, kritische Aufmerksamkeit zu schenken.

Man übersehe aber nicht, daß all das, was im folgenden erklärt, verstanden und, wie auch immer, begründet werden soll, jenen Feldern von Ähnlichkeiten entstammt, mit deren Wahrnehmung, Aufschluß und Rechtfertigung wir uns in den Teilen 3 und 4 und mit der Methode einer Reflexion von Wahrscheinlichkeiten schon befaßt haben. Und man wird nun auch im Konkreten die schon vorweggenommene Erfahrung bestätigt finden, daß Änderungen einer Erklärung, eines Verständnisses oder einer Begründung wenig oder gar keinen Einfluß nehmen auf die Form und die Rechtfertigung eines Ähnlichkeitsfeldes, das nun erklärt, verstanden oder begründet werden soll.

Um in die Systeme des Erklärens und Verstehens einzuführen, sind zunächst (A) die Bedingungen unserer Anlagen vorzulegen, (B) das Schicksal darzustellen, in das sie der reflektierende Überbau entlang unserer Geistesgeschichte geführt hat, um daraus jene rationalen Konditionen darzustellen, welche man vom Vorgang (C) des Erklärens und (D) Verstehens erwartet.

A
Die Bedingungen und ihre Anlagen

Daß wir Menschen uns um die Wahrnehmung von Ähnlichkeiten bemühen, ist aus der Lebensnotwendigkeit zutreffender Voraussicht zu verstehen gewesen. Das regiert, wie wir gesehen haben, alle Kreatur. Aber auch unsere Bemühungen zu erklären und zu verstehen entspringen demselben Zweck, nämlich einer verbesserten Orientierung und Prognostik. Zuletzt mit dem Anliegen, aus der schieren Unbegrenztheit der Fakten möglichst viel unseren eineinhalb Litern Hirnvolumen zugänglich zu machen.

Es eröffnet sich aber mit der Fortsetzung einer solchen Aufgabe ein Faszinosum eigener Art. Und das besteht darin, über eine gewissermaßen passive Orientierung des Erkennens hinaus, in diese Welt eingreifen zu können. Und das reicht tatsächlich von den Ambitionen der Physiker, die Materie zu erklären, bis zu den Politikern, eine Gesellschaft durch das Verstehen ihrer Gesetze zu lenken. Und wir werden anerkennen müssen, daß neben allem akademischen Interesse es Einfluß- und Machtgewinn sind, welche die potenten Ströme der Wissenschaften lenken. Auch das ist ein plausibler Zweck, wenn auch von anderer Art.

Derlei mögen wir im Text noch später beggnen. Die Anlagen und Bedingungen aber, die ich als erstes darzustellen habe, sind dagegen so notwendig wie schätzenswert, und ich werde sie ausgehend von den (1) Vorbedingungen über (2) die reflektiven Zufügungen und (3) den noch immer wenig reflektierten, sogenannten ‚gesunden Menschenverstand', der aus dieser Reflexion entsteht, bis zu (4) einer ‚Psychologie des Erklärungs-Erlebnis' entwickeln.

1
Die Vorbedingungen

Als Vorbedingungen unserer Anlage, Gründe und Zwecke zu postulieren, kennen wir bereits die ‚Hypothesen vom anscheinend Wahren' und vom ‚Vergleichbaren' sowie die Antizipation einer bestimmten Raum- und Zeit-Erwartung wie ich diese schon in den Teilen 2 bis 4 dargelegt habe. Denn, trivial genug, nochmals sei nicht vergessen, daß Gegenstände wie Vorgänge als von bestimmter Art erkannt und als wiedererkennbar gelten müssen, um ihnen vernünftigerweise Gründe oder Zwecke hinzuzufügen.

Zwei weitere, angeborene Hypothesen werden wir kennenlernen, welche die Erwartung von Ursachen und Zwecken anleiten. Wir werden über dieselben notwendigerweise in den Bereich der bewußten Reflexion gelangen, und in diesem Sinne ist die schon genannte Überlegung David Humes zutreffend. Wir fügen das *propter hoc* dieser Welt hinzu. Aber in der Evolution entsteht nichts ohne Vorbereitung, ohne Konstituenten. Und so lassen sich auch für diese weiteren Hypothesen Anlagen finden.

Am greifbarsten kann man derlei aus dem Werkzeuggebrauch bei Tieren illustrieren. Nicht nur Schimpansen knabbern sich Stöckchen zurecht, um Termiten aus deren Bau zu angeln (Goodall 1965). Auch von manchen Vögeln ist bekannt, daß sie lange Dornen abbrechen, um mit deren Hilfe Insekten aus Löchern der Baumrinde zu stochern (Übersicht in Eibl-Eibesfeldt 1978). Laborexperimente zeigen darüber hinaus, und wieder bei Affen, ganz erstaunliche Leistungen, die von der Zusammensetzung von Werkzeugen bis zu mehrgliedrigen Tätigkeiten reichen, die alle dazu dienen, einen bestimmten Zweck, nämlich Futter, zu erreichen (z. B. Rensch 1973). Das Zweckvolle in solchen Tätigkeiten finden wir hier in einem Übergangsgebiet von genetischen Programmen, über die durch Erfahrung ebenso wie durch Nachahmung gestützten Anlagen bis hin zu den ersten Formen organisierter Reflexion.

Aber im Grunde ist schon alles Verhalten, wie alle Körperfunktion, ganz final, nämlich auf das Erreichen von Zwecken angelegt: ‚um zu' erreichen, was immer an Tätigkeit und Funktionen der Erhaltung des Individuums oder der Art nützen kann (Lorenz 1978). Bewußt reflektiert leitet dies die Hypothese vom Zweckvollen an, von welcher bald zu berichten ist. Aber auch die Hypothese von den Ursachen versteckt sich im Verhalten. Das ‚weil', welches die Hypothese von den Ursachen anleitet im tierischen Verhalten auffinden zu wollen, scheint weit hergeholt. Aber alle Ausrüstung der Organismen und ihres Verhaltens läßt sich, adaptiv wie konstruktiv, ebenso als ‚um zu' als auch als ‚weil' interpretieren. Es sind nur Umkehrungen in der Blickrichtung der Betrachtung.

2
Die Hypothesen über Ursachen und Zwecke

Die Reflexion über Ursachen und Zwecke baut also auf einer Anlage auf, die im Unreflektierten vorbereitet ist, aber zweifellos erst mit dem Hellwerden des Bewußtseins im Menschen seine Blüten trieb.

Und, wie wir das von den Hypothesen vom anscheinend Wahren und vom Vergleichbaren (Abschnitt 3,B und C) schon kennen, muß auch hier eine Übereinstimmung mit der außersubjektiven Wirklichkeit nachzuweisen sein, um deren Erfolg und Einbau zu verstehen. Und dem gegenüber muß begründet werden, warum sie im Rahmen der Eingriffe in die Welt, die wir uns heute anmaßen, Mängel zeigen (Riedl 1980, 1985 und 1995).

> Ich werde (a) die Hypothese von den Ursachen und (b) die vom Zweckvollen, so wie sie uns reflektierend erscheinen, getrennt darstellen, indem ich jeweils nach der Bestimmung der Anleitung, welche die Hypothese enthält, erstens deren Erfolg und da-

mit deren Installierung begründe, zweitens die Mängel aufdecke und drittens Hinweise gebe, wie diese zu überwinden wären.

(a) *Die Hypothese von den Ur-Sachen* läßt uns erwarten, daß gleiche Dinge oder Vorgänge auf dieselben Ursachen zurückgehen werden.

(a1) *Der Erfolg* und damit die Installation dieser Erwartung muß darauf beruhen, daß sie in den meisten Fällen bestätigt wird. Und tatsächlich ist das in unserem Alltag auch der Fall. Wenn man in einer Sache nichts wissen kann, scheint es tatsächlich die beste Annahme zu sein, einmal gemachte Erfahrung mit einem Ursachenzusammenhang für den vergleichbaren Fall zu antizipieren. Die Umkehrung einer solchen Erwartung muß ebenso ins Leere führen wie irgend eine andere Annahme, weil deren zu viele möglich sind.

Wir kennen dieses Verhalten schon als ‚win-stay'-Strategie aus dem Tierreich (Huber 1995), welche die meisten Konditionierungsexperimente voraussetzen. Hat die Taube oder Ratte den Zusammenhang zwischen Hebeldruck und Futtergabe einmal erfaßt, wird natürlich bei der Assoziation eines solchen Zusammenhangs geblieben. Das sieht man daran, daß sich das Umlernen auf einen konträren Zusammenhang als mühsam erweist. Derlei können auch wir Menschen erleben.

Fehler, die wir Menschen machen, liegen nicht selten in einer Verwechslung der Richtung von Ursachenketten. Man kann einen Handschuhdehner für eine Schere, eine Schiffsmühle für einen altertümlichen Raddampfer halten oder ein Stromaggregat für einen Kompressor. Im einen treibt ein Kolbenmotor einen Dynamo, im anderen der Dynamo die Kolbenpumpe.

(a2) *Die Mängel der Hypothese* liegen nun weniger in den Irrtümern, denen eine solche Erwartungshaltung naturgemäß ausgesetzt sein muß, sie liegen in der Simplizität des vorbereiteten Ursachenkonzeptes selbst. Erwartet werden mit hoher Präferenz lineare, begrenzte, unvernetzte wie unverzweigte, direkte und nichtrekursive Zusammenhänge (Übersicht in Abb. 21, Seite 79). Erwartet wird also der denkbar einfachste Zusammenhang. Und das ist im Grunde wieder verständlich, weil Organismen, hinauf bis zum Frühmenschen, also in jenem Evolutionsabschnitt, in welchem Fehler höchst regelmäßig mit eliminativer Selektion gebüßt wurden, noch kein Zugang zu komplexeren Ursachenzusammenhängen möglich und erforderlich war. Das ist in unserer komplexen Gesellschaft und in dem Umfang, in welchem wir heute in die Welt eingreifen, anders.

Zunächst denken wir gerne in begrenzten Kausalketten, sprechen von Ursache und Wirkung so, als ob die vielen Ursachen, die, sagen wir, zu einer Handlung führen, ebenso zu vernachlässigen wären wie die vielen Folgen deren Wirkung. In der juristischen Praxis beispielsweise gibt die sogenannte ‚Zurechnungslehre' dem Richter an, die Kausalkette, etwa im Zusammenhang mit einem Delikt, möglichst kurz zu halten. Man will sich der Uferlosigkeit entziehen. Denn freilich könnte auch die verstorbene Großmutter die wahre Anleitung eines Ladendiebes gewesen sein.

Ebenso sind alle Vernetzungen unangenehm zu denken. Die ‚Welt, ein vernetztes System', wie man heute sagt, ist nicht mehr als eine Worthülse. Experimente (Dörner 1975) ebenso wie Computerspiele (Vester 1975) zeigen, wie schlecht wir Funktionen in vernetzten Zusammenhängen antizipieren.

Dasselbe gilt aber schon für den einfacheren Fall rekursiver Kausalität. Unsere Industrie hat über ein Jahrhundert lang Kausalketten gerade gerichtet, bis zur Effektivität des Fließbandes. Sie hat nicht beachtet, in welcher Weise die Produkte, die an einem Ende herauskommen, auf das zurückwirken, was an Menschen, Materialien und Energie am anderen Ende hineinkommt. Wie in einem Münzautomaten nicht beachtet werden muß, wie die Schokolade, die herauskommt, auf die Münze zurückwirkt, die hineingesteckt wurde. Innerhalb des Kastens konnte die Rückwirkung ausgeschlossen werden, außerhalb desselben wirkt jedes Produkt unvermeidlich auf seinen Wert zurück und das in so komplexer Weise, daß wir heute den Filz der Zusammenhänge noch immer nicht durchschauen.

(a3) *Für das Überwinden dieser Mängel* ist eine Empfehlung zu geben, die so einfach wie schwer zu befolgen ist. Wann immer man mit einer Prognose regelmäßig an der Erfahrung scheitert, muß etwas falsch sein.

Aber man täusche sich nun nicht. Wir werden als Einzelner von der Befolgung solcher Einsicht durch die sogenannten Zugzwänge ebenso gelenkt, wie sich unsere ganze Gesellschaft an das Scheitern gewöhnt hat. Sie kommt, beispielsweise, aus der Schere zwischen Geldverfall und Arbeitslosigkeit nicht heraus, kann das weitere Öffnen nur durch Wachstum bremsen, wiewohl man weiß, daß jedes System, das sich durch Wachstum erhalten muß, eben an diesem Wachstum zugrunde gehen wird. Eine der Anleitungen für das Fehlverhalten unserer Industriegesellschaft wird damit deutlich.

(b) *Die Hypothese vom Zweckvollen* läßt uns erwarten, daß gleiche Dinge und Vorgänge denselben Zwecken dienen werden. Hier bestätigt sich die Umkehr der Blickrichtung gegenüber der Ursachen-Hypothese. Davon war schon die Rede.

(b1) *Der Erfolg* liegt der Ursachen-Hypothese entsprechend parallel. Wir mögen uns mit jener Erwartung auch immer wieder täuschen. Und dennoch bietet sie, in allen Fällen, in denen man nichts wissen kann, immer noch die bestmögliche Antizipation. Die einfachen Fehler liegen in der Verdrehung von Zweckrichtungen, ebenfalls parallel der Ursachen-Hypothese, wie man an meinen Beispielen vom Handschuhdehner, der Schiffsmühle und vom Kompressor erkannt haben wird.

(b2) *Die Mängel der Hypothese* sind allerdings von jenen der Ursachen-Hypothese sehr verschieden. Im wesentlichen gehen sie darauf zurück, daß das Ursachenkonzept unserer Sprachen ein ausgesprochen anthropomorphes Zentrum hat. Es leitet sich von unseren Absichten ab, schließt dann die Funktionen unserer Artefakte wie unseres Körpers ein und in Analogie alle lebenserhaltenden Funktionen der Kreatur.

In anderen Sprachen kann das noch enger sein. Im Englischen beispielsweise sind die nächstäquivalenten Begriffe ‚aim' und ‚purpose' noch enger auf bewußte Vorgänge beschränkt und eher als ‚Absicht' zu übersetzen.

Versucht man unsere Zweckvorstellung in ein allgemeines, nicht anthropozentrisches Konzept einzufügen, so zeigt es sich, daß uns alle jene Substrukturen und Subfunktionen dann als zweckvoll erscheinen, wenn anzunehmen ist, daß sie zur Einrichtung und Erhaltung einer Oberstruktur oder Oberfunktion erfolgreich beitragen werden. Das entspricht auch dem hierarchischen Muster, in welchem wir Zweckzusammenhänge antizipieren.

De facto erscheint uns der Ziegel zweckvoll für einen Mauerbau, der Mauerbau für den Hausbau, der Hausbau zweckvoll für unsere Lebensfunktionen. Fragt man nach den Zwecken seiner eigenen Person, die ja zweifellos zu den Erhaltungsbedingungen unserer Gesellschaft beizutragen haben, dann wird die Perspektive schon unsicher. Mit Einsicht in die Zusammenhänge mag man sich noch seiner Beiträge an Wertschöpfung in der Gesellschaft entsinnen. Wird aber nochmals weitergefragt, welche Zwecke diese Gesellschaft hätte, die ja zweifellos wieder mit den Erhaltungsbedingungen der Biosphäre zusammenhängen, scheinen sich die Zweckbezüge sogar umzukehren. Es scheint, als ob die Gesellschaft nicht für die Bedingungen der Biosphäre, sondern die Biosphäre für die Gesellschaft und diese für unsere Zwecke geschaffen wäre.

(b3) *Die Überwindung dieses Fehlkonzeptes* legt wieder eine Empfehlung nahe, die so einfach wie schwer zu befolgen ist: man relativiere den anthropozentrischen Zweckbegriff. Das macht Mühe. Wir sind darauf nicht vorbereitet. Schon von Piaget (1978) wissen wir, daß bereits unsere Kinder, in all ihrer Naivität, der Ansicht sind, daß es Seen gibt, damit Schiffe darauf schwimmen können und Schiffe, damit Kinder auf diesen fahren können. Und auch uns Erwachsenen fällt es nicht leicht, unsere Ansprüche mit den Maßen unserer Wertschöpfung zu korrelieren. Verdoppelt ein glücklicher Zufall unser Vermögen, leiten wir daraus die Legitimation ab, unsere Ansprüche zu verdoppeln (Riedl und Delpos 1996). Die Welt scheint für unsere Zwecke da zu sein. Die Verflechtung dieser Fehleinschätzung mit dem Umweltproblem wird man vor Augen haben.

3
Der Menschenverstand und die Intuition

Das Phänomen des ‚gesunden Menschenverstands' ist uns wohlbekannt, im Englischen als ‚common sense' vertraut, ohne daß man beides fachlich gut bestimmt fände. Will man darunter aber, wie in der Umgangssprache üblich, die Summe der unreflektierten Handlungen und Entscheidungen verstehen, die wir stetig produzieren, so werden diese von den vier besprochenen Hypothesen angeleitet sein, eben von unserem ratiomorphen Apparat, den wir schon ganz gut kennen.

Es ist an dieser Stelle aber auf noch ein Phänomen zurückzukommen, das ich hier als ‚Intuition' benenne. Der Begriff kommt vom ‚Anschauen', aber im Sinne von unmittelbarem Gewahrwerden des Wesentlichen, ohne daß die bewußte Reflexion absichtsvoll oder lückenlos darauf hingeführt hätte. Man könnte auch von Einfällen sprechen. Aber Intuitionen sind eben darüber hinaus auch noch von starken Gefühls- und Evidenzerlebnissen begleitet.

Beide Phänomene begleitet also ein ausgesprochen unreflektiertes Element unserer Ausstattung. Und nur das führt sie hier zusammen. In den Anleitungen, die sie geben, werden sie sich als einander fast ausschließend, schließlich als widersprüchlich erweisen.

Darum ist auch im Folgenden (a) Menschenverstand und (b) Intuition getrennt zu behandeln.

(a) Natürlich ist *der gesunde Menschenverstand* auch von gemachter Erfahrung gelenkt, die in einer kybernetischen Weise und mit begrenztem Gedächtnis (Abschnitt 3,B1) die Entscheidungen steuert. Aber solcherart Bedingungen regieren auch das Verhalten höherer Tiere, und zwar ebenso erfolgreich. Natürlich wird beim Menschen auch immer wieder Reflexion eingemischt sein. Aber in welchem Maße das geschieht, wird meist schwer zu beurteilen sein.

Was uns im Rahmen des Erklärens und Verstehens daran interessiert, ist die Art, wie im Alltag über Ursachen argumentiert wird. „Fritz hat sich ein Bein gebrochen, weil er auf einer Bananenschale ausgerutscht ist" (Kutschera 1972, Seite 103 f). Selbst Sätze wie: „Wäre er auf einer Bananenschale ausgerutscht, hätte er sich ein Bein gebrochen" werden im Alltag als ursächliche Erklärung akzeptiert. Und Kutschera analysiert auch sogleich die Mängel gegenüber wissenschaftlichen Ansprüchen.

Erstens handelt es sich um eine unvollständige Erklärung, weil das Ausrutschen viele sehr unterschiedliche Folgen haben kann: einen Fall ins Wasser oder in die Arme einer Dame. Zweitens ist nicht der Umstand des Ausrutschens die alleinige Ursache eines Beinbruches, vielmehr eine ganze Kette spezieller Umstände, Konditionen und Bewegungen dieses Fritz.

Man kann bei einer solchen, wenig reflektierten, Mutmaßung von einer modalen Argumentation sprechen, die uns, oder wem auch immer, ein überraschendes Ereignis ‚Fritz erscheint mit Gipsverband' erklären soll. Sie kann auf Naturgesetze Bezug nehmen, strengt dies aber in der Regel gar nicht an. Die Annahme aus Alltagserfahrungen, die induktiv heuristische Spekulation, genügt. „Modal", sagt Kutschera, „können wir (zwar) viele Ereignisse kausal begründen, die wir (aber) deduktiv nicht begründen können, weil uns passende Naturgesetze nicht bekannt sind oder nicht alle (Ausgangs- oder) Antezendenz-Bedingungen, die wir zu einer deduktiven Begründung benötigen würden." Die deduktive Kontrolle wird kaum angestrebt, zumal sie meist gar nicht erreichbar ist.

Solcherart Erklärungen ohne Gesetze kann man ‚disponentielle' Erklärungen nennen. Etwa: „Die Fensterscheibe ist zerbrochen ... weil sie von einem Stein getroffen wurde." Oder: ‚Fritz hat Harald aus dem Eis gezogen, weil er ein hilfsbereiter Mensch ist'. Denn die Dispositionen von Fensterscheiben wie von fliegenden Steinen, Eis und hilfsbereiten Menschen sind uns ja geläufig. Manche Prädikate, wie ‚zerbrechlich' können auch als ‚manifest', als eindeutig bestimmbar, gelten. Die Unterscheidung ist zwar nicht immer eindeutig, spielt aber eine Rolle in der Prüfbarkeit solcher Behauptungen.

Wenn es um die Differenzierung der Formen des Verstehens, Erklärens und Begründens geht (Abschnitt B4 und C), wird das wieder interessieren. Hier war am einfachen Beispiel kausaler Erklärungen zu zeigen, daß der gesunde Menschenverstand zunächst induktiv heuristisch vorgeht und daß das, was uns als logisch deduktive Prüfung noch beschäftigen wird, vorerst auf noch kaum reflektierte Schätzungen und Häufungen aus bislang gemachter Erfahrung zurückgeht.

(b) Auch *die Intuition* muß Erfahrung im Hintergrund haben. Erfahrungslose Wesen haben wohl auch keine Intuitionen. Aber Intuition hat mit erlebnisbetonter, selbst offenbarungshafter Vision zu tun. Es ist ein eingebungshaftes Schauen, das schon im Altertum differenzierte Formen entwickelte und mehr Aufmerksamkeit der Philosophen auf sich zog als der gesunde Menschenverstand. Auch Descartes spricht von einer *mentis intuitus*, einer Intuition des Geistes als ein jeder Methode vorausgehendes Denken. Und Kant unterscheidet sie als die durch Begriffsbildung gewonnene diskursive (logische) Deutlichkeit von der sinnlich (empirisch) gewonnenen.

Nun muß man, im Verständnis dieser Sache, nicht gleich dem Intuitionismus mit der Ansicht das Wort reden, daß die Intuition die hauptsächliche und verläßlichste Erkenntnisquelle sein müsse. Uns genügt, daß sie eine Erkenntnisquelle eigener Art sein kann. Aber eine solche, die ihre ‚Gewißheiten' aus anderen Quellen bezieht. Nämlich vorbereitet aus sprachgeformter Begrifflichkeit und einer der Logik ähnlichen Legitimation, nun nicht aus der Bestätigung empirisch nachmeßbarer Prognosen

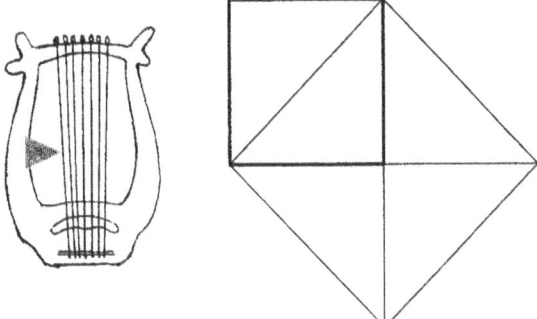

Abb. 76. *Die Suggestion der Rationalität*, am Beispiel der Halbierung der Saite der Lyra, die eine Oktave ergibt sowie der Verdoppelung des Quadrates über die Diagonale. Ist man überzeugt, daß die fünf sich ergebenden Dreiecke identisch und auswechselbar sein müssen, dann übertrifft diese Erwartung jeden empirischen Nachweis an Genauigkeit.

begründet, sondern vielmehr aus der inneren Widerspruchsfreiheit eines Zusammenhangs von Erwartungen.

Diese Perspektive wird an unsere Erfahrung erinnern (Abschnitt 2,A3c und Abb. 3 bis 6, Seiten 23 bis 27), daß Kommunikation, Sprache und Logik unter anderen Selektionsbedingungen entstanden sind als unsere Anschauungsformen, nämlich prädominant unter Kohärenz- und nicht unter Korrespondenzdruck, getrimmt auf Widerspruchsfreiheit im System und erst in zweiter Linie auf Übereinstimmung mit der außersubjektiven Wirklichkeit.

Um ein Beispiel zu geben: Die Einsicht in die Verdoppelung der Fläche des Quadrates über seine Diagonale (Abb. 76) hat natürlich seinen Erfahrungshintergrund. Man zählt vier gegenüber zwei gleichen Dreiecken. Gleichzeitig aber kann man überzeugt sein, daß die Prognose aufgrund intuitiver Einsicht stets um Dezimalen genauer sein wird als jedwede empirische Messung. Das mag auch für die Halbierung der Saite der Lyra und die Oktave gegolten haben.

Hinsichtlich der Genauigkeit der Voraussichten geht es also nicht um einen empirischen, sondern um einen rationalen Zugang, wie er eben schon im Altertum, mit dem Hellwerden des Bewußtseins, Eindruck machte und der sich als Problem bis in unsere Tage erhalten hat. Beispielsweise in der Begründung der Mathematik, speziell der Algebra und der Analysis: warum etwa zwei und zwei genau vier sein muß. Drei Begründungen sind geläufig. Salopp gesagt: Weil wir das immer so gemacht haben, weil das einleuchtet oder weil solche Symbolik einfach genügt. Man nennt diese Begründungen konventionalistisch, intuitionalistisch und formalistisch. Auch da gilt also Intuition noch als Begründung.

4
Die Psychologie des Erklärens und Verstehens

Noch weiter in den Bereich der Reflexionen gehört ein Thema, das mir aber nochmals kennzeichnend erscheint für die Weise, in der wir uns schon erlebnismäßig in unseren Ursachen- und Zweckvorstellungen orientieren.

Nehmen wir ein Beispiel. Wir erfahren, daß die Form der ‚Wurfparabel' aus zwei Größen folgt: Anstellwinkel und Beschleunigung. Dies mit der

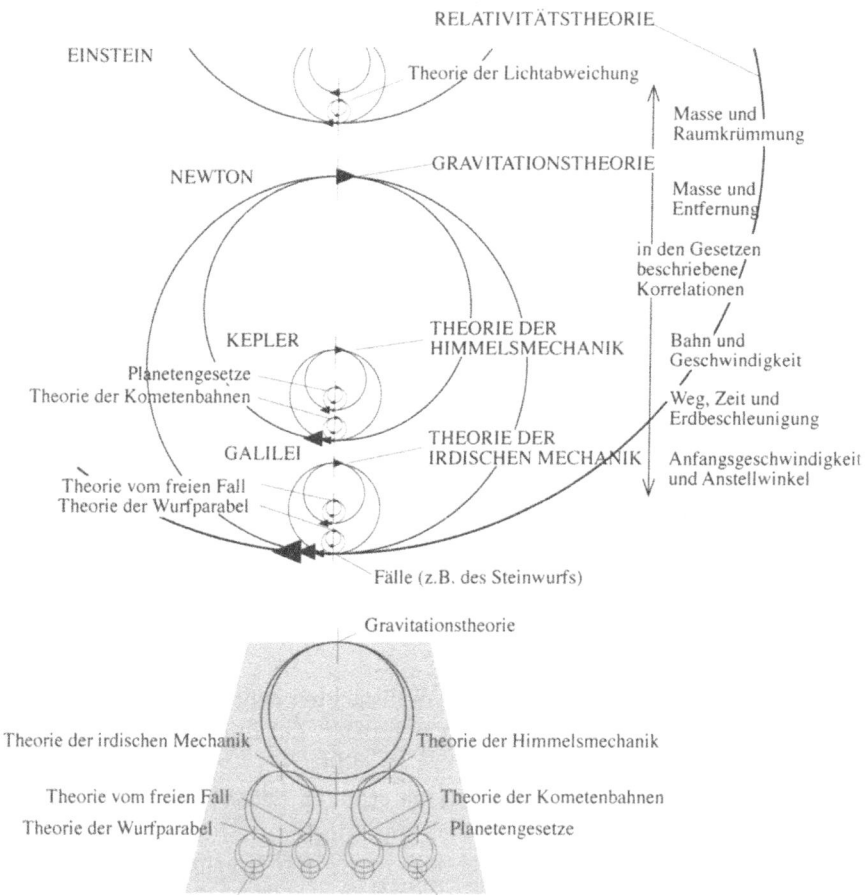

Abb. 77. *Das hierarchische System der Erklärungen*, an einem einfachen Beispiel von ‚Theorien in Theorie' in der Physik. Rechts sind die beteiligten Korrelationen angeschrieben. Man empfindet solche Beschreibungen als erklärt, wenn sie sich in die nächste Obertheorie einfügen. Unten ist die Darstellungsweise skizziert, die weiterhin verwendet werden wird.

Konsequenz, daß die Parabel mit der Anfangsbeschleunigung weiter wird und bei gleicher Beschleunigung mit einem Anstellwinkel von 45° am weitesten reicht. Es liegt also eine Korrelation zweier Größen vor. Warum die beiden jedoch korrelieren ist ihnen selbst noch nicht anzusehen. Der Zusammenhang nimmt sich eher wie eine Beschreibung denn als eine Erklärung aus. Was aber empfinden wir dann als eine Erklärung?

In anderer Diktion findet man dasselbe in der philosophischen Definition. Erklärung heißt da „Einleuchtendmachen irgendeines mehr oder weniger verwickelten Tatbestandes durch Darlegung der Ursache oder der Bedingung bzw. Zwecke, warum und wozu etwas so ist oder der Gesetzmäßigkeit eines Geschehens, in das ein besonderer Fall einzuordnen ist. Fast stets bleibt dabei Unerklärbares übrig (Schischkoff 1991, Seite 181)." Worin also besteht der unerklärte Rest?

Soweit ich meinem Gefühl trauen kann und von Kollegen bestätigt bekam, erleben wir die Beschreibung einer solchen Korrelation erst dann als erklärt, wenn sie sich, gemeinsam mit weiteren Korrelationen vergleichbarer Art, aus einer diese einschließenden Korrelation ableiten läßt. Im ganzen gefaßt: „Für Kausalgesetze gibt es keine kausale Erklärung, denn sie bilden die Grundlage kausaler Erklärungen (Kutschera 1972 Seite 118)".

Erst wenn sich Wurfparabel und freier Fall zu den Fallgesetzen und weiter zu Galileis ‚irdischer Mechanik' subsummieren und diese mit Keplers ‚Himmelsmechanik' aus Newtons Gravitationstheorie ableiten lassen, empfinden wir diese als erklärt (Abb. 77), und wir müssen einräumen, daß auch die Gesetze der Gravitation nur die Beschreibung einer Korrelation von Masse und Entfernung enthalten, also ihrerseits der Erklärung bedürfen (Riedl 1985).

Was hier interessiert ist zweierlei. Erstens ist es der Umstand, daß das System der Erklärungen nach oben – wie wir sehen werden nach beiden Enden – offen bleibt. Zweitens, daß sich wieder ein hierarchisches System entfaltet, das uns ebenso logisch zwingend erscheint, wie es schon in unserem ‚Gefühl' für Zusammenhänge seine Wurzeln haben mag.

B
Wandel in der Kulturgeschichte

Naturgemäß wissen wir nicht, in welcher Weise unsere ratiomorphe Ausstattung allmählich der bewußten Reflexion zugänglich wurde und nur wenig darüber, wie man sich die frühesten Ursachenvorstellungen denken soll. Es ist aber wahrscheinlich, daß ein Vergleich prähistorischer und ethnologischer Daten Hinweise geben kann. So korrelieren die Reste zwischeneiszeitlicher Bärenkulte gut mit der Vorstellung rezenter Völker der Arktis, daß der Bär ein Mittler zwischen Mensch und Göttern wäre.

So wird man nicht fehlgehen, sich die frühen Vorstellungen animistisch zu denken, eine Beseeltheit der ganzen Natur anzunehmen, offenbar sehr bald mit einer Götterwelt im Gefolge, in welche der Mensch die Erfahrungen mit seiner Wirkwelt und mit sich selbst, in überhöhter Form, projizierte.

Tatsächlich mag auch das ‚Ich-Bewußtsein' aus einer Ablösung von den ‚Stimmen der Götter' (Jaynes 1976) spät, wahrscheinlich sogar erst nach der Zeit der Ilias, entstanden sein. Und Lévi-Strauß (1968) legt, wahrscheinlich zu Recht, aller naiven Weltexplikation ein magisches Denken und einen ‚totemistischen Operator' zugrunde, über welchen eine erste Ordnung in die Dinge gebracht wird.

In Richtung auf die Hochkulturen muß ich mich aus Raumgründen auf eine Art Rekapitulation unserer eigenen, hier einschlägigen Geistesgeschichte beschränken. Sie ist im Grunde nicht aufschlußreicher als etwa die chinesische. Aber sie allein hat schließlich die Welt erobert und gewandelt, wenn auch in erster Linie mittels militärischer und wirtschaftlicher Macht.

In dieser kurzen Form, die ich mir vorgeben muß, werde ich die Entwicklung und den Wandel der Vorstellung vom Erklären und Verstehen hauptsächlich am Beispiel der Ursachen- und Zweckvorstellungen über drei aufschlußreiche Etappen darstellen: (1) die Ansätze, (2) Antike und Mittelalter und (3) die Neuzeit, um (4) unser Verständnis dieser Gegenstände in der Gegenwart etwas detaillierter auszuführen.

1
Die Ansätze in unserer Kultur

Es ist immer wieder gesagt worden, daß alle entscheidenden Erkenntnisfragen schon von den Vorsokratikern erkannt und formuliert wurden. Und so dürftig die Zeugen aus dieser geistigen Frühzeit auch tatsächlich sind, so wahr ist diese Behauptung (Übersicht in Capelle 1968).

Der entscheidende Schritt und der erste Wandel, der dokumentiert ist, führt von dichterischen Theogonien und Kosmogonien, vom mythischen Denken der sogenannten Orphiker zum Beginn der Wissenschaft altionischer Naturphilosophen. Wenn man sich Ursache und Wirkung auch noch wie Schuld und Sühne vorstellte, begann man doch schon drei konkrete Ursachen zu unterscheiden, die man später *causa efficiens*, *materialis* und *finalis* nennen wird: Antriebe, Materialien und Ziele.

Aber noch ein zweites geistiges Ereignis gehört schon in diese Zeit, eine Spaltung der Auffassung, die unsere ganze Kulturgeschichte, wie man später sagte: in der Form einer materialistischen versus einer idealistischen Strömung des Denkens begleiten wird.

Die ‚antiken Atomisten', wahrscheinlich schon Leukipp und gut belegt bei Demokrit (460–370 v. Chr.), stellten sich die Welt aus materiellen Teilchen zusammengesetzt vor, die sich deterministisch und ohne Eingreifen höherer Instanzen, bewegten. Viel an praktischer, gesunder Erfahrung und naiver Deutung hat das angeleitet.

Dem gegenüber hatte sich im italisch-sizilischen Griechenland mit Pythagoras und, besser dokumentiert von Parmenides (515–445 v. Chr.), intuitiv eine Vorstellung von den Zusammenhängen in dieser Welt entwickelt, die der Seele wie gleichermaßen den Dingen vorgegeben sei. Gedacht als vernünftig wirkende Gründe einer zweckgerichteten Weltordnung und erst in deren Gefolge die materiellen, blind und vernunftlos, die aber von der Vernunft geläutert werden können.

Was sich hier vorbereitet wird als Empirismus, vertrauend auf die Sinne und die Erfahrung, gegenüber einem Rationalismus, mit einem Vertrauen in die Vernunft und das Denken, noch eine bedeutende Rolle spielen. Nämlich als das bis dato nicht überwundene Schisma unserer Kultur, das wir den unterschiedlichen Entwicklungen unserer Anschauungsformen einerseits und andererseits jener von Kommunikation, Sprache und Logik zuzuschreiben haben (Orientierung in Abb. 6, Seite 27; Einzelheiten in Riedl 1994).

2
Antike und Mittelalter

Diese beiden großen Epochen in der Geschichte unserer Kultur stellt man üblicherweise getrennt dar. Da wir aber hauptsächlich den Ursachen- und Zweckvorstellungen nachzugehen haben, bietet sich die gemeinsame Behandlung an:

indem nun (a) der empiristischen und (b) der rationalistischen Weltsicht getrennt gefolgt werden kann.

(a) *Empirische Wissenschaften* sind, wie wir schon feststellten, in einer ganzen Reihe von Aristoteles begründet worden. Auch daß er vier Ursachenformen unterschied war (in Teil 4,C2b) schon zu erwähnen (Übersicht in Abb. 53, Seite 164). Hier ist auf diese näher einzugehen und zu belegen.

Und zwar sind diese (a1) genauer zu bestimmen, (a2) zu begründen, warum es deren vier sein sollen, und (a3), was ihr geistesgeschichtliches Schicksal wurde.

(a1) *Die vier Ursachen*. In der ‚Älteren Metaphysik' sagt Aristoteles: „Erst dann können wir sagen, daß wir etwas verstehen, wenn wir die Ursachen zu kennen glauben. Von Ursachen aber redet man in vielfachem Sinn." Und im ‚5. Buch der Metaphysik' wird das ausgeführt.

Um ein Haus zu bauen – heute könnte ich auch sagen: ‚ein Küken zu erzeugen' – bedarf es (wie wir es heute lateinisch ausdrücken) der *causa efficiens*, „in dem Sinne, daß von ihnen der Anfang der Bewegung oder Ruhe ausgeht". Das schließt Kraft, Energie und Macht ein. Das englische ‚power' übersetzt das, wie gesagt, am besten. Die im Englischen eingebürgerte Übersetzung als ‚efficient cause' trifft die Sache nicht und ist zudem ganz irreführend, weil dies die übrigen *causae* als ‚unefficient' suggeriert.

Weiter, sagt er, bedarf es der *causa materialis*, der Materialien, „insofern sie das sind, woraus etwas wird, und hierbei ist nun das eine Glied Ursache, als das Substrat *(hypokeimenon)* zum Beispiel der Teil." Im heutigen Sinn Substanz, Element, Bauteil, Konstituent oder Kompartment und schon damals „der Stoff für das daraus Gefertigte."

Aber auch Energie und Material haben noch nie ein Haus geformt. Es bedarf ferner einer formgebenden Auswahl und eines Plans der Anordnung. Das ist die *causa formalis*, bei Aristoteles „das ‚Wesens-Was' *(tò ti en einai)*, nämlich die Ganzheit und die Zusammensetzung der Form. Unser Selektionsbegriff ist hier inbegriffen.

Und schließlich haben auch Energie, Material und Bauplan allein noch kein Haus entstehen lassen. Es bedarf noch jemandes Absicht, der Verfolgung eines Zwecks oder Ziels oder allein der Vorgabe eines Programms, der *causa finalis*. Nach Aristoteles „als dasjenige, um dessentwillen etwas geschieht; in diesem Sinne ist die Gesundheit Ursache des Spazierengehens." Dem entsprechen alle Pläne und lang entwickelten Programme, ob des Hausbaus, des Spazierengehens, der Balz oder der Keimesentwicklung, die dazu führt, daß eben aus einem Hühnerei stets ein Küken entsteht. Dieser Zweckursache wird in unserer Geistesgeschichte ein besonderes Schicksal widerfahren.

(a2) *Warum wir Ursachen in vier Formen erleben*, ist eine legitime Frage. Stellen wir die (Abschnitt 4,C2b) bereits gemachte Erfahrung für den vorliegenden Kontext und eine weitere Synthese nochmals zusammen: Wie erinnerlich hat schon Aristoteles eine Symmetrie in diesen vier Ursachen erkannt (vgl. Abb. 53, Seite 164). Zwei, findet er, wirkten von außen, zwei im Inneren. Und ganz entsprechend erleben wir Kräfte und Zwecke als Funktionen, Materialien und das Ergebnis von Formbedingungen dagegen als Gestalten. Zweierlei Sinneskanäle werden also gefordert. Und alle Sprachen der Menschen kennen und trennen in der Folge Verben und Substantiva.

Die zweite Symmetrie (Abb. 53) erkennen wir nun aus der Kenntnis des Schichtenbaues des Komplexen, da Antriebe und Materialien aus den Unterschichten, Auswahl und Zwecke dagegen von den Oberschichten her wirken (Riedl 1998). Auch hier liegt eine kognitive Dualität vor, indem wir erstere als Konstituenten, ähnlich einem Besitz, erleben, letztere dagegen als eine Art Unterworfensein unter Bedingungen. Sprachlich drücken wir dies in aktiven und passiven Formen aus.

De facto sind es prä- und postselektive Prozesse, die zunächst darüber entscheiden, ob ein System gebildet werden kann und erst zweitens, wenn es in Bildung ist, darüber, ob es in seinem Milieu Bestand haben kann. Man hat das meist nicht beachtet und unter Selektion nur das verstanden, was ich als Postselektion genauer bezeichne. Ich komme in Abschnitt C1c und konkreter in Abschnitt 6,B1 darauf zurück.

Mit den *causae* des Aristoteles war ausführlich zu verfahren, weil sie für das Verständnis komplexer Systeme nachgerade unentbehrlich sind, in der

Geschichte der Wissenschaften dennoch bald umgewichtet, dann ausgegliedert und vergessen sein werden.

(a3) *Das Schicksal dieses Ursachenkonzepts* geht auf zweierlei Gründe zurück: Zum einen konnte man sich mit der gebotenen Vierteilung nicht anfreunden, zumal man jenen doppelten kognitiven Dualismus nicht durchschaute, zum anderen wollte man sich nicht vorstellen, daß der Welt viererlei Ursachen zu Grunde lägen. Und für den Fall es doch vier Ursachen sein müßten, sollte doch eine derselben die Ur-Ursache der anderen Ursachen sein.

Dem Aristoteles verwandte Geister wie Epikur, aber auch noch Lukrez (um die Zeitenwende), lassen diese scheinbar drängende Frage offen. Aber schon mit dem griechischen Arzt Sextus Empirikus im 3. Jh. n. Chr., wirkt die rationalistische Achse in das Thema hinein, und es entsteht die Ansicht, daß schon Aristoteles die *causa finalis* für die Ursache aller Ursachen betrachtet hätte, was nicht richtig ist (Kullmann 1979). Eine Ansicht aber, der sich jedoch die Kirche und das ganze Mittelalter anschließen werden und die sich mit dem Beginn der Neuzeit erst so recht entfalten wird.

(b) *Die rationalistische Weltsicht* schließt an Pythagoras und Parmenides an und leitet, wie man sich erinnert, mit Platon zur Ausentwicklung der Ansicht, daß unser Begreifen der Welt darauf beruhen müsse, daß die Seele des Menschen, gleichermaßen wie die Dinge, Anteil hätten oder Erinnerung, an jene ewigen Ideen vom Guten, Wahren und Schönen einer ‚Weltseele'. Es entsteht Platons ‚transzendente', die Erfahrung ‚übersteigende' Ideenlehre. Ein Faszinosum, das große Wirkung getan hat.

Zunächst stellte sich die Frage, ob denn nicht auch die Seele Anteil am Ewigen haben könne. Schon Kleanthes, Nachfolger des Zenon, kam auf den Gedanken, daß das in dem Maße sein könne, als die Seele eines Menschen selbst gut, wahr und schön gewesen wäre. Das ließ bald einen Weltenrichter voraussetzen, und Paulus wurde er geoffenbart. Man vergebe mir diese Kurzfassung, aber mehr zu rekapitulieren benötigt unser Thema nicht.

Platons transzendente Lösung des Erkenntnisproblems ließ die *causa finalis* erst recht zur Erstursache alles Seins werden, mit der Autorität des Thomas von Aquin zurückgeführt auf die *causae exemplares*, die ersten Absichten Gottes. Die Philosophie der Kirche, einer ‚zweckgerichteten Weltordnung', war damit etabliert, wirkte über das Mittelalter in die Renaissance hinein und, wie zu zeigen sein wird, in die Position der sich erst viel später einenden Geisteswissenschaften.

3
Die Neuzeit

läßt die Kulturgeschichte mit der Renaissance beginnen, weil sich in ihr, neben einer Wiedergeburt der Künste, auch das naturwissenschaftliche Denken der nachfolgenden Jahrhunderte vorbereitete, die empiristischen und rationalistischen Positionen sich vollends ausprägten, in der Folge die Geisteswissenschaften konstituierten und von den Naturwissenschaften trennten (Übersichts-Skizzen in Abb. 5 und 6, Seiten 26 und 27).

Es ist darum nochmals vorgezeichnet, (a) die empiristischen Zugänge von den (b) rationalistischen getrennt darzustellen.

(a) *Der empiristische Zugang* formt die Naturwissenschaften neu. Zunächst allerdings unter dem bereits dominierenden Einfluß der Kirche. Man erinnert sich, daß wir noch einen zweiten Grund zu referieren haben, der das Schicksal des wissenschaftlichen Ursachenkonzepts bestimmte. Und dieser hat nochmals zwei Seiten. Kepler und Galilei werden hier wichtig. Sie sind nicht nur gläubige Christen und wollen die Menschheit an der Glorie Christi eines noch viel größeren Kosmos teilhaben lassen. Sie sind auch gewarnt, sich nicht über die Zwecke der Welt auszulassen, wo ihnen schon die Erforschung von Kräften zureichendes Ungemach bescherte. Zweitens aber spielen in ihren Themen die *causae materialis* und *formalis* auch keine Rolle. Galilei z.B. ist ja selbst Ursache der Auswahl der Materialien und Formen seiner Kugeln und schiefen Ebenen und kann sich nun auf die Messung von Kräften und Bewegungen beschränken. Das ist eine der Einschränkungen, welche man als ‚Galileische Revolution' bezeichnet und welche bestimmte, was man ab der Neuzeit ‚wissenschaftliche Methode' nennt.

Das geschieht fast zeitgleich mit der Entstehung des ‚englischen Empirismus', mit Francis Bacon, der, zwar selbst noch halb im Mittelalter, als das Ziel der Wissenschaft die Beherrschung der Natur postuliert. Daran schließen Hobbes, Locke und später Hume mit realistischen Staats-, kritischen und skeptischen Erkenntnistheorien an. Die Aufklärung ist vorbereitet, faßt in Deutschland mit Christian Wolff Fuß, in Frankreich mit d'Alembert, Diderot und Holbach und führt mit Laplace und de Lamettrie und vielen anderen zu einer materialistischen, auf Kräfte konzentrierten Naturwissenschaft, in der auch der Mensch nur mehr als Maschine aufgefaßt werden kann.

Dies bereitet die Entwicklung des Positivismus des 19. Jahrhunderts vor, mit Comte, J. St. Mill, Spender und Feuerbach, antiphilosophisch, antirationalistisch, antiidealistisch, mit der Ansicht, daß nur positive, direkt greifbare Tatsachen (was das auch immer sei) Gegenstand der Wissenschaft sein könnten. Es entsteht eine Art ‚Physikalismus', der sich zum mindesten im Wissenschaftsideal der Physik über den frühen ‚Wiener Kreis', mit Mach und Boltzmann, bis in unsere Tage erhalten hat. Dies hat auch einen materialistischen ‚Reduktionismus' nach sich gezogen, mit der unerfüllten Erwartung, auch komplexe Systeme zureichend aus ihren Teilen verstehen (auf diese reduzieren) zu können.

Von den Ursachen sind nur mehr die Kräfte geblieben, nun gefaßt als die vier physikalischen Wechselwirkungen, was merkwürdig ist, da mit dem Darwinschen Prinzip von Selektion und dem Ziel der Arterhaltung form- und zweckgebende Ursachen ja wohl wieder auf der Hand lagen. Zwar ist die ‚Systemtheorie' dagegen aufgetreten, hat sich aber darin noch nicht durchgesetzt, ‚Synergetik' und ‚Chaostheorie' mit ihren ‚Fraktalen' haben Phänomene der Komplexität wieder aufgegriffen, aber nicht die Gliederung des Ursachenphänomens. Das sind Themen, die im Abschnitt 6,A1 zu behandeln sein werden.

(b) *Den rationalistischen Zugang* setzt man in der Neuzeit mit Descartes an, fast noch ein Zeitgenosse von Kepler und Galilei. Er teilt die Ursachen in räumliche Seins- und dimensionslose Denkgesetze, und da Gott die Welt geschaffen hat, bleibt er auch ihre erste Ursache und der letzte Zweck allen Bewegens und Ruhens. Die Cartesianer fanden sich bei solchem Dualismus vor der Frage, wie die Entsprechung von Seins- und Denkgesetzen zu begründen wäre, und hinüber zum 18. Jahrhundert entwirft Leibniz ein geschlossenes System, das, in der Folge von Descartes, logisch-analytisch sein muß und das Postulat einer prästabilierten Harmonie der Welt verlangt.

Bedeutsam ist in der Folge Kant, der keiner der extremen Positionen Beweiskraft zuerkennt, der empiristischen nicht, weil aus Beobachtungen nichts zwingend zu folgern ist, der rationalistischen nicht, weil Denknotwendigkeiten keine ‚Seins-Notwendigkeiten' sein müssen. Und in der Nachfolge Humes weist er dagegen nach, daß Ursachenerwartungen nicht der Erfahrung entnommen sein können, weil sie selbst *a priori* Bedingungen für jeden Erfahrungsgewinn sind.

Dieser Nachweis ist der von mir vertretenen Auffassung nahe. Es muß Vorbedingungen für unser Erkenntnisvermögen geben. Tatsächlich aber verschiebt sich das Problem bei Kant von einem transzendenten Lösungsvorschlag, wie bei Platon erwähnt, zu einer zwar nicht metaphysisch gemeinten, doch ‚transzendentalen', der Empirie nicht zugänglichen Notwendigkeit des ‚Übersteigens' der Erfahrung.

Im anschließenden ‚deutschen Idealismus', wie bei Schelling, erhält der transzendentale Begriff aber wieder seine spekulativ-metaphysische Bedeutung, mit Hegel und anderen mit dem Wunsch, Kant zu überwinden. Was folgt, ist für unsere Frage nicht mehr sehr interessant. Es sind Proliferationen bekannter Positionen, neukantianisch, neuscholastisch, neuthomistisch und antimetaphysischer versus metaphysischer Idealismus. Der metaphysische Zweig bleibt finalistisch, gottbezogen, der antimetaphysische differenziert sich rationalistisch oder wertphilosophisch und hebt sich mit Windelband, Dilthey und Max Weber als Denkweise der Geisteswissenschaft von den Naturwissenschaften, als eine finalistisch orientierte Gruppierung von Kulturwissenschaften, ab.

Das erscheint zunächst auch naheliegend, zumal alles, was den Menschen bewegt und Artefakte schaffen läßt, ohne Zwecke nicht zu denken ist. Jedoch auch wieder merkwürdig, da wir so deutlich vor Augen haben, daß es die beanspruchten Energien sind, die Kräfte und die überbeanspruchten Materialien, welche den formgebenden Erhaltungsbedingungen unserer Kultur Grenzen setzen.

Wir sind zur Einsicht Lord Snows zurückgekehrt und erkennen nun aus der Reduktion der Ursachenbezüge, warum die Naturwissenschaften die Welt verändern, ohne sie ganz zu verstehen und die Geisteswissenschaften dagegen kein Instrument besitzen.

4
Die Konzepte des Verstehens in der Gegenwart

Es war schon festzustellen, daß die Begriffe ‚Verstehen' und ‚Erklären' umgangssprachlich auswechselbar erscheinen. Das schlägt sich auch in den erkenntnistheoretischen Texten nieder. Stegmüller (1983) spricht von verstehendem Erklären, Kutschera (1972) von erklärendem Verstehen. Ich nehme hier das Verstehen, da man es weiter fassen kann als den Rahmenbegriff, und will schildern, welche Differenzierung der Begriff für unser Thema bis heute gewonnen hat, um erst im nächsten Kapitel (C) auf die Formen des Erklärens näher einzugehen, zumal es hier nur um die Formen, dann aber auch um die Konditionen gehen soll.

Aus der Weite des Verstehensbegriffs ist zunächst das ‚praktische Verstehen' auszugliedern. Wenn man sagt ‚es versteht sich', ‚ich verstehe das als...' oder ‚er versteht sich auf...', dann sind offenbar Voraussetzungen und Selbstverständlichkeiten gemeint oder die Beherrschung einer Fähigkeit, sei es eines Handwerks, einer Kunst oder einer Wissenschaft. Fachlich interessieren die Formen des ‚theoretischen Verstehens'. In Kutscheras Art zu unterscheiden (1972) bleiben dann deren sieben. Betrachtet man dieselben im Hinblick auf die Formen unseres kognitiven Ursachenverständnisses, so ergibt sich zudem eine Zweiteilung.

> Entsprechend werde ich (a) die Formen gesamtursächlicher Sicht dem Übergewicht (b) finaler Betrachtungsweisen gegenüberstellen.

(a) *Im ersten Typus* ist ein Bezug auf alle vier Formen der Ursachen zwar nie mehr ausgesprochen, doch bei näherer Betrachtung unabweislich. (1) ‚Determinatives Verstehen' bezeichnet die Einordenbarkeit eines Vorganges, ob in einer Handlung, in einer Vorrichtung oder durch ein Gerät.

Das kommt der Einordenbarkeit einer Wahrnehmung durch das *simul hoc* nahe und stimmt dennoch mit diesem nicht überein. Bei der Wahrnehmung der Einordenbarkeit eines Gegenstandes spricht man nämlich nicht von Verstehen. Höchstens beim Mitvollzug der Handlung des Einordnens. Man sagt nicht: ‚Ich verstehe den Delphin als Säugetier', aber man versteht, ‚daß man ihn zu den Säugern zählt'. Gerade diese begriffliche Nähe zeigt, daß wir für die ratiomorph gesteuerten Vorgänge der ordnenden

Wahrnehmung kaum über Begriffe verfügen, wohl eben, weil sie unbewußt erfolgreich ablaufen und daher reflektiv noch kaum durchschaut wurden.

(2) ‚Kausales Verstehen' bezeichnet dagegen jene übliche Form, von der erwartet wird, daß die Ursachen eines Vorganges oder Zustandes zureichend erfaßt sind.

(3) ‚Genetisches Verstehen' faßt Herleitungen zusammen, Einsicht in Umstände, Bedingungen, aber auch Absichten eines Zustandekommens, sei es eines Baustils, eines Organismus, aber auch der Alpen. Üblicherweise wird in diesen beiden Formen an Kräfte gedacht, in einigen Fällen dagegen eher an Zwecke, aber natürlich ist stets auch an selektive Material- und Formbedingungen zu denken.

(b) *Im zweiten Typus* dominieren die finalen Bezüge. (4) ‚Funktionsverstehen' meint die Einsicht darin, wozu etwas dient, ein Gerät, eine Schaltung, aber auch ein Organ oder eine Zelle. Es geht um bewußt intendierte, ebenso wie nichtbewußte, durch Bewährung etablierte Zwecke von Programmen. In einer Weise ist dies eine Übergangsform. Denn wenn man das Zustandekommen einer Funktion betrachtet, führen freilich erst alle vier Ursachenformen zu einem zureichenden Verständnis. Aber man kann sich so verhalten, als wären nur die Zwecke entscheidend, wie das in der Kybernetik oft aufgefaßt wurde. Dasselbe gilt, wenn auch weniger durchsichtig, für die folgenden Formen.

(5) Unter ‚Bedeutungsverstehen' wird die Fähigkeit zusammengefaßt, Zweck, Sinn oder Appell von Zeichen, sei es von Körper- oder Lautsprache, von Buchstaben oder Texten, richtig zu deuten.

(6) ‚Rationales Verstehen' meint, Beweggründe einer Handlung nachzuvollziehen, sich, wie man sich ausdrückt, in diese hineinversetzen zu können. Das geht zwar von Antrieben aus, hat aber nicht minder Ziele, beispielsweise eine Enttäuschung loszuwerden, seine Begeisterung zu zeigen.

(7) ‚Intentionales Verstehen' meint dasselbe nun spezifisch, nämlich Absicht, Zweck und Ziel von Handlungen zu erkennen. Diese drei Formen des Verstehens beruhen, wie sich Psychologen ausdrücken, auf ‚Introspektion' und ‚Projektion': a) ‚was erlebte ich selbst in dem, was ich aus dem Handelnden wahrnehme', b) ‚so werde ich dasselbe auch in dem Handelnden annehmen dürfen'.

In diesem zweiten Typ des Verstehens überwiegt zu Recht die Beachtung der Zweckursache. Im Grunde bleibt aber auch hier für ein zureichendes Verstehen, oder sollen wir schon sagen ‚Erklären', ein Verständnis aller vier Ursachenformen erforderlich. Dieses Thema wird uns nun befassen.

C
Die Konditionen des Erklärens

Als erstes ist auch hier die Verwendbarkeit des Begriffes auf unser Thema einzugrenzen. Klarerweise haben wir Erklärung im Sinne von explanatio im Auge, nicht von declaratio, z. B. einer Steuererklärung. Und dennoch gibt es Übergänge, etwa bei Erklärungen vor Gericht. Enger aber grenzt unser Interesse die Unterscheidung von ‚praktischer' und ‚theoretischer Erklärung' ein. Denn nur im Kontext dieses Buches geht es um praktische Vermittlung von Kenntnissen, in der Fragestellung geht es um die Theorie, die dem Vorgang des Kenntnisgewinns zu entnehmen ist.

Als zweites ist zu bedenken, daß Erklärungen Begründungen sein können oder doch solche enthalten. Dem Begründungsbegriff ist also auch noch nachzugehen.

Auch Begründungen kann man als Antworten auf Warum-Fragen auffassen. Wobei zwei Formen zu unterschieden sind. Wird nach Ursachen gefragt, dann kann man die befriedigende Antwort eine ‚kausale Begründung' nennen und von Seins- oder Realgründen sprechen. In einem weiteren Sinn kann aber auch nach allen Tatsachen gefragt werden, welche die Gegebenheit einer Sache oder eines Vorganges begründen. Die Antwort kann man eine ‚epistemische Begründung' nennen und von Erkenntnis- und Vernunftsgründen sprechen. Eine spezielle Form epistemischer Begründungen ist der ‚Beweis', probando, in der Juristerei entstanden, später in der Mathematik zu Ehren gekommen: die plausible oder logisch gefolgerte Ableitung einer Behauptung, eines Satzes oder Axioms (das heißt einer ‚Geltung', Setzung oder Forderung) aus einer Grundannahme, einem Axiomensystem oder einer Theorie.

Im Grunde sind kausale Begründungen dominant empirisch-induktiv, epistemische dominant logisch-deduktiv. Dennoch wird hier nicht scharf geteilt. Erstens stellen nicht alle Begründungen eine Erklärung dar. Die Schwingungsdauer des Pendels, beispielsweise, ist aus dessen Länge begründbar, die Ursache dieses Zusammenhangs ist damit aber noch nicht erklärt. Zweitens stellt nicht jede Erklärung eine Begründung dar. Wird eine Handlung rational erklärt, so begründet das nicht, daß sie stattfand, vielmehr nur, daß sie aufgrund von Präferenzen und Annahmen vernünftig war.

Wir sagen: Pendellänge und Schwingungsdauer sind korreliert, und da wir die Länge leichter ändern können erleben wir sie als den Grund der Schwingungsdauer. Die Erklärung steht erst dahinter. Eine Handlung dagegen kann sich aus Ausgangsbedingungen erklären, deren Gründe dahinter man dennoch noch nicht kennt. Ich habe darum schon (Abschnitt 2,B1) meine Ansicht dargelegt, daß unsere Fähigkeit, Kenntnis zu gewinnen, wo es vordem keine gab, auf einem iterativen und hierarchischen System beruht, in dem wechselnd induktive und deduktive Prozesse zusammenwirken (man erinnert sich des Schemas in Abb. 7, Seite 30). Denn es scheint keine logisch deduktive Begründung ohne Korrespondenz mit der erfahrbaren Wirklichkeit befriedigend zu bleiben, sowie keine empirisch-induktiv synthetisierte Theorie, die sich der logisch-deduktiven Prüfung entziehen darf. Vom Parallelen-Axiom, beispielsweise, ist zu erwarten, daß es der Erfahrung im Endlichen nicht widerspricht, und von einer Prüfung der Ableitbarkeit einer Handlung aus Ausgangsbedingungen wird gefordert werden, daß sie logischen Gesetzen nicht zuwider läuft.

Wir haben es also bei solcher Differenzierung der Terminologie eher mit unterschiedlichen Gewichtungen innerhalb desselben kenntnisgewinnenden Programms zu tun. Und wir dürfen dasselbe voraussetzen, wenn es nun um die Formen der Erklärung selbst geht. Termini, welchen wir uns durchgehend anschließen können, sind deren fünf: Explanandum, das zu Erklärende, Explanans, das Erklärende aus Antezedenz- oder Ausgangs-Bedingungen, für ‚notwendige' und ‚zureichende Erklärungen'.

In der Gliederung folge ich, um die Vergleichbarkeit der Texte zu erleichtern, nochmals Kutschera (1972) und werde (1) den heutigen Standpunkt zum kausalem Erklären referieren. Vom teleologen Erklären, vom Verstehen von Handlungen und der Artefakte soll erst im Rahmen der ‚Formen des Verstehens' (Kapitel D) berichtet sein. Dem kausalen Erklären werde ich aber noch (2) die Struktur der beiden Hierarchien des Erklärens und (3) der drei Wege von Erkennen, Erklären und Entstehen anfügen.

1
Über das kausale Erklären

Hier haben wir es mit jenem Konzept des Erklärens zu tun, in dessen Bestimmung das Wort ‚Ursachen' noch vorkommt. Man versammelt in demselben denn auch Erklärungen im engsten naturwissenschaftlichen Sinne, wohingegen die übrigen drei Konzepte entweder als Spezialformen oder überhaupt als von fragwürdiger Wissenschaftlichkeit aufgefaßt werden, je nachdem wie die Perspektive die des Anwenders oder des Kritikers ist. Für unsere Untersuchung jedenfalls ein passabler Ansatz.

Ich will wieder vom Erklärungsbegriff (a) im Alltag ausgehen, die (b) heute gebrauchten fachlichen Bedingungen angeben und (c) jene Ergänzungen, die für die Behandlung komplexer Systeme empfohlen sind.

(a) *In der Alltagssprache* akzeptieren wir überwiegend Erklärungen von modaler Art. Davon war schon im Zusammenhang mit dem gesunden Menschenverstand (Abschnitt A3a) die Rede. Etwa: ‚Die Katze ist tot, weil sie aus dem Fenster gefallen ist'. Das ist keine kausale Erklärung und kann doch als eine Folgerichtigkeit gedacht werden, wenn man die Alltagskenntnis von der Empfindlichkeit einer solchen Kreatur, ein oberes Stockwerk und einen Betonboden in Betracht nimmt. Schon ratiomorph gilt als ausgemacht, daß der Fall dem Tod vorausgegangen sein muß. Wir kennen das vom *post hoc*. Das *propter hoc* wird hinzugefügt. Und wir sind auch bereit, den Zusammenhang zu verallgemeinern: ‚Katzen, die aus dem 6. Stock auf Betonboden fallen, werden tot sein', weil alle einschlägigen Berichte, von welchen wir gehört haben, darauf hinweisen.

Nun steht auch im Alltagsverstand eine solche Erklärung nicht für sich allein. Vielmehr ist sie bereits in ein ganzes System von über- und untergeordneten Erwartungen eingebettet. Nicht nur sind wir überzeugt, daß eine Kollision der gedachten Intensität auch durch ein Auto eine Katze zu Tode kommen ließe; wir werden auch annehmen, daß derselbe Ursache-Wirkungs-Zusammenhang wohl im Falle jederart von Säugetieren gegeben sein werde. Erstere Überlegung wäre weiterhin, reflektiert oder nicht, in Erwartungen über die Wirkung mechanischer Kräfte eingebettet, letztere in Erwartungen hinsichtlich der Verletzbarkeit aller lebendigen Kreatur.

Hier wird man sich (aus Abschnitt 2,C3b) wieder des Subsumptions- oder Hempel/Oppenheim-Schemas erinnern und (aus Abschnitt 4,B1) seiner Verwandtschaft mit der Hermeneutik. Und man wird darob vielleicht gar nicht mehr überrascht sein, weil wir schon feststellten, daß die beiden Vorgänge des Erkennens wie des Erklärens dicht beisammenliegen. Im gegebenen Thema ist das Wiederauftreten des Subsumption-Hermeneutik-Zusammenhangs aber deshalb von Interesse, weil es sich damit zeigt, daß auch der Vorgang des Erklärens, dem wir eine starke reflektive Komponente zubilligen, einer ratiomorphen Anleitung nicht entbehrt. Und wir werden nun finden, daß dieser Zusammenhang einer besonderen Begegnung entspricht, nämlich der rational-wissenschaftstheoretischen Konstruktion der Autoren Hempel und Oppenheim (1948) mit einer ratiomorphen, bislang schlecht analysierten Anlage, deren Anwendung man kaum wissenschaftlichen Status zubilligen wollte.

(b) *Die fachlichen Bedingungen*, welche die Strömungen der Gegenwartsphilosophie der kausalen Erklärung vorschreiben, sind überwiegend von anderer Art. Sie bestehen weniger darin, das Entstehen der Konzepte kausaler Erklärung mitverfolgbar zu machen, als den Vorgang der Erklärung selbst, logisch oder doch rational, zu begründen. Entsprechend folgen überwiegend Auseinandersetzungen mit unserer Sprache.

An diesem, nun schon fast ein Jahrhundert währenden Unternehmen, sind bedeutende Autoren, allen voran Carnap, Goodmann, Hempel, Oppenheim, Popper, Quine, Rescher, Stegmüller und Suppes beteiligt, deren Positionen und Perspektiven Stegmüller (1983) übersichtlich und vergleichend zusammengestellt hat.

Der Umfang dieses in sieben Bänden kondensierten, scharfsinnigen Kommentars läßt zunächst drei Umstände erkennen: Erstens, daß nichts von alledem im Rahmen der Bemühung um die rationale Begründung kausalen Erklärens entbehrlich ist, daß zweitens über wohl keinen der entscheidenden Punkte die Bücher schon zu schließen wären und daß drittens kaum ein praktisch arbeitender und erfolgreicher empirischer Forscher mit all diesem vertraut sein kann. Was kann das bedeuten?

Das muß bedeuten, daß auch die kausal erklärenden Operationen der meisten Forscher auf Privatkonzepten und Privattheorien beruhen, die sich, dem ‚common sense' verwandt, aus wenig reflektierten, vermeintlichen Selbstverständlichkeiten zusammensetzen, die auf die Pragmatik sowohl aus ratiomorphen Anleitungen wie auf jene der jeweiligen wissenschaftlichen Schulen zurückgehen.

Zum Zwecke der Übersicht will ich (b1) die Bestimmung kausaler Erklärung von (b2) den Bedingungen und (b3) den Dogmen getrennt darstellen, obwohl sie als Probleme verzahnt sind.

(b1) *Kausale Erklärungen* sind Antworten auf die Frage nach den Ursachen. Ursachen sind Bedingungen, die eine kausale Erklärung geben und dies möglichst in der Formulierung eines Kausalgesetzes. Kausalgesetze sind Naturgesetze. Was aber ein Naturgesetz ist, wird als offenes Problem angesehen. Die logische Rechtfertigung ist schwierig. Bemühungen, dem Zirkularitätsverdacht zu entgehen, sind kontroversiell. Intuitionistisch dagegen scheint der Zusammenhang fast trivial. Denn im Rahmen dieses Zusammenhangs haben wir uns schon eine Welt von Dingen erklärt.

(b2) Es ist aufschlußreich, gesetzesartige Aussagen *nach den aufzuerlegenden Bedingungen* untersuchen. Sie dürfen sich (1) nicht auf einzelne Orte, Zeitpunkte und Objekte beziehen. Sie müssen verallgemeinern, wenigstens für Klassen von Umständen gelten. Sie müssen (2) induktiv aufgebaut und (3), nach Popper (1973a), durch neue Erfahrung widerlegt werden können. In allen drei Bedingungen ist man auf Grenzen gestoßen. Und dennoch kennen wir den Ansatz zu diesen Bedingungen schon (Abschnitt 3,A2) vom ‚neuronalen Gedächtnis', von der ‚bedingten Reaktion', der Konditionierung, jener Voraussetzung allen assoziativen Kenntnisgewinns, weil Koinzidenzen von Einzelereignissen zu einer Klasse von Erwartungen aufgebaut und bei Widerlegung auch wieder gelöscht werden.

Die eindeutigste Bedingung meinte man nun (4) in der Anwendbarkeit des ‚irrealen Konditionalsatzes' zu finden. Etwa in der Formulierung: ‚Immer wenn A einträte, dann müsse auch B folgen'. Aber auch dies wird man intuitiv höchst plausibel finden. Für das Verständnis dieser Perspektive ist der Weg aufschlußreich, der, von Humes Kausalität und Mills Naturgesetz, mit Carnap (1961) und Hempel zur Aussicht auf einen logischen Aufbau der Welt geführt hat, bis sich bei Hempel selbst eine Wende anbahnte. Nämlich mit der Einsicht, daß eine scharfe Fassung des Erklärungsbegriffs die jeweilige ‚Wissenssituation' beachten muß, welche präzise natürlich noch schwerer zu fassen ist. Das hat die sogenannte ‚pragmatische Wende' eingeleitet, die heute in die ganze Erkenntnistheorie hineinwirkt. Man muß beachten, was sich bewährt. Ein uns vertrautes Prinzip.

(b3) *Hinsichtlich der Dogmen* gehe ich an dieser Stelle gleich auf jene des Empirismus ein. Sie werden im Zusammenhang mit der kausalen Erklärung noch relativ deutlich. Es sind dies gewissermaßen selbstauferlegte Bedingungen. Sie wurden vor allem schon von Quine (1953) kritisiert, was Wirkung tat für die Konzepte der jüngeren Wissenschaftstheorie.

Das erste Dogma bestünde in einer geforderten scharfen Trennung analytischer und synthetischer Sätze. Diese ist beispielsweise in der Form ‚dispositioneller Erklärungen' nicht gegeben. ‚Zerbrechlich', ‚wasserlöslich' oder ‚magnetisch' sind solche ‚Dispositionsprädikate', wie sie bei der Erklärung von Handlungen besonders häufig werden. Sagt man: ‚Die Scheibe zerbrach, weil sie von einem Stein getroffen wurde', gilt dies als kausale Erklärung. Sagt man dagegen: ‚Die Scheibe, als sie von einem Stein getroffen wurde, zerbrach, weil sie zerbrechlich war', so sieht das nur gesetzesähnlich aus. Diesen Unterschied verdanken wir unserer ‚Beobachtungssprache', die sich in Symptom- oder Reduktionssätzen ausdrücken kann.

Das zweite Dogma bestünde in dem Anspruch, daß man in empirisch wissenschaftlichen Erklärungen alle nichtlogischen Begriffe auf Beobachtbares zurückführen können müßte. Es stellte sich aber heraus, daß manche Wissenschaften, namentlich die Physik, sehr erfolgreich mit ‚theoretischen Begriffen' operieren, die sich nur mehr sehr lose auf das Beobachtbare zurückführen lassen.

Und das dritte Dogma schließlich bestünde in der Überzeugung, daß für die Explikation aller relevanten Begriffe die Hilfsmittel der Logik reichen müßten. Das ist vor allem seitens des neuzeitlichen ‚logischen Empirismus' von Russell und dann von Carnap gefordert worden. Es stellte sich aber heraus, daß neben den vorgesehenen syntaktischen auch semantische Methoden und pragmatische Begriffe aufgenommen werden müssen. So ist schon ‚Bestätigung' ein pragmatischer Begriff, weil er auf Umstände, Zeitpunkte und Personen bezogen ist.

Wie man erkennt, sind diese Dogmen dem Wunsche entsprungen, den Vorgang der empirischen Erklärung logisch widerspruchslos zu machen, was schon angesichts der Art unserer Sprache zu eben jenen Problemen führt. Man wird daher von einem logischen zu einem pragmatischen Empirismus, zu einer ‚naturalisierten' Erkenntnislehre weitergehen müssen (vgl. Callebaut 1993). In der EE, der ‚Evolutionären Erkenntnistheorie', die ich vertrete, ist das im Speziellen vorgesehen.

(c) Wenn wir nun an den *Umgang mit komplexen Systemen* denken, ist vorauszusehen, daß wir uns noch pragmatischer an die Möglichkeiten empirischen Erfahrungsgewinns halten müssen. Grade der Verläßlichkeit von Aussagen sollen darum auch nicht der Widerspruchsfreiheit deduktiver Ableitungen, vielmehr der Häufigkeit bestätigter Prognosen aus den Theorien kausaler Erklärung entnommen werden. Dabei erinnern wir uns, daß jener Falle des Empirismus entgangen werden muß, die, wie das Verhalten des ‚Russellschen Huhnes' (Abschnitt 3,B3 u.4) zeigt, auf unerlaubte Extrapolation zurückgeht.

Und man erinnert sich (aus Abschnitt 2,C3b), daß die Kontrolle vielmehr in der Einbettung einer jeden Theorie oder Erwartung innerhalb des Subsumptionsschemas gesucht werden muß. Und zwar im Rahmen der zu erwartenden wechselseitigen Bestätigungen innerhalb einer Pyramide der sich anschließenden Theorien (vgl. Abb. 13, Seite 48. Späterhin, in Teil 6, werden wir von Doppelpyramiden sprechen müssen, wie wir das in der Struktur der Vorgänge des Erkennens (Abb. 14 und 15, Seiten 50 und 51) schon wahrgenommen haben.

Das legt nun nahe, (c1) die Termini anders zu bestimmen, (c2) die vier Formen der kausalen Erklärung an komplexen Systemen zu prüfen, im Speziellen in Bezug auf (c3) den hierarchischen Bau der Systeme.

(c1) Mit der *Bestimmung der Termini* dürfen wir öfter locker umgehen, da gar nicht erwartet werden kann, daß sie sich schon im Ansatz exakt definieren ließen. Vielmehr muß darauf vertraut werden, daß sie sich in Abhängigkeit von Kontext und Wissen, dem jeweiligen ‚state of the art' werden optimieren lassen.

Wir können darum als ‚Naturgesetz' alle jene aufgedeckten, nicht menschengemachten, Koinzidenzen von Parametern betrachten, die, als Explanans genommen, zureichend hohe Prozentsätze erfahrungsbestätigter Prognosen bieten. Im Grunde sind es jene Constraints, welche strukturelles Chaos und Beliebigkeit in der Welt reduzieren und prognostizierbare Ordnung erlebbar machen. Man kann derartige Erwartungen auch Faustregeln nennen. Denn wie hoch der Grad an Bestätigung sein muß, um im alten Sinn von einem Gesetz zu sprechen, ist wieder kontextabhängig und nicht im voraus bestimmbar. Ebenso kann man sich von der Unterscheidung ‚ewiger' und temporärer Gesetzmäßigkeit trennen, da zu erwarten ist, daß alle Koinzidenzen von Parametern, wenn auch zu höchst unterschiedlichen Zeiten und Stetigkeiten, erst mit der Ausformung der Strukturen in diesem Kosmos entstanden sind.

Ähnliches muß für den Begriff ‚Ursache' gelten. In einem Prozeß der Optimierung ist es zulässig nicht nur von ungenauen, sondern selbst von ganz falschen Erklärungen auszugehen. Ich habe gezeigt, daß sich selbst über das Herrschen von Zufall oder Gesetzlichkeit (Abschnitt 2,B1b, Abb. 9 und 10, Seiten 32 und 33) einander ausschließende Lösungen entwickeln können, je nachdem ob dasselbe Problem, jeweils nach unserer Ausstattung, ratiomorph-kybernetisch oder aber rational-wahrscheinlichkeitstheoretisch betrachtet wird. Gleich, ob man sich im ‚Ptolemäischen Weltbild' die Planeten in Kristallschalen eingebettet dachte, welche die Erde umkreisen, den Delphin als einen Abkömmling der Fische erklärte oder das ‚Phlogiston' als einen eigenen Feuerstoff. Sobald Theorien in das Subsumptionssystem von Unter- und Obertheorien vernetzt werden, müssen die Widersprüche auftauchen. Isolierte Ursachenkonzepte können sich gegen Widerlegung immunisieren, im Gesamtzusammenhang können sie das nicht.

Umsicht ist hinsichtlich des Begriffes ‚Erklärung' geboten, zumal wachsam zwischen notwendigen und zureichenden Erklärungen zu unterscheiden ist. Bei komplexen Systemen, zumal der Geschichte ihres Werdens, ist zu erwarten, daß es oft zahlreicher notwendiger, das heißt unentbehrlicher Erklärungen bedarf, um sich einer zureichenden Erklärung zu nähern. In Abschnitt 6,B2 (vgl. Abb. 84, Seite 262) wird das speziell zu untersuchen sein.

(c2) Was *die vier Formen der kausalen Erklärung* betrifft kann zwar postuliert werden, daß sie im Prinzip sämtlich auf die vier physikalischen Wechselwirkungen zurückgehen müßten, praktisch aber unter einer wesentlichen Einschränkung: Wir werden vielfach mit synthetischen Begriffen zu operieren haben, Begriffen wie ‚Antriebe' und ‚Erhaltungsbedingungen', ‚Selektion', ‚Elimination', ‚Passung', ‚Wachstum', ‚Fließgleichgewicht', ‚Programm' und ‚Zweck'. Diese stehen für Familien komplexer Zustände oder Vorgänge. Und sie sind deshalb unentbehrlich, weil sich ihre Fälle gewöhnlich nur theoretisch als Postulat, nicht aber de facto auf jene Grundbedingungen zurückführen lassen. Und zwar deshalb, weil sich schon ihr geschichtlicher Hergang dem forschenden Zugang entzieht.

Mit diesen ‚synthetischen Begriffen' ist eine Bedingung gegeben, die symmetrisch zu jenen ‚theoretischen Begriffen' steht, die wir eben (im Abschnitt C1b) als Problem im Rahmen rationalistischer Dogmen vorfanden. Ging es dort um die Ablösung vom Beobachtbaren, geht es hier umgekehrt um die Ablösung vom Rückführbaren: wieder um das Emergenzproblem (Riedl 1997).

Betrachten wir nun die vier causae, bezogen auf komplexe Systeme, detaillierter.

Ich werde zudem etwas ausführlicher sein als in den anzuschließenden Formen des Erklärens (im Abschnitt D), da einiges vorwegzunehmen ist. Und ich gliedere in Fragen der (i) Antriebsursache, (ii) der Selektion, (iii) der Material-, (iv) Form- und (v) Zweckursache.

(i) Im Falle der *‚Antriebsursachen'* ist der Bezug zu den vier Kräften noch leichter zu verfolgen. Da sind zunächst jene Kräfte, die, namentlich am Lande, der Schwerkraft entgegenwirken, ferner solche, die für Körperbewegung und für jenen Metabolismus sorgen, der Wachstum, Erhaltung und Betrieb der Systeme gewährleistet. Diese gehen im wesentlichen auf die starken und schwachen Wechselwirkungen zurück, welche über die Formen der Kraftverwandlung erst als chemische Bindungskräfte, schließlich als physische Kräfte erlebt werden. Und dazu gehören auch jene Kraftreserven, welche als Stärke, als Fett, als Nahrungsdepots, beim Menschen auch in der Form von Tauschwerten, Edelmetall, Geld und Kapital, also in jeweils anderem materiellen ‚Gewand' bekannt sind.

(ii) Das ist bei den *‚Selektionsbedingungen'* differenzierter und verlangt entsprechend auch noch weiter zusammengesetzte Termini. Schon beim einfachsten Fall einer Selektion, nämlich der Siebung, spielen im Ansatz komplexe Termini, wie Sieb und Siebgut, eine Rolle. Und man kann erkennen, daß das Ergebnis einer Siebung sowohl von den strukturellen, wie den dynamischen Eigenschaften des Siebgutes als auch denen des Siebes abhängen muß.

Was die Dynamik betrifft, das Schütteln des Siebes, scheinen die Kräfte noch ganz gut faßbar. Aber auch deren Rückführung über die Kette der Kraftverwandlungen, nämlich auf den Ursprung aller Antriebe in dieser Welt, wird sich als verschieden komplex erweisen, je nachdem, ob das Sieb vom Elektromotor des Sedimentologen oder von einer Bäuerin geschüttelt wird. – Ähnlich differenziert muß das bei der Dynamik im Siebgut sein, je nachdem, ob es, sagen wir: durch einen Wasserstrom durch die Maschen geschlämmt wird oder ob es sich, wie beim ‚Berlesetrichter‘ der Bodenbiologen, um winzige Organismen handelt, die auf der Suche nach Feuchtigkeit durch ein Sieb krabbeln.

Was jedoch die Eigenschaften von Siebgut und Sieb betrifft, von Selektionsobjekten und von Selektion versus Elimination, liegen die Dinge anders. Zwar ist nicht zu bezweifeln, daß die Herstellung von Sieb wie Siebgut Kräfte verlangt und verbraucht hat. Wir können sie als notwendige Vorbedingungen nehmen. Für die ursächliche Erklärung dessen, was durch das Sieb fällt und was nicht, liefern diese für die Entstehungsgeschichte verantwortlichen Kräfte aber wenig Aufklärung. Das meist schon deshalb, weil die Geschichte von Siebgut und Sieb selbst schon durch vielerlei, gar nicht mehr rekonstruierbare Siebungen hindurchgeführt haben wird.

Man ist darum gezwungen, die Betrachtung des kausalen Zusammenhangs abzukürzen, die ganze Genesis von Sieb und Siebgut als Vorbedingung dahingestellt zu sein lassen, um die Ursachen des Ergebnisses der Siebung an den gegebenen Eigenschaften von Siebgut und Sieb ansetzen zu lassen.

(iii) Nehmen wir die ‚*Materialursache*‘. Für das Ergebnis der Siebung eines Sandes ist es gleichgültig, ob die durchgesiebte Fraktion aus einer Steinmühle oder einem Flußgeschiebe stammt, für die Bodenanalyse mittels Berlesetrichter gleich, ob die Geschichte einen Organismus zur Milbe oder zum Kollembolen, zum Urinsekt, gemacht hat. Es kommt fast nur auf deren Querschnitte an.

Etwas ganz anderes ist es freilich, ob überhaupt Sand für einen Bau zur Verfügung steht oder vielleicht nur Schnee oder Palmblätter oder gar nichts. Daß die Verfügbarkeit von Materialien eine entscheidende Rolle spielt, haben wir im Zusammenhang mit dem Phänomen der Präselektion schon besprochen und ebenso (Abschnitt 4,A2b), daß die Art des verfügbaren Materials einen entscheidenden Einfluß nehmen muß auf die Möglichkeit und die Form eines entstehenden Systems, zu welchem es beitragen soll.

Die Materialursache kann zwar noch weiter aufgeklärt werden. Es läßt sich, um beim obigen simplen Beispiel zu bleiben, wohl feststellen, warum für den Bau eines Unterschlupfs nur Schnee oder aber nur Palmblätter zur Verfügung standen. Aber obwohl auch in diesen Vorbedingungen notwendigerweise vielerlei Antriebe stecken, auf die Antriebsursache läßt sich die Materialursache nicht reduzieren. Ihre in der Regel nicht mehr aufklärbare Geschichtlichkeit steht dem im Wege. Für eine zureichende Erklärung ist aber auf sie ebenso nicht zu verzichten.

Und schließlich findet sich in komplexen Systemen ein Material nie für sich allein. Nicht nur stehen ihm andere Materialien zur Seite, Material ist auch stets aus Materialien zusammengesetzt und setzt, mit anderen, wieder die komplexeren Materialien zusammen.

(iv) Ganz ähnlich verhält sich der Zugang zur ‚*Formursache*‘.

Sie ist nun der Präselektion der Materialien, nach deren Zusammenfügung, als Postselektion durch ein Außensystem entgegengesetzt.

Als einfachstes Beispiel nehme ich das Schlüssel-Schloß-System: deren mögliche Passung stellvertretend für die Selektion des Atoms im Molekül, der Zelle im Gewebe, des Organismus im Milieu, der Idee in der Gesellschaft. Die Strukturen des ‚Bartes‘ stehen für die vom Schloß geforderten Eigenschaften des Schlüssels. Stets gibt es viele Schlüssel und Schlösser. Ein Schlüssel scheitert an sehr vielen Schlössern, einem Schloß entspricht er. Von ihm können, wie für den Eingang eines Hotels oder die Türen in Eisenbahnwagen, viele hergestellt werden. Dies entspricht unserem Fall.

Nun ist wieder nicht zu bezweifeln, daß die Handhabung und noch mehr die Herstellung der Schlüssel wie der Schlösser den Einsatz von Kräften verlangt und diese verbraucht hat. Und wieder sagte uns auch eine zureichende Kenntnis dieser Aufwände wenig oder nichts über die Passung.

Und was die Ursachen der im speziellen etablierten Strukturen der Passung betrifft, so ist es auch hier deren Geschichte, die sich meist nicht zur Gänze rekonstruieren läßt. Zu viele längst durchlaufene Alternativen liegen in deren Dunkel, wiewohl das Postulat deren kausaler Ursachen davon unbetroffen bleibt.

Natürlich läßt sich vieles rekonstruieren: Der Stammbaum der Organismen, die Geschichte der Kontinente, der Lebensräume, der Sprachen und Kulturen illustrieren viele zur kausalen Erklärung notwendige Ursachen. Aber sie sind wieder in keiner Weise in einem Maße zureichend, als daß der Begriff der Formbedingung aufgelöst, auf ihn verzichtet werden könnte.

Und schließlich finden sich in komplexen Systemen auch Formen mit ihren Ursachen nicht isoliert. Vielmehr stehen nicht nur Formbedingungen neben Formbedingungen, sondern fast alle Formen setzen sich wieder aus Subformen zusammen und tragen zur Gestaltung einer Gesamtform bei.

(v) Zuletzt wenden wir uns noch der ‚*Zweckursache*‘ zu. Obwohl ihr, wie schon feststellt, in unserer Geistesgeschichte immer wieder eine Sonderposition zugedacht wurde, kann sie durchaus im Rahmen der kausalen Erklärung untersucht werden. Wir werden darum den so belasteten Begriff der ‚Teleologie‘ gerne meiden und, nach einem Vorschlag von Pittendrigh (1958), von ‚Teleonomie‘ sprechen.

Naturwissenschaftlich besehen handelt es sich um Programme, denen ein Ziel entstanden ist. So, wie ein Hühnerei ein Programm enthält, das in aller Regel ein perfektes Küken schlüpfen läßt, das zur Henne wird, die programmiert wieder programmierte Eier legt. So, wie auch ein Verhalten, ein Organ, eine physiologische Reaktion darauf programmiert ist, seinem Träger Lebenserhaltung und Reproduktion zu sichern. Dabei sind diesen Programmen gar keine Absichten oder Ziele zu unterstellen. Nichts hat da programmiert oder ein Ziel gesetzt. Es sind eben unter den unzähligen Versuchen, Fehlern und Störungen jene Funktionsketten übergeblieben, die sich zu solchen Kreisprogrammen über die Selbsterhaltung zur Arterhaltung geschlossen haben. Alle anderen sind ausgeschieden.

Die Entstehung solcher Programme geht auf lange Ketten von Dispositionen und Bedingungen der Material- und Formursachen zurück, beansprucht und verbraucht Kräfte wie diese und ist, wieder ein historisches Produkt, ihnen auch hinsichtlich der Aufklärbarkeit und begrifflichen Notwendigkeit ganz entsprechend.

Entsprechend ist nur das Zweckvolle erhalten geblieben. Und man kann zu Recht staunen über die Fitneß der Adaptierung und inneren Abstimmung, die sich in jeder Schicht der Organisation manifestiert, von der Energiegewinnung in den Zellen bis zu den Reflexen und erblichen Verhaltensprogrammen, den AIAMs, den Augenblicks-Information-auswertenden-Mechanismen (Lorenz 1978).

Es nimmt darum nicht wunder, daß wir in uns ganz entsprechende Reaktionen von Aversion, Begehren oder Appetenz, von Angst und von Entspannung vorfinden und uns das Verhalten der Tiere durchaus vertraut erscheint. Dieser auch noch größtenteils nichtbewußte Hintergrund der Steuerung unseres Verhaltens durch Gestimmtheiten und Motivationen ist auch erst in jüngster Zeit aufgeklärt worden (vgl. Wimmer 1995, Wimmer und Ciompi 1996, Ciompi 1997).

Der wesentliche Wandel in unserem Zweckerleben ist aber mit dem Hellwerden des Bewußtseins verbunden, mit der absichtsvollen Entwicklung von Programmen im gedachten Raum. Es ist dies wie ein Hereinverlegen der systemerhaltenden Prozesse. Und es kann dann leicht geschehen, dieses Planen der übrigen Natur zuzudenken.

Und wieder stehen, wie bei den Material- und Formursachen, Zwecke neben Zwecken, setzen sich aus Zwecken zusammen und bilden gemeinsam jene Gesamtzwecke, wie sie die Erhaltung, die Verbesserung und einen konzeptionellen Zweck des Lebens anzielen. Diese reichen, wenn auch in schichtweise anderem funktionellen ‚Gewand', von unseren Lebensplänen über Appetenzen und Aversionen, Organ- und Zellfunktionen, hinunter bis zur letzten Wasserstoffbrücke, die im Genmaterial ein bestimmtes Molekül an der richtigen Stelle festhält.

(c3) Diese vier Ursachenformen finden sich *in einen hierarchischen Zusammenhang* eingebettet und sind auch über diesen zu entschlüsseln. Wir sind dieser Hierarchie schon in Teil 3 und wiederholt in Teil 4, von den kosmischen bis zuletzt in den Bauplandimensionen (Abschnitt 4,A2b und Abb. 33, Seite 108, sowie 4,C2b), begegnet.

An dieser Stelle sind dann nur mehr zwei der gewonnenen Einsichten in die Formen kausaler Erklärung hinzuzufügen. Das ist zum einen (i) eine weitere Differenzierung der Begriffe Ursache und Vorbedingung, zum anderen (ii) die Überlegung, in welcher Weise nun die Material- und Formursachen durch den hierarchischen Schichtenbau hindurchwirken; nochmals mit der Erinnerung, daß die gedankliche und graphische Schichtendarstellung eine starke Vereinfachung der Hierarchiemuster darstellt, sich aber aus Gründen der Übersicht empfiehlt.

(i) Zu *Ursache und Vorbedingung*: Wie ich in der Abbildung 78 zusammenfasse reichen die Antriebs- und Zweckursachen in ihrer funktionellen Begrifflichkeit durch die Systeme hindurch, Material- und Formbedingungen dagegen bieten schon gestaltlich und in der Folge in sprachlicher Konsequenz schichtweise verschiedene Begriffe. Entsprechend begegnet man in der Molekularbiologie, Ultrastrukturforschung, Zytologie, Histologie, Organologie und Systematik unterschiedlichen Terminologien.

Dennoch reichen die Material- und Formursachen durch die Systeme hindurch, erstere aus den untersten, letztere aus den jeweils obersten Ebenen der Bauhierarchie des Systems. Dabei legt sich nochmals eine Unterscheidung der Begriffe Ursache, Bedingung und Vorbedingung nahe.

Als Ursache erleben wir einen Zusammenhang, der einen Wandel von der unmittelbaren Wirkung zur Vorbedingung erwarten läßt. Die Festigung etwa des Chitin kann als eine der Materialursachen für die Entwicklung des Außenskeletts der Gliedertiere genommen werden. Ist das Außenskelett einmal etabliert und Bedingung für die spezielle Art der Gelenkbildung und Muskelansätze, sagen wir, der Käfer, so empfindet man die Erfindung des Chitins nicht als deren Ursache, vielmehr als deren Vorbedingung. Und da sich jene ‚Erfindungen', die unmittelbar Ursachen weiterer Entwicklungen sind, sehr langsam, weit über die Beobachtungszeiträume hinaus, abspielen, werden wir die meisten von ihnen als Bedingungen und Vorbedingungen bezeichnen.

Das bedeutet aber, daß die ganze Hierarchie überwiegend schon festgelegter Bedingungen und Vorbedingungen allesamt einmal Ursachen im obigen Sinne gewesen sind. Daß sie nämlich prä- und postselektiv als Material- und Formursachen mit den Dispositionen neuer oder gewandelter Konstituenten unter den Struktur- und Funktionstests der Obersysteme unmittelbare Ursache bei der Entwicklung einer neuen Zwischenschicht der Organisation gewesen sein müssen. Im Zusammenhang mit Geschichtlichkeit kommen wir (in Abschnitt 6,B2 und den Abb. 82 bis 84, Seiten 259 bis 262) noch zurück.

Und es versteht sich, daß ein solcher neuer Wechselzusammenhang, sollte er in der Art erhalten werden, auch seiner genetischen Verankerung bedarf. Wir werden in Abschnitt 6,C2 die Mechanismen zu untersuchen

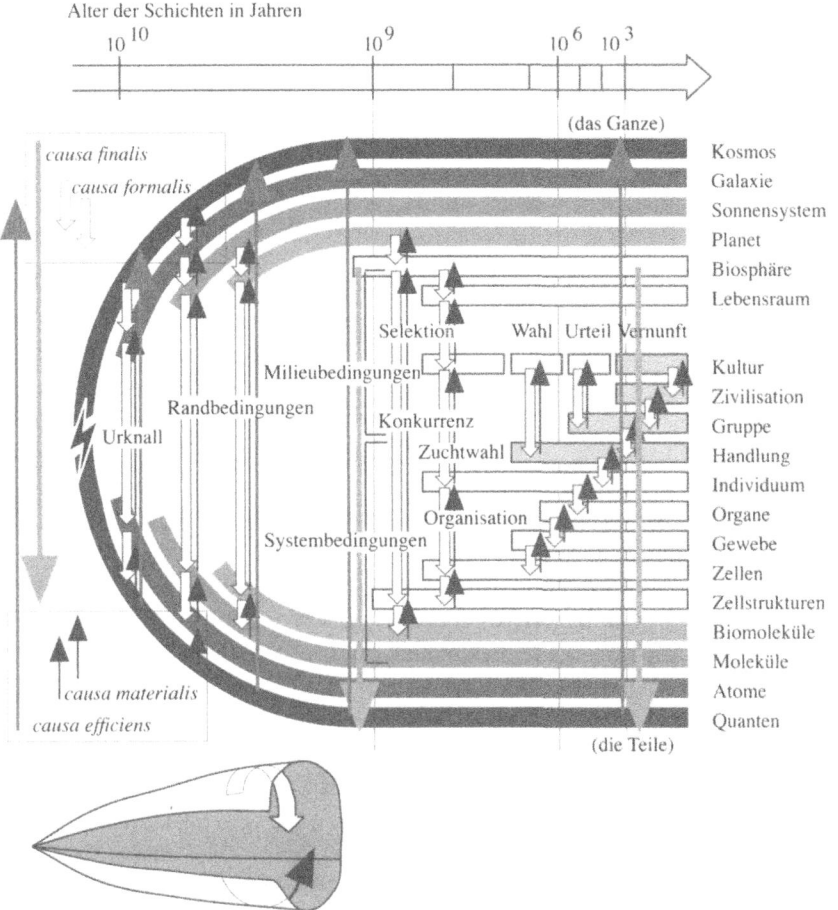

Abb. 78. *Die vier Ursachenformen im Schichtenbau der Welt.* In den Balken, die für hierarchische Schichten stehen (wie schon in Abb. 33, Seite 108 vorbereitet), ist rechts die Bezeichnung angeschrieben, oben das Alter der Schichten. Material- und Formbedingungen sind in allen Positionen eingezeichnet, Antriebs- und Zweckbedingungen, um das Schema nicht zu überladen, nur an den wesentlichsten Positionen (nach Riedl 1985, ergänzt). De facto ist das Schema eingerollt zu denken (Vignette unten), zumal die physikalischen Wechselwirkungen auseinander hervorgegangen sein dürften

haben, die eine solche Verankerung sichern. Und man wird schon an dieser Stelle erkennen, wie naiv es wäre, diesen Prozeß zu übersehen und nach einem ‚Perlschnur-Modell' genetischer Repräsentation zu erwarten, daß komplexe Systeme mittels Zufallsänderungen in Millionen von einander unabhängiger Gene evolvieren könnten.

(ii) Schließlich bleibt zu untersuchen, in welcher Weise jenes *‚Durchreichen' von Wirkungen* gesehen werden kann. Und wieder macht das Durchreichen der Antriebs- und Zweckbedingungen unserer Vorstellung von der generellen Funktion keine Schwierigkeiten.

Bei den Materialbedingungen scheint das Prinzip zunächst sogar trivial zu sein. Es gilt als ausgemacht, daß die Strukturgesetze der chemischen Bindung auch in unserer Haut und die des Stoffwechsels auch in einer Großstadt gelten. Interessanter ist schon die Frage, in welcher Weise die Dispositionen, etwa von Muskel-, Knochen- und Nervenzellen diejenigen der ganzen Muskeln, Knochen und Nerven bestimmen, die Organformen und Metameren jene des ganzen Bauplans.

Man wird vor Augen haben, daß dasselbe auch für komplexe Formen gilt. Wie die Disposition von Ton den Ziegel und dieser die Bauformen bestimmt, welchen Einfluß die Legierung der Bronze, die Härtung des Eisens, die Entwicklung von Schrauben, Blechen oder Betonguß die Zivilisation veränderte.

Und das Interessanteste sind die Gründe der zum Teil erstaunlichen Konservativität von Bauteilen, namentlich der tieferen Systemschichten. Aber auch dies ist ein Thema, das in seinen konkreten Fällen Gegenstand des Teil 6 sein soll.

Bei den Formbedingungen ist dieses Durchreichen schwerer intelligibel zu machen. Man kommt der Sache näher, wenn man anstelle von Dispositionen an Funktionen denkt. Besonders die mechanischen Funktionen geben der Vorstellung Hilfestellung. Dann erkennt man leicht, welchen Einfluß die Art der Fortbewegung auf die Körperform von Gazelle, Wal und Biber oder weiter auf die Form der Knochen der Säugetierhand bei Pferd, Delphin oder Fledermaus genommen hat (man erinnert sich an Abb. 23, Seite 86).

Man erkennt aber damit auch, welchen Einfluß die Geschichte dieser Bauformen und die Disponibilität der Materialien gleichzeitig genommen haben. Derlei setzt sich in allen Schichten fort. Man denke, welchen Einfluß die Funktion des Röhrenknochens auf die Anordnung der Knochenbalken oder die Funktion des Auges auf die Form der Linse und die des Augenhintergrunds genommen hat (Abb. 79).

Hier ist mit den noch naheliegenden Gesetzen der Mechanik und Optik aber auch die Grenze der Anschaulichkeit erreicht. Bei den physiologischen Funktionen ist das nicht mehr direkt sichtbar. Und dennoch wird man erkennen, welchen Einfluß der Blutdruck auf die Wand der Gefäße nimmt, die Funktion der Gefäßwand auf die Anordnung ihrer Muskelzellen und deren Funktion auf ihre gestreckte Form.

2
Die doppelte Pyramide des Erklärens

Bei der Untersuchung der Systeme des Erkennens (Teil 3) war zu zeigen, daß zwei Hierarchien (Abschnitt 3,D3 und die Schemata in Abb. 26 bis 30, Seiten 92 bis 97) einander notwendig ergänzen: Struktur- und Klassen-

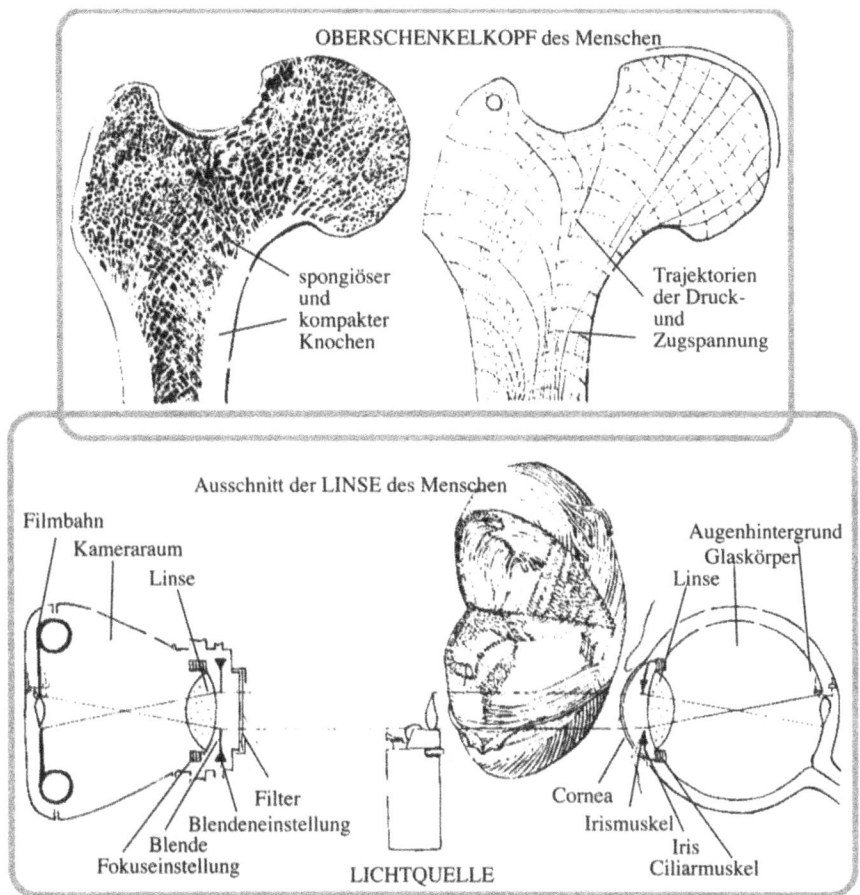

Abb. 79. *Form- oder Funktionsbedingungen aus dem Obersystem*, am Beispiel eines optischen und eines statischen Apparats. Man vergleiche die Anordnung der Knochenbälkchen mit den Kräfte-Trajektorien im Modell und die analoge Übereinstimmung aller wesentlichen Funktionen von Kamera und Auge (nach Riedl 1980)

hierarchien. Strukturen bauen eine Hierarchie gesetzlicher Zusammenhänge auf. Die Verallgemeinerung, welche jenen Gesetzesstatus bilden und rechtfertigen läßt, stammt aus den Klassen der Fälle, zu welchen jene Strukturen gehören, wie diese Klassen sich eben wieder aus Strukturen zusammensetzen.

Dieser Zusammenhang ist auch bei der Erörterung des Prozesses des Erklärens vorausgesetzt. Vielfach wird er für selbstverständlich genommen und bleibt unerwähnt. Erst in Systemen hoher Komplexität wird er wieder wichtig. Aus diesen habe ich den Zusammenhang auch dargestellt.

Dieser Symmetrie steht eine Symmetrie zweier Pyramiden gegenüber. Schon in der Erörterung der Problematik (Teil 2) wurde offensichtlich, daß

232 Die Systeme des Erklärens und Verstehens

wir es mit zweierlei Pyramiden zu tun haben: um Strukturhierarchien von Individualitäten und von Massenbauteilen (Abschnitt 2,C3, Schemata in Abb. 14 und 15, Seiten 50 und 51). Als die beiden Pyramiden der Erklärung komplexer Systeme beginnen sie, eine Rolle zu spielen.

Zwei Umstände werden folglich zu begründen sein: (a) die Eigenschaften dieser doppelten Pyramide und (b) die Wechselseitigkeit der darin herrschenden Vorgänge des Erklärens.

(a) *Die Struktur der beiden Pyramiden* weist je eine Spitze und eine Basis von Theorien aus. Die Spitzen reichen in die Enden unserer Kenntnisse, des jeweiligen ‚state of the art'. In größter Reichweite sind das die Theorien für den Mega- und Mikrokosmos, etwa die Relativitätstheorie und die Elemente der Quantentheorie.

Im gleichen Rahmen stehen aber nicht minder die Theorien der Bio- und der Kulturwissenschaften, nur enden sie früher, indem die Biowissenschaften meist keinen Gewinn mehr aus den Gesetzen der Raumkrümmung oder der Quarks gewinnen, die Kulturwissenschaften keinen mehr aus den Gesetzen der Geophysik oder Bindungsgesetzen in der Chemie. In allen diesen Fällen werden die Spitzen von der letztübergeordneten Theorie eingenommen, die, wie wir schon feststellten, selbst einer weiteren Erklärung entbehrt. Die Abbildung 80 skizziert diese Lage.

Die Basen der beiden Pyramiden liegen aneinander, in den meisten Fragestellungen im mesokosmischen Bereich der uns unmittelbar zugänglichen Beobachtung. Genauer: im Bereich unserer Wirklichkeit, dort, wo wir meinen wirken zu können. Freilich macht darin die Astronomie eine Ausnahme. De facto ist es ein breiter Bereich an welchem unsere Aufmerksamkeit und unsere Frage ansetzen kann.

Das kommt daher, weil die Untersuchung gewöhnlich in einem unmittelbaren Bereich greifbarer Wahrnehmbarkeit von Materialien und Formen beginnen wird. Man kann von ‚Basisbeobachtungen' sprechen. In der Genetik und Systematik sind es Arten und Individuen, in der vergleichenden Anatomie, Histologie und Zytologie jeweils Organe, Gewebe und Zellen, in den anorganischen und Kulturwissenschaften Substanzen und Artefakte.

Mein Vorschlag, die Zusammenhänge der beiden Pyramiden in dieser Weise zu sehen, folgt der didaktischen Absicht, ein tunlichst einfaches Modell zu bieten. Drei Argumente sprechen aber zudem für das Modell. Diese Basis der Pyramiden entspricht in den meisten Wissenschaften (1) auch der größten Breite ihrer Phänomene (Inhalt der Klassen), in vielen Fällen (2) dem Ausgangspunkt der Fragestellungen und darüber hinaus (3) auch wissenschaftshistorisch den Ansätzen in den jeweiligen Disziplinen.

Es sei auch noch an unsere, im Rahmen der ‚Psychologie der Erklärung' (in Abschnitt A4 und Abb. 77, Seite 208) gewonnene Einsicht erinnert, wonach festgestellte Koinzidenzen erst dann als erklärt empfunden werden, wenn sie sich mit anderen aus einer übergeordneten Koinzidenz ergeben.

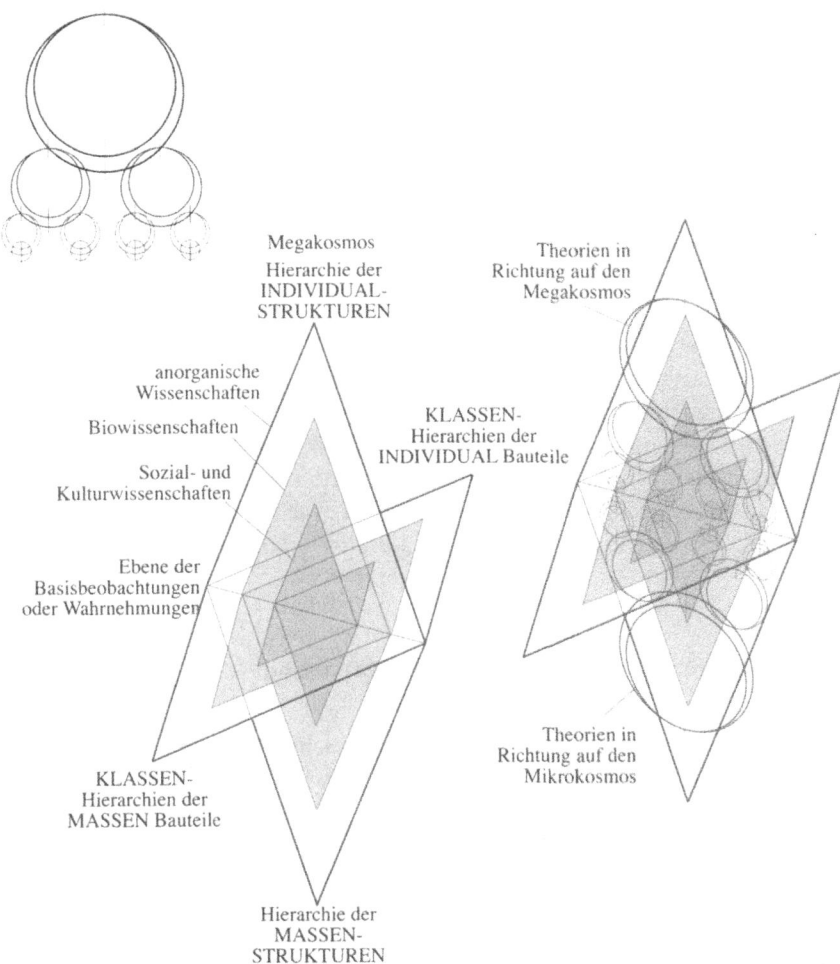

Abb. 80. *Die Struktur der Pyramiden der Erklärung.* Man beachte, daß Hierarchien von Theorien der Individualstrukturen jenen der Massenstrukturen gegenüberstehen, daß die Gesetze der Physik jene der Biologie einschließen, diese die Gesetze der Sozial- und Kulturwissenschaften und daß sich ihnen allen die Klassenhierarchien anschließen wie im Zusammenhang des Erkennens in Abb. 26 bis 30, Seiten 92 bis 97 dargestellt). Die Skizze links oben soll an den Theorienzusammenhang erinnern, den wir vom Erkennensvorgang (in den Abb. 37 und 38, Seiten 121 und 122) schon kennen

Die letztverfügbare Instanz, auf welche sich alle Erklärungen berufen können, stehen an den Spitzen der Pyramiden.

Selbstredend sind die Hebel- und Pendelgesetze vor jenen der Quanten und der Lichtgeschwindigkeit aufgeschlossen worden, die Gesetze des Erbgangs aller Kreatur vor jenen des genetischen Kodes und der Constraints in der Evolution. Im Zusammenhang mit den ‚drei Wegen' (Abschnitt C3) komme ich darauf zurück.

(b) Was nun die *Wechselseitigkeit der Erklärung* in den beiden Pyramiden betrifft, liegen die Dinge differenzierter (vgl. nochmals Abb. 80). Wir haben schon im Prozeß des Erkennens festgestellt (Abschnitt 4,B1b, sowie Abb. 37 und 38, Seiten 121 und 122), daß die Aufklärung einer Schicht eines komplexen Systems von zwei Seiten erfolgen kann, vielfach von zwei Seiten erfolgen muß: aus Fällen seines Obersystems, sowie aus Fällen seines Untersystems.

Das mußte aus zwei Gründen näher untersucht sein, weil es (1) unsere rationale Weise zu denken in ungewohnter Weise beansprucht und weil der Vorgang (2) als hermeneutischer Zirkel lange Zeit als unvertretbarer Zirkelschluß mißverstanden wurde.

In den Bio- und Kulturwissenschaften wird dieser Wechselbezug auch im Vorgang des Erklärens (Teil 6) immer wieder auftauchen. In den anorganischen Wissenschaften ist dies aus wissenschaftshistorischen Gründen anders. Ich werde (Abschnitt 6,C1) darauf zurückkommen.

3
Die drei Wege: Vermuten, Erklären und Entstehen

Im Zusammenhang mit dem Prozeß des Erkennens und Generalisierens haben wir schon festgestellt, daß die Wege des Wahrnehmens oder Erkennens sowie der Bestärkung von Generalisierungen eine Beziehung zum Ablauf der Entstehung der untersuchten Gegenstände besitzen. Die Bestärkung im gefundenen Aufschluß verläuft gleichsinnig mit dem erwarteten Entstehungsweg. Der Weg des Erkennens läuft den beiden entgegen (vgl. Abb. 27, Seite 93). Was an jener Stelle der Untersuchung noch als eine Merkwürdigkeit gelten konnte, gewinnt im folgenden Kontext der Erklärung an Gewicht.

Es wird sich zeigen, daß sich dasselbe Muster im Erklären und Verstehen wiederholt. Die Entwicklung der Vermutungen, wie sie aus Fällen einer Schicht zu einer Hypothese oder Theorie in der Folgeschicht führt, wird von der Basis der Pyramiden gegen deren Spitzen weisen, die gewonnenen Bestätigungen der Erklärungen dagegen von den Spitzen zu deren Basen (Abb. 81).

Letztere Richtung ist nun wieder jene, die wir der Entstehung der Dinge zuzudenken haben, nämlich von den grundlegendsten Festlegungen in der Differenzierung dieser Welt zu den jeweils in ihnen verbliebenen Freiheiten der Ausformung. Die Erklärung folgt damit der Entstehung der erklärten Dinge nach.

Die jeweils an einer Spitze liegende Theorie entspricht dem jeweils ältesten Gesetz der Makro- und der Mikrowelt. So müssen die Gravitations-

Die Konditionen des Erklärens 235

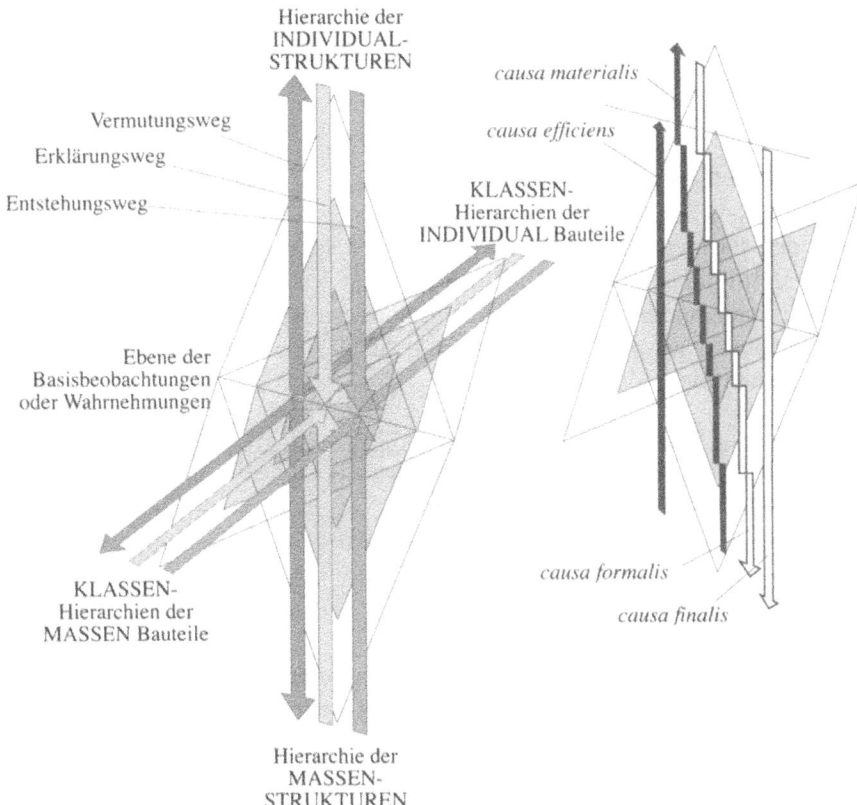

Abb. 81. *Beziehungen und Symmetrie der ‚drei Wege'.* Die Entwicklung von Theorien über Vermutungen führt im Ganzen von den Fällen unmittelbar wahrnehmbarer Phänomene zu den Enden der Theorien in den Struktur- und Klassenpyramiden, die Entstehungs- und Erklärungswege verlaufen umgekehrt, von den umfassendsten Theorien zu den Fällen. In diesem Sinn ‚rekapitulieren' die Erklärungswege die Entstehungswege von den Grundbedingungen dieses Kosmos zu den Realisationen seiner Strukturen. Die vier *causae* ziehen durch das System hindurch, *causa efficiens* und *finalis* so weit, wie die Lebensphänomene reichen

und Quantengesetze der Materie allen materialen Ausformungen vorausgegangen sein, die Gesetze von Fitneß und Mutabilität aller organismischen Differenzierung und alle Gesetze menschlicher Kommunikation und kreatürlicher Ausstattung vor aller Entfaltung der Kulturen.

Die Abfolge der Erklärungen, die wir den Dingen dieser Welt anlegen, entspricht einer Rekapitulation deren Entstehung.

Das mag zunächst überraschend sein. Erinnert man sich aber der schon vollzogenen Einsicht (skizziert in Abb. 33 und 78, Seiten 108 und 209), daß alle Differenzierung in dieser Welt durch Einschübe entstanden sein muß, und zwar zwischen vorgegeben Konstituenten und einem ebenso vorgegebenen Milieu, so wird man diese mitvollziehen. Und freilich fügen sich die Verläufe der vier *causae* (vgl. nochmals Abb. 81) in dasselbe Modell.

D
Die Formen des Verstehens

Von den Formen des Erklärens gliedere ich jene des Verstehens von solchen ab, die diesen nur ähnlich sehen. Nicht weil ich einsehe, daß es sich um ein ganz anderes Prinzip handelt, sondern weil ein anderer Sprachgebrauch üblich geworden ist. In meiner Sicht sind es Sonderformen einer allgemeinen Methode.

In der Gliederung folge ich, wie erwähnt, Kutschera (1972) und werde (1) teleologisches Erklären, (2) Verstehen von Handlungen und (3) den Verstehensbegriff in den Geisteswissenschaften nebeneinanderstellen.

1
Über teleologisches Erklären

Uns ist der Begriff der Teleologie schon begegnet. Und es war auch schon festzustellen, daß er in den philosophischen Systemen in einer Weise differenziert wurde, daß man ihn für eine wissenschaftliche Verwendung durch den Begriff der Teleonomie ersetzen sollte, wie den Begriff der Astrologie durch den der Astronomie. Da er aber eine lange Geschichte hat und als Sonderform der kausalen Erklärung gegenübergestellt wurde, sei ihm kurz gefolgt.

Zu den teleologischen Erklärungen hat man fast alles zusammengestellt, was in der Form von Absichten, Gründen, Zwecken und Funktionen auf ein ‚telos‘, ein Ziel, zuläuft, das, was wir im bisherigen Text als *causa finalis* verstanden haben. Es liegt aber auch erkenntnistheoretisch eine Differenzierung vor, die es lohnt zu kennen.

Und ich werde nach der Gliederung, die Kutschera (1972) gibt, auf (a) drei Formen eingehen, die mit der Abgrenzung des Begriffs zu tun haben, um gegenüber diesen (b) den Begriff der Entelechie gesondert darzustellen.

(a) Mit der *Abgrenzung des Begriffes* haben die Konzepte von Erklärung zu tun, die hier auch noch sortiert werden müssen.

Wir werden (a1) mit der funktionalen, (a2) der intentionalen und (a3) der determinativ-teleologen Erklärung zu tun haben.

(a1) *In Funktionen* müssen noch keine Absichten stecken, ein Organ, wie ein Maschinenteil, kann sehr wohl einem Zweck dienen, ohne daß sich in diesen Bewußtsein befände. Die Grenze des Konzeptes von der funktionell teleonomen Erklärung liegt dort, wo zwar die Wirkung einer Funktion angeben werden kann, nicht aber, wozu sie dient. Das kann auf Unkenntnis zurückgehen, auf versteckte oder verlorene Zwecke, sowie auf Luxurierungen.

Der winzige Eckzahn im Kiefer der Hirsche beispielsweise, den sich Jäger gerne an den Hut stecken, schien lange ein zweckloses Rudiment. Bis man bemerkte, daß Hirsche immer noch mit demselben drohen, offenbar ohne wahrzunehmen, wie bescheiden diese frühere Waffe schon geworden ist. Ein Mühlrad im rustikalen Speisesaal hat auch seine Funktion gewechselt. Es soll der Erbauung der Gäste dienen. Und die ‚zwecklose Maschine' des Bastlers dient wohl seiner eigenen Erbauung.

Es sei nicht vergessen, daß das Englische für funktionale Zwecke keinen Begriff besitzt. Denn das hat zu beträchtlichen Mißverständnissen geführt. Man kann zwar sagen: ‚the purpose of life', aber das ist schon sehr literarisch. ‚Aim' und ‚purpose' stehen für ‚Absicht', für bewußte Zwecke.

(a2) Der Begriff *intentionale Erklärung* steht für das, was wir als Absicht erleben oder deuten, indem wir wissen oder annehmen, daß ein Zweck bewußt verfolgt wird. Da gibt es jedoch auch Grenzen. Einerseits, weil Absichten höchst unbewußt angeleitet sein können, andrerseits, weil die Intention ihr Ziel gar nicht erreichen muß. Das hat dann mit ‚Wollen' zu tun, auch mit Wollen und nicht können und selbst mit Wollen und nicht versuchen.

Man wird erkannt haben, daß Intentionen schon in den Programmen tierischen Verhaltens wurzeln, sich bei Primaten allmählich mit Bewußtheitszuständen verbinden und sich beim Menschen weit, aber nicht ganz von den unbewußten Steuerungen abheben. Der Übergang von den Funktionen zu den Intentionen ist gleitend.

(a3) Schließlich benennt man als *determinativ-teleologisch* solche Erklärungen, die noch weiter auf Beweggründe zurückgreifen. Als bestimmend, determinativ können dann jene Ursachen bedacht werden, die zu einer Haltung oder Handlung Anlaß geben oder gegeben haben dürften. Die Mitteilung: ‚Mutter hat angerufen', teilt den Zweck des Anrufes ja nicht mit. In vielen Fällen kann er aber aus Situationskenntnis und Hintergrundwissen gemutmaßt werden.

Zurückkommend auf die Grenzen, von welchen hier die Rede war, ist festzustellen, daß sie weniger zwischen diesen drei Konzepten liegen, als daß sie uns an den Rand dessen führen, was uns als wissenschaftliche Erklärung zugänglich bleibt. Wo immer aber Ursachen zureichend und verläßlich angegeben werden können, schwindet die Eigenständigkeit der teleologen Erklärung. Ihre Eigenarten sind durch unsere Sprache gegeben. Sie gehen in der Familie der kausalen Erklärungen auf.

(b) Den Begriff der *Entelechie* hebe ich heraus, weil man lange die Ansicht vertrat, daß Zweckmäßigkeit keine kausale Erklärung finden könne und meinte, das am Entelechiebegriff nachweisen zu können. Im Sinn von Aristoteles bezeichnet das Wort: ‚Was sein Ziel in sich trägt'. Anlaß für die Entstehung dieses Konzepts ist das Staunen über die organismische Zweckmäßigkeit und die des tierischen Verhaltens. Und man wird verstehen, daß die kreationistische Welterklärung dies über Jahrhunderte nicht aus mechanistischen Ursachen, als vielmehr aus den Zwecken Gottes zu verstehen suchte. Das hat sich erst mit der Abstammungslehre und der Evolutionstheorie gewandelt. Aber auch noch in der Naturphilosophie der Moderne hat man (z.B. Driesch 1908) an einen ‚ganzheitsstiftenden Prozeß' gedacht, der nur in der Welt des Organischen seine Wirkung täte.

Und auch diese Perspektive war nicht ganz von der Hand zu weisen, zumal es nicht zu verstehen war, wie die Zufälligkeit des Mutationsgeschehens, gemeinsam mit der Anpassung an das Milieu, die innere und äußere Ordnung der Organismen stiften könne. Ich werde in Teil 6 zu zeigen haben, daß dies erst durch eine Erweiterung des Neodarwinismus, durch die Wahrnehmung der hier herrschenden rekursiven Ursachenbezüge, durch eine ‚Systemtheorie der Evolution', kausal erklärt werden kann.

Und selbstverständlich tragen die Organismen ihr Ziel in sich. Von allem Anfang an sind nur jene mit zielführenden Programmen erhalten geblieben. Das Konzept der Entelechie bestätigt unsere Erwartung komplexer, systemhafter Ursachenbezüge vorzüglich.

2
Das Verstehen von Handlungen

Hier geht es nochmals um das Thema ‚Beweggründe', der eigenen, aber vor allem der anderen: wie sie nämlich zu erkennen sind und ob sie zu den ursächlichen Erklärungen gerechnet werden können. Ein Thema, das im besonderen die Sozial- und Rechtswissenschaften interessiert; kompliziert durch das Methodenproblem von Introspektion und Projektion, das wir (in Abschnitt B4b) schon berührten, und durch das Generalproblem der Willensfreiheit.

Das Methodenproblem hat vor allem die Psychologen beschäftigt, aber freilich hat es wieder tiefere Wurzeln. Konrad Lorenz publizierte schon 1963 einen Artikel mit der Frage: „Haben Tiere ein subjektives Erleben?" Auf den ersten Seiten meint er, wenn er das wüßte, hätte er das Leib-Seele-Problem gelöst, auf den Folgeseiten räumt er ein, wenn er dieses subjektive Erleben nicht annähme, würde er seine Tiere nicht verstehen. Das ist genau auf den Punkt gebracht.

Die Psychologen, die darum gerungen haben, ihr Fach zu einer exakten Wissenschaft zu machen, wurden von Behaviouristen belehrt, daß die Introspektion als Methode nicht akzeptiert werden könne, und die Projektion wiederum wanderte zu den Tiefenpsychologen ab. Wie also kann ich wissen, warum ein anderer in bestimmter Weise handelt, eine Einschätzung, die im Alltag von lebenserhaltender Bedeutung sein kann, immer vorgenommen wird und in vielen Fällen richtig ist. Wie beispielsweise erkenne ich, daß mein Gegenüber in Panik ist? Wohl nur so, daß ich in mir aufsuche, wie ich mich erleben würde, wenn ich in seiner Weise handelte und dieses Erleben wieder in ihn projiziere.

Natürlich ist das keine besonders exakte Methode. Denn selbstverständlich kann ich jenes Handeln mißdeuten, meine Introspektion verfälschen und diese Fehler in der Projektion noch kumulieren. Aber so läuft das Leben und hat dennoch meist Erfolg gehabt. Nichts anderes als induktiv heuristische Versuche und am vermeintlichen Hintergrundwissen gemutmaßte Kontrollen optimieren, was man Lebenserfahrung nennt.

Versucht man dagegen rationalistisch heranzugehen, kommt noch das Problem der Willensfreiheit dazu. Soll festgestellt werden, ob jemand vernünftig gehandelt hat, müßte vorausgesetzt werden, daß die Beweggründe des Handelnden das waren, was für ihn rational erscheint. Er müßte als eine rationale Person deutbar sein. Das aber ist für alle Handelnden nicht voraussetzbar. Aber selbst wenn man dies voraussetzt: Ist er in seiner Entscheidung frei gewesen, oder handelt er aus Zwängen, Phobien oder Unterdrückung? Können Beweggründe dann noch als Ursachen erkannt werden?

Aus einer solchen Position scheinen nicht alle Ursachen einer Handlung als Beweggründe erlebt zu werden, aber die Ursachen von Handlungen liefern Beweggründe. Aus unserer Sicht können die rational erlebten Beweggründe nur eine Oberschicht sein, unter welcher sich noch vielerlei, und zwar durchaus kausale, wenn auch sehr verborgene Ursachen von Handlungen werden aufklären lassen.

In der jüngeren, englischsprachigen Literatur des Verhaltens von Primaten und Menschen hat sich der Begriff ‚theory of mind' eingebürgert. Er sieht vor, daß aus dem Verhalten einer anderen Kreatur Besitz von Vorstellung (belief) zu folgern (inference) sei (Übersicht z.B. in Baron-Cohen 1995). Man trachtet dem Begriff ‚Bewußtsein' auszuweichen, weil er, aus behaviourischer Perspektive, schlecht faßbar erscheint. Ich halte dagegen den Nachweis eines ‚Experimentieren im gedachten Raum' für faßbarer.

In der Verhaltenslehre ist dagegen der Begriff ‚Du-Evidenz' gebräuchlich. In Gesprächen mit Konrad Lorenz kam sogar der Gedanke auf, daß man dieses Evidenzerleben nahe an die *A priori* führen könne. Methodisch unterscheidet sich dieser Zugang von der ‚theory of mind' durch die Akzeptanz der Introspektion. Und ich kann nicht sehen, wie ohne Introspektion und Projektion eine andere Kreatur verstanden werden können solle.

3
Das Verstehen in den Geisteswissenschaften

Wir sind dem Thema Geisteswissenschaften schon dreimal begegnet. Zunächst (Abschnitt 2,C3a) hatten wir uns mit der problematischen Unterscheidung von Erklären und Verstehen zu befassen. Und man erinnert sich, daß man meinte, die Naturwissenschaften durch eine erklärende, die Geisteswissenschaften dagegen durch eine verstehende Methode kennzeichnen und unterscheiden zu können. Man sagte dazu auch ‚nomothetisch' versus ‚idiographisch', Gesetze aufstellend versus historische Fakten beschreibend. Aber auch in der Biologie werden historische Fakten beschrieben, und wir fanden Beschreiben und Erklären erkenntnistheoretisch als keine akzeptable Alternative.

Wir haben (in Abschnitt 4,B1d) diese Methoden untersucht und festgestellt, daß die Subsumptionsmethode und eine methodisch verstandene Hermeneutik einander strukturell gleichen. Es wird daher den Wissenschaften im Ganzen nützlich sein, sich auch für die methodische Übereinstimmung zu interessieren (Riedl 1985).

Natürlich unterscheiden sich Natur- und Geisteswissenschaft weitgehend an ihren Gegenständen, denn in den letzteren geht es überwiegend um Gesellschaft, Kultur und Kulturgeschichte. Aber auch Physik und Biologie unterscheiden sich durch ihre Gegenstände, und Anthropologie sowie Psychologie und Ethnologie kann man natur- wie geisteswissenschaftlich betreiben. In all solchen Grenzbereichen gibt es auch einen gewissen Trend in Richtung naturwissenschaftlicher Behandlung. Das kommt durch das Bedürfnis präziseren Umgehens. Und zu alledem greifen auch Naturwissenschaften in geisteswissenschaftliche Themen aus, wie die Human- und Kulturethologie (Eibl-Eibesfeldt 1978, Koenig 1970).

Wesentlicher aber ist in diesem Trennungsversuch nach den Gegenständen der uns schon bekannte Umstand, daß alle tieferen Schichtgesetze durch die höheren hindurchreichen. Sie erweisen sich für deren Erklärung zwar keineswegs als zureichende, aber durchaus als notwendige Bedingungen der Erklärung der Kräfte und der Materialien. Und man übersehe ferner nicht, daß in umgekehrter Richtung die Bedingungen auch der Oberschichten in die tieferen wirken; beispielsweise ein politisches System auf die Gesellschaft, und die Struktur einer Psyche kann weiter Schäden im Nervensystem hervorrufen (z.B. Ringel 1997).

Demgegenüber sei nun wieder nicht verkannt, daß man als menschliche Kreatur, und zwar schon dank ihrer Ausstattung, zu Handlungen und Artefakten ihrer Artgenossen, man sagt: eine intimere, ‚empathisch' einfühlendere Beziehung hat, ‚erlebnismäßig' anschaulicher empfindet als etwa zu den Prozessen in der Chemie. Aber ähnliche Gradienten unseres Mitempfindens gibt es auch vom Bakterium zum Schimpansen. Freilich gehen die Geisteswissenschaften mit höheren Komplexitätsbereichen um. Da aber wieder hat man es mit einem Gradienten zu tun, der von der Mikrophysik bis zur Kulturgeschichte reicht. Kausale Erklärungen werden darum einfach schwieriger.

Man kann in philosophischer Diktion auch von einem ‚absoluten Verstehen' reden, gegenüber dem Erklären ‚blinder Naturkausalität'. Da aber tritt Pathos auf, das weniger aufschlußreich ist als die gewonnene Einsicht, daß unsere Ausstattung naturgemäß auf den Menschen hin eingerichtet ist. Die

Differenz ist eher aus unserer Geistesgeschichte zu verstehen, einer rationalistisch-idealistischen, versus einer empiristisch-materialistischen Achse. Wir sind von dieser Einsicht (Abschnitt 2,A3c, Abb. 5 und 6, Seiten 26 und 27) ausgegangen und haben darin die Kulturgeschichte der Erklärungsmodi eben (Abschnitt B3b) noch etwas näher betrachtet.

Ich halte dafür, daß es die Komplexität, die empfindbare Nähe und die miterlebbare Relevanz geisteswissenschaftlicher Gegenstände sein muß, die nahelegt, die physischen ‚Niederungen' der tieferen Schichten außer Betracht zu lassen. Aber wiederholt hat man es sich bequem gemacht, um sich in ahnungsvollem Mitempfinden, in einem Reich zwischen Theorie und literarischer Bemühung zu bewegen. Was aber wäre gegen Dichtung einzuwenden? Sie wird sogar manche Wissenschaft vorbereitet haben wie etwa Dostojewskis Romane die Psychoanalyse. Auch ist nichts gegen die Methoden des Erkennens einzuwenden, die ich ausführlich als eine ratiomorph vorzüglich vorbereitete Vorbedingung allen Erklärens geschildert habe. Nur die hier harrenden Verwechslungen stiften Verwirrung.

Im folgenden Teil, der sich nun mit den Strukturen des Erklärten und Verstandenen befassen wird, werden wir solcher Problematik schließlich noch in einer dritten Ebene begegnen.

Mein teurer Freund, ich rat' euch drum
Zuerst Collegium Logicum.
Da wird der Geist euch wohl dressiert,
In spanische Stiefeln eingeschnürt.
Daß er bedächtig so fortan
Hinschleiche die Gedankenbahn.

6 Die Strukturierung des Erklärten und Verstandenen

Nun gehen wir nochmals von Systemen zu Strukturen weiter: vom Vorgang zum Produkt. Und um die Vergleichbarkeit der Behandlung von Erkanntem und Erklärten zu stützen, halte ich mich weitmöglichst an die Gliederung von Teil 4. Der Theorie von der Struktur der Welt (in Abschnitt 4,A) setzte ich eine Theorie von der Erklärbarkeit der Welt gegenüber und der Ordnung der Dinge (in 4,B) die Ordnung der Ursachen. Was sich aber dort in die Prinzipien der Morphologie (4,C) und der Systematik (4,D) teilte, schließt sich im Erklärungskontext zusammen.

Ich werde einer Darstellung des Weges zu einer (A) dynamischen Welterklärung eine (B) der Ordnung der Ursachen folgen lassen und dann nach den Gegenständen gliedern, in (C) die Muster des Erklärten und (D) die des Verstandenen. Damit bleiben wir der Gliederung in Natur- und Geisteswissenschaften noch nahe.

A
Der Weg zu einer dynamischen Welterklärung

Als Erklärungsprinzip hat sich das Paradigma der Evolution für so gut wie alle Gegenstandsbereiche durchgesetzt. Im Anschluß an die Evolutionstheorie der Biologen spricht man von einer chemischen Evolution und einer des Kosmos und der Erde. Aber auch die Entwicklung der ‚Weltbildapparate' bis zum Menschen, die der Sozialsysteme, der Sprachen und der Wissenschaften wird heute in einem evolutionären Sinn betrachtet. Und zwar deshalb, weil man gesehen hat, daß auch in allen diesen Ebenen die Bedingungen der vorauslaufenden Schichten der Organisation notwendige Elemente der Erklärung sind. Natürlich gilt all dies mit noch vielen Facetten und Kontroversen. Das will ich später behandeln. Hier gebe ich wieder, was als ‚state of the art' als allgemein anerkannt gilt.

Diese Entwicklung ist in zweifacher Hinsicht nützlich: zum einen, weil man sich über einen solchen Zusammenhang einer Gesamttheorie der Evolution nähern und versuchen kann, deren allgemeine Prinzipien aufzufinden, und zum anderen, weil sich damit die Möglichkeit ergibt, die Subtheorien aus der Obertheorie nochmals zu überprüfen (Riedl 1976 und 1982).

Man wird bemerken, daß nun weniger von Philosophie als von empirischen Wissenschaften die Rede sein wird. Und zwar deshalb, weil vielerlei philosophische Fragen in den Bereich empirischer Forschung gelangt und nachprüfbare Hypothesen entstanden sind (Stegmüller 1987), somit eine

Konvergenz von wissenschaftlicher Praxis und Erkenntnistheorie, die hier vor allem interessiert. Stegmüller spricht auch von einer ‚pragmatischen Wende‘, da man, wo immer das rationale Konzept mit der Erfahrung konfligiert, nunmehr bevorzugt der praktischen Erfahrung den Vorrang gibt. Das hat auch mit der gegenwärtigen Bewegung in Richtung auf eine ‚naturalisierte Erkenntnislehre‘ zu tun (Übersicht in Callebaut 1993), in deren Rahmen auch unser Thema gehört.

Gehen wir nun, in Fortsetzung jenes Abrisses unserer ‚Kulturgeschichte‘ (in Abschnitt 4,B), zur Geschichte der Erklärungen weiter.

Im Folgenden werde ich den Hergang der Erklärungsversuche, die Paradigmen (1) der anorganischen, (2) der organismischen Evolution und (3) der bewußten Prozesse der Reihe nach darstellen. Allerdings nur deren konzeptionellen Typus, weil erst nach dem Hinzufügen der Ursachenvorstellung (in Abschnitt B) die Prinzipien des Erklärens (in C und D) ganz aufgerollt werden sollen.

1
Entstehung des Anorganischen

In jedem der Paradigmen kommt es mir darauf an, die Entwicklung von einem klassischen zum modernen Weltbild darzulegen und zu begründen.

Ich werde daher schon im Anorganischen den (a) statischen Auffassungen die (b) dynamisch evolutiven gegenüberstellen.

(a) Bekanntlich hat man sich den Kosmos, namentlich die Sternenwelt, als ‚ewig und unveränderlich‘ gedacht. Und zwar in der Folge fast aller Kosmogonien. In unserer Kultur ist es zunächst die Kosmogonie der Griechen, welche über Urpotenzen, die als vorgegeben gedacht waren, und die phantastischen Geschichten von der ‚Uranos-Entmannung‘ bis zur Geburt des Zeus, den Götterhimmel entstehen läßt (Schwabl 1958). Zwar finden sich schon bei den ionischen Naturphilosophen Übergänge vom Mythos zur Kosmologie, aber der Kosmos bleibt in unveränderlicher Gesetzlichkeit – jedenfalls in der ‚translunaren‘ Sphäre (jenseits des Mondes) –, ein andermal, in der Astronomie des ptolemäischen Weltbilds, in Kristallschalen, in welche die Gestirne eingebettet die Erde umkreisen. Und ebenso finden wir im Schöpfungsbericht, im Ersten Buche Moses, eine für die Ewigkeit vorausdifferenzierte Welt.

Daran änderte auch der Wandel vom geo- zum heliozentrischen Weltbild noch nichts, bis die Entdeckung der Entstehung neuer Sterne zur grundsätzlichen Kontroverse führte und mit Kant und Laplace ein dynamischer Kosmos gedacht wurde. Aber selbst die Frage, ob unsere Erde ihre Struktur einem Schöpfungsakt oder aber einer Entwicklungsgeschichte verdankt wurde erst mit Charles Lyell, um 1830, zu Gunsten der Entwicklung entschieden.

Es ist auch kennzeichnend, daß dieser Wandel zum heliozentrischen Weltbild als eine ‚kopernikanische Wende' bekanntlich gefährdende Auseinandersetzungen nach sich zog. Als aber später die Sonne selbst an den Rand eines Außenastes einer Galaxie wanderte, wurde dies still hingenommen. Die Entthronung der ‚Krone der Schöpfung' war das Problem, die räumliche Distanz war nicht so wichtig.

(b) Heute hat diese Vorstellung von der *Entwicklung der Welt* bekanntlich über die Entdeckung der sogenannten ‚Nebelflucht' die Wahrnehmung eines sich ausdehnenden Kosmos, die Theorie vom Urknall nach sich gezogen, welche voraussetzt, auf das Vorstellbare zu verzichten, zumal sich die Herkunft der auseinanderrasenden Energie nicht erforschen, das Werden von Zeit und Raum aus dem Nichts nicht vorstellen läßt. Dasselbe, was uns aus gleicher Zeit auch Einsteins Konzept von einem in sich zurückgekrümmten Raum und in der Mikrophysik der Welle-Teilchen-Dualismus sowie die Unschärfe-Relation abverlangt. Damit sind wir aber schon in unserem Jahrhundert.

Die Vorstellung von der Entstehung der Materie wiederum setzt jenen sich verlangsamend ausdehnenden und abkühlenden Kosmos voraus, was die Entstehung schrittweise leichterer Quanten zuließe, eben die Entstehung von Materie, das nachprüfbare ‚Einfangen' eines Elektrons durch ein Proton zur Bildung des Wasserstoffs.

Von den Planeten nimmt eine plausible Theorie an, daß ihre schweren Elemente, aus kosmischen Katastrophen, in den Randwirbeln der Protosonnen kondensierten, von unserer Erde, daß sich ihre Kruste aus einem magmatischen Zustand festigte, von ihrer Atmosphäre, daß sie zunächst in enormer Dicke aus Wasserstoff bestand, mit der Krustenbildung zunehmend aus den wasserstoffreichsten Gasen: Methan, Schwefelwasserstoff und Wasserdampf. Ein Zustand, in welchen man, vor etwa 3,5 Jahrmilliarden, die Entstehung des Lebens verlegt. Und man findet sich auch, nach mehreren Indizien (Urey 1952, Eigen und Winkler-Oswatitsch 1975) bereit, eine Vorstellung von der Entstehung des Lebens aus den Gesetzen der Chemie zu akzeptieren. Wir kommen darauf zurück.

Aber immer noch galten die Gesetze der Physik als ‚ewig' gültig. Man wird dies aus dem Umstand heraus verstehen, daß zunächst kein Grund gegeben war, alternative Naturgesetze zu erdenken. Ferner mag die in der Physik dominierende Mathematik eine Rolle gespielt haben, da viele Mathematiker einer platonistischen Begründung ihres Faches zuneigen. Erst in unseren Tagen erfolgt auch darin ein Wandel (Thirring u. Stöltzner 1994).

Von Bedeutung ist zudem die Einsicht, daß dem Kosmos, entgegen den Bedingungen der Entropie, auch die Differenzierung zu komplexer Ordnung gegeben ist. Dem sind wir schon (Abschnitt 2,C2) begegnet. Im Milieu fernab vom Gleichgewicht können neue, semistabile Systeme entstehen, wenn sie auf Kosten ihrer Umgebung zu höheren Organisationsformen geführt werden (Prigogine und Stengers 1990), ein Prinzip, das wir aus dem Organismischen bereits als Anagenese kennen und das sich selbst im Bereich des Kulturellen wird verfolgen lassen.

Drei Dinge bleiben von Interesse: die Wahrnehmung der Historizität des Kosmos, eine Art mechanistischen Erklärbarkeitsoptimismus und die Hinnahme von Grenzen unseres Vorstellungsvermögens, ein Weltbild, so arm an Widersprüchen, wie voll der empirischen nicht nachprüfbaren Voraussetzungen.

2
Entstehung der Organismen

Auch hier geht es um den Wandel vom statischen Konzept der Schöpfung zur Dynamik der evolutiven Weltauffassung, ganz ähnlich und fast zeitgleich mit jener, die ich eben schilderte. Der Übergang wird nun als einer vom Kreationismus zum Evolutionismus verstanden.

Entsprechend ist die statische Vorstellung (a) der dynamischen (b) gegenüberzustellen.

(a) Was die Herkunft des Lebendigen betrifft, so waren die frühen Vorstellungen ebenfalls statisch, dem *Eingreifen von Demiurgen*, im Christentum dem Schöpfergott zugedacht. Allerdings mit einer Abfolge, die sich in der Vorstellung der Griechen, wie auch im christlichen Schöpfungsbericht findet. Aristoteles war der Ansicht, daß die Steine gewissermaßen noch vor der Differenzierung der Pflanzen, diese vor der Beweglichkeit der Tiere und diese vor der Seele des Menschen stehengeblieben wären. Und auch die Schöpfungstage der Bibel leiten bekanntlich ebenso vom Werden des Anorganischen über Gewächs und Getier zum Menschen. Ein Gefühl für Verwandtschaft oder Vergleichbarkeit mag das angeleitet haben, wie das auch Meinungsverschiedenheiten über unsere Beziehung zum Geschlecht der Affen schon im Altertum belegen. Das Gesamtbild aber bleibt statisch.

Entwicklungsgedanken aber kennt man schon aus dem letzten vorchristlichen Jahrhundert. Lukrez läßt in seinem Lehrgedicht ‚De rerum natura' erkennen, daß er eine Vision vom Aussterben, vom Wandel und selbst vom Vorgang der Selektion besaß. Dann aber deckt die christliche Lehre das Erklärungsprinzip und die Lehre von der Schöpferkraft der Gesteine, wie die von der Sintflut bis über die Renaissance hinaus die Wunderlichkeiten der Fossilien zu.

(b) Der *Umbruch zum dynamischen Weltbild* erfolgt dann, getragen von der Aufklärung, in kaum mehr als einem halben Jahrhundert, von Maupertuis' ‚Venus physique' (1745), bis Lamarcks ‚Philosophie zoologique' (1809). Zunächst sind das Freigeister, wie Pierre Louis Moreau de Maupertuis (1698–1759), Diplomat, Physiker, Mathematiker. Schon als Präsident der Preußischen Akademie Friedrichs II. publiziert er noch unter dem Pseudonym Dr. Baumann. Denn noch waren mechanistische Ansichten vom menschlichen Wesen gefährdend für deren Autor.

Es folgen, ziemlich unabhängig von ihm, George Louis Leclerc de Buffon in Paris und Erasmus Darwin, Charles Darwins Großvater, in Südengland. Buffon, Grandseigneur des königlichen ‚Jardin des Plantes', gewandter Autor vieler Bände (ab 1749) über vergleichende Anatomie, mit deutlicher Vorstellung von der Verwandtschaft der Arten und, vor allem, Lehrer des Lamarck. Erasmus Darwin, Landarzt, naturkundiger Poet, veröffentlicht Lehrgedichte wie in der ‚Zoonomia, or the Laws of Organic Life' (1794), beeinflußt von David Hume, nun mit Vorstellungen vom Artenwandel und wieder mit ersten Ahnungen vom Prinzip der Selektion.

Schließlich Jean Baptiste de Monet de Lamarck, Klosterschüler, dekorierter Offizier, erkrankt, von Buffon aufgenommen, mit dem ersten, klaren Entwurf einer Abstammungslehre und einem ersten Ursachenkonzept. Ich hebe diese Zweiteilung ausdrücklich hervor, um auf die Vermengungen aufmerksam zu machen, welche die nachfolgende Theoriengeschichte prägt.

Das Hauptproblem, welches die damalige Naturgeschichte zu lösen hatte, war das Alter des Lebens auf der Erde. Denn noch immer galt die Chronologie der Bibel, welche, aus der Genealogie des Stammes ab Adam, auf einer Zeitspanne von wenig über viertausend Jahre bestand. Und da man damals schon Dokumente über ein- bis zweitausend Jahre besaß, ohne daß sich in dieser Zeit die Arten geändert hätten, war es offensichtlich notwendig, die Zeitachse zu verlängern. Dafür gab es schon vielerlei Anhaltspunkte. Und so ist auch Lamarcks Arbeit über ‚Hydrologie' (1805) diesem Thema gewidmet, auch mit dem Argument, sich der den Lebensspannen des Menschen entnommenen Zeitdimensionen völlig entschlagen zu müssen. Dies als der erste Vorschlag in den Wissenschaften, das Vorstellbare nicht als Maß zu nehmen.

Das Entscheidende in Lamarcks Konzept ist, daß er den Übergang vom Erkennen der Natürlichen Ordnung zu deren Erklärung ganz klar gesehen hat, und zwar eine Notwendigkeit der Hinzufügung einer Erklärung. Zu dieser Einsicht sind wir schon zum Schluß des Abschnittes 4,D3 gelangt.

In seiner ‚Philosophie Zoologique' (1809) sagt er wörtlich: „Wie hätte ich auch die merkwürdige Abstufung der Organisation der Tiere, von den unvollkommensten zu den vollkommensten, bemerken können, ohne nach der Ursache (sic!) einer so positiven (eindeutigen) und wichtigen Tatsache zu fragen, einer Tatsache, die durch so viele Beweise verbürgt erscheint." Und er stellt weiter fest: „Mußte ich nicht annehmen, daß die Natur die verschiedenen Organismen nacheinander hervorgebracht habe, fortschreitend von den einfachsten zu den kompliziertesten; ... Sie hat die Organisation stufenweise entwickelt; indem sich diese Tiere allgemein auf alle bewohnbaren Orte der Erde ausbreiteten, hat jede Art derselben durch den bloßen Einfluß der Verhältnisse, in denen sie sich befand, ihre Gewohnheiten (Verhaltensweisen) und die Abänderungen in ihren Teilen erhalten, die wir bei ihnen beobachten." (Die Übersetzung ist von Heinrich Schmidt, 1909, die Zufügungen in Klammern von mir.)

Von der Art der Ursachen, die er anschließt, wird später zu referieren sein und auch von den Auseinandersetzungen über dieselben. Hier bleiben wieder drei Einsichten wichtig. Die Lehre von der Abstammung ist entstanden und wird über die folgenden beiden Jahrhunderte nur weiter gefestigt. Eine Überzeugung von der wissenschaftlichen Erklärbarkeit schließt sich an und vor der Vorstellungskraft des Menschen wird gewarnt.

Eine zweite ‚Kopernikanische Wende' bahnt sich an. Noch nicht mit Lamarck. Aber als die Lehre mit Charles Darwin fünfzig Jahre später populär wird und der Mensch ins Tierreich gleitet, ist die Auseinandersetzung wieder da. Ernst Haeckel, der laut für diese Wende eintritt, wird von den Freidenkern des ‚Monistenbundes' vor dem Denkmal des Giordano Bruno in Rom sogar zum Gegenpapst ausgerufen.

Nun sei nicht behauptet, das die Kontroverse der neuen Evolutionisten mit den Kreationisten ausgestanden wäre. Unser Platz am Rand des Kosmos ist hingenommen, unser Platz im Tierreich noch nicht ganz. Aber die Gefechte werden seltener und seltsamer.

3
Paradigmen von der Herkunft der Vernunft

Hier ist einem Phänomen nachzugehen, das mit den Begriffen ‚Bewußtsein', ‚Verstand', ‚Vernunft', ‚Seele' und ‚Geist' zu tun hat. Alle hängen sie zusammen, und alle sind sie recht unbestimmt. Von den fünf Begriffen gehe ich auf vier näher ein, nicht aber auf den Begriff *Geist*. Er wurde bei den Griechen zunächst für Lufthauch, dann für Atem, für den Träger des Lebens genommen, ein Lebenshauch, der den Körper zeitweilig oder für immer verlassen kann, und mit der Romantik wird er als Gegensatz zur Natur gesetzt.

Bewußtsein verstehen wir vereinfacht als die Fähigkeit über Gedächtnisinhalte und sich selbst absichtsvoll zu reflektieren (Riedl 1987). Mit der *Seele* ist das schon schwieriger, denn nicht nur hat sich der Begriff schon bei den Griechen gewandelt, er hat auch im Alltag, in Philosophie und Religion verschiedene Bedeutung. Im Alltag mag man sie als den Inbegriff aller Bewußtseinsregungen nehmen, in der Religion gilt die Seele als dem Materiellen entrückt für unsterblich. Die philosophischen Schulen nehmen beide Positionen und auch alle dazwischen ein.

Die Begriffe Vernunft und Verstand haben sogar ihre Bedeutungen getauscht. Nach Kant nimmt man heute *Verstand* als die Fähigkeit, aus der Wahrnehmung a priori Begriffe, Urteile und Regeln zu bilden, als eine der Vernunft das Material liefernde Tätigkeit. *Vernunft* hingegen ist als eine Ganzheit und Werte stiftende, geistige Fähigkeit in einer Kultur zu begreifen, dann aber auch als ein Welt und Seele vorgegebenes Prinzip, als eine von Gott gegebene Fähigkeit.

Man erkennt, daß Verstand und Bewußtsein evolutionär eine Geschichte haben müssen, weil Tiere Begriffe bilden und auch einfache Zustände von Bewußtsein besitzen können. Der Begriff Seele ist zu weit. Wissenschaftlich ist er nur als Inbegriff aller bewußten Regungen zu nehmen und Vernunft als ein den Verstand überbauendes, kulturabhängiges und doch vielleicht schon arterhaltendes Vermögen.

> Wenn ich nun ein drittes Mal nach dem Übergang von (a) einem Statischen zu einem (b) evolutionär Dynamischen fahnde, so nehme ich diesen Vernunftsbegriff ins Zentrum.

(a) Das Paradigma der Vernunft als ein *vorgegebenes Prinzip* kennen wir schon von den frühen Rationalisten. Es wird dort, wie erwähnt, an eine Weltseele gedacht, die ewig schön und gut sein muß und an welcher die Menschenseele teilhaben kann. Wir haben auch den Wandel dieses Gedankens, über Platon, Kleanthes und Paulus ins Christentum skizziert und die Konsequenz, welche mit Descartes zu einem dualistischen Weltbild führen muß. Diesem Zusammenhang sind wir (Abschnitt 5,B2 und 3) schon begegnet, und man orientiere sich nochmals an der Abbildung 6 (Seite 27).

Um diese Position, wie sie sich in unseren Tagen äußert, zu verstehen, kann es nützen, kurz die Geschichte der ‚Christlichen Philosophie' zu resümieren. Sie beginnt mit Kirchenvätern, gewinnt mit Augustinus Gestalt, differenziert sich in der Hochscholastik, schwächt sich in der Renaissance ab und gewinnt ab der Reformation als Neuthomismus und mit päpstlichem Dekret als Philosophia perennis wieder an Einfluß. Und es ist nicht zu übersehen, daß viele, wie immer der Welt zugewandte, aber gläubige Persönlichkeiten jener Haltung zuneigen.

(b) Das Paradigma der Vernunft *als ein evolutionär entstandenes Prinzip* kam mit Darwin auf (1871). Schon bei ihm gibt es Andeutungen zu diesem Gedanken. Mehr aber noch hat die entstandene Abstammungslehre mit Ernst Haeckel, aber auch mit Mach und Boltzmann, die an Erkenntnisfragen interessiert waren, das Konzept weiterentwickeln lassen.

Haeckel sagt (1868, Seite 88) ausdrücklich in Bezug auf Kant: „Er betrachtet die Seele des Menschen mit ihren angeborenen Eigenschaften der Vernunft als ein fertig gegebenes Wesen...Er dachte nicht daran, daß sich diese Seele phylogenetisch aus der Seele der nächstverwandten Säugetiere entwickelt haben könne. Die wunderbare Fähigkeit zu Erkenntnissen *a priori* ist aber ursprünglich entstanden durch Vererbung von Gehirnstrukturen, die bei den Vertebraten-Ahnen des Menschen langsam und stufenweise durch Anpassung an synthetische Verknüpfungen von Erfahrungen, von Kenntnissen *a posteriori* erworben wurden."

Lorenz hat diese Passage bei Haeckel nicht gekannt, aber in seiner Arbeit von 1941 finden wir dasselbe noch expliziter. Von dieser Einsicht sind wir schon (Abschnitt 2,A3) ausgegangen. Tatsächlich hat Lorenz zur Zeit seiner Professur in Königsberg, im Nachschatten Kants, das ganze Material für die Evolution der ‚Weltbildapparate' von einfachen Organismen bis zum Menschen schon überblickt. Das geht aus seinem ‚russischen Manuskript' hervor, welches, erst nach seinem Tod wiedergefunden und von seiner Tochter (1992) publiziert, seine erst 1973 veröffentlichte Monographie vorwegnimmt.

Es ist aufschlußreich, daß Lorenz zunächst nicht von einer Erkenntnis-‚Theorie' gesprochen hat, vielmehr von einer ‚Naturgeschichte' des Menschen und später von einer Erkenntnis-,Lehre', also von einem Lehrgebäude, worunter ein bestimmter Zusammenhang von Gegenständen, Begriffen und deren Anwendung zu verstehen ist. Erst Donald Campbell (1974) spricht von einer ‚Evolutionary Epistemology' und Vollmer (1979), der sich darauf bezieht, sucht diesen höheren Charakter zu begründen. Heute sprechen wir von einer ‚Evolutionären Erkenntnistheorie'. Erstens deshalb, weil sie, über eine Lehre hinaus, nach den Bedingungen einer Theorie auf Ursachen bezogene Prognosen zuläßt. Zweitens weil sie, was von einer Erkenntnistheorie zu fordern ist, begründet, wodurch die menschliche Vernunft in die Welt paßt.

Mit einem Blick zurück zeigt sich unsere gesamte Welterklärung dynamisiert. Und im Sog dieser Entwicklung hat sich, wie erwähnt, auch der Trend in den Lehren von der Erkenntnis ‚pragmatisch gewendet' und ‚naturalisiert', eine Sicht, der auch dieses Buch gewidmet ist. In allen entscheidenden Theoriensystemen hat sich eine statische, vielfach sogar deterministisch kreationistische Theorie vom Verständnis dieser Welt im Verlauf des 19. und 20. Jahrhunderts in eine evolutive gewandelt, mit all den damit verbundenen Änderungen (frühe Übersichten in Riedl 1976 und Jantsch 1979).

Umbrüche solcher Art, die das gesamte Weltbild umfassen, sind in unserer Kulturgeschichte nicht häufig. Karl Jaspers (1957) hat einen solchen Wandel ausgemacht, der zwischen dem 7. und 2. vorchristlichen Jahrhundert in allen damaligen Hochkulturen von einem mythischen zu einem kritisch reflektiven Weltkonzept führte. Welchen Stellenwert der vorliegende Wandel zeigt, wird die Geschichte lehren.

B
Die Ordnung der Ursachen

Faßt man den Wandel zur evolutiven Welterklärung als eine Erweiterung der alten, statischen Auffassungen auf, so wird sich der Wandel der Ursachenkonzepte merkwürdigerweise als eine Verengung darstellen mit einer Reihe wissenschaftsgeschichtlicher Folgen. Das ist um so mehr zu beachten, als es für eine zureichende Erklärung komplexer und daher zumeist auch historischer Systeme sogar einer weiteren Differenzierung bedarf.

Es mag darum empfohlen sein, zuerst (1) die Reduktion der Ursachenkonzepte allein zu betrachten, um sie (2) dem Wachstum der Geschichtlichkeit gegenüberzusetzen und schließlich (3), die Beziehung zwischen den vier kognitiven Ursachenformen zu den vier physikalischen Wechselwirkungen zu untersuchen.

1
Die Reduktion der Ursachen-Konzepte

Noch einmal lohnt es den Beginn unserer Kulturgeschichte zu reflektieren. Man erinnert sich der vorsokratischen Philosophie, der wir die frühesten Dokumente auch über die Formen der Welterklärung verdanken: Thales, Anaximander. Von Anaximenes, aus dem 6. Jahrhundert vor der Zeitenwende, ist der Satz überliefert: „Wie die Luft als unsere Seele uns zusammenhält, so umfaßt Hauch und Luft die ganze Welt." Man nennt diese Denker ‚Hylozoiker', aus ‚Hyle', Holz oder Wald, später, bei Aristoteles, ‚noch nicht geformter Urstoff' und ‚Zoe', Leben, denn alles war in ihrem Sinne aus Hauch und Geist beseelt. Eine Vorstellung der Untrennbarkeit von Geist und Materie, die sich bei den unterschiedlichsten Denkern, wie Giordano Bruno, Diderot oder Goethe, fortgesponnen hat. Heute würde man von einem ‚systemischen Zusammenhang' sprechen, der sich in der Untrennbarkeit eines kognitiven Dualismus äußert, nämlich von Information und Energie.

Die sich anschließende Philosophiegeschichte, mit ihrer Spaltung in eine empiristische und rationalistische Achse, habe ich in Abschnitt 5,B skizziert. Zu verfolgen bleibt an dieser Stelle die Geschichte der Reduktion der Vorstellung von den Ursachen mit der Spaltung in Materialismus und Idealismus. Ich knüpfe diese Entwicklung an die beiden kognitiven Dualismen oder Symmetrien an, welche die Viergliederung der Ursachen des Aristoteles begründen. Denn um deren Reduktion geht es letzten Endes. Und zwar in zweierlei, einander ausschließende Lösungen.

> Die Achse zur materialistischen Welterklärung (a) hat in ihrer Mitte die sogenannte ‚Galileische Revolution', diese Geschichte will ich etwas eingehender nachzeichnen, weil sie die moderne Wissenschaft mehr betrifft. Die Achse zur idealistischen Welterklärung (b) zentriert um das Christentum, in philosophisch kulturwissenschaftlicher Tradition. Die Folgen dieser Reduktionen will ich anschließend nach ihrer (c) materialistischen und (d) idealistischen Ausprägung, zusammenfassen.

(a) Wie gesagt, bildet *die Galileische Revolution* zwar eine markante Mitte dieses Reduktionsvorganges, er begleitet aber die ganze Geschichte der Philosophie und der Wissenschaften.

Im Grunde war man, wie man sich erinnert, schon bald nach Aristoteles der Ansicht, daß bereits der Meister die *causa finalis* als die Ur-Ursache aller übrigen Ursachenformen gedacht hätte, eine Vorstellung, die, in der Scholastik gefestigt, bis in unsere Tage reicht, von kompetenter Seite aber (z. B. Kullmann 1979) wiederholt widerlegt wurde.

Die nachfolgende, ‚Aristotelismus' genannte Auffassung wurde namentlich von Arabern und Juden, so von Averroés und Maimonides, gepflegt und gefördert, von den Christen aber, wie durch Albertus Magnus und Thomas von Aquin, den Glaubenssätzen nach adaptiert und stark verändert. Dieser Aristotelismus ist es, der das Denken der Zeit Galileis und Keplers bestimmte. Zwar kamen damals, mit byzantinischen Gelehrten, auch andere Auffassungen nach Südeuropa, aber der landläufige Aristotelismus seiner Tage galt Galilei als Geschwätz und Forschungshemmnis.

Er machte sich also, notwendigerweise, von alledem frei, trachtete, wie man weiß, zu messen und meßbar zu machen. Das ist der zweite Kern der ‚Galileischen Revolution'. Davon war (Abschnitt 5,B3) schon die Rede und auch davon, daß in den Fragestellungen von Galilei und Kepler Material- und Formursachen keine Rolle spielten, die *causa finalis* zudem nicht nur berührt zu werden brauchte, sondern, aufgrund der kirchlichen Dogmen, auch nicht berührt werden durfte.

Tatsächlich spielt in der Diktion der beiden auch die *causa efficiens* keine Rolle. Zwar kannten beide die bislang geläufigen Schriften des Aristoteles, aber da nur mehr von einer Form der Erklärungen die Rede war, brauchte man sie auch nicht mehr differenziert zu benennen. Es steht außer Frage, daß diese Position die Entstehung einer neuen Naturwissenschaft und zeitgleich mit der Reformation, dem Buchdruck und der Entdeckung Amerikas, das eingeleitet hat, was wir ‚Neuzeit' nennen. Aber auch eine Verengung des Erklärungskonzeptes war eingeleitet.

Denn was folgt, Aufklärung und Positivismus, weiter der Szientismus, sind dadurch vorbereitet und damit das gegenwärtige Wissenschaftsideal der Physik.

Zunächst hat die Aufklärung, in England religiös und politisch geführt seit dem 16., in Frankreich gesellschaftlich und moralkritisch seit dem 17., in Deutschland ab dem 18. Jahrhundert, auf die Vernunft gebaut und führt, antimetaphysisch wie sie ist, Rationalismus und Wissenschaftsgläubigkeit an. Und schon in dieser Entwicklung fühlt man, daß es um die unmittelbaren Ursachen geht, die die Welt erklären sollen, nicht um vergangene Bedingungen, in welche man nicht mehr eingreifen kann.

Das setzt der Positivismus mit Hume, d'Alembert und Turgot fort, antiphilosophisch und nun auch antirationalistisch, indem bei Comte als positiv, als echte Tatsache, nur mehr jene Einsichten anerkannt werden, die sich durch Erfahrung verifizieren lassen. Heute sind wir mit Popper der Ansicht, daß Erfahrung und Verifikation verschiedene Ansprüche stellen. Für Erfahrung steht ‚Vermutungswissen' mit zureichenden Graden an Bestätigung. Verifikation dagegen scheint nur im Sinne eines ‚Beweises' in axiomatisch deduktivem Zusammenhang, etwa in der Mathematik, möglich.

Der Optimismus dieser Zeit läßt dann extreme Erwartungen entstehen. Etwa den Szientismus, der alles für wissenschaftlich lösbar hält und mit naturwissenschaftlichen Methoden in die Kulturwissenschaften drängt oder

der Physikalismus, in dem alles für unwissenschaftlich gehalten wird, was sich nicht auf physikalische Methoden und Begriffe zurückführen läßt. Natürlich sind das extreme, nicht haltbare Positionen. Geblieben aber ist jenes Wissenschaftsideal der Physik, und landläufig denkt man sich nun Ursachen in allen Naturwissenschaften letztlich als Formen von ‚Kraftverwandlung'. Dies muß uns (in Abschnitt C1) noch ausführlicher beschäftigen.

(b) Die zweite Achse wird *durch das Christentum* angeführt, ist aber, wie man sich erinnert, schon durch Vorsokratiker wie Pythagoras und Parmenides vorbereitet, durch Platon erweitert, und bereitet, über Kleanthes und Paulus, den Idealismus in der Lehre der Kirche vor.

Diese Glaubensgemeinschaft hat sich, wie man weiß, zunächst über das Territorium Roms, dann über ganz Europa verbreitet und die Kultur unserer Kultur angeführt. Islam und Judentum haben darin wenig Spuren hinterlassen. Die Ur-Ursache aller Dinge wurde, man erinnert sich, über die *causa finalis* zu den *causae exemplares* des Weltenschöpfers, in der Scholastik ausdifferenziert.

Natürlich, und da setzen wir fort, hat diese Vorstellung von ersten Weltenzwecken vielerlei Formen angenommen, auch säkulare: So hat sie beispielsweise zu einem ‚subjektiven' Idealismus geführt wie bei Descartes und Malebranche, zu einem ‚objektiven', dem deutschen Idealismus wie bei Schelling und Hegel, zu einem ‚magischen' in der Romantik, mit Rudolf Eucken, schon ins zwanzigste Jahrhundert hinein und zum ‚Neuidealismus', wo der Gottesgedanke nicht mehr bedeutet als absolutes Geistesleben.

Unseren Gegenstand betrifft diese Differenzierung wenig. Festzuhalten bleibt aber, daß diese Vorstellung von ersten Zwecken dieser Welt und damit von einer ‚zweckgerichteten Weltordnung' zwei Jahrtausende durchzogen hat und in manchen philosophischen und geisteswissenschaftlichen Strömungen auch heute noch die Weltsicht anleitet.

Diese zweiseitige Reduktion des Ursachenkonzepts ist in beiden alternativen Formen von der Erwartung einer Ur-Ursache angeleitet, die naheliegend erscheinen kann, wenn man den doppelten kognitiven Dualismus nicht kennt, von welchem wir ausgegangen sind. Und sie ist die Anleitung dafür, daß die Naturwissenschaften in die Welt unbekümmert eingreifen und die Geisteswissenschaften dem wenig entgegenzusetzen haben.

Beide Zugänge zu dieser Welt haben notwendige, aber keineswegs zureichende Erklärungen zur Hand. Und will man die Mängel der beiden Positionen untersuchen, dann empfiehlt es sich von den beiden Formen des ‚Reduktionismus' auszugehen. Wir sind dem Begriff (Abschnitt 2,C3c und 5,B3a) zwar schon begegnet, müssen ihn aber im gegebenen Zusammenhang näher betrachten.

Zunächst ist ein (c) ‚materialistischer', von einem (d) ‚idealistischen Reduktionismus' zu unterscheiden.

(c) Der *materialistische Reduktionismus* umfaßt eine bekannte Kontroverse. Es ist aber sehr empfohlen, in deren Rahmen die früher nur erwähnten drei Formen der Reduktion nun näher zu untersuchen:

Sprechen wir darum von (c1) einer theoretischen, (c2) einer pragmatischen und (c3) einer ontologischen Ausprägung.

(c1) Seine *theoretische Form* ist durch die legitime und notwendige Weise gekennzeichnet, in welcher wir Ähnliches zu Begriffen, zu Hypothesen und Theorien kondensieren und Theorien wieder zu Fällen von Obertheorien machen. Dies ermöglicht es uns, trotz einer Limitierung des dazu nötigen Infospeichers auf eineinhalb Liter Hirnvolumen, eine wachsende Welt von Fällen ziemlich richtig oder doch zumindest lebenserhaltend zu prognostizieren.

(c2) Der *pragmatische Reduktionismus* kann als ein Vorgang der Analyse beschrieben werden, und diese leitet bekanntlich sehr erfolgreiche Forschung an. Der Analyse wird aber die Erwartung unterlegt, die Teile wieder zum Ganzen zusammensetzen oder, was das gleiche bedeutet, das Ganze aus jenen Teilen ausreichend verstehen, auf diese ‚reduzieren' zu können. Das ist in den sogenannten ‚reversiblen Prozessen', namentlich im Anorganischen und unter gewissen Voraussetzungen, möglich.

Hier müssen wir nochmals genauer sein und drei Perspektiven (i bis iii) getrennt betrachten.

(i) Was die *Grenzen der Reversibilität* betrifft, ist zunächst an den ‚Hysteresis-Effekt' zu denken, gut erforscht von der ‚Wiedermagnetisierung'. Aber schon aus dem Alltag kennt man den Umstand, daß man etwa einen Draht biegen und zurückbiegen kann, daß er aber nach dem x^{ten}mal so weit ‚ermüdet', daß er bricht. Die Positionen der Moleküle verändern sich bei jedem Biegen.
Zudem tritt Geschichtlichkeit auch im molekularen Bereich schon früh auf. Ein geläufiger Fall ist der ‚Laser' (Haken 1978). Beschickt man einen Rubidium-Kristall mit Energie, z.B. mit Licht, so drängt dies Elektronenschalen in angeregtere Bahnen. Fallen sie auf andere Bahnen zurück, so regt die abgegebene Energie Nachbarbahnen an. Die Konstituenten des Systems stören einander also wechselseitig so lange, bis zufällig im ‚Parlament der Moleküle' eine Störungsrichtung dominiert und der Laser in dieser Richtung einen Lichtstrahl aussendet. Die Abgabe von Energie ist ein sich noch wiederholender Prozeß, die Richtung der Lichtemission ist schon ein historischer. Die Richtung der nächsten Emission kann nicht vorhergesehen werden. Derlei kennen wir auch schon vom Beispiel eines idealen Billard (Abschnitt 2,C1b), wonach der mikrophysikalische Indeterminismus schon nach wenigen deterministischen Schritten die Oberfläche unserer Makrowelt erreicht.

(ii) Im Grunde ist Reversibilität *ein gedankliches Konzept* von dreierlei Art. Erstens sie gilt so lange, wie man meint, die Identität auszutauschender Teile eines Systems behaupten beziehungsweise deren Verschiedenheit vernachlässigen zu können. Vermutlich gilt diese Abstraktion schon für Quanten (Prigogine u. Stengers 1984). Und gewiß gilt dies bis in die Ebene von molekularer Genetik, Populationsdynamik und Demoskopie, in welchen vorausgesetzt werden muß, daß Allele, Individuen und Ansichten von Personen in einer bestimmten Hinsicht als identisch und austauschbar gelten können.

Zweitens gilt gedankliche Reversibilität überall dort, wo es sich zwar um nicht austauschbare Teile handelt, die Zusammenfügung der Zerlegung aber gedanklich erfolgt. So bei der Sektion eines Organismus, der Abtragung fossilführender Schichten oder dem Aufschluß einer Grabstätte.

Und drittens gibt es natürlich Zerlegungen, die überhaupt nur gedanklich erfolgen. Etwa die Analyse eines Bildes, einer Handschrift oder einer Epoche. Hier erfolgt die Zusammensetzung nicht anders als die Analyse, nämlich rückstandslos.

(iii) Wo also stecken *die Mängel*? In der Organismenwelt erlauben physische Zerlegungen so gut wie nie eine Restrukturierung des Ganzen. Preßt man den Saft aus einer Orangenhälfte, spottet Hans Mohr (1981), so läßt sich durch Zurückgießen des Saftes die Orange nicht wieder herstellen.

Nun ist der pragmatische Reduktionismus unterschwellig eine nachgerade weltanschauliche Spaltung zwischen Organikern und Anorganikern. Medawar und Medawar (1986) gehen, was selten ist, als Reduktionisten auf das Thema ein. Als ihre Rechtfertigung wird angegeben, daß die reduzierende Analyse „unter allen denkbaren Verfahren, die Welt zu begreifen, dasjenige ist, mit dessen Hilfe sich am ehesten erkennen läßt, wie die Welt nötigenfalls verändert werden könne" (Seite 267). Das mag richtig sein, zeigt aber auch die dahinter liegende Tendenz. Es geht um das Eingreifen in die Welt und zwar vielfach vor deren zureichendem Verständnis.

Was die Reduktion ausschließt, ist das Phänomen der Emergenz. Die beiden Medawars räumen zwar ein, daß das Phänomen in der Biologie, wir fügen hinzu: in allen komplexen, historischen Systemen, nicht zu übersehen ist, daß aber der Nutzen des Begriffes nur darin bestünde, „dem, was sich der reduzierenden Analyse entzieht, einen Namen zu geben" (Seite 270). Auch das mag der Bezeichnung nach richtig sein, der Sache nach aber nicht. Denn es kann dazu einladen, historisches Werden als unwichtig zu betrachten. In demselben stecken aber all' die vielen Entscheidungen und durchgesetzten Alternativen, die jedes historische System durchlaufen haben muß, um zu dem zu werden, was es ist. Greift man darin ein, so wird man zwar einen Teil der Welt verändern, aber in allen gewachsenen Bedingungen gleichzeitig in unkontrollierbarer Weise stören.

Zerstört werden namentlich die durch eine Synthese nicht mehr zusammenfügbaren Material- und Formbedingungen. Das ist bei den Antrieben und Zwecken eines Systems etwas anders. Zwar erscheinen auch diese beiden im Kleide der jeweils zerstörten Material- und Formbedingungen, können aber dank ihrer die Schichten gleichbleibend durchlaufenden Begrifflichkeit jedenfalls gedanklich wieder zusammengesetzt werden.

(c3) Wirklich schaden tut erst der *ontologische Reduktionismus*. Man faßt unter diesem Titel jene reduktionistischen Haltungen zusammen, in welchen vermutet oder sogar vorausgesetzt wird, daß das, was sich analysieren läßt, auch schon alles wäre.

Freilich ist eine solche Erwartung absurd. Für dieselbe wird auch kaum explizit eingetreten, aber sie ist der Entwicklung namentlich der kausalistisch orientierten, erklärenden Naturwissenschaften weithin unterlegt. Wir sind diesem Phänomen schon früh (Abschnitt 2,C3c) begegnet. Nämlich in dem Gewicht oder der Bedeutung, die man den erklärenden, experimentellen, noch mehr den mathematisch behandelbaren Wissenschaften gegenüber den sogenannten rein beschreibenden einräumt.

Und wir haben erkannt, daß sich dahinter das Machbare und der Wunsch nach Einflußnahme und Macht verbirgt. Man darf darum nicht übersehen, daß der ontologische Reduktionismus von Interessen gesteuert werden kann, die außerhalb der Fragen nach der Wahrheit, selbst außerhalb der Bemühung um ein Weltverständnis gelegen sein können, mit einem Wort, daß er blenden und verleiten kann.

Natürlich kann man die *causa efficiens*, z. B. der Funktion unserer Lunge, auf den Energie- und Oxidationsbedarf des Körpers zurückführen, die Ventilation auf Muskulatur, die Alveolen auf die Wirkung großer Oberflächen, die Zellen-Lüftung auf die Gesetze des Gasaustausches, diese auf die Gesetze der Chemie und weiter annähernd auf Quantengesetze. Und umgekehrt kann man die *causa finalis*, den Zweck des Systems, aus derselben Reihe aufwärts eben auf den Energiebedarf zurückführen.

Aber natürlich ist nichts über die gegebenen Materialien und Formen erfahren, warum es derlei Lungen nur bei den Vierfüßern gibt; auch nichts über den Herz-Lungen-Kreislauf, über die Kreuzung des Atem- und Speisewegs, nichts darüber warum diese Lunge keine Röhren-, Buch- oder Büschelform besitzt wie bei Insekten, Spinnen oder manchen Mollusken. Darum ist auch nichts darüber erfahren, warum sie etwas DDT verträgt, dagegen aber kein Wasser, und warum man beim Essen ersticken kann. Trauten wir dem ontologischen Reduktionismus, also nur der reduzierenden Analyse, dem, worin wir praktisch einzugreifen und zu ändern vermögen, wir könnten die Lunge im Krankheitsfall nicht einmal behandeln, denn wir wüßten nicht, was eine Lunge ist.

Nun hatte ich ein Beispiel zu wählen, welches schon auf Grund seiner Trivialität überzeugen mag. In den noch zu erforschenden Fällen wird die reduktionistische Einschränkung aber gefährlich unübersichtlich – selbst gedankenloser, pragmatischer Reduktionismus – und zwar im wörtlichen Sinne sogar lebensgefährlich. Das geht schon aus der Art und Weise hervor, wie wir mit unserer Biosphäre verfahren.

(d) Dem gegenüber ist der *idealistische Reduktionismus* zwar von diametral anderer Art, leitet aber eine vergleichbare Irreleitung an, nur verkehrtherum. Er reduziert die Erklärung der Welt, nun umgekehrt, auf ihre letzten Zwecke, die *causa finalis*, im Sinne der Theorie der Kirche auf die *causae exemplares*. Man kann im Vergleich zum materialistischen Reduktionismus auch sagen: auf eine Erklärung von oben.

Nach dem Ursprung des idealistischen Reduktionismus muß man, wieder umgekehrt zum materialistischen, mit (d1) seiner ontologischen Form beginnen, (d2) die pragmatische anschließen und (d3) mit seiner theoretischen schließen. Aber der Gegenstand ist in unserer Kulturgeschichte weniger ausgesprochen und differenziert, wenn auch nicht weniger wirkungsvoll.

(d1) In seiner *ontologischen Form* versteht er sich aus der Philosophie des Christentums. Wenn ein Schöpfergott dieser Welt ihren Sinn gegeben hat und das noch dazu zum Wohle wie zur Prüfung des Menschen, so ergibt sich daraus mit jener ‚zweckgerichteten Weltordnung' ein ‚ontologischer Finalismus'.

Für die Forschung aber ist das ein Forschungshemmnis (Lorenz 1976, 1983). Denn über viele, der uns noch offenen Fragen, erwiesen sich die Bücher damit als geschlossen. Und auch die Auseinandersetzung zwischen Evolutionismus und Kreationismus, die noch immer nicht ganz verebbt ist, hat hierin ihre Wurzeln. Ich gehe diesem Konzept aber nicht nochmals weiter nach. Es soll nur nicht übersehen werden. Denn seine Wirkung hat es mehr aus dem Hintergrund getan, nämlich auf seine scheinbar säkularen, seine pragmatischen Formen.

(d2) Unter den *pragmatischen Formen* des idealistischen Reduktionismus sind im gegebenen Zusammenhang wieder die Wissenschaften aufschlußreich. Sie sind natürlich durch die verschiedenen Strömungen der idealistischen Philosophie beeinflußt, ohne daß dies jedoch immer wahrgenommen werden kann oder auch wahrgenommen wurde.

Naturgemäß sind es Sozial- und Kulturwissenschaften, die, zunächst ganz pragmatisch, in Umkehrung des Verhaltens der Naturwissenschaften, die Tendenz zeigen, die Wirkung der Untersysteme unbeachtet zu lassen. „So gelten etwa den Kunst- und Rechtswissenschaften die Bedingungen einer Kultur, ihrer Wirtschafts- und Sozialsysteme, als vorgegeben, den Soziologen Psyche und Bewußtsein und dem Psychologen die biologische Ausstattung seiner Versuchspersonen" (Riedl 1985, S. 123).

Bei solchem Zugang spielen dann die physischen Antriebs- und Materialbedingungen der Untersysteme keine Rolle und auch die selektiv wirkenden Formursachen. Was stets im Fokus bleibt, das sind die aus den Obersystemen wirkenden Zweckursachen. Es werden Handlungen gewiß zu Recht auf die Bedingungen von Gruppen und diese weiter auf die Bedingungen einer Kultur und letztlich auf den Zeitgeist zurückgeführt. Und man findet sich dann, ausgesprochen oder nicht, sei es aus Unkenntnis oder aus Prinzip, der ontologischen Form immer noch nahe, mit der gewiß irrigen Annahme, die Zusammenhänge ausreichend verstanden zu haben.

Das Ergebnis sind Kultur-, Geschichts- und Sozialtheorien ‚von oben‘, welche das Heer der ‚kleinen Leute‘, deren Ausstattung und Bedürfnisse ausklammern, wiewohl ohne dieselben keine Kultur- und Sozialsysteme entstünden, es also auch keine Geschichte gäbe. Bertold Brecht glossiert diese Situation mit der Bemerkung, ‚daß, wenn man erfährt, Alexander der Große habe Indien erobert, man wohl annehmen müsse, er werde wenigstens seinen Koch mit dabei gehabt haben.'

(d3) Was schließlich die *theoretische Form* betrifft, so führt uns dies zurück zum Ausgang des Reduktionismus-Problems. Zwar spielen in den Kultur- und Sozialwissenschaften die formulierbaren Gesetze eine geringe Rolle, die Intention der Forscher ist aber nicht minder von dem Wunsch bestimmt, Phänomene auf letzte, übergeordnete Ursachen zurückzuführen. Und bloß durch die erst in jüngerer Zeit entstandene Opposition beginnt man, die Notwendigkeit einer Differenzierung zu bemerken.

So wurde der gewohnten ‚Geschichte von oben‘ eine ‚Geschichte von unten‘, begonnen mit Le Roy Ladurie, entgegengesetzt und später sogar in den Titel der Bearbeitungen aufgenommen (Ehalt 1984), indem nun das Verhalten des Heeres eben jener kleinen Leute zum Erklärungsprinzip wurde. Auch der Aesthetik, die bislang auf die großen Stilepochen zurückführte, wurde eine ‚Aesthetik von unten‘ gegenübergesetzt (Wygotski 1976).

Man sieht voraus, daß keine extreme Position gegenüber komplexen Systemen zureichendes Verständnis bieten wird. In allem wird es wieder um jene Entwicklung einer wechselseitigen Aufklärung und Bestätigung von Prognosen gehen, ein Prinzip, das wir aus der Tradition der Naturwissenschaften als Subsumptions-Schema, aus jener der Geisteswissenschaften als Hermeneutik kennengelernt haben. Das gilt für alle komplexen, geschichtlichen Systeme. Wenden wir uns also näher der Geschichtlichkeit zu.

2
Ursachen und Wachsen der Geschichtlichkeit

Wir kommen hier auf zwei Begriffe zurück, die wir im Rahmen unserer differenzierten Kausalitätsformen schon erörtert haben, auf den Umstand, daß alle Differenzierungen in dieser Welt als ‚Einschübe‘ zwischen Konstituenten und einem Milieu entstehen und daß alle Gesetze, die in den Schichten eines hierarchisch organisierten Systems entstanden sind, durch die ihnen folgenden Schichten ‚hindurchreichen'. Man mag das für das Thema ‚Erkennen‘ in Abschnitt 4,A2b, B1c und C2b, Abb. 33 und 53, Seiten 108 und 164 und für das Thema ‚Erklären‘ in Abschnitt 5,C1c, Abb. 78, Seite 229 nachschlagen. Im gegebenen Zusammenhang können wir, auf dieselben aufbauend, in dreierlei Hinsichten schrittweise fortsetzen.

Die Ordnung der Ursachen 259

Dabei werde ich (a) nochmals genauer zwischen Ursache, Bedingung und Vorbedingung unterscheiden, untersuchen, wie aus Ursachen Vorbedingungen werden, (b) eine Vorstellung von der Auffächerung von Bedingungen und Folgen entwickeln und (c) einige Beispiele von Bifurkationen und Alternativ-Entscheidungen folgen lassen.

(a) Der Wandel *von der Ursache zur Vorbedingung* hängt mit unserer Ansicht darüber zusammen, ob eine Bedingung die letzte Ursache der speziellen Ausformung eines Resultates ist, ob diese als Vorbedingung weit zurückliegt oder sich dazwischen befindet.

Prüfen wir darum (a1) Ursachen, (a2) Vorbedingungen und (a3) deren Zwischenformen getrennt.

(a1) Betrachtet man *die Ursachen* eines anorganischen Systems, beispielsweise einer geomorphologischen Struktur wie etwa die Ausformung des Lido von Venedig, so wird man zur Ansicht kommen, daß es der Zufuhr von Sediment aus den Flüssen bedarf und, dem gegenüber, einer Sortierung desselben durch den Seegang. Man wird nicht sogleich an Gesteinsbildung und Tektonik, an Photonen oder den Gravitationsdruck in der Sonne denken. Aber ein näherer Blick wird davon überzeugen, daß Gesteine entstanden und gehoben werden mußten, damit Flüsse daraus Geschiebe und Sand produzieren können und daß es der Produktion von Photonen und deren Einstrahlung in den Luftmantel der Erde bedarf, damit Temperatur- und Druckgefälle in der Atmosphäre zu Winden führen, die den Seegang anfachen, der als Brandung an die Küsten schlägt (Abb. 82).

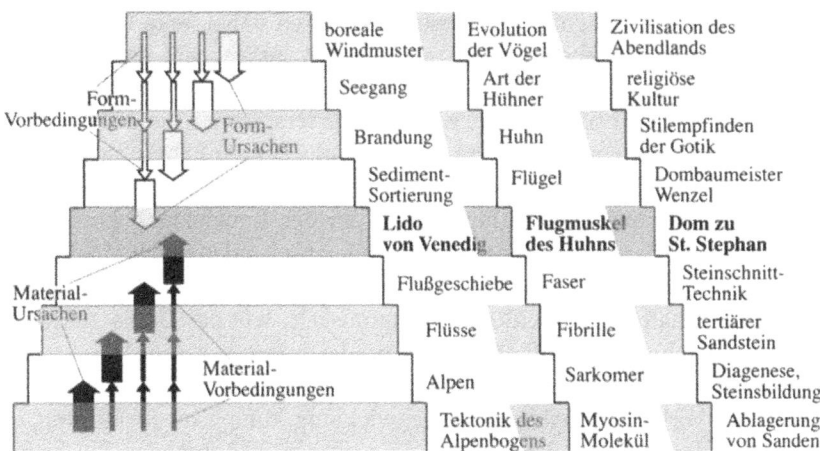

Abb. 82. *Der Wandel von den Ursachen zu den Vorbedingungen*, bezogen auf die Material- und die Formbedingungen; illustriert mit je einem Beispiel aus (1) der Geomorphologie, (2) der Anatomie und (3) der Kultur. Dies illustrieren später auch noch die Abbildungen 87, 95 und 108, auf den Seiten 274, 298 und 331

(a2) Die universellsten *Vorbedingungen* gehen im Megakosmischen auf die Gravitationsfelder im Kosmos zurück, welche Materiewolken zu Sonnen kontrahieren, im Mikrokosmischen auf die starken und schwachen Wechselwirkungen, welche Materie, und damit auch die Mineralien, erst entstehen lassen. Man wird das anerkennen, aber es bei Betrachtung des Lido als bloße Voraussetzung nehmen, wie diese selbst noch für die Begründung der Existenz von Organismen und Artefakten vorauszusetzen sind.

Betrachtet man die Ursache der Ausformung des Flugmuskels des Huhns (man vergleiche weiterhin die Abb. 82), so wird man in Richtung auf das Makroskopische der Form- und Zweckbedingungen über die Vorbedingungen von Brust und Flügel bis zur Evolution der Hühnervögel, Vögel, Wirbeltiere und Tiere gelangen, hingegen in Richtung auf das Mikroskopische der Material- und Antriebsbedingungen über die Vorbedingungen von Muskelfasern, Zellorganellen und das kontraktile Myosinmolekül bis zu den chemophysikalischen Gesetzen des Stoff- und Energiewechsel.

Und was ein Artefakt betrifft, als Ursache beispielsweise des Stephansdoms in Wien, wird man die Pläne des Dombaumeisters Wenzel Parler bedenken und die damalige Steinschnitt-Technik, schließlich aber Parlers Pläne über das Stilempfinden der Gotik, die auf das Abendland, Kultur und die menschliche Sozietät zurückführen, die Technik dagegen auf den nahe Wien anstehenden weichen Sandstein und die Vorgänge der Gesteinsbildung, seiner Diagenese.

(a3) Schließlich kann man noch den Begriff der *Bedingungen* im engeren Sinn, etwa als *Zwischenbedingungen*, zwischen die unmittelbaren Ursachen und die Vorbedingungen stellen, ähnlich, wie es sich kognitiv empfiehlt, zwischen Dispositionen und Prädispositionen zu unterscheiden, nun im Sinne einer Nah- und Ferndiagnose. Dispositionen wären dabei neue Funktionen, die sich aus dem Gegebenen noch antizipieren lassen, wie das Bein aus der Flosse (Abb. 83) oder die Hand aus der Pfote, Prädispositionen dagegen als das nicht mehr Antizipierbare, wie das Klavierspiel aus der Flosse.

Sicherlich verschiebt sich diese Grenze mit der Annäherung an den ‚state of the art'. Es ist aber erzieherisch, sich vor Augen zu halten, wie wenig an verläßlichen Dispositionen man bei der Entwicklung komplexer Systeme voraussehen kann. Wogegen die überraschendsten Entwicklungen zweifellos zu den Prädispositionen zu zählen sind. Jedenfalls ist dieser Kosmos zur Schaffung des Lido, des Flugmuskels, wie des Doms zu Sankt Stephan prädisponiert, gewiß aber nicht prädestiniert gewesen.

Um darüber Übersicht zu gewinnen, ist es geraten wahrzunehmen, welche Fülle an Vorbedingungen in der Entwicklung komplexer Strukturen zu erwarten sind und zu welcher Fülle an weiteren Phänomenen sie selbst wieder Vorbedingung sein können.

(b) In der Ausführung der *Fächerung der Bedingungen und Folgen* muß ich mich auf ein einziges Beispiel beschränken, weil die Darstellung eines

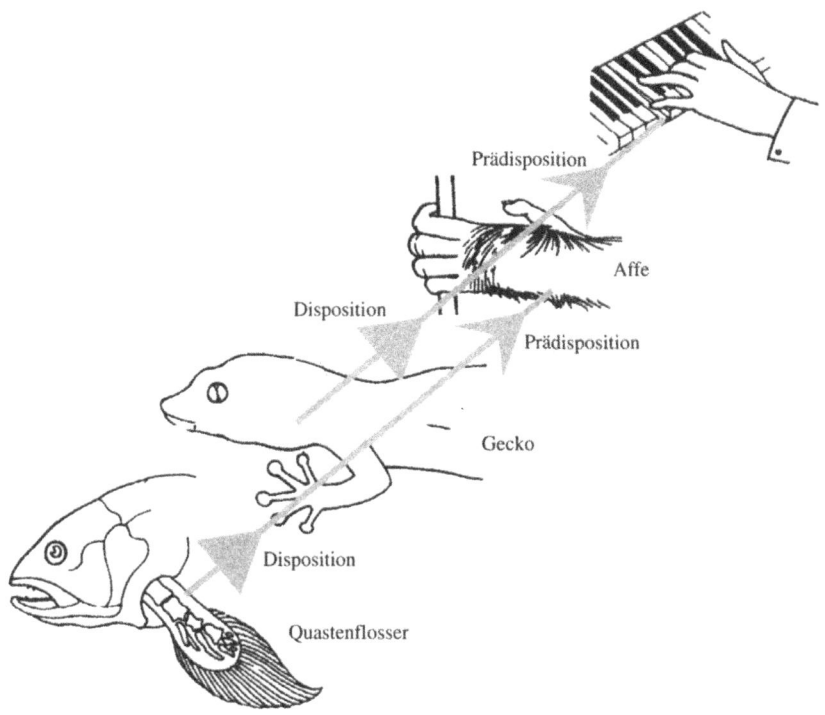

Abb. 83. *Disposition und Prädisposition*, unterschieden nach den noch möglichen und den nicht mehr möglichen Voraussichten auf kommende Funktionen (nach Riedl 1994). Die Symbole wie schon in Abb. 6, Seite 27

solchen schon einen erstaunlichen Wortreichtum verlangt, was wieder darauf hinweist, wie wenig unsere Sprache für die Wiedergabe solcher Phänomene disponiert ist.

Als Beispiel wähle ich die Bedingungen, welche die Entstehung des Parthenon auf der Akropolis ermöglichten. Unmittelbare Ursache der Form sind die Bildhauer Iktinos und Kallikrates unter Aufsicht des Phidias, als Ursache des Materials die im fünften vorchristlichen Jahrhundert übliche Handhabung des pentelischen Marmors (Abb. 84).

Ich werde zunächst der Auffächerung vierer Bedingungen folgen: der Ursache und Folgen von (b1) Material- und (b2) Formbedingungen (wie in Abb. 84) und Bemerkungen über (b3) Antriebs- und (b4) Zweckursachen anschließen.

(b1) Der *Ursachenfächer der Materialien* beginnt mit der Kondensation des Planeten durch Gravitation, dem Werden der Ozeane, kalkbildender Meerestiere, der Bankung und Versteinerung deren Schalen zu Marmor und der Hebung dieser Bänke über den Meeresspiegel. Er setzt sich fort im stofflichen Werden der Landtiere, Säuger, Primaten und Menschen, die

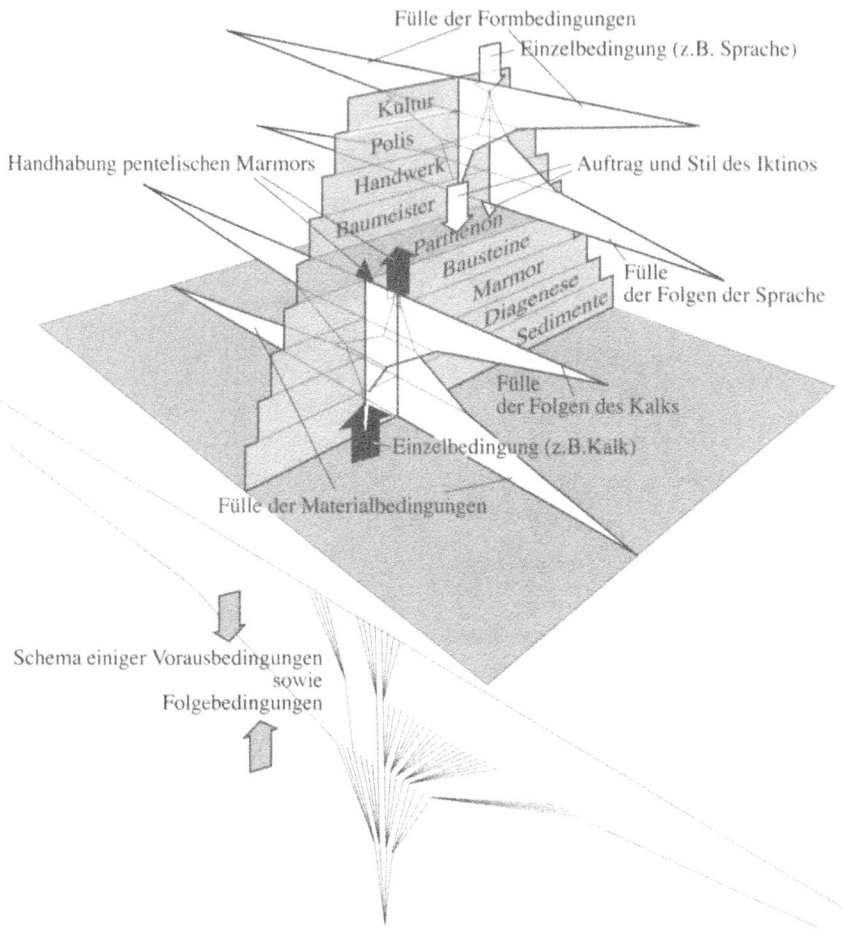

Abb. 84. *Die breiten Fächer der Bedingungen und Folgen*, am Beispiel des Ursprungs des Parthenon, zwischen jeweils drei Ober- und drei Unterschichten (nach Riedl 1985)

Stein benutzten. Und er schließt mit der Schaffung von Werkzeugen, der Verwendung von Metall, dem Hausbau und einer immer differenzierteren Bearbeitung des Steins.

Aber die *Folgen dieser Materialbedingungen* haben natürlich nicht nur zur Errichtung des Parthenon geführt. Betrachten wir bloß zwei derselben: die älteste und die jüngste. In keiner der genannten Ursachen durfte die Gravitation fehlen. Diese Schwerkraft hat nicht nur den Planeten und aus Einzellergehäusen Marmor gemacht, sie hielt auch die Landtiere am Boden, die griechischen Bildhauer in ihren Betten, die Werkzeuge an ihrem Platz und die behauenen Steine aufeinander, wie sie überhaupt alles Irdische zusammenhält. Und auch die differenzierte Bearbeitung von Stein hat nicht nur das Parthenon, sie hat auch den Faustkeil und alle Steinbauten der Menschheit errichten lassen, die Pyramiden Ägyptens wie den Dom zu Sankt Stephan.

(b2) Der *Ursachenfächer der Formbedingungen* wiederum beginnt mit der selektiven Gestaltung der Kontinente, der Einzellergehäuse und den Diagenesestadien der Gesteinsbildung, die dem pentelischen Marmor seine Struktur geben. Er setzt sich fort mit der Formgestaltung der Landtiere, des Menschen, seiner Societät und Lautsprache. Und er schließt mit dem Hellwerden des Bewußtseins, dem Werden des griechischen Götterhimmels und dem Stilgefühl des fünften vorchristlichen Jahrhunderts.
Und wieder haben die *Folgen dieser Formbedingungen* nicht nur zum Parthenon geführt. Millionen von Arten sind entstanden, viele Menschenrassen und sogar griechische Stämme, die alle kein Parthenon errichteten. Und allein die Sprache, die selbst wieder notwendige Voraussetzung des Baues gewesen sein muß, reicht mit ihren Möglichkeiten gleichzeitig vom Gebrüll der Phalanx bis zum Gezänk der griechischen Fischweiber.
Alles was ich, wenn auch nur skizzenhaft, genannt habe, stellt notwendige Bedingungen dar, von welcher keine einzige ausreicht, um die Möglichkeit des Parthenon zu erklären. Und all diese notwendigen Bedingungen haben nicht nur das Parthenon, sondern ganze Welten von Dingen entstehen lassen.

(b3) Was im Anschluß *die Antriebsursache* betrifft, so kennen wir diese als ein energetisches Phänomen. Zunächst sind es Quantenkräfte, die in den Formen der Materie als Kräfte der chemischen Bindungen bekannt sind. Sie sind dafür verantwortlich, daß der Metabolismus Einzeller aufbaut, Kalk in ihnen abgeschieden und zu Marmor verfestigt werden kann. Sie betreiben aber auch den Metabolismus der Tiere, die das Land eroberten, den des Menschen wie den Betrieb seiner Zivilisation, unter Einschluß der Tyrannen, delphischer Orakel und mit dem Energiegewinn selbst durch Sklaverei die Herstellung des Parthenon.

(b4) Und *die Zweckursachen* treten schließlich auf, sobald sich Prozesse in einen Kreislauf schließen, welcher Systeme über das Niveau des physikalischen Gleichgewichts hinaus zu den Fließgleichgewichten höherer Ordnungsformen führt. Darin mögen schon jene elektromagnetischen Wirkungen Ursache gewesen sein, die als Gewitter in der sekundären Atmosphäre unseres Planeten, energiereiche Moleküle und autokatalytische Prozesse in die Urmeere destillierend, die erste Protospezies entstehen ließen (ich komme in Abschnitt C1 darauf zurück). Mit den Spezies sind es dann jene Programme, die unserem Zweckbegriff entsprechen, welche die Erhaltungsbedingungen der Arten fördern, von den marinen Einzellern bis zu den Landtieren, den Säugern und den Menschen. Und mit dem Bewußtsein, den Göttern, und der Absicht sich mit diesen zu arrangieren, sind sie nicht minder Ursache des Parthenon.

Und man erkennt, daß auch jene Antriebs- und Zweckursachen allesamt notwendig und erst im Ensemble der Material- und Formursachen ausreichend Erklärung bieten, daß aber Antriebe und Zwecke gewiß nicht nur das Parthenon schufen, vielmehr alles, was in dieser Welt der Antriebe bedurfte beziehungsweise sich an Ordnungsformen mit einiger Stetigkeit vom physikalischen Gleichgewicht abhebt.

(c) Mit all solchen Bedingungen werden *Bifurkationen und Alternativen* durchlaufen. Damit entsteht und wächst Geschichtlichkeit und damit eine Einmaligkeit der Zustände, die Nichtwiederholbarkeit und Nichtumkehrbarkeit der Prozesse und die Endgültigkeit und Unwiederbringlichkeit im Falle der Zerstörung.

Man wird derlei bei anorganischen komplexen Systemen noch nicht als eindrucksvoll, die mögliche Zerstörung noch nicht als dramatisch empfinden. Das ändert sich aber bei den organischen und umso dramatischer, je mehr wir uns selbst, unsere Lebenswelt, unsere Kultur oder gar unsere Spezies bedroht sehen.

> Es empfiehlt sich, nach diesem Zusammenhang, die (c1) geschichtliche Einmaligkeit von den Bedingungen der (c2) Nichtumkehrbarkeit der Prozesse getrennt darzustellen.

(c1) Die *geschichtliche Einmaligkeit* beruht darauf, daß die Bedingungen der Prä- und Postselektion, also des Zusammentretens von Materialien ebenso wie der Gegebenheiten des Milieus, unter welchen die Entscheidungen über die Art des Zustandekommens sowie der Erhaltung oder Zerstörung eines neuen Systems Zufallscharakter haben. Und zwar weil, wie wir das schon vom Beispiel eines idealen Billard (Abschnitt 2,C1b) und der Reduktionismus-Problematik (Abschnitt B1c2) kennen, der physikalische Zufall schon über kurze Kausalketten den Makrobereich erreicht.

Daher ist das Wiedereintreten einer solchen Konstellation in höchsten Maße unwahrscheinlich und bei einer Kette solcher Konstellationen eine kosmische Unmöglichkeit. Und was die Absicht beträfe, solche Konstellationen experimentell wiederherzustellen, ist das genauso unmöglich, weil sich dieselben als nicht rekonstruierbar erweisen, uns daher unbekannt bleiben.

(c2) Eine weitere Merkwürdigkeit historischer Systeme ist zudem in der *Nichtumkehrbarkeit* ihres Entstehungsprozesses gegeben. Diese Gesetzlichkeit hat als erster Dollo (1893) für Prozesse der Evolution der Organismen aufgestellt (siehe Dollo 1922). Sie gilt aber für alle hier zur Sprache kommenden Systeme, auch für die scheinbare Rückkehr oder Rückbesinnung von Kulturen und deren Elementen. Weder hat die Renaissance wieder das klassische Altertum, die ‚naive Malerei' die Naiven, noch der ‚biologische Landbau' den alten Bauernstand wieder erreicht.

Die Ursache der Nichtumkehrbarkeit kann man in der komplexen Vernetzung der Funktionen, der kohärenten Bedingungen in den Systemen selbst finden, die, sollen sie das System nicht stören oder zerstören, sich nicht beliebig entflechten und auch experimentell nicht beliebig zu entflechten sind.

Rückblick: Es mag nun die Nichtrekonstruierbarkeit großer Teile solcher Entstehungsbedingungen befremden, zumal wir uns immerhin eine gewisse Vorstellung von den Ursachen der Geschichte auch der komplexesten Systeme machen, ja sogar erwarten dürfen, daß, wie (Abschnitt 5,C3 und Abb. 81, Seite 235) schon dargelegt, der Erklärungsweg derselben einer Wiederholung ihres Entstehungsweges entspricht. Beides ist darauf zurückzuführen, daß wir nur einen Ausschnitt jener Ursachen zu rekonstruieren vermögen, welche als ‚Invarianten' schicksalhaft am System haften, also sowohl aus dem Mega- wie aus dem Mikrobereich durch alle zwischen ihnen eingeschobenen Schichten weitere Differenzierung notwendigerweise bedingen. Alle übrigen sind verlöscht und vergangen.

Das ist anzuerkennen, wenn wir in dieser komplexen Welt nicht in gefährlicher Weise stören wollen. Und man möge nicht übersehen, daß wir im Zuge unserer Wissenschaftsgeschichte in eine Schere geraten sind und daß die Reduktion des Ursachenkonzepts fast zeitgleich verläuft mit einer Zunahme unserer Anmaßung, in immer komplexere Ursachengefüge dieser Welt einzugreifen.

3
Vier Wechselwirkungen, vier Ursachenformen

Von den vier Formen, in welchen wir Ursachen in komplexen Systemen wahrnehmen, war schon wiederholt die Rede. Wir bedurften derselben bereits bei der Unterscheidung von Erkennen und Begründen (Abschnitt 2,C3c2), haben ihre Kulturgeschichte verfolgt (Abschnitt 5,B1-2) und mußten feststellen, daß sie in den Wissenschaften der Moderne (Abschnitt B1) keine Rolle mehr spielen.

Dem entgegen haben wir vier physikalische Wechselwirkungen, als die elementarsten Bedingungen dieser Welt, schon im frühen Kosmos anzunehmen gehabt und sind denselben im Zusammenhang mit den Umständen des Wandels (Abschnitt 4,A2b), der Erklärung komplexer Systeme (Abschnitt 5,C1c) und eben im Bezug auf das Werden von Geschichtlichkeit (Abschnitt B2a1 und Abb. 82, Seite 259) ebenso begegnet.

Anschließend sei der Zusammenhang des Wandels zwischen jenen acht Termini (vier Wechselwirkungen, vier Ursachenformen) im Rückblick besehen (vgl. Riedl 1997).

So sind (a) die Ursachen dieses Wandels und (b) die Funktion der einander substituierenden Begriffe getrennt darzustellen.

(a) Mit den *Ursachen des Wandels* von den physikalischen zu den aristotelischen Begriffen haben vier Termini zu tun, die wir alle schon verwendet haben: ‚Indeterminismus', ‚Phasenübergang', ‚Emergenz' und ‚Historizität'.

Wie erinnerlich kann die *Indetermination* aus dem Quantenverhalten, wie das Beispiel vom ‚idealen Billard' (Abschnitt 2,C1b) zeigte, schon über kurze Kausalketten in der Makrowelt erscheinen. Es treten damit Zustände auf, die sich, wie wir das auch von der Emissionsrichtung des Lasers (Abschnitt B1c) kennen, als nicht vorhersehbar, somit bereits als ‚historische Ereignisse' erweisen.

Nun ist nicht daran zu zweifeln, daß an solchen Ereignissen nur die vier physikalischen Wechselwirkungen beteiligt sein können, ohne daß aber auch deren genaueste Kenntnis für eine zureichende Beschreibung des Ereignisses genügte. Vielmehr wird es bereits an solcher Stelle erforderlich, in einer höheren Ebene der Komplexität von der Konstellation von Materialien, etwa von den Lageverhältnissen von Billardkugeln nach einem ersten Stoß, zu sprechen.

Das sind Umstände, die in *Phasenübergängen* stets eine Rolle spielen. Selbst im einfachsten physikalischen Falle, etwa dem Ausfrieren von Wasser, wäre nicht anzugeben, welche Gruppe von Wassermolekülen und in welcher Richtung als erste die Kristallform bilden, um dann orientierend auf die weiteren Kristallisierungen zu wirken.

Das ist dann in der Folge komplexer Systeme eine Selbstverständlichkeit. Bereits die Frage, wie viele Wasserstoffmoleküle präselektiv und in einem wie gestalteten Gravitationsfeld postselektiv zur Bildung eines Himmelskörpers zusammentreten, ist so wenig aus den beteiligten Wechselwirkungen zu ermitteln, wie die prä- und postselektiven Wirkungen von verfügbaren Verbindungen und deren Milieubedingungen, die zur Entstehung des Lebens führten und so weiter.

Der Terminus *Emergenz* bezeichnet dann den Vorgang eines solchen Zusammentretens zu neuen Systemeigenschaften. Er ist, wie wir schon sahen, dadurch gekennzeichnet, daß sich entweder die präselektiven Material- oder die postselektionären Formbedingungen, zumeist sogar beide, nicht zureichend rekonstruieren lassen.

Und der Terminus *Historizität* steht dann für alle jene Systeme, die Phasenübergänge erlebten und durch Emergenzen gegangen sind. Er steht für alle speziellen Strukturen im Kosmos, alle geographisch und geomorphologisch zu beschreibenden Konstellationen, alles Lebendige und erst recht für alle Artefakte.

(b) Die *Funktionen* der jeweils vier Termini sind von zweierlei Art. Es ist nicht zu bezweifeln, daß die vier physikalischen Wechselwirkungen in allen Vorgängen auch der komplexen Systeme erhalten bleiben. Dennoch wird die Anwendung der Ursachenformen unvermeidlich.

Ob es sich nun um die Materialien eines Hausbaues handelt, um am Beispiel des Aristoteles anzuschließen, sie werden den Wechselwirkungen der Materie folgen und die Wirkung der Gravitation voraussetzen lassen. Und bei den Auswahlbedingungen eines Bauplanes werden selbst seine Planer, als dissipative Systeme, Materie verbraucht und degradiert haben und gewiß persönlich selektiven Prozessen unterworfen gewesen sein. Auch ihre Entstehung und ihre Absichten werden auf jene Programme zurückzuführen sein, die zuerst in der Geschichte der Säugetiere und dann in ihrer Kultur entstandenen sind. Und beide Programme werden durch die starken und schwachen Wechselwirkungen zusammengehalten, durch die Strahlung der Photonen mit Energie versorgt und durch Gravitation auf der Erde gehalten worden sein.

Es ist gewiß angebracht, wenn das Erklärungsprinzip der physikalistischen Naturwissenschaft darauf besteht, alle Vorgänge im Kosmos letztlich auf ‚Kraftverwandlung' zurückführen zu können. Dies ist uns (im Abschnitt B1a) schon begegnet. Als Postulat ist das anerkannt. Dennoch wird es im Rahmen historischer Systeme zur leeren Redewendung, denn seine Anwendung bringt kaum einen Kenntnisgewinn.

Demgegenüber ist anzuerkennen, daß die vier Ursachenformen im theoretischen Sinn nur Substitute sind, Rahmenbegriffe für die Wirkungen, welche jene physikalische Größen noch immer ausüben und, wie es die Theorie beansprucht, auch zu jenen Ursachenformen geführt haben.

Im praktischen Sinn dagegen stehen sie nur stellvertretend für jene Systeme der Wechselwirkungen, und zwar jenseits der nicht mehr rekonstruierbaren Wirkungsgeschichte. Aber sie bilden gleichzeitig jenes unverzichtbare, kognitive Schema, welches die nach aller durchlaufener Geschichte verbliebenen aktuellen Bedingungen nach deren Herkunft, Auslösung und den oft antagonistischen Wirkungen strukturiert. Sie strukturieren die aktuellen Wirkungsweisen nach den beiden uns schon bekannten kognitiven Symmetrien und leiten damit von den notwendigen zu den ausreichenden Erklärungen.

C
Die Prinzipien des Erklärens

Bei der Behandlung der Prinzipien des Erkennens war von Systemen hoher Komplexität, von den Prinzipien der Morphologie (Abschnitt 4,C) und der Systematik (4,D) auszugehen, denn an deren Phänomenen setzt unsere Gestaltwahrnehmung an und unsere Fähigkeit, deren Prinzipien zu erkennen.

Im Vorgang des Erklärens dagegen hat man sich in der Moderne nach dem Ideal der Physik und des pragmatischen Reduktionismus orientiert. Man hat sich so verhalten, als wäre die komplexe Welt wie aus einem Baukasten vorgeformter Bausteine zusammengesetzt und den Umstand nicht beachtet, daß Differenzierung durch Einschübe entsteht, also zweiseitige Erklärungen erforderlich sind.

268 Die Strukturierung des Erklärten und Verstandenen

Entsprechend hat man in einem Maße die *causa efficiens* bevorzugt betrachtet und die Materialbedingungen, mit der *causa materialis*, im Hintergrund vorausgesetzt, so daß nicht nur die gewohnte Ordnung der Fächer mit der Physik beginnt, sondern auch die meisten Erklärungsmodelle von den Unterschichten aus aufbauen.

Diese Sequenz stimmt auch zu einem Teil mit der Reihenfolge der Evolutionsprozesse überein. So ist auch hier mit (1) dem Anorganischen zu beginnen und das Organische anzuschließen, wobei es sich empfiehlt, (2) die Entwicklung der Evolutionstheorien vor den (3) Erklärungsmodellen darzustellen.

1
Erklärungsmodelle im Anorganischen

In diesem Zusammenhang werde ich je ein Beispiel aus den wesentlichen Komplexitätsebenen der anorganischen Fächer geben, das sich didaktisch als geeignet erwiesen hat (Riedl 1985). Eine historische Übersicht ist hier nicht erforderlich. Ich schildere nach dem ‚state of the art'.

Der Komplexität der anorganischen Phänomene entsprechend, geben ich je ein Beispiel aus der (a) Physik, (b) der Chemie und (c) der Geomorphologie.
In allen Fälle werde ich aber (x1) an das Vorausgehen und die Dominanz des Erkennens, sowie (x2) an das Verhältnis von Struktur- und Klassenhierarchien erinnern, (x3) die Zweiseitigkeit der notwendigen Erklärungsmodelle vorlegen und (x4) die anschließenden Fragen kommentieren.

(a) Die *kosmische Evolution* haben wir (ab Abschnitt 4,A2b) schon berührt, als von Wandel und Werden die Rede war. Ich erwähnte das Erklärungsmodell aus einem Urknall mit der Schaffung von Raum und Zeit, den Umstand, daß die vier physikalischen Wechselwirkungen auseinander hervorgegangen sein dürften, daß mit der Abkühlung leichtere Quanten, mit diesen Materie entstand und das Auseinanderrasen der Materiewolken zu Gravitationsfeldern führte, welche Materie zu den Strukturen des Kosmos zusammenzogen.

(a1) Fast ist es trivial nochmals anzumerken, daß das Erkennen dem Erklären vorausgehen muß und dieses auch dominiert. Dennoch lohnt es, sich darin auch hier nochmals umzusehen. Man denke daran, wie lange man sich schon auf die Gezeiten eingestellt und Kanonen gefeuert hatte, und wie spät die Gravitation als Ursache und die Wurfparabel erkannt wurden.
Und noch länger kannte man das Wandern der Planeten, welches sich keineswegs änderte, wiewohl die Erklärung vom heliozentrischen Weltbild zum geozentrischen umgebrochen wurde. Nimmt man aber eine neue Erfahrung ernst, wie die Wahrnehmung der Jupitermonde, muß dagegen die ganze vorauslaufende Erklärung fallen.

(a2) Auch die Unterscheidung von *Strukturen und Klassen* begleitet uns weiter. Man kann sie voraussetzen, sofern man den Zusammenhang der beiden Hierarchien im Auge behält. Und man bedenke, wie wenige Fälle es z. B. an ‚Wandersternen' bedurfte, um den Klassenbegriff der Planeten dem der Fixsterne (der Sonnen) gegenüberzustellen. Ich werde in den folgenden Diagrammen die Klassenhierarchien weglassen, um die Bilder nicht zu komplizieren, setze aber deren Bedachtnahme voraus.

(a3) Zur *Zweiseitigkeit* der Erklärung: Als Beispiel der Erklärung eines Phänomens der Physik nehme ich (in Abb. 85) die Ursache von Licht auf der Erde. Wie das Diagramm zeigt, handelt es sich um ein Subsumptions-Schema von Theorien in symmetrischer Ausformung. Die Beobachtung geht von Wahrnehmungen mit dem unbewaffneten Auge aus und auf Phänomene weiter, welche mit Hilfe von Instrumenten gewonnen werden, der ‚Blasenkammer' in Richtung auf den Mikrobereich, mittels Fernrohren und Spektralanalyse in den Makrobereich. Und in beiden Richtungen schließen sich Theorien einer Ebene (zur Vereinfachung sind nur immer zwei angegeben) zu Obertheorien als deren Fälle zusammen, und sie gipfeln in beiden Richtungen in den noch unvollendeten Theorien der Gravitation und der Quarks.

(a4) *Zu den drei Wegen*: Die beiden Erkenntniswege führen vom unmittelbar Beobachtbaren zu jenen fernen Theorien, die Erklärungswege von diesen zurück zur Diversität der fast greifbaren Phänomene. Und was nun den Entstehungsweg betrifft, so ist zu erwarten, daß die Gravitationskräfte vor den Gravitationsfeldern existiert haben müssen und diese vor den Galaxien sowie vor den Sonnen und Planeten. Ebenso wie die Quantenkräfte vor der Materie und diese vor den Reaktionen der Materie in den Sonnen existiert haben müssen. Der Erklärungsweg wiederholt die beiden Seiten des Entstehungswegs.

In diesem Zusammenhang ist bereits ein Prototyp wechselseitiger Ursachen zu erkennen, was Erich Jantsch (schon 1979) eine ‚Koevolution' nannte, ein Zusammenwirken zwischen dem Teil und dem Ganzen, den Konstituenten und deren Milieu. Und dieses ist schon durch die so verschiedene Reichweite der physikalischen Wechselwirkungen dem frühen Kosmos ebenso vorgegeben wie sich das Prinzip in aller weiterer Strukturierung erhalten wird.

Dies ist besonders im Bereich der Sonnen aufgeklärt, da Gravitation und elektromagnetische Wechselwirkungen vom Ganzen des Systems, versus der starken und schwachen Wechselwirkungen der Teile, zu einem jahrmilliardenlangen Fließgleichgewicht der Lebensgeschichte einer Sonne führen (Riedl 1985). Es zeigt sich, „daß Koevolution weder Aufbau von Grundbausteinen noch permanente Differenzierung eines ursprünglich homogenen Kosmos bedeutet, sondern die Ausbildung von hierarchisch geordneter Komplexität bis zur völligen Durchstrukturierung aller hierarchischen Ebenen" (Jantsch 1979, Seite 141).

270 Die Strukturierung des Erklärten und Verstandenen

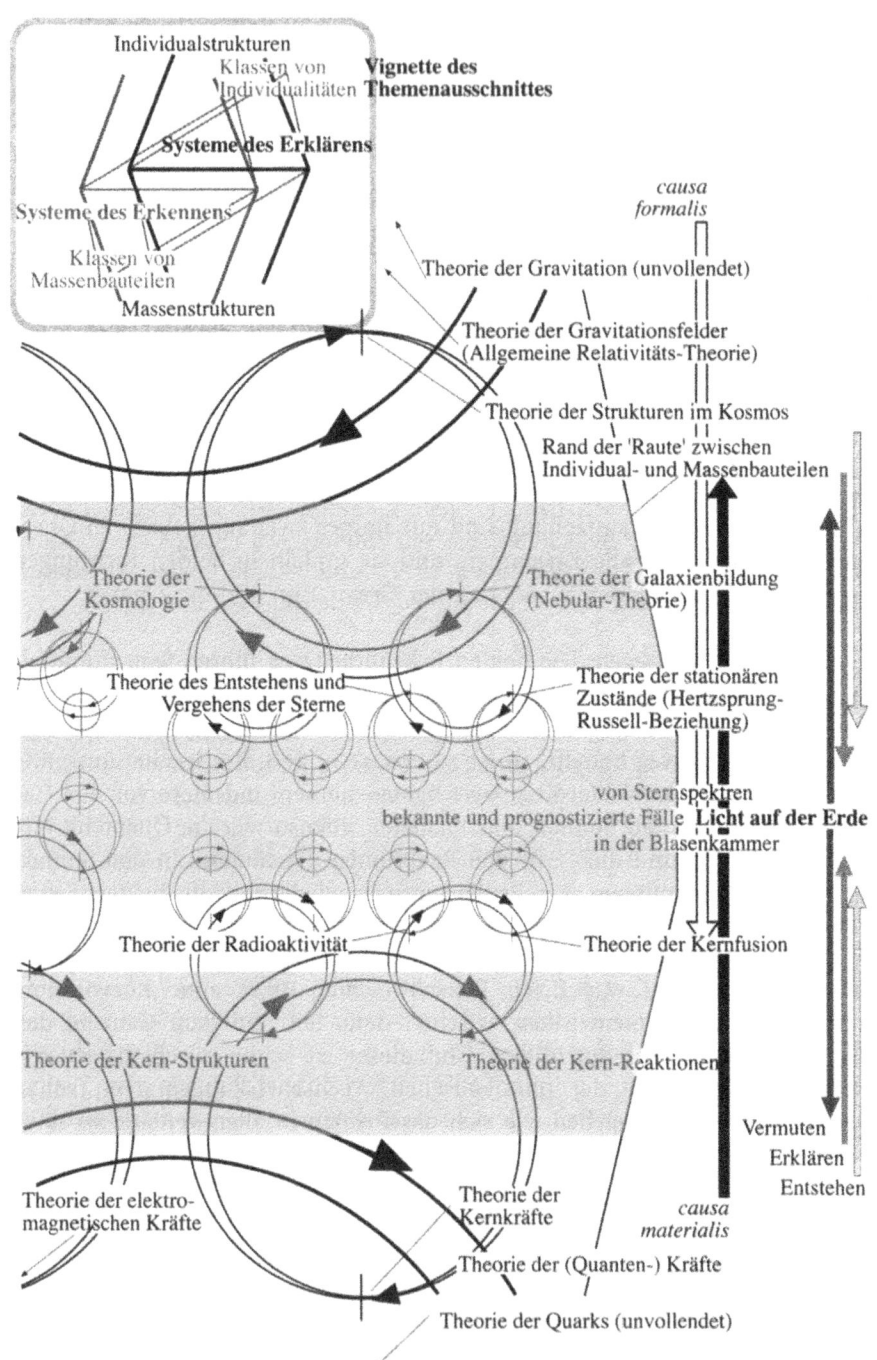

Mein Bestehen auf der Wahrnehmung eines zweiseitigen Ursachenzusammenhang mag dem Physiker trivial erscheinen, aber nur deshalb, weil der Zusammenhang überschaubar erscheint. Er bleibt aber in höherer Komplexität nicht mehr so durchsichtig, verliert seine Trivialität und mag leicht übersehen werden.

Freilich sind auch in der Kosmologie noch eine Reihe von Fragen offen, nicht nur, was wohl den Urknall und die unterschiedliche Reichweite der Wechselwirkungen verursacht hätte. Auch hinsichtlich der Entstehung der Planeten ist noch einiges ungeklärt. Das betrifft vor allem das Entstehen der schweren Elemente in den ‚terrestrischen' (der Erde ähnlichen) Planeten, welche in den Brennphasen anderer Sonnen entstanden sein müßten (Oberhummer 1993, Völk 1993).

(b) *Die Chemie* versteht sich als eine Wissenschaft von den Eigenschaften und Umwandlungen von Stoffen und als verlängerten Arm der Physik. Das ließ den Wunsch entstehen, ihre Gesetze auf die der Physik zurückzuführen, was, wie wir schon aus den Schichtgesetzen abgeleitet haben, nicht hinreichend gelingen kann (dazu auch Bunge 1982). Daher wird sie aus gutem Grund getrennt betrachtet.

(b1) Das Vorausgehen und die Dominanz des Erkennens ist am Wechsel der versuchten Erklärungen zu erkennen, etwa an jener vom ‚Feuerstoff', wie der Diskussion um die Existenz des Atoms. Wobei sich die Stoffe wieder nicht änderten. Neue Erfahrungen über sie haben die Veränderungen notwendig gemacht.

(b2) Strukturen sind in der Chemie ein entscheidendes Thema. Man denke nur an den Aufbau komplexer, organischer Verbindungen. Aber auch Klassenbegriffe, wie Säuren, Basen, Katalyten und viele andere spielen eine Rolle. Es ist eher der Umstand, daß so gut wie alle Substanzen teilbar sind, stets in zahllosen, molekularen Repräsentanten vorkommen, der die Klassenbegriffe zu einer bedeutungsarmen Selbstverständlichkeit, aber der Voraussetzung alles Lernens, werden ließ.

(b3) Als Beispiel einer chemischen Evolution betrachten wir die Ursache von Wasser auf unserem Planeten (Abb. 86). Schon dieses einfach erscheinende Thema hat eine *asymmetrische Betrachtung* des Subsumptions-Schemas zur Folge, indem sich der Chemiker weniger für die Gesetze der Her-

---

Abb. 85. *Theorien-Zusammenhänge in der Physik*, am Beispiel der Ursachen von Licht auf der Erde, ausgehend von beobachteten Fällen im Mittelbereich zu den schrittweise übergreifenden Theorien in Richtung auf den Mikro- und den Megabereich, schematisch ausgebreitet; die Endtheorien treffen einander wieder (vgl. Abb. 78, Seite 229). Die Vignette links oben gibt (wie schon in Abb. 15, Seite 51 expliziert) den untersuchten Ausschnitt an

272 Die Strukturierung des Erklärten und Verstandenen

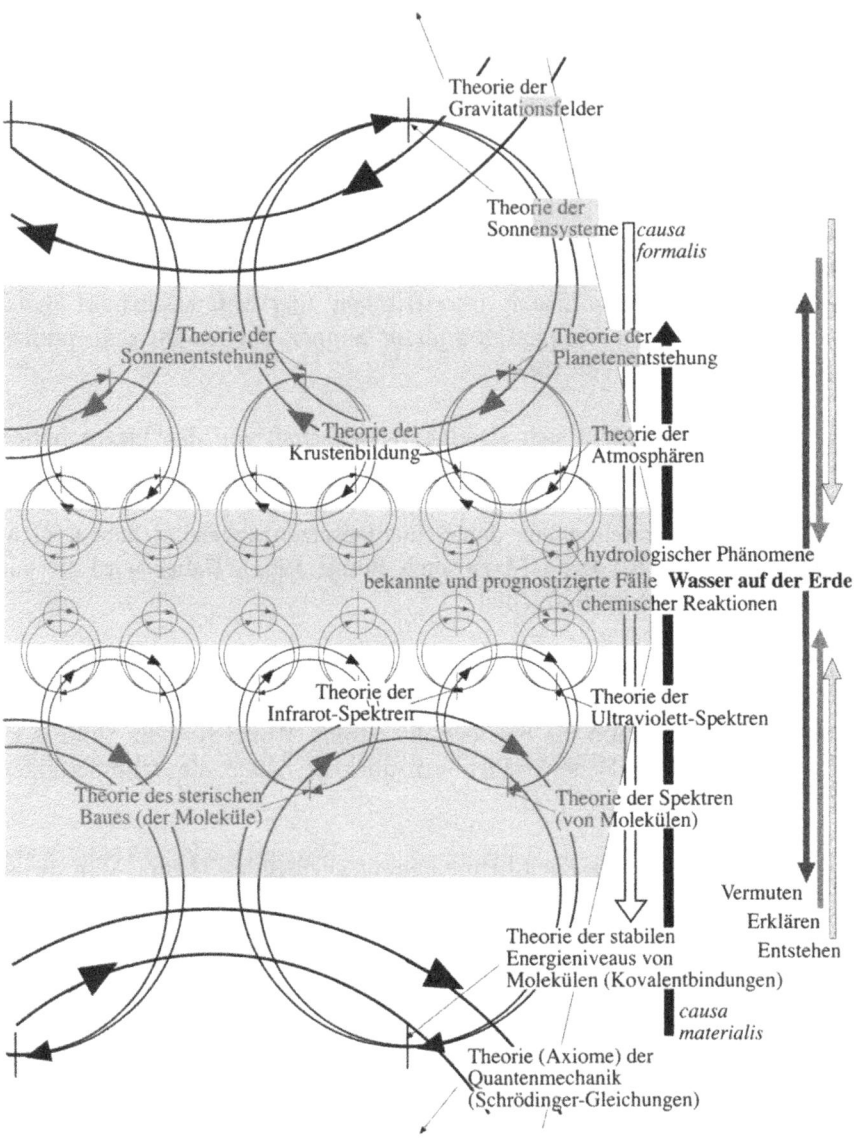

Abb. 86. *Theorien-Zusammenhänge in der Chemie*, am Beispiel der Ursachen von Wasser auf der Erde (Vereinfachung und Themenausschnitt wie in Abb. 85). Man beachte die Zweiseitigkeit zureichender Erklärung und die Beziehung zwischen den Erkenntnis-, Erklärungs- und Entstehungswegen (nach Riedl 1985)

kunft als für die Stabilitätsbedingungen jener Mehrteilchensysteme interessiert, die über die Theorien von Spektren und jene der stabilen Energieniveaus zu den Axiomen der Quantenmechanik reichen.

Damit wird erklärt, warum die Verbindung H_2O, auch in ihren drei Aggregatzuständen, stabile Moleküle bildet. Nichts ist aber darüber zu erfahren, warum es gerade auf unserem Planeten diese Verbindung, und das noch in so riesigen Mengen, gibt. Dazu bedarf es der Theorien der übergeordneten Systeme, jener der Atmosphären und Krustenbildung, welche, über die der Planeten- und Sonnensysteme, wieder zur Theorie von den Gravitationsfeldern führen. Dies aber sind Formen individueller Art (vgl. Abb. 14, Seite 50) und daher Phänomene, die sich gewöhnlich nicht als handhabbar und wiederholbar erweisen.

(b4) In der Regel ist der Chemiker selbst *das handhabende Obersystem*, welches darüber entscheidet, unter welchen Drucken, Temperaturen und Konzentrationen Stoffe zusammengeführt werden. Und wo immer es gelingt, evolutiven Prozessen, sei es in der Retorte oder am Computer nahezukommen, werden die Wirkungen dieser Obersysteme über ihre Konstituenten auch deutlich.

Schon klassisch sind die Experimente von Urey und Miller (vgl. Urey 1952), welche das Entstehen organischer Moleküle in einem Nachbau der Zweitatmosphäre unseres Planeten nachweisen konnten, im wäßrigen Kondensat aus einem heißen, von Gewittern durchströmten, also energieversorgten Kreislauf der wasserstoffreichsten Gase.

Ebenso werden die Modelle über die Verkettung von Nukleinsäuren und ihre Umschrift in Reihen von Aminosäuren, die Proteine, jener Obersysteme der Transfermoleküle bedürfen um, im Milieu, noch ‚verschmiert' in den Sedimenten der Urmeere, ‚Protoarten' zu bilden. Und es wird nicht nur Theorien passenden Milieus, sondern auch der Abkapselung jener autokatalytischen Prozesse in Lipidmembranen bedürfen, um für das Entstehen der ersten echten Arten Modelle entwerfen zu können.

(c) Um die *Evolution geomorphologischer Strukturen* zu illustrieren, greife ich auf unser Beispiel der Entstehung eines Lidos zurück, das wir eben (Abschnitt B2a und Abb. 82, Seite 259) zur Erörterung von Geschichtlichkeit, Ursache und Vorbedingung verwendet haben. Einer solchen Bildung liegt ein allgemeines Prinzip der Küstenmorphologie zugrunde, das seine Formen in allen Meeren entwickelt. Im Mediterran spricht man von Lido und Lagune, in der Ostsee von Nehrung und Haff, im Osten der USA von ‚outer bank' und ‚sound'.

(c1) Das Vorauslaufen und *Dominieren des Erkennens* wird im komplexen Bereich des Anorganischen besonders deutlich. Das gilt für die Mineralogie wie für Geologie und physische Geographie und besonders für die Geomorphologie. Im Grunde waren deren Strukturen über Jahrhunderte geläufig, bevor man sich, und zwar wieder mit wechselnden Erklärungen, versuchte.

(c2) Ganz entsprechend laufen die Klassenbegriffe dieser Strukturen allen wissenschaftlichen Erklärungen voraus, wiewohl sie von allerlei Vermutungen des ‚gesunden Menschenverstandes' vielfach begleitet gewesen sind.

274 Die Strukturierung des Erklärten und Verstandenen

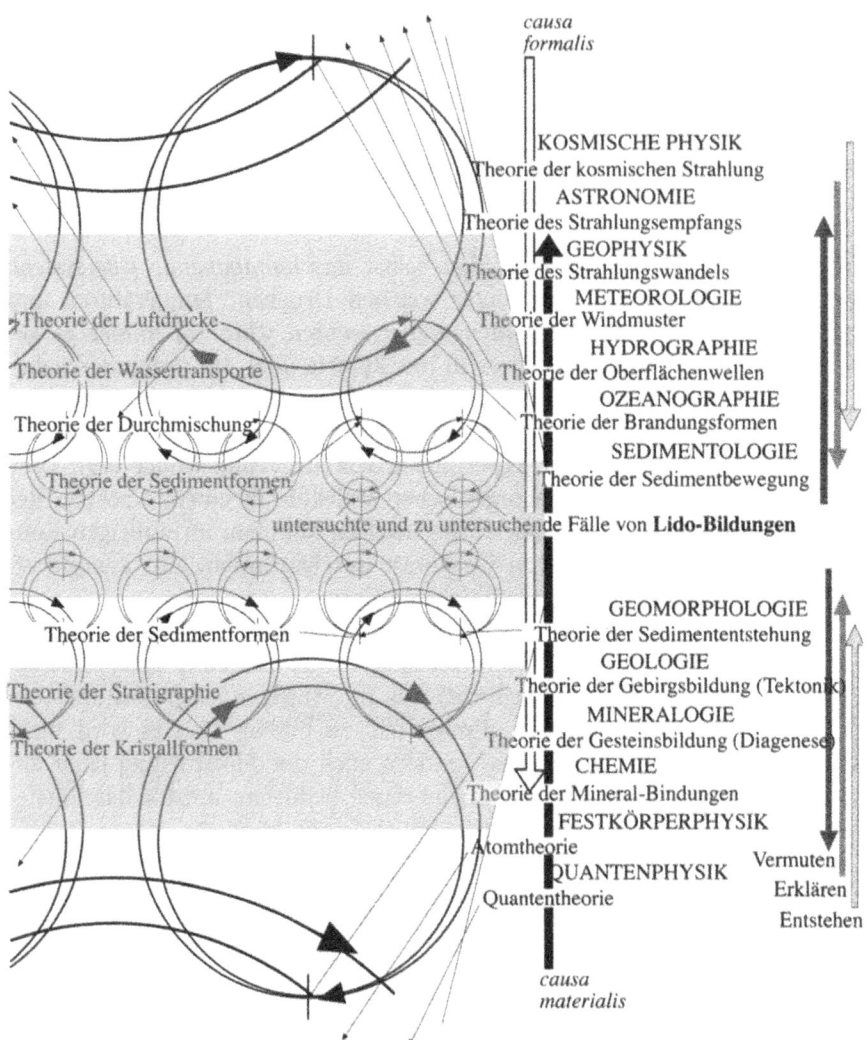

Abb. 87. *Theorien-Zusammenhänge in der Geomorphologie*, am Beispiel der Ursachen des ‚Lido von Venedig' (Schemata und Themenausschnitt wie in Abb. 85). Im gegebenen Fall liegen die Theorien verschiedener Ebenen auch in verschiedenen Disziplinen

(c3) Hier wird auch *die Symmetrie* des Subsumptions-Modells besonders klar (Abb. 87), weil sich die Theorien, sowohl gegen die Ober- wie die Untersysteme, bereits nach einzelnen Wissenschaften differenzieren. Nach oben reichen sie von der Sedimentologie bis zur Geo- und Astrophysik, nach unten von der Geomorphologie bis zu Mineralogie, Chemie und Quantenphysik.

(c4) Diese Aufgliederung eines *Erklärungs-Zusammenhanges* in so viele Disziplinen mit ihren verschiedenen Sprachen verlangt, den theoretischen Reduktionismus zu fordern, den pragmatischen weiter zu legitimieren und den ontologischen auszuschließen.

In der Ozeanographie beispielsweise zögert man nicht, sich auf die Gesetze der Meteorologie zu berufen und nennt das auch maritime Meteorologie. Und man bildet jene Theorien der Bewegungsformen des Wasserkörpers aus, welche auch Sedimente erodieren, transportieren und deponieren. Nur die Gesetze der Sedimente selbst überläßt man wieder den Sedimentologen. Ebenso berufen sich die Mineralogen zurecht auf die chemischen Bindungsgesetze und die Stereochemie, erklären die Gesteinsformen, lassen aber die Erklärung deren Bewegungsformen, sei es Tektonik oder Erosion, den Geologen.

Schon in den Fällen anorganischer Evolution wird man bemerkt haben, daß mit der erforderlichen Zweiseitigkeit der Erklärung jene weiteren drei Familien von Eigenschaften korrelieren, von welchen wir ausgegangen sind.

Erstens sind es die vier Wechselwirkungen, die starken und schwachen, welche den Bau der Materie von innen bestimmen, elektromagnetische und Gravitation, welche von außen auf diese einwirken. Man wird sich hinsichtlich der elektromagnetischen Wechselwirkungen bereits der Gewitterdurchflutung im eben (Abschnitt 6,C1b) erwähnten Urey-Miller Experiment erinnern, jener ‚Energiepumpe', die für die Aufrechterhaltung aller Lebensprozesse, später in der Form von Photonen, lebenserhaltende Grundlage bleibt.

Zweitens sind es die vier *causae*, von welchen die Materialbedingungen und Binnenkräfte von der Ebene der Konstituenten aus aufbauen, die Formbedingungen, welche aus den Obersystemen postselektiv wirken, und die Zwecke, welche nach unserer Begrifflichkeit dann auftreten, sobald sich Abläufe zu Kreisläufen systemerhaltender Programme schließen, was schon bei den Protospezies gegeben und durch stereospezifische Autokatalyse vorbereitet sein muß.

Und drittens sind es die sechs Wege, von welchen die beiden Erkenntniswege von den wahrnehmbaren Fällen zu den Überbauten von Theorien, die Erklärungs- und Entstehungswege aber umgekehrt von den umfassendsten Prinzipien, Theorien wie Invarianten, zu der Differenzierung der Fälle führen.

2
Evolutionstheorien im Organischen

Im Vergleich mit der Evolution des Anorganischen begegnen wir im Organischen einer ungleich höher gestaffelten Komplexität und einer größeren Anzahl von Phasenübergängen. Im Anorganischen kennt man solche Übergänge von den Quanten zu Atomen und weiter zu Molekülen und in den Großmolekülen einige Prinzipien, deren Helices und Faltungen. Im Organischen ist dagegen mit weiteren zwölf bis zu achtzehn solcher Übergänge zu rechnen.

Das mag als selbstverständlich erscheinen. Gar nicht trivial sind dagegen die Schwierigkeiten, welche die Spannweite dieser Komplexität unserem Vorstellungsvermögen und selbst unserer Bereitschaft macht, sich auf derlei einzustellen. Und es wird sich zeigen, welche Behinderung dies einer zureichenden Erklärung des Organischen bereitet.

Natürlich hat es nicht an Bemühungen gemangelt, sich der Komplexität zu nähern. Theorien wie die ‚Synergetik' (Haken 1978), die ‚Katastrophen-' und ‚Chaostheorie' (Tom 1975 und Gleick 1987), auch die ‚Komplexitätstheorie' (Kaufmann 1993) sind populär geworden, operieren aber mit dem Ziel, Übergänge über mehrere Phasen zu vermeiden beziehungsweise solche Phänomene aufzudecken, die sich über Phasenübergänge hinweg als gleichbleibend oder doch als analog erweisen. In der Theorie der ‚Fraktalität' (Mandelbrot 1983, Peitgen u. Richter 1986) ist dies sogar zum Prinzip gemacht.

Dahinter steht das immer noch gegenwärtige Wissenschaftsideal des pragmatischen Reduktionismus, sich nur um Dinge zu bemühen, die sich als handhabbar erweisen, und es ist in dieser Haltung, bedenkt man die Konkurrenz um Forschungsmittel, Gutachter und die Reputation auf Kongressen, nicht auszuschließen, daß sich auch noch der ontologische Reduktionismus dahinter verbirgt. Wir müssen darum anders beginnen.

Überblickt man die erklärenden Theorien in der Biologie, so sind derer eine ganze Reihe anzugeben, die sich, je nach der biologischen Subdisziplin, verschieden ausweisen. Wir werden die typischen Erklärungsformen (im Abschnitt C3) konkret besprechen. Es gibt unter denselben aber keine, die nicht in irgendeiner Weise auf die Evolutionstheorie rekurrieren muß, weil alle Faktizität im Organischen nur historisch ausreichend zu verstehen ist.

Ich beginne darum mit den Phasen, welche die Evolutionstheorie durchlaufen hat, notabene auch deren Zustand aus ihrer Geschichte zu verstehen ist. Und zwar werde ich in sechs konzeptuell aufeinanderfolgende Stadien gliedern:

(a) die frühen Vorstellungen, (b) die Position von Lamarck und Darwin, (c) den Darwinismus, (d) den Neodarwinismus, (e) das synthetische und (f) das systemtheoretische Konzept.

(a) *Die frühen Vorstellungen* sind bereits zweigeteilt: Neben den kreationistischen Konzepten schöpferischer Demiurgen und der griechischen Götterwelt gab es schon bei vorsokratischen Philosophen, namentlich jenen ‚ionischen Physiologen', durchaus materialistisch funktionelle Vorstellungen. So dachte man zum Beispiel, daß sich die breite Fußfläche des Menschen aus einem Leben in Sümpfen erklärte, weil sich Land und Wasser wohl erst später so sauber trennten.

Empedokles (etwa 483–424 v. Chr.), Arzt, Philosoph und Wundertäter, lehrte, daß zuerst Pflanzen aus der Erde keimten, dann Tiere noch ohne Augen, von welchen nur die sich fortpflanzenden, lebensfähigen erhalten blieben. Und zur Zeit des Aristoteles war schon ein Entwicklungsgedanke unterlegt. Man dachte, daß es die Steine eben noch nicht zu Pflanzen, diese es noch nicht zu Tieren und Tiere es noch nicht zu Vernunft gebracht hätten. Und selbst eine Verwandtschaft von Mensch und Affen war bedacht, aber umstritten.

Eine solche Reihenfolge sieht, wie erinnerlich, auch das erste Buch Mose, nun aber als unabhängige Schöpfungsakte vor, ein Konzept, das sich bis in den Kreationismus unserer Tage gehalten hat. Das erstaunlichste Dokument stammt aus der Zeitenwende, Lukrez' Lehrgedicht ‚De rerum natura'. Eine Ahnung von Adaptierung und Selektion ist vorgedacht:

„Das also, mag man glauben, ist um des Gebrauchs willen worden entdeckt, was heraus aus Bedürfnis und Leben gefunden. Jenes aber geschieden davon, was vorher von selber wachsend, hernach hat enthüllt die Kenntnis des eigenen Nutzens."

oder

„Wem aber nichts die Natur zuteilte von diesem, daß weder selber von sich aus imstande sie wären zu leben, noch Nutzen uns zu gewähren irgendwie ... die lagen freilich da zu Gewinnst und Beute für andre."

Entwicklung und Selektion ist erahnt. In der späteren Welt Roms und im ganzen Mittelalter, selbst in der Renaissance, bleibt es still um diese Gedanken.

(b) *Die Evolutionstheorie der Neuzeit* ist in kaum mehr als einem Jahrhundert entstanden. Vorbereitet in der aufklärerischen zweiten Hälfte des 18. Jahrhunderts durch Maupertuis und Buffon, gewinnt sie in der ersten Hälfte des 19. Jahrhunderts ihre Form (Glass, Temkin und Straus 1968).

Das Hauptproblem, das dem Deszendenzkonzept im Wege stand, war, wie man sich erinnert, die aus kirchlicher Tradition entstandene Vorstellung vom Alter der Welt, der nicht viel mehr als 6000 Jahre gegeben wurden. Nachdem man über mehr als tausend Jahre Nachricht hatte, in welcher Zeit sich die Arten nicht geändert hatten, erschien der Abstammungsgedanke unwahrscheinlich. David Hume, Erasmus Darwin und ganz konkret Lamarck (1805) bemühen sich um eine Verlängerung dieser Zeitspanne, aber erst von Lyell wird sie (1830) auf einen fast modernen Stand gebracht, was wesentlich dazu beiträgt die Evolutionstheorie plausibel zu machen.

Ich habe schon berichtet (Abschnitt A2b), daß zu jener Zeit Systematik und vergleichende Anatomie einen Stand erreicht hatten, daß Lamarck den entscheidenden Schritt tun konnte, nämlich für einen so überzeugenden Zusammenhang abgewandelter Ähnlichkeiten nun auch eine Erklärung zu fordern. Ich zitiere:

„Wie hätte ich auch die merkwürdige Abstufung in der Organisation der Tiere, von den vollkommensten bis zu den Unvollkommensten, bemerken können, ohne nach der Ursache einer so positiven (gewissen) und wichtigen Tatsache zu fragen."

Die Zweiseitigkeit des Ursachenkonzepts wiederum, nämlich Veränderung im Binnensystem und Adaptierung an das Milieu, findet man schon bei Maupertuis und Erasmus Darwin, und es findet sich auch ebenso bei Lamarck. Den Mechanismus der Auswahl hatte man mit der Vorstellung von Nützlichkeit und Lebenserfolg verbunden, ganz ähnlich, wie wir uns auch heute Selektionswirkungen durch das Milieu denken. Was aber bewirkt Veränderung?

Hier ist es empfohlen etwas ausführlicher zu sein, um aus dem Ansatz der erklärenden Theorie ihre Entwicklung zu verstehen.

> Ich will darum zunächst (b1) von den gedachten Ursachen der Veränderung sprechen, dann (b2) von Selektion, um (b3) nochmals auf das Problem der Veränderung zurückzukommen, auf (b4) Darwins ‚Pangenesis-Theorie' und (b5) das Problem ‚innerer Mechanismen'.

(b1) In dieser Hinsicht dachte Lamarck bekanntlich an eine *direkte Form der Veränderung*, Organe würden sich, schon aus der Notwendigkeit und dem Bedürfnis, sie zu gebrauchen, fortentwickeln, nichtgebrauchte Organe würden verkümmern und verschwinden. Das war in mehreren Hinsichten naheliegend. Auch wir beobachten, daß ‚body building' Muskulatur verstärkt, Stillegung, etwa in Gips, diese atrophiert, daß eine Niere, wird die andere verloren, die verlorene durch Größenwachstum ersetzt. Und wir stimmen auch noch mit der Ansicht überein, daß das Verhalten einen Motor der Evolution darstellt, indem, wie wir uns heute ausdrücken, die Durchsetzung einer Verhaltensweise den Selektionsdruck und den Erfolg mutativer Veränderungen in die notwendige Richtung lenken kann.

Was sich hingegen nicht bestätigte war die stillschweigende Annahme, daß sich Änderungen im Laufe eines individuellen Lebens wenigstens teilweise als erblich erweisen würden. Derlei wurde wohl durch die Beobachtung suggeriert, daß die Familie der Schneider schmalbrüstig, die der Schmiede aber breitschultrig bliebe. Gegebene Anlage und individuelle Adaptierung war noch nicht zu unterscheiden.

Es steckt aber im Konzept einer aktiven Anpassung noch zweierlei, das Lamarck nicht im Auge haben mochte, das aber die folgenden ‚Lamarckisten' und ‚Neolamarckisten' vorbrachten, sobald sich später herausstellte, daß erblicher Wandel aus kleinen Zufallsänderungen verstanden werden müsse, die nichts mit den Nöten der Kreatur zu tun haben. Muß bei einer so hochgradigen Ordnung der Organisation wie der Stammbäume nicht an irgend eine Art von Lenkung gedacht werden? Dieses Argument wird uns in seinen neueren Formen weiterhin begleiten.

Ein zweites Argument hingegen mußte man fallen lassen: Wäre die Sinnhaftigkeit aktiver Änderung von der Natur nicht geradezu zu erwarten gewesen? Welch eine nachgerade moralische Dimension wäre die Folge gewesen, hätte die eigene Bemühung, Körper und Geist weiterzuentwickeln, Chancen gehabt den Nachkommen zugute zu kommen. Heute müssen wir zur Kenntnis nehmen, daß es fast gleichgültig ist, wie wir Körper und Geist verkommen lassen. Auf die Erben wird davon nichts übertragen.

(b2) Das *Prinzip der Selektion* durch das Milieu haben Alfred Russel Wallace, bescheidener, aufopfernder Tropenforscher und, wie wohlbekannt, Charles Darwin, zurückgezogenes Mitglied der englischen Gesellschaft, wie man hoffen möchte (recherchiert von Brackman 1980), unabhängig voneinander entdeckt.

Genau genommen haben sie Entdeckungen ihrer Landsleute, Malthus' Studien an menschlichen Populationen (1817) und Spencers ‚Synthetische Philosophie' (1850) auf das Tierreich ausgedehnt. Wallace sagt auch als erster (1858) ganz ausdrücklich, daß ihm im Laufe eines seiner Malariaanfälle in den Tropen Malthus' ‚Essay on population' einfiel: daß bei Nachkommenüberschuß, aber gleichbleibender Population, eine Selektion, nämlich, wie sich schon Malthus ausdrückte, ein ‚survival of the fittest' zu erwarten ist (zitiert aus Brackman 1980). Welchen Erfolg mußte dieses Prinzip dann angesichts des noch viel größeren Reproduktionsüberschusses im Organismenreich haben!

Interessanterweise berührte Malthus Einsicht wenige, und Wallace blieb unbeachtet. Als aber Darwin (1959) die ‚Origin of Species' publizierte, weckte das sogleich alle politischen Lager auf und wurde zum durchschlagenden Erfolg (Desmond und Moore 1991). Neben dem Wirken seiner einflußreichen Freunde ist dies zwei Ursachen zuzuschreiben: Erstens schien, gegenüber Malthus' Einsicht, nun ein Naturgesetz vorzuliegen und zweitens hatten nun jene englischen Puritaner ihr schlechtes Gewissen, just zu dieser Zeit das Industrieproletariat geschaffen zu haben, beruhigt, ihre naturgesetzliche Legitimation.

(b3) Gebildeten Personen wie Darwin war natürlich klar, daß das Selektionsprinzip nur wirken konnte, wenn es zureichende und *geeignete Variation* gibt, nämlich geeignet auch erblich zu werden. Denn wenn die ‚ertüchtigten' Individuen zwar häufiger reproduzieren, ihre Tüchtigkeit aber nicht vererbt wird, entsteht dennoch kein Wandel in einer Population.

Dieses Erblichwerden von Variabilität schien aber auf der Hand zu liegen. Nicht nur war Darwin mit den Werken Lamarcks vertraut, die Bücher seines Großvaters, Lamarckist und Zeitgenosse Lamarcks, hatten einen Ehrenplatz in seiner Bibliothek. Kurz: auch Charles Darwin war Lamarckist. Und es ist eine zu dumme Geschichtsfälschung, daß seine Biographen diesen Umstand minimieren und die Lehrbücher ihn meist ganz verschweigen. Darwin war sogar lamarckistischer als Lamarck, da er Reiseberichten Glauben schenkte, wonach die männliche Vorhaut in Bevölkerungen, die diese regelmäßig beschneiden, über die Generationen schon kürzer geworden wäre.

Wie auch immer, eine den Zwecken der Organismen nachfolgende, erbliche Variation lag dem Konzept zugrunde. An eine Wirkung von Zufallsänderungen hätte niemand gedacht.

(b4) Um dem Lamarckschen Konzept einer Vererbung aktiv erworbener Eigenschaften ein theoretisches Fundament zu geben, entwickelte Darwin seine *Pangenesis-Theorie*, die in einem Band über das ‚Variieren von Arten' 1873 erschien. Seit Lamarcks ‚Philosophie Zoologique' von 1809 waren zwei Generationen vergangen, neue Materialien gegeben und neue Ansprüche an die Biologie gestellt.

Die aktive Anpassung voraussetzend sagte Darwin (Seite 405): „Jedermann wird sich, selbst in einer unvollständigen Art, zu erklären wünschen, wie es möglich sei, daß ein in einem früheren Vorfahren dargebotener Charakter plötzlich in den Nachkommen wieder erscheint; wie es kommt, daß die Wirkung vermehrten oder verminderten Gebrauchs eines Gliedes auf das Kind überliefert werden kann."

Darwins Theorie sieht einen Fluß von Information von den Phänen zu den Genen vor. Er nimmt an, daß in allen Zellen winzige Partikel produziert werden, die sich über die Körperflüssigkeiten auch den Keimzellen mitteilen. Wird die Zellzahl eines Organs durch Gebrauch vermehrt, so würde diese Nachricht vermehrter Partikel dieser Zellen der Folgegeneration weitergegeben.

Bekanntlich hat sich diese Erwartung nicht bestätigt. Keine chemisch kodierte Nachricht kann, wie man heute weiß, von den Phänen zu den Genen gelangen. Wir werden aber (im Abschnitt C2f) einer Theorie begegnen, die einen Rückfluß über stochastische Prozesse vorsieht und die man mit Lamarckismus verwechseln kann, wenn man nicht wahrnimmt, daß nicht Veränderungen durch das Milieu mitgeteilt werden, vielmehr Funktionszusammenhänge im Organismus selbst. Folglich fördert das Prinzip nicht die Anpassung, vielmehr die innere Organisation.

Dies ist wieder den Darwinschen Gedanken verwandt, weil sich seine Pangenesis-Theorie noch um eine weitere Klasse von Phänomenen rankt, welche mit ‚innerer Organisation' zu tun hat und die ich, aus heutiger Sicht, hier getrennt darstelle.

(b5) Darwin erkannte nämlich auch, daß eine Selektion durch das Milieu durchaus nicht alle Phänomene zu erklären vermochte, vielmehr auch *ein inneres Organisationsprinzip* angenommen werden müsse, das er dem Pangenesis-Konzept zuordnete (Abb. 88).

Er fragte sich, wie die Regenerationsknospe, die an der Stelle eines verlorenen Beins eines Molchs auftritt, wissen kann, daß hier und mit welchen Einzelheiten ein neues Bein aufzubauen ist. Oder wie es zu erklären wäre, daß bei Regenerationen Doppelbildungen auftreten können.

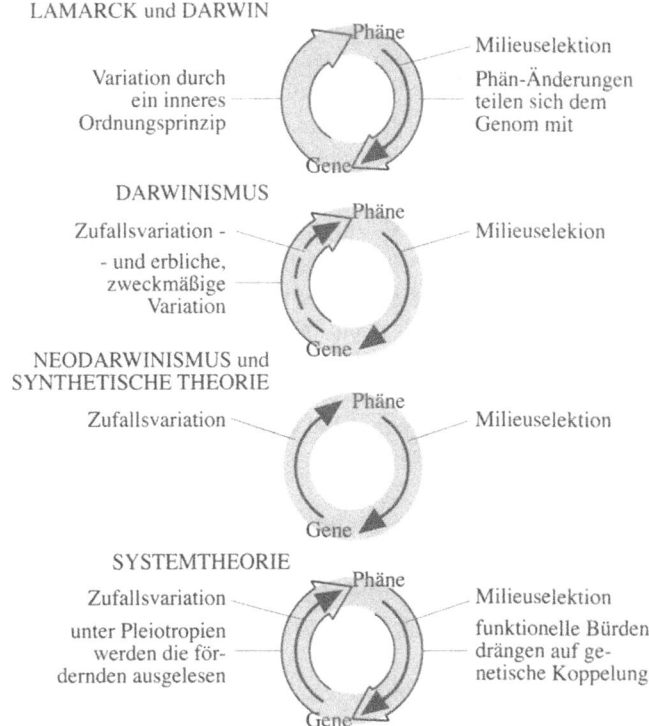

Abb. 88. *Reduktion und Restaurierung der Evolutionstheorie.* Zu den vier Phasen der Theorie sind links die erwarteten Wirkungen von den Genen auf die Phäne, rechts jene von den Phänen auf die Gene angeschrieben

Er fragte sich, wie es kommen kann, daß Merkmale, die bei den Vorfahren eines Individuums schon längst verschwunden sind, plötzlich wieder auftreten können (vgl. Abb. 44, Seite 137). Das ist das Phänomen des ‚spontanen Atavismus'.

Er fragte sich, wie der Umstand zu erklären sei, daß bei Regenerationen an ganz falscher Stelle ein in sich wieder kompletter Körperanhang, sei es ein Bein oder eine Antenne, entstehen kann (Abb. 89, Seite 287). Diese Phänomene bilden heute eine ganze Klasse sogenannter ‚Heteromorphosen'. Oder er fragte, wie es zu erklären sei, das in Ovarialgeschwülsten vollkommen entwickelte Haare und Zähne auftreten können.

Heute kennen wir noch viel mehr solcher Phänomene, namentlich aus dem Mutationsgeschehen, welche nachweisen, daß mit inneren Systemzusammenhängen zu rechnen ist (Riedl 1975). Auf sie werde ich (im Abschnitt C2e2) ausführlicher zurückkommen.

(c) Aus der Lamarck-Darwinschen Lehre ist der eigentliche *Darwinismus* erst durch Alfred Russel Wallace entstanden. Von seinen Büchern wurde eines sehr bekannt. Es ist sieben Jahre nach Darwins Tod 1889 erschienen, trägt zur Ehre des großen Mannes, den er verehrte, den Titel ‚Der Darwinismus', enthält aber im Wesentlichen nur das, was sich Wallace als eine Erklärung des Evolutionsprozesses als zureichend dachte. Das Pangenesis-Konzept war dabei allerdings bereits weggelassen.

Die aktive Anpassung im Sinne Lamarcks hielt er für Unsinn. Zum Beispiel genügte zur Erklärung des Halses der Giraffe, wie er meinte, daß Individuen mit etwas längeren Hälsen den anderen ohnedies das restliche Futter von den Bäumen fressen. Die Frage, wie es zu den längeren Hälsen käme und wodurch diese Verlängerung erblich würde, blieb offen. So blieben auch jene Phänomene unbeachtet, nach welchen Darwin das Herrschen auch innerer Prinzipien forderte.

Im Folgenden werden daher (c1) das Konzept selbst und (c2) die zeitgleich entstehende Opposition einander gegenüberzustellen sein.

(c1) Auf diese Weise erfolgte *die erste Reduktion* der Lamarck-Darwinschen Theorie (Abb. 88). Die Erwartung ‚innerer Mechanismen' war aufgegeben, die Frage, wie Variation entsteht und erblich wird, war offen gelassen, der ganze Prozeß des Artenwandels der Auslese durch das Milieu zugeschrieben.

Nun ist der Wandel von Milieubedingungen nicht vorherzusehen. Was etwa bestimmte Arthropoden und Fische dazu treibt, das Wasser zu verlassen, Insekten, Spinnen und Wale wieder dahin zurückzukehren, ist ein Produkt zufälliger Begegnung. Gewiß kommen solche Angebote eines nächst günstigeren Milieus nicht für alle Arten in Betracht. Es muß eine Fülle von Dispositionen für alle Formen möglicher Wandlungen gegeben sein. Dies aber steckt in der organismischen Organisation: das Anbot durch das Milieu bleibt ein Spiel des Zufalls, insofern es blind ist für die Dispositionen der Arten.

Nicht alle Biologen dieser Zeit machten diese Reduktion mit. Zeitgenossen wie Carl Ernst von Baer gingen von inneren Prinzipien nicht ab. Und in der Folgegeneration nannten sich beispielsweise Ernst Haeckel, seine Schüler und sein Nachfolger Ludwig Plate (1925) ‚Alt-Darwinisten' um anzudeuten, daß sie jener Verkürzung der Theorie nicht folgten, dennoch aber den Meister ehrten. Aber das Schicksal, das der Theorie bestimmt war, festigte diesen Kontext eines einfachen, griffigen, den Meister verewigenden Darwinismus, der eigentlich hätte ‚Wallacismus' heißen müssen.

Auch das genetische Zwischenspiel brachte keine Änderung. Gregor Mendels Entdeckungen fallen zwar noch in die späte Darwin-Zeit, aber die Brünner Akademie schickte den experimentierenden Geistlichen kopfschüttelnd wieder zurück in seinen Klostergarten, und berühmte Botaniker, an die er sich submissest wandte, wie Nägeli in München, taten ihn ab, denn ‚er hätte die falschen Pflanzen'. Erst um die Jahrhundertwende wurden seine Gesetze wiedergefunden oder wiederentdeckt und über

Amerika auch in England bekannt. Aber Wallace und der Darwin-Freund Hooker, damals schon betagte Herrn, fanden, daß ihnen der Kopf nicht nach Mathematik stünde und die Amerikaner ohnedies auf alles Neue hereinfielen.

(c2) Die Geburt des Darwinismus hatte aber die des *Lamarckismus* zur Folge, eine bislang nicht nötige Opposition. Ich folge seiner Entwicklung weiter nicht, weil sein Einfluß auch nicht lange währte. Immerhin wandte er sich gegen die Einseitigkeit einer bloßen Milieuselektion und bestand auf dem Herrschen eines inneren, die Organisation von Organismen ordnenden Prinzips.

Dennoch sind in dieser Zeit weitere Phänomene bekannt geworden, die sich in Widerspruch mit der darwinistischen Lösung zeigten. Ich werde sie im Zusammenhang mit der Kritik an der heutigen Lehrbuchauffassung (im Abschnitt C2e2) zusammenfassen.

(d) Die Wende zum *Neodarwinismus* erfolgt im Übergang zum 20. Jahrhundert. Die Mendelschen Gesetze waren nun weitgehend bestätigt, das Mutationsgeschehen wurde entdeckt. Beide haben der Biologie große Fortschritte gebracht, allerdings mit einer zweiten Reduktion der Lamarck-Darwinschen Perspektive im Gefolge.

So werde ich die Extremierung von (d1) Standardposition und (d2) Opposition getrennt darstellen.

(d1) Eine *zweite Reduktion*: Hatte sich der Darwinismus auf Milieuselektion beschränkt und innere Mechanismen ausgeklammert, so war doch noch die Frage offen, auf welche Weise Variation entstünde und erblich würde. Und es wurde, erklärt oder auch nicht, die Erwartung zugelassen, daß die Variation der Merkmale in einer ‚vernünftigen', den Zusammenhang der Organisation fördernden Weise erfolgen würde.

Dieses zweite Postulat kam nun auch zu Fall (Abb. 88). Die Genetik jener Zeit war natürlich überrascht über die Beobachtung, daß die Anleitung für die Herstellung der Merkmale wie auf einem Faden aufgefädelt waren, deren Reihenfolge noch dazu keinen Zusammenhang mit deren Funktionen erkennen ließ, und dies suggerierte ein Art ‚Perlenschnur-Modell' der Gene, was zu einer weiteren Ablenkung in der Forschung führte.

Zudem aber wurde entdeckt, daß die Änderungen der Gene, Erbsprünge oder Mutationen genannt, selten sowie von völlig zufälliger Art sind und überhaupt nichts zu tun haben mit der Nützlichkeit einer Abänderung gegenüber den Lebens- und Erhaltungsbedingungen der Arten. Das war insofern überraschend, als im Darwinismus, in dem man sich bereits einen blinden Zugriff der Selektion dachte, immerhin die Frage offen blieb, ob die erblichen Variationen nicht doch einen nützlichen Zusammenhang mit den Möglichkeiten und Notwendigkeiten der Adaptierung erwarten ließen.

Nun waren es zwei Zufallsmechanismen, welche die Evolution steuern sollten, die blinde Selektion und das Roulette applizierter Änderungen. (Abb. 88)

Und nochmals ist es das Schicksal der Theorie, die scheinbar einfachere Lösung anzunehmen. Man mag dabei die Suggestivität bedenken, die es bedeuten mußte, nun Phäne, also das was man sieht, und Gene, die man noch nicht sehen konnte, sauber getrennt zu haben und in den einen die Wirkung, in den anderen die Ursache aller Veränderungsweisen zu sehen. Daraus entstand auch die ‚Keimbahn-Konzeption' von August Weismann, aus welcher seine Nachfolger eine ‚Weismann-Doktrin' machten, mit dem Postulat, daß die Gene unbeeinflußt von den Phänen durch die Generationen zögen. Wir werden dieser Vorstellung in modernem Kleide (im Abschnitt C2e2) wieder begegnen.

Diese Auffassung änderte sich auch nicht, als die Phänomene der Pleiotropie und der Polygenie entdeckt wurden, da es sich zeigte, daß Gene auch mehrere Phäne beeinflussen können, sowie umgekehrt mehrere Gene ein Phän. Das Ein-Gen-Ein-Phän-Konzept weichte sich auf, ohne aber das Perlschnurmodell wesentlich zu verändern.

(d2) Wieder machten nicht alle in dieser Strömung mit. Die Biologie differenzierte sich und fiel in Fachrichtungen auseinander. Genetik war eine eigene Disziplin geworden, die vergleichenden Anatomen und Paläontologen wußten sich mit ihr nicht viel anzufangen und die Genetiker nicht viel mit der Komplexität des Lebendigen.

Die Wende zum Neodarwinismus zog die zum *Neolamarckismus* nach sich, nun schon unter ganz anderen Vorzeichen. Man begann mit lamarckistischen Perspektiven experimentell zu forschen, politisch inspirierte Hexenjagden setzten ein, und Paul Kammerer endete im Selbstmord (recherchiert von Koestler 1972). Man begann jedoch von ‚innerer Selektion' zu sprechen, von Vervollkommnungsprinzipien, Driesch sprach von Entelechie, Francé von ‚innerer Intelligenz' des Lebendigen. Nicht viel von alledem ist geblieben. Nur auf das Prinzip der inneren Selektion ist zurückzukommen.

Es tauchten aber zeitgleich eine Reihe weiterer Probleme auf, die weniger mit Lamarckismus zu tun hatten als mit einer Erwartung ‚innerer Ordnung' oder ‚innerer Prinzipien'. Diese werde ich, wie angekündigt, zusammen mit dem nächsten Abschnitt (im Abschnitt C2e2) darstellen.

(e) Was die Lehrbücher heute darstellen, wird gewöhnlich als *Synthetische Theorie der Evolution* bezeichnet. Sie ist nicht nur durch viele moderne Erfahrungen, namentlich aus der nun auch molekularen Genetik, angereichert, sie bemüht sich auch mit Erfolg um die Synthese einer Reihe für die ‚Mikroevolution' einschlägigen Disziplinen, unterscheidet sich aber im theoretischen Konzept nicht von dem des Neodarwinismus.

Es werden darum der dabei vertretenen (e1) Position die (e2) offengebliebenen Fragen gegenüberzustellen sein.

(e1) Wir verdanken diese Bewegung in erster Linie dem Zusammenwirken des Systematikers Ernst Mayr (1942), des Paläontologen G.G. Simpson (1952) und des Genetikers Dobshansky (1951). Aber wir verdanken ihre *Erfolge* auch *einer neuen Reduktion*, nun nicht des theoretischen Konzepts wie in den bisherigen ‚Ismen', vielmehr einer Reduktion des Gegenstandes der Betrachtung.

Man beschränkte sich auf die Mikroevolution und summiert darunter die Phänomene im Bereich der Art, im Wesentlichen jene, mit welchen noch experimentiert wird, in die man eingreifen kann. Das ist eine Wende zum Pragmatismus aus der Strömung des pragmatischen Reduktionismus mit den uns schon bekannten Gefahren des ontologischen Reduktionismus im Hintergrund.

Zunächst konnte man sich auf neue Einsichten in die Grundlagen der Vererbung stützen. Avery erkannte in den Vierzigerjahren die Funktion der Nukleinsäuren, Watson und Crick (Watson 1968) deren Struktur, man erschloß schließlich den Vorgang der Abschrift, der Ablesung in Dreiergruppen, den ‚Triplets' und der Übersetzung in Ketten von 20 Aminosäuren, ähnlich unseren 24 Buchstaben, in lange Worte, in die Polypeptide oder Eiweiße. Variabilität und Vererbung erwiesen ihre molekulare Grundlage.

Daran schloß sich eine für die Theorie wichtige Einsicht: Ein chemisch kodierter Rückfluß von Information von den Phänen, nämlich über die Eiweiße, und eine Rückübersetzung in die Sequenzen der Nukleinsäuren war nunmehr auszuschließen. Dies führte über den Laborjargon zum ‚zentralen Dogma' der molekularen Genetik, anschließend an die Weismann-Doktrin. Dieses Dogma hat über die Jahrzehnte der Diskussion eine harte und eine weiche Formulierung gefunden. In der harten heißt es: ‚Keinerlei Informationstransfer ist möglich', in der weichen: ‚Chemisch kodierter Transfer kommt technisch nicht in Betracht'. Was aber Ort und Reihenfolge einer zweckmäßigen Ablesung steuert, ist noch nicht bekannt. Man kann aber annehmen, daß in allen Körperzellen alle Information erhalten bleibt und die unzweckmäßigen Ablesungen unterdrückt bleiben.

Bekannt hingegen sind, von Monod (1971) bis zur Gegenwart, diverse Regulationssysteme geworden (z.B. für Homeobox: Holland and Garcia-Fernandez 1993, Ruddle et al. 1994). Sie zeigen, daß ‚Regulatorgene' Moleküle produzieren, die Operatorgene absperren können, hinter welchen sich die zur Ablesung freizugebenden Strukturgene befinden, deren Übersetzung zu komplexen Funktionen und Phänen führen. Und es scheint verbürgt, daß es eben die Regulatorgene sind, die von den Bakterien zum Menschen besonders stark zunehmen, nämlich von 10^4 auf $5 \cdot 10^9$.

Die genuinen Gebiete der Mikroevolution selbst haben in der Populationsdynamik Neues hinsichtlich des Austausches von Genmaterial gebracht, im Artbildungsprozeß die Trennungsvorgänge von Populationen und in der

Selektionstheorie auch Selektion auf Übertreibung wie auf Mittelmäßigkeit erkennbar gemacht.

(e2) Ernstzunehmende Opposition im Sinne von Lamarckismen gibt es nicht mehr. Gegenüber pragmatischer Reduktion gilt es zu ergänzen, nur gegen den unterlegbaren ontologischen Reduktionismus ist zu opponieren. Was jedoch immer wieder gefordert wird, ist die Wahrnehmung eines ‚epigenetischen Systems' von Gen-Wechselwirkungen als ein den Fluß der Nachrichten ordnendes ‚inneres Prinzip', wie von Waddington (1957), Haldane (1958), Whyte (1965), Riedl (1975), Wagner (1983, 1988), Alberch (1980), um nur einige zu nennen.

Gegenüberzustellen ist ein *Makro-Evolutionismus*, denn es ist offensichtlich, daß der Mikro-Evolutionismus sechs große Gruppen an Fakten jenseits der Artgrenze nicht wahrnimmt.

Wir unterscheiden die Phänomene (i) der Komplexität, (ii) der Regulation und (iii) der ‚alten Muster', (iv) der Stammbäume, (v) der Struktur- und (vi) Klassenhierarchien, also der Baupläne und Systemgruppen (differenziert nach Riedl 1975). Ich gebe je einige Beispiele.

(i) Zur *Komplexität*: Nehmen wir das Genom eines wirbellosen Tieres, typisch mit $4 \cdot 10^8$ Basenpaaren, abgelesen in Dreiergruppen: $1,3 \cdot 10^8$ Triplets. Das entspricht ziemlich genau, mit 50 Zeichen mal zwei Spalten, mal 80 Zeilen, mal 800 Seiten, mal 24 Bänden, dem Zeichenvolumen der großen Brockhaus-Enzyklopädie. Nehmen wir an, ein Triplet, ein Buchstabe, muß mit Hilfe des Zufalls verbessert werden, dann darf pro Individuum oder Neudruck immer nur irgend ein einziger Buchstabe geändert werden, ansonsten würden sich die Fehler häufen und die Information zerfließen. Folglich sind etwa $1,3 \cdot 10^8/2$ Versuche mal 24 möglichen Buchstaben erforderlich, also rund $1,5 \cdot 10^9$, eineinhalb Milliarden Reproduktionsschritte oder Neudrucke, um der Mutante den Lebenserfolg, der Enzyklopädie den Markterfolg zu verbessern. Selbst eine Population mit einer Million Individuen hätte auf dieses Ereignis über tausend Generationen zu warten.

Geht man zudem vom Perlenschnur-Modell ab und betrachtet einen einfachen Fall der verbreiteten Polygenie, in der Enzyklopädie ein einziges, einfaches Wort, sagen wir ‚und' sei in ‚bis' zu ändern, dann würden jene $1,5 \cdot 10^9$ Versuche nur zu ‚bnd', ‚uid' oder ‚uns' führen, was den Text nicht verbessern kann. Es müßten alle drei gleichzeitig verändert werden, was rund $1,5 \cdot 10^{27}$ Versuche nötig machen würde, also längst eine Unmöglichkeit. Es ist folglich zu erwarten, daß komplexe Systeme nur in größeren, funktionellen Einheiten erfolgreich zu adaptieren sind.

(ii) Das *Regulationsproblem* ist durch Regulationsfehler deutlich geworden. Die synthetische Theorie läßt uns nicht verstehen, wie es kommt, daß Mutationen in somatischen Zellen der Regenerationsknospen, an falscher Stelle in sich richtig organisierte Organe entstehen lassen. Das ist der Fall

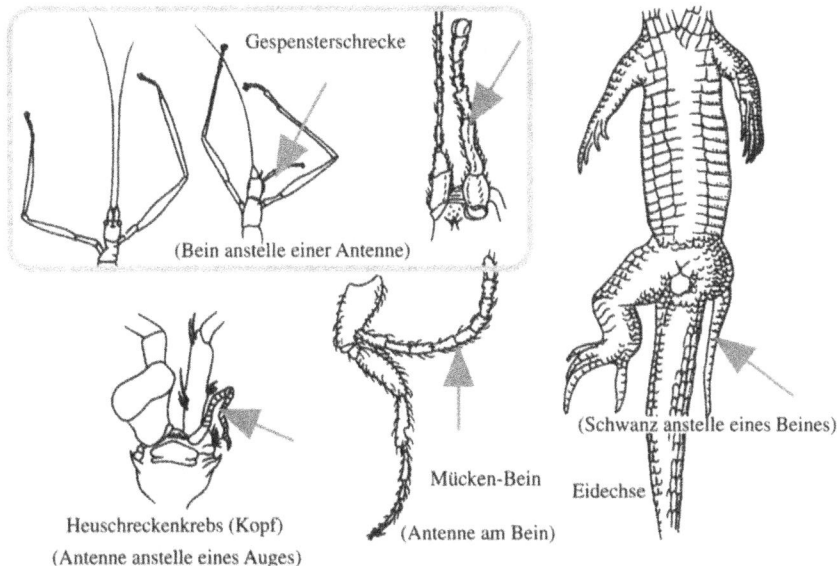

Abb. 89. *Beispiele von Heteromorphosen*, der Regeneration organisierter Körperanhänge an falscher Stelle: eines Beines an Stelle einer Antenne, einer Antenne an Stelle eines Auges, einer Antenne an einem Bein und eines Schwanzes an Stelle eines Beins (nach mehreren Autoren, aus Riedl 1975)

der bereits erwähnten ‚Heteromorphosen' (Abb. 89), mit welchen ich beginne, weil, wie man sich (aus Absatz C2a2) erinnert, dies schon Darwin zur Annahme ‚innerer Mechanismen' veranlaßte.

Noch zahlreicher sind jene Fälle von System- oder Großmutationen geworden, die Darwin noch nicht kannte, bei welchen in gleicher Weise, nun aber durch Mutationen im Genom, daher in erblicher Weise, ebenfalls ganze Phäneinheiten an falscher Stelle erscheinen (Abb. 90). Entsprechendes wird, wenn auch nicht erblich, durch ‚Phänokopien' erreicht, durch gesetzte Störungen im Entwicklungsablauf.

Es ist zu erwarten, daß alle zu einem funktionellen Phänkomplex beitragenden Strukturgene, in Soma- wie in Keimzellen von einem (einzigen) Regulatorgen, abgerufen werden können. Wie üblich sind es Fehler in einem Ablauf, welche auf die Bedingungen im Hintergrund aufmerksam machen. Aber auch den natürlichen Prozessen müssen gleiche Prinzipien zugrunde liegen. So in allen Vorgängen der ‚Degeneration', in der ‚Regulation' gestörter Keime, in der ‚Synorganisation', der gemeinsamen Wandlung von Phänen und in der ‚Cartesischen Transformation', der harmonischen Form phylogenetischer Umbildungen.

(iii) Das *Problem der alten Muster* ist durch das Phänomen des ‚spontanen Atavismus' auch Darwin schon bekannt gewesen. Ein klassisches Beispiel ist die Drei-Zehen-Mutante beim Pferd, bei welcher ein Stadium der

288 Die Strukturierung des Erklärten und Verstandenen

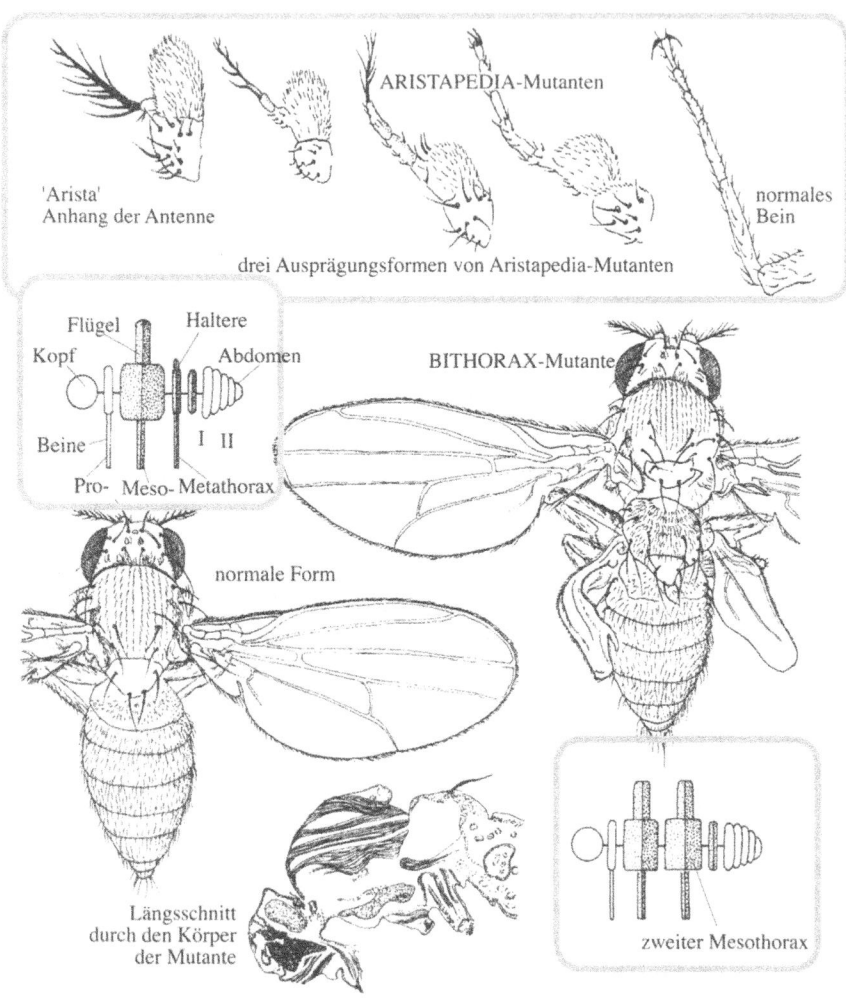

Abb. 90. *Beispiele von Systemmutanten von Drosophila*: Ausformungen eines Beines anstelle eines Anhangs der Antenne, eines überzähligen Flügels und eines verdoppelten Thorax; dazu das Schema der veränderten Regionen (nach Riedl 1975)

Urpferde wiederkehrt. Aber auch vom Menschen kennt man das Auftreten bepelzter Gesichter, eines Schwänzchens, überzähliger Brustwarzenhöfe und Halsfisteln als Reste der Milchleiste und sogar der Kiemenspalten (vgl. Abb. 44, Seite 137).

Es ist darum zu erwarten, daß auch verflossene Phäne (Interphäne) im epigenetischen System als funktionelle Einheiten existieren und als Stationen des Informationstransfer erhalten bleiben.

Damit sind auch die ungestörten Prozesse zu verstehen. Warum, beispielsweise, nach dem Haeckelschen Gesetz, in der Ontogenie Interphäne,

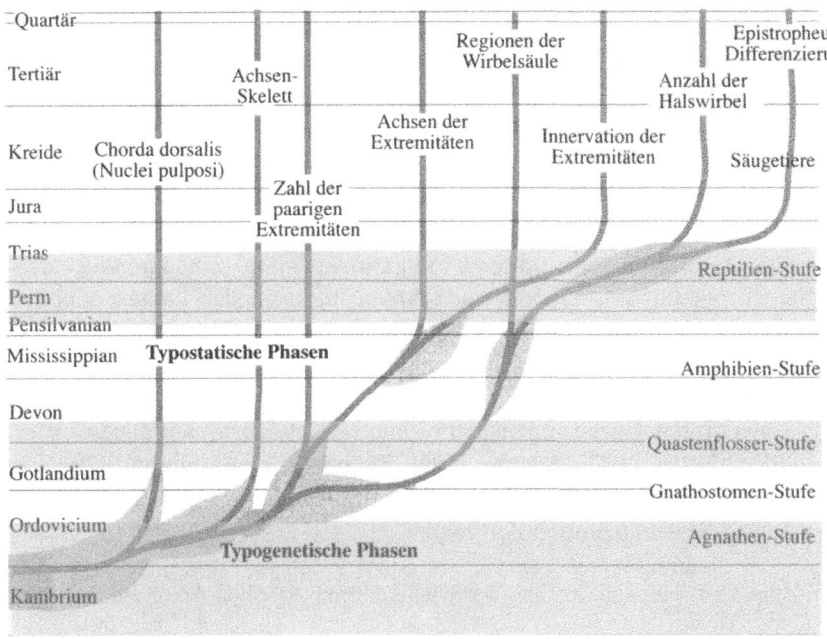

Abb. 91. *Wandel von typogenetischen zu typostatischen Phasen*, am Beispiel einiger Merkmale aus der Evolution der Wirbeltiere. Man beachte, daß Typostasen in der Folge von Typogenesen neuer Merkmale auftreten, die auf ersteren aufbauen. Links sind die geologischen Zeiten durch Linien, rechts die Entwicklungsstufen durch Felder abgegrenzt

wie die Chorda bei allen Wirbeltieren, die Kiemenarterien bei allen Säugern, angelegt und durchlaufen werden müssen. Auch ist zu verstehen, warum die ‚Induktionsmuster', die Bahnen des Informationstransfer in der Keimesentwicklung von den älteren zu den jüngeren Phänen führen, und warum diese Muster auch in großen Verwandtschaftsgruppen identisch sind (Abb. 101, Seite 310).

Nun gehe ich von den funktionalen zu den historisch zu verstehenden Phänomenen weiter und fasse die aus ihnen ableitbaren Forderungen zusammen.

(iv) Im *Problem der Stammbäume* wird gefragt wie es kommt, daß die Entwicklungsbahnen der Tierstämme, setzt man Zeit gegen Abwandlung, immer gerader und gestreckter werden, als liefen sie auf etwas zu (Abb. 91). Dies zeigt sich auch im einzelnen, indem typogenetische von typostatischen Phasen der Entwicklungen gefolgt werden, rasche Abwandlungen in relativ kurzer Zeit, gefolgt von immer mehr Stetigkeit.

Dabei zeigt es sich, daß es nicht alte Merkmale sind, welche neue Freiheitsgrade der Abwandlung gewinnen, sondern vielmehr neue Merkmale, die auf den alten, die sie voraussetzen und funktionell bebürden, aufbauen.

(v) Das *Problem der Baupläne* ist mit der Frage verbunden, wie Homologien zu erklären sind, die wir, wie (Abschnitt 4,C) festgestellt, an jenen ihrer Merkmale erkennen, die sich der adaptiven Veränderung widersetzen. Auch deren hierarchische Anordnung bedarf der Erklärung.

(vi) Zum Problem des ‚*natürlichen Systems*' der Organismen ist der Verdacht geäußert worden, daß es sich um ein bloß gedachtes Ordnungssystem handeln könne, denn es müsse begründet werden, aus welchen natürlichen Ursachen ein hierarchisches Muster von Ähnlichkeiten entsteht. Es ist darum ein ‚inneres Selektionsprinzip' entstehender ‚constraints' zu postulieren, das mit wachsenden funktionellen (später auch genetischen) Bürden der alten Merkmale die Chancen erfolgreichen Wandels, nach den hierarchischen Baustufen, schrittweise einschränkt.

(f) Die genannten Forderungen kann eine *Systemtheorie der Evolution* erfüllen (Riedl 1975, 1977, Wagner 1983, Wagner und Altenberg 1996). Die Synthetische Theorie wird darin zwar als notwendiges, nicht aber als ausreichendes Erklärungsmodell betrachtet.

Im Folgenden sind zunächst die (f1) Inhalte und im Anschluß daran die (f2) Kritiken anzugeben.

(f1) Im Grunde wird neben der blinden Mutabilität und der kurzsichtigen Milieuselektion ein *inneres Selektionsprinzip* vorgesehen, das nun weitsichtig in die Geschichte seiner eigenen Produkte zurückblickt. Es wird dabei von einer ‚rekursiven Kausalität' ausgegangen, einem Wechselbezug, von welchem erwartet wird, daß die chemisch kodierten Wirkungen der Gene auf Phäne von diesen, über einen stochastischen Prozeß, auf ihre eigenen Ursachen zurückwirken (Abb. 88, Seite 281).

Die Symmetrie jeweils eines (i) Phän- und (ii) eines Gen-initiierten Zwei-Stufen-Modells mit (iii) übereinstimmenden Folgen von zweierlei komplementärer Art ist vorgesehen.

(i) Faßt man die ‚Komplexität der Phäne' organismischer Organisation ins Auge, so erkennt man, von der Organologie bis zur Feinstruktur eine Überfülle funktioneller Wechselabhängigkeiten, welche die Erfolgschance mutativer Änderungen von Einzelbauteilen dramatisch heruntersetzen. Es sind ‚*funktionelle Bürden*', und diese steigen mit der negativen Potenz der Erfolgschance jedes Mitglieds in einer funktionellen Abhängigkeit.

Erste Stufe: Betrachtet man den einfachsten Fall, der Funktionsabhängigkeit nur zweier Bauteile jeweils mit zunächst seinem getrennten Strukturgen, nehmen wir z. B. die Entwicklung zu Pfanne und Kopf eines Gelenks (Abb. 92), und räumt auch jedem Teil die hohe Erfolgswahrscheinlichkeit einer mutativen Änderung von 10^{-6} (in jedem Millionsten Reproduktionsschritt) ein, so erkennt man, daß sie nur bei gleichsinniger Änderung Erfolg haben können, – wie beim Umgehen mit zwei Würfeln – in

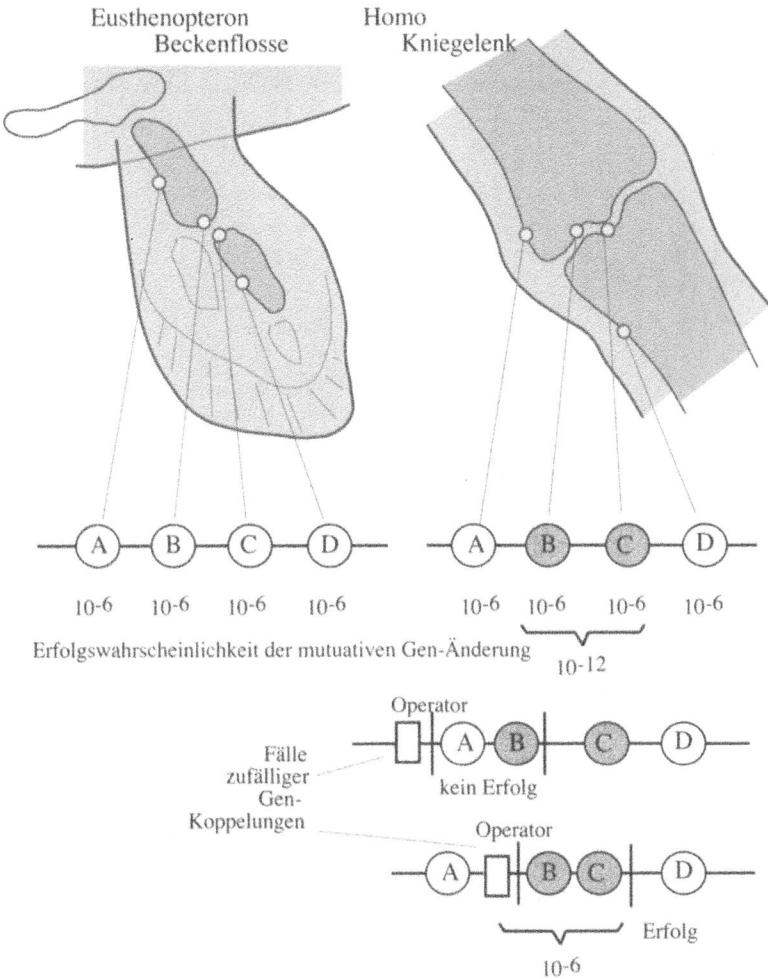

Abb. 92. *Modell einer Gen-Koppelung infolge funktioneller Bürde*, am Beispiel der Entwicklung einer devonischen Fischflosse zum Kniegelenk, sowie vierer Gene (A bis D), die für Längen und Breiten der beiden homologen Stützelemente kodieren. Die Erfolgschancen der Änderung reduzieren sich bei funktioneller Verknüpfung der Phäne von 10^{-6} auf 10^{-12}, es sei denn, die entsprechenden Strukturgene werden zufällig gekoppelt (Riedl 1975, 1977)

10^{-12} der Fälle. Das bedeutet, daß im Falle einer Population von 10^6 Individuen der Einzelerfolg einmal in jeder Generation zu erwarten ist, daß aber auf den kombinierten Erfolg eine Million Generationen zu warten wäre. Daraus folgt, daß bei den höheren funktionellen Koppelungen keine Chance mehr auf Adaptierung bestünde.

Zweite Stufe: Tritt aber durch den Zufall eine Koppelung der beiden Gene, z.B. unter ein Regulatorgen, ein, so muß nur der Regulator die erfolg-

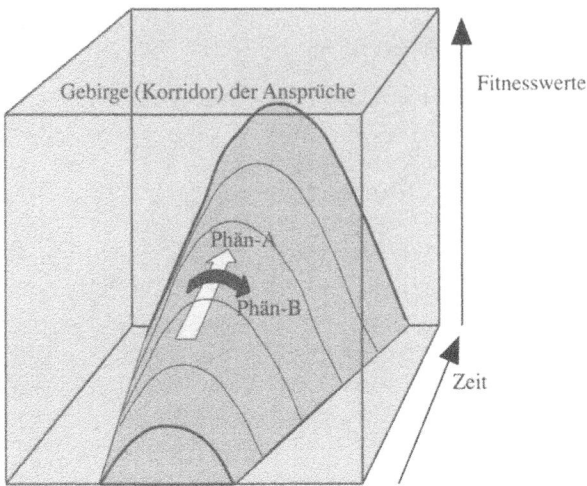

Abb. 93. *Korridor-Modell im Falle genetischer Bürde,* am Beispiel eines von der Fitneß der Population zu erklimmenden Bergrückens, unter der Wirkung eines pleiotropen Gens, welches zwei Phäne in vorteilhafter (A), wie in nachteilhafter Weise (B) steuert. Das Verhältnis der beiden Wirkungen des Gens wird die Population aufsteigen oder abstürzen lassen (siehe auch Wagner 1988, Baatz und Wagner 1997)

reiche mutative Veränderung erleben, um beide untergeordneten Strukturgene gleichsinnig zu verändern. Gibt man der erfolgreichen Änderung des Regulatorgens dieselbe Chance wie jedem der Gene, nämlich von 10^{-6}, so steigt die Adaptierungschance des Gelenkes auf das Millionenfache.

Es ist darum zu erwarten, daß unter allen entstehenden Genkoppelungen unter dem Selektionsdruck des Wachsens funktioneller Bürden solche erhalten werden, die zufällig jene Strukturgene koppeln, die für funktionsabhängige Phäne kodieren, gleichzeitig aber Mutanten mit nachteiligen Koppelungen wieder eliminiert werden.

(ii) Symmetrisch dazu ist das Modell aufzufassen das, in Kürze gesagt, von ‚*genetischen Bürden*' ausgeht, und dieses läßt sich auch bereits formal darstellen (man konsultiere Wagner 1983, Burger 1986, Wagner und Altenberg 1996, Baatz und Wagner 1997) (Abb. 93).

Für die erste Phase wird angenommen, daß Pleiotropien im Genom bereits vorkommen.

Zweite Phase: Kodiert ein Gen zufällig für zwei Phäne, deren gleichsinnige Änderung die Fitneß einer Mutante erhöht, so wird es sich in der Population rasch durchsetzen. Kodiert es aber für zwei Phäne, deren gleichzeitige Änderung einen Nachteil für seine Träger bringt, so wird es unter negativen Selektionsdruck gelangen.

(iii) Die *Übereinstimmung der Prozesse* beruht darauf, daß beide Modelle von Bürden ausgehen, die entweder im Phän- oder im Genbereich entstehen und selbst wieder einer Wechselwirkung darstellen, indem entstehende Koppelungen von Phän-Funktionen das epigenetische System in deren Richtung schleppen, Pleiotropien wiederum die Chancen spezieller funktioneller Entwicklungen der Phäne protegieren.

Nach jedem der beiden Modelle entsteht ein ‚imitatorisches Epigenesesystem': Funktionszusammenhänge im Phänbereich werden entweder von den Gen-Wechselwirkungen kopiert, oder aber die Gen-Wechselwirkungen fördern bestimmte funktionelle Entwicklungen. Es ist vorherzusehen, daß sich ein hierarchisches Muster von Gen-Wechselwirkungen mit großen Ähnlichkeiten mit der Hierarchie der Homologa ergeben wird (Riedl 1977). Und da zudem deren Geschichte eingeschlossen sein muß, erklärt sich das, was Waddington (1957) als einen ‚Archigenotypus' postuliert hat ebenfalls aus diesem Mechanismus.

Die *komplementären Wirkungen* gelten wieder für beide Modelle. In beiden Fällen wird die Fähigkeit erhöht, komplexe Systeme in bestimmten Richtungen zu adaptieren, jedoch stets auf Kosten aller anderen Entwicklungschancen. Ersteres macht die Entwicklung komplexer Systeme überhaupt erst möglich, dies aber nur auf Kosten von constraints, deren Folge die Ordnung organismischer Struktur- und Klassenhierarchien ist.

Ich will das mit der Parabel von den beiden blinden Spielern illustrieren. Zwei blinde Spieler, Archaios und Neos (Arten), spielen (konkurrieren) vor dem König (dem Milieu). Jeder besitzt zweierlei Würfel (zwei Funktionen).

Erste Phase: Der König honoriert die Doppel-Sechs, teilt aber pro Wurf (Reproduktion) nur Erfolg und Mißerfolg (Fitneß) mit. Mit den Würfeln darf alles, jedoch nur blind (Stochastik), gemacht werden. Archaios weiß, daß er im Schnitt in einem von 36 Fällen Erfolg haben wird und bleibt dabei. Neos wartet, bis er Erfolg hat und bindet die Würfel zusammen. Er wird mindestens sechs mal so oft Erfolg haben.

Zweite, komplementäre Phase: Der König ändert seine Regel (Fitneß-Bedingung) und honoriert nun: gelber-Würfel-sechs, roter-Würfel-zwei. Archaios, der Unspezialisierte, wird weiter jene seltenen Erfolge haben, Neos aber nie mehr, es sei denn, er vermag die Würfel wieder zu entflechten, was, setzt man das Spiel mit mehreren Würfeln fort, immer unwahrscheinlicher wird.

Die erste Phase enthält die Erklärung für die Adaptierbarkeit hochverflochtener Systeme, mit den Familien offener Fragen, die ich unter (i) Komplexität und (ii) Regulation genannt habe. Die zweite Phase erklärt über den Schichtenbau der entstehenden Constraints Konservativität und damit jene wahrnehmbare Ordnung der (iii) alten Muster, der (iv) Stammbäume, der (v) Baupläne und der Richtungshaftigkeit (vi) in der Natur des Natürlichen Systems.

Als Anhang zu diesem Thema ist auch das neue Konzept der ‚generischen Eigenschaften' (generic properties) im Epigenese-Geschehen nicht zu übersehen, worunter weniger das Gattungsspezifische, Generelle oder Allgemeine gemeint ist, als vielmehr zugehörige Folgeerscheinungen. Etwa der Umstand, daß relativ einfache Aufträge aus dem Genom aufgrund des begleitenden chemophysikalischen Milieus zu hochdifferenzierten Resultaten, Mustern und Strukturen führen können (man vergleiche Newman u. Comper 1990, Müller and Newman 1999). Ich füge das an dieser Stelle ein, weil es möglich ist, daß das Genom, welches nur unter Rücksicht auf jene Folgen Erfolg haben kann, auch über diesen Prozeß in bestimmte Richtungen gelenkt werden wird.

(f2) Hinsichtlich der *Kritiken* ist noch nicht vieles anzugeben, und doch sind schon zweierlei Positionen zu unterscheiden.

Entweder man hat dem Prinzip (i) Lamarckismus unterstellt, oder (ii) man scheute ganz allgemein das Postulat der Rekursivität.

(i) *Die Unterstellung* ist ganz oberflächlich und hat mit der Erwartung zu tun, daß in der Geschichte der Theorie den ‚Darwinismen' ohnedies nur ‚Lamarckismen' entgegenzustellen gewesen sind. Aber auch der Sache nach betrachtet, könnte, weniger oberflächlich, vermutet werden, daß eine Wirkung der Phäne auf die Struktur des epigenetischen Systems den Lamarckismus, gewissermaßen durch die Hintertüre, in die Theorie brächte. Auf diesen Irrtum ist ausdrücklich zu verweisen. In Wahrheit wirkt die Systembedingung genau gegenläufig, der Breite der Adaptierbarkeit an die möglichen Milieus sogar entgegen.

Greifen wir unser Beispiel von den sieben Halswirbeln der Säuger auf, so kann man zeigen, daß die offensichtlich Fitneß fördernde Verminderung dieser Zahl bei den Delphinen, die Vermehrung bei den Giraffen, nicht eingetreten ist (Abb. 94). Beide Artengruppen hatten sich in sieben Halswirbeln zu bescheiden und konnten diese nur extrem abflachen oder verlängern, um ihren Milieubedingungen adaptiv wenigstens näher zu kommen. Denn nur zu sichtbar würde die Giraffe mit mehr Halswirbeln behender sein, der Delphin mit wenigen das Problem der Staudrucke am Kopf besser meistern.

Tatsächlich aber ist das nur ein illustrativer, funktionell leicht mitvollziehbarer Fall. In Wirklichkeit müssen sämtliche Merkmale, die Klassenhierarchien erkennen lassen, durch Constraints festgelegt sein. Wir fanden bereits die Homologien an jenen ihrer Merkmale kenntlich, die sich der Adaptierung widersetzen. Das sei nochmals deutlich gemacht.

Natürlich funktionieren alle Homologien, indem sie lebende Systeme zusammensetzen, und sie liegen damit unter adaptiven Auflagen, aber sie stellen sämtlich Kompromisse dar, umso deutlicher, älter und bebürdeter sie sind. Natürlich wird die Wirbelsäule adaptiert (vgl. Abschnitt 4,C1c und Abb. 47 und 50, Seiten 144 und 151). Aber an ihrem Bauprinzip selbst kann keine Änderung Erfolg haben. Auch nicht bei Schildkröten und Kofferfischen, welche sie funktionell gar nicht mehr bräuchten. Natürlich wird auch das Wirbeltierauge adaptiert, aber das Wesentlichste, das zu verbes-

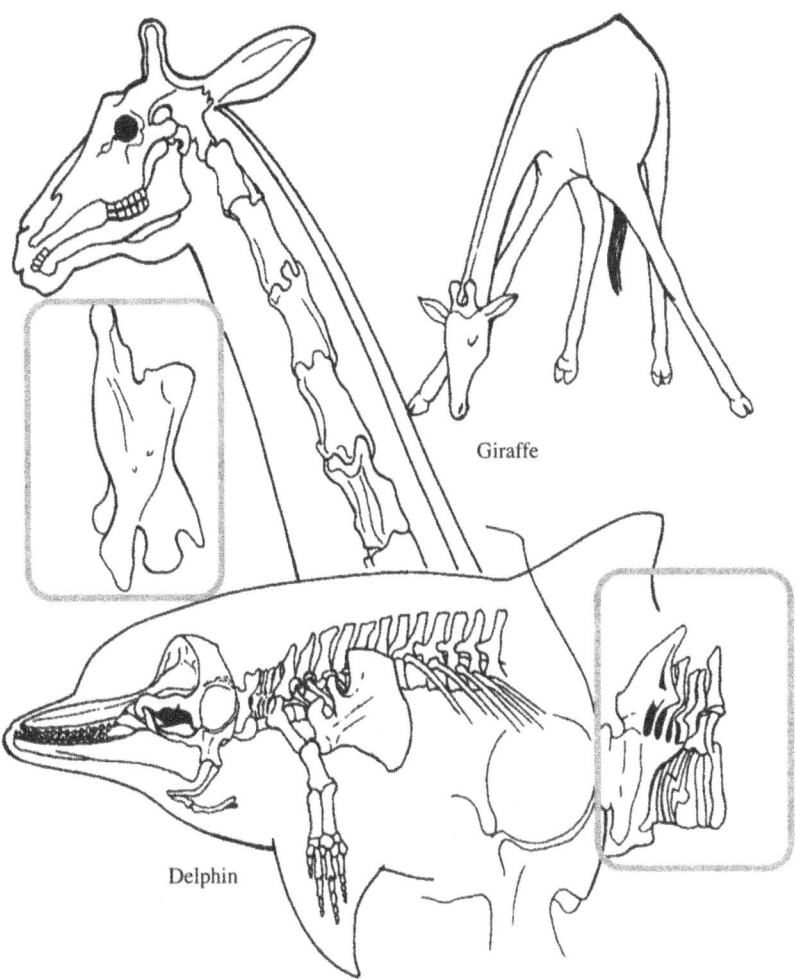

Abb. 94. *Beispiele funktioneller Bürden*, illustriert am Fall der sieben Halswirbel der Säuger. Man beachte in beiden Fällen die technisch nicht geglückte Lösung. Die Giraffen hätten mit einer größeren, die Delphine mit einer geringeren Halswirbelzahl Nutzen für ihre Bewegungsform. Für die Giraffe ist ein Wirbel, für den Delphin die gesamte Gruppe vergrößert herausgezeichnet (aus Riedl 1994)

sern wäre, nämlich die verkehrt stehenden Sinneszellen dem Licht zuzuwenden, kann nicht mehr gelingen.

Es ist merkwürdig, daß die Voraussagen, welche die Theorie schon sehr früh machte (Riedl 1977), experimentell bereits Schritt für Schritt belegt werden, ohne daß man auf sie bislang rekurrierte.

(ii) Das mag mit dem *Postulat der Rekursivität* zusammenhängen. Einmal wieder in ganz oberflächlicher Weise, weil seit der Weismann-Doktrin und dem Zentralen Dogma der molekularen Genetik eine Jahrhundert-Dogmatik nicht leicht abzulegen ist.

Sieht man aber tiefer in die Theorie, so folgt die Aussicht, daß es keinen Sinn hat, eine ‚molekulare Lösung des Lebensphänomens' zu erwarten. Wenn das Epigenesesystem, wie vorauszusehen, zum Wiederbild der Funktionszusammenhänge jener Phäne geführt wird, für welche es kodiert, dann stehen Molekülgruppen für komplexe anatomische Einheiten. Und da sie diese höheren Funktionen nur von ihrer Produkten ‚gelernt' haben können, kann die Lösung eben wieder nur eine zweiseitige sein.

3
Die Erklärungsmodelle im Organischen

Noch eindeutiger als in der komplexen Welt des Anorganischen ist die Organismenwelt ohne ihre Geschichte nicht zu verstehen. Nimmt man unsere Einsicht hinzu, daß alle Differenzierung in diesem Kosmos in Form von Einschüben entsteht, nämlich als Einschübe zwischen den Konstituenten des neuen Systems und einem Milieu, in welchem sich die neue Schicht bildet (ab Abschnitt 4,A2b und Abb. 78, Seite 229), dann können wir das Entstehen aller organischen Systeme zwischen anorganischen eingebettet erwarten.

Wie man sich erinnert, haben die Beispiele des Ursachen- und Erklärungszusammenhangs aus Physik, Chemie und Geomorphologie (Abb. 85 bis 87, ab Seite 270) gezeigt, daß die letzten Ursachen, die uns zugänglich sind, in Bedingungen des Makro- und Mikrokosmos liegen. Das gilt nun auch für alles Organische. Aus dem Makrokosmischen wirken die Gravitation, welche die Organismen an die Erde hält und die elektromagnetischen Wechselwirkungen, welche mit der Einstrahlung von Photonen zur entscheidenden Energieresource der ganzen Biosphäre werden. Sie bilden das umfassendste Milieu. Im Mikrokosmischen sind es die starken und schwachen Wechselwirkungen, die Bedingungen, welche Materie schaffen und die dann in der Form chemischer Bindungen für den materialen Aufbau und den weiteren Stoff- und Energietransfer des Organischen sorgen. Sie stellen die basalsten Konstituenten.

Und beide, noch gewissermaßen außerhalb des Organischen liegenden Bedingungen, sind um so entscheidender, als es sich bei den Organismen, wie wir das vom Entropieproblem (Abschnitt 4,A3a und Abb. 34, Seite 112) bereits kennen, um offene Systeme handelt, die ihre ‚Negentropie' oder Ordnung, fernab vom physikalischen Gleichgewicht, nur durch Durchzug und Verschleiß von Ordnung, den Durchzug von Materie und Energie aufbauen und erhalten können.

Ich schicke dies voraus, weil es in den folgenden Beispielen von Erklärungszusammenhängen im Organischen redundant würde, dieselben stets bis auf die Bedingungen des Makro- und Mikrokosmos auszudehnen. Nur übersehen werden dürfen diese Bedingungen an beiden Rändern nicht.

Ich sagte, daß im Organischen nichts ohne dessen Geschichte zu verstehen ist. Darum sollte man die Beispiele der Erklärungsmodelle mit der Evolutionstheorie beginnen. Dieselbe ist aber, meiner Ansicht nach, noch so unvollständig, daß schon aus didaktischen Gründen mit konventionellen Beispielen begonnen werden muß.

Es ist mit Beispielen aus (a) der Physiologie und (b) des Verhaltens zu beginnen, daran (c) das Doppelproblem der Erklärung organismischer Strukturen und (d) des Evolutionskonzepts zu fügen und deren Geschichtlichkeit darzustellen um mit dem nächstübergeordneten (e) System der Ökologie zu schließen.

Vergleichend mit der Besprechung des Anorganischen (im Abschnitt C1) muß hier die Dominanz des Erkennens und die Strukturen/Klassen-Gegenüberstellung nicht nochmals erörtert werden. Aber es mag nützlich sein, wieder das Phänomen (x1) der Symmetrie der Erklärung vom (x2) übrigen Kommentar zu trennen.

(a) Erklärungsmodelle aus dem Gebiet der *Physiologie* sind didaktisch nützlich, weil sich ihre Theorien, zum mindesten im unteren Teil der Doppelpyramide, dem Typus der geläufigeren, anorganischen Theoriensysteme nähern.

(a1) Zur *Symmetrie*: Mein erstes Beispiel, die ‚Ursachen unseres Auges' rekurriert gegen die Untersysteme in die Details der photochemischen Prozesse (Abb. 95), und man erkennt, daß sich das Erklärungsschema von der ‚all-trans-Potential-Theorie', mit der Voraussicht auf die Grundlage photochemischer Prozesse, nach welcher schon beim Auftreffen eines einzigen Lichtquants eine Potentialänderung an der Membran einer Sehzelle zu erwarten ist, weiter in die Gesetze der Chemie und der Physik verfolgen läßt.

Gegen die Obersysteme ist jedoch ein anderer Theorientyp erforderlich. Hier geht es von einer Theorie der Sinne, der Fernsinne und der Reizbarkeit des Protoplasmas zu Erwartungen, die mit der Korrespondenz eines organischen Systems mit seinem Milieu zu tun haben. Voraussetzungen sind im gegebenen Fall natürlich das Einstrahlen von Photonen auf die Oberfläche unserer Erde, die Abstrahlung von Photonen beim Verbrennen von Wasserstoff zu Helium in der Oberfläche der Sonne und letztlich das Verhalten von Materie bei hohen Temperaturen.

Ein zweites Beispiel (Abb. 96) sei aus der Medizin gewählt, etwa die ‚Ursache des Bluthochdrucks'. Hier gehen die Untersysteme auf genetische Anlagen zurück, die sich, wie man weiß, auf mutativ und erblich angelegte Dispositionen, Strukturen der Basenpaare und wieder auf Gesetze der chemischen Bindungen und solche der Mikrophysik zurückführen lassen. Dahingehen führen die Obersysteme vom Streß-Erlebnis in Dispositionen der Gesellschaft, über das Belastungserlebnis der Kreatur und das kreatürliche Bemühen um einen ‚steady state', nämlich das Ausgeglichensein der Befindlichkeit, bis zu den Erhaltungsbedingungen von Systemen fern vom physikalischen Gleichgewicht, in einer organismischen und zuletzt physikalischen Welt voll der unvorhersehbaren Störungen.

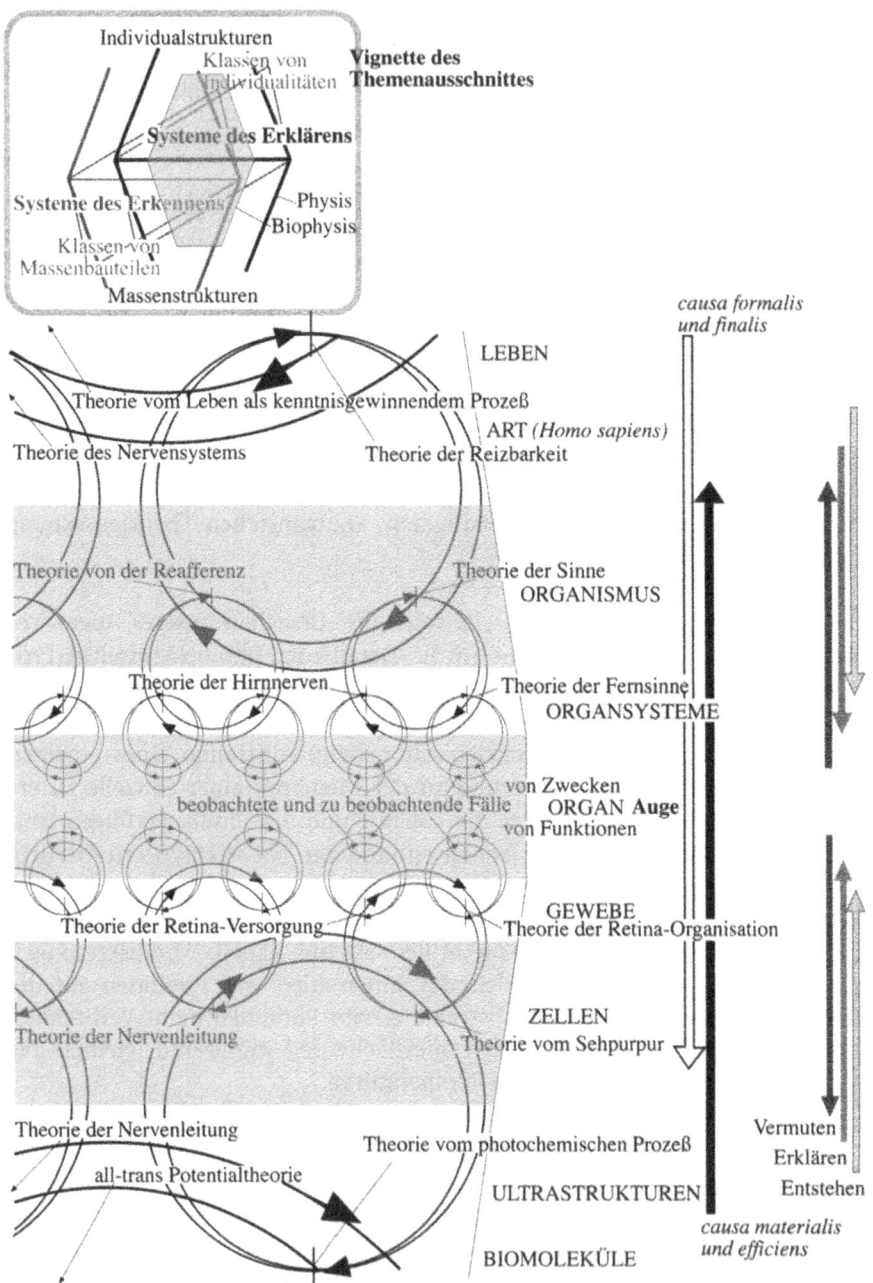

Abb. 95. *Theorien-Zusammenhänge in der Physiologie*, am Beispiel der Ursachen unseres Auges. Man beachte, daß gegen die Untersysteme Theorien der Physiologie und Molekularbiologie, gegen die Obersysteme solche des Verhaltens und der Lernprozesse folgen (nach Riedl 1985). Die Vignette (links oben) erinnert, daß im Rahmen der Physis nur mehr Phänomene der Biophysik betrachtet werden

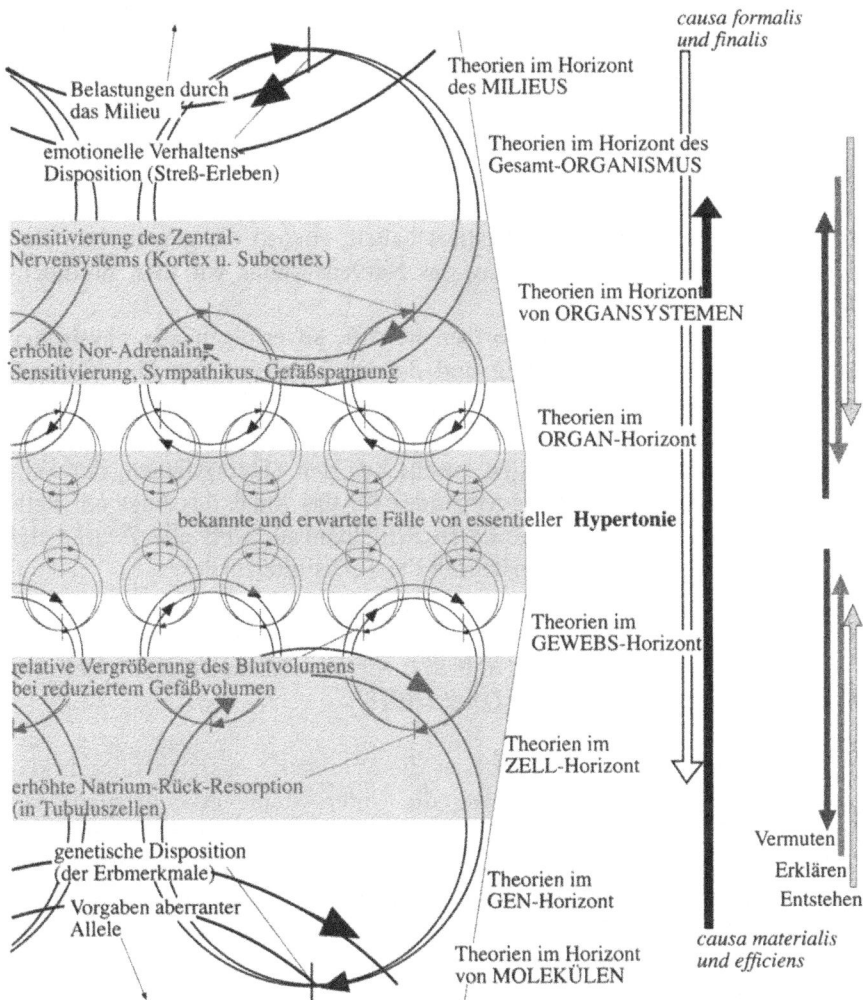

Abb. 96. *Theorien-Zusammenhänge in der Medizin*, am Beispiel der Ursachen des Bluthochdrucks. Der zweiseitige Ursachenzusammenhang rekurriert gegen die Untersysteme auf die Ausstattung, gegen die Obersysteme auf die Umweltbedingungen eines Patienten (Themenausschnitt wie in Vignette Abb. 95)

(a2) Üblicherweise wird man in Lehrbüchern der Physiologie und der Medizin eher Erklärungen aus der Pyramide der Untersysteme finden, wie sich diese eben jenen der Genetik und der Biochemie nähern. Aber es ist wohl und schon gar nach meiner Art der Darstellung, evident, daß auch das Milieu eine Rolle spielt. Beim Blutdruck sind es die Belastungen des Menschen durch äußere Ursachen aus einer sozialen Umgebung, beim Auge die Photonen und deren Nutzung zur Orientierung, wodurch in dieser

Welt ein Auge, Sehpurpur und die Anwendung photochemischer Prozesse ihren Zweck erhalten (Einzelheiten in Riedl 1985).

Man wird auch wieder ersehen, daß, in Bezug auf *die drei Wege*, der Erkenntnisweg an greifbaren Dimensionen beginnt, der Erklärungsweg aber, der ihm entgegenläuft, einer verkürzten und vereinfachten Wiederholung des Entstehungsweges entspricht. Denn natürlich mußten die Möglichkeiten photochemischer Prozesse und die Nützlichkeiten von Fernsinnen vor der Ausformung eines Auges existiert haben, ebenso die genetischen Dispositionen und die Sensitivierung des Nervensystems vor dem Bluthochdruck.

Und was die *vier Ursachenformen* betrifft, so erfolgen alle physischen Antriebe von Aufbau, Erhaltung und Betrieb basal aus den Molekülfunktionen des Energiestoffwechsels. Ebenso stammen alle Materialbedingungen aus den Zellen und der Zellvermehrung. Umgekehrt wirken die formgebenden Selektionsbedingungen jeweils aus den Obersystemen, der Sehapparat (Auge-Leitungssysteme-Sehrinde) auf das Auge, das Auge auf Retina, Linse usw., die Retina auf deren Schichtenbau. Und alle Zwecke der Schichten gehen auf den Lebensvorteil der Fernsinne zurück.

(b) Für den Bereich der *Verhaltenslehre* nehme ich ein Beispiel aus dem Ritualverhalten einer Entenart (Abb. 97), wie ein solches auch für viele andere Arten charakteristisch ist (Lorenz 1978).

(b1) Auch in dieser Wissenschaft ist die *Symmetrie* ausreichender Erklärung leicht nachvollziehbar. Gegen die Untersysteme erkennt man, daß Theorien wie jene der ‚speziellen Reizbeantwortung' und der ‚Autonomie des Nervensystems' weiter auf solche der Neurophysiologie, der Biochemie usw. rekurrieren. In Richtung auf die Obersysteme ist dagegen auf die Theorien erblicher Verhaltensprogramme Bezug zu nehmen, auf solche des Sozialverhaltens und der Funktionen von Sozialisierung und Arterhaltung. Denn naheliegenderweise entstehen Signale und Auslösemechanismen nicht nur aus ihren Materialien, sondern setzen Obersysteme voraus, aus welchen sich erst ihre Zwecke legitimieren.

(b2) Ich nehme an, man werde auch diesem Beispiel den Umstand entnehmen, daß der Erkenntnisvorgang in den unmittelbar beobachtbaren Größen beginnt und daß, bei der Symmetrie der *drei Wege*, die der Erklärungswege wieder jener der Entstehungswege entspricht.

Es mag auch gerade dieses Beispiel geeignet sein, sich der *vier Ursachenformen* zu erinnern, daß es nämlich stets die Obersysteme sind, aus welchen sich die Zwecke der Untersysteme verstehen lassen, daß es die Untersysteme sind, aus welchen sich die Konstituenten in einer präselektiven Weise ergeben, daß es aber schließlich die Obersysteme sind, die postselektiv über die Nützlichkeit, die Fitneß, also die Erhaltungsbedingungen neuer Systeme entscheiden.

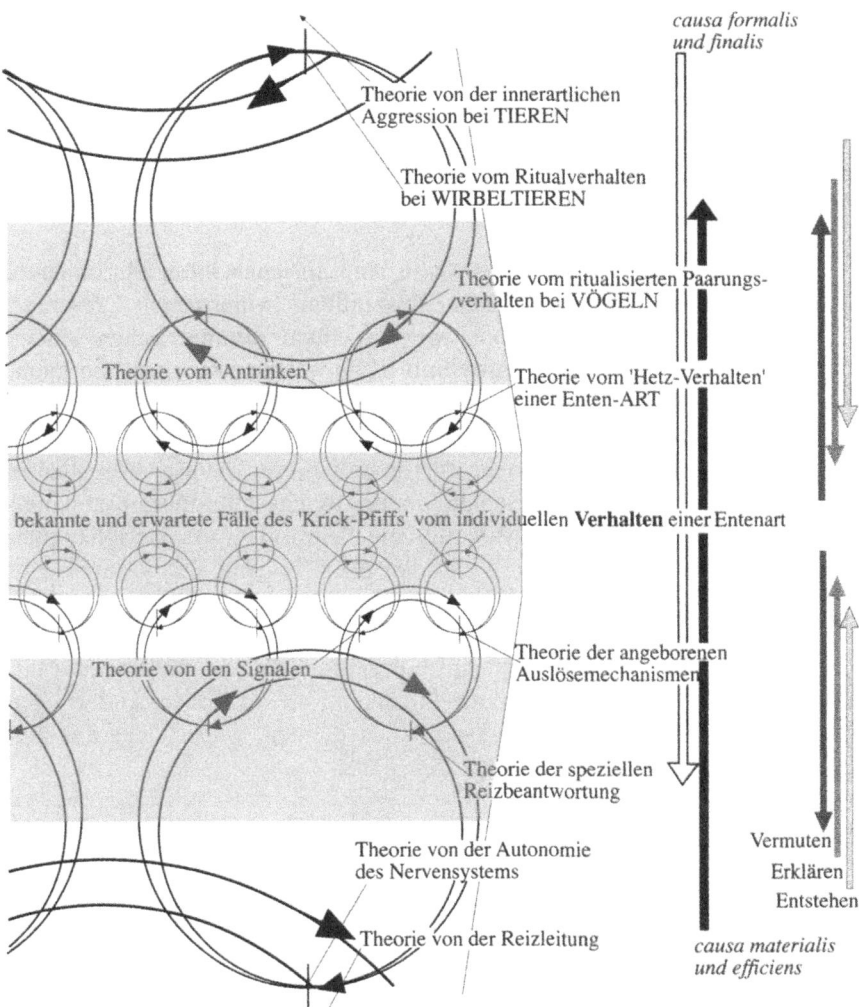

Abb. 97. *Theorien-Zusammenhänge in der Verhaltenslehre,* am Beispiel des Ritualverhaltens einer Entenart. Die Theorien reichen über die Untersysteme in die Neurophysiologie, über die Obersysteme ins Sozialverhalten (vgl. Vignette Abb. 95. nach Riedl 1985, adaptiert)

(c) Die *Erklärung organismischer Bauteile* kann man in eine doppelte Aufgabe teilen. Zwar ist die Erklärung der Einzelstruktur von jener der Evolution ganzer Systeme nicht völlig zu lösen, dennoch hat sich das ‚Homologieproblem' für das Einzelmerkmal so verselbständigt, daß sich eine getrennte Darstellung empfiehlt, zumal sich ja auch das Gesamtproblem aus diesen Einzelproblemen zusammensetzt.

In beiden Aufgaben sind wieder zwei Faktoren von Bedeutung, die so grundsätzlich sind, daß von ihnen überhaupt ausgegangen werden mußte

(Abschnitt 2,A3c und Abb. 2, Seite 22), nämlich Korrespondenz- versus Kohärenz-Bedingungen der Selektion. In der einem Organismus gegebenen, mutagenen Variabilität betreiben erstere, wie erinnerlich, die Anpassung an das Milieu und schaffen die Mannigfaltigkeit der Arten, letztere die Organisation deren Bauteile und die Ordnung des Lebendigen in deren Struktur- und Klassenhierarchien. Geht es um die Erklärung benennbarer Bauteile, so ist nicht deren Variieren das Problem, sondern Ursache deren Stetigkeit.

Homologa, so stellten wir bereits fest, sind an jenen ihrer Merkmale zu erkennen, die sich der adaptiven Abwandlung widersetzen (Abschnitt 4,C1). Und diese Resistenz haben wir aus einem symmetrischen Modell ‚funktioneller Bürden' erklärt (Abschnitt C2f), welche zwar nicht die mutative Abwandlung zu mindern vermögen, sehr wohl aber die Wahrscheinlichkeit des funktionellen Erfolgs.

Dabei mag man sich daran erinnern, daß diese Theorie zwei Phasen vorsieht: Die Koppelung von Genaktivitäten, welche für funktionsabhängige Phäne kodieren sowie die Nutzung von Pleiotropien wechselabhängiger Phäne. Sie bilden die erste Phase und den Antrieb, denn erst dadurch wird der Wandel und die Adaptierbarkeit komplexer Systeme möglich. Die Folge dagegen führt als zweite Phase zu einer Versteifung von bereits durchlaufenen Koppelungen, nunmehr zu einer ‚organisatorischen Bürde', zu Constraints, welche die Erfolgswahrscheinlichkeit von adaptiven Änderungen einschränken oder sogar ganz ausschließen können, wie ich das am Beispiel der Chorda der Wirbeltiere gezeigt habe.

Stellen wir die gegebene (c1) Symmetrie der Ursachen für (c2) eine Systemtheorie zusammen.

(c1) Eine *Symmetrie* der Erklärung ist nun schon durch die hierarchische Organisation der Formen der Homologien zu fordern: Dies gilt für die Rahmen-Homologa und die Homodynamien, aber auch für die Homonomien (Abschnitt 4,C1e).

Bereits die Rahmenhomologien lassen den Schichtenbau ihrer funktionellen Bürden erkennen, denn erfolgreiche Änderungen in einem System, sagen wir: in einem Wirbel, sind zunächst nur gegen die Obersysteme möglich, nur im Rahmen der Funktion der Nachbarwirbel, einer Region, der ganzen Wirbelsäule, letztlich im Rahmen des gesamten Stütz- und Bewegungsapparates. Aber funktionelle Bürden sind auch seitens der Untersysteme eines Wirbels zu erwarten. Das gilt für den Wirbelbogen, der das Rückenmark umgreift ebenso wie für den Wirbelkörper, für Lage, Größe und Stellung seiner Gelenkflächen, letztlich für die Organisation und Festigkeit der Masse der Knochenbälkchen (Abb. 98).

Im Ganzen enden die organisatorischen Bürden zuoberst in der Fitneß eines solchen Wirbeltiers, zuunterst in den Anlagen seines Keimmaterials. Und alle Erfahrung aus vergleichender Anatomie und Systematik zeigt, daß

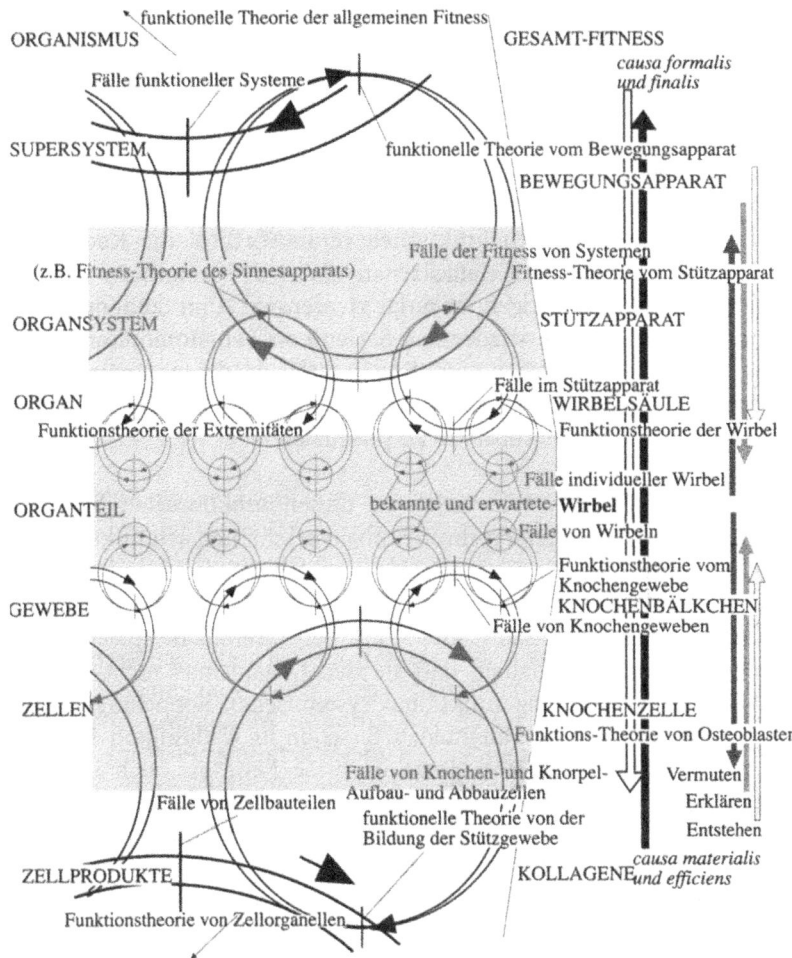

Abb. 98. *Theorien-Zusammenhänge im Konzept funktioneller Bürden,* ausgehend von Wirbeln und Wirbelsäule. Man beachte das Schichtsystem von Bedingungen, von der Zelldifferenzierung bis zur Fitneß des Bewegungsapparats. Links sind die Schichtebenen, rechts die Repräsentationen angeschrieben (vgl. Vignette Abb. 95, Seite 298)

im gesamten Bereich dieser Wechselzusammenhänge nur höchst harmonisch verlaufende Änderungen Erfolg gehabt haben und die Grundformen solcher Architektur völlig erstarrt sind: die Säulengliederung der Wirbel von Kopf bis zum Becken, das Umfassen des Rückenmarks, die Ausgliederung der Spinalnerven und weiter bis zu ihrem Bau aus Knochenbälkchen.

Auch die Homodynamien bilden ein hierarchisches System von funktionellen Abhängigkeiten. Ich werde auf diese in Abschnitt C3d näher eingehen, zumal sie für solche Zusammenhänge stehen, welchen genetische Funktionen zum mindesten zugedacht werden müssen, wie man sie auch für die Erklärung von Homologien allgemein erwarten möchte.

Und was die Homonomien betrifft, so sind diese Massenbauteile zwar mehreren bis vielen individualisierten Obersystemen unterlegt, aber sie sind eben auch allen diesen funktionell verantwortlich, die Knochenbälkchen eben nicht nur den Gelenkflächen der Wirbel, sondern wo immer dem Stützapparat Leistungen abverlangt werden. Und zudem bestehen auch homonome Bauteile wieder aus Serien von Sub-Homonoma, im Beispiel jener Knochenbälkchen aus Knochenzellen, deren Organellen und hinunter bis zu jenen Schalt- und Strukturgenen, welche aufgerufen werden müssen, um Knochensubstanz zu produzieren.

(c2) *Systembedingungen:* Wie viele von diesen funktionellen Kohärenzen im Genom von der Koppelung ihrer Aufbauvorschriften schon kopiert wurden, beziehungsweise wie viele Pleiotropien bereits derlei kohärente Entwicklungen eröffnet haben und anleiten, das wissen wir noch nicht. Jene Mutationen in der Wirbelsäule aber – um bei unserem Beispiel zu bleiben –, welche soweit Erfolg hatten, daß sie den Organismus nicht zerstörten, zeigen bereits die Existenz funktional systemischer Koppelungen (Shorttail- und Überzahl-Wirbel-Mutanten; z. B. schon in Waddington 1975).

Für die Erklärung der Homologie ist diese Kenntnis auch im Grunde nicht erforderlich. Eher für die Frage, wie es kommt, daß derart vernetzte Systeme überhaupt erfolgreich abgewandelt werden können. Für die Erklärung der Homologie genügt zunächst die Einsicht in ihre funktionellen Bürden, und nur wo diese zur Erklärung nicht reichen (wie im Falle des Beispiels in Abb. 44, Seite 137 und Abschnitt 4,C1b1) das Postulat ‚organisatorischer Bürden', die sich den funktionellen Bürden angeschlossen haben oder ihnen vorausgelaufen sind.

In diesem System organisatorischer Bürden ist wieder das Wechselspiel prä- und postselektiver Selektion, nun aus den Bedingungen der Organisation, jeweils aus den Dispositionen der Anlagen, wie aus dem Obersystem des Bauplans zu erwarten. Auf den Zusammenhang der drei Wege und der vier Ursachenformen gehe ich im folgenden Abschnitt ein.

(d) Was schließlich das *Erklärungsmodell der Evolution* betrifft, so können wir es aus dem Zusammenwirken jener Einzelbedingungen aufbauen. Dabei darf die erfolgreiche und direkte Wirkung der Mutation eines einzelnen Strukturgens auf ein Einzelphän sogleich als Ausnahme betrachtet werden. Vielmehr ist vorherzusehen, daß die Wechselbezüge zwischen materialen Disponibilitäten und Bauplanbedingungen zu einem hoch verflochtenen und in sich hierarchisch organisierten System von Einschüben der Wechselwirkungen von Genen und Genprodukten geführt haben.

Von diesem Epigenesesystem kann, wie schon festgestellt, erwartet werden, daß es in vereinfachter, symbolisierender Form jene organisatorischen Freiheitsgrade und Bürden wiedergibt, die sowohl für die Adaptierbarkeit komplexer Bauteile als auch für die gegebenen Constraints verantwortlich sind. Das sind die Homologien, von den basalsten Homonomien bis zum Typus der Baupläne.

Wir sind schon bei der Erklärung benennbarer Bauteile vom Antagonismus zweier Selektionsbedingungen ausgegangen, die entweder auf Anpassung an das Milieu oder aber auf die Organisation der inneren Abstimmung drängen. Aus der Geschichte der Evolutionstheorie war (im Abschnitt C2) zu berichten, daß der Vorgang der Adaptierung weitgehend verstanden zu sein scheint. Mutabilität, Rekombination der Gene, Populationsdynamik, Angebote neuer ‚ökologischer Nischen', Spezialisationsprozeß und Milieuselektion sind hierfür in erster Linie verantwortlich.

Das ist, wie man sich erinnert, für die Entstehung der Ordnung im Organismenreich anders. Hier bedarf es noch der Ausformung der Theorie.

Das Modell eines Theorienzusammenhangs, der uns die Geordnetheit der Evolutionsprodukte erklären soll, muß zweierlei Betrachtungsebenen vereinen, weil für die vorliegende Ordnung jene funktionellen wie genetischen Bürden die Ursache sein können. Daher ist die Familie der morphologischen Theorien gemeinsam mit der Familie der genetischen Theorien wahrzunehmen. Es ist sogar zu postulieren, daß Theorien in der morphologischen Ebene solchen in der genetischen entsprechen müßten und umgekehrt.

Diese Perspektive läßt zweierlei voraussehen: Zum einen ist zu erwarten, daß sich auch Symmetrien zwischen morphologischen und genetischen Theorienbildungen darstellen lassen werden, so unterschiedlich auch deren methodische Zugänge sind. Zum anderen wird man feststellen, daß an einer Reihe uns durchaus geläufiger Konzepte da wie dort noch Formulierungen zur Theorienform fehlen.

Den Kern der morphologischen Theorien hatten wir im Zusammenhang mit den Begriffen Typus, Bauplan, Homologieformen und Homonomien (Abschnitt 4,C) schon erörtert und dabei die genetischen Theorien (im Abschnitt C2) berührt. Die Verbindung zwischen den beiden liefern Stadien der Keimesentwicklung, nach welchen ich diese vorstellen will. Und zwar, daß es sich (wie in Abschnitt 4,B3d erörtert), soweit uns die Fakten der vergleichenden Anatomie und der Systematik Belege dafür liefern, wenn auch vereinfacht, um palingenetische Merkmale, also um Rekapitulationen phylogenetischer Abläufe handelt.

Daher ist mit (d1) der Darstellung der Keimesentwicklung zu beginnen. Und es mag im Anschluß wieder nützen, (d2) die Symmetrie des Zusammenhangs vom (d3) Zusammenhang mit den vier Ursachen und drei Wegen getrennt zu untersuchen.

(d1) Diese Betrachtung der *Keimesentwicklung* ist es auch, die uns Hinweise darauf liefert, wie vieles in ihrem Ablauf von den stammesgeschicht-

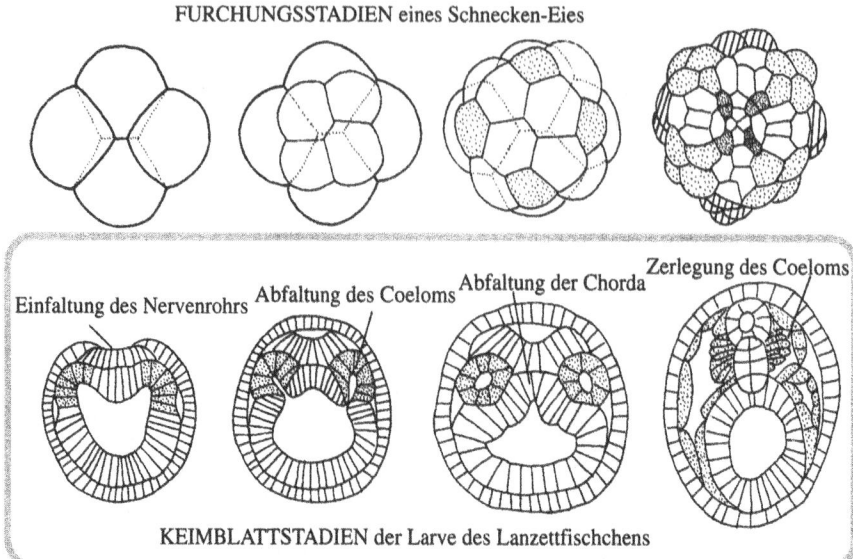

Abb. 99. *Stadien von Furchung und Keimblattbildung.* Blastomere mit vorgegebenen (präsumptiven) Funktionen sind gleich ausgewiesen, ebenso die Schichten der Keimblätter. Man beachte die Schematik dieser Architekturen (nach mehreren Autoren, aus Riedl 1975)

lichen Prozessen vorweggenommen wird. Derlei erhellt aus einer sorglichen Sortierung ihrer cäno- und palingenetischen Merkmale, wobei zu den cänogenetischen nicht nur die Anpassungen an das Larven- oder Embryonalleben gezählt werden dürfen, sondern auch alle Vereinfachungen und Vorwegnahmen. Denn diese zeigen besonders deutlich, wie vieles an organisatorischen Bürden vom Epigenesesystem bereits aus dem Bereich der Phäne übernommen sein muß.

> Nehmen wir uns also einige gut bekannte Phänomene aus der Keimesentwicklung zur Analyse vor. (i) Furchung, (ii) Keimblattbildung, (iii) Induktion, (iv) phänotypische Epigenese sowie (v) ‚Mobilität und Übung'.

(i) Unter *Furchung* versteht man die Zerlegung der befruchteten Eizelle in homologisierbare, also benennbare Zellindividuen, die sogenannten Blastomere (Übersicht seit Korschelt u. Heider 1936). Bei diesem Vorgang werden meist die Symmetrien des vorgesehenen Organismus bereits angelegt (Abb. 99). Zweifellos ist das eine Vorwegnahme. Man darf ja nicht annehmen, daß in frühen Meeren zunächst Zwei-, dann Vierzellen-Stadien die Welt bevölkerten. Die Vielzeller müssen vor jeder Drei-Achsen-Gliederung der später bilateral organisierten Organismen oder überhaupt über plasmodiale Zustände, also Vielkernigkeit, entstanden sein.

Der Vorgang enthält eine caenogenetische Vereinfachung (vgl. Abschnitt 4,C1d) oder Symbolisation. Dennoch: Die Vorwegnahme der Organisation der Körperachsen kann nur in einer zweiten Linie mit der Vorbereitung der Fitneß einer Kreatur im Milieu zu tun haben. In erster Linie muß es ein Organisierungsprinzip sein, das zum Ziele hat, die Information für die Grundorientierung des künftigen Organismus möglichst eindeutig zu verteilen. Und diese Gliederung kann nur palingenetisch vom Bauplan des späteren Organismus ‚erlernt' sein, weil die Vielzelligkeit eben vor der Entwicklung jener drei Körperachsen, z. B. der bilateralen Organisation (dorsal/ventral, Vorder/Hinterende, rechts/links), entstanden sein muß.

Nachdem die Blastomere der sogenannten ‚Mosaik-Keime' nur mehr Bauteile des Vorderendes, der Rückenseite oder der rechten Körperhälfte bilden können, müssen im Genom die alternativen Anlagen für die jeweils alternativen Blastomere unterdrückt (suppressed) sein. Und dies ist nochmals eine Vorwegnahme künftiger Organisation, die unmittelbar nur dieser späteren Organisation nachgebildet, den funktionalen Obersystemen entnommen sein kann, erst mittelbar durch die Vorteile einer solchen Körpergliederung im Milieu.

Diese Situation schreibt nach den etablierten Theorien der Struktur- und Regulationsgene eine Theorie der ‚Supression' vor (Abb. 100), die verständlich macht, auf welche Weise Blastomere von bestimmten Leistungen ausgeschlossen werden.

(ii) Überzeugender noch ist dies bei der *Keimblattbildung*. Darunter versteht man eine Gliederung der ‚präsumptiven' Funktionen ganzer Schichten von Zellverbänden für bestimmte Bauabschnitte des Organismus (vgl. nochmals Abb. 99). Eine außenliegende Zellgruppe, das ‚Ektoderm', kann nur mehr Haut und Hautderivate, z. B. Nervenrinne, Linse und Haare bilden, die tieferliegenden Blastomere, das ‚Entoderm', nur mehr Darm und Darmanhänge. Und das ‚Mesoderm', das schließlich mit Chorda-Anlage, Stütz- und Muskelsystem den ganzen Bewegungsapparat bildet, kann in verschiedener Weise, ja aus einer einzigen präsumptiven Mesodermzelle entstehen.

Wieder haben wir einen Mechanismus der Aufteilung von Bauanleitungen vor uns, der zwar letztlich der Fitneß des fertigen Organismus nützen muß, der aber, wie beim Hausbau, alle Materialien und Strukturpläne vorsortiert, was einmal Fundament, Mauerwerk und Dach werden wird. Hier nähern wir uns bereits den weitesten Rahmenhomologien, wie wir diese z. B. als den ‚Bewegungsapparat' schon kennengelernt haben.

Es ist evident, daß der Bewegungsapparat der Wirbeltiere nicht dadurch entstanden sein kann, daß sich vom Darm zwei Falten in die primäre Leibeshöhle abgegliedert haben (Abb. 99, Coelom), welche sich daraufhin, lamellenweise, in die Anlage von Skelett, Bindegewebe und Muskulatur auseinanderfalten. Stammesgeschichtlich müssen sie sich dagegen miteinander differenziert haben. Daß diese Keimblätter solch getrennte Aufgaben zugeteilt erhalten, muß vom später differenzierten Produkt angeleitet sein.

Es muß eine Theorie postuliert werden (Abb. 100), die verstehen läßt, in welcher Weise einem Keimblatt die Spezifika seiner künftigen Funktionen

308 Die Strukturierung des Erklärten und Verstandenen

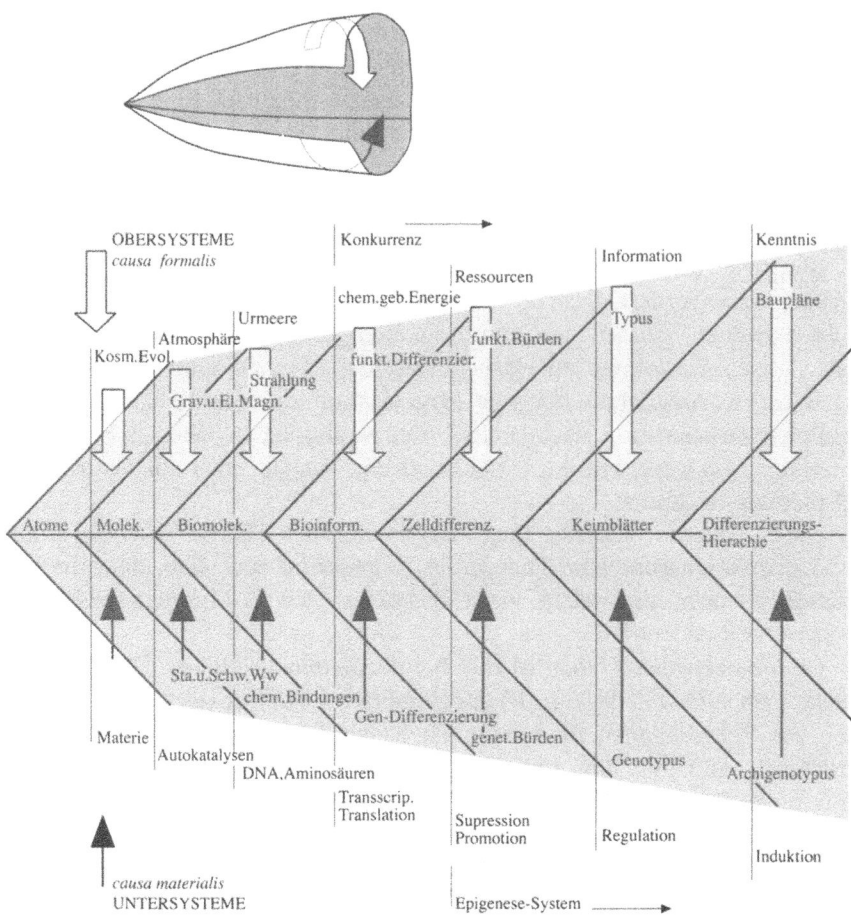

Abb. 100. *Die Wechselbezüge in der Evolution*, zwischen Material- und Formbedingungen, jeweils über die Schichtgrenzen hinweg. Dargestellt sind sieben Ebenen des hierarchischen Systems. Sie gelten mit der Zeitachse (nach rechts) additiv. An den Rändern des Diagramms sind die Ausgangssysteme angeschrieben, entlang der Achse Systeme, die auf die Organismenwelt zulaufen, zwischen beiden die phasenübergreifenden *causae*. Als Vignette ist der in Wahrheit konvolute Zusammenhang zugefügt, da auch die Ausgangsbedingungen auseinander hervorgehen. Man vergleiche mit der Übersicht in Abb. 33 und 78 auf den Seiten 108 und 229. (Grav.u.El.Magn., Sta.u.Schw.Ww = die vier physikalischen Kräfte)

vorgeschrieben werden. Man muß ein Regulationssystem voraussehen, in welchem alle für die Produktion seiner spezifischen Produkte erforderlichen Gene zusammengeschaltet, alle anderen aber unterdrückt werden. Das muß von funktionellen und/oder genetischen Bürden ausgehen und zu organisatorischen Bürden führen, wie ich dies (im Abschnitt C2f1) schon dargelegt habe. Es sind nicht mehr abzulegende Prinzipien der Organisation, wie sie hier in ihrer palingenetischen Expression den Bauplan schon vorbereiten.

(iii) Vom Phänomen der *Induktion* war (Abschnitt 4,C1e und C3a sowie Abschnitt C2e2) schon die Rede. Man kennt, wie erinnerlich, bereits eine Fülle solchen Transfers von Information (Gilbert 1991), und zwar, wie ich beobachtet habe (Riedl 1975), vielfach vom phylogenetisch älteren zum jeweils neueren Bauteil, was ja für jede Technik des Informationstransfers abgestimmter Aufbauvorgänge naheliegend ist. Am Bau spricht man von Naturmaßen.

Zudem ist es höchst kennzeichnend, daß, wie schon erwähnt, die Muster dieses Transfers über die Arten ganzer Tierstämme gleich bleiben (Abb. 101) und auch die Art der Nachricht über solch weite Bereiche, beispielsweise vom Schleimaal bis zum Hühnchen, gleichermaßen verstanden wird. Das hat (wie in Abschnitt 4,C1e2 festgestellt) den Begriff der Homodynamie, homologer Nachrichten, gerechtfertigt.

Über die Art der Sender dieser Nachricht und die Weise des Empfanges ist noch wenig, einiges über die Form der beteiligten Moleküle bekannt. Es scheint aber außer Frage, daß es sich auch hier um eine chemisch kodierte Nachricht aus Genprodukten handelt. Dies ist gewiß schon eine höhere Form epigenetischer Aktion, die, da erblich, freilich auch auf die Einschaltung spezieller Genabschnitte zurückgehen muß, wenn diese uns auch noch nicht bekannt sind.

In diesen Induktionsflüssen (Abb. 101) kommt das Bauplanprinzip ganz zu Tage. Und nun ist es völlig evident, daß solche Mechanismen vom Bauplan erlernt sein müssen, wenn man beachtet, daß es sich um die Anlage lauter präsumptiver Organgruppen handelt, die sich über ihre erst kommenden Differenzierungen und Funktionen in Aufbauschritten verständigen. Beispielsweise, daß die Chorda die Gliederung des dorsalen Mesoderms bestimmt, dieses die der Wirbel und die Ganglienleiste und diese gemeinsam die Anordnung der Spinalganglien.

Das Selektionsprinzip ist längst nach innen, ins System verlagert. Ähnlich wie man bei einer Fertigung von Automobilen die Tests, etwa der Passung von Kolben und Zylindern, nicht dem Markt überlassen kann. Natürlich müssen Automobile mit dem Mark korrespondieren, aber in komplexen Systemen müssen bewährte Passungen vorweggenommen werden.

(iv) Weiter führt die *phänotypische Epigenese* in den wahrnehmbaren Bereich systemischer Abstimmung, aber gleichzeitig noch weiter hinaus aus den Kenntnissen von deren Steuerung über Genprodukte. Ich summiere unter diesem Titel jene Familie von Epigenesephänomenen, die uns Muster von Regulationsweisen vorführen, wie sie im Aufbau komplexer Systeme besonders das Verhältnis von Freiheitsgraden und Festlegungen anschaulich machen (Abb. 102).

Die umfangreichste Dokumentation stammt aus der physischen Anthropologie und vom menschlichen Schädel (Hauser und DeStefano 1989). Man kann daran erkennen, daß sich nun Einzelbauteile gleicher Ebene,

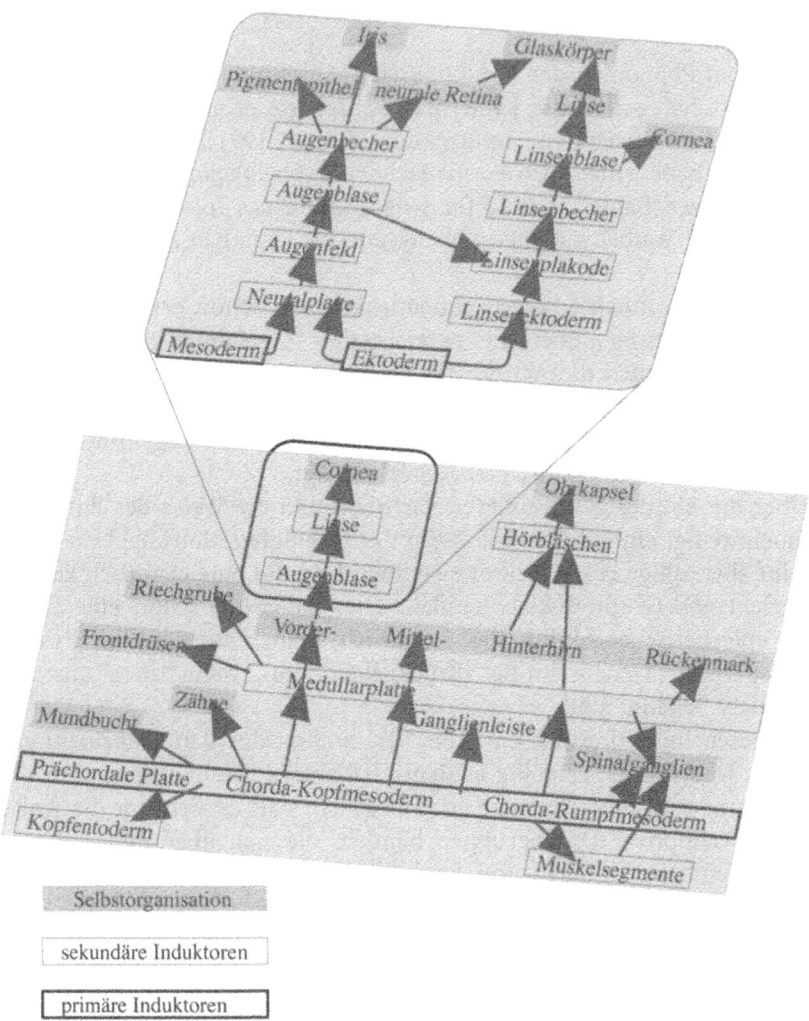

Abb. 101. *Schema des basalen Induktionsmusters der Wirbeltiere.* Aus der Gesamtübersicht ist der Ausschnitt der Augenbildung im Detail dargestellt. Die Pfeile geben die Induktionsrichtung an, wobei primäre und sekundäre Induktorblasteme sowie solche der Selbstorganisation verschieden ausgewiesen sind (nach Riedl 1975)

beispielsweise die Knochen des Hirnschädels, untereinander verständigen. Nie überwachsen sie einander oder lassen Lücken, stets schließen sie ‚programmgemäß' aneinander. Wo sie aber einander treffen, und wo sie welche Nähte bilden, unterliegt wiederum gesteuerten Freiheitsgraden.

(v) Und schließlich ist noch auf die Funktion von *Mobilität und Übung* zu verweisen, welche, nach jüngerer Erfahrung, in der Entwicklung der Kreatur eine notwendige Rolle spielt. Man kann von ‚inneren Programmen'

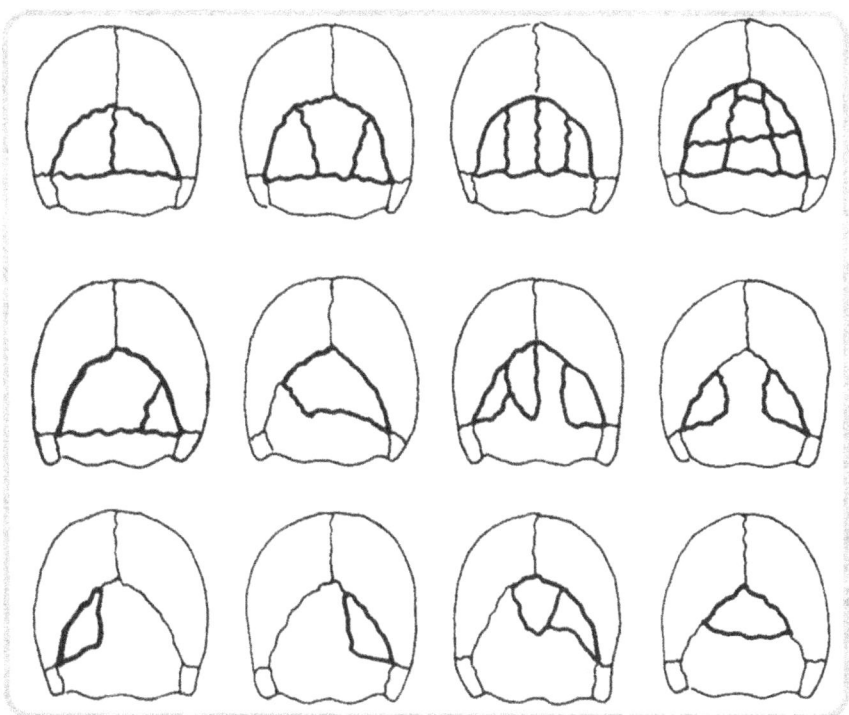

Abb. 102. *Epigenetische Freiheitsgrade,* am Beispiel der Variationen von Knochennähten (fett eingezeichnet) am Hinterhaupt des menschlichen Schädels (aus Hauser und De Stefano 1989)

sprechen und von Anforderungen durch das Milieu, die allerdings auch wieder innere Programme voraussetzen.

Was die Mobilität selbst betrifft, so zeigt es sich, daß Extremitäten, z.B. des Hühnerembryos (Müller 1994), schon früh bewegt werden, und daß die richtige Ausformung der Gelenke gestört wird, wenn man diese Bewegungen durch lokal applizierte Anaesthetika hintanhält. Übrigens kennt jede Mutter bereits das ‚Strampeln' ihres älteren Fötus. Und heute ist bekannt, daß diese Kreaturen sogar Daumen lutschen. Freilich ist die Steuerung noch nicht entschlüsselt.

Aus dem Ende der Reifung von Organismen ist die notwendige Übung am Milieu bekannt. Zur Komplettierung der Kreatur ist die Auseinandersetzung mit Außenreizen erforderlich. Hält man Kätzchen (wie in Abschnitt 3,C1b1 schon erwähnt) in einem Milieu, dem bestimmte Reize fehlen oder läßt sie nicht krabbeln, sondern führt sie auf einem Wägelchen, so wird die entsprechende Randverschärfung im Programm der Retina, wiewohl vorbereitet, nicht ausgebildet. Das bringt uns zurück zu dem so glücklichen Begriff der ‚Angeborenen Lehrmeister' (Lorenz 1978), der die ganze Spätausformung der angeborenen Programme wieder an das Milieu koppelt.

Aber selbst die Randverschärfung ist ein konstruktives Abstraktum in den einer Retina möglichen Schaltungen. Denn die Welt besteht nicht vorwiegend aus ‚Rändern‘: Diese spielen nur in der ‚Technik‘ des Aufbaus der Gestaltwahrnehmung, wie wir gesehen haben, eine den Organisationsprogrammen des Bauplans der Wirbeltiere vorgegebene Rolle.

(d2) Die *Symmetrie ausreichender Erklärung* will ich nun gleich im Versuch einer Gegenüberstellung morphologischer und genetischer Theorien darstellen, zumal sie in beiden Gruppen zu erwarten ist. Dabei ist von diesem Erklärungsprinzip zu verlangen, daß es die Lösung der Probleme einschließt, welche die Synthetische Theorie offen gelassen hat (Abschnitt C2e2) und damit der ‚Systemtheorie der Evolution‘ genügt, die (Abschnitt C2f1) ich als eine Ergänzung zur ‚Synthetischen Theorie‘ vorgestellt habe.

Aus der Symmetrie des Ursachenzusammenhangs kennen wir durch die Strukturforschung, wie schon der Name sagt, die Phäne, von den Zellorganellen bis zu Bauplan und Typus. Die von mir postulierten, äquivalenten Bedingungen im System der Gene sind dagegen erst zu einem geringen Teil erschlossen. Das hängt mit technischen Voraussetzungen zusammen, aber auch damit, daß die beiden Gebiete einander methodisch fremd geblieben sind. Morphologen wissen mit den Erhellungen der molekularen Genetik nicht viel anzufangen, molekularen Genetikern wiederum ist die morphologische Methode unbekannt oder befremdlich.

Um es genauer zu sagen: Die Phäne liegen zwar zu Tage, es sind aber die Theoreme der Morphologie und der Systematik (Abschnitt 4,C und D), die uns ein Begriffsystem schufen, welches (state of the art) noch am besten den in der Natur gegebenen Einheiten zu entsprechen scheint. Die Beladenheit mit der schon dargestellten Theorie sei auch hier nicht übersehen.

In der Genetik sind elementare Prinzipien, die der Abschrift und der Übersetzung genetischer Information, bekannt sowie einige basale Prinzipien der Genregulation, Formen von Operatoren und Fälle von Gradientenbildung sowie der Kodierung für komplexere Phäne: jüngst die Homeoboxgene. Höhere Regulationssysteme sind vorerst nur aus den Induktionsprozessen (wie wir diese aus Abschnitt 4,C1e, C3a und Absatz C2e2 kennen) zu erschließen, ferner aus der epigenetischen Variation im Phänbereich und aus Aktionen des Embryos und der Jugendstadien. Auch hier Theorienbeladenheit, aber im Grunde mit der Erwartung eines Aufbauvorganges aus Grundbausteinen zu höherer Komplexität, ohne eine Wirkung aus den Obersystemen, ein Paradigma, das hier auch zu überbauen ist.

Nehmen wir für den beabsichtigten Vergleich der beiden Theoriensysteme den Ansatz wieder in einer mittleren Ebene der greifbaren Objekte. Das ist im Phänbereich naheliegend, da es die leicht wahrnehmbaren Bauteile sind, die in ihrem Verhältnis von Gleichheit und Abwandlung den Ansatz für alle weitere Theorienbildung liefern (Abb. 103).

Unterscheiden wir also Theorien in Richtung auf (i) die Ober- und auf (ii) die Untersysteme.

(i) Gegen die *Obersysteme* sind es schichtweise die Theorien von den Homonomien, den Formen der Homologie, der Baupläne und des Typus. Und ich habe dargestellt, daß das allgemeine Prinzip vom ‚morphologischen Typus' aus den Formen und Freiheitsgraden der Baupläne folgt, die Baupläne aus den Formen der Homologien abzuleiten sind und diese aus der Differenzierbarkeit von Homonomien. Man denke an die schrittweise Individualisierung etwa der Extremitäten der Arthropoden oder die der Zähne von den Reptilien zu den Säugern.

Symmetrisch dazu muß im Genbereich den Homonomien ein Prinzip der Abrufbarkeit identischer Information gegenüberstehen, den Homologien die Serie der Induktionsvorgänge, welche in der Ebene der Baupläne die Archigenotypen zusammensetzen, ein Prinzip komplexer, jeweils der Geschichte des Bauplans entsprechender Wechselbezüge zwischen den Möglichkeiten der Adaptierung und der Festlegung deren Grenzen. Und die Fälle von Archigenotypen rechtfertigen eine generelle Theorie vom Genotypus, wie diese umgekehrt die Archigenotypen begründet.

(ii) Gegen die *Untersysteme* sind es im Phänbereich Konzepte aus den Lehrgebäuden zunächst der Histologie, dann der Zytologie, also der Gewebe- und Zellenlehre, weiter der Lehre von den Zellorganellen und von den gleichen Funktionen gleicher Ultrastrukturen, etwa Membranen, Fasern oder Tubuli. Man wird die in diesen Gebieten bewährten Systeme und Klassifikationen noch nicht Theorien nennen. Und dennoch lassen sie jene Definitorik und Prognostik zu, welche wir von einer Theorie erwarten.

Symmetrisch dazu sind genetische Systeme zu erwarten, welche die Ausbildung dieser weiter unterteilten Serie von Massenbauteilen anleiten. Eine Hierarchie von Operonsystemen wird zu postulieren sein, zusammengesetzt aus den Theorien der positiven und negativen Regulatorsysteme, die auf Prinzipien des Operonsystems zurückgehen, diese auf die Theorien von den Regulations-, Operon- und Strukturgenen, welche ihrerseits die Theorien von der Abschrift und Übersetzung genetischer Daten voraussetzen und schließlich die Theorie von der molekular kodierten Information.

Dieses System von Erklärungen hat natürlich provisorischen Charakter. Es kann aber über noch aufzudeckende Phänomene Voraussagen machen (Riedl 1977) und, was interessant ist, an den künftigen Aufschlüssen widerlegt oder, was zum Teil schon geschieht, bestätigt werden (Übersicht und weitere Literatur z.B. in Akam et al. 1988, Raff 1996, Scharloo 1991).

(d3) Nun ist noch der Zusammenhang mit den *vier causae und drei Wegen* zu referieren. Der Ansatz liegt in der Zweiseitigkeit der Aufbaubedingungen und der Parallelität der morphologischen und genetischen Theorien (Abb. 103). Damit reicht die weitere Perspektive in beiden Theoriensystemen wieder von den umfassendsten Theorien im Makro- bis zu den umfassendsten im Mikrobereich.

314 Die Strukturierung des Erklärten und Verstandenen

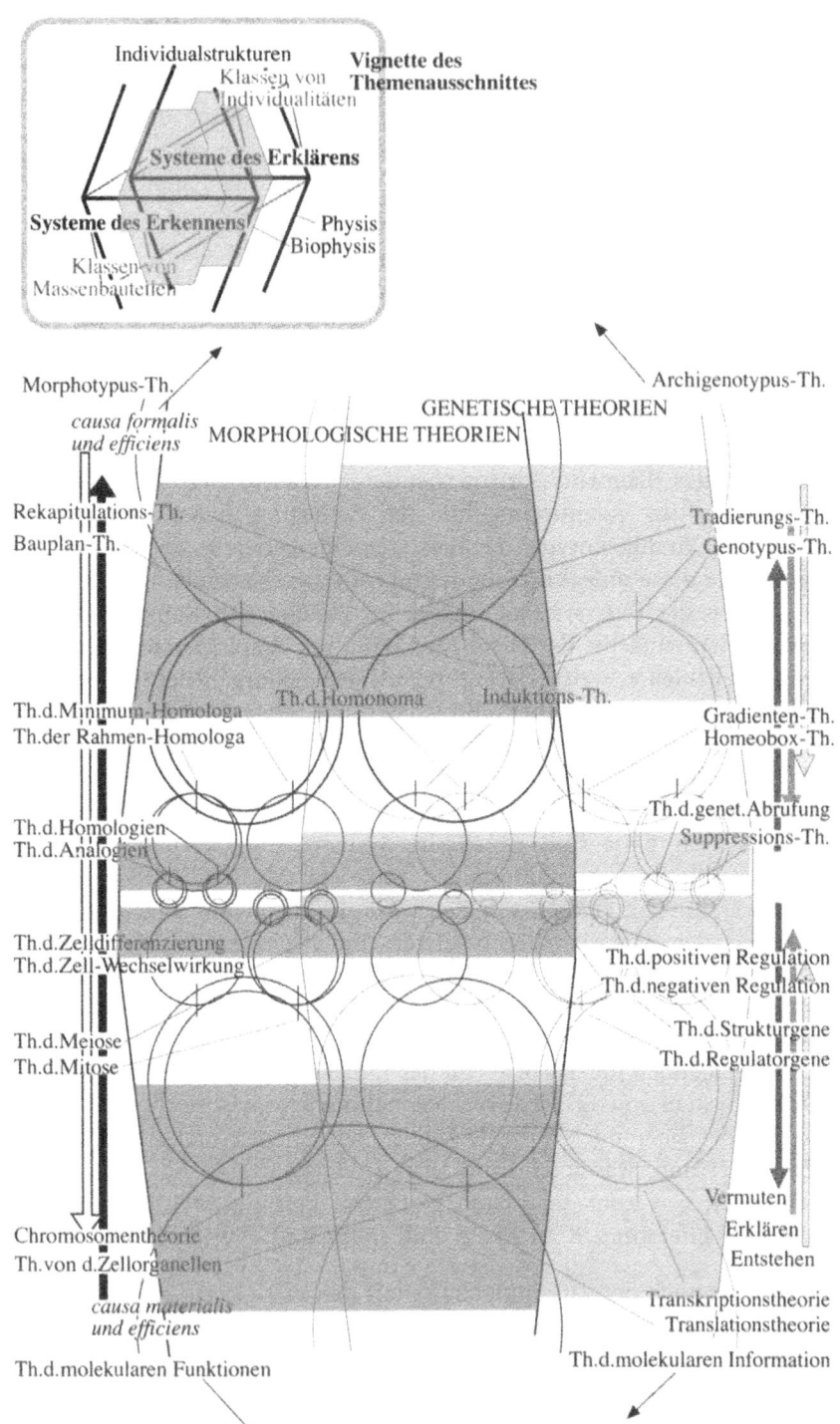

Dennoch gilt diese Darstellung nur für die Betrachtung des Zustands eines höheren und ausgeformten Organismus. Den phylogenetischen Vorgang sollte ich in der gegebenen Zeichenebene (Abb. 103) nicht zusätzlich ausdrücken. Darum sei an die Abb. 100 erinnert, die in einen solchen Ablauf einführt. Und tatsächlich gilt dies für alle Systeme mit Geschichte, für den ganzen Kosmos und für die gegebenen Beispiele zu Physiologie und Verhalten (Abb. 95 bis 97, ab Seite 298) allemal, und es wird auch für das Beispiel zur Ökologie (Abb. 104, Seite 318) und alle intentionalen Systeme (in 6,D) gelten müssen.

Ich will dem Erklärungsmodell zunächst (i) die vier Ursachenformen anlegen, um im Anschluß seine Beziehung zu (ii) den drei Wegen untersuchen.

(i) Zu den *Ursachenformen*: Antrieb des Systems ist der Zugang zu Energie über Photonen und molekulare Prozesse, die auch hier von der Basis, von den Zellorganellen, durch das ganze System hindurchreichen, und zwar sowohl für den Aufbau der Phäne als auch für den Betrieb der Prozesse im Genbereich. Gleiches gilt für die Materialien. Im Phänbereich scheint es noch trivial, daß die Zellorganellen in den Zellfunktionen, die Zellfunktionen in den Geweben usw., weitergegeben werden. Es ist aber auch zu postulieren, daß alle basalen Genfunktionen als Grundlagen für alle höheren durchgereicht werden.

Die formgebenden Selektionsbedingungen dagegen wirken sämtlich aus den Obersystemen. Denn gewiß selektiert das Prinzip eines Bauplans die Organe, diese ihre Gewebe und Zellen. Es ist aber auch zu offensichtlich, daß die Archigenotypen die für ihre Baupläne erforderlichen Induktionsmuster bestimmen. Und es ist zu postulieren, daß dieselben auf die Freisetzung der dafür nötigen Genprodukte gewirkt haben und diese die Selektionsbedingung für die dafür erforderlichen Genregulationen sein mußten. – In derselben Erklärungsrichtung sind auch alle Zwecke zu verstehen. Und zwar vom Morphotypus hinunter bis zu den Einzelzellen und vom erfolgreichen Genotyp hinunter bis zu den elementarsten Vorgängen der Genregulation.

(ii) Was nun die Beziehung zu den drei Wegen betrifft, will ich zuerst den *Erkenntnisweg* untersuchen. Die Geschichte der hier benennbaren Theorien ist sehr verschieden. Naturgemäß sind jene über die Phänsysteme älter und von der Gestaltwahrnehmung angeleitet. Dies hat, in Richtung

◄─────────────────────────────────────

Abb 103. *Versuch einer Gegenüberstellung morphologischer und genetischer Theorien*, damit einhergehend auch der Grundlagen funktioneller und genetischer Bürden zur Erklärung der organischen Ordnung. Einige Beispiele sind einander schichtweise zugeordnet. Man beachte (Vignette), daß hier Theorien des Erkennens und des Erklärens hintereinanderstehen

auf die wahrnehmbaren Obersysteme, typischerweise auch dazu geführt, daß das Typus-Konzept Goethes, Homologieverständnis voraussetzend, vor dem Homologie-Begriff Owens auftauchte, daß erst darauf von Adolf Remane geeignete Homologiekriterien und schließlich meine Begründungen derselben dargestellt wurden. Es ist aber evident, daß die Voraussetzungen für die Bildung dieser Begriffe umgekehrt verlaufen, daß die Bedingungen von Freiheitsgraden und Constraints – was bei Goethe noch ein ‚inneres‘, ein ‚esoterisches Prinzip‘ genannt ist – die Formen der Homologie, die Homologien den Bauplanbegriff und die Baupläne die Bildung des Typusbegriffs rechtfertigten. Gegen die Untersysteme ist die Abfolge, methodisch gegeben, von den Geweben und Zellen zu den Organellen und Ultrastrukturen verlaufen.

Die genetisch- ontogenetischen Theorien besitzen zwei Ansätze: in der Embryologie und in der Molekulargenetik. In Richtung auf die Obersysteme liegen Keimblatt- und Induktionstheorie ziemlich früh, um die Jahrhundertwende, und erst darauf folgt Waddingtons Theorie vom Archigenotyp. In Richtung auf die Untersysteme kehrt sich die Zeitachse um. Das Ansteigen von Technik und Vertrauen ließ die Konzepte von den Abschrift- und Übersetzungs-Konzepten zu den Operon-Systemen, den Gradienten und Homeoboxen weitergehen. Aber die unterlegten Voraussetzungen verlaufen wieder von den Fällen zum Prinzip.

Der *Erklärungsweg* führt von beiden Enden der Doppelpyramide (Abb. 103) zu den Fällen organismischer Organisation. Alle Homologien erklären sich aus den Constraints der Baupläne und diese aus der Typustheorie, welche je nach Bauplan verschiedene, stets aber typische Grundstrukturen, Freiheitsgrade und Fixierungen vorhersehen läßt. Ebenso erklären sich die spezifischen Supressionen aus den erforderlichen Induktionen, diese aus ihrem Archigenotyp, der selbst aus den allgemeinen Bedingungen des Genotyps zu erklären ist. Wir haben das Erklärungsprinzip unter den Begriff der funktionalen Bürden summiert.

Gegen das molekulare Ende erklären sich die Spezifika der Homonome aus den Dispositionen ihrer Substrukturen bis zum Molekularbereich. Ebenso, wie die Spezifika der Regulationssysteme auf das Regulationsprinzip und die Rangung der Gene zurückgehen muß. Wir haben das Erklärungsprinzip unter den Begriff der genetischen Bürde summiert.

Was schließlich den *Entstehungsweg* betrifft, so läuft er dem Erklärungsweg wieder parallel. Allen komplexen Systemen müssen, jeweils als Ganzes, funktionale Bürde entstanden und genetische zugekommen sein. Mit der geforderten Adaptierbarkeit auch des Komplexen, sind die ordnungsschaffenden Constraints aller Evolution von Anfang an zugeteilt. Dies äußert sich im Morpho- und Genotypus aller Organisation und hat von dort aus die Grade von Freiheit und Festlegung der Subsysteme bestimmt. Und daß von der Basis aus die Disposition der Nuklein- und Aminosäuren der Evolution der Gene und die Disposition der Proteine der Evolution aller Phäne Vorbedingung gewesen sein muß, ist selbstverständlich.

(e) Als Beispiel für *Erklärungsmodelle in der Ökologie* wähle ich den Wechselbezug, auf welchem die Fitneß einer Art beruht, worunter man in erster Linie den Reproduktionserfolg eines Individuums oder die Stabilitäts- und Verbreitungschancen einer Spezies versteht.

Wir haben nun ein System vor uns, in welchem nicht nur trophische, klimatische und edaphische Terme, also Ernährungs-, Klima- und Raumbedingungen, eine Rolle spielen, vielmehr kommen noch organismische Faktoren dazu. Die Artengemeinschaften werden selbst zum Milieu der Arten. Und das gilt für den gesamten Zusammenhang von Produzenten, Konsumenten und Reduzenten, vorwiegend sind dies Vegetation, Tiere und jene Mikrowelt, welche die umgesetzten Stoffe wieder in den Kreislauf zurückführen.

Als komplexestes System der Natur umschließt es im Prinzip alle Repräsentanten aller Arten und all deren Funktionen, vom Verhalten bis zu den molekularen Abläufen. Damit lädt es aber gleichzeitig zur Abstraktion, zur Bildung einer Prinzipienlehre vom Lebendigen ein, in welcher die Informationsspeicher, die Stoff- und Energiekreisläufe uns nicht nur die Erhaltungsbedingungen der Biosphäre verstehen machen, sondern auch jenen Hintergrund, vor welchem sich alle Evolution abspielt.

Untersuchen wir wieder getrennt (e1) die Symmetrie der Eklärungsstruktur und (e2) den Bezug zu den drei Wegen.

(e1) Die *Symmetrie* der Erklärungs-Strukturen in der Ökologie ist, nun am oberen Ende der Komplexität, didaktisch ebenso wertvoll wie am unteren Ende, am Erklärungsprinzip der Physiologie (Abschnitt C3a). Diesmal deshalb, weil uns schon die Optik zwingt in einer mittleren Dimension zu beginnen, ob das nun ein Waldstück, eine Herde, ein Bach oder eine Bucht sei. Denn den Stoffkreislauf, etwa im borealen Mischwald oder im Südatlantik, erfaßt man ebenso erst später, wie den Stofftransport von DDT durch die Nahrungskette oder von Schwermetallen durch das Grundwasser.

Dieser Umstand hat die Ökologen früh diszipliniert und von jener mittleren Beobachtungsebene aus angeleitet, gegen die Obersysteme von Aut- und Synökologie, Ökosystemforschung und theoretischer Ökologie zu sprechen, also Arten, Gemeinschaften, Gemeinschaften-Systeme und die ihnen übergeordneten Prinzipien getrennt zu fokussieren (Abb. 104), wie diese dann im Ganzen dem Entropiesatz, dem Wechselbezug zwischen Erde und Kosmos genügen müssen.

Gegen die Untersysteme folgen dann die uns schon geläufigen Schichtebenen von Verhalten und Reproduktion, Energie- und Stoffumsätzen bis zur Biochemie des Energiegewinns. Und keine der beiden Serien ist für eine ausreichende Erklärung ökologischer Zusammenhänge entbehrlich.

(e2) Dieser Zusammenhang gibt auch jenen wieder, der die *drei Wege* betrifft. Denn natürlich ist der Erkenntnisweg von den Systemen mittlerer Dimension ausgegangen und hat erst später, da über die Theorien von den

Die Strukturierung des Erklärten und Verstandenen

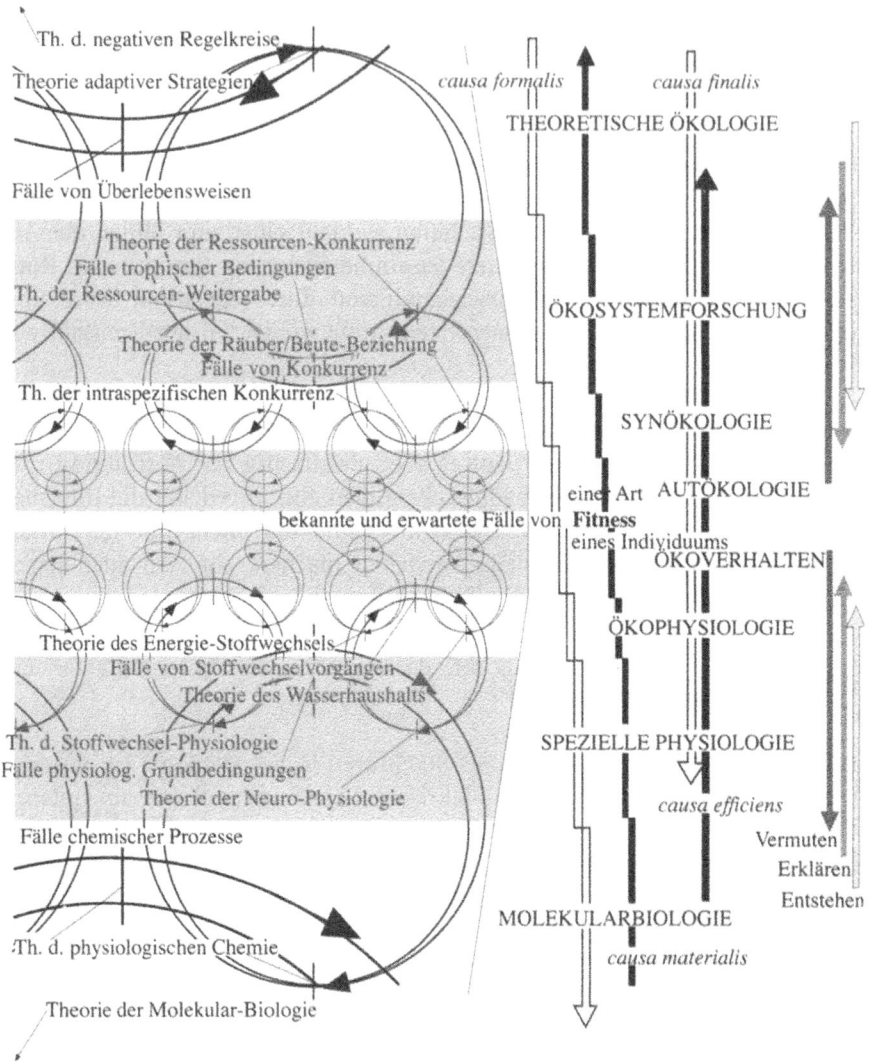

Abb. 104. *Theorien-Zusammenhänge in Bezug auf ein Ökosystem.* Man beachte dazu die (rechts) angeschriebenen, einschlägigen Disziplinen (vgl. Vignette Abb. 95, Seite 298; nach Riedl 1985, ergänzt)

Konkurrenzbedingungen zu solchen von den adaptiven Strategien (Abb. 104) geführt, dort über die Theorien von den Ressourcen zu deren Applikation in der physiologischen Chemie. Umgekehrt gehen die Erklärungswege von jenen Endpunkten aus, wie auch die Vielzahl der Arten und Biozönosen sowohl aus den möglichen adaptiven Strategien als auch den Dispositionen chemophysikalischer Ausstattung als ökologische Zusammenhänge entstanden sind.

Ebenso deutlich bilden sich die Verläufe der vier Ursachenformen ab. Die Antriebe gehen vom molekularbiologischen Umsatz des Photonenempfangs in Energiespeicher aus und reichen durch den ganzen Schichtenbau des Betriebes hindurch, wie auch alle Grundmaterialien in jener Schicht gebildet werden, auch wenn sie Schicht für Schicht zu neuen Systemeigenschaften, Arten, Biozönosen und ökologischen Regionen zu immer neuen Qualitäten evolvieren. Umgekehrt rekurrieren die formgebenden Selektionsbedingungen aller Schichten auf die jeweilige Oberschicht, und alle Zwecke gehen auf die obersten Strategien des Überlebens in den Lebensgemeinschaften zurück.

D
Die Prinzipien des Verstehens

Am Beginn dieses sechsten Buchteiles habe ich in Aussicht gestellt, die zu erklärenden Gegenstände nach ihren Objekten zu gliedern. Das entspricht auch ihrem Mangel an beziehungsweise ihrer Verknüpfung mit Bewußtsein in ihrer Genesis. Dies ist allerdings auch eine künstliche Teilung, zumal schon das Verhalten des Menschen von engen Verflechtungen bewußter und unbewußter Prozesse gesteuert wird.

Ich komme mit dieser Gliederung eher der Konvention entgegen zwischen Erklären und Verstehen, zwischen Natur und Artefakten zu unterscheiden, wiewohl die Grenzen fließen und, wie wir fanden, auch methodisch kein grundsätzlicher Unterschied vorliegt, außer daß die Programme, wie sie für die Keimesentwicklung und das Verhalten der Organismen typisch sind, nun intentionalen Charakter gewinnen können. Mit den dazu einschlägigen Auffassungen haben wir uns in Teil 5, namentlich 5,C, befaßt.

Im Folgenden mag es darum angebracht sein, die Theorien zu betrachten, wie sie in der Praxis mit der Erklärung komplexer Produkte des Menschen umgehen.

Hinsichtlich der weiteren Gliederung will ich mit (1) dem menschlichen Verhalten beginnen, dann (2) jene Artefakte behandeln, die eine historische Betrachtung nahelegen und mit (3) Institution schließen, die wir auch ohne deren Geschichte erklären müssen.

1
Die Erklärungsmodelle menschlichen Verhaltens

Verhalten betrachte ich hier in einem weiteren Sinn. Zwar liegen dem menschlichen Verhalten stammesgeschichtliche Anlagen zugrunde, wie sie die Verhaltensforschung aufgedeckt hat. Diese Anlagen wurden aber auch kulturell überbaut. Dabei spielten Bewußtsein, Intentionalität, Sprache und

Kultur ihre neuen Rollen. Dem Verhaltensbegriff im vorliegenden Kontext werden darum auch Intentionen und Handlungen zu subsumieren sein. Nur die gegenständlichen Produkte solcher Handlungen selbst, die Artefakte, sollen später behandelt sein.

Mit den Theorien, welche die Erklärungsversuche solcher Phänomene begleiteten, haben wir uns (Abschnitt 5,C2 und 5,C3) schon befaßt, erwarten aber kausale Erklärbarkeit, die sich, wenn auch nur theoretisch und über die Formen unseres Kausalverständnisses, sogar (wie im Abschnitt B3 dargestellt) auf Kraftverwandlungen zurückführen läßt.

Es ist angezeigt, den Text nach den Fächern (a) Psychologie und (b) Soziologie zu trennen, wiewohl das mehr der Konvention folgt, da die Sozialpsychologie eine gute Verbindung schafft. Dennoch sind es zwei Ebenen, welche die Teilung rechtfertigen, und ich werde (x1) die Symmetrie des Erklärungszusammenhanges weiterhin vor (x2) den Bezügen zu den vier Ursachen und den drei Wegen darstellen.

(a) Was die Erklärungsmodelle in der *Psychologie* betrifft, hat man immer wieder bedauert, daß es an zusammenfassenden Konzepten mangelt. Man beschränkte sich auf ‚Mikrotheorien‘, die geeignet sein sollten, Einzeluntersuchungen zu rechtfertigen (Foppa 1975). Zudem sind die Familien dieser Theorien in zwei Lager, die teriomorphen und kulturomorphen Lösungsvorschläge geteilt. Entweder man sucht die psychischen Leistungen ganz auf die Herkunft aus den Säugetieren (Teria) zurückführen oder aber auf die menschliche Kultur. In einer Übersicht der Lerntheorien (Bower u. Hilgard 1983/84) sind dieselben sogar nach zwei Bänden sortiert.

(a1) Legt man das uns schon geläufige *Modell zweiseitiger Erklärung* an, so finden sich (Abb. 105) die teriomorphen und kulturomorphen Anleitungen jeweils in den Theorien-Pyramiden des Unter- und des Oberbaus.

Nehmen wir als Beispiel die Handlung eines Erwachsenen unserer Kultur, der einem fremden Kind zu Hilfe eilt, so erklären wir uns dieselbe gegen die Untersysteme zunächst aus den Theorien von den höheren, ratiomorphen Leistungen kognitiver wie sozialer Ausstattung. Diese verbinden sich mit den Theorien von der Gestaltwahrnehmung und der emotionellen Steuerung und weiter mit jener Basis neuronaler Verrechnungen, die mit AIAMs, Augenblicks-Information-Auswertenden-Mechanismen (Lorenz 1978) und Zerebraler Hermeneutik (Stent 1981) zu tun haben.

Gegen die Obersysteme sind es zunächst assoziative Leistungen, etwa der Einschätzung der Handlung des Kindes, der Umstände und der Folgen, welche mit der Ebene unserer Theorien von den individuellen Erfahrungen und Einstellungen verbunden sind und weiter mit dem Überbau kultureller Prägungen und Selbstverständlichkeiten.

(a2) Was *die drei Wege* betrifft, so geht der Erkenntnisweg natürlich von Urteilen über die beobachtete Handlung aus und setzt sich nach oben über die Deutungen der Erfahrungen und Einstellungen des Handelnden fort,

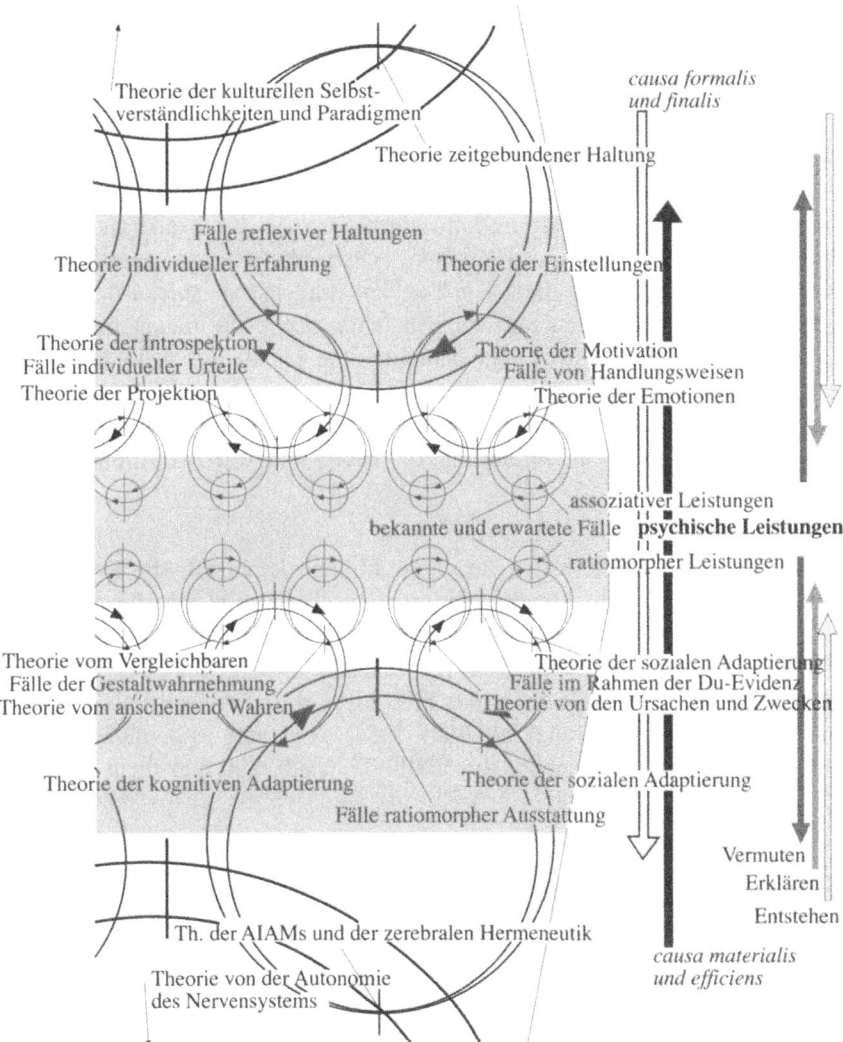

Abb. 105. *Theorien-Zusammenhänge in der Psychologie*, ausgehend vom Schnittpunkt ratiomorpher und rationaler Leistungen. Zugeordnet sind die Wegerichtungen des Erkennens, Erklärens und Entstehens (AIAMs = Augenblicks-Information auswertende Mechanismen, vgl. Vignette Abb. 95, Seite 298)

was weiter auf dessen kulturelle Anlagen schließen läßt. Derlei wird schon von unserer Lebenserfahrung angeleitet und fachlich von Gebieten der Individual- und der Sozialpsychologie vertreten. Nach unten liegt der Ansatz in derselben Handlung und führt von den Einzelheiten der Theorie ratiomorpher Ausstattung bis zu den Theorien von den Fundamenten menschlichen Wahrnehmens.

Die Erklärungswege gehen umgekehrt von den allgemeinsten Bedingungen aus. Denn von oben lenkt die Sozietät die Entwicklung von Einstellungen, wie diese Einfluß nehmen auf die Einschätzung von Handlungen. Von unten sind es die AIAMs, welche stammesgeschichtlich die Arten der Wahrnehmung und der ratiomorphen Ausstattung der Kreatur vorbereitet haben. Und ebenso müssen die Entstehungswege verlaufen sein.

Was *die Ursachenformen* betrifft, so reichen die physischen Antriebe vom Energiegewinn zellulärer Stoffwechselprozesse durch alle Handlungen der Individuen und der Gesellschaften, welche diese zusammensetzen hindurch, ebenso die Materialien. Die Zwecke, zunächst als solche des Überlebens, beginnen im Milieu und reichen, ebenso wie die formgebenden Selektionsbedingungen, durch den Schichtenbau bis in die Zellularprozesse. Dabei bleibt weiterhin zu bedenken, daß alle Zwischenschichten als Einschübe entstanden sein müssen, man also deren Genese so wenig übersehen darf, wie ich dies in Abbildung 100 (Seite 308) für Evolutionsprozesse dargestellt habe.

(b) Erklärungsmodelle in der *Soziologie* können jenen, für die Psychologie eben dargestellten, sehr ähneln. Nimmt man als Beispiel die Handlung nun nicht eines Individuums (wie in Abb. 105), sondern die einer Gruppe, so können wir gleich an die gemachte Erfahrung anschließen. Der Theoriengeschichte der Soziologie gehe ich hier nicht nach, wiewohl sie auch für unser Thema aufschlußreich ist (Riedl 1985). Hier mag es genügen anzugeben, daß sie die hermeneutische Methode wiederholt berührte und sich auch jüngst wieder auf den Wechselbezug von Hypothesen bezieht.

(b1) Die *Symmetrie* dieser Wechselbezüge kann man leicht zugänglich machen, wenn man bedenkt, daß sich das Handeln einer Gruppe, gegen die Obersysteme, aus den ‚Institutionen' erklärt, in welche sie eingebettet ist und unter deren Bedingungen sie entstand: Stand, Stadt, Staat und Staatenbund. Und gegen die Untersysteme müssen es die Individuen der Gruppe sein, deren individuelle Erfahrungen und Einstellungen, assoziative Leistungen und deren ratiomorphe Ausstattung für ein zureichendes Verständnis des Gruppenhandelns erforderlich sind.

(b2) So finden sich auch *die drei Wege* wie im Zusammenhang mit Einzelhandlungen aufschließbar. Die Erkenntniswege werden von den Fällen von Gruppenhandlungen ausgehen und letztlich ebenso die Gesamtsituation des Milieus, wie auch die Ausstattung der Individuen aufschließen. Und die Erklärungs- und Entstehungswege werden umgekehrt verlaufen.

Schließlich werden die *vier Ursachen*, ebenso wie in unserem Beispiel von individuellen Einzelhandlungen, durch das ganze System von Erwartungen oder Theorien gegengleich verlaufen. Allerdings wieder mit Bedacht auf deren schichtweises Entstehen.

2
Erklärung von Artefakten mit Genealogien

Alle komplexen Systeme haben, wie wir feststellten, Geschichte. Bei manchen lassen sich zudem Genealogien aufdecken. Das hängt mit dem Vorliegen vergleichbarer Fälle zusammen, die dann (wie schon in Abschnitt 3,D und 4,C und D gezeigt) einen Zusammenhang von Struktur- und Klassenhierarchien zeigen. Die Klassen der hier zusammengestellten Artefakte sind die Kulturen.

Artefakte entstehen durch Handlungen. Es wird darum alles, was über individuelles und kollektives Handeln festzustellen gewesen ist, zu unterlegen und ein notwendiger Teil der Erklärung sein. Ausreichend ist diese Erklärung allerdings nicht, denn nun entstehen neue Strukturen mit neuen Qualitäten, neue Formen von Ordnung, wie sie gewissermaßen aus den Kulturschaffenden ausfließen. Und um deren Erklärung muß es vor allem gehen, um einen Aufbauvorgang, der aufschlußreich ist.

Die Erklärungsstruktur der hier zusammengestellten Kulturprodukte wird aber noch eine Einsicht verdeutlichen, der wir schon begegnet sind und die wir allen Überlegungen unterlegt haben: Es handelt sich um den Umstand, daß man bei Erkenntnisprozessen zwar von mittleren Phänomenen ‚greifbarer' Wahrnehmbarkeit ausgeht, daß aber Ansätze in allen Ebenen zu denselben Strukturen von Symmetrien, dreier Wege und vierer Ursachenformen führen. Das Gebiet der Philologie wird dies besonders gut zeigen.

Ich beginne daher mit den Erklärungsvorgängen in (a) Urgeschichte und Archäologie, schließe (b) Philologie und Literaturwissenschaften an und schließe mit (c) Geschichte und (d) Kunstgeschichte – und gliedere weiterhin in die Untersuchung (x1) der Symmetrien und in (x2) die der Ursachen und Wege.

(a) Die Erklärungsmodelle in *Urgeschichte und Archäologie* sind, wie diese Gebiete selbst, miteinander entstanden. Die Gebiete trennten sich je nach Mangel oder Besitz schriftlicher Dokumente. Die Erklärungsmodelle folgten aber einem sehr verwandten Problemverständnis. Schon um die Jahrhundertwende differenzierte man äußere und innere Deutung, also Zweck und Material, ab der 70er Jahre, mit der ‚New Archaeology', Schichtsysteme und Hierarchien von Zwecken und Sachen und endlich den Kontext der Entdeckung und den Kontext der Begründung (M. Levin 1973), in meiner Terminologie: Erkenntnis und Erklärungsweg (Einzelheiten in Riedl 1985).

Dem Schema sind freilich noch nicht alle Urgeschichtler und Archäologen gefolgt, zumal der Vorgang der Induktion noch kontrovers blieb ebenso wie die Unterschiede pragmatischer und formaler Behandlung. Damit haben wir uns an anderen Stellen befaßt. Im Ganzen ist aber das Verständnis eines Systemzusammenhangs eingeleitet.

(a1) Zur Betrachtung der *Symmetrie* des Erklärungsmodells geht man, wie das in diesen Gebieten üblich ist, von ‚Sachen' aus, genauer gesagt, von der

Theorie einer Sache, von Einzelfunden, sei es ein Faustkeil, Keramiktopf, eine Figurine oder beschriftete Stele. Gegen die Obersysteme erweist sich die Theorie einer Sache als Mitglied der Theorie einer Sachgruppe, etwa eines Grabes, eines Gräberfelds, einer Siedlung, der Theorie von einer bestimmten Kultur. Gegen die Untersysteme sind es die Theorien von der Zusammensetzung, der Handhabung und Herstellung und zuunterst die wieder übergreifenden Theorien von den Kenntnissen und der Ausstattung des Herstellers.

(a2) Wer an Ausgrabungen mitgewirkt hat, wird mir bestätigen, daß man, gleich wie bei der Aufdeckung eines Fossils, den Entdeckungsvorgang Schaufelstich für Schaufelstich, selbst Pinselstrich für Pinselstrich, geradezu physisch miterleben kann. Daß es sich beobachten läßt, wie die Erwartungshaltung, die Theorie, Schritt für Schritt verworfen, gewandelt, erweitert oder bestärkt wird.

Das macht den Zusammenhang der *drei Wege* besonders deutlich: Sachen bilden den Ausgangspunkt, auch wenn es sich nur um eine Brandschwärzung oder die Füllung eines Pfahl-Loches handelt, auch wenn das schon alles in Ähnlichkeitsfeldern ‚gesehen', mit Erwartungen und Theorien durchwoben ist. Stets verlaufen die Erkenntniswege durch die Hierarchie der Strukturen hinauf bis zur Theorie einer Kultur, hinunter bis zur Theorie von den Handhabungen eines Menschen. Gegengleich ergeben sich alle Erklärungen aus diesen übergreifenden Theorien. Und was den Entstehungsweg betrifft, so bestanden die Kulturen ebenso wie die handelnden Individuen stets vor den Artfakten, die sich zwischen diese beiden Enden einschoben.

Auch der Zusammenhang der *vier Ursachen* mit jener Strukturhierarchie ist leicht zugänglich. Aller physischer Antrieb kommt aus der handelnden Kreatur, hinauf bis zum Betrieb ihrer Kultur, ebenso die Materialien, vom Lehm der Ziegel bis zur Stadt. Verkehrtherum ist es die formgebende Auswahl, die von den Konzepten einer Kultur, eines Kulturgefühls aus, die Art der Anlagen, der Bauten und der Materialien von Zierrat und Gerät bestimmt. Und nicht minder erklären sich alle Zwecke aus den jeweiligen Obersystemen, das Material aus dem Baustein, dieser aus dem Bau und der Bau aus der von einer Kultur beabsichtigten Siedlung.

(b) Das Verstehen in *Philologie und Sprachwissenschaft* hat zum Modell unseres Zugangs zu komplexen Systemen wesentlich beigetragen. Man erinnert sich der Einsichten Boeckhs, schon aus der späten Goethezeit, an welchen unsere Methodendiskussion über Hermeneutik (Abschnitt 4,B1a) bereits ihren Ausgang genommen hat. Boeckh hat eben nicht nur den Schichtenbau von Wort, Satz, Kontext, Autor, Literaturgattung und Zeitgeist für seine Analysen angewendet, sondern auch die Wechselseitigkeit des Vorganges des Verstehens.

(b1) Zu dieser *Symmetrie* des Verstehensprozesses sagte Boeckh: „Da sich die Individualität der Rede ... durch die Wahl und (!) Zusammensetzung der Sprachelemente ausdrückt, müssen ihre beiden Seiten in dieser doppelten Beziehung hervortreten" (Ausgabe 1966, Seite 126). Und selbst der mögliche Zirkularitätsvorwurf wird erkannt, durchschaut und entkräftet: „Der Cirkel löst sich hier approximativ dadurch, daß sich der die Gattung bestimmende Zweck zum Theil ohne die vollständige Kenntnis der Individualität erkennen läßt. Dieses unvollständige Verständnis der Gattung erschließt dann wieder einzelne Seiten der Individualität, wodurch die generische Auslegung neue Grundlage erhält, und so greifen beide Arten der Interpretation weiter wechselseitig ineinander" (Seite 131).

In meiner Terminologie heißt das (dargestellt in Abb. 106, Schicht 5 und 6): Fälle von Kontexten erlauben (über die deskriptive Struktur des Stils) die Bildung einer Theorie des Stils, wie umgekehrt Fälle von Stilen (über den deskriptiven Sinn der Textsyntax) eine Theorie der Kontext-Bedeutung erlauben.

Nun steht die Theorie eines Stils nicht für sich allein, sondern muß sich (mit ihren normativen Strukturen) an Fällen des Zeitgeistes (Schicht 7) ebenso bewähren, wie sich die Theorie der Kontext-Bedeutung (mit ihrem normativen Sinn) an den Fällen von Satz-Bedeutungen (Schicht 4) zu bewähren hat.

Ich nehme an, daß diese Verbalisierung des Zusammenhangs manchem Leser verwirrend erscheinen muß, wiewohl er bei der Beurteilung eines Textes genau so vorgeht. Daher halte man sich beim Vorgang solcher Entflechtung an die entsprechende Graphik (Abb. 41, Seite 128), konzentriere sich auf jeweils einen Einzelvorgang und lasse sich vom Umfeld nicht ablenken. Was nochmals zeigt, wie wenig unser Sprachdenken für den Umgang mit komplexen Systemen geschaffen ist.

Tatsächlich ist es aber nicht nur dieser Wechselbezug zwischen den Schichten, welcher den Zikularitätsvorwurf entkräftet. Wie wir das schon (Abschnitt 4,B1d und Abb. 37, Seite 121) untersucht haben, kommt es darauf an zu erkennen, daß keine der Theorien alleine steht, vielmehr in eine Hierarchie von Theorien eingeflochten ist.

Nehmen wir die Theorie einer Wortbedeutung (Abb. 106), die aus Fällen von Satzbedeutungen gebildet wird, so stehen in der Wortschicht natürlich viele Worte, die alle aus gedeuteten Satzbedeutungen, wie auch gegenüber den Zeichenbedeutungen, widerspruchsfrei werden müssen. Und was die Theorie der Satzbedeutungen betrifft, die nun aus Fällen entschlüsselter Wortbedeutungen gebildet wird, so stehen viele Sätze in der Satz-Schicht, die ihrerseits widerspruchsfrei sein und sich in der Kontext-Schicht bewähren müssen.

Mein erstes Beispiel habe ich aus dem Wechselbezug von Kontext und Stil (Schichten 5 und 6) entnommen und gezeigt, daß diese weiter auf den Zeitgeist und die Satzbedeutungen (7 und 4) rekurrieren. Das zweite Beispiel verknüpft Wort- und Satzbedeutung (Schichten 3 und 4) und rekurriert auf Kontext- und Zeichenbedeutung (5 und 2).

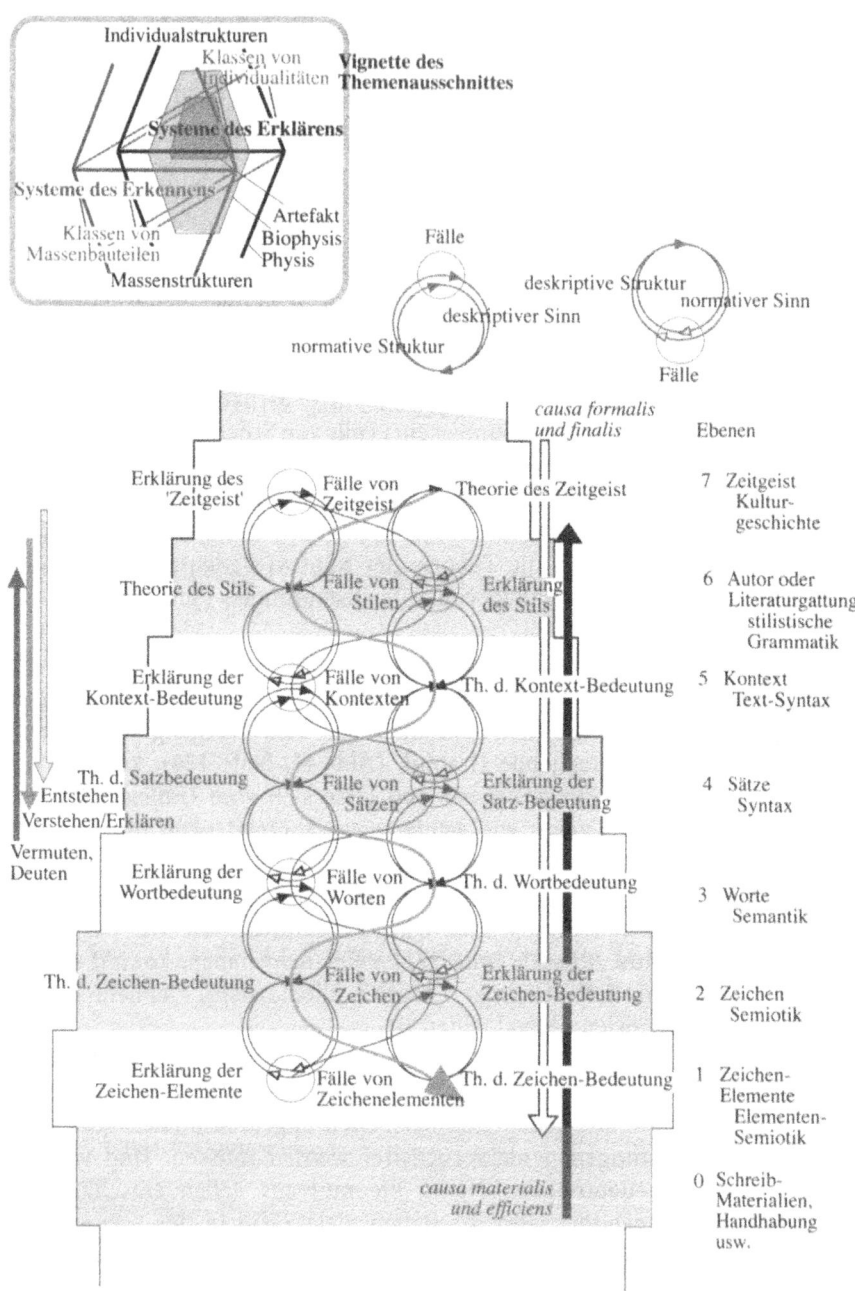

Abb. 106. *Übersicht des Erklärungszusammenhangs in der Philologie*, gegliedert nach den normativen und deskriptiven Strukturen und dem Aufschluß des Sinns, von den Zeichenelementen (1) bis zur Schicht ‚Zeitgeist' (7). Bestimmungen des normativen Sinns sind mit weißen Pfeilspitzen ausgewiesen. Man beachte bei der Vignette, daß nun Artefakte in den Rahmen von Biophysis und Physis gestellt sind

Dies bringt einen wichtigen Zusammenhang nochmals in den Vordergrund, den wir zwar schon angemerkt haben, der sich aber in keiner Disziplin so überzeugend darstellt wie in der Philologie, daß nämlich die Untersuchung von jeglicher Schicht ausgehen kann und daß nur die Widerspruchsfreiheit im Gesamtsystem das ausreichende Verstehen eines Schriftstückes sichert. Das ist im Falle von Schriften deshalb so, weil mindestens fünf Schichten offenliegen: vom Zeichenelement bis zum Kontext. Erst Gattung, Autor und Zeitgeist zu erschließen kann Aufgabe einer Rekonstruktion sein. Im Lesen und Korrespondieren unseres Alltags liegen auch diese offen.

(b2) Die *Genealogie* der Schriften ist aus dem Bedürfnis, sich mitzuteilen zu verstehen und dieses aus Anfängen der Sprache. Mit der Lautsprache steht an der Basis der Laut, zuoberst die Mitteilung der Kreatur, in der Kontext, ‚Autor' und Zeit noch zusammenliegen. Schon die Worte sind Einschübe, da sie Semantik und Begriffsbildung voraussetzen. Dies bildet sich in den frühen Wort- oder Bilderschriften ab, wie sie sich zu Silben- und Buchstabenschriften differenzierten.

Das läßt auch hier die *drei Wege* ahnen. So ist die Entzifferung der Hieroglyphen von dieser Mittelposition der Wortschicht ausgegangen und hat nach oben den Kontext der Schriften, nach unten die syntaktischen Lautzeichen aufgeschlossen. Und was den Weg der Erklärung eines Schriftsatzes betrifft, so scheint er uns im Alltag von der Kenntnis des Autors und seines Kontext bestimmt zu sein. Der Sinn ist vorausgesetzt. Bei der Entzifferung aber geht der Erklärungsweg zudem auch von den verstandenen Zeichen aus.

Die Beziehung zu den *vier Ursachen* liegt auf der Hand. Die physischen Antriebe gehen von der Basis aus, als die des Schreibenden, vom Meißelschlag bis zum Aufwand des Nachdenkens und zum Computer und der Begleichung dessen Kosten. Materialien sind dabei die stofflichen Träger der Zeichen. Die Formbedingungen wählen und ordnen in der Gegenrichtung nach dem beabsichtigten Kontext die Sätze, diese die Worte und die Worte nochmals die Zeichen, was in der Abb. 106 als die Bestimmung des ‚normativen Sinns' der jeweiligen Folgeschicht zu bezeichnen war. Und die Zwecke der Strukturen aller Schichten gehen auf den Kontext, die Absicht der Mitteilung zurück.

(c) Das Erklärungsprinzip in den *Geschichtswissenschaften* hat sich in den letzten Jahrzehnten auch im Prinzip erweitert. Die Art, in welcher noch die meisten von uns zu einem Verständnis der Geschichte geführt werden sollten, haben Kritiker als ‚Geschichte von oben' kritisiert. Man fand, daß die Daten und Handlungen von Heerführern und Potentaten, wie wir nun sagen würden, zwar notwendig, aber durchaus nicht ausreichend sein könnten, um Geschichte zu verstehen. Man setzte ihr eine ‚Geschichte von unten' gegenüber (Ehalt 1984), eine Geschichte von Kleingruppen, Familien und den Haltungen der ‚kleinen Leute'.

Damit hat die Geschichtsforschung, die ohnedies schon in politische Institutionen, Machtgruppen, Staaten und Staatenbünden gliederte oder in Mentalitäts-, Konjunktur-, Regional- und Weltgeschichte (Abb. 107) bereits eine deutliche Polarisierung.

(c1) Damit liegt die erwartete *Symmetrie* des Erklärungsprinzips schon vor. Dies wird, nach meiner Ansicht, auch noch dadurch gestützt, daß an beiden Enden des Schichtzusammenhangs auch die stabilsten Konditionen vorliegen. Am Ende der oberen Pyramide die langewährenden metaphysischen Konzepte, wie Christentum oder Islam, aber auch Aufklärung und Szientismus; am Ende der unteren Pyramide die kognitive und soziale Ausstattung der Kreatur, aber auch Familie und Sippschaft.

Und es ist gerade die Kulturgeschichte, die uns in langer Achse vorführt, daß alle kulturellen Institutionen als Einschübe zwischen jenen Endpunkten entstanden sind, ob Heer und Verwaltung, Lehen, Industrien, Invalidenämter oder Kunstvereine. Und die Erhaltungsbedingungen dieser Einschübe nehmen gegen die Mitte des Systemzusammenhangs ab.

(c2) Was den Zusammenhang dieses Schichtenbaues mit den *drei Wegen* betrifft, so lagen zwar im Prinzip stets alle Schichten vor aller Augen, und aller Kenntnisgewinn ist auch von diesen ausgegangen. Aber Zusammenhänge wurden erst über die hinter jenen Wahrnehmungen liegenden Korrelationen aufgeschlossen.

Das läßt sich angesichts des Erklärungsweges deutlich machen. An diesem erkennt man, daß alle eingeschobenen Institutionen einen zweiseitigen Ursachenzusammenhang erwarten lassen. Weder die idealistische Lösung, die alle Ursachen auf die metaphysischen Hintergründe der Langzeitgeschichte zurückführen will, kann als zureichende Erklärung gelten, noch die materialistisch inklinierte Lösung einer Psychohistorie, die allein auf die Ausstattung und Bedürfnisse der Kreatur rekurriert. Und tatsächlich wird keiner der beiden Standpunkte heute mehr rein vertreten.

Und wieder wird man vor Augen haben, daß der Entstehungsweg den beiden Erklärungswegen parallel verläuft. Das metaphysische Konzept, zunächst im Kleide von Mythos und Magie, stand, die Populationen einend, ebenso an der Wiege aller Menschheitsgeschichte wie die Ausstattungen und Bedürfnisse der beteiligten Kreaturen.

Ebenso lassen sich den Schichten die *vier Ursachenformen* zuordnen. Alle physischen Kräfte stammen aus der Betriebsamkeit und der Wertschöpfung der Individuen, gleich ob sich dieselben dann in Heeren oder Banken verdichten. So steht es auch mit den Materialien, ob sich Individuen nun in Jägertrupps oder Gangs, zu Festungs- oder Dombau, Armeen oder Sekten vereinen ließen.

Aus den Obersystemen wirken die formgebenden Bedingungen der Selektion, ob nun die Macht der Kirche die Formensprachen der Gotik, die Aufklärung die Heere der Republiken oder die Petroleumkonzerne die

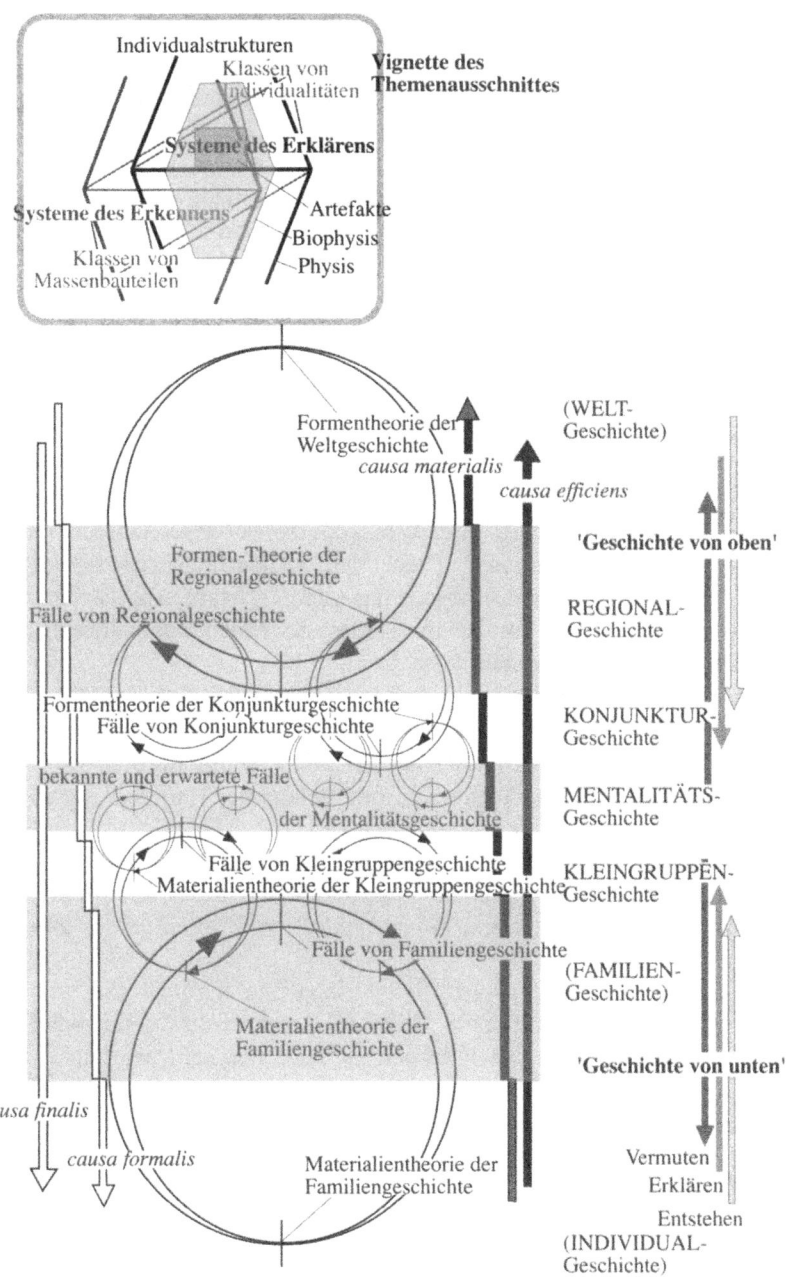

Abb. 107. *Erklärungszusammenhänge aus den Geschichtswissenschaften,* einer ‚Geschichte von oben' und einer ‚Geschichte von unten', im Wechsel zwischen Fällen und Theorie und ausgehend von Mentalitäts- und Kleingruppengeschichte (nach Riedl 1975, ergänzt)

Stadtautobahnen folgen lassen. Und der Zweck des ganzen Treibens geht auf den obersten Zweck des Überlebens zurück oder doch auf ein vermeintlich besseres, legitimierteres, sichereres oder verstehbareres Dasein, ob über Mode, Konto, Versicherung, Mobilität und Steuern für Schulbildung und Landesverteidigung.

(d) Schließlich gehört noch die *Kunstgeschichte* mit ihrem Erklärungsprinzip in die Gruppe der Artefakte mit aufschlußreichen Genealogien. Natürlich wäre auch die Geschichte der Literatur, der Seefahrt, der Waffen, selbst der Küchengeräte hier zu nennen, und umgekehrt ist Kunstgeschichte wieder nur ein Teil unserer Kulturgeschichte. Sie mag aber als gutes Beispiel gelten.
Schon die Diskussion über die Differenz ihrer Schulen ist aufschlußreich. Die einen, sagte schon Sedlmayr, möchten vom individuellen Objekt her die Deskriptionsbegriffe bilden, die anderen durch Differenzierung einiger weniger Grundbegriffe zu einer Beschreibung kommen. Und bald erkannte man es für „nötig, über dieses starre Entweder-Oder der beiden Standpunkte hinauszukommen" (Pächt 1977). Tatsächlich ist dies der Diskussion um das Typusproblem ganz verwandt. Thesen, sagt Pächt weiter, sind durch zahllose Hin- und Rückschlüsse so vielen Kontrollen zu unterziehen bis sie die Tests bestanden haben.
Diese Hin- und Rückschlüsse gehen stets von Fällen einer Schicht aus und formen eine Theorie für die nächste (Abb. 108). So schließt die Geschichte den Zeitstil, dieser Schulen, Meister, Elemente deren Komposition, Farb- und Formgebungen sowie Techniken und Details der Handhabung ein.

(d1) Die *Symmetrie* im Prozeß ausreichenden Verstehens ist durch die Begriffe einer Psychologie versus einer Soziologie der Kunst auch schon deutlich geworden. Man sagt auch, einer Ästhetik von unten versus einer von oben.
Das Zustandekommen der großen Stilepochen wird ebenso wie deren Auflösung über den Historismus, dann die Art brut und deren Folgen, sowohl aus den Haltungen von Gruppen zu verstehen sein, wie aus den Ansichten individueller Auftraggeber und Käufer. Wobei die Gruppen vom Klerus und Stadtrat, später von Galeristen, Kunstkritikern und den Medien gebildet sein konnten, Auftraggeber und Käufer dagegen von Kirchen, Mäzenen, Bürgern, Händlern, Sammlern und Ämtern.
Zwar sind die beiden Gruppierungen nicht unabhängig voneinander, dennoch in der Intention vielfach verschieden. Und zwischen ihnen befindet sich erst jene, um die es geht, die Künstler, die nach Maßgabe ihrer Kräfte und Anliegen Stile festigen oder überwinden. Aber sie bleiben, wie bedeutend auch immer, Gestalten in jenem Netz von Zusammenhängen.

(d2) Kunstgeschichte ist in vieler Hinsicht aufschlußreich. Sie bildet nicht nur viel von der Seele und den Intentionen der Zeiten ab, sondern bietet

Die Prinzipien des Verstehens 331

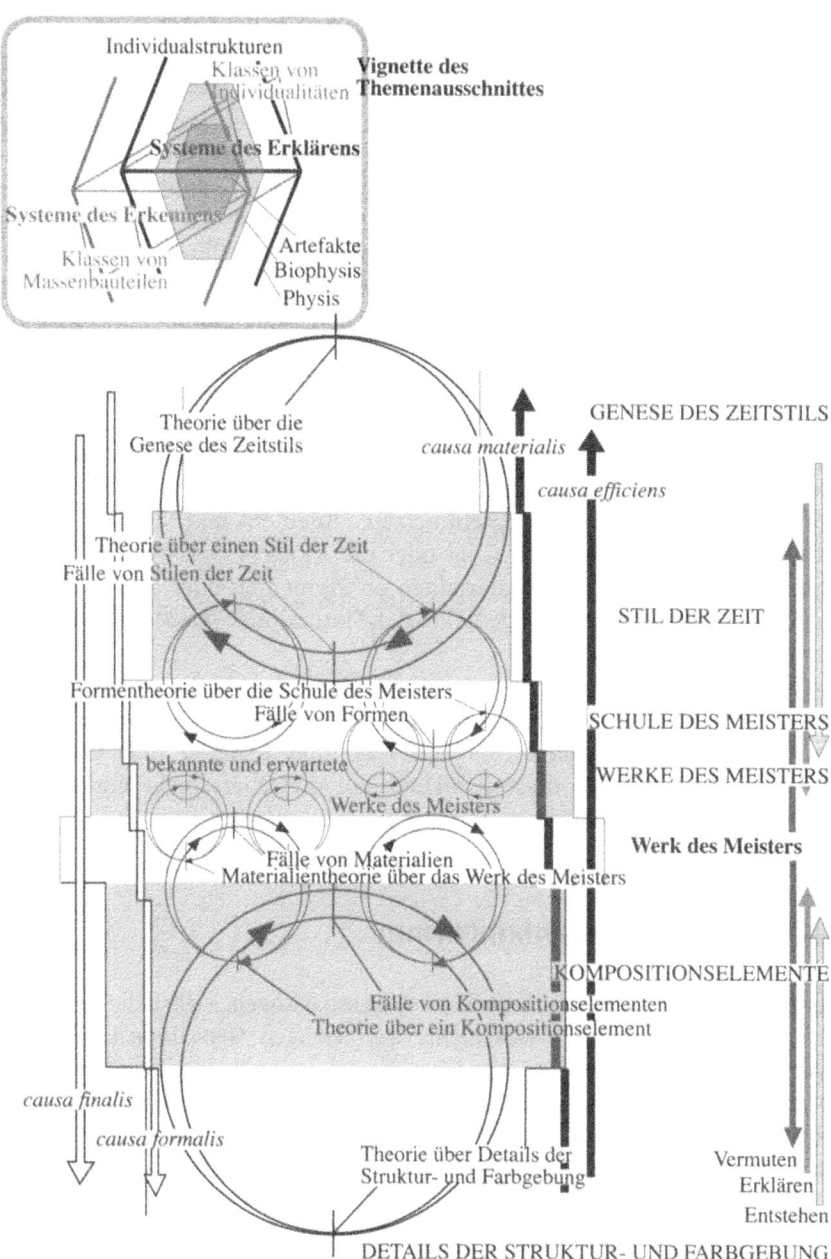

Abb. 108. *Erklärungszusammenhänge aus der Kunstgeschichte* im Wechsel zwischen Fällen und Theorie, ausgehend vom Werk eines Meisters (aus Riedl 1985)

auch für unsere Untersuchung der allgemeinen Gesetzlichkeiten komplexer Systeme manche Klarheit.

Das gilt schon für die Prüfung der *drei Wege*. Nur zu eindeutig geht der Kenntnisgewinn vom individuellen Kunstwerk aus. Man sagt: ‚Wer ein Werk gesehen hat, hat nichts gesehen, wer vieles gesehen hat, hat etwas gesehen.' Das isolierte Kunstwerk hat für den Historiker immer etwas Beunruhigendes. Und es bedarf ganzer Serien von Theorienbildung und deren wechselseitiger Bestätigung, um in der Pyramide nach oben etwa die Schule eines Meisters und den Zeitstil einzugrenzen, nach unten die Details der Farb- und Formgebung eines Meisters unzweifelhaft zu erkennen.

Die Erklärungen hingegen folgen aus jenen Enden, aus der Genese des Zeitstils ebenso wie aus der Genese der Techniken. Und dies sind auch jene beiden Endpunkte, von welchen jegliches Kunstschaffen seinen Ausgang nimmt.

Was schließlich den Bezug zu den *vier Ursachenformen* betrifft, gehen die physischen Kräfte von ganz unten aus, vom Künstler und von den angeworbenen Farbenreibern, Steinmetzen, Adepten und Transporteuren, gleich, ob diese Kräfte durch Gold oder die Klostersuppe gespeist werden. Und ebenso ist es mit den Materialien, ob Pigmenten oder Stein, die dann über viele Stufen das Deckengemälde der Sixtina oder die Mediceer-Gräber zusammensetzen.

Und aus der Gegenrichtung wirkt die formgebende Auswahl. So formt der Zeitstil und sein Wandel die Meister, diese ihre Schulen, die Elemente ihrer Komposition hinunter bis zur Wahl von Material und Werkzeug. Ebenso rekurrieren alle diese Schichten auf die Oberschicht und alle zusammen auf den Ausdruck, die Mitteilung eines Werkes eines Stils.

3
Erklärung zivilisatorischer Institutionen

Natürlich haben auch alle Techniken, Vereinbarungen, selbst die verhärtetsten Zivilisationsprodukte Geschichte und vielfach Genealogien. Aber deren Erforschung hat noch nicht jenen Stand erreicht, welchen wir in den zuletzt dargestellten Wissenschaften vorgefunden haben. Ich will darum in denselben nicht dilettieren, mich vielmehr auf die Darstellung ihres aktuellen Systemzusammenhangs beschränken.

> So werde ich nur zwei Beispiele geben, die besser durchleuchtbar sind: eines (a) aus der Wirtschaft und eines (b) aus der Juristerei. Sie können ein Modell für die Behandlung anderer abgeben – und wie bisher werde ich (x1) die Symmetrien vor (x2) den Ursachen und Wegen darstellen.

(a) Den *Wirtschaftswissenschaften* entnehme ich einen Fall aus der Industrie. Man hätte auch einen aus Transport und Verkehr, Tourismus oder der Geldwirtschaft nehmen können. Doch glaube ich, daß die Form eines ausreichenden Erklärungsmodells am Beispiel der Industrie am leichtesten nachvollziehbar ist, vor allem, wenn von der noch greifbaren Dimension zwischen Produktionsstätte und nationaler Industrie ausgegangen wird.

Die reiche Differenzierung der Wirtschaftswissenschaften hat die Übersicht im Fache nicht gefördert. Allein die grobe Trennung in die Alternative Betriebswirtschaftslehre und Nationalökonomie deutet zwar schon an, daß Erklärungen vom Ganzen sowie von seinen Teilen ausgehen können, sie führt aber auch zu differierenden Lösungen. Es gibt auch immer noch die Vorstellung vom ‚König Kunde‘, als ob von einer einzigen Position aus der Ursachenzusammenhang aufgedröselt werden könnte. Und dies, obwohl Galbraith schon in den 60er Jahren nachgewiesen hat (1968), daß die Industrie auch den Markt bearbeiten muß. All die (Abschnitt 3,C3) schon besprochenen Behinderungen, die eine zu komplex gewordene Welt unseren angeborenen Anschauungsformen bereitet, kommen hier zum Tragen.

Diejenige Schule, die meinem systemtheoretischen Zugang am nächsten kommt, ist die der Hochschule St. Gallen. Ihr Doyen, Hans Ulrich, stellte schon 1981 und im Gegensatz zu den eindimensionalen Modellen fest: Man muß „Erkenntnisse einer nach einem anderen Paradigma operierenden verstehenden, hermeneutischen oder dialektischen Sozialwissenschaft vorurteilsfrei... prüfen; sie braucht nicht nur Erklärungsmodelle im Sinne des Rationalismus, sondern auch Erkenntnisse, die man als ‚Verstehensmodelle‘ bezeichnen könnte" (S. 19-21).

(a1) Angewendet auf unsere Erwartung einer *Symmetrie* des Erklärungsmodells ist vom Schichtenbau des Zusammenhangs auszugehen, in dem üblicherweise Individuum, Produktionsstätte, nationale Industrie, Staat und Weltwirtschaft unterschieden werden (Abb. 109). Nimmt man beispielsweise die Automobilindustrie, so setzt dies, von der Basis aus, Individuen mit der Disposition zum Erwerb von Autos voraus: wirtschaftliche Potenz, Bereitschaft und eine Infrastruktur mit käuflichen Autos, freien Straßen, Tankstellen und Parkmöglichkeit. Aber es setzt auch voraus, daß eine Anzahl von Individuen bereit sind an der Herstellung von Autos mitzuwirken. Dies ist trivial und dennoch eine conditio sine qua non für ein Automobilwerk.

Von der Spitze aus muß darum eine industrialisierte Zivilisation vorausgesetzt werden, welche die Bildung derlei Infrastrukturen fördert oder doch zuläßt. Bedingung hierfür sind wiederum nationale Industrien, welche Stahl und Bleche herstellen oder durch andere Produkte eintauschen kann, Verfügbarkeit von Straßen, Erdöl und so fort. Aber es setzt auch voraus, daß die Population all dies gefördert oder doch zugelassen hat. Dies ist eine nicht minder entscheidende Bedingung, eine ausreichende Erklärung bieten jedoch erst beide gemeinsam.

(a2) In Bezug auf die *drei Wege* geht die Wahrnehmung von Industrie und Produktionsstätten aus, die, sagen wir, seit Jahrzehnten existieren. Die Ur-

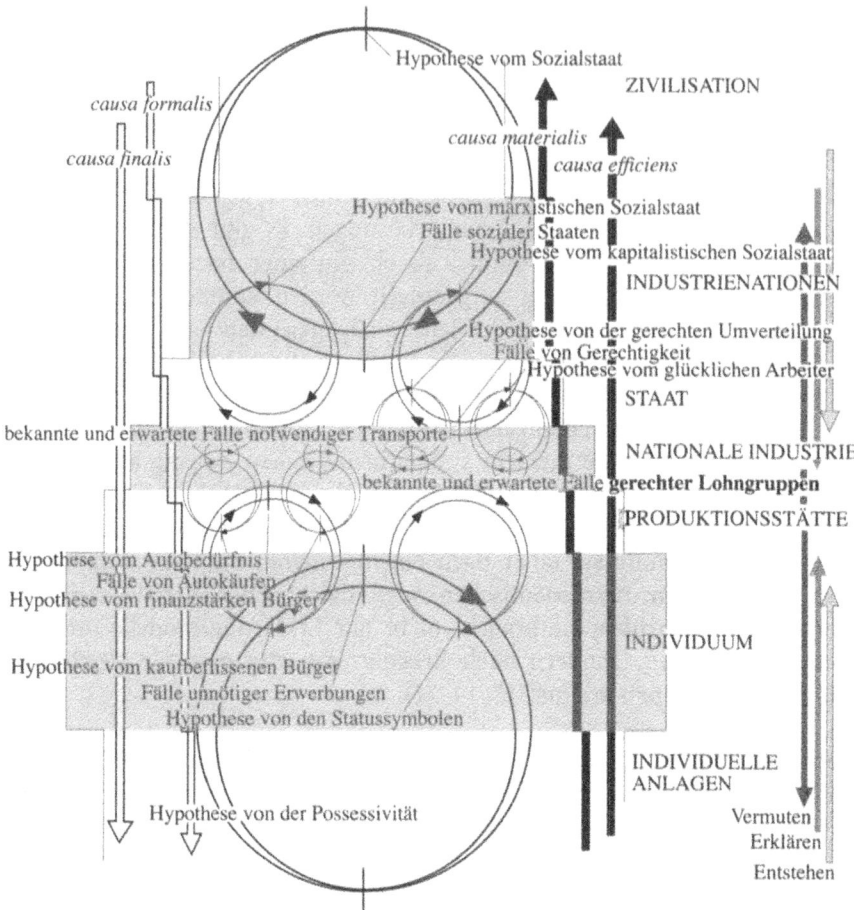

Abb. 109. *Erklärungszusammenhänge in der Wirtschaftstheorie* im Wechsel zwischen Fällen und Theorie, ausgehend von der Theorie gerechter Lohngruppen, zwischen Produktionsstätte und nationaler Industrie, Ausstattung der Individuen und den Bedingungen einer Zivilisation (vgl. Vignette in Abb. 108, Seite 331)

sache ihrer Existenz liegt aber keineswegs allein in ihnen, sondern muß noch nach oben aus Besitz und Liquidität der Industrieverflechtung im Staat und im Zusammenhang der Industrieländer erschlossen werden, nach unten aus Besitz und Liquidität der lokalen Banken, Sparvereine und Konten der Individuen.

Entsprechend müssen die beiden Erklärungswege sowohl von der Struktur einer Gesellschaft als auch ihrer Bürger ausgehen. Und was den Entstehungsweg betrifft, so liegt auf der Hand, daß Gesellschaften vor ihrer Industrialisierung, Bürger vor technischen Schulen da waren und diese beiden vor Automobilwerken.

Hinsichtlich der *vier Ursachen* gehen wiederum alle Kräfte und alles Schaffen von Materialien von der Basis, der Tätigkeit von Individuen aus, auch solcher, die Roboter herstellt oder die Öl aus der Erde pumpt – nun Produkte einzelner Individuen.

Umgekehrt laufen die Auswahlbedingungen, wie etwa die Industriegesellschaft auf die Einrichtungen eines Staates, der Staat durch Infrastrukturen, Besteuerung und Subventionierung auf die möglichen, nationalen Industrien wirkt, die Industrie über Angebot, Preis und Werbung auf den Markt und der Markt auf das, was der Bürger zu wünschen meint und sich leisten kann.

Und nicht anders laufen die vermeintlichen Zwecke des ganzen Getriebes: von den erzeugten Bedürfnissen zu den Produktionsstätten, zum kapitalistischen Sozialstaat und zur Hypothese von der humanen Zivilisation eines, wie gedacht, besseren, sichereren, erfüllteren Daseins.

(b) Das zweite Beispiel entnehme ich der *Rechtstheorie* oder Rechtssoziologie. Und es ist wohl symptomatisch am äußersten Ende komplexer Gegenstände auch am deutlichsten jene Methode angewandt zu finden, die in unserer Kulturgeschichte die Methodendiskussion angeleitet hat: die Hermeneutik.

Man erinnert sich (Abschnitt 4,B1a) der *hermeneutica sacra* und der sich anschließenden *hermeneutica prophana*, die ab der Renaissance zu Rechtsgutachten über komplexe Testamente entwickelt wurde. Sie hat die Rechtstheorie nie ganz verlassen. Sie findet sich, über die Phase des ‚Naturrechts' hinweg, das sich nicht auf Natur sondern auf eine ‚Ordnung göttlicher Stiftung' beruft und das ‚positive Recht', eben der Positivisten, in deren heutiger Diskussion wieder an der Oberfläche. Um im Strafrecht, sagt Hassemer schon 1968, einen Fall zu beurteilen, bedarf es „der wechselseitigen Erhellung des Sinns zwischen dem Ganzen und seinen Bestandteilen" (Seite 163). Andere formulieren dies als ein Hin- und Herwandern des Blickes zwischen Obersatz und Lebenssachverhalt und auch als Typusproblem, das hier wieder in Erscheinung tritt.

(b1) Solche Überlegungen hängen mit der Einsicht in die Schichtenstruktur der theoretischen Gegenstände zusammen (Abb. 110) und mit der *Symmetrie* der Auslegeregeln. Dieses Schichtensystem reicht vom Wortsinn über den Rechtsbegriff, die Rechtsgrundsätze und das Rechtssystem bis zu weltanschaulichen Postulaten und den Konzepten eines Staates einer Kultur.

Und man ist sich darin einig, daß nicht nur Fälle untereinander zu vergleichen sind, sondern dieselben auch mit der Bewertung, die ihnen zugrunde liegt, weiter mit dem einschlägigen Rechtssatz und dem im einzelnen Rechtssatz geborgenen Rechtsgedanken. Es ist auch erkannt, daß es keinen basalsten und keinen obersten Ansatz geben kann, aus dem der Schichtzusammenhang abzuleiten wäre. Denn selbst der Wortsinn muß

336 Die Strukturierung des Erklärten und Verstandenen

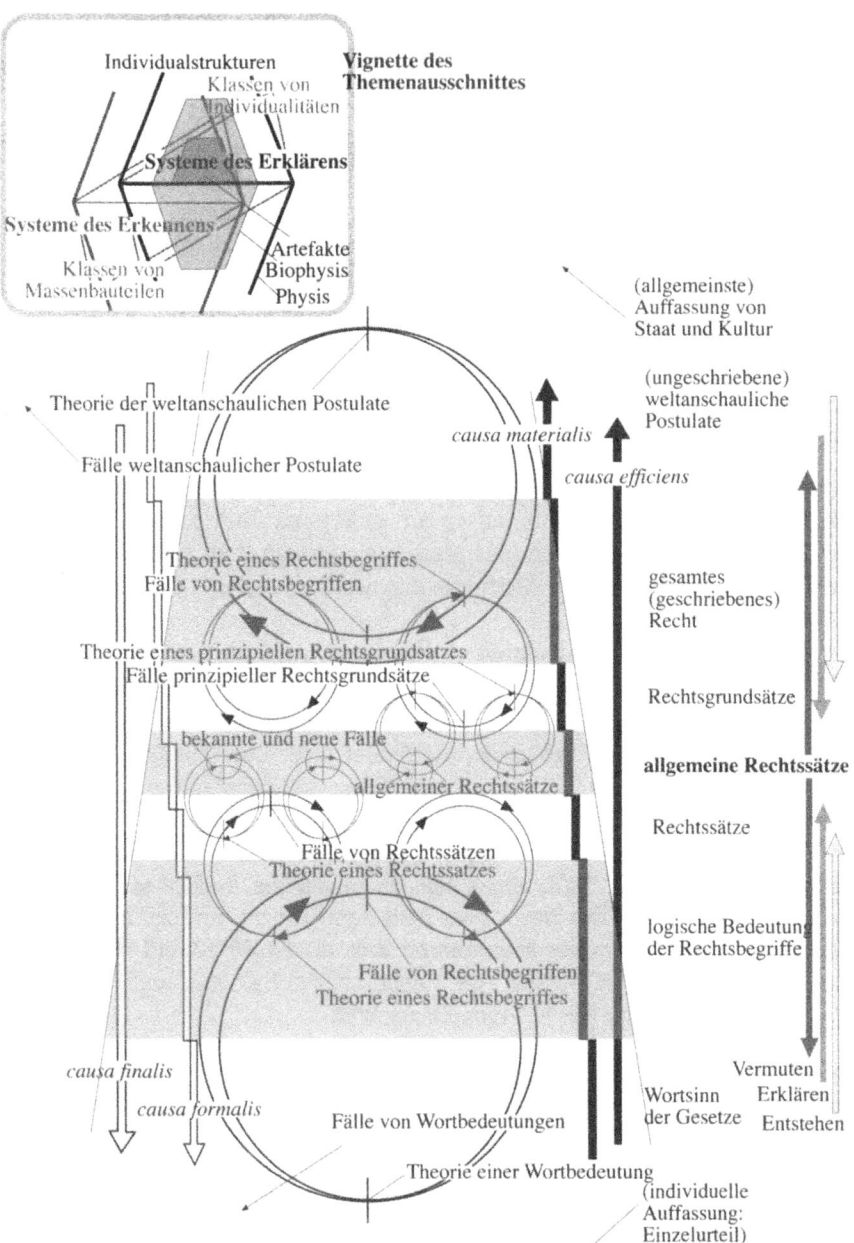

Abb. 110. *Erklärungszusammenhänge in der Rechtstheorie* im Wechsel von Fällen und Theorie, ausgehend von der Ebene der allgemeinen Rechtssätze zwischen Rechtsgrundsätzen und Rechtssätzen, weltanschaulichen Postulaten und Wortsinn

sich aus Rechtsbegriff und Rechtssatz begründen wie, von oben her, die Idee einer teleologischen Auslegung letzter Zwecke nicht immer letztgültiges Prinzip einer Auslegung sein kann. Vielmehr muß sich auch diese Auslegung auf weltanschauliche Postulate und weiter auf das Rechtssystem rückbeziehen.

Offen geblieben in der Debatte um die ‚Auslegungstheorien' ist die Frage nach der Reihenfolge der Auslegungsschritte. Aber unsere bisher gesammelte Erfahrung hat bislang noch in aller Entschlüsselung komplexer Systeme gezeigt, daß es gleich gut oder besser: gleich schlecht ist, welche Schicht man als erste mit ihren Nachbarschichten verflicht. Entscheidend ist nur, daß die Theorien aller Schichten einander im Gesamtsystem wechselseitig bestätigen.

(b2) Will man sich mit der Entschlüsselung eines Rechtssystems befassen, was erforderlich ist, wenn wir auch hier den *drei Wegen* nachgehen wollen, so mag es didaktisch geraten sein, ein exotisches Recht zu betrachten. Wir sind einer solchen Auflage (im Abschnitt D2b) schon bei der Untersuchung der Philologie begegnet. Unsere Rechtssätze sind uns wohl zu geläufig.

Als, beispielsweise, das Gesetzbuch des Hammurabi aufgeschlossen wurde, waren es Rechtssätze oder Rechtsgrundsätze der Mittelschicht die auftauchten, aus welchen gleicherweise erst die Nuancen des Wortsinns wie die weltanschaulichen Postulate zu erschließen waren. Und auch in der Praxis unseres Alltags erfährt der Bürger, etwa in der Verkehrsordnung, zunächst Gebote und Verbote, und erst die Fahrschule überläßt es ihm, sich die Nuancen der Wortbedeutungen wie auch die dahinterliegenden Postulate auszulegen.

Die beiden Wege der Erklärung verlaufen entsprechend verkehrtherum, vom Wortsinn sowie von den weltanschaulichen Postulaten zu den Fällen. Und was die Entstehung von geschriebenem Recht betrifft, ist ebenfalls zu erwarten, daß alle Rechtssätze zwischen dem Sinn der Worte und den weltanschaulichen Vorstellungen einer Kultur entstanden sind.

Zuletzt sind die Beziehungen der *vier Ursachen* zum Schichtenbau eines Rechtssystems zu untersuchen. Der physische Aufwand, der Zusammenhang der Schichten mit der *causa efficiens*, interessiert den Juristen weniger, obwohl die Entwicklung, Durchsetzung und Erhaltung wohl eines jeden Rechtssystems mit beträchtlichen physischen Aufwänden verbunden war, von jenen in den Gelehrtenstuben bis zu den akademischen und brachialen Auseinandersetzungen, von der Agitation bis zu einer ganzen Reihe von Kriegen. Alle Kräfte gingen von Individuen aus. Ob sie nun in Schreibstuben oder zu Heeren vereinigt wurden. Dies aber ist eher Sache der Historiker.

Nicht wesentlich anders ist das mit den Materialien. Im geschriebenen Recht sind das die Zeichen einer Sprache, ergo im Chinesischen anders als in unserer Schrift. Aber selbst in den europäischen Sprachen mögen sich

Unterschiede der Mentalität und der Termini als unterschiedliche Konstituenten eines Rechtssystems erweisen. Daß sich daraus Sätze, Rechtssätze, zusammensetzen, ist trivial. Man bedenke aber, daß sich diese bis zur Formulierung der weltanschaulichen Postulate bewähren mußten. Das ist Sache der Sprach- und Kulturgeschichtler, aber auch schon eine der Rechtsvergleichung.

Näher dem juridischen Tagewerk ist die auswählende Funktion der Formursachen. Hier bestimmen weltanschauliche Postulate den Rahmen des Rechtssystems, dieser die Rechtsgrundsätze, aus welchen sich die allgemeinen Rechtssätze ableiten. Und auch diese sind wieder selektiv in der Wahl der Rechtsbegriffe und der Wortbedeutungen für deren Formulierung. Hier begegnen einander Rechtssetzung und Rechtsfindung.

Und was schließlich die *causa finalis*, die Zwecke des Rechts betrifft, so erklären sich die Strukturen einer jeden Schicht aus ihrer Oberschicht, letztlich also aus den weltanschaulichen Postulaten eines Staates einer Kultur. Und damit wird das Problem der Legitimation berührt. Das Naturrecht berief sich auf göttliche Einsicht, das ‚positive Recht' auf den Souverän. Letzterer, der Bürger, sollte in gelebter Demokratie und nach den Gesetzen komplexer Systeme in die Rechtssetzung mit eingebunden sein. Die Legitimation eines ‚evolutiven Rechts' muß einmal aus dem humanitären Auftrag des Gesamtsystems kommen.

Im Ganzen – haltet euch an Worte,
Dann geht ihr durch die sichre Pforte
Zum Tempel der Gewißheit ein.

7 Übersicht und Ausblick

Was immer unsere Existenz betrifft, ist komplex. Dieser Komplexität können wir uns nicht entziehen. Selbst ein einzelnes Lichtquant, erreicht es uns, führt zu komplexen Reaktionen, sei es im Auge oder nur auf der Haut. Und der einfachste Schreck, der Fall eines Felsens, durchwühlt unser ganzes Nervensystem. 10^{28} Bit an Information steckt in den Molekülen eines jeden unserer Körper. Das ist, in Bit, etwas mehr als die Bibliotheken der Menschheit, Titel mal Auflagen, zusammen enthalten.

Selbst unsere dagegen simplen Artefakte sind komplex. Wieviel Kenntnis war schon für die Herstellung eines gut schneidenden Steinwerkzeugs erforderlich, geschweige denn für ein Automobil. Und wenn nachzuweisen ist, daß Kernspaltung auf einem einfachen Prinzip beruht, dann sehe man sich die Komplexität der Schwachstellen eines Kernkraftwerks an und besehe die heute schon katastrophalen gesundheitlichen und politischen Konsequenzen. Und wenn die Genmanipulanten erklären, daß das Erbgut ‚nichts anderes als' eine Kette von Molekülen sei, dann wird man ahnen wie da wieder gefährlich vereinfacht wird.

Ich sagte schon: Alles, was uns betrifft, ist voll Komplexität, sie haftet uns an wie ein Schicksal. Haben wir sie übersehen, so daß sie erst heute wieder ein Thema wird? Wir haben sie erahnt. Da aber war uns wenigstens Achtung gegeben vor dem Undurchschauten, Aufwandreichen und geschichtlich Gewordenen. Sind es also die Wissenschaften, die das Weltbild simplifizierten?

> Kurz, es macht Sinn, sich mit Komplexität zu befassen. Und so will ich in diesem Rückblick zunächst (A) Welt und Erkenntnis und im Anschluß daran (B) unsere Täuschungen zusammenfassen.

A
Über die Einheit von Welt und Erkenntnis

Zunächst scheint der Zusammenhang trivial, denn was, ausgenommen der Welt, wäre unserer Erkenntnis zugänglich. Freilich unter Einschluß all der Phantasien wie Narreteien in unseren Köpfen, die ja wohl nicht minder ein Teil dieser Welt geworden sind.

> Blicken wir, nun aus einiger Distanz, (1) auf den Weg zurück, der uns vom Eindringen ins Komplexe abgebracht hat und (2) versammeln einige zentrale Einsichten, die zu einem tieferen Verständnis führen können.

1
Über Ausstattung, Sprache und Kultur

Sucht man nach dem Ansatz zu dieser Drift in die Vereinfachung, so findet man ihn in vier Ebenen. Zunächst ist an unsere Ausstattung zu denken, an die erblichen Anleitungen, diese Welt zu sehen. Gewiß ist unser Weltbild-Apparat an unserer ‚Wirkwelt' herausgebildet worden, aber er ist nicht für Welterkenntnis adaptiert, sondern fürs bloße Überleben. Die grausame Selektion, die das durchgesetzt haben muß, mag, sobald sich frühe Kulturen gegen die Unbilden der Natur zu wehren begannen, abgeklungen sein. So sind wir kognitiv und sozial an die Welt des frühen Menschen angepaßt, an die assoziativ einfachsten Lösungen auch sehr einfacher Lebensprobleme. Und wir haben dann diese Anpassung mit den Ansprüchen unserer Kultur völlig überrannt.

Dann ist die Sprache, Körper-, wie Lautsprache, unter dem Druck von Kohärenzbedingungen entstanden, aber eben nicht unter Korrespondenzbedingungen wie im Falle unserer Anschauungsformen. Es ging um Organisation der Verständigung und nicht sogleich um ein Abbilden der Welt. Und mit dem Hellwerden des Bewußtseins fand sich unsere Kultur vor dem Konflikt, entweder dem Anschauen oder aber dem Sprachdenken zu vertrauen. Darunter leiden unsere philosophischen Schulen, Erkenntnis widerspruchsfrei zu begründen, heute noch. Und endlich hat die heroische Bemühung, solches Sprechen von seinen Widersprüchen zu befreien, die reine Logik von der ‚schmutzigen Wirklichkeit' ganz abgehoben.

Aus all solchem Philosophieren sind unsere Wissenschaften hervorgegangen. Sie haben aufgrund der nicht aufgeschlossenen Phasenübergänge und Emergenzen im Werden alles Komplexen eine ‚denkteilige Welt' gemacht, verschiedene Sprachen zu sprechen begonnen, in den einzelnen Querschnitten der Komplexität enorme Wissenssysteme aufgebaut, sich so verhalten, als ob das alles sein könne, sind dann vielfach der Suggestion des Machbaren erlegen und letztendlich noch an die Kandare des ‚Machtbaren' genommen worden.

Schließlich ist unsere Kultur in eine deduktive Schieflage geraten, indem es sich, seitdem es Schulen gibt, zeigte, daß die deduktiven Leistungen Gesetzen zu folgen, wie der Syntax und dem Rechenwesen, leichter zu unterrichten und zu benoten sind als das induktiv Schöpferische. So werden wir auch von Juristen regiert, und selbst Staatenlenker mögen den treu gesetzesfolgenden Bürger präferieren.

All das wird nun allmählich durchsichtig, vor allem auch als Dilemma. Wir sehen, daß die Längsverbindungen, die Sicht aufs Ganze jener Komplexität dieser Welt, von der wir leben, verloren gegangen sind, wir sehen auch schon, was wir damit anrichten. Wir sehen aber noch lange nicht, wer die Macht hätte mit der Macht zu brechen.

Also bemühen wir uns nochmals um die ‚Wahrheit', suchen zu formulieren, wie die Welt wirklich gemacht sei und Empfehlungen zu geben, wie wir uns ihr wieder anzupassen vermöchten.

2
Die Systeme des Erkennens und die Strukturen der Welt

Einige der kognitiven Voraussetzungen zum Erfassen des Komplexen stelle ich hier noch einmal zusammen:

Das Erkannte verträgt verschiedene Wandel der Erklärung, ohne sich dadurch zu ändern. Veränderungen des Erkannten dagegen verlangen jedoch sogleich Änderungen der Erklärung. Nimmt man diesen Umstand nicht wahr wird man die Priorität des Erkennens verkennen, und es kann geschehen, daß man Erkennen durch Erklären ersetzen will.

Erkennen beruht auf dem *simul hoc* der Gestaltwahrnehmung und ist großteils vorbewußt angelegt, das Erklären auf dem *propter hoc*, das großteils als bewußte Konstruktion der Erfahrung hinzuzufügen ist. Erkennt man diesen Unterschied nicht, kann es geschehen, daß das noch nicht Erklärbare aus der Welt des Erkennbaren verloren wird.

Die Systeme des uns möglichen Denkens sind an den Grundstrukturen der Welt herausgebildet und daher in ihren Grundzügen gleich. Bedenkt man diesen Zusammenhang nicht, werden wir weiterhin die scheinbaren Widersprüche zwischen kausalistischen und hermeneutischen Weltsichten als unlösbares Dilemma hinnehmen müssen.

Einzelketten von Erwartungen, selbst Einzeltheorien, müssen sich in Hierarchien von Theorien und in einem möglichst weit deckenden Umfeld widerspruchsfrei bestätigen. Bedenkt man diese Kondition nicht, bleibt der Anspruch auf ‚empirische Wahrheit' eine bloße Phrase ohne jegliche Verbindlichkeit.

Komplexe Systeme stellen sich uns begrifflich nach Struktur- und Klassenhierarchien dar. Nimmt man diesen Unterschied nicht wahr, so ist die Begründung der Strukturbegriffe so wenig anzugeben wie die Ordnung der Klassenbegriffe.

Strukturen wie Klassen erscheinen als Doppelpyramiden von Massengegenüber Individualsystemen. Ihre gemeinsame Basis liegt an der uns anschaulichen Welt des Mesokosmos, ihre Spitzen haben sie, je nach dem ‚state of the art', in den übergreifendsten Theorien des Mikro- und des Makrokosmos. Sieht man diesen Umstand nicht, wird die Grenze zwischen dem einmaligen und historischen, gegenüber dem wiederholbar Manipulierbaren verschwommen und selbst manipulierbar bleiben.

Alle komplexen Systeme entstehen als Einschübe zwischen der Präselektion möglicher Konstituenten und der Postselektion des ihnen vorgegeben Milieus. Eine einseitige Erklärung kann ihnen daher niemals entsprechen. Erkennt man diesen Umstand nicht, so kann kein ausreichendes Verständnis entstehen.

Komplexe Systeme entstehen über Phasenübergänge mit der Emergenz neuer, in ihren Konstituenten nicht enthaltener Eigenschaften. Sie aus den vier physikalischen Wechselwirkungen erklären zu können bleibt ein leeres Postulat. Es muß durch eine doppelte Dualität des uns eingegebenen Ursachenverständnisses überbaut werden. Nimmt man dies nicht zur Kenntnis, wird die notwendig differenzierte Sicht komplexer Ursachen nicht möglich.

Die Vorgänge des Erkennens laufen jenen des Erklärens entgegen, die Erklärungswege aber wiederholen, rekapitulieren also die Entstehungswege komplexer Systeme. Sieht man diesen Zusammenhang nicht, behält unsere Vorstellung von den Naturgesetzen den Charakter einer eigentümlichen Zufälligkeit.

B
Über die naiven und die bösen Täuschungen

Es ist merkwürdig, daß die naiven Täuschungen in unserer Kulturgeschichte kaum geschadet haben, egal ob Neandertaler Blumen in Gräber legten, ob man trachtete, sich mit Zeus und Poseidon zu arrangieren oder zum Dank Gottes Pestsäulen errichtete. Der Verkehr mit dem Unbekannten blieb achtungs- und opfervoll. Nun wollen wir uns nicht selbst täuschen und übersehen, daß vielerlei wissenschaftliche Erwartungshaltung und Theoriengebilde unserer Tage Täuschungen sein werden. Aber belassen wir sie, solange sie nicht schaden, bei den naiven Täuschungen wie sie unser menschliches Wesen wohl notwendig begleiten.

Aber auch die Tier-, Natur- und Kulturschutzbewegungen von heute geben sich, im Widerstand gegen unsere technomorph kommerzialisierte Zivilisation und angesichts des immer noch kaum Durchschauten, achtungsvoll. Das Achtungsvolle vor dem Unbekannten ist es wohl, das vor der bösen Täuschung schützt.

Die eigentlich bösen Täuschungen sind da schon anderer Natur. Sie beruhen, was nicht verwundern kann, auf jenem Teufelskreis aus kollektiver Anmaßung und Ignoranz. Interessant ist dabei die Frage, was denn überhaupt an Täuschungen böse sein kann. Wobei sich herausstellt, daß wir sie dann weniger als solche erleben, wenn Individuen oder Gruppen zu Unrecht Vorteile eingeräumt werden. Es sind vielmehr solche, die selbst wieder kollektiven Charakter haben, die allgemein schaden, sich zum Nachteil von uns Menschen auswirken, was schließlich bei der Frage endet, was denn unsere Vor- und Nachteile wären.

Kommen wir auf den Kern unseres Themas zurück und fragen, (1) ob Erklären Erkennen ersetzen kann und (2), falls das Verluste bringt, wie diesen gegenzusteuern wäre.

1
Kann Erklären Erkennen ersetzen?

„Vertreter von Systemgruppen sind ähnlich, weil sie verwandt sind und nicht ... (verwandt) weil sie ähnlich sind." Ein Zitat, das ich dem Systematiker Ernst Mayr (1969, S. 68) entnehme, der sich dabei auf den kongenialen Paläontologen George Gaylord Simpson beruft. Nun frage ich abschliessend den Leser: Ist dies richtig oder doch vielleicht das Gegenteil wahr? Und ich rechne damit, daß, selbst für den Fall, daß der ganze vorauslaufende Text mitvollzogen wurde, keine spontane Antwort erwartet werden soll. Tatsächlich wird man die Antwort überlegen müssen. Das ist und bleibt ein Problem unserer Ausstattung, das uns weiterhin begleiten wird.

Die naive Täuschung beginnt schon beim Einfachsten. Nämlich dort, worum sich mein ganzes Argument dreht: bei der Unterscheidung von Erkennen und Erklären. Nur zu eindeutig erweist sich: ‚ähnlich weil verwandt' als Erklärung (aus ähnlichem Erbgut), dagegen: ‚verwandt weil ähnlich' als Vorgang des Erkennens (aus vergleichbaren Formen). Und man kann wohl fragen, wie denn eine Erklärung angefügt werden könne, wäre die Ähnlichkeit nicht schon erkannt worden.

Was von Paläontologen und Systematikern verwirrt oder doch zumindest unzulässig vereinfacht wurde findet sich auch in der vergleichenden Anatomie verwechselt. Der Anatom Dieter Starck behauptet, ganz entsprechend: „Homologiefeststellungen setzen also Kenntnis der Phylogenie voraus" (1978, Seite 11). Kenntnis der Stammesgeschichte hat die Erklärung im Auge. Erkannt hingegen werden Homologien, wie wir sahen, aus der Wahrnehmung von Ähnlichkeitsfeldern und hohen Graden von Bestätigungen.

Nun habe ich keine Außenseiter zitiert, vielmehr gerade jene führenden Persönlichkeiten, welche die Evolutionstheorie seit den 60er und 70er Jahren maßgeblich beeinflußt haben. Und niemand, außer mir (Riedl 1985), hat bislang widersprochen. Selbst im persönlichen Gespräch zählte den Herren gestaltende Wahrnehmung und das Sehen von Ähnlichkeitsfeldern zum ‚gesunden Menschenverstand', aber nicht zur Wissenschaft. Die Suggestivität des Erklärens ist so stark wie das blinde Vertrauen auf erkennende Intuition. Der Ansatz ihrer Wissenschaften blieb daher intuitionistisch.

Ich liste diese Täuschung noch unter den naiven auf. Beginnt etwa sie die bösen Täuschungen anzuleiten? Das Urteil muß davon abhängen, ob man meint, daß eine naive Täuschung zu einem Weltbild führt, das uns einmal sehr schaden könnte.

Dies mag bei unseren Paradigmen sehr unterschiedlich sein. Galbraith hat schon 1968 festgestellt, daß die meisten Wirtschaftstheorien mit Orakeln, Beschwörung und Geisterschau zu tun haben. Das mag unseren Lebensnerv schon eher treffen, wenn das richtig ist. Nun aber zur Frage zurück: Kann Erklären Erkennen ersetzen? Unsere Gesellschaft kann das, genauer: Sie kann mit einem solchen Paradigma operieren und dabei Erfolge haben. Resümieren wir also nochmals die Verluste.

2
Über Herkunft, Art und Steuerbarkeit der Verluste

Der Vorgang des Erkennens ist auf Qualitäten historischer, irreversibler Ganzheiten eingestellt und operiert überwiegend holistisch, kybernetisch, synthetisch. Er ist anhand realer Komplexität im Laufe der Evolution herangebildet worden. Der Vorgang des Erklärens ist dagegen auf Quantitäten möglichst reversibler Subprozesse eingestellt und operiert überwiegend reduktionistisch, logisch, analytisch. Er ist der Komplexität aus dem Weg gegangen. Er hat uns an der Komplexität, die unser Leben bestimmt, vorbeigeführt.

Angeführt ist dieser Vorgang auch durch die Suggestivität von Manipulation und Experiment und von der Erwartung, ein Verständnis der komplexen Hintergründe schon zu besitzen oder, was gleich schlecht ist, ein zureichendes Verständnis komplexer Gegenstände gar nicht abwarten zu müssen. Ein Vorgang, der ja zunächst auch dem Einzelnen gelohnt wurde, der Gruppe Einfluß gab und dem Staat Macht. Und diese Gruppenvorteile, wie sie sich vorerst einstellten, förderten ihrerseits jenes dahinterliegende, technomorphe Kommerzdenken, mit der Arroganz im Gefolge, die Natur zu verbessern (environmental engineering) und die Welt zu regulieren (globalization). Aber auch Bequemlichkeit und Scheu vor Verantwortung kann diesem Weg in die böse Täuschung unterstellt werden.

Komplexe Systeme sind mühsam aufzuschließen. „Es ist darum", wie sich Lorenz (1973a, S. 4) ausdrückt, „viel pfiffiger (expedient) an nette, einfache Tätigkeiten im Rahmen selbstregistrierender Automaten mit einem Maximum an Elektronik zu denken. Womit eine Fülle beeindruckender Daten gewonnen und noch eindrucksvollere mathematische Analysen vorgeführt werden können."

Was hinter dieser Bewegung steckt, ist die Hoffnung, die Wissenschaften und zunächst die Biologie, ähnlich der Chemie, dem Wissenschaftsideal der Physik nahezubringen, ohne wahrzunehmen, daß sich dieses selbst schon verändert. Man wollte der Zurücksetzung einer ‚bloß beschreibenden Wissenschaft' entkommen und zu einer ‚exakten' aufsteigen. Welcherart Verwirrungen in der Unterscheidung von ‚beschreibend' und ‚exakt' hier mitgeschleppt werden, wird man vor Augen haben.

Appelle, wie jene von Bertalanffy (1968), Paul Weiss (1971), selbst leidenschaftliche, wie von Lorenz „The Fashionable Fallacy of Dispensing with Description" (1973a) sind in den zwei vergangenen Jahrzehnten echolos verhallt.

Geblieben und angewachsen ist das Eingreifen in komplexe Systeme, ohne diese zugleich auch ausreichend zu verstehen. Man wird da zunächst den Umgang dieser Zivilisation mit der Umwelt vor Augen haben, das Verderben von Wäldern, Böden und der Stratosphäre. Und man vergesse nicht, daß derlei Vorgehen durch jene Perspektiven der Wissenschaften legitimiert wurden.

Dies war besonders an der Reduktion der Evolutionstheorie darzustellen. Angeleitet zum Übersehen von Wechselbezügen, Phasenübergängen, rekursiver Kausalität, wurden auch Industrie und Staatenlenkung ermutigt forsch in noch unverstandene Systemzusammenhänge hineinzufassen und was immer zu manipulieren, wo immer ein kurzfristiger Gewinn in Aussicht schien.

Der Umfang schon der bisherigen Verluste ist nicht abzuschätzen. Es ist möglich, daß Staaten an ‚Brutto-National-Vermögen' schon mehr verloren, als sie an Brutto-National-Produkten gewonnen haben. Es ist möglich, daß die Staaten der Erde einander schon mehr schulden, als sie gemeinsam besitzen (Riedl u. Delpos 1996). Das aber ist hier nicht unser Thema.

Das Thema ist vielmehr der Versuch, eine Wissenschaftstheorie vorzuschlagen, die mit dem Erkennen und Erklären komplexer Systeme sachgerechter umzugehen lehrt. In einem gewissen Maße mag schon deren Studium eine Hilfe und eine Anleitung zur Anschaulichkeit sein. Mehr aber muß solch eine Weltsicht gelebt werden, indem man sie verwendet und indem sich unsere Bildungspolitik ihrer annimmt. Dazu können Empfehlungen gegeben werden.

Obenan steht die Bildungspolitik namentlich für Universitäten, wie diese selbst von der Industrie beeinflußt werden, von staatlichen Interessen, vom ‚main stream' in den Wissenschaften und fallweise von Akademien. Darum sei auch solcherorts Interdisziplinarität wieder geachtet, synthetische Leistung gefördert. Auch das Unverstandene werde wieder Lehrstoff, und sei dies nicht der Fall, lasse man sich nicht beeinflussen. Damit können Phasen, Schichten und Qualitäten verstanden, und Ausbildung kann zu Bildung erweitert werden.

Erst von da aus kann dann Lehrerausbildung echte Lehrerbildung werden. Und beim Erlassen der Lehrpläne sei neben der Verschränkung der Fächer der Aufbau der Fächerbedeutung nach dem induktiven Gehalt empfohlen. Man fördere Sehen und Beschreiben, Weitsicht und Kreativität, und sei dies nicht der Fall, bilde man sich sein eigenes Ethos.

Von dort aus kann solcherart Bildung eine der Bürger werden. Und was in der Bürger Einsichten eine Majorität erwarten läßt, erweist sich dann auch als politisch wie bildungspolitisch machbar, nämlich in dieser Weise eine differenzierte Sicht der Welt zu erlangen, sorglich in deren Komplexität einzudringen, seine eigenen Grenzen wahrzunehmen, sich der Welt wieder anzupassen und das Unerforschte wieder zu achten.

Auch die Cultur, die alle Welt beleckt,
Hat auf den Teufel sich erstreckt.

Literaturverzeichnis

Adanson M (1782) Histoire naturelle du Sénégal. Coquillages, Paris
Akam M, Dawsoon I, Tear G (1988) Homeotic genes and the control of segment diversity. Development 104:123-133
Alberch P (1980) Ontogenesis and morphological diversification. Am Zool 20:653-667
Altenberg L (1996) Genome growth and the evolution of the genotype-phenotype map. In: Banzhaf W, Eeckman F (eds) Evolution and biocomputation. Computational models of evolution. Springer, Berlin
Aristotle (1976) Metaphysics. Oxford Classical Text. Oxford University Press, Oxford
Ax P (1984) Das Phylogenetische System. Gustav Fischer, Stuttgart New York
Baatz M, Wagner GP (1997) Adaptive inertia caused by hidden pleiotropic effects. Theor Popul Biol 51:49-66
Bacon Fr (1620) Novum organum scientiarum. Deutsch ab 1793. New edition, with other parts of the great instauration. Urbach P, Gibson J (eds) Open Court, 1994. La Salle, Chicago
Baron-Cohen S (1995) Mindblindness: an essay on autism and theory of mind. MIT Press, Cambridge Mass
Berlin B et al (1966) Folk taxonomies and biological classification. Science 154:273-275
Bertalanffy L (1968) General system theory; foundations, development, application. Braziller, New York
Boeckh A (^{2}1966) Enzyklopädie und Methodenlehre der philologischen Wissenschaften. I. Formale Theorie der philologischen Wissenschaften. Neuausgabe (von 1877). Wiss Buchgesellschaft, Darmstadt
Boerner P (1972) Johann Wolfgang von Goethe. Rowohlt, Reinbek/Hamburg
Boltzmann L (1979) Populäre Schriften. Ausgewählt und eingeleitet von Engelbert Broda. Vieweg u Sohn, Braunschweig
Borges JL (1966) Das Eine und die Vielen. Essays zur Literatur. Hanser, München
Bower GH, Hilgard ER (1983/84) Theorien des Lernens I/II. Klett-Cotta, Stuttgart
Brackman A (1980) A delicate arrangement. The strange case of Charles Darwin and Alfred Russel Wallace. Times Books, New York
Braunfels W (ed) (1980) Die Kunst im Heiligen Römischen Reich. Band II. Die geistlichen Fürstentümer. Beck, München
Brehmer B (1980) In one word: not from experience. Acta Psych 45:223-241
Briggs J, Peat FD (1990) Die Entdeckung des Chaos. Eine Reise durch die Chaostheorie. Hanser, München Wien
Brockhaus Enzyklopädie (1966) 17. Aufl. in 20 Vol. Brockhaus, Wiesbaden
Brockman F (1968) Trees of North America. Golden Press, New York
Buffon G (1749-1804) Histoire naturelle générale et particulière, 40 Vol. Imprimerie Royale, puis Plassan, Paris
Bugnyar T, Huber L (1997) Push or pull: An experimental study on imitation in marmosets. Animal Behaviour 54:817-831
Bunge M (1982) Is chemistry a branch of physics? Zeitschrift f allg Wissenschaftstheorie 13(2):209-223
Burger R (1986) Constraints on the evolution of functionally coupled characters: A non-linear analysis of a phenotypic model. Evolution 40:182-193
Busch W (1982) Gesammelte Werke. Xenos, Hamburg

Callebaut W (1993) Taking the naturalistic turn; or how real philosophy of science is done. Chicago Univ Press, Chicago

Campbell D (1974) Evolutionary epistemology. In Schilpp P (ed) The library of living philosophers: 14 I and II. The philosophy of Karl Popper. Open Court, Lasalle, pp 413–463

Campbell D (1984) Evolutionary epistemology. In: Radnitzky G, Bartley III WW (eds) Evolutionary epistemology, rationality and the sociology of knowledge. Open Court, Lasalle

Capelle W (1968) Die Vorsokratiker; die Fragmente und Quellenberichte. Kröner, Stuttgart

Carnap R (^{2}1961) Der logische Aufbau der Welt. Meiner, Hamburg

Chang Tung-sun (1952) A chinese philosopher's theory of knowledge. A review of general semantics 9:203–226

Chinery M (1976) Insekten Mitteleuropas. Parey, Hamburg Berlin

Chomsky N (1970) Sprache und Geist. Suhrkamp, Frankfurt/M

Ciompi L (1997) Die emotionalen Grundlagen des Denkens; Entwurf einer fraktalen Affektlogik. Vandenhoeck u Ruprecht, Göttingen

Darwin Ch (1859) The origin of species by means of natural selection; or the preservation of favoured races in the struggle of live. Murray, London

Darwin Ch (1871) The descent of man and on selection in relation to sex, 2 Vol. Murray, London

Darwin Ch (1873) Das Variieren der Thiere und Pflanzen im Zustande der Domestikation (aus dem Englischen von J. Carus), 2 Vol. Schweizerbart, Stuttgart

Darwin E (1794) Zoonomia, or the laws of organic life. Johnson, London

Desmond A, Moore J (1991) Darwin. M. Joseph, London. Deutsch 1992: Südwest, München

Dilthey W (1883) Einleitung in die Geisteswissenschaften. Neuauflage, Bd. I–VII (^{7}1973). Vandenhoeck u Ruprecht, Göttingen

Dobzhansky T (^{3}1951) Genetics and the origin of species. Columbia Univ Press, New York

Dollo L (1922) Les Céphalopodes et l'irréversibilité de l'Evolution. (Das Gesetz von 1893) Les Lois de l'Évolution. Bull Soc Belge de Géol Paléont Etc, pp 164 (Procès-verbaux)

Dörner D (1975) Wie Menschen eine Welt verbessern wollten und sie dabei zerstörten. Bild der Wissenschaft, S 198–253

Driesch H (1908) Philosophie des Organischen. Wilhelm Engelmann, Leipzig

Ebeling W, Feistel R (1994) Chaos und Kosmos. Prinzipien der Evolution. Spektrum Akad Verlag, Heidelberg Berlin Oxford

Ebeling W, Freund F, Schweizer F (1998) Komplexe Strukturen: Entropie und Information. Teubner, Stuttgart Leipzig

Ehalt H (ed) (1984) Geschichte von unten. Böhlau, Wien Köln

Eibl-Eibesfeld I (1967, ^{5}1978) Grundriß der vergleichenden Verhaltensforschung. Piper, München Zürich

Eibl-Eibesfeld I (1984) Die Biologie des menschlichen Verhaltens. Grundriß der Humanethologie. Piper, München Zürich

Eigen M, Winkler-Oswatitsch R (1975) Das Spiel. Naturgesetze steuern den Zufall. Piper, München Zürich

Eisler R (1927-30) Wörterbuch der philosophischen Begriffe. Mittler u Sohn, Berlin

Engel A, König P, Singer W (1993) Bildung repräsentionaler Zustände im Gehirn. Spektrum der Wissenschaft 93/9:42–47

Engels EM (1989) Erkenntnis als Anpassung? Eine Studie zur Evolutionären Erkenntnistheorie. Suhrkamp, Frankfurt

Foppa K (^{9}1975) Lernen, Gedächtnis, Verhalten. Kiepenheuer u Witsch, Köln Berlin

Foucault M (^{2}1971) Die Ordnung der Dinge. Suhrkamp, Frankfurt/Main

Freytag-Löringhoff B v (1955) Logik. Ihr System und ihr Verhältnis zur Logistik. Kohlhammer, Stuttgart Köln
Fung Yu-Lan (^{4}1952) A history of chinese philosophy. Vol. I: The period of the philosophers (aus dem Chinesischen von D. Bodde). Princeton Univ Press, Princeton
Futuyma JI (^{2}1986) Evolutionary biology. Sinauer, Sunderland, Mass, USA
Gadamer HG (1960) Wahrheit und Methode. Grundzüge einer philosophischen Hermeneutik. Mohr (Siebeck), Tübingen
Galbraith J (1968) Die moderne Industriegesellschaft. Droemer Knaur, München Zürich
Gell-Mann M (1994) Das Quark und der Jaguar. Vom Einfachen zum Komplexen. Die Suche nach einer neuen Erklärung der Welt. Piper, München Zürich (Orig. 1994: The quark and the jaguar. Freeman & Co., New York)
Gilbert SF (1991) Developmental Biology. Sinauer Ass Inc, Sunderland
Gipper H (^{2}1969) Bausteine zur Sprachinhaltsforschung. Neue Sprachbetrachtung im Austausch mit Geistes- und Naturwissenschaft. Schwann, Düsseldorf
Glass B, Temkin O, Straus W (^{2}1968) Forerunners of Darwin 1745-1859. John Hopkins Press, Baltimore
Gleick J (1988) Chaos – die Ordnung des Universums. Droemer Knaur, München (engl. Ausgabe 1987)
Gödel K (1931) Über formal unentscheidbare Sätze der Principia Mathematica und verwandter Systeme. Monatsschrift für Mathem u Physik 38, pp 173-198
Goethe JW v (1795) Erster Entwurf einer allgemeinen Einleitung in die vergleichende Anatomie, ausgehend von der Osteologie. II. Weimarer Ausgabe. Böhlau, Weimar
Goethe JW v (1817) Weimarer Ausgabe 1891, Nachdruck 1987, Bd. II/6. dtv, München
Goethe JW v (1824) Weimarer Ausgabe 1893, Nachdruck 1987, Bd. II/8. dtv, München
Goodal J (1965) Chimpanzees of the Gombe Stream Reserve. In: De Vore I (ed) Primate behavior. Holt, Rinehart & Winston, New York
Granet M (^{2}1971) Das chinesische Denken – Inhalt, Form, Charakter. Piper, München
Grant DA, Hake HW, Hornseth JP (1951) Acquisition and extinction of conditioned eyelid responses as a function of the percentage of fixed-ratio random reinforcement. J of Exper Psychol 42(1):1-6
Gregory W (1951) Evolution emerging, 2 Vol. Macmillan, New York
Habermas J (1970) Der Universalitätsanspruch der Hermeneutik. In: Bubner R et al (eds) Hermeneutik und Dialektik I. Mohr, Tübingen, pp 13-103
Haeckel E (1868) Natürliche Schöpfungsgeschichte. Georg Reiner, Berlin
Haken H (^{2}1978) Synergetics. An introduction. Nonequilibrium phase transition in physics, chemistry and biology. Springer, Berlin
Haldane J (1958) Theory of evolution before and after Bateson. J Genet 56:11-28
Hartmann N (1950) Philosophie der Natur. De Gruyter, Berlin
Hartmann N (^{3}1964) Der Aufbau der realen Welt. De Gruyter, Berlin
Hassemer W (1968) Tatbestand und Typus. Untersuchungen zur strafrechtlichen Hermeneutik. C Heymens, Köln Berlin Bonn München
Hassenstein B (1951) Goethes Morphologie als selbstkritische Wissenschaft und die heutige Gültigkeit ihrer Ergebnisse. Neue Folge d Jahrb d Goethe-Gesellschaft 12:333-357
Hassenstein B (1958) Prinzipien der vergleichenden Anatomie bei Geoffrey Saint-Hilaire, Cuvier und Goethe. Act Coll int Strasbourg Publ Fac lettr 137:155-168
Hauser G, DeStefano GF (1989) Epigenetics of the Human Skull. Schweizerbart, Stuttgart
Hebb D (1949) The organization of behavior. A neuropsychological theory. Wiley, New York
Hemleben J (1970) Galileo Galilei. Rowohlt, Reinbek/Hamburg
Hempel C, Oppenheim P (1948) Studies in the logic of explanation. Philosophy of Science 15:135-175

Hennig W (1950) Grundzüge einer Theorie der phylogenetischen Systematik. Deutscher Zentralverlag, Berlin

Heschl A (1998) Das intelligente Genom. Über die Entstehung des menschlichen Geistes durch Mutation und Selektion. Springer, Heidelberg

Hillis D, Moritz C (1990) Molecular Systematics. Sinauer, Sunderland, Mass USA

Hinrichsen R, Schultz I (1988) Paramecium: a model system for the study of excitable cells. TINS (Trends in neurosciences) 11(1):27-32

Ho Mae-Wan (1984) Where does biological form come from? Rivista di Biologia 85:757-770

Horgan J (1995) Komplexität in der Krise. Spektrum der Wiss, pp 58-64

Holland PW, Garcia-Fernandez J (1996) Hox genes and chordate evolution. Developmental Biology 173:382-395

Hosseini A, Hogg DA (1991) The effects of paralysis on skeletal development in the chick embryo. I. General effects. J Anat 177:159-168

Huber L (1995) On the biology of perceptual categorization. Evolution and Cognition 1(2):121-138

Huber L, Lenz R (1993) A test of the linear feature model of polymorphous concept discrimination with pigeons. Quarterly Journal of Experimental Psychology 46B: 1-18

Huber L, Lenz R (1996) Categorization of prototypical stimulus classes by pigeons. Quarterly Journal of Experimental Psychology 49B:111-133

Hughes A, Lambert D (1984) Functionalism, structuralism, and 'ways of seeing'. J theoret Biol 111:787-800

Hume D (1739) Dialogues concerning natural religion (posthumous). In: Essays and treatises on several subjects, Vol. 2. Tourneisen, Brasil

Hume D (1739/40) Treatise on human nature (3 Vol.). Philosophical essays concerning human understanding (1748), später als: An enquiry concerning human understanding. (Mit dt.-engl. u. engl.-dt. Begriffsregister. Akademieverlag, Berlin 1965 XLI. Richter R (ed) Felix Meiner, Hamburg 1973)

Hu Shih (^{2}1953) The development of the logical method in ancient China. Paragon, New York

Jantsch E (1979) Die Selbstorganisation des Universums. Vom Urknall zum menschlichen Geist. Hanser, München Wien

Jaspers K (1957) Vom Ursprung und Ziel der Geschichte. Fischer, Frankfurt/M

Jaynes J (1993) Der Ursprung des Bewußtseins. Rowohlt, Reinbek/Hamburg. Orig. 1976: The origin of consciousness in the breakdown of the bicameral mind. Houghton Miffin, Boston

Kant IA (1781) Ausgabe B: 1787: Kritik der reinen Vernunft. Abgedruckt in: Kant IA, Werkausgabe Bd. III u. IV. Suhrkamp, Frankfurt/M

Kaufmann S (1993) The origins of order: self-organization and selection in evolution. Oxford Univ Press, New York

Koestler A (1968) Das Gespenst in der Maschine. Molden, Wien München Zürich

Koestler A (1972) Der Krötenküsser. Der Fall des Biologen Paul Kammerer. Molden, Wien München Zürich

Koenig O (1970) Kultur und Verhaltensforschung. Einführung in die Kulturethologie. dtv, München

Korschelt E, Heider K (1936) Vergleichende Entwicklungsgeschichte der Tiere, 2 Bde. Fischer, Jena

Kreiser L, Gottwald S, Stelzner W (1988) Nichtklassische Logiken. Akademie-Verlag, Berlin

Kreuzer F (1981) Leben ist Lernen. Von Immanuel Kant zu Konrad Lorenz. Ein Gespräch über das Lebenswerk des Nobelpreisträgers. Piper, München

Kreuzer F (1982) Offene Gesellschaft, offenes Universum. Franz Kreuzer im Gespräch mit Karl R. Popper. Deuticke, Wien

Kullmann W (1979) Die Teleologie in der aristotelischen Biologie. Aristoteles als Zoologe, Embryologe und Genetiker. Sitzungsver Heidelberger Akad d Wiss Philos-histor Klasse, 2. Abhandlung, pp 1-72
Kutschera F v (1972) Wissenschafts-Theorie, I und II. Grundzüge einer allgemeinen Methodologie der empirischen Wissenschaften. Fink, München
Lamarck J de M (1805) Considérations sur quelques faits applicables à la théorie du globe, observé par M. Peron dans ses voyages aux Terres australes, et sur quelques questions géologiques qui naissent de la connaissance de ces faits. Annales du Mus d'Hist Nat VI (59):26-52
Lamarck J de M (1809) Zoologische Philosophie. Deutsch v H Schmidt. (Französische Erstauflage 1809). Kröner, Leipzig
Lamnek S (1993) Qualitative Sozialforschung, 2 Vol. Psychologie. Verlags Union, Weinheim
Lenneberg E (1972) Die biologischen Grundlagen der Sprache. Suhrkamp, Frankfurt/M
Lévi-Strauss C (1968) Das wilde Denken. Suhrkamp, Frankfurt/M
Levin M (1973) On explanation in archaeology. A rebuttal to Fritz and Plog. American Antiquity 38(4):387-395
Lewin R (1993) Die Komplexitätstheorie. Wissenschaft nach der Chaosforschung. Hoffmann u Campe, Hamburg (Orig. 1992: Complexity. Macmillan, New York)
Linnaeus C (^{10}1758) Systema Naturae. Regnum Animale. Tomus I. Holminae, L. Salvii, 824 pp
Lorenz K (1941) Kants Lehre vom Apriorischen im Lichte gegenwärtiger Biologie. Blätter für Deutsche Philosophie 15:94-125
Lorenz K (1963) Haben Tiere ein subjektives Erleben? In: Meinke H (ed) Jahrbuch 1963 - Technische Hochschule München. Verlag Techn Hochschule, München, pp 57-68
Lorenz K (1965) Über tierisches und menschliches Verhalten. Piper, München
Lorenz K (1973) (^{4}1983) Die Rückseite des Spiegels. Versuch einer Naturgeschichte menschlichen Erkennens. Piper, München Zürich
Lorenz K (1973a) The fashionable fallacy of dispensing with description. Naturwissenschaften 60(1):1-9
Lorenz K (1974) Die acht Todsünden der zivilisierten Menschheit. Piper, München Zürich
Lorenz K (1974a) Analogy as a source of knowledge. In: Les Prix nobels en 1973. The Nobel Foundation 1974, pp 176-195
Lorenz K (1976) Die Vorstellung einer zweckgerichteten Weltordnung. Anz phil-hist Klasse, Österr Akad d Wiss 113 (So 2):39-51
Lorenz K (1978) Vergleichende Verhaltensforschung. Grundlagen der Ethologie. Springer, Wien New York
Lorenz K (1983) Nichts ist schon dagewesen: der Irrglaube an eine zweckgerichtete Weltordnung. In: Riedl R, Kreuzer F (eds) Evolution und Menschenbild. Hoffmann u Campe, Hamburg
Lorenz K (1992) Die Naturwissenschaft vom Menschen. Eine Einführung in die vergleichende Verhaltensforschung; Das ‚Russische Manuskript'. Aus dem Nachlaß herausgegeben von Agnes von Cranach. Piper, München Zürich
Luhmann N (1972) Rechtssoziologie (Vol 1 u 2). Rowohlt, Hamburg
Luria A (1976) The mind of a mnemonist. Regenery, Chicago
Lyell C (1830) Principles of geology. Murray, London
Mainzer K (^{3}1994) Thinking in complexity. The complex dynamics of matter, mind, and mankind. Springer, Heidelberg
Malsburg C, Schneider W (1986) A neuronal cocktail-party. Biological Cybernetics 54:29-40
Malthus TR (^{2}1817) An essay on the principle of population. Murray, London
Mandelbrot B (1983) The fractal geometry of nature. Freeman, New York

Marr D (1982) Vision; a computational investigation into the human representation and processing of visual information. Freeman, San Francisco
Maupertuis PLM de (1745) Venus Physique, contemant deux dissertations, l'une sur l'origine des hommes et des animaux; et l'autre sur l'origine des noirs. La Haye
Mayerthaler W (1996) Linguistik und evolutionäre Erkenntnistheorie. In: Riedl R, Delpos M (eds) Die Evolutionäre Erkenntnistheorie im Spiegel der Wissenschaften. Wiener Univ Verlag, Wien
Mayerthaler W (1981) Wie lernen Kinder sprechen? Die Brücke. Kärntner Kulturzeitschrift, 7 Jahrg, pp 24-27
Mayerthaler W (1982) Das Hohe Lied des Ding- und Tunworts bzw. Endstation „Aktionsding". Papiere zur Linguistik, Heft 27/2:25-61
Mayerthaler W (1996) Linguistik und EE. In: Riedl R, Delpos M (eds) Die Evolutionäre Erkenntnistheorie im Spiegel der Wissenschaften. Wiener Universitätsverlag, Wien, pp 294-305
Mayr E (1942) Systematics and the origin of species. Columbia Univ Press, New York
Mayr E (1965) Numerical phonetics and taxonomy theory. Syst Zool 14:73-95
Mayr E (1969) Principles of systematic zoology. McGraw-Hill, New York
Mayr E (1988) Eine neue Philosophie der Biologie. Piper, München Zürich
McNeill D, Frieberger P (1994) Fuzzy Logic. Die ‚unscharfe' Logik erobert die Welt. Droemer Knaur, München
Medawar P, Medawar J (1986) Von Aristoteles bis Zufall. Piper, München
Mittelstrass J (ed) (1984) Enzyklopädie der Philosophie und Wissenschaftstheorie. Bibliogr Inst, Mannheim
Möbius F, Möbius H (^{2}1978) Bauornamente im Mittelalter, Symbol und Bedeutung. Edition Tusch, Wien
Mohr H (1981) Biologische Erkenntnis; ihre Entstehung und Bedeutung. Teubner, Stuttgart
Monod J (1971) Zufall und Notwendigkeit. Philosophische Fragen der modernen Biologie. Piper, München Zürich
Morgan C (1923) Emergent evolution. Williams and Norgate, London
Morowitz H (1970) Entropy for biologists. Acad Press, New York
Müller GB (1994) Evolutionäre Entwicklungsbiologie: Grundlagen einer neuen Synthese. In: Wieser W (ed) Die Evolution der Evolutionstheorie. Spektrum, Heidelberg, pp 155-193
Müller G, Newmann S (1999) Generation, integration, autonomy: three steps in the evolution of homology. In: Homology, Novaris Symposium 222. Wiley, Chichester, pp 65-79
Newmann S, Comper W (1990) 'Generic' physical mechanisms of morphogenesis and pattern formation. Development 110(1):1-18
Nicolis G, Prigogine I (1987) Die Erforschung des Komplexen. Auf dem Weg zu einem neuen Verständnis der Naturwissenschaften. Piper, München Zürich
Oberhummer H (1993) Kerne und Sterne: Einführung in die nukleare Astrophysik. Barth, Leipzig
Odum HT (1971) Environment, power and society. Wiley and Sons, New York London Toronto
Oeser E (1979) Wissenschaftstheorie als Rekonstruktion der Wissenschaftsgeschichte. Bd 2 Vol. Experiment, Erklärung, Prognose. Oldenbourg, Wien
Owen R (1848) On the archetype and homologies of the vertebrate skeleton. Assoc Rep 1846:169-340
Pächt O (1977) Methodisches zur kunsthistorischen Praxis. Prestel, München
Patterson C (1982) Morphological characters and homology. In: Joyseyand K, Friday A (eds) Problems of phylogenetic reconstruction. Academic Press, London for the Systematic Society, pp 21-74
Peitgen H-O, Richter P (1986) The beauty of fractals. Springer, New York Heidelberg

Piaget J (1969) Nachahmung, Spiel und Traum. Die Entwicklung der Symbolfunktion beim Kind. Klett, Stuttgart
Piaget J (1973) Der Strukturalismus. Walter, Olten
Piaget J (1975) Das Erwachen der Intelligenz beim Kinde. Klett, Stuttgart
Piaget J (1978) Das Weltbild des Kindes. Klett, Stuttgart
Piaget J, Inhelder B (1958) The Growth of Logical Thinking from Childhood to Adolescence. Basic Books, New York
Pittendrigh C (1958) Adaptation, natural selection and behavior. In: Roe A, Simpson G (eds) Behavior and evolution. Yale Univ Press, New Haven, pp 390–416
Plate L (1925) Die Abstammungslehre. Tatsachen, Theorien, Einwände und Folgerungen in kurzer Darstellung. Gustav Fischer, Jena
Platon (1997) Phaidros oder vom Schönen. Rowohlt, Reinbek/Hamburg
Pöltner G (1993) Eine Auseinandersetzung mit der Evolutionären Erkenntnistheorie. Kohlhammer, Stuttgart
Popper K (1973) Objektive Erkenntnis. Hoffmann u Campe, Hamburg
Popper K (^{5}1973a) Logik der Forschung. Mohr, Tübingen
Popper K (1994) Ausgangspunkte. Hoffmann u Campe, Hamburg
Popper K, Eccles JC (1977) The self and its brain. Springer, Berlin
Prigogine I, Stengens I (1990) Dialog mit der Natur: Neue Wege naturwissenschaftlichen Denkens. Piper, München. Orig. 1984: Order out of chaos. Man's New Dialogue with Nature. Heinemann, London
Raff R (1996) Shape of life: Genes, development, and the evolution of animal form. Univ of Chicago Press, Chicago London
Remane A (1971) Grundlagen des natürlichen Systems, der vergleichenden Anatomie und Phylogenetik. Koeltz, Königstein/Taunus
Remane J (1989) Die Entwicklung des Homologiebegriffes seit Adolf Remane. Zool Beitr NF 32(3):497–503
Rensch B (1973) Gedächtnis, Begriffsbildung und Planhandeln bei Tieren. Parey, Hamburg Berlin
Riedl R (1973) Energie, Information und Negentropie in der Biosphäre. Naturwiss. Rundschau 26(10):413–420
Riedl R (1975) Die Ordnung des Lebendigen. Systembedingungen der Evolution. Parey, Hamburg Berlin
Riedl R (1976) Die Strategie der Genesis. Naturgeschichte der realen Welt. Piper, München Zürich
Riedl R (1977) A Systems-analytical approach to macroevolutionary phenomena. Q Rev Biol 52:351–370
Riedl R (1978/79) Über die Biologie des Ursachen-Denkens – ein evolutionistischer, systemtheoretischer Versuch. Mannheimer Forum 78/79:9–70
Riedl R (1980) Biologie der Erkenntnis. Die stammesgeschichtlichen Grundlagen der Vernunft. Parey, Hamburg Berlin
Riedl R (1982) Das gespaltene wissenschaftliche Weltbild unserer Zeit. Aulavorträge Hochschule St. Gallen für Wirtschafts- und Sozialwissenschaften, St. Gallen 18:3–24
Riedl R (ed) (^{3}1983) Fauna und Flora des Mittelmeeres. Parey, Hamburg Berlin
Riedl R (1985) Die Spaltung des Weltbildes. Biologische Grundlagen des Erklärens und Verstehens. Parey, Hamburg Berlin
Riedl R (1986) Information aus biologischer Sicht. Biblos 35:14–26
Riedl R (1987) Begriff und Welt. Biologische Grundlagen des Erkennens und Begreifens. Parey, Hamburg Berlin
Riedl R (1987a) Denkordnung als Abbild der Naturordnung (Wiederabdruck aus: „Evolution und Menschenbild" in: Riedl R (ed) Kultur - Spätzündung der Evolution?) Piper, München Zürich, pp 210–227
Riedl R (1991) Schrödingers Negentropie-Begriff und die Biologie. In: Zeitschr f Wissensch forschung Literas Univ Verlag, Wien 6, pp 53–65

Riedl R (1992) Wahrheit und Wahrscheinlichkeit. Biologische Grundlagen des Für-Wahr-Nehmens. Parey, Hamburg Berlin
Riedl R (1992a) Bewußtsein, systemisch und evolutionär gesehen. In: Guttmann G, Langer H (eds) Das Bewußtsein. Multidimensionale Entwürfe. Wiener Studien zur Wissenschaftstheorie, Band 4, pp 135-162
Riedl R (1994) Mit dem Kopf durch die Wand. Die biologischen Grenzen des Denkens. Klett-Cotta, Stuttgart
Riedl R (1995) Deficiencies of adaptation in human reason. A constructivistic extension of evolutionary epistemiology. Evolution and Cognition 1(1):27-37
Riedl R (1995a) Goethe and the path of cognition: An aniversary. Evolution and Cognition 1(2):114-120
Riedl R (1996) Cognition of evolution; Can causal explanation overrule cognition? Evolution and Cognition, New Series 2(2):88-107
Riedl R (1997) From four forces back to four causes. Evolution and Cognition, New Series 3(2):148-158
Riedl R (1998) Dealing with complex systems; to decipher language and organisms. In: Van de Vijver G, Salthe S (eds) Evolving Systems. Reidel, Dordrecht, pp 267-278
Riedl R, Ackermann G, Huber L (1992) A ratiomorphic problem solving strategy. Evolution and Cognition 2(1):23-61
Riedl R, Delpos M (eds) (1996) Die Ursachen des Wachstums. Unsere Chancen zur Umkehr. Kremayr & Scheriau, Wien
Riedl R, Delpos M (eds) (1996a) Die EE im Spiegel der Wissenschaften. Wiener Universitätsverlag, Wien
Riedl R, Huber L, Ackermann K (1991) Rational versus ratiomorphic strategies in human cognition. Evolution and Cognition 1:71-88
Riedl R, Wuketits FM (eds) (1987) Die Evolutionäre Erkenntnistheorie. Parey, Hamburg Berlin
Rieger R, Tyler S (1979) The homeology theorem in ultrastructural research. Am Zool 19:635-664
Rieppel O (1990) Structuralism, functionalism, and the four Aristotelian causes. Journ of the Hist of Biology 23:291-320
Ringel E (1997) Selbstbeschädigung durch Neurose. Psychotherapeutische Wege zur Selbstverwirklichung. Fischer, Frankfurt/M
Ritter J (ed) (1971) In: Ritter J, Gründer K (eds) (1976) Historisches Wörterbuch der Philosophie. Schwabe, Basel Stuttgart
Roberts M (1985) Die Spinnen von Großbritannien und Irland. Bauer, Keltern
Ruddle FH, Bartels JL, Bentley KL, Kappen C, Murtha MT, Pendelton JW (1994) Evolution of HOX genes. Annu Rev Genet 28:423-442
Sandkühler H (ed) (1990) Europäische Enzyklopädie zur Philosophie und Wissenschaft. Meiner, Hamburg
Scharloo W (1991) Canalization: Genetic and developmental aspects. Annu Rev Ecol Systems 22:65-93
Schischkoff G (^{22}1991) Philosophisches Wörterbuch. Kröner, Stuttgart
Schmidt SJ (ed) (1987) Der Diskurs des radikalen Konstruktivismus. Suhrkamp, Frankfurt/M
Schrödinger E (1957, ^{6}1977) Was ist Leben? Lehnen, München. Original-Ausgabe (1944) What is life? Mind and Matter. Cambridge Univ Press, London
Schwabl H (1958) Weltschöpfung. In: Paulys Realencyklopädie der klassischen Altertumswissenschaften. Suppl Band IX, Stuttgart, Druckenmüller, pp 1-142
Schweitzer F (ed) (1997) Self-organization of complex structures. From individual to collective dynamics. Gordon and Breach, Amsterdam
Scribner S (1977) Modes of thinking and ways of speaking: Culture and logic reconsidered. In: Johnson-Laird P, Wason P (eds) Thinking: readings in cognitive science. Cambridge Univ Press, Cambridge

Searles HL (^{3}1968) Logic and scientific methods. Ronald Press, New York
Sexl R (1982) Was die Welt zusammenhält. Physik auf der Suche nach dem Bauplan der Natur. Deutsche Verl-Ges, Stuttgart
Shannon C, Weaver W (1949) The mathematical theory of communication. Univ of Illinois Press, Urbana
Simon H (1965) The architecture of complexity. General Systems 10:63-76
Simpson G (1952) The meaning of evolution. Yale Univ Press, New Haven
Simpson G (1961) Principles of animal taxonomy. Columbia Press, New York
Singer W (1995) Time as coding space in neurocortical processing: a hypothesis. In: Gazzaniga M (ed) The cognitive neurosciences. MIT Press, Massachusetts
Sjoelander S (1995) Some cognitive breakthroughs in the evolution of cognition and consciousness and their impact on the biology of language. Evolution and Cognition 1(1):3-11
Sneath P, Sokal R (1973) Numerical taxonomy: the principle and practice of numerical classification. Freeman, San Francisco
Snow CP (1959, reprint 1986) The two cultures: and a second look. Cambridge University Press, Cambridge
Sokal R, Sneath P (1963) Principles of numerical taxonomy. Freeman, San Francisco
Spencer H (1850) First principles of a system of synthetic philosophy, 2nd ed. Appleton, New York
Stark D (1978) Vergleichende Anatomie der Wirbeltiere auf evolutionsbiologischer Grundlage, Vol. I. Springer, Heidelberg New York
Stegmüller W (1979) Rationale Rekonstruktion von Wissenschaft und ihrem Wandel. Reclam, Stuttgart
Stegmüller W (^{2}1983) Erklärung, Begründung, Kausalität, Band 1, Teile A-G. Springer, Berlin Heidelberg New York
Stegmüller W (^{8}1987) Hauptströmungen der Gegenwartsphilosophie, 3 Vol. Kröner, Stuttgart
Stein B, Meridith A (1993) The merging of the senses. MIT Press, Cambridge
Stent G (1981) Cerebral hermeneutics. Journal Social Biol Struct 4:107-124
Stirner M (1845, ^{2}1866) Der Einzige und sein Eigentum. Reklam, Stuttgart
Thenius E (1972) Die Kreidezeit. In: Grzimeks Tierleben; Ergänzungsband: Entwicklungsgeschichte der Lebewesen. Kindler, Zürich
Thirring W, Stöltzner M (1994) Entstehung neuer Gesetze in der Evolution der Welt. Naturwissenschaften 81:243
Thom R (1975) Structural stability and morphogenesis. Benjamin, Reading MA
Uexküll J v (^{2}1937) Umwelt und Innenwelt der Tiere. Z f Tierpsychol I, pp 33-34
Ulrich H (1981) Die Betriebswirtschaftslehre als anwendungsorientierte Sozialwissenschaft. In: Geist M, Köhler R (eds) Die Führung des Betriebs. Poeschel, Stuttgart, pp 1-25
Urey H (1952) The planets. Univ of Chicago Press, Chicago
Vester F (1975) Das Überlebensprogramm. Fischer TB, Frankfurt
Viollet-Le-Duc E (1875) Dictionnaire raisonné du mobilier français de l'époque carlovingienne à la renaissance (Vol. 6). Libr imprim réunis (Morel), Paris
Völk H (ed) (1993) Facetten der Astronomie. Barth, Leipzig
Vollmer G (^{2}1979) Evolutionäre Erkenntnistheorie. Hirzel, Stuttgart
Vorländer K (^{10}1990) Geschichte der Philosophie, 3 Vol. Rowohlt, Reinbek/Hamburg
Waddington C (1957) The strategy of the genes. Allen and Unwin, London
Wagner GP (1982) The logical structure of irreversible systems transformation. A theorem concerning Dollo's law and chaotic movement. J Theoret Biol 96:337-346
Wagner GP (1983) On the necessity of a systems theory of evolution and its population biologic foundation. Comments on Dr. Regelmann's article. Acta Biotheoretica 32:223-226

Wagner GP (1988) The influence of variation and of developmental constraints on the rate of multivariate phenotypic evolution. J Evol Biol 1:45-66

Wagner GP (1989) The biological homology concept. Annu Rev Ecol Syst 20:51-69

Wagner GP, Altenberg L (1996) Complex adaptations and the evolution of evolvability. Evolution 50:967-976

Wagner GP, Kratky K, Ackermann G (1992) A probabilistic model for the discrimination between periodic and non periodic series of events. Evolution and Cognition 2(1):23-61

Wainwright S (1988) Axis and circumference. The cylindrical shape of plants and animals. Harvard Univ Press, Cambridge Mass, London

Wallace AR (1855) On the law which has regulated the introduction of new species. Ann and Mag of Nat Hist 16:184-196

Wallace AR (1866, 1889) The darwinism. Macmillan, London (Deutsch von Braus D (1891) Vieweg, Braunschweig)

Wallace AR (1889) Darwinism. Macmillan, London

Watson JD (1968) The double helix. A personal account of how the double helix was discovered. Atheneum, New York

Webster G, Goodwin B (1984) A structuralist approach to morphology. Rivista di Biologia 77:503-534

Weinberg S (1977) Die ersten drei Minuten. Der Ursprung des Universums. Piper, München

Weiss P (ed) (1971) Hierarchically organized systems in theory and practice. Hafner, New York

Weizsäcker C-F v (1982) Die Einheit der Natur. dtv, München

Whyte L (1965) Internal factors in evolution. Braziller, New York

Wieser W (1989) Vom Werden zum Sein. Energetische und soziale Aspekte der Evolution. Parey, Berlin Hamburg

Williams P, Fitch W (1989) Finding the minimal change in a given tree. In: Fernholm B, Bremer K, Jörnvall H (eds) The hierarchy of live. Elsevier, Amsterdam

Wimmer M (1995) Evolutionary roots of emotions. Evolution and Cognition 1(1):38-50

Wimmer M, Ciompi I (1996) Evolutionary aspects of affective-cognitive interactions in the light of Ciompi's concept of 'Affect-Logic'. Evolution and Cognition 2(1):37-59

Wygotski L (1976) Psychologie der Kunst. (Aus dem Russischen übertragen von Barth H) VEB Verlag d Kunst, Dresden

Namensverzeichnis

Ackermann 32-33, 61
Adanson 182
Akam 313
Alberch 286
Albertus Magnus 252
Alexander der Große 258
Altenberg 290, 292
Anaximander 18, 251
Anaximenes 251
Aristoteles 19, 42, 54, 57, 126, 162-163, 182, 211-213, 246, 251-252, 266-277
Athenagoras 26
Augustinus 249
Averroés 252
Avery 285

Baatz 292
Bacon 26, 126, 178, 214
Baer 282
Baron-Cohen 239
Bateson 10
Baumann 247
Berkeley 26
Berlin 181
Bertalanffy 9, 39, 112, 344
Blanchard 26
Boeckh 118, 119, 324-325
Boltzmann 26, 114, 214, 249
Boole 178
Borges 182
Bosanquet 178
Bosch 73
Bower 320
Boyle 178
Brackman 279
Bradley 26, 178
Brockmann 176
Braunfels 167
Brecht 258
Brehmer 79
Bridgman 178
Brockhaus 159, 286
Bruno, G. 248, 251
Buffon 182, 247, 277
Bugnyar 32
Bunge 271

Burdach 9, 139
Burger 292
Busch 130

Callebaut 12, 222, 244
Campbell 11, 36, 134, 250
Carnap 26, 178, 220-222
Chinery 185
Chomsky 40, 138
Ciompi 227
Comper 294
Comte 26, 214, 252
Condillac 26
Couturat 178
Crick 285
Cuvier 118

Daimler 148
d'Alembert 214, 252
Darwin, Ch. 137, 247-249, 276-280, 282, 283, 287
Darwin, E. 247, 248
Dawidson 26
Delpos 1, 12, 20, 113, 204, 345
Demokrit 210
DeMorgan 178
Descartes 26, 177-178, 206, 215, 249, 253
Desmond 279
DeStefano 309, 311
Dewey 178
Diderot 214, 251
Dilthey 19, 45, 126, 215
Dobzhansky 285
Dollo 186, 264
Dörner 203
Dostojewski 241
Driesch 238, 284

Ebeling 2
Eccles 38
Ehalt 258, 327
Ehrenfels 9
Eibl-Eibesfeldt 21, 137, 201, 240
Eigen 245
Einstein 208, 245

Eisler 25
Empedokles 277
Engel 67
Engels 20, 36
Epikur 213
Escher 76
Eucken 253

Feistel 2
Feuerbach 26, 214
Fitch 186
Foppa 320
Förster 35, 37
Foucault 182
Francé 284
Frege 178
Freiberger 42
Freund 2
Friedrich II. 247

Gadamer 117
Galbraith 333, 343
Galilei 48-49, 126, 130, 178, 208-209, 214, 215, 252
Garcia-Fernandez 285
Gell-Mann 2
Geoffroy Saint Hilaire 10, 118
Gilbert 309
Glasersfeld 37
Glass 277
Gleick 276
Gödel 28
Goethe 9, 26, 118-119, 131, 139-140, 149, 160, 181, 251, 316
Goodal 201
Goodmann 220
Goodwin 10
Grant 31
Gregory 143, 162

Habermas 117
Haeckel 11, 20, 39, 154, 248-249, 282
Hake 31
Haken, H. 5, 254, 276
Haldane 286
Hammurabi 337
Hartmann 18, 102
Hassemer 335
Hassenstein 136
Hauser 309, 311
Hebb 67
Hegel 178, 215, 253
Heidegger 19
Heider 306

Heisenberg 39
Hempel 118, 220-221
Hennig 183
Heschl 66
Hilgard 320
Hillis 186
Hinrichsen 58
Hinst 26
Hobbes 26, 214
Holbach 214
Holland 285
Hooker 283
Horgan 2
Hornseth 31
Huber 32-33, 61, 85, 202
Hughes 10
Humboldt 119
Hume 26 43, 162, 199, 201, 214-215, 221 247, 252, 277

Iktinos 261

James 178
Jantsch 250, 269
Jaspers 19, 250
Jaynes 210

Kallikrates 261
Kammerer 284
Kant 17, 19-21, 26, 43, 139, 178, 206, 215, 244, 248-250
Karneades 26
Kaufmann 276
Kepler 48, 49, 208-209, 214-215, 252
Kirkegaard 19
Kleanthes 213, 249, 253
Koenig 137, 240, 293, 333
Koestler 105, 284
Koffka 9
Korschelt 306
Kratky 33, 61
Kreiser 42
Kreuzer 34
Kullmann 213, 251
Kutschera 205-206, 209, 216, 219, 236

Lamarck 92, 197, 246, 247, 248, 276, 277-283
Lambert 10
Lamettrie 214
Lamnek 117, 126
Laplace 39, 214, 244
Le Roy Ladurie 258
Leibniz 26, 178, 215

Lenneberg 40, 138
Lenz 85
Leukipp 210
Levin 2, 323
Lévi-Strauß 10, 130, 210
Lewis 178
Linné 182
Locke 26, 178, 214
Lorenz 3, 11, 20-21, 34, 41, 65-66, 102, 106, 130, 134, 140-141, 164, 171, 201, 227, 238-239, 249-250, 257, 300-311, 320, 344
Lukrez 213, 246, 277
Luria 42
Lyell 244, 277

Mach 178, 214, 249
Mae-Wan Ho 10
Maimonides 252
Mainzer 3
Malebranche 253
Malsburg 67
Malthus 279
Mandelbrot 276
Marr 68
Maupertuis 246, 277-278
Maxwell 114
Mayerthaler 40, 42, 81-82
Mayr 91, 140, 285, 343
McNeill 42
Medawar, J. 41, 255
Medawar, P. 41, 255
Mendel 282
Meridith 84
Mill 26, 178, 214
Miller 273, 275
Mills 221
Mittelstrass 25
Möbius 167
Mohr 3, 255
Monod 285
Moore 279
Morgan 41, 74
Moritz 186
Müller 294, 311

Nägeli 282
Neurath 26
Newmann 294
Newton 48-49, 178, 208-209
Nicolis 2
Nietsche 19
Nikolis 5

Oberhummer 271
Oeser 3
Oken 9
Oppenheim 118, 220
Owen 9, 10, 141
Owens 316

Pächt 330
Parler 260
Parmenides 211, 213, 253
Patterson 158
Pawlow 26
Paulus 213, 249, 253
Peirce 178
Peitgen 276
Phidias 261
Piaget 10, 42, 66, 70, 169, 204
Pittendrigh 226
Plate 282
Platon 19, 139-140, 213, 215, 249, 253
Platons 213
Poincaré 178
Pöltner 20
Popper 28, 34, 38, 126, 129, 220, 221, 252
Prigogine 2, 5, 246, 255
Pythagoras 211, 213, 253

Quine 220, 222

Raff 313
Raffael 14
Reichenbach 178
Remane, A. 142, 145, 148-149 184, 316
Remane, J. 148
Rensch 201
Rescher 26, 220
Richter 202, 276
Riedl 1-5, 12, 20-22, 24, 26-28, 29, 31-33, 38-40, 42, 45, 59, 61, 65, 67, 71, 73, 77, 79, 81-83, 91, 106-107, 109, 113-115, 118, 123, 131-134, 136-138, 143, 146-147 149, 151, 155, 157, 162, 164-165, 167, 169-172, 176-180, 185, 192, 194-195, 197, 201, 204, 209, 211, 213, 224, 229, 231, 240, 243, 248, 250, 257, 261-262, 265, 268-269, 272, 281, 286-288, 290-293, 295, 298, 300-301, 303, 306, 309-310, 313, 318, 322-323, 329, 331, 343, 345
Rieger 158
Rieppel 10
Ringel 240
Ritter 25

Roberts 185
Ruddle 173, 285
Russell 26, 63, 178, 222

Sandkühler 25
Sartre 19
Scharloo 313
Schelling 26, 215, 253
Schiller 26, 139-140, 178
Schipper 31
Schischkoff 209
Schleiermacher 118-119
Schlick 26
Schmidt 37, 248
Schneider 67
Schrödinger 2, 6, 39, 111, 113, 178
Schultz 58
Schwabl 244
Schweitzer 2
Schweizer 2
Scribner 42
Searles 178
Sedlmayr 330
Sexl 38
Sextus Empirikus 213
Shannon 114
Simon 2, 105
Simpson 285, 343
Singer 67
Sjoelander 84
Sneath 90, 184
Snow 216
Sokal 90, 184, 185
Sokrates 42, 81
Spencer 279
Spender 214
Spinoza 178
Starck 343
Stegmüller 126-127, 216, 220, 243, 244
Stein 84
Stengers 246, 255
Stent 320
Stöltzner 245
Stölzner 54
Straus 277
Strawson 26
Suppes 220

Tarsky 26

Temkin 277
Thales 251
Theophrastos 182
Thenius 177
Thirring 54, 245
Thomas von Aquin 26, 213, 252
Thompson 10
Tom 276
Turgot 252
Tyler 158

Uexküll 166
Ulrich 333
Urey 109, 245, 273, 275

Venn 178
Vester 203
Viollet le Duc 177
Völk 271
Vollmer 3, 11, 20, 134, 250
Vorländer 25

Waddington 10, 286, 293, 304, 361
Wagner 33, 61, 158, 286, 290, 292
Wainwright 71
Wallace 279, 281-283
Watson 285
Weaver 114
Weber 215
Webster 10
Weinberg 108
weismann 284
Weiss 9, 344
Weizsäcker 81
Wertheimer 9
Whitehead 178
Whyte 286
Wieser 113-114
Williams 186
Wimmer 227
Winkler-Oswatitsch 245
Windelband 215
Wolff 214
Wuketits 3, 20
Wygotski 258

Zenon 213

Sachverzeichnis

a posteriori 20, 249
a priori 19–20, 43, 72, 215, 239, 248–249
Abrufbarkeit (von Gedächtnis) 83, 313
Abstammungslehre 92, 140, 238, 247, 249
Ähnlichkeitsfelder 43, 72, 83, 86–88, 130–131, 141, 146, 148, 150, 157–159, 160, 166, 168, 172, 324, 343
AIAMs 227, 320, 322
Algorithmus 33, 45, 60–62, 65, 68, 72–73, 105
Alt-Darwinisten 282
Anagenese 40, 74, 107, 112, 196, 246
Analogie 66, 87, 129–134, 141–142, 154, 156, 161, 164, 204
analytische Lösung 121–122
Angeborene Lehrmeister 66, 311
Anpassung 11, 21, 24, 34, 37, 81, 185, 238, 249, 278, 280, 282, 302, 305, 340
Anschauungsformen 19–21, 25, 32–33, 207, 211, 333, 340
Antriebsursache 224, 226, 260, 263
Apomorphie 183
Appetenz 30, 227
Archigenotyp(us) 293, 308, 313–316
Aristotelismus 252
Artefakte 3, 5–6, 72, 74, 88–89, 98, 105–106, 114, 134–135, 135–136, 141, 155–156, 164, 166, 174, 177, 181, 188, 204, 215, 219, 232, 240, 260, 266, 319–320, 323, 330, 339
Assoziation 31, 43, 59–61, 101, 145, 202
assoziatives Lernen 30
Ästhetik 6, 258, 330
Atavismus 138, 281
Atavismus, spontaner 137, 281, 287
Atomisten 210
Aufklärung 36, 118, 142–143, 158, 214, 225, 234, 246, 252, 258, 328
Auslegungstheorien 337
Aussagesatz 81
Autokatalyse(n) 275, 308
Axiom 219, 272

Bauplan 22, 58, 98, 109, 122, 141, 158–159, 161, 163–165, 212, 230, 286, 290, 293, 304–305, 312–313, 307, 309, 312–313, 315–316
Baustile 167
bedingte Reaktion 30
Bedingungen und Folgen 262
Begriffsgrenzen 82
Begründung 20, 45, 61, 125, 127, 139, 142, 152, 199, 206–207, 218, 220, 245, 260, 323, 341
Behaviouristen 238
Bekräftigung 30
Bénard-Zellen 5
Bestärkung 44–45, 47, 95, 127, 234
Bestätigung 30, 44–45, 47, 60–61, 64, 92, 142, 193, 206, 222–223, 252, 258, 332
Bestimmungsschlüssel 93
Beweggründe 217, 237–239
Beweis 218
Bewußtsein 17–18, 37–38, 40, 60, 83, 85, 89, 107, 201, 207, 210, 227, 236, 239, 248–249, 257, 263, 319, 340
Bifurkation 196, 259, 264
Bildungspolitik 345
Bindungs-Problem 67
Biologismus 12–13
Biosphäre 115
blinde Spieler (Parabel) 293
Brückeneffekt 69
Brutto-National-Vermögen 345
Bürde 24, 26, 135, 290, 292, 295, 302, 304–306, 308, 316

cartesische Transformation 287
causa efficiens 54, 93, 146, 163, 210–211, 252, 256, 268, 298–299, 3o1, 303, 314, 318, 321, 326–337, 329, 331, 334, 336
causa finalis 93, 146, 163, 210, 212–213, 236, 251–253, 256–257, 298–299, 301, 303, 321, 326, 329, 331, 334, 336, 338
causa formalis 93, 146, 163, 212–214, 298–299, 301, 303, 308, 314, 318, 321, 326, 329, 331, 334, 336
causa materialis 93, 146, 163, 210, 212, 214, 268, 298–299, 301, 303, 308, 314, 318, 321, 326, 329,331, 334, 336

Sachverzeichnis

Chaos 4, 6, 14, 39, 113, 116, 223
Chaostheorie 215, 276
Christentum 246, 249, 251, 253, 328
Cladistik 183
Cladogramm 184
common sense 205, 221
Constraints 5, 21-22, 24, 26-27, 37, 54, 58, 98, 159, 223, 233, 293, 294, 302, 305, 316

Darwinismus 276, 281, 282-283
declaratio 218
Deduktion 7, 33-34, 45-46, 101, 118, 140, 206, 218-219, 252, 340
Definition 4, 93, 186-188, 190, 192, 209
Demiurgen 246, 276
Desäquilibration 245
deskriptive Struktur 326
deskriptiver Sinn 326
Determination 24
Diagnose 188
Dichotomhierarchie 90
Diffenzialdiagnosen 180 188, 192, 194-195
Differenzierung 151
Dingkonstanz 70
Diskontinuität 173-175, 180, 193-194
Disponibilität 230
Dispositionen 26-27, 206, 227-228, 230, 260-261, 282, 297, 300, 304, 316, 318
Dispositionsprädikate 222
Dogmen 221-222, 224, 252, 285, 296
Doppelbildungen 280
Doppelhierarchien 51
‚drei Wege' 92, 95, 98, 118, 219, 234-235, 267, 300, 304-305, 313, 315, 317, 320, 322, 324, 327-328, 332-333, 337
Dualismus 115, 149, 163, 213, 215, 251, 253
Du-Evidenz 239

Einschübe 107-109, 125, 235, 258, 267, 296, 322, 327-328, 341
Einstellung 320, 322
Elimination 29, 74, 224-225
Emergenz 2, 4, 40-41, 74, 76, 110, 112, 125, 255, 266, 340, 342
Emergenzphilosophie 41, 74
Emergenzproblem 41, 224
Empirismus, Empiristen 25-26, 63, 79, 211, 214, 221-222
Energieniveaus 112, 272
Entdifferenzierung 111, 114
Entelechie 199, 236-238, 284

Entelechiebegriff 237
Entropie 2, 4, 39, 41, 66, 113, 245
Entropie-Export 2, 4
Entropiesatz 39, 111, 317
Entstehen 298-299, 301, 303, 308, 314, 318, 321, 326, 329, 331, 334, 336
Entstehungsweg 234, 265, 269, 275, 300, 316, 342, 328, 334
Enttäuschung 44-45, 127, 217
Entwicklungsgedanken 246
Epigenese(system) 156, 173, 286, 293-294, 296, 305, 306, 308-309, 311
Erhaltungsbedingungen 29, 40, 64, 109, 110, 204, 216, 224, 263, 283, 297, 300, 317, 328
Erkenntnislehre 13, 20, 199, 222, 244
Erkenntnistheorien 214
Erkenntnisweg 269, 275, 300, 315, 317, 320, 322, 324
Erklärungsweg 265, 269, 300, 316, 318, 322-323, 328, 334, 342
Erklärungszusammenhang 326
Evolutionäre Erkenntnislehre 3, 134, 199
Evolutionäre Erkenntnistheorie, EE 11-13, 28. 36, 40, 43, 222, 250
evolutives Recht 338
Existenzialphilosophie 19
Explanandum 219
Explanans 219, 223
explanatio 218
Extrapolation 46, 63, 79-80, 222

Falsifikationismus 34
Feldbegriff 166
Feldgrenze 193
Fitneß 62, 109-110, 227, 235, 292-294, 300, 302, 307, 317
Fixierung 316
Formbedingung(en) 95, 212, 217, 226, 228, 230, 255-256, 263, 266, 275, 327
Formensprache 148
Formursache 95, 108, 226-228, 252, 257, 264, 338
Fraktale 2, 75, 215, 276
Freiheitsgrade 289, 305, 316
Fulguration 41, 171
Funktionalismus 10-11
Funktions-Analogien 131-132
Funktion-Struktur-Dualismus 116
Furchung 306
fuzzy logic 42

Gedächtnis 29, 35, 59, 61, 83-85, 205, 221

Gene 29, 173, 229, 283-284, 290-292, 305, 308, 312, 316
Genealogien, genealogisch 52, 86-87, 89, 132, 141, 187, 323, 330, 332
Generalisierung 29, 44-45, 47, 64, 234
genetische Theorien 314-315
Genkoppelungen 291-292
Genotyp(us) 308, 313, 314-316
Gen-Wechselwirkungen 286, 293
Geschichtlichkeit 5, 6, 226, 228, 251, 254, 258, 264-265, 273, 297
Gesetz mal Anwendung 4, 38
Gesetz 1, 12-13, 35, 39, 52, 54, 100, 152, 154, 200, 206, 209, 233, 235, 240, 245, 256, 258, 275, 282, 297
Gesetze, eternale 1
Gestalt 9, 68, 69, 71, 73-74, 130, 139, 249
Gestalttheorie 9, 66, 181
Gestaltwahrnehmung 7-8, 10, 14-15, 42-43, 53, 65-66, 83, 87, 117, 159, 161, 175-176, 178-179, 199, 267, 312, 315, 320, 341
Gewichtung 61, 91, 152, 154, 173, 179-180, 183-184, 186, 189, 193
Grenzen im Kontinuum 77
Großmutationen 287
gute Gestalt 69

Hausverstand 163, 185, 200, 205-206, 219, 273, 343
Hemisphären (Gehirn-) 7, 140
Hemisphären-Präferenz 7
hermeneutica prophana 118, 335
hermeneutica sacra 118, 335
Hermeneutik 3, 13-14, 46, 48, 53, 64, 74, 117-119, 125-127, 136, 149, 152, 220, 240, 258, 320, 324, 335
hermeneutische Methode 322
hermeneutischer Zirkel 117, 126, 128
Heteromorphosen 281, 287
Hierarchie 5, 49, 52-53, 65, 72, 78, 89, 91-92, 96, 102, 105, 120, 134-136, 145, 155, 166, 187, 191, 219, 228, 230-231, 269, 293, 313, 323-325, 341
Hierarchiebegriffe 89
Hierarchie der Generalisierung 47
Hierarchie der Homologa 144
Hierarchie der Hypothesenbildung 48
Hierarchie der Individualitäten 50
Hierarchie der Massenbauteile 50
Hierarchie des Erkennens 51
Hierarchie des Erklärens 51, 208
Hierarchieformen 100

hierarchische Bauformen 104
Historismus 330
Historizität 2, 4, 50, 246, 266
holistisch 55, 344
Homeoboxgene 173, 312, 314, 316
Homodynamie 154, 172, 173, 302, 304
Homologa, Homologie(en) 87, 130-131, 141-143, 145, 149-152, 154-158, 169, 172-173, 181, 183-185, 196, 290, 293-294, 302, 304-305, 313, 316, 343
Homologiefeststellung 343
Homologieproblem 185, 301
Homologietheorem 141
Homonomie 154-155, 169, 172, 181, 302, 304-305, 313, 316
Hylozoiker 251
Hypothese 33, 67, 101, 122, 234-235, 243, 254, 322
Hypothesen, angeborene 21, 43, 45, 58-60, 62-65, 73-74, 79-80, 117, 134, 200-205,
Hypothesenbildung 48
Hypothetisierung 44

Idealismus 139, 215, 251, 253
idealistische Position 19, 210, 241, 251, 253, 257
Idee 19, 24, 34, 119, 139-140, 213, 226, 337
Ideenlehre 19, 139, 213
Ideologie 36
Individualbauteil, Individualitäten 50-51, 151
Individualitätsbegriff 169
Induktion (als Denkprozeß) 7, 24, 33-34, 45-46, 101, 140, 206, 218-219, 221, 323 239, 308, 340
Induktion (in der Keimesentwicklung) 156, 306, 309-310, 289, 312,
Information 33, 39, 103, 113-114, 227, 251, 280, 285-286, 307, 309, 312-313, 320, 339
Information-Energie-Äquivalenz 113, 114
Informationsgehalt 114
Informatonsmaß 114
innere Selektion 284
innere Intelligenz 284
innere Mechanismen 278, 282, 287
inneres Organisationsprinzip 280
inneres Selektionsprinzip 290
Instruktion 39, 103, 105, 116, 130
Intentionalität 319
Interdisziplinarität 1, 345

Intermodalität 83-84
Introspektion 217, 238-239
Intuition, intuitionistisch 10, 12, 118, 149, 161, 178, 182, 191, 205-207, 221, 343
Invarianten 65, 265, 275
ionische Physiologen 276
irrealer Konditionalsatz 221
Irreversibilität 2, 4
Isologie 154, 156, 157

Katastrophentheorie 276
Kategorien 20-21, 52, 91, 183, 186, 188
kausalistisch 2-3, 12, 14-16, 38, 53, 256
Kausalketten 38, 202-203, 264, 266
Keimbahn 284
Keimblattbildung 306-307
Keimesentwicklung 20, 39, 137, 150, 154, 212, 289, 305-306, 319
Kenntnisgewinn 17, 28-30, 40, 150-151, 267, 328, 332
Klassen 52, 65, 78, 81-83, 87-89, 91-92, 94, 122, 127, 135-136, 164, 169, 194, 221, 230-232, 269, 297, 323, 341
Klassenbegriff 52, 76, 78, 81, 88-91, 93, 166, 182, 188, 190, 194, 269, 271, 273, 341
Klassenhierarchie 49-50, 52, 83, 88-89, 92-97, 98, 102, 105, 120, 127, 136, 139, 163-164, 168-169, 181, 268-269, 286, 293-294, 302, 323, 341
Klassifikation 93
Koevolution 269
Kohärenz 21-25, 28, 207, 302, 304
Kohänzbedingungen 340
Kohärenztheorien 26
Koinzidenz 29, 31, 34, 43, 59-60, 62, 64-65, 80, 148-151, 168, 175, 178, 180, 221, 223, 232
Koinzidengrade 188
Kommunikation 21, 23, 28, 43, 76, 106, 135, 207, 211, 235
Komposition 66, 71, 74, 98, 330, 332
Konditionierung 29, 61, 67, 135, 221
Konstanzphänomen 66
Konstituenten 2, 4, 13, 41, 47, 52, 74, 76, 94-95, 98, 107-110, 125, 127, 201, 212, 228, 235, 254, 258, 269, 273, 275, 296, 300, 338, 341-342
Konstruktion 12, 37, 101, 160
Konstruktivismus 37, 38
Kontext-Bedeutung 325
Konvergenz 132-133
Kopernikanische Wende(n) 245, 248

Körpersprache 23-24
Korrespondenz 21-25, 28, 218, 297, 302
Korrespondenzbedingungen 340
Korrespondenztheorien 26
Korridor-Modell 292
Kräfte 95, 163, 212, 214, 216-217, 220, 224-225, 227, 240, 263, 328, 330, 332, 335, 337
Kraftverwandlung 14, 225, 253, 267, 320
Kreationismus 28, 106 246, 248, 257, ·277
kulturomorphe Lösung 320
Kulturschutz-Bewegung 342
Kybernetik 33, 53, 61, 223, 344

Lagekriterium der Homologie 143, 171
Lamarckismus 280, 283-284, 294
Lamarckist 279
Längsschnitt-Theorien 14, 41, 79
laterale Inhibition 67
Lautsprache 23, 40, 125-126, 135, 217, 263, 327, 340
Leib-Seele-Problem 238
Leseproblem 196
Lesrichtung 160, 183, 186, 196-197
Logik 1, 7, 13, 21, 24, 28, 40, 42-43, 66, 78, 173, 177-178, 199, 206-207, 211, 222, 340
logische Operationen 33, 206, 209, 215, 218-220, 222, 344
Lösungsstrategien 79

Makro-Evolutionismus 286
Massenbauteile 49, 50-52, 95, 98, 103, 134-135, 154-155, 232, 304, 313
Massenhierarchie 89-90
Materialbedingungen 95, 230, 257, 262, 268, 275, 300
Materialursache 108, 225, 226
Maxwellscher Dämon 114
Merkmalsgrenzen 193
Merkmalshierarchie 192
Metamorphosen 160-161, 168, 169
Metapher 29, 63, 74, 105, 129, 133-135, 159, 161, 171
Metaphysik 18, 211
Methodendiskussion 324, 335
Mikroevolution 284-285
Mikro-Evolutionismus 286
Milieubegriff 109
Morphologie 2, 3, 9, 10, 14, 87, 102, 130, 138-140, 152, 154, 166, 181, 199, 243, 267, 312
morphologische Behandlung 15

morphologische Distanz 184
morphologische Theorien 314-315
morphologischer Typus, Morphotypus 118, 159, 313, 315
Mutabilität 235, 290, 305
Mutante, Mutation 30 283, 286-287, 304

naive Täuschung 343
Naturgesetz 221, 223, 279
Natürliches System 182, 196-197, 290
Naturrecht 335, 338
Negentropie 41, 113, 296
Neodarwinismus 10, 238, 276, 281, 283-284
Neolamarckismus 284
Neuidealismus 253
Neuthomismus 249
Nichtäquilibrium-Thermodynamik 2
Nichtumkehrbarkeit 264-265
Nomina 6, 42, 76, 81, 116, 163
normative Strukturen 326
normativer Sinn 326-327
Numerische Taxonomie 90, 140, 183-185

Obersystem 95, 105, 163, 257, 273, 275, 228, 297, 300, 302, 304, 307-308, 312-313, 315, 316-317, 320, 322, 324, 328
Obertheorie 47, 64, 127, 223, 243, 254, 269
offene Systeme 112
Ontologie 55, 102, 256, 276
ontologischer Reduktionismus 55, 276, 285
Operatoren 312
Operon-System 313, 316
Optimierung 26, 152, 166, 168, 173, 175, 178-179, 182, 190-191, 193, 195, 223
Ordnung 4, 10, 38-40, 52, 78, 85, 89-90, 102-103, 111, 113-114, 116-117, 130, 134-136, 138, 155, 169, 174, 198, 210, 223, 238, 243, 245, 247, 250, 268, 278, 284, 293, 296, 302, 305, 313, 323, 335, 341
Ordnungsart 5
Ordnungsformen 54, 114, 137, 263, 264
Ordnungsniveau 112

Pangenesis (-Theorie) 278, 280, 282
Paradigmen 1-3, 11, 26, 111, 113-114, 135, 243, 249, 312, 333, 343
parsimony 186

Phän 173, 281, 284, 288, 290, 292-294, 296, 302, 306, 312, 315-316
Phän-Begriff 173
Phänetik 184
Phänokopien 287
Phasenübergänge 2, 4-5, 40-42, 74-75, 78-79, 110, 113, 125, 127, 136, 171, 266, 275-276, 340, 342, 345
Philosophia perennis 249
Physikalismus 214, 253
Pleiotropie 281, 284, 292-293, 302, 304
Polygenie 284, 286
Polymorphie 5, 6, 168-170, 175
Populationsdynamik 255, 285, 305
positives Recht 335, 338
Positivisten 170, 335
post hoc 43, 162, 187, 198, 219
Postselektion 212, 226, 264, 341
Prädispositionen 26-27, 260-261
pragmatische Wende 221, 250
pragmatischer Reduktionismus 256, 276
Pragmatismus 285
Prägungen 320
Präselektion 225, 226, 341
probando 218
Prognosen 26, 36, 38, 44, 46, 49, 60, 61-62, 98, 101, 120, 150-153, 203, 206-207, 222-223, 250, 258
Prognostik 35-36, 38, 46, 101, 120, 130, 152, 187, 200, 313
Programm 72, 74, 129, 163, 212, 224, 227, 263, 267, 311-312, 319
Projektion 105-106, 136, 217, 238, 239
propter hoc 43, 53-54, 59, 87, 129, 162, 198, 199, 201, 219, 341
Protokollsatz 170
Psychoanalyse 241

Quantenphysik 8, 274
Quantitäten 170

Rahmenhomologien 302, 307
Randverschärfung 67, 74, 311, 312
ratiomorpher Apparat 12, 21, 28, 33, 43-44, 53, 74, 83, 85, 88, 90, 101, 199, 216, 219, 223, 241
ratiomorphe Leistungen 21, 43, 45, 55, 59, 60-61, 65, 80, 83, 85, 128, 138, 163, 179, 185, 205, 209, 220-221, 320, 322
rational 10, 12, 28, 33, 44 53-54, 218, 220, 223, 239
Rationalismus 28, 211, 252, 333
Rationalität 207
Raum-Zeit-Beziehung 116

Raum-Zeit-Dualismus 116
Reafferenzprinzip 164
Realismus 36, 70
Realitätsformen 70
Reduktionismus 2, 55, 214, 253-258, 264, 267, 275-276, 285-286
- idealistischer 257
- ontologischer 55, 276, 285
- pragmatischer 256, 276
Redundanz 5-6, 40, 103, 116, 134-135, 155, 186
Redundanzgehalt 113
Reflex 31, 59, 60-61, 64, 67
Regulation 286-287, 293, 308, 314
Regulationsgene 313
Regulationssystem 285, 308, 312-313, 316
Rekapitulation 52, 64, 210, 235
rekursive Kausalität 290
Rekursivität 125, 294, 295
Reversibilität 254-255
Romantik 248, 253

Sammelhierarchie 90
Schachtelierarchie 89
Schicksal 164, 200, 211-214, 282, 284, 339
Scholastik 251, 253
Schöpfungsbericht 244, 246
Schraubenprozeß des Kenntnisgewinns 30
Seele 19, 140, 211, 213, 238, 246, 248-249, 251, 330
Selbstordnung 186, 189
Selbstorganisation 4, 310
Selektion 11, 21, 29, 30, 38, 109, 163, 202, 212, 215, 224-226, 246-247, 277-280, 283-284, 286, 302, 304, 328, 340
Selektionsbegriff 109, 212
Semantik 17, 76, 80, 114, 125, 156, 327
Sequenzhierarchie 90
simul hoc 43-44, 53-54, 59, 73, 87, 117, 129, 140, 163, 187, 195, 198-199, 216, 341
Sosein 36
spontaner Atavismus 281, 287
Sprachdenken 20, 42, 44, 66, 74, 76, 78-79, 81, 325, 340
Sprachformen 25
sprachliche Universalien 42, 76
stochastische Prozesse 280
Strukturalismus 9-11, 15
Strukturbegriffe 52, 91, 341

Strukturhierarchie 49-50, 52, 72, 87, 89, 91-97, 98-99, 107, 120-122, 125, 163, 169, 181, 232, 324
Strukturkriterium der Homologie 146, 172
Subsumption 46, 48, 64, 118-119, 125, 127, 163. 152, 220, 258, 269, 271, 274
Subsumptions-Schema 46, 64, 152, 258, 269, 271
subjektives Erleben 25
Subtheorien 47, 243
Symmetrieebenen 130
Symmetrien, kognitive 164
Synapomorphie 183
Synergetik 2, 76, 215, 276
Synoptik 1, 3, 7, 53
Synorganisation 287
Syntax 17, 80, 114, 125, 156, 163-164, 326, 340
synthetische Lösungen 121-122
Synthetische Theorie 281, 290
Systematik 53, 88-90, 93-94, 96-98, 102, 119, 121, 138-140, 152, 158, 160, 164, 166, 180-183, 185-187, 189, 191, 194, 228, 232, 243, 267, 277, 302, 305, 312
Systemeigenschaften 4, 160, 266, 319
Systemgruppen 141, 186, 191, 194-195, 286, 343
Systemkategorien 98
Systemmutanten 288
Systemtheorie 9-11, 14, 134, 215, 281, 238, 290, 302, 312
szientistisch 53

Täuschung 70, 80, 168, 339, 342-344
- böse 344
- naive 343
Teleologie 199, 226, 236
Teleonomie 199, 226, 236-237
telos 236
teriomorphe Lösung 320
tertium non datur 42
tertium comperationis 133
theoretische Begriffe 224
Theorie-Zusammenhänge 270-272, 274, 298-299, 301, 303, 318, 321, 329, 331, 334, 336,
theory of mind 239
Thermodynamik 111
Topologie 176
Tradierung 132, 134, 136-137, 174, 187, 196
transitive Logik 66, 80
Transitivität 74

transzendent 19
transzendental 19
Trend 5, 85, 160, 173-174, 176-178, 196, 240, 250
Trendgrenzen 178-179
Trends im Trend 175
Trennschärfe 190
typogenetische Phase 289
typostatische Phase 289
Typus 14, 49, 81, 118-119, 130, 139, 141, 158-161, 193, 216-217, 244, 297, 305, 312-313, 316
- diagrammatischer 162
- morphologischer 118, 159, 313
- - Begriff 81
- - Problem 159, 330, 335

Übergangskriterium der Homologie 147
Uhrmacher-Parabel 105
Untersystem 94-95, 149, 257, 274, 297, 299-300, 302, 308, 313, 316-317, 320, 322, 324
Urbild 139
Urpotenzen 244
Ursachen 8, 18, 59, 103, 105, 131, 135-137, 173, 196, 202, 205, 209-210, 212-215, 218, 220, 223, 228, 247, 251, 253, 259-261, 263, 265, 268-269, 271, 273, 278, 284, 297, 305
Ursachenformen 92, 110, 211, 217, 227, 229, 251, 265-267, 300, 304, 315, 319, 322-323, 328, 332
Ursuppe (Urmeer) 109

Verb 6, 76, 81, 116, 163, 212
Vermutung, vermuten 45, 48, 184, 197, 298-299, 301, 303, 308, 314, 318, 321, 326, 329, 331, 334, 336
Vernunft 3, 17-18, 21, 24, 25, 60, 211, 248-250, 252, 277
Verstand 17, 248-249
Verstehensmodelle 333
vier Ursachen 211-213, 305, 320, 322, 324, 327, 335, 337
Vorbedingung 53, 55, 135, 164, 166, 169, 200, 215, 225-226, 228, 241, 259-260, 273, 316

Wägeproblem 91, 182, 184
Wahrheit 17-18, 24, 37, 43, 49, 61, 96, 107, 128, 161, 256, 294, 341
Wahrheitsfindung 28
Wahrheitsproblem 18

Wahrnehmung 8, 10, 13, 24, 37, 42-44, 45, 50, 52, 58-59, 61, 65, 67, 71-72, 84-85, 95, 106, 117, 127, 131, 134, 136-138, 151, 154, 163, 168-169, 195, 197-200, 216-217, 238, 245-246, 248, 268, 271, 286, 322, 333, 343
Wahrscheinlichkeit 28, 39, 61, 105, 131, 141, 143, 152-154, 168, 171-172, 175, 186, 192, 302
wahrscheinlichkeitstheore-tische Lösung 33, 223
Wallacismus 282
Wechselabhängigkeit 135
Wechselbezüge 9, 21, 53, 121-122, 124-125, 163, 191, 304, 307-308, 313, 322, 345
wechselseitige Erhellung 13, 64, 74, 95, 117, 335
Wechselseitigkeit 173, 232, 234, 324
Wechselwirkung 6, 14, 89, 108, 156, 173, 214, 224, 251, 260, 265-269, 271, 275, 286, 293, 296, 304, 342
Weismann-Doktrin 284-285, 295
Welle-Teilchen-Dualismus 115, 245
Weltbildapparat 18, 20, 243, 250, 340
Werkzeuggebrauch 201
Wertschöpfung 6, 204, 328
Widerlegung 30, 36, 44-45, 47, 221, 223
Widerspruchsfreiheit 24, 28, 43, 207, 222, 327
Wiedererkennen 7, 64-65, 71, 73-74, 83-85, 95, 135
Willensfreiheit 238-239
Wirklichkeit 3, 11, 13, 19, 21, 24, 34, 36-38, 43, 52, 58, 60, 62, 70, 73, 101-102, 117, 129, 136, 138, 161, 201, 207, 219, 232, 294, 340
Wirkwelt 210, 340
Wissenschaftstheorie 43, 45, 80, 199, 222, 345

Ziegellager und Dom 116
Zirkularitätsverdacht 221
Zirkularitätsvorwurf 118, 325
Zufall 32, 38-39, 62, 73-74, 131, 136, 141, 153, 197, 204, 223, 264, 282, 286, 291
Zufallsanalogien 131
Zweckbegriff 204, 263
zweckgerichtete Weltordnung 213, 253, 257
Zweckursache 212, 217, 224, 226, 228, 257, 261, 263-264
Zwischenbedingungen 260

The manufacturer's authorised representative in the EU is Springer Nature Customer Service Centre GmbH, Europaplatz 3, 69115 Heidelberg, Germany. If you have any concerns regarding our products, please contact ProductSafety@springernature.com

Printed and bound by CPI Group (UK) Ltd, Croydon, CR0 4YY

25/03/2026

02078192-0017